教育部高等学校化工类专业教学指导委员会推荐教材

石油和化工行业“十四五”规划教材

荣　获
中国石油和化学工业
优秀教材一等奖

化工原理

夏清　姜峰　主编

贾绍义　主审

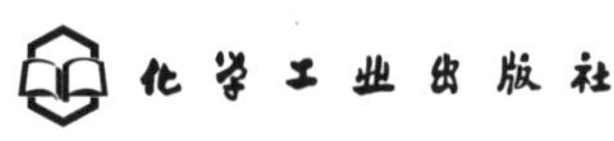

·北京·

《化工原理》主要介绍工业生产中常用单元操作的基本原理、典型设备和工艺计算方法，包括绪论、流体流动、流体输送机械、非均相物系的分离、传热、蒸发、蒸馏、吸收、液-液萃取和干燥。针对非化工专业课时较少的特点，加强了实践环节，例题中强调工程观点，以培养学生分析问题和解决问题的能力，章后习题中编有开放式讨论题，将节能降碳、绿色低碳的理念融入其中，章后总结中亦强调学习本章之后应该具有的能力，力求理论与实践结合，提高学生综合素质。

本书采用双色印刷，重点内容更加醒目，书后配有习题答案。为便于教学，推进教育数字化，本书还配备了三维动画、电子教学课件和习题解答，读者可扫描封底二维码使用。

本书适用面宽，可作为高等院校生物、制药、食品、环境和材料等专业少学时（60～80 学时）“化工原理”课程的教材，也可作为从事科研、设计和生产等相关技术人员的参考书。

图书在版编目（CIP）数据

化工原理/夏清，姜峰主编. —北京：化学工业出版社，2021.9（2025.2 重印）
教育部高等学校化工类专业教学指导委员会推荐教材
ISBN 978-7-122-35422-8

Ⅰ.①化… Ⅱ.①夏…②姜… Ⅲ.①化工原理-高等学校-教材 Ⅳ.①TQ02

中国版本图书馆 CIP 数据核字（2019）第 234861 号

责任编辑：徐雅妮 任睿婷　　数字编辑：吕 尤
责任校对：张雨彤　　装帧设计：关 飞

出版发行：化学工业出版社（北京市东城区青年湖南街 13 号 邮政编码 100011）
印　　装：北京云浩印刷有限责任公司
787mm×1092mm 1/16 印张 23½ 字数 600 千字 2025 年 2 月北京第 1 版第 5 次印刷

购书咨询：010-64518888　　售后服务：010-64518899
网　　址：http://www.cip.com.cn
凡购买本书，如有缺损质量问题，本社销售中心负责调换。

定　　价：59.00 元

教育部高等学校化工类专业教学指导委员会推荐教材编审委员会

序

化工是工程学科的一个分支，是研究如何运用化学、物理、数学和经济学原理，对化学品、材料、生物质、能源等资源进行有效利用、生产、转化和运输的学科。化学工业是美好生活的缔造者，是支撑国民经济发展的基础性产业，在全球经济中扮演着重要角色，处在制造业的前端，提供基础的制造业材料，是所有技术进步的“物质基础”，几乎所有的行业都依赖于化工行业提供的产品支撑。化学工业由于规模体量大、产业链条长、资本技术密集、带动作用广、与人民生活息息相关等特征，受到世界各国的高度重视。化学工业的发达程度已经成为衡量国家工业化和现代化的重要标志。

我国于 2010 年成为世界第一化工大国，主要基础大宗产品产量长期位居世界首位或前列。近些年，科技发生了深刻的变化，经济、社会、产业正在经历巨大的调整和变革，我国化工行业发展正面临高端化、智能化、绿色化等多方面的挑战，提升科技创新能力，推动高质量发展迫在眉睫。

党的二十大报告提出要坚持教育优先发展、科技自立自强、人才引领驱动，加快建设教育强国、科技强国、人才强国，坚持为党育人、为国育才。建设教育强国，龙头是高等教育。高等教育是社会可持续发展的强大动力。培养经济社会发展需要的拔尖创新人才是高等教育的使命和战略任务。建设教育强国，要加强教材建设和管理，牢牢把握正确政治方向和价值导向，用心打造培根铸魂、启智增慧的精品教材。教材建设是国家事权，是事关未来的战略工程、基础工程，是教育教学的关键要素、立德树人的基本载体，直接关系到党的教育方针的有效落实和教育目标的全面实现。为推动我国化学工业高质量发展，通过技术创新提升国际竞争力，化工高等教育必须进一步深化专业改革、全面提高课程和教材质量、提升人才自主培养能力。

教育部高等学校化工类专业教学指导委员会（简称“化工教指委”）主要职责是以人才培养为本，开展高等学校本科化工类专业教学的研究、咨询、指导、评估、服务等工作。高等学校本科化工类专业包括化学工程与工艺、资源循环科学与工程、能源化学工程、化学工程与工业生物工程、精细化工等，培养化工、能源、信息、材料、环保、生物、轻工、制药、食品、冶金和军工等领域从事科学研究、技术开发、工程设计和生产管理等方面的专业人才，对国民经济的发展具有重要的支撑作用。

2008 年起“化工教指委”与化学工业出版社共同组织编写出版面向应用型人才培养、突出工程特色的“教育部高等学校化学工程与工艺专业教学指导分委员会推荐教材”，包括国家级精品课程、省级精品课程的配套教材，出版后被全国高校广泛选用，并获得中国石油和化学工业优秀教材一等奖。

2018 年以来，新一届“化工教指委”组织学校与作者根据新时代学科发展与教学改革，持续对教材品种与内容进行完善、更新，全面准确阐述学科的基本理论、基础知识、基本方法和学术体系，全面反映化工学科领域最新发展与重大成果，有机融入课程思政元素，对接国家战略需求，厚植家国情怀，培养责任意识和工匠精神，并充分运用信息技术创新教材呈现形式，使教材更富有启发性、拓展性，激发学生学习兴趣与创新潜能。

希望“教育部高等学校化工类专业教学指导委员会推荐教材”能够为培养理论基础扎实、工程意识完备、综合素质高、创新能力强的化工类人才，发挥培根铸魂、启智增慧的作用。

教育部高等学校化工类专业教学指导委员会

2023 年 6 月

前言

化工原理主要介绍单元操作的基本原理，包括过程计算、典型设备的结构和工作原理，该课程强调工程观点、定量运算和设计能力的训练，注重提高分析问题、解决问题的能力，是培养国家科技与工业发展所需人才的重要基础课程。党的二十大报告指出“培养造就大批德才兼备的高素质人才，是国家和民族长远发展大计”，应该“引导广大人才爱党报国、敬业奉献、服务人民”。根据新时代人才培养要求，结合化工原理课程的特点，本书在编写中除力求基本概念阐述科学严谨、内容编排上系统完整外，特别注重理论联系实际，重点介绍单元操作设备选型、工艺计算和过程强化手段，例题、习题中强调工程观点，章后习题中也编有开放式讨论题，将节能降碳、绿色低碳的理念融入其中，希望学生在解决问题的过程中深化对知识的理解，培养学生的国家情怀、工程师素养，提高学生综合素质，将国家需求与个人理想相结合，成为德才兼备的高技能人才。

本书为少学时化工原理教材，主要针对非化工专业化工原理课程的教学需要编写。全书除绪论外共分 9 章，包括流体流动、流体输送机械、非均相物系的分离、传热、蒸发、蒸馏、吸收、液-液萃取和干燥。本书可用于生物、制药、食品、环境和材料等专业 60～80 学时的化工原理课程教学，学校可根据不同专业的教学要求选择相应的单元操作。本书也可供从事科研、设计和生产等相关技术人员参考。

本书由夏清、姜峰主编。绪论、第 1 章、第 9 章、附录由天津大学夏清编写，第 2 章由天津大学范江洋编写，第 3 章、第 8 章由浙江工业大学艾宁编写，第 4 章由天津大学张缨编写，第 5 章、第 6 章由天津大学姜峰编写，第 7 章由天津大学吴松海编写。本书编写过程中得到编者的同事们无私的帮助和支持，动画制作得到了北京欧倍尔软件技术开发有限公司的技术支持，在此一并表示衷心感谢。

本书承蒙天津大学贾绍义教授审阅，提出许多宝贵意见，对此致以诚挚的谢意。

由于水平有限，书中疏漏在所难免，欢迎批评指正，以使本教材日臻完善。

编者

2023 年 7 月

目录

0 绪论 /1

0.1 化工原理课程的沿革与范畴 …… 1
0.2 化工原理课程的学习要求 …… 2
0.3 单位制和量纲 …… 2
0.4 单位换算 …… 4
习题 …… 6

第1章 流体流动 /7

1.1 流体静力学 …… 8
1.1.1 流体的密度 …… 8
1.1.2 流体的静压力 …… 9
1.1.3 流体静力学基本方程 …… 10
1.1.4 流体静力学基本方程的应用 …… 11
1.2 流体的流动现象 …… 16
1.2.1 流量与流速 …… 17
1.2.2 稳态流动与非稳态流动 …… 18
1.2.3 牛顿黏性定律与流体的黏度 …… 19
1.2.4 流动类型与雷诺数 …… 21
1.2.5 流体在圆管内的速度分布 …… 23
1.2.6 流动边界层的概念 …… 25
1.3 流体流动基本方程 …… 27
1.3.1 质量衡算——连续性方程 …… 27
1.3.2 能量衡算——伯努利方程 …… 28
1.3.3 伯努利方程的应用 …… 31
1.4 流体在管内的流动阻力 …… 34
1.4.1 直管阻力的计算 …… 34
1.4.2 局部阻力的计算 …… 39
1.4.3 管路系统中的总能量损失 …… 41
1.5 管路计算 …… 44
1.5.1 简单管路 …… 44
1.5.2 复杂管路 …… 46
1.6 流量测量 …… 47
1.6.1 测速管 …… 47
1.6.2 孔板流量计 …… 48
1.6.3 文丘里流量计 …… 51
1.6.4 转子流量计 …… 51
本章符号说明 …… 53
习题 …… 54
讨论题 …… 57

第2章 流体输送机械 /58

2.1 概述 …… 58
2.2 液体输送机械 …… 59
2.2.1 离心泵 …… 59
2.2.2 其他类型液体输送机械 …… 81
2.3 气体输送和压缩机械 …… 84
2.3.1 离心通风机、鼓风机与压缩机 …… 85
2.3.2 其他类型气体输送和压缩机械 …… 86
本章符号说明 …… 89
习题 …… 90
讨论题 …… 91

第3章　非均相物系的分离　/ 92

3.1　概述 …… 92
3.2　颗粒及颗粒床层的特征 …… 93
3.2.1　颗粒的特征 …… 93
3.2.2　颗粒群的特性 …… 94
3.2.3　颗粒床层的特征 …… 94
3.3　沉降 …… 95
3.3.1　沉降分离原理 …… 95
3.3.2　重力沉降速度 …… 95
3.3.3　重力沉降设备 …… 98
3.3.4　离心沉降速度 …… 100
3.3.5　离心沉降设备 …… 101
3.3.6　沉降分离设备的分离效率 …… 103
3.3.7　沉降分离设备的压力降 …… 104
3.4　过滤 …… 104
3.4.1　过滤分离原理 …… 104
3.4.2　过滤基本方程 …… 105
3.4.3　恒压过滤 …… 108
3.4.4　恒速过滤 …… 108
3.4.5　过滤常数的测定 …… 109
3.4.6　滤饼洗涤 …… 109
3.4.7　过滤设备 …… 110
3.4.8　过滤设备的生产能力 …… 113
3.5　非均相物系分离方法的选择 …… 116
本章符号说明 …… 117
习题 …… 118
讨论题 …… 118

第4章　传热　/ 119

4.1　概述 …… 119
4.1.1　传热的基本方式 …… 120
4.1.2　传热过程中冷、热流体热交换（接触）方式 …… 121
4.1.3　典型的间壁式换热器 …… 122
4.1.4　载热体及其选择 …… 123
4.2　热传导 …… 124
4.2.1　基本概念和傅里叶定律 …… 124
4.2.2　热导率 …… 126
4.2.3　平壁的热传导 …… 128
4.2.4　圆筒壁的热传导 …… 132
4.3　对流传热 …… 134
4.3.1　对流传热机理 …… 134
4.3.2　对流传热速率方程和对流传热系数…… 135
4.3.3　对流传热系数关联式 …… 137
4.4　辐射传热 …… 151
4.4.1　基本概念 …… 152
4.4.2　物体的辐射能力和有关定律 …… 152
4.4.3　两固体间的辐射传热 …… 155
4.5　传热过程计算 …… 157
4.5.1　热量衡算 …… 157
4.5.2　总传热速率微分方程和总传热系数…… 158
4.5.3　平均温度差法和总传热速率方程 …… 162
4.5.4　总传热速率方程的应用 …… 166
4.6　换热器 …… 170
4.6.1　间壁式换热器的类型 …… 170
4.6.2　管壳式换热器的选用原则 …… 177
4.6.3　各种换热器的比较和传热强化途径…… 181
4.7　化工节能和换热网络设计 …… 183
本章符号说明 …… 184
习题 …… 185
讨论题 …… 187

第5章　蒸发　/ 188

5.1　蒸发设备 …… 188
5.1.1　常用蒸发器的结构与特点 …… 189
5.1.2　蒸发器的改进与发展 …… 194
5.1.3　蒸发器性能的比较与选型 …… 195
5.2　单效蒸发 …… 196
5.2.1　温度差损失和有效温度差 …… 196
5.2.2　单效蒸发的计算 …… 198
5.2.3　蒸发强度与加热蒸汽的经济性 …… 203

5.3 多效蒸发 …… 204
5.3.1 多效蒸发的流程 …… 205
5.3.2 多效蒸发与单效蒸发的比较 …… 206
5.3.3 蒸发中的节能措施 …… 207
本章符号说明 …… 208
习题 …… 208
讨论题 …… 209

第6章 蒸馏 / 210

6.1 概述 …… 210
6.2 两组分溶液的气液平衡 …… 211
6.2.1 两组分理想物系的气液平衡 …… 212
6.2.2 两组分非理想物系的气液平衡 …… 215
6.3 平衡蒸馏与简单蒸馏 …… 217
6.3.1 平衡蒸馏 …… 217
6.3.2 简单蒸馏 …… 219
6.4 两组分连续精馏 …… 220
6.4.1 精馏的原理和流程 …… 220
6.4.2 理论板的概念和恒摩尔流假定 …… 223
6.4.3 物料衡算与操作线方程 …… 224
6.4.4 进料热状况的影响 …… 226
6.4.5 理论板层数的计算 …… 229
6.4.6 回流比的影响及其选择 …… 232
6.4.7 简捷法求理论板层数 …… 236
6.4.8 塔高和塔径的计算 …… 237
6.4.9 连续精馏装置的热量衡算和节能 …… 241
6.4.10 精馏塔的操作和调节 …… 243
6.5 间歇精馏 …… 246
6.6 特殊精馏 …… 246
6.7 板式塔 …… 248
6.7.1 塔板类型 …… 249
6.7.2 板式塔的流体力学性能与操作特性 …… 251
本章符号说明 …… 255
习题 …… 256
讨论题 …… 258

第7章 吸收 / 259

7.1 概述 …… 259
7.2 气液相平衡 …… 261
7.2.1 气体的溶解度 …… 261
7.2.2 亨利定律 …… 262
7.2.3 吸收剂的选择 …… 266
7.2.4 气液相平衡在吸收中的应用 …… 267
7.3 传质机理与吸收速率 …… 268
7.3.1 分子扩散与菲克定律 …… 268
7.3.2 气相中的稳态分子扩散 …… 270
7.3.3 液相中的稳态分子扩散 …… 272
7.3.4 扩散系数 …… 273
7.3.5 对流传质 …… 275
7.3.6 吸收过程的机理 …… 276
7.3.7 吸收速率方程 …… 279
7.4 吸收塔的计算 …… 285
7.4.1 吸收塔的物料衡算与操作线方程 …… 285
7.4.2 吸收剂用量的确定 …… 287
7.4.3 塔径的计算 …… 288
7.4.4 填料层高度的计算 …… 289
7.5 填料塔 …… 296
7.5.1 填料塔的结构和特点 …… 296
7.5.2 填料类型 …… 297
7.5.3 填料塔的流体力学性能与操作特性 …… 301
7.5.4 填料塔的内件 …… 303
本章符号说明 …… 304
习题 …… 305
讨论题 …… 307

第8章 液-液萃取 / 308

8.1 概述 …… 308
8.2 液-液相平衡 …… 309
8.2.1 分配系数与选择性系数 …… 310
8.2.2 三角形相图 …… 311

8.2.3 分配曲线 …… 314
8.3 萃取过程的分离效果与萃取剂的选择 … 315
8.3.1 萃取过程的分离效果 …… 315
8.3.2 萃取剂的选择 …… 315
8.4 萃取流程与计算 …… 316
8.4.1 单级萃取流程与计算 …… 316
8.4.2 多级错流萃取流程 …… 318
8.4.3 多级逆流萃取流程 …… 319
8.4.4 连续逆流萃取流程 …… 321
8.5 液-液萃取设备 …… 321
8.5.1 液-液萃取设备的分类 …… 321
8.5.2 分级接触萃取器——混合-澄清器…… 322
8.5.3 塔式萃取设备 …… 322
8.5.4 离心萃取器 …… 325
8.6 新型萃取技术 …… 325
本章符号说明 …… 325
习题 …… 326

第9章 干燥 / 328

9.1 概述 …… 328
9.2 湿空气的性质及湿焓图 …… 330
9.2.1 湿空气的性质 …… 330
9.2.2 湿空气的 H-I 图 …… 336
9.3 干燥过程中的平衡关系与速率关系 …… 339
9.3.1 湿物料中含水量的表示方法 …… 339
9.3.2 湿物料中水分的性质 …… 339
9.3.3 干燥过程的平衡关系 …… 340
9.3.4 干燥过程的速率关系 …… 341
9.4 干燥过程的物料衡算与热量衡算 …… 344
9.4.1 干燥系统的物料衡算 …… 344
9.4.2 干燥系统的热量衡算 …… 346
9.4.3 空气经过干燥器的状态变化 …… 348
9.5 干燥设备简介 …… 350
9.5.1 干燥器的主要类型 …… 351
9.5.2 干燥器的设计原则 …… 355
本章符号说明 …… 358
习题 …… 359
讨论题 …… 360

电子版附录 / 361

习题答案 / 362

参考文献 / 365

0
绪　论

0.1　化工原理课程的沿革与范畴

化工生产过程是对原料进行化学（物理）加工从而获得有用产品的工业过程。化工产品虽然多种多样，形成了数以万计的化工生产工艺，但每一个化工生产工艺都由原料预处理、化学（生物）反应、产物分离三个基本环节构成。其中化学（生物）反应为化学过程，是整个生产工艺的核心，自然非常重要。原料预处理和产物分离环节虽为物理过程，但这些物理过程起到为化学（生物）反应准备必要的条件（例如通过加热、冷却、压缩等达到反应所需要的温度和压力）和将反应产物分离提纯以获得最终产品的作用。为获得合格的产品，这些物理过程是必不可少的。早期人们对产品的工业生产工艺是分别研究的，逐渐地，人们发现不同的产品生产工艺中存在着通用的物理过程，为了研究方便，人们依据操作原理将这些物理过程归纳为若干单元操作（unit operation），如流体输送、过滤、沉降、热交换、蒸馏、吸收、萃取和干燥等，单元操作即为化工原理课程的研究对象。“化工原理”一词源于世界上第一本系统介绍单元操作原理的著作——Principles of Chemical Engineering（W. H. Walker，W. K. Lewis，W. H. McAdams，1923），经过近一个世纪的变迁，国外大学中课程的名称已多种多样，但“化工原理”这一课程名称在国内大学中被保留至今，并成为化工及其相关专业的核心课程。

化工原理课程的内容是阐述各单元操作的基本原理和计算方法，介绍所用典型设备的结构及工作原理。因此，每一单元操作所研究的内容包括“过程”和“设备”两个方面。一方面，同一单元操作在不同的化工生产工艺中虽然遵循相同的原理，但操作条件及设备结构等方面可能会有很大差异。另一方面，对于同样的工程目的，有可能采用不同的单元操作来实现。例如分离一种液态均相混合物，既可用蒸馏方法，也可用萃取方法，还可用结晶或膜分离方法，究竟哪种单元操作最适宜，需要根据工艺特点、物系特性，通过技术经济综合分析做出抉择。

同时需要强调，随着科技生产的进步，化学工程与其他学科不断地交叉和融合，单元操作也在不断地变化、发展，除了自身生产工艺的进步，过程强化、组合设备的不断出现，甚至许多单元操作还与化学反应结合（如反应精馏），使得过程速率提高。更加高效清洁的生产，节能减排是未来努力的方向。

随着对单元操作研究的不断深入，人们逐渐发现若干个单元操作之间存在着共性。从本质上讲，所有的单元操作又可理解为动量传递、热量传递、质量传递（“三传”）这三种传递过程或它们的结合。因此，根据各单元操作所遵循的基本规律，又可将单元操作归类如下：

① 遵循流体动力学基本规律的单元操作，包括流体输送、沉降、过滤、物料混合（搅拌）等。

② 遵循热量传递基本规律的单元操作，包括加热、冷却、冷凝、蒸发等。

③ 遵循质量传递基本规律的单元操作，包括蒸馏、吸收、萃取、吸附、膜分离等。从工程目的来看，这些操作都可将混合物进行分离，故又称为分离操作。

④ 同时遵循热质传递规律的单元操作，包括气体的增湿与减湿、结晶、干燥等。

另外，还有热力过程（制冷）、粉体工程（粉碎、颗粒分级、流态化）等单元操作。“三传理论”的建立，是单元操作在理论上的进一步发展和深化，从理论上将各单元操作串联起来。三传理论将在化工专业的后续课程“传递过程”中学习。

从上面的介绍可知，单元操作的种类很多，本书针对少学时课程的教学要求，选择几种典型的单元操作予以介绍。

0.2 化工原理课程的学习要求

化工原理课程是一门实践性很强的工程学科，强调工程观点、定量运算、实验技能及设计能力的培养，强调理论联系实际。因此，学习中要以解决工程实际问题为着眼点，注意培养以下能力：

① 单元操作和设备选择的能力　根据生产工艺要求和物系特性，合理选择单元操作和设备。

② 工程设计能力　学习工艺过程计算和设备设计。

③ 操作和调节生产过程的能力　学习如何操作和调节生产过程，了解优化生产过程的途径。

④ 解决工程实际问题的能力　学习分析复杂工程问题的思路和解决问题的方法。

0.3 单位制和量纲

1. 单位制

任何物理量的大小都是由数字和单位（unit）两部分组成。在工程领域，由于历史、地区及各个学科的不同要求，形成了不同的单位制。

目前国际上较为通用的是国际单位制度（system international d'unites），其代号为 SI，SI 单位制在 1960 年 10 月第十一届国际计量大会获得通过，它是千克米秒制（MKS 制）的引申。SI 单位制中，将单位分成基本单位和导出单位，基本单位有 7 个，它们在量纲上彼此独立，列于表 0-1 中。导出单位很多，都是由基本单位组合起来构成的，表 0-2 中列出本书中常用的导出单位。

我国在 1984 年由国务院颁布了中华人民共和国法定计量单位（China statutory measurement units），法定计量单位包括 SI 的基本单位和导出单位，又规定了一些我国选定的非国际单位制单位，详细内容可查阅相关资料。另外一种英美国家使用较多的单位制是英尺英镑秒制（FPS 制）。本书中采用法定计量单位，但在某些例题和习题中也涉及一些工程上应用较多的非法定计量单位。

表 0-1　SI 基本单位

物理量名称	单位名称	单位符号	物理量名称	单位名称	单位符号
长度	米	m	热力学温度	开尔文	K
质量	千克	kg	物质的量	摩尔	mol
时间	秒	s	发光强度	坎德拉	cd
电流	安培	A			

表 0-2　SI 导出单位（仅列出本书中常用单位）

物理量名称	单位名称	单位符号	导出关系
力	牛顿	N	$1N \equiv 1kg \cdot m/s^2$
压力、压强、应力	帕斯卡	Pa	$1Pa \equiv 1N/m^2 = 1kg/(m \cdot s^2)$
能量、功、热量	焦耳	J	$1J \equiv 1N \cdot m = 1kg \cdot m^2/s^2$
功率	瓦特	W	$1W \equiv 1J/s = 1kg \cdot m^2/s^3$

2. 量纲

量纲（dimension）用来表示物理量的类别。物理量的量纲分为基本量纲和导出量纲，基本量纲是人为规定的，导出量纲则是由基本量纲乘幂组合而成的。比如可规定长度、质量、时间为基本量纲，其量纲分别是 L、M、T。注意量纲与单位不同，如长度的单位可以是 m、cm、mm 等，但长度的量纲总是 L。导出量的量纲可由基本量纲组合表示，如速度的量纲是 LT^{-1}，密度的量纲是 ML^{-3}。

3. 量纲一致性方程

凡是根据基本物理规律导出的物理方程，方程等号两边各项的量纲必然相等。满足这一要求的方程称为量纲一致性方程，如牛顿第二运动定律。

$$F = ma \tag{0-1}$$

式中　F——作用在物体上的力，N；

m——物体的质量，kg；

a——物体在作用力方向上的加速度，m/s^2。

式 0-1 等号左边力的量纲为 MLT^{-2}，等号右边质量和加速度的量纲整理后也是 MLT^{-2}。

再如物体加速运动时运动距离的计算公式

$$Z = u_0 t + \frac{1}{2} g t^2 \tag{0-2}$$

式中　Z——物体运动的距离，m；

u_0——物体的初速度，m/s；

t——物体运动的时间，s。

也是量纲一致性方程，方程两边的量纲均为 L。将式 0-2 整理为

$$1=\frac{u_0 t}{Z}+\frac{g t^2}{2Z} \tag{0-3}$$

式 0-3 中各项$\left(\frac{u_0 t}{Z},\ \frac{g t^2}{2Z}\right)$的量纲指数均为零，这种物理量称为特征数。在本课程后续各章学习中，会遇到各种特征数，其特定的含义将陆续予以介绍。

0.4 单位换算

当前，各学科领域都有采用国际单位制度的趋势，但要在全球全面统一尚需时日，况且，过去文献资料中的数据都是多种单位制并存，因此，仍需要了解不同单位制之间的换算方法。

1. 物理量的单位换算

同一物理量，若采用不同的单位则数值就不相同。在单位换算时，需知道换算关系。例如已知长度单位之间的换算关系是 1m=100cm=3.2808ft，那么一个反应器的直径是 3m，也就是 $3\text{m}=3\text{m}\times\frac{3.2808\text{ft}}{\text{m}}=9.8424\text{ft}$，$3\text{m}=3\text{m}\times\frac{100\text{cm}}{\text{m}}=300\text{cm}$；同样，可以换算重力加速度 $g=9.81\text{m/s}^2=981\text{cm/s}^2=32.18\text{ft/s}^2$。

常用物理量的单位换算关系可查附录 1。

【例 0-1】 某物质的比热容 $c_p=1.00\text{BTU/(lb·°F)}$，试将其单位换算为 SI 制，即 kJ/(kg·℃)。

解：BTU 是英热单位（British thermal unit），从本教材附录中查出基本物理量的换算关系为

$$1\text{BTU}=1.055\text{kJ}$$
$$1\text{lb}=0.4536\text{kg}$$
$$1\text{°F}=5/9\text{℃}$$

则
$$c_p=1.00\left(\frac{\text{BTU}}{\text{lb·°F}}\right)\left(\frac{1\text{lb}}{0.4536\text{kg}}\right)\left(\frac{1.055\text{kJ}}{1\text{BTU}}\right)\left(\frac{1\text{°F}}{5/9\text{℃}}\right)=4.187\text{kJ/(kg·℃)}$$

事实上，BTU 的定义是 1BTU/(lb·°F)≡1cal/(g·℃)，再利用 1cal=4.187J，可以很快得到上述结果。不过导出单位的换算关系不一定都能查到，若查不到一个导出单位的换算关系，则可采用本例的方法，从该导出单位的基本单位换算入手，利用单位之间的换算关系与基本单位相乘或相除的方法，消去原单位而引进新单位。

2. 经验公式（或数字公式）的单位换算

化工计算中常遇到的公式有两类：一类为物理方程，它是根据基本物理规律建立起来的量纲一致性方程，其中各项的量纲必然相等。因此，同一物理方程中不能采用两种单位制。另一类为经验方程，它是根据实验数据整理成的公式，式中各物理量的符号只代表指定单位制的数据部分，因而经验公式又称数字公式。当所给物理量的单位与经验公式指定的单位制不相同时，则需要进行单位换算。可采取两种方式进行单位换算：将各物理量的数据换算成经验公式中指定的单位后，再分别代入经验公式进行计算；若经验公式需经常使用，对大量的数据进行单位换算很繁琐，则可将公式加以变换，使式中各符号都采用所希望的单位制。换算方法见例 0-2。

【例 0-2】 若水在圆管内湍流流动时，对管壁的对流传热系数可用下面经验公式表示，即

$$\alpha=180(1+2.93\times10^{-3}T)u^{0.8}d^{-0.2}$$

式中 α——对流传热系数，$\mathrm{BTU/(ft^2 \cdot h \cdot {}^\circ F)}$；

T——热力学温度，K；

u——水的流速，ft/s；

d——圆管内径，in。

试将式中各物理量的单位换算为 SI 制，即 α 为 $\mathrm{W/(m^2 \cdot K)}$，T 为 K，u 为 m/s，d 为 m。

解：本题为经验公式的单位换算。经验公式单位换算的基本要点是：找出式中每个物理量新旧单位的换算关系，导出物理量“数字”表达式，然后代入经验公式并整理，便将式中各物理量都变为所希望的单位。具体过程如下：

（1）从附录中查出经验公式有关物理量新旧单位之间的换算关系为

$$1\mathrm{BTU/(ft^2 \cdot h \cdot {}^\circ F)}=5.678\mathrm{W/(m^2 \cdot K)}$$

$$1\mathrm{ft}=0.3048\mathrm{m}$$

$$1\mathrm{in}=2.54\times10^{-2}\mathrm{m}$$

热力学温度 T 及时间 s 不必换算。

（2）将原物理量的符号加上“′”以代表新单位的符号，导出原符号的“数字”表达式为

$$\alpha\frac{\mathrm{BTU}}{\mathrm{ft^2 \cdot h \cdot {}^\circ F}}=\alpha'\frac{\mathrm{W}}{\mathrm{m^2 \cdot K}}$$

因而

$$\alpha=\alpha'\left[\frac{\dfrac{\mathrm{W}}{\mathrm{m^2 \cdot K}}}{\dfrac{\mathrm{BTU}}{\mathrm{ft^2 \cdot h \cdot {}^\circ F}}}\right]\left[\frac{1\dfrac{\mathrm{BTU}}{\mathrm{ft^2 \cdot h \cdot {}^\circ F}}}{5.678\dfrac{\mathrm{W}}{\mathrm{m^2 \cdot K}}}\right]=\frac{\alpha'}{5.678}$$

同理

$$u=u'\left[\frac{\mathrm{m/s}}{\mathrm{ft/s}}\right]\left[\frac{1\mathrm{ft/s}}{0.3048\mathrm{m/s}}\right]=3.2808u'$$

$$d=d'\left[\frac{\mathrm{m}}{\mathrm{in}}\right]\left[\frac{1\mathrm{in}}{2.54\times10^{-2}\mathrm{m}}\right]=39.37d'$$

（3）将以上关系式代入原经验方程

$$\frac{\alpha'}{5.678}=180(1+2.93\times10^{-3}T)(3.2808u')^{0.8}(39.37d')^{-0.2}$$

经整理得

$$\alpha'=1268.3(1+2.93\times10^{-3}T)(u')^{0.8}(d')^{-0.2}$$

去掉符号上标“′”

$$\alpha=1268.3(1+2.93\times10^{-3}T)u^{0.8}d^{-0.2}$$

应予指出，经验公式中物理量的指数是表明该物理量对过程的影响程度，与单位制无关，因而经过单位换算后，经验公式中各物理量的指数均不发生变化。

习 题

1. 何谓单元操作？如何分类？

2. 学习单元操作时重点应掌握什么？

3. 量纲（dimension）和单位（unit）的差别是什么？

4. 何谓特征数？

5. 从基本单位换算入手，将下列物理量的单位换算为 SI 制。

(1) 黏度 $\mu=0.00856\text{g}/(\text{cm}\cdot\text{s})$

(2) 密度 $\rho=138.6\text{kgf}\cdot\text{s}^2/\text{m}^4$

(3) 比热容 $c_p=0.24\text{BTU}/(\text{lb}\cdot{}^\circ\text{F})$

(4) 气体常数 $R=0.082\text{atm}\cdot\text{L}/(\text{mol}\cdot\text{K})$

(5) 表面张力 $\sigma=74\text{dyn}/\text{cm}$

(6) 热导率 $\lambda=1\text{kcal}/(\text{m}\cdot\text{h}\cdot{}^\circ\text{C})$

6. 氯苯的安托尼（Antoine）方程如下

$$\lg p=6.979-\frac{1431.83}{T+217.48}$$

式中 p——饱和蒸气压，mmHg；

T——温度，℃。

试将此方程中 p 的单位换算为 kPa，T 的单位换算为 K，给出换算后的公式。

第1章
流体流动

1.1 流体静力学 / 8
1.1.1 流体的密度 / 8
1.1.2 流体的静压力 / 9
1.1.3 流体静力学基本方程 / 10
1.1.4 流体静力学基本方程的应用 / 11
1.2 流体的流动现象 / 16
1.2.1 流量与流速 / 17
1.2.2 稳态流动与非稳态流动 / 18
1.2.3 牛顿黏性定律与流体的黏度 / 19
1.2.4 流动类型与雷诺数 / 21
1.2.5 流体在圆管内的速度分布 / 23
1.2.6 流动边界层的概念 / 25
1.3 流体流动基本方程 / 27
1.3.1 质量衡算——连续性方程 / 27
1.3.2 能量衡算——伯努利方程 / 28
1.3.3 伯努利方程的应用 / 31
1.4 流体在管内的流动阻力 / 34
1.4.1 直管阻力的计算 / 34
1.4.2 局部阻力的计算 / 39
1.4.3 管路系统中的总能量损失 / 41
1.5 管路计算 / 44
1.5.1 简单管路 / 44
1.5.2 复杂管路 / 46
1.6 流量测量 / 47
1.6.1 测速管 / 47
1.6.2 孔板流量计 / 48
1.6.3 文丘里流量计 / 51
1.6.4 转子流量计 / 51

本章你将可以学到:

1. 静力学基本方程、连续性方程和伯努利方程以及它们在管路计算中的应用;
2. 两种流型(层流和湍流)的本质区别,以及两种流型下管路流动阻力的计算;
3. 牛顿黏性定律及黏度;
4. 边界层的基本概念;
5. 依据流体力学原理测量压力、流量(流速)的仪表及其工作原理。

流体是液体和气体的统称。化工过程中的原料及产品大多是流体,因此,在工艺设计和实际生产中常会遇到以下一些问题:

① 需要将流体按规定的流速或流量通过管道从一个设备送至另一个设备时,如何选择合适的输送管路直径和输送设备;

② 为了解和控制生产过程,需要测量管路或设备内的压力、流速或流量等参数,如何合理地选用和安装测量仪表;

③ 化工生产的热量传递、质量传递过程大多是在流动着的流体中进行的,设备的传热、传质效率与流体流动状况密切相关。如何通过改变流动状态来强化传热、传质过程。

显然,流体流动问题不仅在流体输送过程中出现,还会影响到传热、传质过程,其在化工生产和设计中占有非常重要的地位。同时,流体流动的基本原理也是分析和讨论传热、传质过程的基础，因此本章是本课程学习的重要基础。本章着重讨论流体流动过程的基本原理及流体在管内的流动规律，并运用这些知识去分析和计算流体的输送问题。同时，本章介绍一些以流体的静止或流动规律为依据设计的测量仪表。

流体由分子组成，分子间有一定的间距，并且分子都处于无规则的随机运动中，因此从分子角度而言，流体的物理量在空间和时间上的分布是不连续的。但在工程技术领域中人们感兴趣的是流体的宏观性质，而不是单个分子的微观运动，因此提出了流体的连续介质假定，即将流体视为由无数流体微团或质点组成的连续介质。每个流体微团或质点的大小与容器或管路尺寸相比是微不足道的。质点在流体内部一个紧挨一个，它们之间没有任何空隙，即可认为流体充满其所占据的空间。把流体视为连续介质，其目的是为了摆脱复杂的分子运动，从宏观的角度来研究流体的流动规律。但是，并不是在任何情况下都可以把流体视为连续介质，如高度真空下的气体就不能视为连续介质。

1.1 流体静力学

流体静力学研究流体在外力作用下达到平衡时各物理量的变化规律。其基本原理在工程实际中应用广泛，如设备或管道内压力的测量、储罐内液位的测量、设备的液封等。

1.1.1 流体的密度

单位体积流体具有的质量称为流体的密度，其表达式为

$$\rho=\lim_{\Delta V\to 0}\frac{\Delta m}{\Delta V}=\frac{\mathrm{d}m}{\mathrm{d}V} \tag{1-1}$$

式中 ρ——流体的密度，kg/m^3；

m——流体的质量，kg；

V——流体的体积，m^3。

对一定的流体，密度是温度和压力的函数。若流体的密度随压力变化，这种流体称为可压缩流体。反之，流体的密度不随压力变化，则为不可压缩流体。大多数情况下（极高压力除外），液体可视为不可压缩流体，而气体是可压缩流体，即认为液体的密度不随压力变化，仅随温度改变，气体的密度随压力和温度变化。因此，气体的密度必须标明其状态，一般当压力不太高、温度不太低时，可按理想气体来计算，即

$$\rho=\frac{m}{V}=\frac{pM}{RT} \tag{1-2}$$

式中 M——摩尔质量，kg/kmol；

p——绝对压力，kPa；

T——热力学温度，K；

R——气体常数，其值为 8.314kJ/(kmol·K)。

流体的密度可在物理化学手册或化工类手册中查到，本教材附录中也列出某些常见气体和液体的密度数值。对于一定质量的理想气体，若在手册中查到标准状况下的密度 ρ^0，可按下式换算其他压力、温度下的密度，即

$$\rho=\rho^0\frac{T^0p}{Tp^0}=\frac{M}{22.4}\times\frac{T^0p}{Tp^0} \tag{1-3}$$

式中，上标“0”表示标准状态。

生产中常常遇到流体混合物，可利用手册中查到的纯物质的密度，计算混合物的平均密度 ρ_m。对于液体混合物，按照各组分在混合前后体积不变计算，即

$$\frac{1}{\rho_m}=\frac{x_{wA}}{\rho_A}+\frac{x_{wB}}{\rho_B}+\cdots+\frac{x_{wn}}{\rho_n} \tag{1-4}$$

式中 $\rho_A,\rho_B,\cdots,\rho_n$——液体混合物中各纯组分的密度，$kg/m^3$；

$x_{wA},x_{wB},\cdots,x_{wn}$——液体混合物中各组分的质量分数。

对于气体混合物，按照各组分在混合前后质量不变计算，即

$$\rho_m=\rho_A x_{vA}+\rho_B x_{vB}+\cdots+\rho_n x_{vn} \tag{1-5}$$

式中 $x_{vA},x_{vB},\cdots,x_{vn}$——气体混合物中各组分的体积分数。

气体混合物的平均密度 ρ_m 也可按式 1-2 计算，此时应以气体混合物的平均摩尔质量 M_m 代替式中的气体摩尔质量 M。气体混合物的平均摩尔质量 M_m 可按下式计算，即

$$M_m=M_A y_A+M_B y_B+\cdots+M_n y_n \tag{1-6}$$

式中 $y_A,y_B,\cdots,y_n$——气体混合物中各组分的摩尔分数。

1.1.2 流体的静压力

在静止的流体内，垂直作用于单位面积上的力，称为流体的静压力，简称压力。可以证明，在静止流体内部，任一点的压力方向都与作用面相垂直，且各个方向数值相等，即压力为标量。

在 SI 单位制中，压力的单位是 Pa（N/m^2），称为帕斯卡。但工程上还采用其他单位，如 atm（标准大气压）、某液柱高度、bar（巴）或 kgf/cm^2 等，它们之间的换算关系为

$$1atm=1.033kgf/cm^2=760mmHg=10.33mH_2O=1.0133bar=1.0133\times10^5Pa$$

工程上为了使用和换算方便，常将 $1kgf/cm^2$ 近似地作为 1 个大气压，称为 1 工程大气压（1at）。于是

$$1at=1kgf/cm^2=735.6mmHg=10mH_2O=0.9807bar=9.807\times10^4Pa$$

压力可有不同的表述方法，以绝对零压为基准表述的压力称为绝对压力（absolute pressure），是流体的真实压力；以大气压为基准表述的压力称为表压（gauge pressure）或真空度（vacuum）。大气压和绝对压力、表压（或真空度）之间的关系为

表压＝绝对压力－大气压

真空度＝大气压－绝对压力

表压＝－真空度

大气压和绝对压力、表压（或真空度）之间的关系，可以用图 1-1 表示。显然，设备内流体的绝对压力越低，则它的真空度就越高。

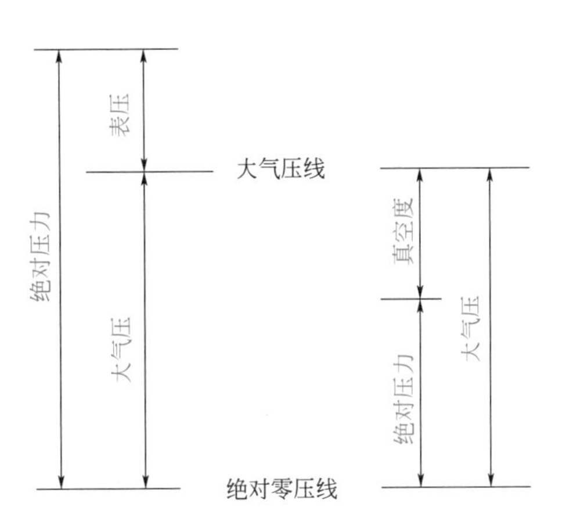

图 1-1 大气压和绝对压力、表压（或真空度）之间的关系

工程上，当被测流体的绝对压力大于外界大气压时，所用的测压仪表称为压力表，压力表的读数为被测流体的表压。当被测流体的绝对压力小于外界大气压时，所用测压仪表称为真空表，真空表的读数为被测流体的真空度。为了避免绝对压力、表压、真空度三者相互混淆，在以后的讨论中规定，对表压和真空度均加以标注，如 2×10^3 Pa（表压）、4×10^3 Pa（真空度）等。

【例 1-1】 某反应器正常运行要求维持 50kPa 绝压操作，已知操作地的大气压为 101.33kPa，试计算反应器上真空表的读数应控制在多少？若反应器安装在高海拔地区，当地大气压为 80kPa，反应器上真空表读数又应控制在多少？

解：依照真空度＝大气压－绝对压力，计算设备上的真空表读数

$$真空度=101.33-50=51.33\text{kPa}$$

所以，应控制设备上的真空表读数为 51.33kPa。

当大气压为 80kPa 时，

$$真空度=80-50=30\text{kPa}$$

应控制设备上的真空表读数为 30kPa。

大气压随大气的温度、湿度和所在地区的海拔高度而变。相同绝压下，大气压的变化会引起表压或真空度数值的变化。

1.1.3 流体静力学基本方程

流体静力学讨论重力场中静止流体内部压力的变化规律。如图 1-2 所示，在密度为 ρ 的静止流体中，取一微元立方体，其边长分别为 dx、dy、dz，它们分别与 x、y、z 轴平行，该微元体的底面积为 $A=dxdy$。

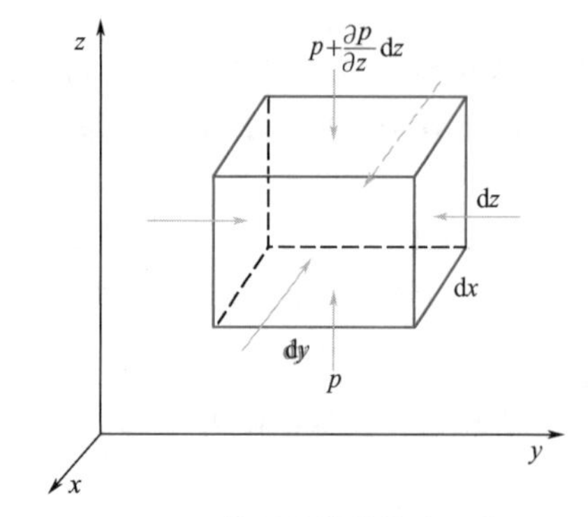

图 1-2 微元流体的静力平衡

由于流体处于静止状态，因此所有作用于该微元体上的力在坐标轴上的投影的代数和应等于零。在垂直（z 轴）方向，作用于该微元体上的力有作用于下端面的压力 p，作用于上端面的压力 $-\left(p+\frac{\partial p}{\partial z}dz\right)$ 和作用于整个微元体的重力 $-\rho gAdz$。则 z 轴方向上的受力平衡可写成

$$p\,dx\,dy-\left(p+\frac{\partial p}{\partial z}dz\right)dx\,dy-\rho g\,dx\,dy\,dz=0$$

简化为

$$\frac{\partial p}{\partial z}=-\rho g \tag{1-7}$$

对于 x、y 轴，作用于该立方体的力仅有压力，亦可写出其相应的力的平衡式，简化后得

x 轴
$$\frac{\partial p}{\partial x}=0 \tag{1-7a}$$

y 轴
$$\frac{\partial p}{\partial y}=0 \tag{1-7b}$$

式 1-7、式 1-7a、式 1-7b 称为流体平衡微分方程，由式 1-7a、b 可知，静压力 p 不是 x、y 的函数，仅与垂直坐标 z 有关。对不可压缩流体，ρ＝常数，积分式 1-7 得

$$\frac{p}{\rho}+gz=常数 \tag{1-8}$$

在静止液体中取任意两点，如图 1-3 中的点 1 和点 2，则有

$$\boxed{\frac{p_1}{\rho}+gz_1=\frac{p_2}{\rho}+gz_2} \tag{1-9}$$

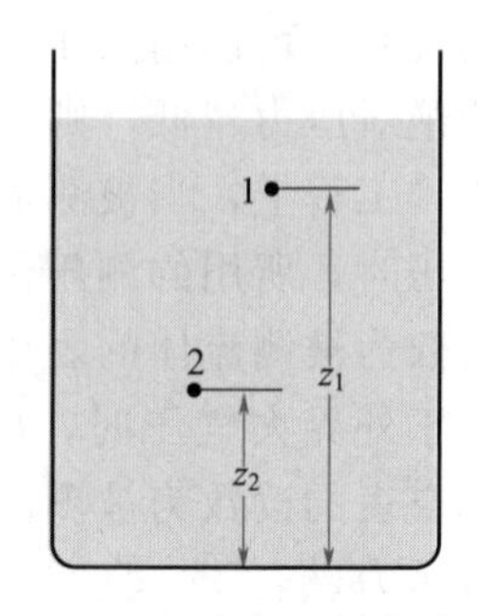

图 1-3 静止流体内部的压力分布

或 $$p_2 = p_1 + \rho g h \tag{1-9a}$$

式中，$h = z_1 - z_2$，为 1、2 两点间的垂直距离。

若点 1 位于容器的液面上，设液面上方的压力为 p_0，距液面 h 处（点 2）的压力 p 为

$$p = p_0 + \rho g h \tag{1-9b}$$

式 1-9、式 1-9a 及式 1-9b 称为不可压缩流体的**静力学基本方程**，反映重力场中静止流体内部压力的变化规律。由静力学基本方程可知：

① 当容器液面上方的压力 p_0 一定时，静止液体内部任一点压力 p 的大小与液体本身的密度 ρ 和该点距液面的深度 h 有关。因此，在静止的、连续的同一液体内，处于同一水平面上各点的压力都相等。

② 式 1-9 中各项的单位是 J/kg，zg 项为单位质量流体所具有的位能，p/ρ 项为单位质量流体所具有的静压能。两者均为流体的势能。

③ 式 1-9a 可改写为 $\frac{p_2 - p_1}{\rho g} = h$。即压差的大小可以用一定高度的液体柱表示。但应注意，用液柱高度表示压力或压差时，必须注明是何种液体。

式 1-8、式 1-9 是密度恒定前提下推导出的。若所研究流体为气体，且气体密度在容器不同位置处由于温度和压力的变化有显著变化，则要按可压缩流体处理，需要密度 ρ 随高度 z 变化的函数关系才能积分式 1-7。

1.1.4 流体静力学基本方程的应用

1. 压力与压差的测量

测量压力的仪表很多，现仅介绍以流体静力学基本原理为依据的测压仪表——液柱压差计。常见的液柱压差计有以下几种。

（1）U 管压差计（U-tube manometer）

U 管压差计的结构如图 1-4 所示，它是一根 U 形玻璃管，管内装有指示液，要求指示液与被测流体不互溶，不起化学反应，且其密度大于被测流体的密度。

当测量管道中 1-1′与 2-2′两截面处流体的压差时，需将 U 管的两端分别与 1-1′及 2-2′两截面测压口相连通，此时 U 管两侧臂上部及连接管内均充满被测流体。由于两截面的压力 p_1 和 p_2 不等，在 U 管两侧会出现指示液液面的高度差 R，R 称为压差计的读数。

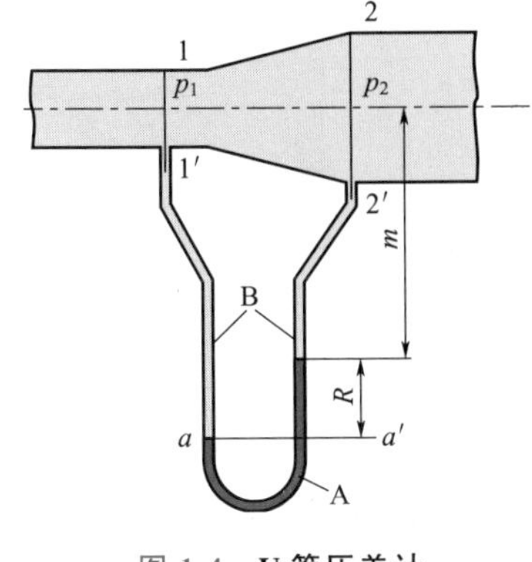

图 1-4 U 管压差计

设 U 管底部指示液 A 的密度为 ρ_A，被测流体 B 的密度为 ρ_B。图中 a、a' 两点都在连通着的同一种静止流体内，并且在同一水平面上，所以这两点的静压力相等，即 $p_a = p_{a'}$。根据流体静力学基本方程，可写出

$$p_a = p_1 + \rho_B g (m + R)$$

$$p_{a'} = p_2 + \rho_B g m + \rho_A g R$$

于是有 $p_1 + \rho_B g (m + R) = p_2 + \rho_B g m + \rho_A g R$

整理上式，得

$$p_1 - p_2 = (\rho_A - \rho_B) g R \tag{1-10}$$

【例 1-2】 如本题附图所示的 U 管压差计用于测量异径管两截面间的压差，压差计读数 $R=100\text{mm}$，两测压点高度差 $h=1.5\text{m}$，被测流体密度 $\rho_B=800\text{kg/m}^3$，U 管压差计指示液密度 $\rho_A=13600\text{kg/m}^3$，试求两截面间压差。

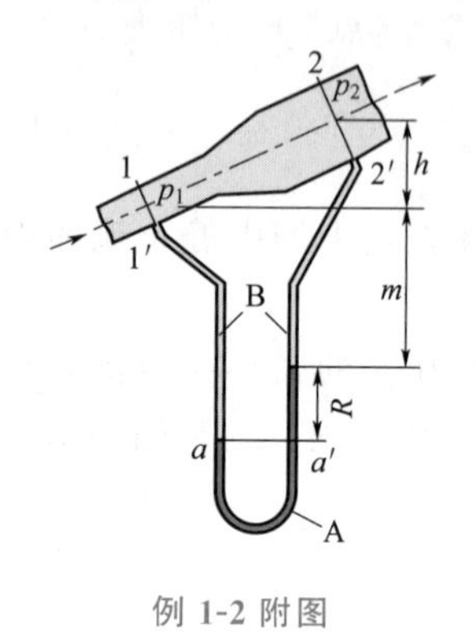

例 1-2 附图

解：根据流体静力学基本原理，$a\text{-}a'$为等压面，则

$$p_a=p_1+\rho_B g(m+R)$$

$$p_{a'}=p_2+\rho_B g(h+m)+\rho_A gR$$

由 $p_a=p_{a'}$，写出

$$p_1+\rho_B g(m+R)=p_2+\rho_B g(h+m)+\rho_A gR$$

化简上式，得

$$\begin{aligned}p_1-p_2&=(\rho_A-\rho_B)gR+\rho_B gh\\&=(13600-800)\times9.81\times0.1+800\times9.81\times1.5\\&=24328.8\text{Pa}=24.33\text{kPa}\end{aligned}$$

U 管压差计有不同使用方式，如可将 U 管压差计倒置（见例 1-3），也可将 U 管一端与设备或管道某一截面连接，另一端与大气相通，这时读数 R 反映的是管道中某截面处流体的绝对压力与大气压之差，即为表压。

【例 1-3】 如本题附图所示，为测量水流经异径水平管段两截面（1-1′、2-2′）间的压差，在两截面间连一倒置 U 管压差计，压差计读数 $R=80\text{mm}$。试求两截面间的压差。若此压差用图 1-4 所示的 U 管压差计测量，指示液为汞，压差计的读数为多少？

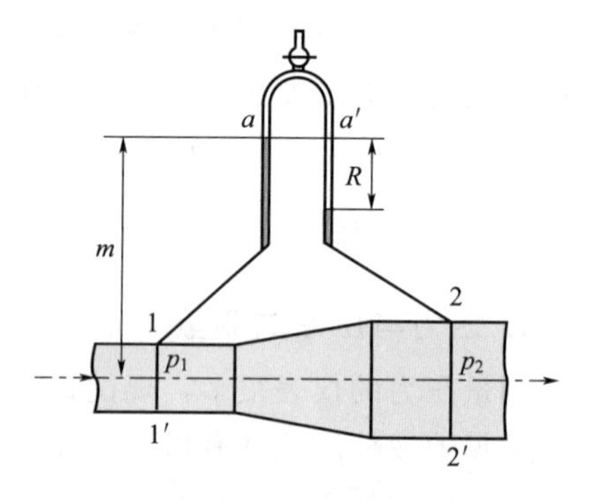

例 1-3 附图

解：设空气和水的密度分别为 ρ_g 与 ρ，根据流体静力学基本原理，本题附图中，截面 $a\text{-}a'$为等压面

$$p_a=p_{a'}$$

又由流体静力学基本方程可得

$$p_a=p_1-\rho gm$$

$$p_{a'}=p_2-\rho g(m-R)-\rho_g gR$$

联立上三式，并整理得

$$p_1-p_2=(\rho-\rho_g)gR$$

由于 $\rho_g\ll\rho$，上式可简化为

$$p_1-p_2\approx\rho gR$$

所以

$$p_1-p_2\approx1000\times9.81\times0.08=784.8\text{Pa}$$

若用图 1-4 所示的 U 管压差计，设读数为 R'

$$p_1-p_2=(\rho_{Hg}-\rho)gR'=784.8\text{Pa}$$

解出

$$R'=\frac{p_1-p_2}{(\rho_{Hg}-\rho)g}=\frac{784.8}{(13600-1000)\times9.81}=0.0063\text{m}=6.3\text{mm}$$

从以上计算可看出，使用倒置 U 管压差计可直接用被测液体做指示剂，读数与汞柱压差计相比还可放大。

由式 1-10 可以看出，若所测压差很小，U 管压差计的读数 R 也就很小，有时难以准确读出 R 值。为把读数 R 放大，除了在选用指示液时，尽可能地使其密度 ρ_A 与被测流体的

密度 ρ_B 相接近外，还可采用图 1-5 所示的斜管压差计或图 1-6 所示的微差压差计。

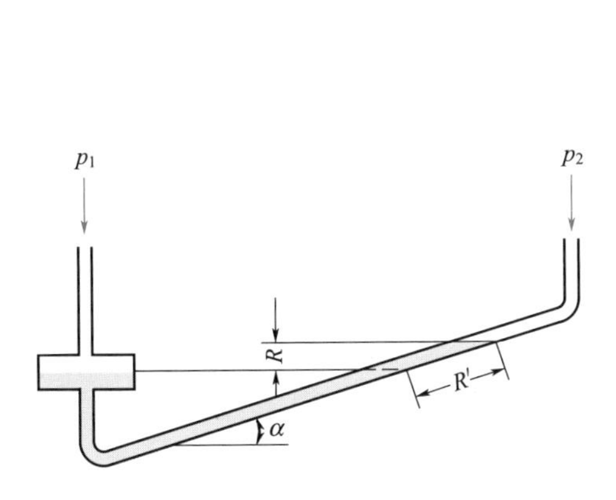

图 1-5 斜管压差计

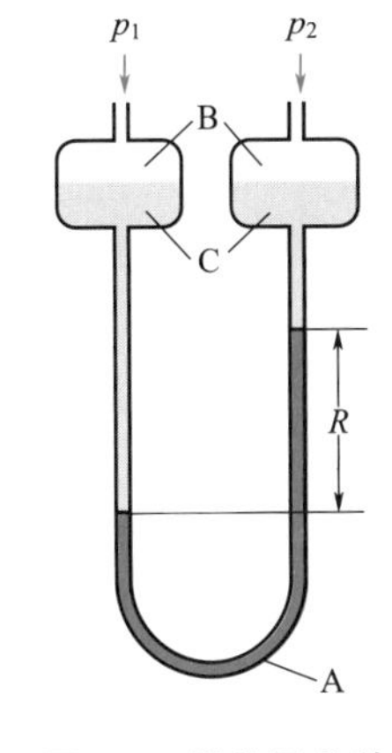

图 1-6 微差压差计

(2) 斜管压差计（inclined manometer）

当被测系统压差很小时，为了提高读数的精度，可采用斜管压差计来放大读数，如图 1-5 所示。此压差计的读数 R' 与 U 管垂直读数 R 的关系为 $R'=R/\sin\alpha$，则可推出压差计算式为

$$p_1-p_2=gR'(\rho_A-\rho_B)\sin\alpha \tag{1-11}$$

式中，α 为倾斜角，对相同的 R，α 值越小，R' 值越大，放大效果越显著。

(3) 微差压差计（two-fluid U-tube manometer）

微差压差计内装有两种密度相近且不互溶的指示液 A 和 C，而指示液 C 与被测流体 B 亦应不互溶。为了读数方便，U 管的两侧臂顶端各装有扩大室，俗称“水库”。扩大室直径 D 要比 U 管直径 d 大很多，使 U 管内指示液 A 的液面差 R 很大时，两扩大室内指示液 C 的液面差 ΔR 仍很小。可推出压差 p_1-p_2 的计算式为

$$p_1-p_2=(\rho_A-\rho_C)gR+\Delta R\rho_C g \tag{1-12}$$

ΔR 的计算见例 1-5。ΔR 值通常很小，可忽略，则式 1-12 可简化为

$$p_1-p_2=(\rho_A-\rho_C)gR \tag{1-12a}$$

【例 1-4】 采用如本题附图所示的复式 U 管压差计测定设备内压力，压差计中的指示液为汞。两 U 管间的连接管内充满了被测流体水。相对于基准面，各点的高度分别为 $h_2=$

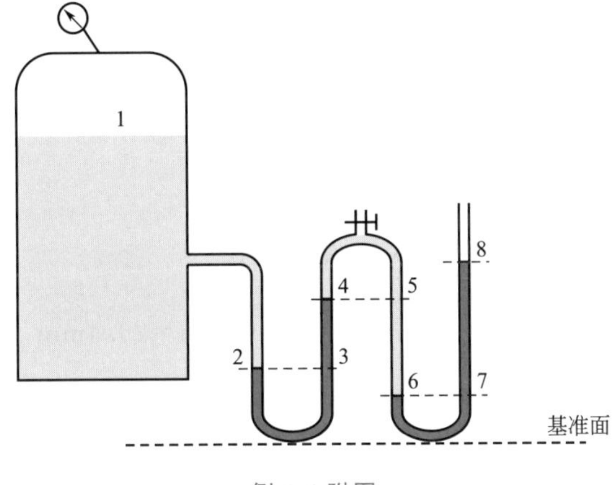

例 1-4 附图

0.3m，$h_4=0.6\text{m}$，$h_6=0.2\text{m}$，$h_8=0.7\text{m}$，设备上方压力表的读数为95kPa，试求设备内液面高度 h_1。

解：根据静力学基本原理，有

$$p_6=p_7,\quad p_4=p_5,\quad p_2=p_3$$

设大气压为 p_a，则

$$p_7=p_a+(h_8-h_6)\rho_{Hg}g=p_6$$

$$p_5=p_6-(h_4-h_6)\rho g=p_a+(h_8-h_6)\rho_{Hg}g-(h_4-h_6)\rho g=p_4$$

$$p_3=p_4+(h_4-h_2)\rho_{Hg}g=p_a+(h_8-h_6)\rho_{Hg}g-(h_4-h_6)\rho g+(h_4-h_2)\rho_{Hg}g=p_2$$

设备内压力为 p，则

$$p=p_2-(h_1-h_2)\rho g$$

根据压力表读数，设备内压力为 $p=p_a+95000(\text{Pa})$，代入上式，则

$$p_2=p+(h_1-h_2)\rho g=p_a+95000+(h_1-h_2)\rho g$$

整理以上两式，得

$$95000+(h_1-h_2)\rho g=(h_8-h_6)\rho_{Hg}g-(h_4-h_6)\rho g+(h_4-h_2)\rho_{Hg}g$$

$$95000+(h_1-0.3)\rho g=(0.7-0.2)\rho_{Hg}g-(0.6-0.2)\rho g+(0.6-0.3)\rho_{Hg}g$$

$$h_1=\frac{0.8\rho_{Hg}g-0.1\rho g-95000}{\rho g}=1.096\text{m}$$

当所测压力较大时，用一个U管压差计读数太大，可将几个U管压差计串联成这样的复式压差计使用。

【例1-5】 空气流经一水平直管段的压降为220Pa，现考虑采用U管压差计测量此压差，试比较下面几种情况下测量结果的准确性。（1）采用水为指示液的U管压差计；（2）采用油为指示液的U管压差计；（3）因压差较小，考虑用微差压差计测量，已知微差压差计的指示液为水和油，两扩大室的内径 D 为60mm，U管内径 d 为6mm，当压差计两端均通大气时，两扩大室的液面平齐。已知水的密度为1000kg/m^3，油的密度为850kg/m^3。

解：空气密度远小于水和油的密度，因此计算中忽略其影响。

（1）采用水为指示液的U管压差计测量

$$p_1-p_2=\rho gR=220$$

$$R=\frac{220}{1000\times9.81}=0.0224\text{m}=22.4\text{mm}$$

所以，用水为指示液时压差计读数为22.4mm。

（2）采用油为指示液的U管压差计测量

$$p_1-p_2=\rho_{oil}gR'=220$$

$$R'=\frac{220}{850\times9.81}=0.0264\text{m}=26.4\text{mm}$$

所以，用油为指示液时压差计读数为26.4mm。

（3）采用微差压差计测量

若不考虑测压时扩大室的液面差

$$p_1 - p_2 = (\rho - \rho_{oil}) g R'' = 220$$

$$R'' = \frac{220}{(1000-850) \times 9.81} = 0.1495\text{m} = 149.5\text{mm}$$

若考虑测压时扩大室的液面差，压差计读数为 R'''

$$p_1 - p_2 = (\rho - \rho_{oil}) g R''' + \rho_{oil} g \Delta R = 220$$

ΔR 与 R'''之间的关系为

$$\frac{\pi}{4} d^2 R''' = \frac{\pi}{4} D^2 \Delta R$$

$$\Delta R = \left(\frac{d}{D}\right)^2 R''' = (6/60)^2 R''' = 0.01 R'''$$

代入上式

$$p_1 - p_2 = (1000-850) \times 9.81 R''' + 0.01 \times 850 \times 9.81 R''' = 220$$

解出 $R''' = 0.1415\text{m} = 141.5\text{mm}$

忽略扩大室液面差引起的相对误差

$$\frac{141.5 - 149.5}{141.5} \times 100\% = -5.65\%$$

从上述计算结果可以看出，当所测压差较小时，通过选择密度较小的指示液可以放大读数，但是放大并不多，对读数准确性没有太大改善，而选用微差压差计可以明显放大读数，使测量结果更加准确。

2. 液位的测量

化工生产中经常要了解容器里物料的储存量，或要控制设备内的液位，因此要进行液位的测量。大多数液位计的作用原理遵循流体静力学原理。

如图 1-7 所示，容器或设备 1 外边设一个平衡室 2，用一装有指示液 A 的 U 管压差计 3 把容器与平衡室连通起来，小室内装的液体与容器里的相同，其液面的高度维持在容器液面允许到达的最大高度处。

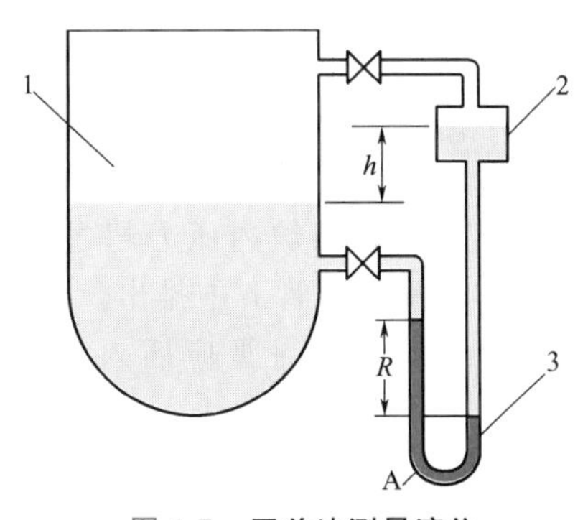

图 1-7　压差法测量液位

1—容器；2—平衡室；3—U 管压差计

根据流体静力学基本方程，可知设备内液面与平衡室 2 液面高度差 h 与压差计读数 R 的关系为

$$h = \frac{\rho_A - \rho}{\rho} R \tag{1-13}$$

由式 1-13 可以看出，容器里的液面达到最大高度时，压差计读数为零，液面越低，压差计的读数越大。

若容器离操作室较远或埋在地面以下，要测量其液位可采用例 1-6 附图所示的装置。

【例 1-6】 用远距离测量液位的装置测量储罐内对硝基氯苯的液位，其装置如本题附图所示。自管口通入压缩氮气，用调节阀 1 调节其流量，将流速控制得很小，只要在鼓泡观察器 2 内看出有气泡缓慢逸出即可，此时可保证整个吹气管 4 内不存有液体且气体通过吹气管

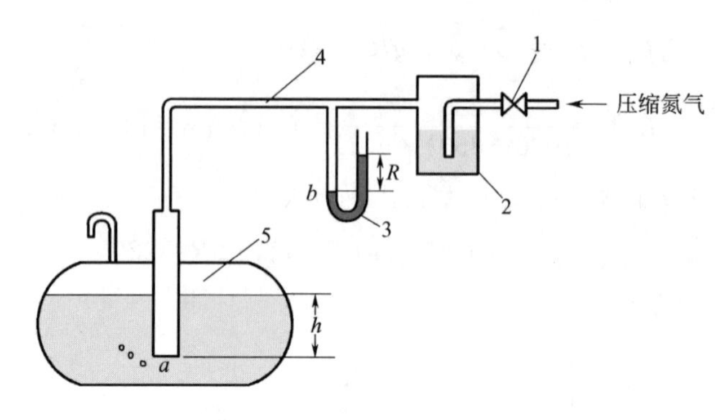

例 1-6 附图

1—调节阀；2—鼓泡观察器；3—U 管压差计；4—吹气管；5—储罐

的流动阻力可忽略不计。现已知 U 管压差计的指示液为水银，其读数 $R=128\text{mm}$，罐内对硝基氯苯的密度 $\rho=1250\text{kg/m}^3$，储罐上方与大气相通，试求储罐中液面离吹气管出口的距离 h。

解：由于吹气管内氮气的流速很小，且管内不能存有液体，故可认为管子出口 a 处与 U 管压差计 b 处的压力近似相等，即 $p_a \approx p_b$。

若 p_a 与 p_b 均用表压表示，根据流体静力学基本方程得

$$p_a=\rho g h, \quad p_b=\rho_{Hg} g R$$

所以

$$h=\frac{\rho_{Hg} R}{\rho}=13600\times0.128/1250=1.393\text{m}$$

即吹气管某截面处连接的压差计 3 的读数 R 的大小，反映储罐 5 内液面的高度。

3. 液封高度的计算

化工生产中为维持设备内压力不超过某一安全值，常采用安全液封（又称水封）装置，如图 1-8 所示，其作用是当炉内压力超过规定值 p（表压）时，气体就从液封管 b 中排出。依据静力学基本方程，可求出安全液封管应插入槽内水面下的深度 h 为

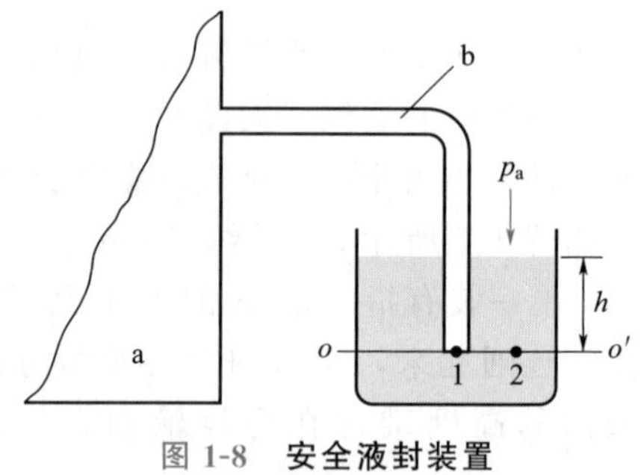

图 1-8 安全液封装置

a—乙炔发生炉；b—液封管

$$h=\frac{p}{\rho_{H_2O} g} \tag{1-14}$$

式中 p——设备内压力（表压），Pa；

ρ——水的密度，kg/m^3。

为了安全起见，实际安装时管子插入水面下的深度应略小于 h。

1.2 流体的流动现象

本节讨论流体流动过程中内部质点的运动规律，包括流动类型，在流道内的速度分布以及边界层的概念，流体质点的运动方式对动量传递以及后续章节要讨论的热量传递和质量传递过程都有影响。

1.2.1 流量与流速

1. 流量

单位时间内流过管道任一截面的流体量，称为流量。若流量用体积计算，则称为体积流量，以 V_s 表示，单位为 m^3/s。若流量用质量计算，则称为质量流量，以 W_s 表示，单位为 kg/s。体积流量和质量流量的关系为

$$W_s = V_s\rho \tag{1-15}$$

2. 流速

单位时间内流体在流动方向上所流过的距离，称为流速，以 u 表示，单位为 m/s。实验表明，流体流经管道时，管截面上各点的流速沿管径变化，在管截面中心处流速最大，越靠近管壁流速越小，在管壁处的流速为零。流体在管截面上的速度分布规律较为复杂（见 1.2.5 节），在工程计算上为方便起见，流体的流速通常指整个管截面上的平均流速，其表达式为

$$u = V_s/A \tag{1-16}$$

式中 A——与流动方向相垂直的管道截面积，m^2；

u——平均流速，简称流速，m/s。

式 1-16 表述流速 u 亦是单位时间内流体流过管道单位截面的体积。若流速用单位时间内流体流过管道单位截面的质量表示，则称为质量流速，亦称为质量通量，以 G 表示，其表达式为

$$G = W_s/A = V_s\rho/A = \rho u \tag{1-17}$$

式中，G 的单位为 $kg/(m^2 \cdot s)$。

流量与流速的关系为

$$W_s = V_s\rho = uA\rho = GA \tag{1-18}$$

一般管道的截面均为圆形，若以 d 表示管道内径，则式 1-16 可变为

$$d = \sqrt{\frac{4V_s}{\pi u}} \tag{1-19}$$

流体输送管路的直径可根据流量和流速用式 1-19 进行计算，流量一般由生产任务决定，所以关键在于选择合适的流速。若流速选得太大，管径虽然可以减小，但流体流过管道的阻力增大，消耗的动力就大，操作费随之增加。反之，流速选得太小，操作费可以相应减少，但管径增大，管路的设备费随之增加。所以设计管路时需根据具体情况在操作费与设备费之间通过经济权衡确定适宜的流速，尤其是流体以大流量、长距离输送时。车间内部的工艺管线通常较短，管内流速可依据输送流体的性质选经验值。某些流体在管道中的常用流速范围列于表 1-1 中。

从表 1-1 可以看出，流体在管道中适宜流速的大小与流体的性质及操作条件有关。通常，液体流速取 0.5～3.0m/s，气体流速取 10～30m/s。

应用式 1-19 算出管径后，还需从有关手册或本教材附录中选用标准管径。

表 1-1　某些流体在管道中的常用流速范围

流体及其流动类别	流速范围/(m/s)	流体及其流动类别	流速范围/(m/s)
自来水(3×10^5 Pa 左右)	1～1.5	一般气体(常压)	10～20
水及低黏度液体(1×10^5～1×10^6 Pa)	1.5～3.0	鼓风机吸入管	10～20
高黏度液体	0.5～1.0	鼓风机排出管	15～20
工业供水(8×10^5 Pa 以下)	1.5～3.0	离心泵吸入管(水类液体)	1.5～2.0
锅炉供水(8×10^5 Pa 以下)	>3.0	离心泵排出管(水类液体)	2.5～3.0
饱和蒸汽	20～40	往复泵吸入管(水类液体)	0.75～1.0
过热蒸汽	30～50	往复泵排出管(水类液体)	1.0～2.0
蛇管、螺旋管内的冷却水	<1.0	液体自流速度(冷凝水等)	0.5
低压空气	12～15	真空操作下气体流速	<50
高压空气	15～25		

【例 1-7】 进入某厂精馏塔的苯和甲苯混合溶液，其中苯的质量分数为 0.45，进料温度为 20℃，进料量为 5000kg/h，试选择合适的进料管管径。

解：20℃时，苯、甲苯的密度分别为 879kg/m^3 和 867kg/m^3，由此计算混合液体的密度 ρ_m 为

$$\frac{1}{\rho_m}=\frac{0.45}{879}+\frac{0.55}{867}，解出\ \rho_m=872.4\text{kg/m}^3$$

进料体积为
$$V_s=W_s/\rho_m=\frac{5000}{3600\times872.4}=0.001592\text{m}^3/\text{s}$$

参考表 1-1，选取流速 $u=1.5$m/s，故

$$d=\sqrt{\frac{4V_s}{\pi u}}=\sqrt{\frac{4\times0.001592}{3.14\times1.5}}=0.03677\text{m}=36.77\text{mm}$$

根据附录中的管子规格，选用 ϕ42mm×2.5mm 的无缝钢管，其内径为 37mm，重新核算流速为

$$u=\frac{4V_s}{\pi d^2}=\frac{4\times0.001592}{3.14\times0.037^2}=1.48\text{m/s}$$

1.2.2 稳态流动与非稳态流动

在流动系统中，若各截面上流体的流速、压力、密度等有关物理量仅随位置而变化，不随时间而变，则称这种流动为稳态流动（steady flow）；若流体在各截面上的有关物理量既随位置而变，又随时间而变，则称为非稳态流动（unsteady flow）。

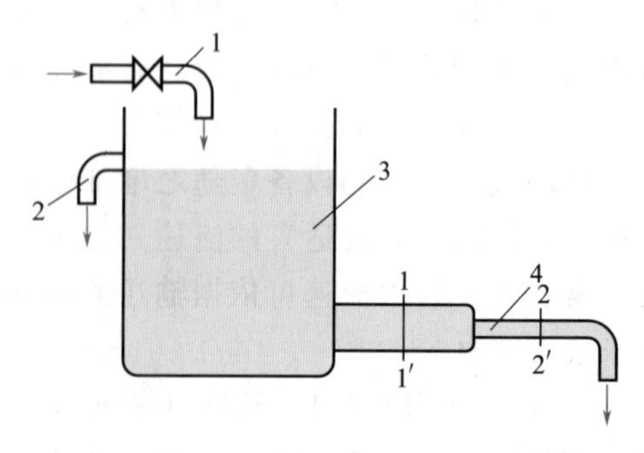

图 1-9　流动情况示意图

1—进水管；2—溢流管；3—水箱；4—排水管

如图 1-9 所示，水箱 3 上部不断地有水从进水管 1 注入，从下部排水管 4 排出，且在单位时

间内，进水量总是大于排水量，多余的水由水箱上方溢流管 2 溢出，以维持箱内水位恒定不变。在此流动系统中，任意取两个截面 1-1′和 2-2′，经测定发现，两截面上的流速和压力虽然不等，但每一截面上的流速和压力并不随时间变化，这种流动情况属于稳态流动。若将图中进水管的阀门关闭，箱内的水仍由排水管不断排出，由于箱内无水补充，水位将逐渐下降，各截面上水的流速与压力也会随之降低，此时各截面上水的流速与压力不但随位置变化，也随时间变化，这种流动情况属于非稳态流动。

化工生产过程多属于连续稳态过程，所以本章着重介绍稳态流动的问题。

1.2.3 牛顿黏性定律与流体的黏度

1. 牛顿黏性定律

流体具有流动性，即没有固定形状，在外力作用下其内部会发生相对运动。另外，在运动的状态下，流体还有一种抗拒内在的向前运动的特性，称为黏性。黏性是流动性的反面。由于流体黏性的存在，流体质点发生相对运动时会产生相互作用力，速度快的流体质点对相邻的速度较慢的流体质点产生了一个推动其向前运动的力；同时，速度慢的流体质点对速度快的流体质点也存在一个大小相等、方向相反的力，从而阻碍速度快的流体质点向前运动。相邻两流体质点间的这种相互作用力，因为在运动着的流体内部产生，称为流体的内摩擦力或剪切力，它是流体黏性的表现，又称为黏滞力或黏性摩擦力。流体流动时必须克服内摩擦力才能向前运动，克服内摩擦力做功使流体的一部分机械能转变为热而损失掉，因此，流体流动时的内摩擦力是流动阻力产生的依据。

流体流动时内摩擦力的大小、影响因素可通过下面的例子说明。

如图 1-10 所示，设有上下两块平行放置且面积很大而相距很近的平板，板间充满了某种液体。若将下板固定，对上板施加一个恒定的外力，上板就以恒定的速度 u 沿 x 方向运动。此时，两板间的液体就会分成无数平行的薄层而运动，黏附在上板底面的一薄层液体也以速度 u 随上板运动，其下各层液体的速度依次降低，黏附在下板表面的液层速度为零。两平板间 u 与 y 呈线性变化。

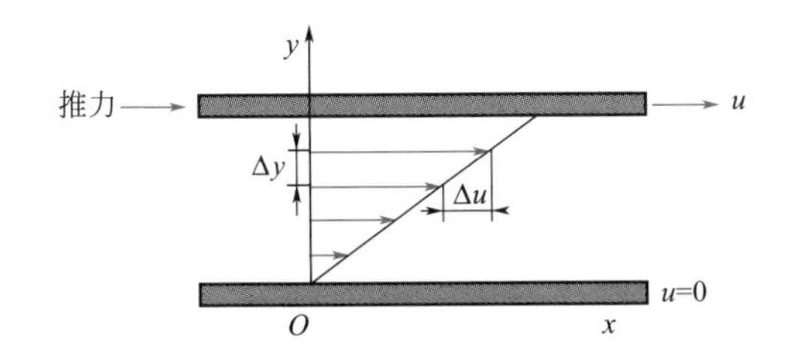

图 1-10 平板间液体速度变化图

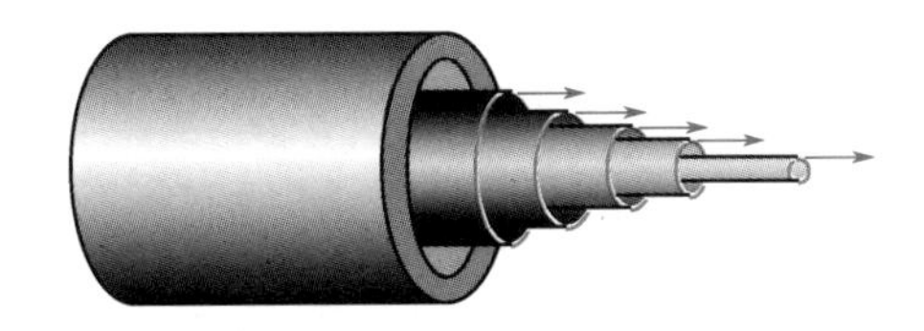

图 1-11 流体在圆管内分层流动示意图

同样可分析水在圆管内的流动，如图 1-11 所示，在管壁处水的质点附于管壁上，其速度为零，离开管壁处流体速度逐渐增大，至管中心处的速度最大。所以，流体在圆管内流动时，实际上是被分割成无数极薄的圆筒层，一层套着一层，各层以不同的速度向前运动，层与层之间发生了相对运动，流速 u 在管截面上的分布与流动状况有关，将在 1.2.5 节中讨论。

实验证明，对于一定的流体，内摩擦力 F 与两流体层的速度差 du 成正比，与两层之间的垂直距离 dy 成反比，与两层间的接触面积 S 成正比，引入一个比例系数 μ，写成等式，

即
$$F=\mu \frac{du}{dy}S \tag{1-20}$$
内摩擦力 F 与作用面 S 平行。单位面积上的内摩擦力称为内摩擦应力或剪应力，以 τ 表示，于是式 1-20 可写成

$$\boxed{\tau=\frac{F}{S}=\mu \frac{du}{dy}} \tag{1-20a}$$

式中　du/dy——速度梯度，即在与流动方向相垂直的 y 方向上流体速度的变化率；

　　μ——比例系数，称为动力黏度，简称黏度（viscosity）。

式 1-20 或式 1-20a 称为牛顿黏性定律。凡遵循牛顿黏性定律（即剪应力与速度梯度呈线性关系，且直线过原点）的流体称为牛顿型流体，否则为非牛顿型流体。所有气体和大多数液体均属牛顿型流体；而某些高分子溶液、油漆、血液等则属于非牛顿型流体。本章主要讨论牛顿型流体。

2. 流体的黏度

式 1-20a 可改写成

$$\mu=\frac{\tau}{du/dy} \tag{1-20b}$$

黏度的物理意义是促使流体流动产生单位速度梯度的剪应力。由上式可知，速度梯度最大之处剪应力亦最大，速度梯度为零之处剪应力亦为零。黏度总是与速度梯度相联系，这与前面所讨论的运动着的流体才表现出黏性相一致。

黏度是流体的重要物理性质之一，其值由实验测定。对一定的流体，黏度是温度和压力的函数。液体的黏度随温度升高而减小，气体的黏度则随温度升高而增大。压力变化时，液体的黏度基本不变；气体的黏度随压力增加而增加得很少，在一般工程计算中可以忽略，只有在极高或极低的压力下，才需考虑压力对气体黏度的影响。

在 SI 单位制中，黏度的单位为

$$[\mu]=[\frac{\tau}{du/dy}]=\frac{Pa}{m\cdot s^{-1}\cdot m^{-1}}=\frac{kg}{m\cdot s}=Pa\cdot s$$

在工程上，黏度单位还常用 cP（厘泊）或 P（泊）表示。P 是黏度在物理单位制中的导出单位，即

$$[\mu]=\frac{dyn\cdot cm^{-2}}{cm\cdot s^{-1}\cdot cm^{-1}}=\frac{g}{cm\cdot s}=P$$

不同黏度单位的换算关系是

$$1cP=0.01P=0.001Pa\cdot s$$

某些常用流体的黏度，可以从本教材附录或有关手册中查得。此外，流体的黏性还可用黏度 μ 与密度 ρ 的比值来表示，称为运动黏度，以 ν 表示，即

$$\boxed{\nu=\frac{\mu}{\rho}} \tag{1-21}$$

运动黏度在法定单位制中的单位为 m^2/s，在物理制中的单位为 cm^2/s，称为斯托克斯，简称斯，以 St 表示，$1St=100cSt$（厘斯）$=10^{-4}m^2/s$。

在工业生产中常遇到各种流体的混合物。对混合物的黏度，如缺乏实验数据时，可参阅有关资料，选用适当的经验公式进行估算。

黏度为零的流体称为理想流体，自然界中并不存在理想流体，真实流体运动时都会表现出黏性。但引入理想流体的概念，对研究实际流体起着很重要的作用。因为影响黏度的因素很多，给实际流体运动规律的数学描述带来很大困难。工程上常用的方法是，先按理想流体考虑，找出规律后，再考虑黏度的影响，对理想流体的分析结果加以修正后用于描述实际流体。另外，在某些场合下，黏性不起主导作用，也可将实际流体按理想流体来处理。

【例 1-8】 已知 40℃水的黏度为 0.656 cP(厘泊)，密度为 992.2kg/m^3，试计算 40℃水的运动黏度。

解：0.656cP=6.56×10^{-4}Pa·s

运动黏度 $\nu=\dfrac{\mu}{\rho}=\dfrac{6.56\times10^{-4}}{992.2}=6.612\times10^{-7}\mathrm{m^2/s}=0.6612\mathrm{cSt}$

1.2.4 流动类型与雷诺数

1. 雷诺实验与雷诺数

雷诺实验装置如图 1-12 所示。在水箱 3 内装有溢流装置 6，以维持水位恒定。箱的底部接一段直径相同的水平玻璃管 4，管出口处有阀门 5 以调节流量。水箱上方的小瓶 1 内装有带颜色的液体，有色液体可经过细管 2 注入玻璃管中心位置。

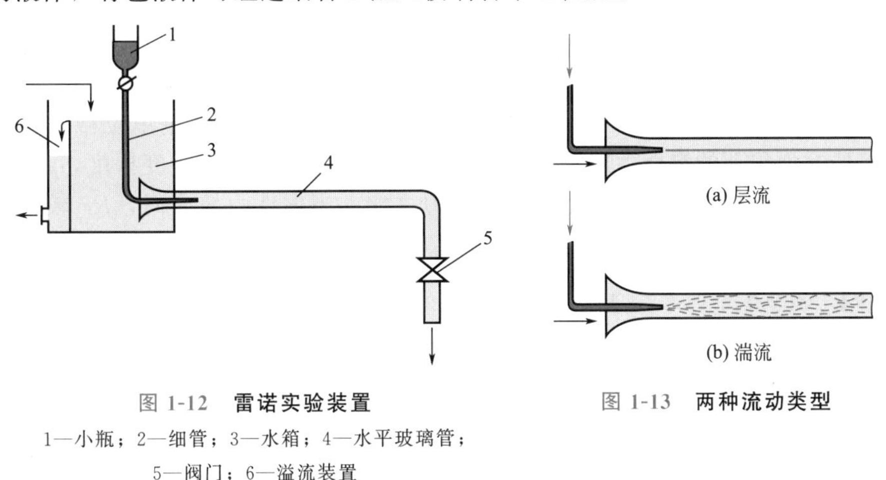

图 1-12 雷诺实验装置

1—小瓶；2—细管；3—水箱；4—水平玻璃管；5—阀门；6—溢流装置

图 1-13 两种流动类型

实验时可以观察到，当玻璃管内水流速度不大时，从细管引到水流中心的有色液体呈一直线平稳地流过整根玻璃管，如图 1-13(a) 所示。表明玻璃管里水的质点是沿着与管轴平行的方向作直线运动。若把水流速度逐渐提高到一定数值，有色液体的细线开始出现波浪形，速度再增大时，细线便完全消失，有色液体流出细管后随即散开，与水完全混合在一起，使整根玻璃管中的水呈现均匀的颜色，如图 1-13(b) 所示。这时水的质点除了沿管道向前运动外，各质点还作径向不规则脉动，相互碰撞并相互混合，流体质点速度的大小和方向随时发生变化。雷诺实验显示出流体流动的两种截然不同的类型。图 1-13(a) 的流动称为层流 (laminar flow) 或滞流，图 1-13(b) 的流动称为湍流 (turbulent flow) 或紊流。

2. 层流与湍流

进一步实验可发现，除流速 u 能引起流动状况改变外，管径 d、流体的黏度 μ 和密度 ρ 也都能引起流动状况的改变。通过分析研究，可将这些影响因素组合为一个特征数 $\dfrac{du\rho}{\mu}$。

$\frac{du\rho}{\mu}$称为管内流动的雷诺数（Reynolds number），以 Re 表示。

雷诺数的单位为

$$[Re]=\left[\frac{d\rho u}{\mu}\right]=\frac{(\mathrm{m})(\mathrm{kg/m^3})(\mathrm{m/s})}{\mathrm{kg/(m\cdot s)}}=\mathrm{m^0kg^0s^0}$$

无论采用何种单位制，只要 Re 中各物理量采用相同单位制中的单位，计算出的 Re 都是量纲为 1 的，且数值相等。

由几个有内在联系的物理量按量纲为 1 条件组合起来的数群，称为特征数。这种组合并非是任意的，一般都是在大量实践的基础上，对影响某一现象或过程的各种因素有一定认识之后，再用物理分析或数学推演或二者相结合的方法定出来。它既反映所包含的各物理量的内在关系，又能说明某一现象或过程的一些本质。

Re 是反映流体流动特性的特征数，实验证明，流体在直管内流动时

当 $Re\leqslant 2000$ 时，流动类型属于层流；

当 $Re\geqslant 4000$ 时，流动类型属于湍流；

当 $2000<Re<4000$ 时，流动可能是层流，也可能是湍流，这一区域称为不稳定的过渡区（transition region）。过渡区内若受外界条件的影响，如管道直径或方向的改变，外来的轻微震动等，都有可能使湍流发生，所以在工业生产中，一般 $Re\geqslant 3000$ 即按湍流考虑。

另一方面，Re 实际上反映了流体流动中惯性力与黏滞力的比。$Re=\frac{du\rho}{\mu}=\frac{\rho u^2}{\mu u/d}$，其中 ρu 代表单位时间通过单位截面积流体的质量，ρu^2 表示单位时间通过单位截面积流体的动量，它与单位截面积上的惯性力成正比；而 u/d 反映了流体内部的速度梯度，$\mu u/d$ 与流体内的黏滞力成正比。所以 Re 为惯性力与黏滞力之比。当惯性力较大时，Re 较大；当黏滞力较大时，Re 较小。

【例 1-9】 例 1-8 中的水在 ϕ70mm×3mm 的无缝钢管中流动，若流速为 1m/s，试计算水的 Re。若输送的是运动黏度为 90cSt 的燃料油，Re 又为多少？

解：

$$Re=\frac{du\rho}{\mu}=\frac{du}{\nu}$$

ϕ70mm×3mm 的无缝钢管内径 $d=70-2\times 3=64\mathrm{mm}$

例 1-8 中已经求出：$\nu=\frac{\mu}{\rho}=6.612\times 10^{-7}\mathrm{m^2/s}$，代入 Re 计算式

$$Re=\frac{du}{\nu}=\frac{0.064\times 1}{6.612\times 10^{-7}}=96794$$

若输送燃料油，则

$$Re=\frac{du}{\nu}=\frac{0.064\times 1}{90\times 10^{-6}}=711$$

从上述计算中可以看出黏度对流动状态的影响，流体以相同的流速在相同尺寸的管道内流动，水已达到湍流状态，而黏度较大的燃料油仍然处于层流流动状态。

另外，必须强调，层流与湍流的本质区别是它们的质点运动方式不同。流体在管内作层流流动时，其质点沿管轴作有规则的平行运动，各质点互不碰撞，互不混合，此时的流动阻力主要是由黏性引起的内摩擦应力，可由牛顿黏性定律描述。流体在管内作湍流流动时，其质点作不规则的杂乱运动并相互碰撞，产生大大小小的旋涡。由于质点碰撞而产生的阻力称

为附加阻力，又称湍流切应力，简称为湍流应力。湍流应力比内摩擦应力大得多，流体质点的剧烈碰撞，使流体前进阻力急剧加大，所以湍流流动时的流动阻力比层流时大很多。

1.2.5 流体在圆管内的速度分布

设流体在半径为 R 的水平直管段内沿轴向 z 作一维稳态流动，于管轴心处取一半径为 r、长度为 l 的流体柱作为分析对象，如图 1-14 所示，作用于流体柱两端面的压力分别为 p_1 和 p_2，则作用在流体柱上的推动力为 $(p_1-p_2)\pi r^2=\Delta p\pi r^2$。

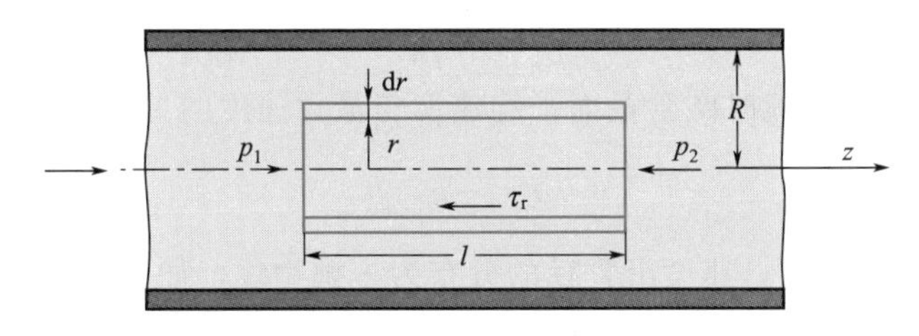

图 1-14 作用于圆管中流体上的力

距管中心 r 处的流体速度为 u_z，此处的速度梯度为 $\mathrm{d}u_z/\mathrm{d}r$，两相邻流体层所产生的剪应力为 τ_r。则作用在流体柱上的阻力为 $\tau_r S=\tau_r(2\pi rl)$。

流体作等速运动时，推动力与阻力大小相等，方向相反，故

$$\Delta p\pi r^2=\tau_r(2\pi rl) \tag{1-22}$$

整理为

$$\tau_r=\frac{\Delta p}{2l}r \tag{1-22a}$$

式 1-22a 表明流体在管内流动时，剪应力 τ_r 随半径呈线性变化，管中心处为零，管壁处最大。

要获得速度在管道截面上的分布，需计算式 1-22a 中的剪应力 τ_r，而 τ_r 的计算因流型而异，下面分别讨论。

1. 层流流动时流体在圆管内的速度分布

层流时剪应力服从牛顿黏性定律，即

$$\tau_r=-\mu\frac{\mathrm{d}u_z}{\mathrm{d}r}$$

式中的负号表示流速 u_z 沿半径 r 增加的方向而减小。

代入式 1-22a 并整理得

$$\mathrm{d}u_z=-\frac{\Delta p}{2\mu l}r\,\mathrm{d}r \tag{1-22b}$$

在边界条件：$r=r$ 时，$u_z=u_z$；$r=R$（在管壁处）时，$u_z=0$。积分上式，并整理得

$$u_z=\frac{\Delta p}{4\mu l}(R^2-r^2) \tag{1-23}$$

式 1-23 是流体在圆管内作层流流动时的速度分布表达式。它表示在某一压差 Δp 之下，u_z 与 r 的关系为抛物线方程。且当 $r=R$ 时，$u_z=0$，即管壁处速度为零；当 $r=0$ 时，得管中心处的速度，即管截面上的最大流速

$$u_{\max}=\frac{\Delta pR^2}{4\mu l} \tag{1-24}$$

由图 1-14 可知，通过厚度为 $\mathrm{d}r$ 的环形截面积 $\mathrm{d}A=2\pi r\,\mathrm{d}r$，体积流量为 $\mathrm{d}V_s=u_z\,\mathrm{d}A=$

$u_z(2\pi r\mathrm{d}r)$。所以整个管截面的体积流量为

$$V_s=\int_0^R 2\pi r u_z \mathrm{d}r$$

于是管截面的平均流速为

$$u=\frac{1}{\pi R^2}\int_0^R 2\pi r u_z \mathrm{d}r=\frac{2}{R^2}\int_0^R r u_z \mathrm{d}r$$

将速度分布式 1-23 代入上式，进行积分并整理，得管截面平均流速为

$$u=\frac{\Delta p R^2}{8\mu l} \tag{1-25}$$

比较式 1-24 与式 1-25，层流时圆管截面平均速度与最大速度的关系为

$$u=\frac{1}{2}u_{\max} \tag{1-26}$$

综上所述，层流流动时，速度沿管径的分布为一抛物线，如图 1-15(a) 所示。流体层之间的剪应力可用牛顿黏性定律描述，管内的速度分布完全由理论分析推导得到。

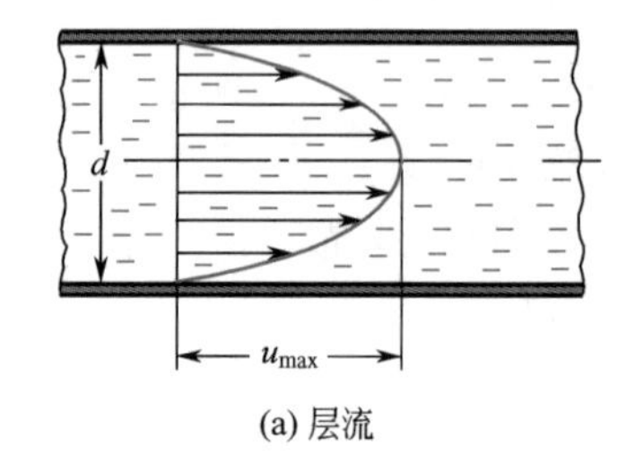

(a) 层流

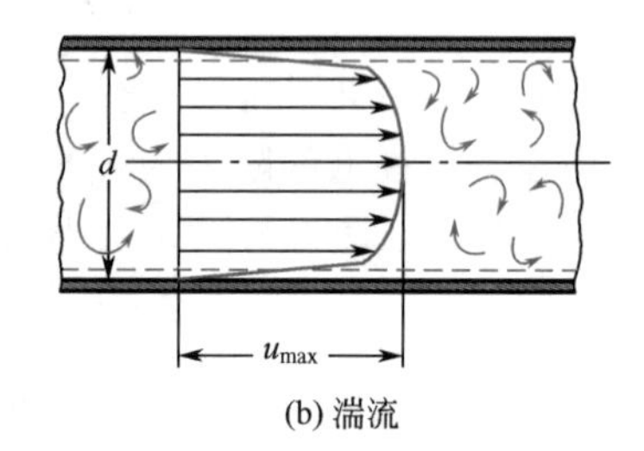

(b) 湍流

图 1-15　圆管内速度分布

2. 湍流流动时流体在圆管内的速度分布

湍流时，流体质点的运动情况非常复杂，湍流流动中的总阻力包括由黏性产生的内摩擦应力和湍流应力，湍流应力已不能用牛顿黏性定律表示，但可仿照牛顿黏性定律的形式写成与速度梯度成正比，即

$$\tau_t=-e\frac{\mathrm{d}u_z}{\mathrm{d}r} \tag{1-27}$$

式中　e——涡流黏度，Pa·s；

τ_t——湍流应力，N/m^2。

则总摩擦应力 τ 为

$$\tau=-(\mu+e)\frac{\mathrm{d}u_z}{\mathrm{d}r} \tag{1-28}$$

涡流黏度 e 与黏度 μ 的单位相同，但黏度是流体的物理性质，其值与流体的流动状况无关，而涡流黏度不是流体的物理性质，其值不仅与流体的物性有关，还与流体的流动状况密切相关，它反映湍流流动中流体的脉动特性。

目前还不能完全采用理论方法得出湍流时的速度分布规律。有研究者实验测定得到湍流时圆管内的速度分布曲线如图 1-15(b) 所示。由于流体质点的强烈分离与混合，使截面上靠管中心部分各点速度彼此扯平，速度分布比较均匀，而管壁处速度梯度较大，所以速度分布曲线不再是严格的抛物线。

1.2.6 流动边界层的概念

1. 边界层的形成

当流体流经固体壁面时，由于流体具有黏性，会在垂直于流体流动的方向上产生速度梯度。图 1-16 是流体流经平板的情况，流体以均匀一致的流速 u_s 平行流入平板壁面，由于平板是静止的，使得紧邻壁面的流体层的速度立刻降为零，在流体黏性作用下，黏附在壁面上静止的流体层与其相邻的流体层间产生内摩擦力，使相邻流体层的速度减慢，并且这种减速作用会逐层向流体内部传递，在壁面附近形成一存在速度梯度的流体薄层，薄层内靠近壁面处速度梯度较大，离壁面越远，速度梯度越小。这个在壁面附近，存在较大速度梯度的流体薄层称为流动边界层，简称边界层（boundary layer），如图 1-16 中虚线所示。边界层外，即速度梯度可视为零的区域，黏性不起作用，称为流体的外流区或主流区。对于流体在平板上的流动，主流区的流速应与未受壁面影响的流速相等，仍为 u_s。边界层的厚度 δ 等于由壁面至速度达到主流速度的点之间的距离，工程上一般用 $u=0.99u_s$ 确定边界层的外缘。实际上，边界层的厚度 δ 与从平板前缘算起的距离 x 相比是很小的。

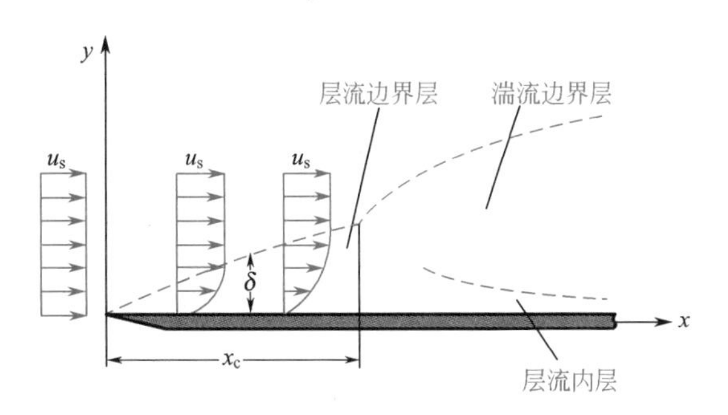

图 1-16　平板上的流动边界层

由于边界层的形成，把沿壁面的流动简化成两个区域，即边界层区与主流区。在边界层内，垂直于流动方向上存在着显著的速度梯度 $\mathrm{d}u/\mathrm{d}y$，即使黏度 μ 很小，内摩擦应力 $\tau=\mu\dfrac{\mathrm{d}u}{\mathrm{d}y}$ 仍然相当大，不可忽视。在主流区内，$\dfrac{\mathrm{d}u}{\mathrm{d}y}\approx 0$，内摩擦应力可忽略不计，此区流体可视为理想流体。

应用边界层的概念研究实际流体的流动，将流动阻力集中于边界层内，使问题得到简化，从而可以用理论的方法来解决比较复杂的流动问题。边界层概念的提出对传热与传质过程的研究亦具有重要意义。

2. 边界层的发展

随着流体的向前运动，边界层的厚度会逐渐增大，如图 1-16 所示，这种现象说明边界层在平板前缘后的一定距离内是发展的。

流体流经圆管时，边界层的发展如图 1-17 所示，随流体向前流动，边界层逐渐增厚，最终在管中心汇合，此后边界层占据整个圆管的截面，其厚度维持不变，等于管子半径。边界层在管中心汇合之前的距离称为稳定段长度或进口段长度。在稳定段之后，各截面速度分布曲线形状不再改变，称为完全发展了的流动。

在边界层发展过程中，若边界层内流体的流型是层流，则称这种边界层为层流边界层；若边界层内的流动由层流转变为湍流，此后的边界层称为湍流边界层。图 1-16 和图 1-17(b) 中可看到边界层从层流转变为湍流的发展过程。在湍流边界层内，靠近平板的一层极薄的流体，仍维持层流，该流体层称为层流内层或层流底层。层流内层与湍流层（称为湍流核心）之间还存在过渡层或缓冲层，其流动类型不稳定，可能是层流，也可能是湍流。因此，在湍

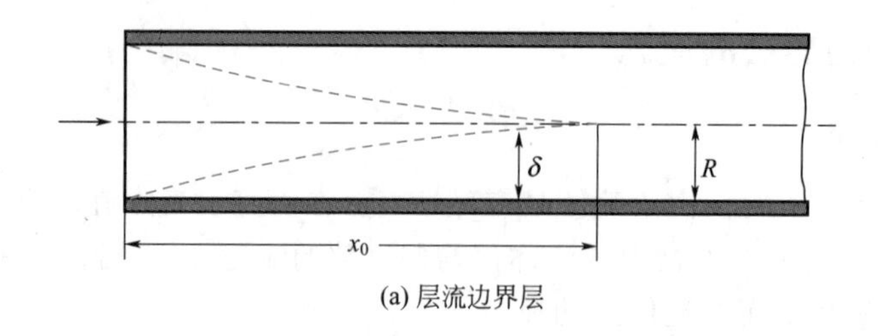

(a) 层流边界层

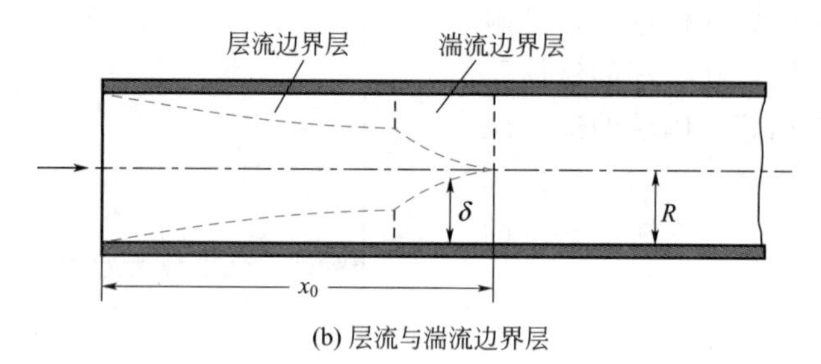

(b) 层流与湍流边界层

图 1-17　**圆管进口段流动边界层的发展变化**

流边界层内，垂直于流体流动方向，又分为层流内层、过渡层和湍流核心。

3. 边界层的分离

流体流过平板或圆管时，流动边界层是紧贴在壁面上的。如果流体流过曲面，如球体、圆柱体或其他几何形状物体的表面时，所形成的边界层还有一个极其重要的特点，即无论是层流还是湍流，在一定条件下都会产生边界层与固体表面脱离的现象，并在脱离处产生旋涡，加剧流体质点间的相互碰撞，造成流体的能量损失。

下面对流体流过曲面时产生的边界层分离现象进行分析。如图 1-18 所示，流体以均匀的流速垂直流过一无限长的圆柱体表面（以圆柱体上半部为例）。当流体到达 A 点时，受到壁面的阻滞，流速变为零。A 点称为停滞点或驻点。此处流体的动能全部转化为静压能，压力达到最大，在高压作用下流体被迫改变原来的运动方向，由 A 点绕圆柱表面流向 B 点，并在圆柱表面形成边界层，因流通截面逐渐减小，边界层内流动处于加速减压的情况之下，所减小的静压能，一部分转变为动能，另一部分消耗于克服流动阻力（摩擦阻力）。在 B 点处流速达到最大而压力最低。过 B 点之后，随流通截面的逐渐增加，流体又处于减速加压的情况，所减小的动能，一部分转变为静压能，另一部分消耗于克服摩擦阻力。此后，动能随流动过程持续减小，到达某点 C 时，其动能消耗殆尽，则点 C 的流速为零，压力达到最大，形成新的停滞点，后继而来的液体在高压作用下被迫离开壁面，故点 C 称为分离点。这种边界层脱离壁面的现象，称为边界层分离。

由于边界层分离，在 C 点的下游形成了液体的空白区，后面的液体必然倒流回来以填充空白区，倒流回来的流体与原来的流体流向相反，两股流体的交界面称为分离面，如图 1-18 中曲面 CD 所示。分离面与壁面之间不同流向的流体剧烈碰撞，形成涡流区，造成大量能量损耗。这部分能量损耗是由于固体表面形状造成边界层分离所引起的，称为形体阻力。流体流经管件、阀门、管子进出口等处时，由于流道形状和截面的突然改变，使流速的大小和方向都发生突变，会形成边界层分离而产生形体阻力。

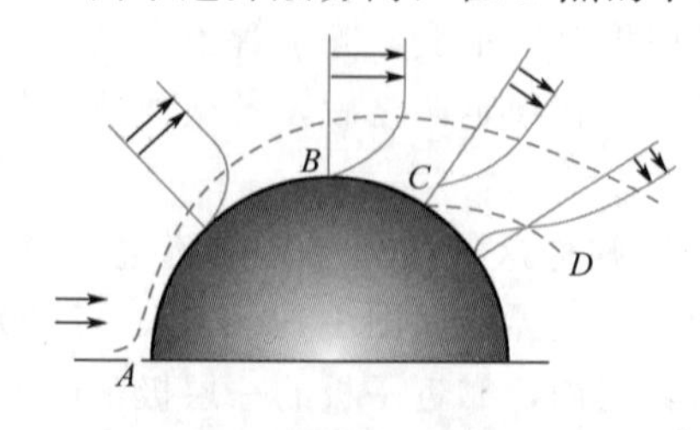

图 1-18　**流体流过圆柱体表面的边界层分离**

1.3 流体流动基本方程

本节通过质量守恒和能量守恒找出流体在管内的流动规律，得到连续性方程和伯努利方程，并利用这些方程解决流体输送过程中经常遇到的一些问题。

1.3.1 质量衡算——连续性方程

连续性方程实际上是流动系统的物料衡算式。

对于如图 1-19 所示的一个稳态流动系统，在截面 1-1′与 2-2′间作物料衡算，由于稳态流动系统内任一位置处均无物料积累，所以系统的输入量等于输出量，即单位时间进入截面 1-1′的流体质量与流出截面 2-2′的流体质量相等，即 $W_{s1}=W_{s2}$。因为 $W_s=\rho uA$，故物料衡算式为

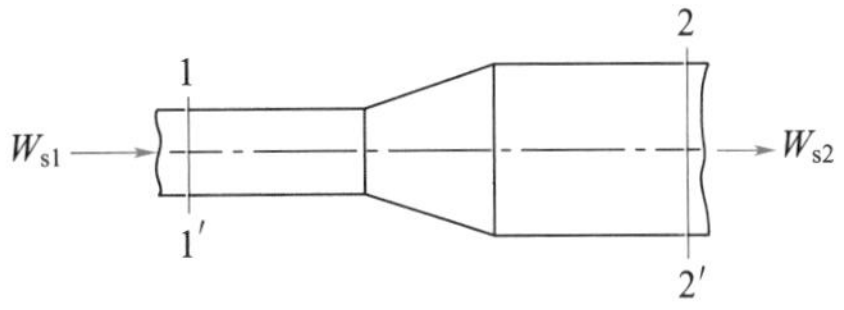

图 1-19 稳态流动系统

$$W_s=\rho_1 u_1 A_1=\rho_2 u_2 A_2 \tag{1-29}$$

推广到管路上任一截面，即

$$\boxed{W_s=\rho_1 u_1 A_1=\rho_2 u_2 A_2=\cdots\cdots=\rho uA=\text{常数}} \tag{1-29a}$$

式 1-29a 表示在稳态流动系统中，流体流经各截面的质量流量不变，而流速 u 随管道截面积 A 及流体的密度 ρ 而变化。

若流体可视为不可压缩的流体，即 $\rho=$常数，则式 1-29a 可改写为

$$\boxed{V_s=\rho_1 u_1=\rho_2 u_2=\cdots\cdots=\rho u=\text{常数}} \tag{1-30}$$

式 1-30 说明不可压缩流体流经各截面的质量流量相等，体积流量也相等。

式 1-29 和式 1-30 都称为管内稳态流动的连续性方程。它反映了在稳态流动系统中，流量一定时，管路各截面上流速的变化规律。对圆形管道，式 1-30 可以写成

$$\frac{\pi}{4}d_1^2 u_1=\frac{\pi}{4}d_2^2 u_2$$

或

$$\boxed{\frac{u_1}{u_2}=\left(\frac{d_2}{d_1}\right)^2} \tag{1-30a}$$

式中 d_1 与 d_2 分别为管道截面 1 和截面 2 处的管内径。上式表明，不可压缩流体在管道中的平均流速与管道直径的平方成反比，这其实是不可压缩流体在圆管内流动时连续性方程的表达式。

【例 1-10】 水在一水平管内稳态流动，管路为一直径 ϕ32mm×2mm 的粗管串联一直径 ϕ25mm×2mm 的细管，已知水在粗管内的流速为 1.5m/s，试求水在细管内的流速。

解：利用连续性方程（式 1-30a）

$$\frac{u_1}{u_2}=\left(\frac{d_2}{d_1}\right)^2$$

将 $u_2=1.5\text{m/s}$，$d_2=0.028\text{m}$，$d_1=0.021\text{m}$ 代入上式，则细管内流速为

$$u_1=1.5\times\left(\frac{0.028}{0.021}\right)^2=2.67\text{m/s}$$

1.3.2 能量衡算——伯努利方程

1. 流动系统的总能量衡算

在图 1-20 所示的稳态流动系统中，流体从截面 1-1′流入，经粗细不同的管道，从截面 2-2′流出。管路上装有对流体做功的泵 2 及向流体输入或从流体取出热量的换热器 1。

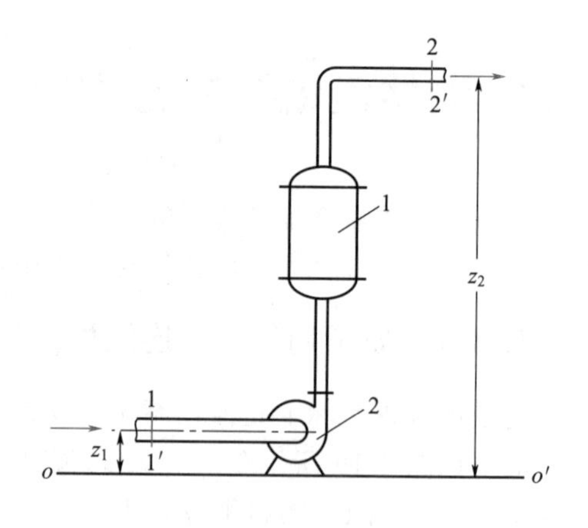

图 1-20 流动系统的总能量衡算示意图

1—换热器；2—泵

衡算范围：内壁面、1-1′与 2-2′截面间。

衡算基准：1kg 流体。

基准水平面：o-o'平面。

令 u_1、u_2——流体在截面 1-1′与 2-2′处的流速，m/s；

p_1、p_2——流体在截面 1-1′与 2-2′处的压力，Pa；

z_1、z_2——截面 1-1′与 2-2′的中心至基准水平面 o-o'的垂直距离，m；

U_1、U_2——截面 1-1′与 2-2′的内能，J/kg；

v_1、v_2——流体在截面 1-1′与 2-2′处的比体积，m^3/kg。

1kg 流体进、出系统时输入和输出的能量有：

① 内能　物质内部能量的总和称为内能。1kg 流体输入与输出系统的内能为 U_1 和 U_2。

② 位能　位能是个相对值，随所选的基准水平面位置而定。以 o-o'为基准面的位能为 mgz，其单位为 J。1kg 流体输入与输出的位能分别为 gz_1 和 gz_2，单位为 J/kg。

③ 动能　质量为 m，流速为 u 的流体所具有的动能为 $mu^2/2$，单位为 J。1kg 流体输入与输出的动能分别为 $u_1^2/2$ 和 $u_2^2/2$，其单位为 J/kg。

④ 静压能　与静止流体相同，流动着的流体内部任何位置都有一定的静压力。对于图 1-20 所示的流动系统，由于 1-1′截面处液体具有一定的压力，要进入系统的流体必须克服这个压力，做相应的功。于是通过截面 1-1′的流体必定要带着与所需的功相当的能量进入系统，流体所具有的这种能量称为静压能或流动功。

设质量为 m、体积为 V_1 的流体通过截面积为 A_1 的截面 1-1′，把该流体推进此截面所需的作用力为 p_1A_1，而流体通过此截面所走的距离为 V_1/A_1，则流体带入系统的静压能为 $p_1A_1V_1/A_1=p_1V_1$，对 1kg 流体，则输入的静压能为 $p_1V_1/m=p_1v_1$，单位为 J/kg。同理，1kg 流体离开系统时输出的静压能为 p_2v_2，单位同样为 J/kg。

位能、动能及静压能又称为机械能，三者之和称为总机械能。此外，在图 1-20 中的管路上还安装有换热器和泵，则进出系统的能量还有以下几项。

① 热 Q_e　换热器向 1kg 流体供应的热量，J/kg。流体加热时 Q_e 为正，反之为负。

② 外功（净功）W_e　1kg 流体从泵（或其他输送设备）所获得的能量，称为外功或净功，亦称为有效功，J/kg。

根据能量守恒定律，连续稳态流动系统中输入的总能量等于输出的总能量，于是以 1kg 流体为基准的能量衡算式为

$$U_1+gz_1+\frac{1}{2}u_1^2+p_1v_1+Q_e+W_e=U_2+gz_2+\frac{1}{2}u_2^2+p_2v_2 \tag{1-31}$$

若令 $\Delta U=U_2-U_1$，$g\Delta z=g(z_2-z_1)$，$\dfrac{\Delta u^2}{2}=\dfrac{u_2^2}{2}-\dfrac{u_1^2}{2}$，$\Delta pv=p_2v_2-p_1v_1$，则式 1-31 又可写成

$$\Delta U+g\Delta z+\frac{\Delta u^2}{2}+\Delta(pv)=Q_e+W_e \tag{1-31a}$$

式 1-31 与式 1-31a 是稳态流动过程的总能量衡算式，也是流动系统中热力学第一定律的表达式。

2. 流动系统的机械能衡算式与伯努利（Bernoulli）方程

（1）稳态流动系统的机械能衡算式

由热力学第一定律可知，1kg 流体从截面 1-1′流至截面 2-2′时，内能的变化等于吸收的热量 Q'_e减去因被加热而引起体积膨胀所做的功 $\int_{v_1}^{v_2}p\,dv$，即

$$\Delta U=Q'_e-\int_{v_1}^{v_2}p\,dv \tag{1-32}$$

其中 Q'_e由两部分组成，一部分是流体从换热器获得的热量 Q_e，另一部分是液体在截面 1-1′和 2-2′间流动时，为克服流动阻力而消耗的能量 $\sum h_f$，单位为 J/kg，所以 $Q'_e=Q_e+\sum h_f$。则式 1-32 可写成

$$\Delta U=Q_e+\sum h_f-\int_{v_1}^{v_2}p\,dv \tag{1-32a}$$

将式 1-32a 代入式 1-31a，得

$$g\Delta z+\frac{1}{2}\Delta u^2+\int_{p_1}^{p_2}v\,dp=W_e-\sum h_f \tag{1-33}$$

式 1-33 称为流体稳态流动时的机械能衡算式，对可压缩流体与不可压缩流体均适用。

（2）伯努利方程——不可压缩流体稳态流动的机械能衡算式

不可压缩流体的比体积 v 或密度 ρ 为常数，故式 1-33 中的积分项变为 $\int_{p_1}^{p_2}v\,dp=(p_2-p_1)v=\Delta p/\rho$ 。于是，式 1-33 可以改写成

$$g\Delta z+\frac{1}{2}\Delta u^2+\frac{\Delta p}{\rho}=W_e-\sum h_f \tag{1-34}$$

或

$$\boxed{gz_1+\frac{u_1^2}{2}+\frac{p_1}{\rho}+W_e=gz_2+\frac{u_2^2}{2}+\frac{p_2}{\rho}+\sum h_f} \tag{1-34a}$$

式 1-34 称为不可压缩流体稳态流动时的机械能衡算式。

对于理想流体，由于黏度为零，在流动中不会产生因黏性引起的内摩擦力，也就不会有流动阻力。所以理想流体的能量损失 $\sum h_f=0$。若没有外功加入，即 $W_e=0$，式 1-34a 便可简化为

$$\boxed{gz_1+\frac{u_1^2}{2}+\frac{p_1}{\rho}=gz_2+\frac{u_2^2}{2}+\frac{p_2}{\rho}} \tag{1-35}$$

式 1-35 称为伯努利方程，式 1-34 及式 1-34a 可以看作是伯努利方程的引申，习惯上也称为伯努利方程。

3. 伯努利方程的讨论

① 伯努利方程（式 1-35）表示理想流体在管道内作稳态流动而又没有外功加入时，在管道不同截面处各种形式的机械能可以相互转换，但总机械能保持不变。例如，某种理想流体在水平管道中稳态流动，若在某处管道的截面积缩小，则流速增加，因总机械能不变，静压能就要相应降低，即一部分静压能转变为动能；反之，管道的截面积增大，流速减小，动能减小，则静压能要增加。因此，式 1-35 也表示了理想流体流动过程中各种形式的机械能相互转换的数量关系。

对实际流体的稳态流动过程，应由式 1-34 或式 1-34a 描述。

② 若系统内的流体处于静止状态，则 $u=0$，没有流动，自然没有阻力，$\sum h_f=0$，也就不需要外功加入，$W_e=0$，于是式 1-34a 变成

$$gz_1+\frac{p_1}{\rho}=gz_2+\frac{p_2}{\rho}$$

上式即为流体静力学基本方程。由此可见，流体的静止状态只不过是流动状态的一种特例。

③ 式 1-34a 中各项单位为 J/kg，表示单位质量流体所具有的能量。应注意 gz、$\frac{u^2}{2}$、$\frac{p}{\rho}$ 与 W_e、$\sum h_f$ 的区别。前三项是指在某截面上流体本身所具有的能量，只与所选取的截面有关；后两项是指流体在两截面之间获得和消耗的能量，与流体在上下游截面间经历的过程有关。其中 W_e 是输送设备对单位质量流体所做的有效功，是选择流体输送设备的重要依据。单位时间输送设备所做的有效功称为有效功率，以 N_e 表示，即

$$N_e=W_sW_e \tag{1-36}$$

式中 W_s——流体的质量流量，kg/s；

N_e——输送设备的有效功率，J/s 或 W。

④ 对于可压缩流体的流动，若系统上、下游截面间的绝对压力变化小于 20%，即 $\frac{p_1-p_2}{p_1}<20\%$时，仍可用式 1-34 与式 1-35 进行计算，但此时式中的流体密度 ρ 应以两截面间流体的平均密度 ρ_m 来代替。这种处理方法所导致的误差，在工程计算上是允许的。

⑤ 对于非稳态流动系统，在任一瞬间，伯努利方程仍成立。

⑥ 不同衡算基准下，伯努利方程可写成不同形式。

以单位重量流体为衡算基准，将式 1-34 各项除以 g，得

$$\Delta z+\frac{\Delta u^2}{2g}+\frac{\Delta p}{\rho g}=\frac{W_e}{g}-\frac{\sum h_f}{g}$$

令 $H_e=W_e/g$，$H_f=\sum h_f/g$，则

$$\boxed{\Delta z+\frac{\Delta u^2}{2g}+\frac{\Delta p}{\rho g}=H_e-H_f} \tag{1-34b}$$

式中各项的单位为 J/N＝m，表示单位重量的流体所具有的能量。其中 z、$u^2/(2g)$、$p/(\rho g)$ 与 H_f 分别称为位压头、动压头、静压头与压头损失，H_e 则称为输送设备对流体所提供的有效压头。

若以单位体积流体为衡算基准，将式 1-34 各项乘以流体密度 ρ，则

$$\boxed{\rho g\Delta z+\frac{\rho\Delta u^2}{2}+\Delta p=\rho W_e-\rho\sum h_f} \tag{1-34c}$$

式中各项的单位为 $J/m^3=Pa$，表示单位体积流体所具有的能量。

不同衡算基准的伯努利方程（式 1-34b 与式 1-34c）将在第 2 章中应用。

1.3.3 伯努利方程的应用

1. 应用伯努利方程解题要点

① 确定衡算范围　根据题意画出流动系统的示意图，并指明流体的流动方向。确定上、下游截面，以明确流动系统的衡算范围。

② 截面的选取　两截面均应与流体流动方向相垂直，并且在两截面间的流体必须是连续的。

③ 基准面的选取　原则上基准面可以任意选取，但必须与地面平行。z 值是指截面中心点与基准水平面间的垂直距离。为了计算方便，常取上、下游截面中的一个为基准面。对水平管道，基准面通过管道的中心线。

④ 两截面上的压力　两截面的压力除要求单位一致外，还要求表示方法一致，即两截面的压力应均为绝压或均为表压。

⑤ 单位必须一致　计算时，方程中各项采用的单位必须一致。

2. 伯努利方程的应用示例

伯努利方程的应用非常广泛，可以计算流体的流量、设备位差、设备内压力、泵需要提供的外功等，下面举例说明伯努利方程的应用。

【例 1-11】 采用附图所示的虹吸装置将容器内的水排出，水在虹吸管内作稳态流动，管路直径没有变化，水流经管路的能量损失可以忽略不计，试计算管内截面 2-2′、3-3′、4-4′和 5-5′处的压力。大气压为 1.0133×10^5 Pa。图中所标注的尺寸单位均为 mm。

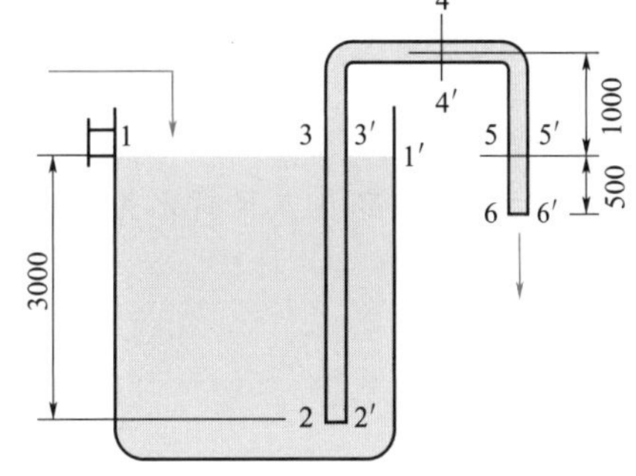

例 1-11 附图

解：因水流经虹吸管的能量损失可忽略不计，故虹吸管内各截面上流体的总机械能 E 相等，即

$$E=gz+\frac{u^2}{2}+\frac{p}{\rho}=\text{常数}$$

本题中虹吸管直径无变化，则管路上各处流通截面相等。根据连续性方程（$V_s=Au=$常数）知，管内各截面的流速不变。因此上式可进一步简化为虹吸管内各截面上位能和静压能之和不变。

$$gz_2+\frac{p_2}{\rho}=gz_3+\frac{p_3}{\rho}=gz_4+\frac{p_4}{\rho}=gz_5+\frac{p_5}{\rho}=gz_6+\frac{p_6}{\rho}$$

以截面 3-3′为基准面，求出

$$gz_6+\frac{p_6}{\rho}=-0.5\times9.81+\frac{101330}{1000}=96.425\text{J/kg}$$

利用上式，代入各截面的位能，即可求出各截面压力。

截面 2-2′的压力

$$p_2=(96.425-gz_2)\rho=[96.425-(-3)\times9.81]\times1000=125855\text{Pa}$$

截面 3-3′的压力

$$p_3=(96.425-gz_3)\rho=(96.425-0)\times1000=96425\text{Pa}$$

截面 4-4′的压力

$$p_4=(96.425-gz_4)\rho=(96.425-1\times9.81)\times1000=86615\text{Pa}$$

截面 5-5′的压力

$$p_5=(96.425-gz_5)\rho=(96.425-0\times9.81)\times1000=96425\text{Pa}$$

从以上计算结果可以看出：$p_2>p_3>p_4$，而 $p_4<p_5<p_6$，这是由于流体在管内流动时，位能与静压能反复转换的结果。

【例 1-12】 水在一水平管道内自细管流入粗管，细管内径为 0.2m，粗管内径为 0.3m。在粗管和细管处各连接一垂直玻璃管以观察两截面压力，现测得两垂直玻璃管中水面差为 210mm（相对位置如本题附图所示），试求下面两种情况下水在管道中的质量流量为多少（kg/s）。(1) 若水流经两测压点间变径管的阻力损失可忽略不计；(2) 若水流经两测压点间变径管的阻力损失为 $0.3\dfrac{u^2}{2}$（u 为细管内流速）。

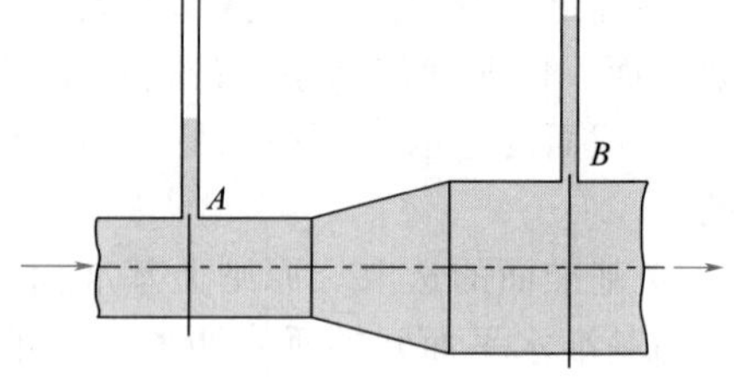

例 1-12 附图

解：(1) 上游测压口选为 1-1′截面，下游测压口选为 2-2′截面，以管路中心线为基准面，在 1-1′及 2-2′面间列伯努利方程

$$gz_1+\frac{u_1^2}{2}+\frac{p_1}{\rho}+W_e=gz_2+\frac{u_2^2}{2}+\frac{p_2}{\rho}+\sum h_f$$

本题为一水平管路，$z_1=z_2=0$；上下游截面间没有输送设备，因此 $W_e=0$；无流动阻力时，$\sum h_f=0$。伯努利方程简化为

$$\frac{u_1^2-u_2^2}{2}=\frac{p_2-p_1}{\rho}$$

其中

$$\frac{u_1}{u_2}=\left(\frac{d_2}{d_1}\right)^2=\left(\frac{0.3}{0.2}\right)^2=2.25$$

$$\frac{p_2-p_1}{\rho}=\frac{R\rho g}{\rho}=Rg=0.21\times9.81=2.0601\text{J/kg}$$

代入上式中

$$\frac{2.25^2u_2^2-u_2^2}{2}=2.0601$$

解出 $u_2=1.007\text{m/s}$，$u_1=2.266\text{m/s}$

流量

$$W_s=\frac{\pi}{4}d_2^2u_2\rho=0.785\times0.3^2\times1.007\times1000=71.14\text{kg/s}$$

(2) 仍以管路中心线为基准面，在 1-1′及 2-2′面间列伯努利方程，据题意 $W_e=0$，$\sum h_f=0.3\dfrac{u^2}{2}$，$z_1=z_2=0$，伯努利方程简化为

$$\frac{u_1^2-u_2^2}{2}-\sum h_f=\frac{p_2-p_1}{\rho}$$

代入数据

$$\frac{u_1^2-(1/2.25)^2u_1^2}{2}-0.3\frac{u_1^2}{2}=\frac{p_2-p_1}{\rho}=2.0601$$

解出 $$u_1=2.864\text{m/s}, u_2=1.273\text{m/s}$$

流量 $$W_s=\frac{\pi}{4}d_1^2u_1\rho=0.785\times0.2^2\times2.864\times1000=89.93\text{kg/s}$$

【例 1-13】 有一输送系统将常压储槽内的溶液输送到常压操作的精馏塔中部进料，流程如本题附图所示，所输送溶液的物性可按水计算，储槽内液面维持恒定，输送管路直径为 $\phi60\text{mm}\times3\text{mm}$，要求输送量为 $24\text{m}^3/\text{h}$，溶液流经全部管道（不包括排出口）的能量损失可按 $\sum h_f=15u^2$ 计算，式中 u 为溶液在管道内的流速（m/s）。试求：(1) 储槽内液面必须高于精馏塔进料口处的高度 H；(2) 若储槽液面仅能高出精馏塔进料口 2m，即 $H=2\text{m}$，要完成输送任务，需在管路中加泵，计算泵需提供的有效功。

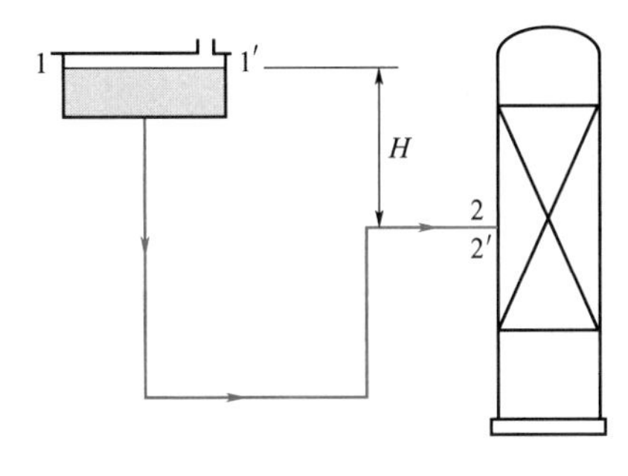

例 1-13 附图

解：(1) 取储槽液面为上游截面 1-1′，精馏塔进料口的出口内侧为下游截面 2-2′，并以截面 2-2′的中心线为基准水平面。在两截面间列伯努利方程，即

$$gz_1+\frac{u_1^2}{2}+\frac{p_1}{\rho}+W_e=gz_2+\frac{u_2^2}{2}+\frac{p_2}{\rho}+\sum h_f$$

式中 $W_e=0$，$z_1=H$，$z_2=0$，$p_1=p_2=0$（表压）

因储槽液面比管道截面大得多，在体积流量相同情况下，储槽内液体流速比管内流速小得多，故储槽液面流速可忽略不计，即 $u_1\approx0$

所以，伯努利方程简化为

$$Hg=\frac{u_2^2}{2}+\sum h_f$$

式中 $$u_2=\frac{V_s}{A}=\frac{V_s}{\pi d^2/4}=\frac{24}{3600\times0.785\times0.054^2}=2.912\text{m/s}$$

$$\sum h_f=15u^2=15\times2.912^2=127.20\text{J/kg}$$

代入伯努利方程，并整理得

$$H=\left(\frac{2.912^2}{2}+127.20\right)/9.81=13.40\text{m}$$

即上下游截面液面差 13.40m 才能满足输送要求。

(2) 管路系统加泵后（附图中未画出），在 1-1′截面和 2-2′截面间再列伯努利方程，基准面不变

$$gz_1+\frac{u_1^2}{2}+\frac{p_1}{\rho}+W_e=gz_2+\frac{u_2^2}{2}+\frac{p_2}{\rho}+\sum h_f$$

式中 $z_1=2\text{m}$，$z_2=0$，$p_1=p_2=0$（表压），$u_1\approx0$，$u_2=2.912\text{m/s}$，伯努利方程简化为

$$W_e=\frac{u_2^2}{2}+\sum h_f-gz_1$$

代入数据，得

$$W_e=\frac{u_2^2}{2}+\sum h_f-z_1g=\frac{2.912^2}{2}+127.20-2\times9.81=111.82\text{J/kg}$$

$$W_s=V_s\rho=\frac{24\times1000}{3600}=6.667\text{kg/s}$$

$$N_e=W_eW_s=111.82\times6.667=745.5\text{W}$$

实际上，第（1）问已求出用位差完成输送任务需要 13.40m 位差，而现在仅有 2m 位差，剩余的 11.40m 需泵提供，所以可直接算出泵需提供的能量为 $11.40\times9.81=111.83$J/kg。另外需注意，本题下游截面 2-2′必定要选在管子出口内侧，这样才能与题给的不包括出口损失的总能量损失相适应。

1.4 流体在管内的流动阻力

本节将讨论伯努利方程中 $\sum h_f$ 项的计算方法。

前已述及，流体具有黏性，流动时存在着内摩擦力，这是流动阻力产生的根源，固定的管壁或其他形状固体壁面，促使流动的流体内部发生相对运动，为流动阻力的产生提供了条件。湍流流动的流体中，由于流体质点的相互碰撞，会产生附加阻力（湍流应力），湍流应力的大小与流动状态相关。综上，流动阻力的大小与流体本身的物理性质、流动状况及流道的形状及尺寸等因素有关。

工程上为计算流动阻力，将流体在管路中流动时的阻力分为直管阻力和局部阻力。直管阻力 h_f 是流体流经直管段时产生的阻力。局部阻力 h_f'是指流体流经管路中的管件、阀门及管截面的突然扩大或缩小等处时所产生的阻力。伯努利方程中的 $\sum h_f$ 项是管路系统的总能量损失（或称阻力损失），即

$$\sum h_f=h_f+h_f' \tag{1-37}$$

管路系统的总能量损失 $\sum h_f$ 有不同的表示方法。由式 1-34a、式 1-34b 及式 1-34c 可知，$\sum h_f$ 是指单位质量流体流动时所损失的机械能，单位为 J/kg；$\sum h_f/g$ 是指单位重量流体流动时所损失的机械能，单位为 J/N＝m；$\rho\sum h_f$ 是指单位体积流体流动时所损失的机械能，通常记为 Δp_f，即 $\Delta p_f=\rho\sum h_f$，单位为 $J/m^3=Pa$。Δp_f 具有与压力相同的单位，故常称 Δp_f 为流动阻力引起的压力降。必须强调的是，Δp_f 与伯努利方程中两截面间的压差是两个截然不同的概念。

整理式 1-34c 可得

$$\Delta p=p_2-p_1=\rho W_e-g\rho\Delta z-\frac{\rho}{2}\Delta u^2-\rho\sum h_f$$

从上式可看出，因流动阻力而引起的压力降 Δp_f 与上下游截面间的压差 Δp 不同。只有当流体在水平等径直管内流动，且无外功加入时，才有两截面间的压差 Δp 与压力降 Δp_f 在数值上相等。

1.4.1 直管阻力的计算

1. 计算圆形直管阻力的通式

如图 1-21 所示，流体以速度 u 在一段水平直管内作稳态流动，对于不可压缩流体，在截面 1-1′与 2-2′间列伯努利方程，因是直径相同的水平管，所以 $z_1=z_2$，$u_1=u_2=u$，伯努利方程可简化为

$$p_1-p_2=\rho h_f=\Delta p_f$$

1.2.5 节中分析了流体在管内以一定速度流动时的受力情况，得到稳态流动时内摩擦应力或剪应力沿管径方向呈线性分布，将所得到的式 1-22a 应用于管壁处，有

$$\tau=\frac{\Delta p}{2l}\times\frac{d}{2} \tag{1-22c}$$

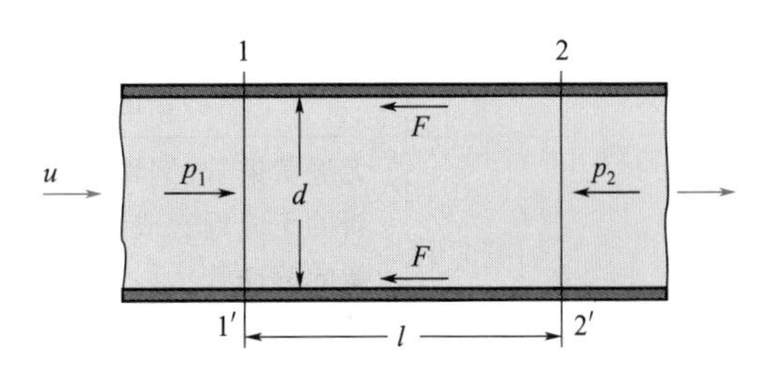

图 1-21　直管阻力通式的推导

式中 τ 为管壁处内摩擦应力或剪应力，将 $p_1-p_2=\rho h_f=\Delta p_f$ 代入式 1-22c 并整理得

$$h_f=\frac{4l}{\rho d}\tau \tag{1-38}$$

式 1-38 是流体在圆形直管内流动时直管阻力与内摩擦应力的关系式。

实验证明，在流体物理性质、管径与管长相同的情况下，流速增大，能量损失也随之增加，可见流动阻力与流速有关。由于动能$\frac{u^2}{2}$与 h_f 的单位相同，均为 J/kg，因此通常将能量损失 h_f 表示为动能$\frac{u^2}{2}$的函数。式 1-38 可变换成

$$h_f=\frac{8\tau}{\rho u^2}\times\frac{l}{d}\times\frac{u^2}{2}$$

令

$$\lambda=\frac{8\tau}{\rho u^2}\quad 或\quad f=\frac{2\tau}{\rho u^2}$$

则

$$h_f=\lambda\ \frac{l}{d}\times\frac{u^2}{2}=4f\ \frac{l}{d}\times\frac{u^2}{2} \tag{1-38a}$$

或

$$\Delta p_f=\rho h_f=\lambda\ \frac{l}{d}\times\frac{\rho u^2}{2}=4f\ \frac{l}{d}\times\frac{\rho u^2}{2} \tag{1-38b}$$

式 1-38a 与式 1-38b 是计算圆形直管阻力所引起能量损失的通式，称为范宁（Fanning）公式，此式对于层流与湍流均适用。式中 λ 称为摩擦系数，量纲为 1；f 称为范宁摩擦系数，量纲为 1。λ（或 f）是雷诺数与管壁粗糙度的函数。应用式 1-38a 计算 h_f 时，关键是要找出 λ 值。而 λ 是 τ 的函数，τ 的计算方法因流动类型而异，因此，λ 值也随流型而变。所以，对层流和湍流的摩擦系数 λ 要分别讨论。此外，管壁粗糙度对 λ 的影响程度也与流型有关。

2. 管壁粗糙度对摩擦系数的影响

管壁粗糙度可用绝对粗糙度与相对粗糙度来表示。绝对粗糙度是指壁面凸出部分的平均高度，以 ε 表示。表 1-2 列出某些工业管道的绝对粗糙度的数值范围。相对粗糙度是指绝对粗糙度与管道直径的比值，即 ε/d。生产中按材料的性质和加工情况，大致可将管道分为光滑管与粗糙管两大类。通常把玻璃管、黄铜管、塑料管等列为光滑管，把钢管和铸铁管等列为粗糙管。实际上，即使是用同一材质的管子铺设的管道，由于使用时间的长短、腐蚀与结垢的程度不同，管壁的粗糙程度也会有很大的差异。因此在管路设计中，选取管壁的绝对粗糙度 ε 值，必须考虑到流体对管壁的腐蚀性，流体中的固体杂质是否会黏附在壁面上以及使用情况等因素。

表 1-2　某些工业管道的绝对粗糙度

	管道类别	绝对粗糙度/mm
金属管	无缝黄铜管、钢管及铝管	0.01～0.05
	新的无缝铜管或镀锌铁管	0.1～0.2
	新的铸铁管	0.3
	具有轻度腐蚀的无缝钢管	0.2～0.3
	具有显著腐蚀的无缝钢管	0.5 以上
	旧的铸铁管	0.85 以上
非金属管	干净玻璃管	0.0015～0.01
	橡皮软管	0.01～0.03
	木管道	0.25～1.25
	陶土排水管	0.45～6.0
	很好整平的水泥管	0.33
	石棉水泥管	0.03～0.8

流体作层流流动时，如图 1-22(a) 所示，管壁上凹凸不平的地方都被有规则的流体层所覆盖，而流动速度又比较缓慢，流体质点对管壁凸出部分不会有碰撞作用。所以，在层流时，摩擦系数与管壁粗糙度无关。当流体作湍流流动时，靠管壁处总是存在着一层层流内层，如果层流内层的厚度 δ_b 大于壁面的绝对粗糙度，即 $\delta_b>\varepsilon$，此时管壁粗糙度对摩擦系数的影响与层流相近。随着 Re 的增加，层流内层的厚度逐渐变薄，当 $\delta_b<\varepsilon$ 时，如图 1-22(b) 所示，壁面凸出部分便伸入湍流区内与流体质点发生碰撞，使湍动加剧，此时壁面粗糙度对摩擦系数的影响便成为重要的因素。Re 值越大，层流内层越薄，这种影响越显著。所以湍流时，λ 与管壁粗糙度有关，而且管壁粗糙度对摩擦系数 λ 的影响程度与管径的大小有关，所以在流动阻力的计算中粗糙度的影响是用相对粗糙度来表示的。

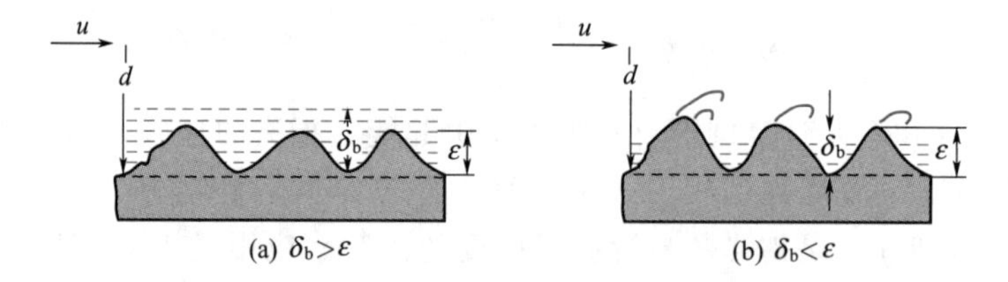

图 1-22　流体流过管壁面的情况

3. 层流时的摩擦系数

利用 1.2.5 节中推出的层流流动时管截面上的平均速度，将 $R=d/2$ 代入式 1-25 中，并利用 $p_1-p_2=\rho h_f=\Delta p_f$，整理得

$$\Delta p_f=\frac{32\mu lu}{d^2} \tag{1-39}$$

式 1-39 为流体在圆管内作层流流动时的直管阻力计算式，称为哈根-泊谡叶（Hagen-Poiseuille）公式。可以看出，层流时 Δp_f 与 u 的一次方成正比。将式 1-39 与式 1-38b 相比较，便知

$$\lambda=\frac{64}{Re} \tag{1-40}$$

式 1-40 为流体在圆管内作层流流动时 λ 与 Re 的关系式，从式中可见影响层流摩擦系数 λ 的因素只有雷诺数 Re。λ 与 Re 的关系式是用理论分析方法推导得出的，若将此式在对数坐标上进行标绘可得一直线，如图 1-23 所示。

4. 湍流时的摩擦系数

湍流流动时，由于流体质点的不规则迁移、脉动和碰撞，使流体质点间的动量变换非常剧烈，产生了前已述及的附加阻力，即湍流应力。所以湍流流动中的总阻力包括由黏性产生的内摩擦应力和湍流应力，而且在湍流状态下，湍流应力比内摩擦应力大得多。由于湍流时流体质点运动情况复杂，目前还不能完全用理论分析法推导出湍流时摩擦系数 λ 的公式。通过前面的分析已知，湍流时 λ 是 Re 和 ε/d 的函数，因此，研究者在不同 Re 和 ε/d 范围内进行实验研究，得到经验关联式，下面列举几个经验关联式。

适用于光滑管的柏拉修斯（Blasius）公式

$$\boxed{\lambda=\frac{0.3164}{Re^{0.25}}} \tag{1-41}$$

式 1-41 的适用范围为 $3\times10^{3}<Re<1\times10^{6}$。

对粗糙管，可用柯尔布鲁克（Colebrook）公式

$$\frac{1}{\sqrt{\lambda}}=1.74-2.0\lg\left(2\frac{\varepsilon}{d}+\frac{18.7}{Re\sqrt{\lambda}}\right) \tag{1-42}$$

工程上为计算方便，将实验数据绘制成图线，如图 1-23 所示，以 ε/d 为参数，标绘 Re 与 λ 关系。图 1-23 可以分为四个区域：

① 层流区　$Re\leqslant2000$。此区域内 λ 与管壁粗糙度无关，计算公式为式 1-40，图中为一直线。

② 过渡区　$Re=2000\sim4000$。在此区域内层流或湍流的 λ-Re 曲线都可应用。为安全起见，一般将湍流时的曲线延伸，以查取 λ 值。

③ 湍流区　$Re\geqslant4000$ 及虚线以下的区域。这个区域的特点是摩擦系数 λ 与 Re 及相对粗糙度 ε/d 都有关。当 ε/d 一定时，λ 随 Re 的增大而减小，Re 增至某一数值后 λ 值下降缓慢，当 Re 值一定时，λ 随 ε/d 的增加而增大。

④ 完全湍流区　图中虚线以上的区域。此区域内的各 λ-Re 曲线趋于水平线，即摩擦系数 λ 只与 ε/d 有关，与 Re 无关。依式 1-38a，此区域内直管阻力损失 h_{f} 与 u^2 成正比例，所以又称阻力平方区。相对粗糙度 ε/d 越大的管道，达到阻力平方区的 Re 值越低。

5. 流体在非圆形直管内的流动阻力

在工业生产中，还会遇到非圆形管道或设备。例如有些气体管道是方形的，有时流体也会在套管的环隙间流动。非圆形管道的尺寸用当量直径描述。

当量直径定义为 4 倍的水力半径，即

$$\boxed{d_{\mathrm{e}}=4r_{\mathrm{H}}} \tag{1-43}$$

式中　d_{e}——当量直径，m；

　　　r_{H}——水力半径，m。

水力半径定义为流通截面 A 与润湿周边长 Π 之比，即

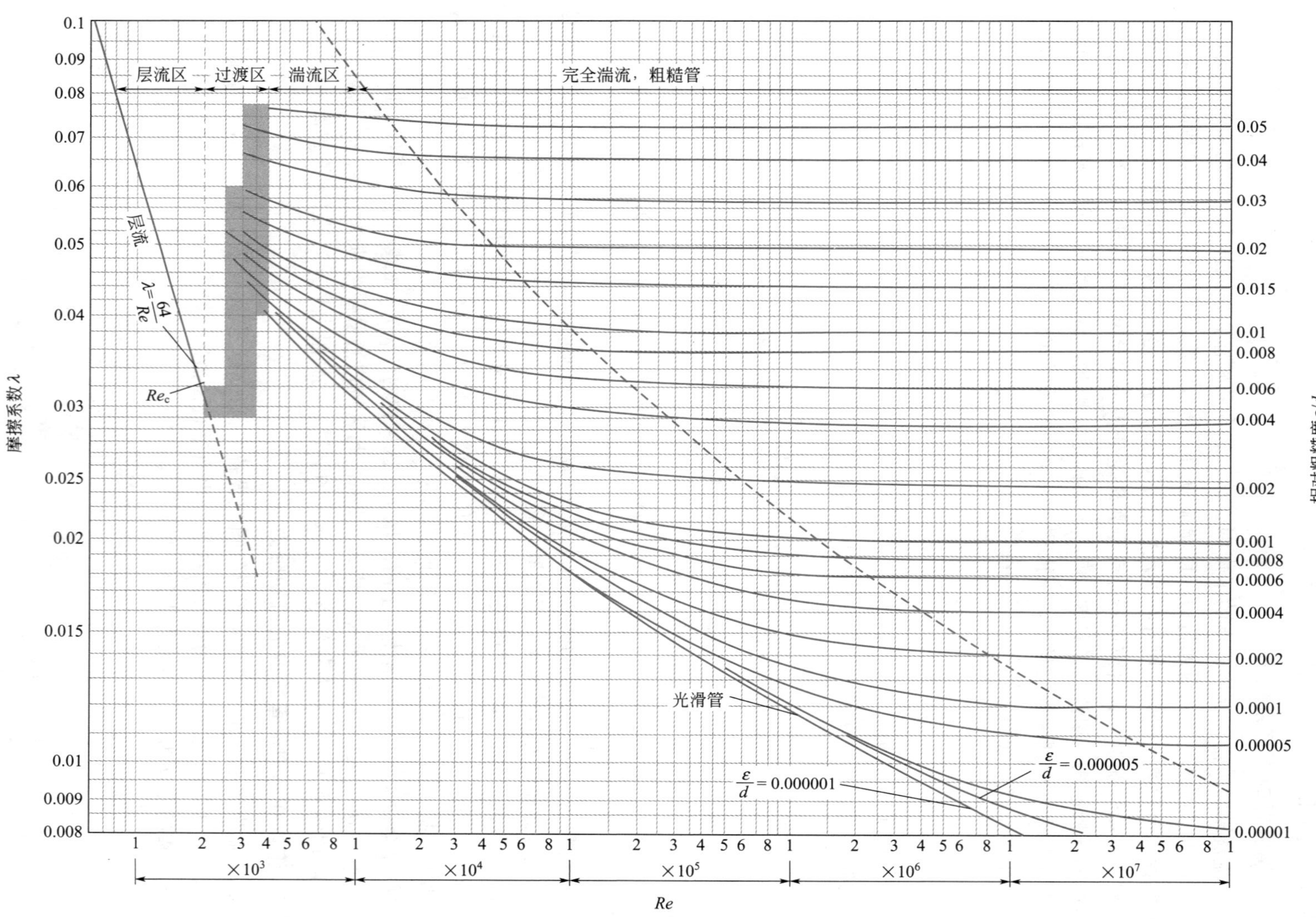

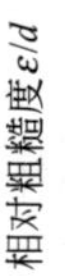

图 1-23 摩擦系数与雷诺数及相对粗糙度的关系

$$r_H = \frac{A}{\Pi} \tag{1-44}$$

流体在非圆形直管内作湍流流动时，其阻力损失仍可用式1-38a和式1-38b进行计算，但应将式中及 Re 中的圆管直径 d 以当量直径 d_e 来代替。研究结果表明，用当量直径计算湍流情况下的阻力比较可靠。用于矩形管时，其截面的长宽比不能超过3∶1，用于环形截面时，其可靠性较差。层流时应用当量直径计算阻力的误差就更大，因此，层流时除 Re 中的 d 以当量直径 d_e 来代替以外，还须对层流时摩擦系数 λ 的计算式1-40进行修正，即

$$\lambda = C/Re \tag{1-45}$$

式中 C 为量纲为1的系数。某些非圆形管的常数 C 值见表1-3。

表1-3　某些非圆形管的常数 C 值

非圆形管的截面形状	正方形	等边三角形	环形	长方形长∶宽=2∶1	长方形长∶宽=4∶1
常数 C	57	53	96	62	73

【例1-14】 一套管换热器，内管与外管均为光滑管，直径分别为 $\phi 30\text{mm}\times 2.5\text{mm}$ 和 $\phi 56\text{mm}\times 3\text{mm}$。平均温度为30℃的油以每小时 10m^3 的流量流过套管的环隙。试估算油通过环隙时每米管长的压力降。（油的运动黏度为 $3.9\text{mm}^2/\text{s}$，密度为 850kg/m^3）

解： 已知套管的外管内径 $D=0.05\text{m}$，内管的外径为 $d=0.03\text{m}$。水通过环隙的流速为

$$u = V_s/A$$

水的流通截面　$A=\frac{\pi}{4}(D^2-d^2)=\frac{\pi}{4}(0.05^2-0.03^2)=0.001257\text{m}^2$

所以

$$u=\frac{10}{3600\times 0.001257}=2.210\text{m/s}$$

环隙的当量直径为

$$d_e = 4\times\frac{\frac{\pi(D^2-d^2)}{4}}{\pi(D+d)} = D-d = 0.05-0.03=0.02\text{m}$$

$$Re=\frac{ud_e}{\nu}=\frac{2.210\times 0.02}{3.9\times 10^{-6}}=1.133\times 10^4$$

从计算结果可知流体流动属湍流。从图1-23光滑管的曲线上查得，在此 Re 值下，$\lambda=0.03$。根据式1-38b得油通过环隙时每米管长的压力降为

$$\frac{\Delta p}{l}=\lambda\frac{1}{d_e}\times\frac{\rho u^2}{2}=0.03\times\frac{1}{0.02}\times\frac{850\times 2.210^2}{2}=3114\text{Pa/m}$$

非圆形管的计算中应特别注意，不能用当量直径计算流体通过的截面积、流速和流量，即式1-38a、式1-38b及 Re 中的流速 u 是指流体的真实流速，不能用当量直径 d_e 计算。

1.4.2　局部阻力的计算

管路上的配件如弯头、三通、活接头等总称为管件。由实验可知，流体即使在直管中为层流流动，流过管件、阀门、扩大、缩小等局部位置时，由于流速的大小和方向都发生了变化，流体受到干扰或冲击，也会使流动转化为湍流。工程上，计算流体通过管件、阀门时克服局部阻力所引起的能量损失有两种方法。

1. 阻力系数法

将克服局部阻力所引起的能量损失，表示成动能 $u^2/2$ 的函数，即

$$h_f'=\zeta\frac{u^2}{2} \tag{1-46}$$

或

$$\Delta p_f=\zeta\frac{\rho u^2}{2} \tag{1-46a}$$

式中 ζ 称为局部阻力系数，一般由实验测定。下面是几种常用管件局部阻力系数的求法。

(1) 突然扩大

流体流经如图 1-24(a) 所示的突然扩大处，由于管路直径突然扩大而产生的能量损失，按式 1-46 和式 1-46a 计算。式中的流速 u 为小管流速，局部阻力系数计算式为

$$\zeta=\left(1-\frac{A_1}{A_2}\right)^2 \tag{1-47}$$

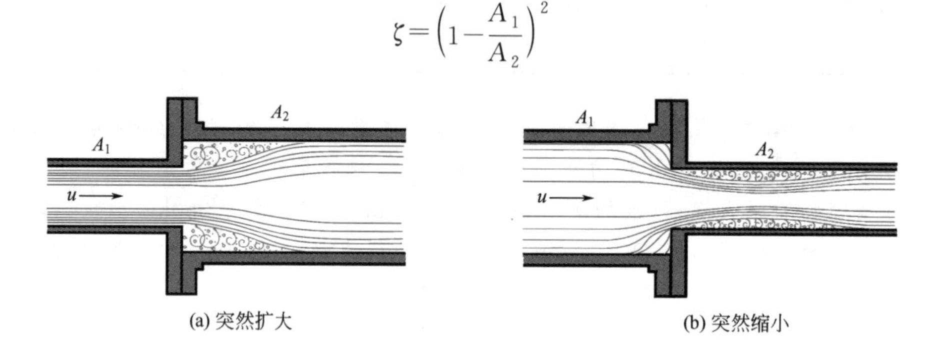

图 1-24　突然扩大和突然缩小的局部阻力

管路出口，即流体自管子进入容器或从管子直接排放到管外空间，可看作自很小的截面 A_1 突然扩大到很大的截面 A_2，即 $A_1/A_2\approx0$。由式 1-47 得局部阻力系数 $\zeta_e=1$。这种损失称为出口损失，相应的阻力系数 ζ_e 称为出口阻力系数。

流体流经管子出口时，管子出口内侧截面上的压力可取管外空间的压力。应指出，若出口截面取在管子出口的内侧，表示流体未离开管路，截面上仍具有动能，出口损失不应计入系统的总能量损失 $\sum h_f$ 内。若截面取在管子出口的外侧，表示流体已离开管路，截面上的动能为零，但出口损失应计入系统的总能量损失内。

(2) 突然缩小

流体流经如图 1-24(b) 所示的突然缩小处，由于管路直径突然缩小所产生的能量损失，也按式 1-46 和式 1-46a 计算。式中的流速 u 为小管中的流速，局部阻力系数为

$$\zeta=0.5\left(1-\frac{A_2}{A_1}\right) \tag{1-48}$$

流体自容器进入管内，可看作从很大的截面 A_1 突然进入很小的截面 A_2，即 $A_2/A_1\approx0$。由式 1-48，局部阻力系数 $\zeta_c=0.5$。这种损失称为进口损失，相应的系数 ζ_c 称为进口阻力系数。若管口圆滑或呈喇叭状，则局部阻力系数相应减小，约为 0.25～0.05。

(3) 管件与阀门

不同管件或阀门的局部阻力系数可从有关手册中查得。表 1-4 给出常用管件、阀门的局部阻力系数值。

表 1-4　常用管件、阀门的局部阻力系数

名称	阻力系数 ζ	名称	阻力系数 ζ	名称	阻力系数 ζ
弯头，45°	0.35	闸阀		角阀，全开	2.0
弯头，90°	0.75	全开	0.17	止逆阀	
三通	1	半开	4.5	球式	70.0
回弯头	1.5	标准阀		摇板式	2.0
管接头	0.04	全开	6.0	水表，盘式	7.0
活接头	0.04	半开	9.5		

2. 当量长度法

流体流经管件、阀门等局部区域所引起的能量损失，也可折合成相当长度的直管段的阻力损失，即

$$h'_f=\lambda\frac{l_e}{d}\times\frac{u^2}{2} \tag{1-49}$$

或

$$\Delta p'_f=\lambda\frac{l_e}{d}\times\frac{\rho u^2}{2} \tag{1-49a}$$

式中 l_e 称为管件或阀门的当量长度，其单位为 m，表示流体流过某一管件或阀门的局部阻力，相当于流过一段与其具有相同直径、长度为 l_e 的直管的阻力。

管件或阀门的当量长度数值都是由实验测定的。各管件的 l_e/d 值可以从化工手册查到。在湍流情况下，某些管件与阀门的当量长度可从图 1-25 的共线图查得。先从图左侧的垂直线上找出所求管件或阀门对应的点，再在图右侧的标尺上定出与管内径相当的一点，两点的连线与图中间的标尺相交，交点在标尺上的读数就是所求的当量长度。

管件、阀门等构造细节与加工精度往往差别很大，所以从手册中查得的 l_e 或 ζ 值只是粗略值，局部阻力的计算也只能是一种估算。

1.4.3　管路系统中的总能量损失

管路系统中的总能量损失亦称为总阻力损失，是管路上全部直管阻力与局部阻力之和。流体流经直径不变的管路时，管路的总能量损失可表示为

$$\sum h_f=\left(\lambda\frac{l+\sum l_e}{d}+\sum\zeta\right)\frac{u^2}{2} \tag{1-50}$$

式中　$\sum h_f$——管路系统总能量损失，J/kg；

$\sum l_e$——管路中管件阀门的当量长度之和，m；

$\sum\zeta$——管路中局部阻力（如进口、出口）系数之和，量纲为 1；

l——各段直管总长度，m。

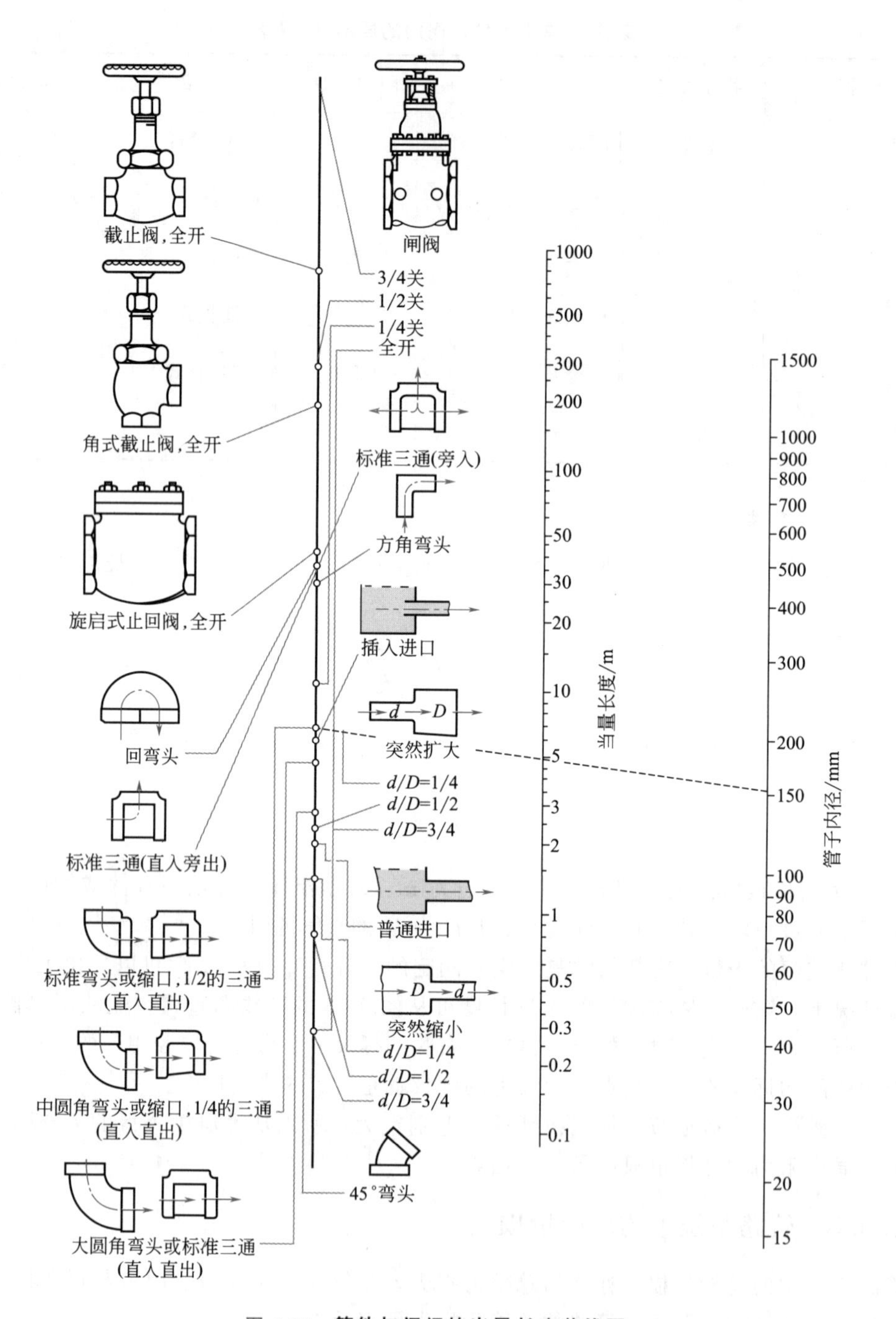

图 1-25 **管件与阀门的当量长度共线图**

【例 1-15】 如本题附图所示，用泵把 20℃的苯从地下储罐送到高位槽，流量为 $20m^3/h$。设高位槽液面比储罐液面高 10m。泵吸入管用 ϕ89mm×4mm 的无缝钢管，直管长为 15m，管路上装有一个底阀（可粗略地按旋启式止回阀全开时计）、一个标准弯头和一个全开的闸阀。泵排出管用 ϕ57mm×3.5mm 的无缝钢管，直管长度为 50m，管路上装有一个全开的闸阀、一个止回阀和三个标准弯头。储罐及高位槽液面维持恒定且上方均为大气压，试求管路系统的总压力降。

解：本题中吸入管路和排出管路的尺寸不同，需分别计算阻力。

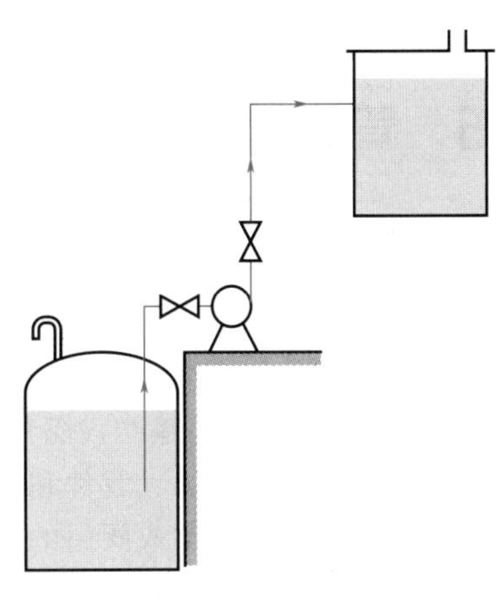

例 1-15 附图

吸入管路上的能量损失$\sum h_{f1}$

$$\sum h_{f1}=\left(\lambda_1 \frac{l_1+\sum l_{e1}}{d_1}+\sum \zeta_1\right)\frac{u_1^2}{2}$$

式中，$d_1=89-2\times4=81\text{mm}=0.081\text{m}$，$l_1=15\text{m}$。

由图 1-25 查出的管件、阀门的当量长度分别为：底阀（按旋启式止回阀全开时计）6.3m；标准弯头 2.7m；全开闸阀 0.52m。

故 $\sum l_{e1}=6.3+2.7+0.52=9.52\text{m}$

进口阻力系数 $\zeta_c=0.5$

$$u_1=\frac{20}{3600\times\pi/4\times0.081^2}=1.078\text{m/s}$$

可查得 20℃时，苯的密度为 880kg/m^3，黏度为 6.5×10^{-4} Pa·s。

$$Re_1=\frac{d_1 u_1 \rho}{\mu}=\frac{880\times1.078\times0.081}{6.5\times10^{-4}}=1.182\times10^5$$

参考表 1-2，取管壁的绝对粗糙度 $\varepsilon=0.3\text{mm}$，$\varepsilon/d=0.3/81=0.0037$，由图 1-23 查得 $\lambda=0.029$。故

$$\sum h_{f1}=\left(0.029\times\frac{15+9.52}{0.081}+0.5\right)\times\frac{1.078^2}{2}=5.4\text{J/kg}$$

排出管路上的能量损失$\sum h_{f2}$

$$\sum h_{f2}=\left(\lambda_2 \frac{l_2+\sum l_{e2}}{d_2}+\sum \zeta_2\right)\frac{u_2^2}{2}$$

式中 $d_2=50\text{mm}=0.05\text{m}$，$l_2=50\text{m}$

由图 1-25 查出的管件、阀门的当量长度分别为：全开的闸阀 0.33m；全开止回阀 3.7m；三个标准弯头 $1.6\times3=4.8\text{m}$。

故 $l_{e2}=0.33+3.7+4.8=8.83\text{m}$

出口阻力系数 $\zeta_e=1$。

$$u_2=\frac{20}{3600\times\pi/4\times0.05^2}=2.829\text{m/s}$$

$$Re_2=\frac{880\times2.829\times0.05}{6.5\times10^{-4}}=1.915\times10^5$$

仍取管壁的绝对粗糙度 $\varepsilon=0.3\text{mm}$，$\frac{\varepsilon}{d}=\frac{0.3}{50}=0.006$，由图 1-23 查得 $\lambda=0.032$。

故

$$\sum h_{f2}=\left(0.032\times\frac{50+8.83}{0.05}+1\right)\times\frac{2.829^2}{2}=154.7\text{J/kg}$$

$$\sum h_f=\sum h_{f1}+\sum h_{f2}=5.4+154.7=160\text{J/kg}$$

相当于阻力降 $\Delta p=\rho\sum h_f=880\times160=140800\text{Pa}=140.8\text{kPa}$

从计算中看出，相同的管件阀门，放在不同的管路中，其当量长度不同。另外，当管路由若干直径不同的管段组成时，由于各段流速不同，管路的总能量损失应分段计算，然后再求其总和。

1.5 管路计算

管路计算实际上是连续性方程、伯努利方程与能量损失计算式的具体运用。在工程中常遇到的管路计算问题，归纳起来有以下三种情况：

① 已知管径、管长、管件和阀门的设置及流体的输送量，求流体通过管路系统的能量损失，以便进一步确定输送设备所需加入的外功、设备内的压力或设备间的相对位置等。

② 已知管径、管长、管件和阀门的设置及允许的能量损失，求流体的流速或流量。

③ 已知管长、管件或阀门的当量长度、流体的流量及允许的能量损失，求管径。

第①类计算比较容易。后两种情况中，由于流速 u 或管径 d 为未知，不能计算 Re 值，无法判断流体的流型，因此不能确定摩擦系数 λ。在这种情况下，工程计算常采用试差法或其他方法来求解。

管路按其连接和配置的情况，又可分为两类，一类为简单管路，另一类为复杂管路。简单管路是指流体从入口到出口始终在一条管路中流动，可能管路直径有变化，但管路没有分支或汇合；复杂管路包括并联管路和分支管路。下面主要介绍简单管路的计算。

1.5.1 简单管路

【例 1-16】 对于例 1-15 所示的输送系统，若要完成 $20m^3/h$ 的输送任务，泵需提供的有效功率为多少？若泵的效率为 70%，泵的轴功率是多少？

解：取储罐液面为上游截面 1-1′，高位槽的液面为下游截面 2-2′，并以截面 1-1′为基准水平面。在两截面间列伯努利方程，即

$$gz_1+\frac{u_1^2}{2}+\frac{p_1}{\rho_1}+W_e=gz_2+\frac{u_2^2}{2}+\frac{p_2}{\rho_2}+\sum h_f$$

式中，$z_1=0$，$z_2=10m$，$p_1=p_2$，$u_1\approx 0$，$u_2\approx 0$。

因此，伯努利方程可以简化为

$$W_e=9.81\times 10+\sum h_f=98.1+\sum h_f$$

一般泵的进、出口以及泵体内的能量损失均考虑在泵的效率内。上式中 $\sum h_f$ 只计管路系统的阻力损失。由例 1-15 已计算出 $\sum h_f=160.0J/kg$，带入伯努利方程，得

$$W_e=98.1+\sum h_f=98.1+160.0=258.1J/kg$$

苯的质量流量为

$$W_s=V_s\rho=\frac{20}{3600}\times 880=4.889kg/s$$

泵的有效功率为

$$N_e=W_eW_s=258.1\times 4.889=1261.9W$$

泵的轴功率为

$$N=\frac{N_e}{\eta}=1802.6W=1.803kW$$

【例 1-17】 如本题附图所示，密度为 $900kg/m^3$、黏度为 $1.24mPa\cdot s$ 的料液从储罐内向反应釜加料，罐内为大气压且液面维持恒定，反应釜加料口高于储罐液面 2m，反应釜内表压为 3kPa。送料管道的直径为 $\phi 45mm\times 2.5mm$，长为 50m（包括管件及阀门的当量长

度，但不包括进、出口损失），管壁的绝对粗糙度为 0.2mm。泵提供的有效功为 100J/kg，试求管路系统的输液量。

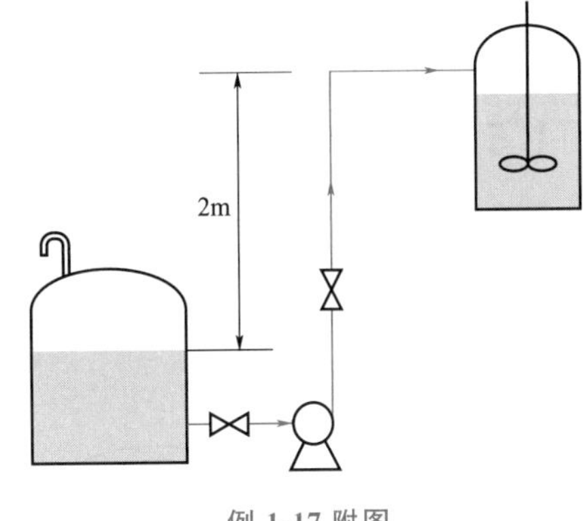

例 1-17 附图

解：以储槽液面为上游截面 1-1′，输液管出口内侧为下游截面 2-2′，并以截面 1-1′为基准面。在两截面间列伯努利方程，即

$$gz_1+\frac{u_1^2}{2}+\frac{p_1}{\rho_1}+W_e=gz_2+\frac{u_2^2}{2}+\frac{p_2}{\rho_2}+\sum h_f$$

式中，$z_1=0$，$z_2=2\text{m}$，$p_1=0$，$p_2=3\text{kPa}$，$u_1\approx 0$，$W_e=100\text{J/kg}$

代入数据

$$100=2\times 9.81+\frac{u^2}{2}+\frac{3000}{900}+\left(\lambda\times\frac{50}{0.04}+0.5\right)\frac{u^2}{2}$$

$$77.047=(1250\lambda+1.5)\frac{u^2}{2} \tag{a}$$

阻力系数可利用式 1-42 求取，即

$$\frac{1}{\sqrt{\lambda}}=1.74-2.0\lg\left(2\frac{\varepsilon}{d}+\frac{18.7}{Re\sqrt{\lambda}}\right)$$

其中，$Re=\dfrac{du\rho}{\mu}=\dfrac{900\times 0.04u}{1.24\times 10^{-3}}=29032u$，$\varepsilon/d=0.2/40=0.005$。但式 1-42 为隐函数形式，且包含 Re，不能直接求出 λ，需要采用试差法，即假设一个 λ 值，代入式（a）算出 u 值，利用此 u 值计算 Re。根据算出的 Re 值及 ε/d 值，代入式 1-42 求出 λ'值。若求出的 λ'值与假设值相符或接近，则假设的数值可接受；如不相符，需另设一 λ 值，重复上面计算，直至所设 λ 值与查出的 λ'值相符或接近为止。一般情况下需 $(\lambda'-\lambda)/\lambda\leqslant 3\%$。

λ 的初值可取流动已进入阻力平方区时的数值。根据 $\varepsilon/d=0.005$，从图 1-23 查得 $\lambda=0.03$，故设 $\lambda=0.03$，代入式(a)，得 $u=1.988\text{m/s}$，于是

$$Re=\frac{du\rho}{\mu}=\frac{900\times 0.04\times 1.988}{1.24\times 10^{-3}}=57716$$

将 Re 及 ε/d 值代入式 1-42 求得 $\lambda'=0.0319$。查出的 λ'值与假设的 λ 值不相符，故应进行第二次计算。重设 $\lambda=0.0319$，代入式(a)，解得 $u=1.930\text{m/s}$。由此 u 值算出 $Re=56032$，代入式 1-42 求得 $\lambda'=0.0320$。查出的 λ'值与所设 λ 值基本相符，故根据第二次计算的结果知输液量为

$$V_h=3600\times\frac{\pi}{4}\times 0.04^2\times 1.930=8.727\text{m}^3/\text{h}$$

上面用试差法求算流速时，也可利用图 1-23，即假设一个 λ 值，代入式(a) 算出 u 值，利用此 u 值计算 Re。根据算出的 Re 值及 ε/d 值，从图 1-23 中查出 λ'值。若查得 λ'值与假设值相符或接近，则假设的数值可接受；如不相符，需另设一 λ 值，重复上面计算。

对第③类问题，管径 d 是待求量，$Re=\dfrac{du\rho}{\mu}$、$\dfrac{\varepsilon}{d}$ 中都有 d，相比第二类问题更为复杂，也需要试差求解。在试差之前，对所要解决的问题应作一番了解，才能避免反复计算。例如

对于管路的计算，流速 u 初值的选取可参考表 1-1 的经验数据，而摩擦系数 λ 的初值可采用流动已进入阻力平方区时的数值。

1.5.2 复杂管路

复杂管路如图 1-26 所示，其中图 1-26(a) 为并联管路，即在主管 A 处分为两支或多支的支管，然后在 B 处又汇合起来；图 1-26(b) 为分支管路，在主管 C 处有分支，但最终不再汇合。

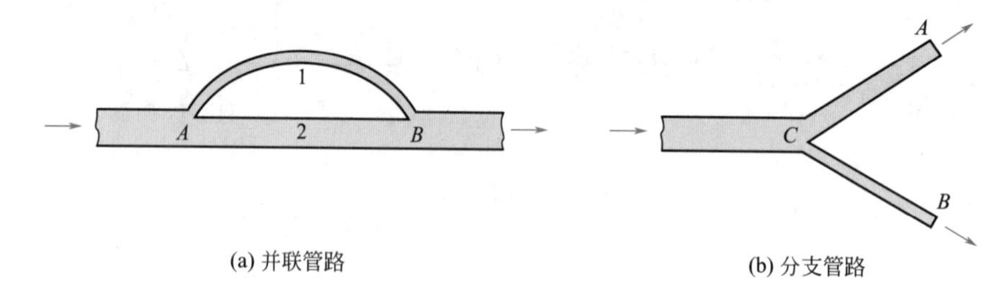

图 1-26 并联管路与分支管路示意图

并联管路与分支管路中各支管的流量彼此影响，相互制约。它们的流动情况虽比简单管路复杂，但仍然遵循能量衡算与质量衡算的原则。

对于如图 1-26(a) 所示的并联管路，在 A、B 两截面之间列机械能衡算方程，得

$$gz_A+\frac{u_A^2}{2}+\frac{p_A}{\rho}=gz_B+\frac{u_B^2}{2}+\frac{p_B}{\rho}+\sum h_{f,A\text{-}B}$$

对于支管 1，有

$$gz_A+\frac{u_A^2}{2}+\frac{p_A}{\rho}=gz_B+\frac{u_B^2}{2}+\frac{p_B}{\rho}+\sum h_{f,1}$$

对于支管 2，亦有

$$gz_A+\frac{u_A^2}{2}+\frac{p_A}{\rho}=gz_B+\frac{u_B^2}{2}+\frac{p_B}{\rho}+\sum h_{f,2}$$

比较以上三式，可得

$$\sum h_{f,A\text{-}B}=\sum h_{f,1}=\sum h_{f,2} \tag{1-51}$$

上式表明，并联管路中单位质量流体流经各支管的能量损失相等。

此外，根据流体的连续性条件，在稳态流动中

$$V_s=V_{s1}+V_{s2} \tag{1-52}$$

即主管中的流率等于各支管流率之和。

对于如图 1-26(b) 所示的分支管路，以分支点 C 处为上游截面，分别对支管 A 和支管 B 列机械能衡算方程，得

$$gz_C+\frac{u_C^2}{2}+\frac{p_C}{\rho}=gz_A+\frac{u_A^2}{2}+\frac{p_A}{\rho}+\sum h_{f,A}$$

及

$$gz_C+\frac{u_C^2}{2}+\frac{p_C}{\rho}=gz_B+\frac{u_B^2}{2}+\frac{p_B}{\rho}+\sum h_{f,B}$$

比较以上二式可得

$$gz_A+\frac{u_A^2}{2}+\frac{p_A}{\rho}+\sum h_{f,A}=gz_B+\frac{u_B^2}{2}+\frac{p_B}{\rho}+\sum h_{f,B} \tag{1-53}$$

上式表明，对于分支管路，单位质量流体在各支管流动终了时的总机械能与能量损失之和相等。

此外，同样有主管流率等于各分支管流率之和。

$$V_s=V_{sA}+V_{sB} \tag{1-54}$$

并联管路和分支管路的计算请参考相关资料。

1.6 流量测量

流体的流量是化工生产过程中的重要参数之一，测量流量的仪表是多种多样的，下面介绍几种根据流体流动时各种机械能相互转换关系而设计的流量计。

1.6.1 测速管

测速管又称皮托（Pitot）管，其结构如图 1-27(a) 所示。它由两根弯成直角的同心套管组成，外管的管口是封闭的，在外管前端壁面四周开有若干测压小孔。为了减小测量误差，测速管的前端经常做成半球形以减少涡流。测量时，测速管放在管截面待测流体位置处，安装方式如图 1-27(b) 所示，内管管口正对着管道中流体的流动方向，外管与内管的末端分别与液柱压差计的两臂相连接。

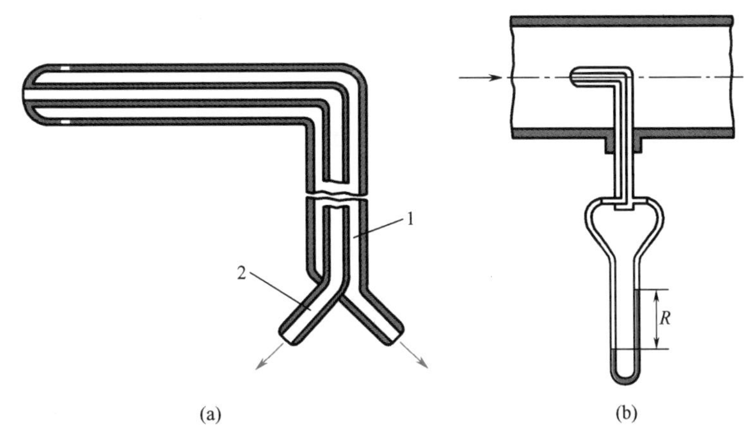

图 1-27 测速管

1—静压管；2—冲压管

流体以一定速度到达测速管前端时，由于内管中已被先前流入的流体所占据，会在管口处停滞下来，形成停滞点（驻点）。此时，流体的动能全部转变为驻点压力（stagnation pressure）。测速管的内管可测得管口所在位置的流体动能 $u_r^2/2$ 与静压能 p/ρ 之和，称为冲压能，即

$$h_A=p/\rho+u_r^2/2$$

式中 u_r——待测点的局部流速。

测速管的外管前端壁面四周的测压孔口与管道中流体的流动方向相平行，故外管测得的是流体在此处的静压能 p/ρ，即

$$h_B = p/\rho$$

U 管压差计读数反映的是流体在该处的冲压能和静压能之差，$\Delta h = h_A - h_B = u_r^2/2$。

若 U 管差压计内指示液密度 ρ_A，读数为 R，则依 $\Delta p = (\rho_A - \rho)gR = \rho\Delta h$ 可整理出

$$u_r = \sqrt{2(\rho_A - \rho)gR/\rho} \tag{1-55}$$

考虑测速管制造精度对测量准确度的影响，在式 1-55 的等号右边乘以一校正系数 C，即

$$\boxed{u_r = C\sqrt{2(\rho_A - \rho)gR/\rho}} \tag{1-56}$$

通常 $C = 0.98 \sim 1.00$。可见 C 值很接近于 1，故实际使用时也常常不进行校正。

用测速管测量流速时，管口应垂直于流体的流动方向，测量点应在稳定段以后。一般要求测速管的外管直径不大于管道内径的 1/50。

【例 1-18】 在内径为 ϕ325mm×12mm 的管道中，用测速管测量管内空气的流量。空气的温度为 20℃，真空度为 490 Pa，当地大气压为 101.33×10^3 Pa。测速管插至管道的中心线处。测压装置为微差压差计，指示液是油和水，其密度分别为 835kg/m^3 和 998kg/m^3，测得的读数为 80mm。试求：测量点处空气速度。

解：根据式 1-55 知，管中心处的流速为

$$u_{max} = \sqrt{\frac{2gR(\rho_A - \rho_C)}{\rho}}$$

式中 ρ 为空气的密度，可根据测量点处温度和压力进行计算。

$$\rho = \frac{pM}{RT} = \frac{(101330-490)\times 29/1000}{8.314\times(273.15+20)} = 1.200\text{kg/m}^3$$

将已知值代入式 1-55，得

$$u_{max} = \sqrt{\frac{2\times 9.81\times 0.08\times(998-835)}{1.2}} = 14.60\text{m/s}$$

测速管只能测出管路内某点的速度，其优点是对流体的阻力较小，适用于测量大直径管路中的气体流速。例如测量飞机上气流的速度。但测速管不能直接测出管路平均流速，且读数较小，常需配用微差压差计。当流体中含有固体杂质时，会将测压孔堵塞，故不宜采用。

1.6.2 孔板流量计

在管道里插入一片与管轴垂直并带有通常为圆孔的金属板，孔的中心位于管道的中心线上，如图 1-28 所示。这样构成的装置，称为孔板流量计（orifice meter）。孔板称为节流元件。

当流体流过孔板时，流通截面被收缩至孔板圆孔的尺寸，之后由于惯性作用，流体流通截面并不立即扩大到与管截面相等，而是继续收缩一定距离后到达流动截面最小处（如图中截面 2-2′，称为缩脉），然后才逐渐扩大到整个管截面。因此，流体流经孔板时，由于孔板的节流作用，使静压能转换为动能，缩脉处的流速最高，动能最大，静压力最低。之后随着流通截面恢复到整个管截面，流速又恢复到原来的值，但由于流经孔板的过程中克服流动阻力要消耗能量，静压能无法恢复到原来的值。

设不可压缩流体在水平管内流动，取孔板上游为截面 1-1′，此处流通截面为管横截面，下游截面应取在缩脉处，以测得最大的压差，但由于缩脉的位置及其截面积难以确定，故以孔板孔口处为下游截面 0-0′。在截面 1-1′与 0-0′间列伯努利方程，并暂时不考虑两截面间的

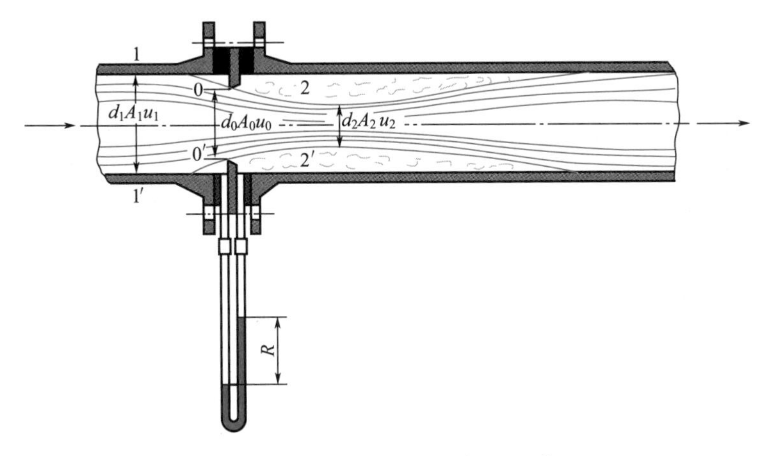

图 1-28　**孔板流量计**孔板流量计

能量损失，得

$$\frac{p_1}{\rho}+\frac{u_1^2}{2}=\frac{p_0}{\rho}+\frac{u_0^2}{2}$$

依据连续性方程，对不可压缩性流体，有$\frac{u_1}{u_0}=\frac{A_0}{A_1}$，代入上式并整理得

$$u_0=\frac{1}{\sqrt{1-(A_0/A_1)^2}}\sqrt{2(p_1-p_0)/\rho} \tag{1-57}$$

式 1-57 表明，若测得压差（p_1-p_0），即可计算孔口处流速 u_0。实际应用时还要考虑，首先需引进校正系数 C_1 来校正因忽略能量损失而引起的误差；其次，由于孔板的厚度很小，如标准孔板的厚度$\leqslant 0.05d_1$，而测压孔的直径$\leqslant 0.08d_1$（d_1 为管道内径），一般为 6～12mm，所以不能把下游测压口正好装在孔板上。比较常用的一种方法是把上、下游两个测压口装在紧靠着孔板前后的位置上，如图 1-28 所示。这种测压方法称为角接取压法，所测出的压差便与式 1-57 中的 p_1-p_0 有区别。若以 p_a-p_b 表示角接取压法测得的孔板前后的压差，并以其代替 p_1-p_0，则应引进一校正系数 C_2，用来校正不同取压法引起的误差，于是式 1-57 可写成

$$u_0=\frac{C_1C_2}{\sqrt{1-(A_0/A_1)^2}}\sqrt{2(p_a-p_b)/\rho}$$

令

$$C_0=\frac{C_1C_2}{\sqrt{1-(A_0/A_1)^2}}$$

则

$$u_0=C_0\sqrt{2(p_a-p_b)/\rho} \tag{1-58}$$

若以体积或质量流量表达，则为

$$V_s=A_0u_0=C_0A_0\sqrt{2(p_a-p_b)/\rho} \tag{1-59}$$

$$W_s=A_0\rho u_0=C_0A_0\sqrt{2\rho(p_a-p_b)} \tag{1-60}$$

式 1-58～式 1-60 表明可通过测得的孔板前后的压差来计算经孔板小孔的流速 u_0 或管路的流量。流量越大，所产生的压差也就越大。若采用 U 管压差计测孔板前后的压差，其读数为 R，指示液的密度为 ρ_A，则式 1-59 和式 1-60 又可写成

$$\boxed{V_s=C_0A_0\sqrt{2gR(\rho_A-\rho)/\rho}} \tag{1-59a}$$

$$W_s = C_0 A_0 \sqrt{2gR\rho(\rho_A - \rho)} \tag{1-60a}$$

各式中的 C_0 称为流量系数或孔流系数，量纲为 1。从以上推导过程中可以看出，C_0 与 Re、取压法和面积比 A_0/A_1 有关。

C_0 的数值可由实验测定。图 1-29 给出用角接取压法安装的孔板流量计，其 C_0 与 Re、A_0/A_1 的关系。图中的 Re 为 $d_1u_1\rho/\mu$，其中的 d_1 与 u_1 是管道内径和流体在管道内的平均流速。由图可见，对于某一 A_0/A_1 值，当 Re 值超过某一临界值 Re_c 后，C_0 就不再随 Re 改变。设计计算时，最好使流量计在此范围内工作，这时流量 V_s（或 W_s）便与压差 $p_a - p_b$（或压差计读数 R）的平方根成正比。设计合理的孔板流量计，其 C_0 值为 0.6～0.7。

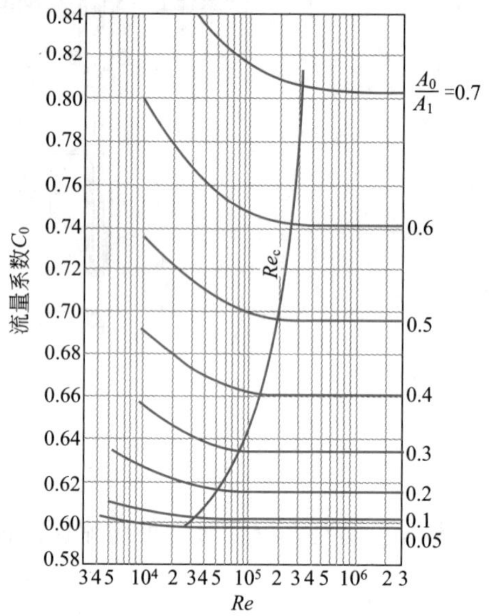

图 1-29 孔板流量计的 C_0 与 Re、A_0/A_1 的关系曲线

孔板流量计已在某些仪表厂成批生产，节流元件可为各式孔板或喷嘴，其系列规格可查阅有关手册。

在测量气体或蒸气的流量时，若孔板前、后的压差较大，当 $(p_a - p_b)/p_a \geqslant 20\%$（$p$ 指绝对压力）时，需考虑气体密度的变化，将式 1-59 修正为

$$V_s = C_0 A_0 \varepsilon_\kappa \sqrt{2(p_a - p_b)/\rho_m} \tag{1-61}$$

式中 ε_κ——体积膨胀系数，量纲为 1，它是绝热指数 κ、压差比值 $(p_a - p_b)/p_a$、面积比 A_0/A_1 的函数，ε_κ 值可从手册中查到；

ρ_m——平均密度，kg/m^3。

为保证测量准确性，要求安装孔板流量计时，上、下游都要有一段内径不变的直管，通常要求上游直管长度为 $10d_1$，下游直管长度为 $5d_1$。若 A_0/A_1 较小，则这段长度可缩短一些。

孔板流量计结构简单，容易制造，当测量流量有较大变化时，更换孔板也很方便。它的主要缺点是流体经过孔板后能量损失较大，并随 A_0/A_1 的减小而增大。而且孔口边缘容易腐蚀和磨损，所以流量计应定期进行校正。

孔板流量计的能量损失（或称永久损失）可按下式估算

$$h'_f = \frac{p_a - p_b}{\rho}(1 - 1.1A_0/A_1) \tag{1-62}$$

【例 1-19】 在 ϕ108mm×5mm 的管路中安装标准孔板流量计以测定管路中水的流量，水的最大流量为 45m³/h，与孔板流量计相连的 U 管压差计以水银为指示液，若最大流量下压差计读数不超过 1.2m，孔板流量计采用角接取压法，试求（1）孔板的孔径取多少合适？（2）若在最大流量下操作，孔板流量计产生的能量损失是多少？

解：(1) 此题为孔板流量计设计和选用时常遇到的问题，可用式 1-59 计算，但式中有两个未

知数 C_0 及 A_0，而 C_0 与 Re 及 A_0/A_1 的关系只能用曲线来描述，所以采用试差法求解。

设 $Re>Re_c$，并设 $C_0=0.61$。根据式 1-59，即

$$V_s=A_0u_0=C_0A_0\sqrt{2(p_a-p_b)/\rho}$$

$$V_s=45\text{m}^3/\text{h}=0.0125\text{m}^3/\text{s}$$

$$p_a-p_b=R(\rho_a-\rho)g=1.2\times(13600-1000)\times9.81=148327.2\text{Pa}$$

$$A_0=\frac{0.0125}{0.61\times\sqrt{\dfrac{2\times148327.2}{1000}}}=0.001190$$

由 $A_0=\dfrac{\pi d_0^2}{4}=0.001190$ 解出 $d_0=0.0389\text{m}$

校核 $Re>Re_c$ 是否成立

$$u=\frac{V_s}{A}=\frac{0.0125}{0.098^2\pi/4}=1.658\text{m/s}$$

$$Re=\frac{du\rho}{\mu}=\frac{0.098\times1.658\times1000}{10^{-3}}=1.625\times10^5$$

$$\frac{A_0}{A_1}=\frac{0.0389^2}{0.098^2}=0.16$$

由图 1-29 可知，当 $A_0/A_1=0.16$ 时，$Re>Re_c$，即 C_0 为常数，其值仅由 A_0/A_1 决定，从图上亦可查得 $C_0=0.61$，与假设相符。因此，孔板的孔径应为 38.9mm。

(2) 能量损失为

$$h_f'=\frac{p_a-p_b}{\rho}(1-1.1A_0/A_1)=\frac{148327.2}{1000}\times(1-1.1\times0.16)=122.2\text{J/kg}$$

1.6.3 文丘里流量计

为了减少流体流经节流元件时的能量损失，可以用一段渐缩、渐扩管代替孔板，这样构成的流量计称为文丘里流量计（venturi meter）或文氏流量计，如图 1-30 所示，最小流通截面 o 处称为文氏喉。

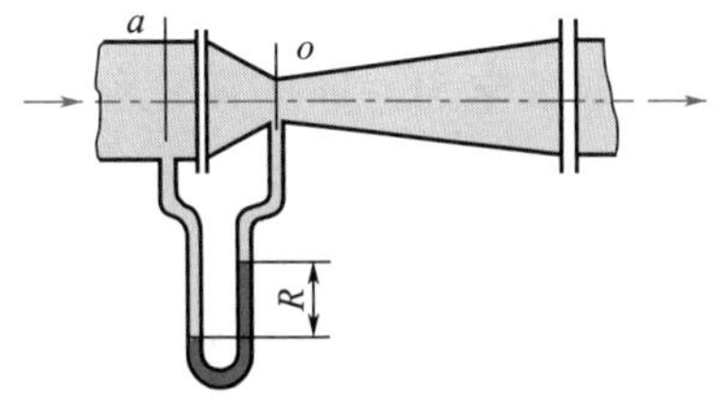

图 1-30 文丘里流量计

文丘里流量计的工作原理与孔板流量计相同，只是由于有渐缩段和渐扩段，流体在其内的流速改变平缓，涡流较少，喉管处增加的动能可于其后渐扩的过程中大部分转换回静压能，所以能量损失比孔板大大减少，文丘里流量计的流量计算仍可用式 1-59 和式 1-60，只是流量系数 C_0 要换成文丘里流量计的系数 C_v，C_v 值可由实验测定或从仪表手册中查得，一般为 0.98～0.99。文丘里流量计的优点是能量损失小，但不如孔板那样容易更换以适用于不同流量的测量，且各部分尺寸要求严格，需要精细加工，所以造价比较高。

1.6.4 转子流量计

转子流量计（rotameter）的构造如图 1-31 所示，在一根截面积自下而上逐渐扩大的垂直锥形玻璃管 1 内，装有一个能够旋转自如的由金属或其他材质制成的转子 2（或称浮子）。被测

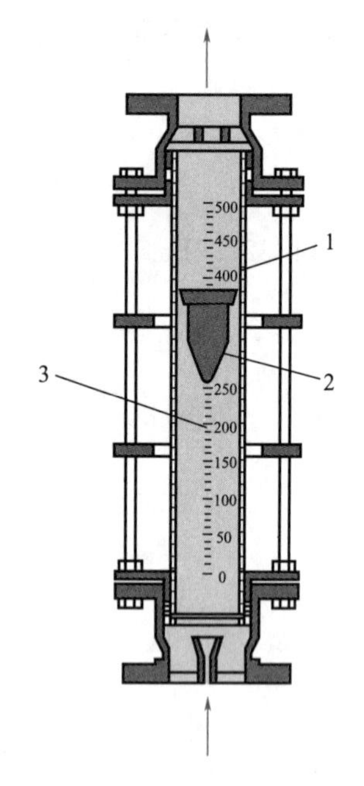

图 1-31　**转子流量计**

1—锥形玻璃管；2—转子；3—刻度

流体从玻璃管底部进入，经转子与圆锥形玻璃管的环隙从顶部流出。

当流体自下而上流过垂直的锥形管时，转子受到两个力的作用：一是垂直向上的推动力，它等于流体流经转子两端压差造成的升力；二是垂直向下的转子的重力，对特定的转子其重力为定值。当流量增大时，流体流经转子两端的压差增大，使之产生的升力大于重力，转子自然会上升，上升后转子与锥形玻璃管之间的环隙面积加大，使流体流经环隙处的速度降低，进而降低流体流经转子两端的压差，使产生的升力与转子的重力重新平衡。反之，当流量减小时，转子会下降。对于一定的流量，转子会停留在一定的位置上，所以在玻璃管外表面刻上读数，根据转子的停留位置，即可读出被测流体的流量。

这里特别要强调的是，对于转子流量计，当流量改变时，转子在锥形玻璃管中的位置发生变化，而转子上、下两端的压差是不变的，因此，转子流量计是依据流通截面的变化来测定流量。转子流量计的刻度通常是生产厂家选用特定的流体（比如空气或水）标定后得到的，当用于测量其他流体时，需要对原有的刻度加以校正。

转子流量计读取流量方便，能量损失很小，测量范围宽。玻璃转子流量计不适用于高温高压流体测量，测高温高压流体可选用金属转子流量计，测腐蚀性流体可选用防腐蚀型的转子流量计。转子流量计无严格的上、下流直管段长度要求，但要求安装时必须保持垂直。

孔板流量计、文氏流量计与转子流量计的主要区别在于：前面两种流量计的节流口面积不变，流体流经节流口所产生的压差随流量变化，因此可通过测量压差来计算流量的大小，这类流量计统称为差压流量计。转子流量计是使流体流经节流口所产生的压差保持恒定，而节流口的流通截面随流量变化，根据流通截面的大小，即转子所处位置的高低来读取流量，故此类流量计称为截面流量计。

通过本章学习，你应该已经掌握的知识：

1. 压力的表示方式以及不同压力表示方式之间的换算；
2. 不同流体在管内流动的适宜流速；
3. 连续性方程、伯努利方程的物理意义和适用条件，应用伯努利方程解题的要点和注意事项；
4. 直管阻力和局部阻力的计算方法，不同流动状态下阻力系数的计算方法；
5. 边界层的形成和发展，边界层分离；
6. 并联管路和分支管路的特性；
7. 压力、流量（流速）的测量方法。

你应该具有的能力：

1. 根据流体输送要求选择合适的管子尺寸；
2. 对简单管路系统进行设计型和校核型计算。

本章符号说明

英文字母

A——截面积，m^2

C——系数

C_0，C_v——流量系数

d——管道直径，m

d_e——当量直径，m

d_0——孔板孔径，m

e——涡流黏度，Pa·s

E——1kg 流体所具有的总机械能，J/kg

f——范宁摩擦系数

F——流体的内摩擦力，N

g——重力加速度，m/s^2

G——质量流速，$kg/(m^2 \cdot s)$

h——高度，m

h_f——1kg 流体流经直管段时产生的能量（阻力）损失，J/kg

h_f'——局部能量（阻力）损失，J/kg

H_e——输送设备对 1N 流体提供的有效功、有效压头，m

H_f——压头损失，m

l——长度，m

l_e——当量长度，m

m——质量，kg

M——摩尔质量，kg/kmol

N——输送设备的轴功率，kW

N_e——输送设备的有效功率，kW

p——压力，Pa

Δp_f——$1m^3$ 流体流动时为克服流动阻力而产生的压力降，Pa

r——半径，m

r_H——水力半径，m

R——气体常数，$J/(kmol \cdot K)$

R——液柱压差计读数，或管道半径，m

Re——雷诺数，量纲为 1

S——两流体层间的接触面积，m^2

T——热力学温度，K

u——流速，m/s

u_{max}——流动截面上的最大速度，m/s

u_z——流动截面上某点的局部速度，m/s

U——1kg 流体的内能，J/kg

v——比体积，m^3/kg

V——体积，m^3

V_s——体积流量，m^3/s

W_e——1kg 流体通过输送设备获得的能量，或输送设备对 1kg 流体所作的有效功，J/kg

W_s——质量流量，kg/s

x_v——体积分数

x_w——质量分数

y——摩尔分数

z——1N 流体具有的位能，m

希腊字母

α——倾斜角

δ——流动边界层厚度，m

δ_b——层流内层厚度，m

ε——绝对粗糙度，mm

ε_κ——体积膨胀系数

ζ——局部阻力系数

η——输送设备的效率

κ——绝热指数

λ——摩擦系数

μ——黏度，Pa·s 或 cP

ν——运动黏度，m^2/s 或 cSt

Π——润湿周边，m

ρ——密度，kg/m^3

τ——内摩擦应力，Pa

习 题

知识点 1　流体的连续介质假定

1. 研究流体流动问题的连续介质假定是指（　　　　）。

知识点 2　静压力及静力学基本方程的应用

2. 某设备上真空表的读数为 14.5kPa，试计算设备内的绝压与表压。已知该地区大气压为 100kPa。

3. 在本题附图所示的储油罐中盛有密度为 800kg/m^3 的油品，罐内油面高于罐底 10m，油面上方为常压（101.33kPa）。在罐侧壁的下部有一直径为 760mm 的圆孔，其中心距罐底 800mm，孔盖用 14mm 的钢制螺钉紧固。若螺钉材料的工作应力为 $36\times10^6\text{Pa}$，问至少需要几个螺钉？

4. 某流化床反应器上装有两个 U 管压差计，如本题附图所示。测得 $R_1=450\text{mm}$，$R_2=60\text{mm}$，指示液为水银。为防止水银蒸气向空间扩散，向右侧的与大气连通的玻璃管内灌入一段水，其高度 $R_3=50\text{mm}$。试求 A、B 两处的表压。

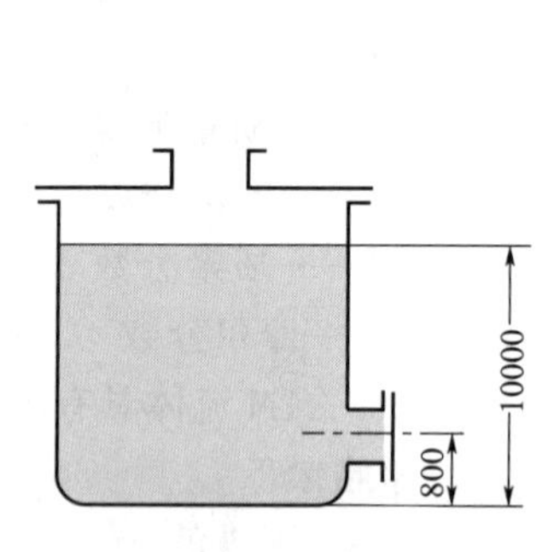

习题 3 附图（单位 mm）

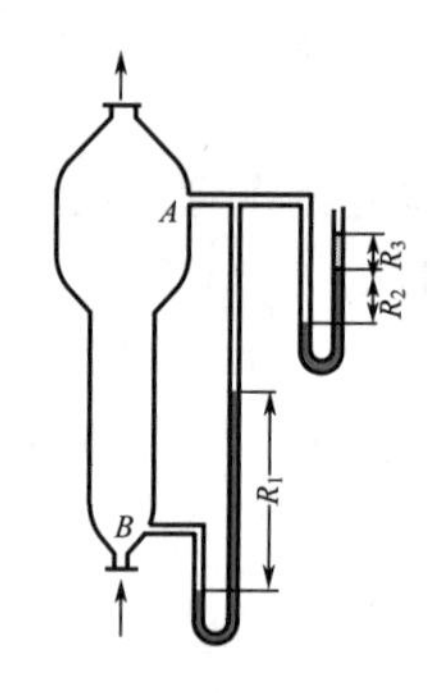

习题 4 附图

5. 在本题附图所示的密闭容器 A 与 B 内，分别盛有水和密度为 810kg/m^3 的某溶液，容器 A 与 B 间由一水银 U 管压差计相连。容器直径远大于 U 管压差计直径。(1) 当 $p_B=800\text{Pa}$（真空度）时，U 管压差计读数 $R=0.25\text{m}$，$h=0.8\text{m}$，试求容器 A 内的压力 p_A。(2) 当容器 A 液面上方的压力减小至 $p'_A=20\times10^3\text{Pa}$（表压），而 p_B 不变时，U 管压差计的读数为多少？

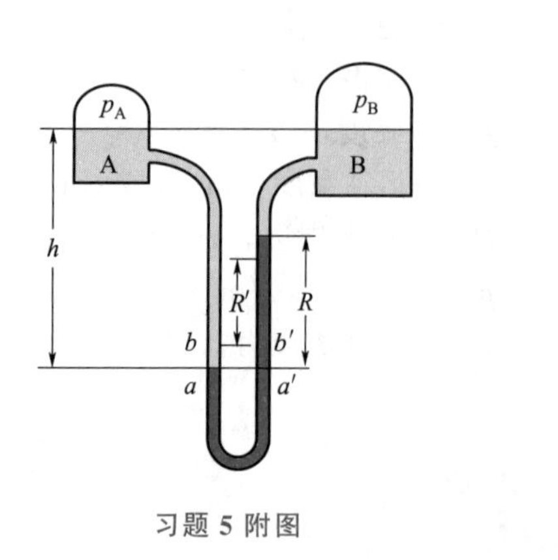

习题 5 附图

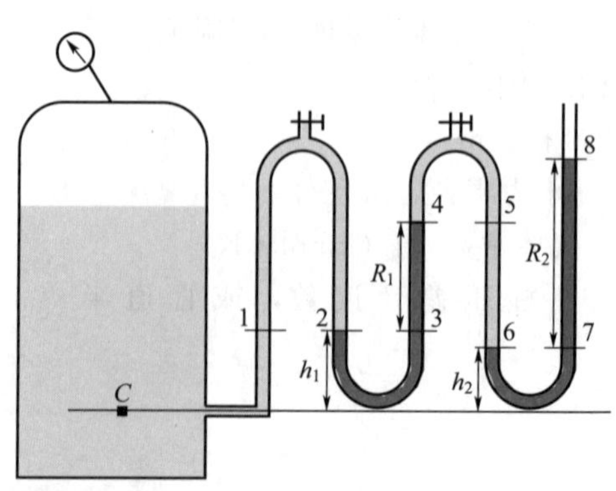

习题 7 附图

6. 采用如图 1-6 所示的微差压差计测量管路中的气体压力，压差计左侧接入气体管路，右侧通大气。压差计中以油和水为指示液，其密度分别为 $920kg/m^3$ 和 $1000kg/m^3$，U 管两侧油、水交界面右侧比左侧高 $R=300mm$。两扩大室的内径 D 均为 60mm，U 管内径 d 为 6mm。当管路内气体压力等于大气压时，两扩大室液面平齐。计算管路内气体的表压，若忽略扩大室液面差会引起多大误差。

7. 采用如本题附图所示的复式 U 管压差计测定设备内 C 点的压力，压差计中的指示液为汞。两 U 管间的连接管内充满了被测流体——水。两 U 形水银测压计中汞柱的读数分别为 $R_1=0.3m$，$R_2=0.6m$。指示液的其他液面与设备内 C 点的垂直距离为 $h_1=0.35m$，$h_2=0.24m$，试求设备内 C 点的压力。

8. 如图 1-8 所示，为了控制乙炔发生炉 a 内的压力不超过 10kPa（表压），需在炉外装有安全液封（又称水封）装置，当炉内压力超过规定值时，气体从液封管 b 中排出。试求此炉的安全液封管应插入槽内水面下的深度 h。

知识点 3　流量与流速

9. 列管换热器的管束由 126 根 $\phi 25mm \times 2.5mm$ 的钢管组成。50℃，压力为 $196 \times 10^3 Pa$（表压）的空气以 $0.5m^3/s$ 流量在列管内流动。当地大气压为 100kPa。试求：(1) 操作条件下空气的流速；(2) 空气的质量流量；(3) 标准状况下空气的体积流量。

知识点 4　黏度

10. 当温度升高时，气体的黏度将（　　　　），液体的黏度将（　　　　）。

知识点 5　流动类型与 *Re*

11. 某液体在 10mm 内径的管路中以 0.45m/s 的速度流动，液体的密度为 $800kg/m^3$，黏度为 $2 \times 10^{-3} Pa \cdot s$，试计算：(1) 雷诺数，并指出属于何种流型；(2) 管内流动截面上局部速度等于平均速度处与管轴的距离。

12. 湍流与层流相比，最根本的不同点是什么？

知识点 6　边界层

13. 湍流边界层又可分为（　　　　）层、（　　　　）层和（　　　　）层。

14. 什么是边界层分离？什么条件下会发生边界层分离？边界层分离会产生什么结果？

知识点 7　管路计算

15. 用离心泵把 20℃的水从储槽送至水洗塔顶部，槽内水位维持恒定。各部分相对位置如本题附图所示。泵的吸入管路直径为 $\phi 85mm \times 2.5mm$，排出管路的直径为 $\phi 76mm \times 2.5mm$，在操作条件下，泵入口处真空表的读数为 $25 \times 10^3 Pa$。水流经吸入管与排出管（不包括喷头）的能量损失（J/kg）可分别按 $\sum h_{f1}=2u^2$ 与 $\sum h_{f2}=10u^2$ 计算，式中 u 为吸入或排出管的流速，m/s。排出管与喷头连接处的压力为 $90 \times 10^3 Pa$（表压）。试求泵的有效功率。

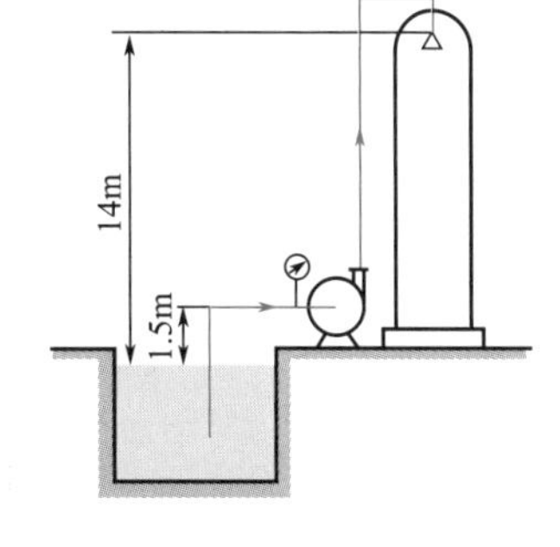

习题 15 附图

16. 如本题附图所示的冷冻盐水循环系统中，盐水循环量为 $36m^3/h$。测得 A 处的压力表读数为 245.2×10^3 Pa，盐水由 A 流经两个换热器至 B 的能量损失为 98.1 J/kg，由 B 流至 A 的能量损失为 49 J/kg。盐水的密度为 $1100kg/m^3$，管路的直径相同，泵的效率为 70%，试求：(1) 泵的轴功率，kW；(2) B 处的压力表读数。

17. 用压缩空气将密度为 $1150kg/m^3$ 的腐蚀性液体自低位槽压送到高位槽，两槽的液面维持恒定。管路直径均为 $\phi 60mm \times 3.5mm$，其他尺寸见本题附图。各管段的能量损失（J/kg）为 $\sum h_{f,AB}=\sum h_{f,CD}=2u^2$，$\sum h_{f,BC}=1.2u^2$。两压差计中的指示液均为水银。试求当

$R_1=40\text{mm}$，$h=200\text{mm}$ 时，(1) 压缩空气的压力 p_1；(2) U 管压差计读数 R_2。

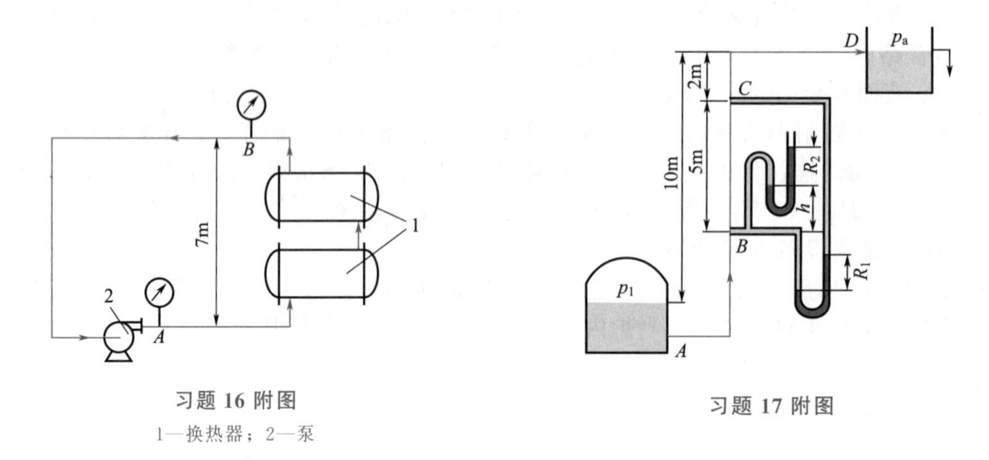

习题 16 附图

1—换热器；2—泵

习题 17 附图

18. 试分析各种流动状态下阻力系数的影响因素。

19. 用水为工作介质做出的 λ-Re 曲线，对其他牛顿型流体能否使用？为什么？

20. 流体在管内湍流流动，若其他条件不变，只增大流体流量，则 Re 将（　　　　），摩擦系数将（　　　　）。

21. 水力半径的定义是（　　　　），当量直径的定义是（　　　　）。

22. 已知套管换热器的内管尺寸为 $\phi60\text{mm}\times3\text{mm}$，外管尺寸为 $\phi108\text{mm}\times4\text{mm}$，计算流体在环隙内流动的水力半径。

23. 20℃的清水通过如附图所示的变径管路，由 A 管流入 B 管。已知 A 管段内径 $d_A=50\text{mm}$，管内流速 $u_A=4.244\text{m/s}$，B 管段内径 $d_B=100\text{mm}$。A、B 两截面的垂直高度差为 $h=0.4\text{m}$，U 管压差计的指示液为水银，读数为 $R=28\text{mm}$。试求：(1) A、B 两截面间的压差，Pa；(2) A、B 两截面间的流动阻力，J/kg。

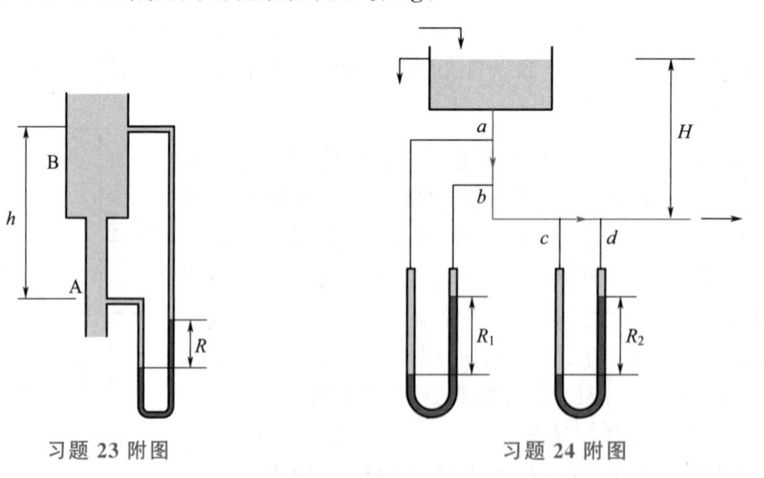

习题 23 附图

习题 24 附图

24. 本题附图中所示的高位槽液面维持恒定，管路中 ab 和 cd 两段的长度、直径及粗糙度均相同。某液体以一定流量流过管路，液体在流动过程中温度可视为不变。问：(1) 液体通过 ab 和 cd 两管段的能量损失是否相等？(2) 写出 ab 和 cd 两管段压差的表达式，此两管段的压差是否相等？(3) 若两 U 管压差计的指示液相同，压差计的读数是否相等？

25. 用离心泵将 20℃的水由一个敞口储槽送到常压水塔中，敞口储槽与水塔内液位的高度差为 30m，且维持恒定。已知输送管路的尺寸为 $\phi165\text{mm}\times5\text{mm}$，管路直管段长度为

1000m，所有局部阻力的当量长度为 30m，若输水量为 $100m^3/h$，摩擦系数 λ 为 0.025，泵的效率为 75%，试计算泵的轴功率。

26. 用离心泵将液体由一个敞口储槽输送至表压为 90kPa 的密闭高位槽中，两槽内液位的高度差为 15m，且维持恒定。已知被输送液体的密度为 $1200kg/m^3$、黏度为 $0.96\times10^{-3}Pa\cdot s$；输送管路的内径为 32mm，管路总长度为 100m（包括管件、阀门等当量长度）。若要求输送流量为 $8m^3/h$，试求该离心泵的有效功率。湍流流动时的阻力系数可用 $\lambda=0.3164/Re^{0.25}$ 计算。

27. 每小时将 2×10^4kg 的溶液用泵从反应器输送到高位槽（见本题附图）。反应器液面上方保持 26.7×10^3Pa 的真空度，高位槽液面上方为大气压。管道为 $\phi76mm\times4mm$ 的钢管，总长为 50m，管线上有两个全开的闸阀、一个孔板流量计（局部阻力系数为 4）、五个标准弯头。反应器内液面与管路出口的距离为 15m。若泵的效率为 0.7，试求泵的轴功率。

溶液的密度为 $1073kg/m^3$，黏度为 $6.3\times10^{-4}Pa\cdot s$。管壁绝对粗糙度 ε 可取为 0.3mm。

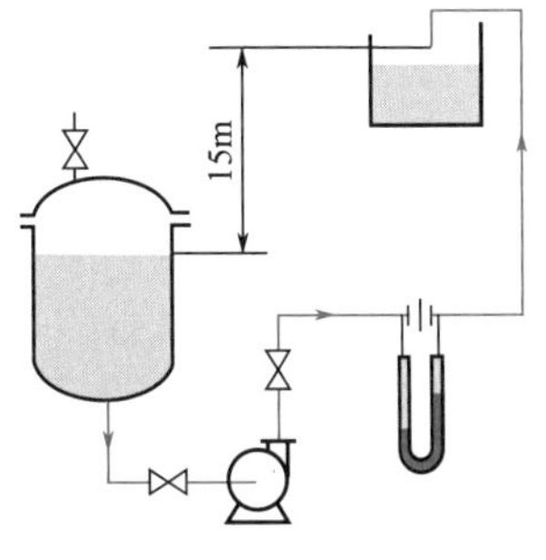

习题 27 附图

28. 20℃的水在一并联管路中流动，主管为长 5m、直径 $\phi325mm\times12mm$ 的管路，支管为长 10m、直径 $\phi60mm\times3mm$ 管路，测得支管内流量为 $2.7m^3/h$，主管和支管的长度均包含了所有局部阻力的当量长度，计算主管流量。湍流流动时的阻力系数可用 $\lambda=0.3164/Re^{0.25}$ 计算。水的密度为 $1000kg/m^3$，黏度为 $10^{-3}Pa\cdot s$。

知识点 8　流量计

29. 常用的流量计中，（　　　　）属于截面流量计，（　　　　）和（　　　　）属于差压流量计。

30. 在管路系统中，有一直径为 $\phi38mm\times2.5mm$、长为 30m 的水平直管段，在其中间装有孔径为 16.4mm 的标准孔板流量计来测量流量，流量系数 C_0 为 0.63，采用角接取压法用 U 管压差计测量孔板两侧的压差，以水银为指示液，测压连接管中充满被测液体。现测得 U 管压差计的读数为 600mm，操作条件下被测液体的密度为 $870kg/m^3$，U 管中的指示液汞的密度为 $13600kg/m^3$。试计算管路中被测液体的流量为多少（kg/h）？

讨论题

1. 从 A 储槽经分支点 O 向 B、C 两储槽输送液体，三储槽均为敞口，且液面维持恒定。A 储槽到分支点 O 的管路长度为 300m，从分支点 O 到 B、C 储槽的管路长度分别为 120m 和 150m，长度均包括了所有局部阻力的当量长度，管路内径均为 0.3m，所有管路摩擦系数都可按 0.02 计，B 储槽液位高于 C 储槽液位 3m，A 储槽液位高于 C 储槽液位 20m。计算主管路 AO 和两支管 OB、OC 内流体的流速。

2. 如本题附图所示，从高位水塔向车间送水，水塔的水位可视为不变。送水管的内径为 50mm，包括所有局部阻力的管路总长为 l，水塔水面与送水管出口间的垂直距离为 H。原来流量为 V，现需要输水量增加 50%，需对送水管进行改装，提出你的改装方案，并做出相应的计算。

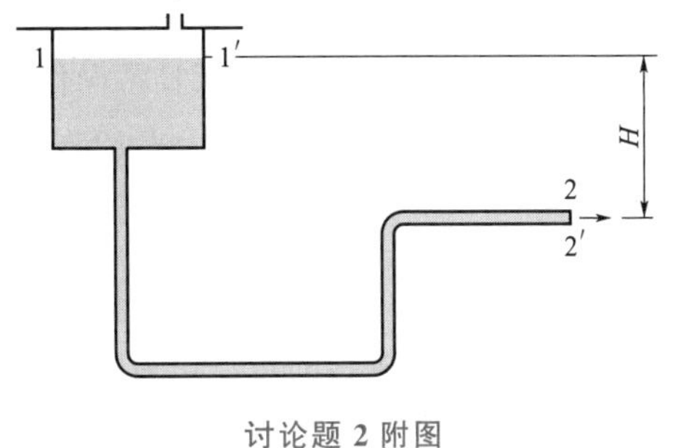

讨论题 2 附图

第2章
流体输送机械

2.1 概述 / 58
2.2 液体输送机械 / 59
2.2.1 离心泵 / 59
2.2.2 其他类型液体输送机械 / 81
2.3 气体输送和压缩机械 / 84
2.3.1 离心通风机、鼓风机与压缩机 / 85
2.3.2 其他类型气体输送和压缩机械 / 86

本章你将可以学到:

1. 流体输送机械的分类、特点;
2. 离心泵的基本结构、工作原理、性能参数和安装使用的相关问题;
3. 其他流体输送机械的结构、原理、特性及适用场合。

2.1 概述

流体输送是化工生产及日常生活中最常见、应用最广泛的单元操作之一。流体输送机械向流体做功以提高流体的机械能（主要表现为静压能的提高）。通常，输送液体的机械称为泵，输送气体的机械根据其产生的压力高低分别称为通风机、鼓风机、压缩机与真空泵。流体输送机械在化工过程及其他领域中都有广泛的应用。由于流体输送过程操作条件千差万别，流体的种类和性质也各有不同，流体输送机械的结构和性能特点也各有不同。

从工程输送目的的角度，管路系统对输送机械的要求如下：

① 满足工艺上对流量和能量（压头或风压，压力或真空度）的要求。

② 在高效下运行，以降低日常操作费用。

③ 能适应被输送流体的特性（包括黏性、腐蚀性、毒性、可燃性及爆炸性、含固体杂质等）的要求。

④ 结构简单，重量轻，设备购置费用低。

本章结合化工流程的特点，对流体输送机械的工作原理、基本构造及性能特点等方面进行讨论，以达到能正确选择和使用流体输送机械的目的。

2.2 液体输送机械

2.2.1 离心泵

离心泵（centrifugal pump）是化工生产中应用最为广泛的液体输送机械，其具有性能适应范围广（包括流量、压头及对介质性质的适应性）、体积小、结构简单、操作容易、流量均匀、故障少、寿命长、购置费和操作费均较低等突出优点。因此，本节将离心泵作为流体力学原理的典型应用实例进行重点介绍。

2.2.1.1 离心泵的工作原理与主要部件

1. 离心泵的工作原理

离心泵的装置简图如图 2-1 所示，它的基本部件是高速旋转的叶轮和固定的蜗牛形泵壳。具有若干个（通常为 4～12 个）后弯叶片的叶轮紧固于泵轴上，并随泵轴由电机驱动作高速旋转。叶轮是直接对泵内液体做功的部件，是离心泵的供能装置。泵壳中央的吸入口与吸入管路相连接，吸入管路的底部装有单向底阀。泵壳旁侧的排出口与装有调节阀门的排出管路相连接。

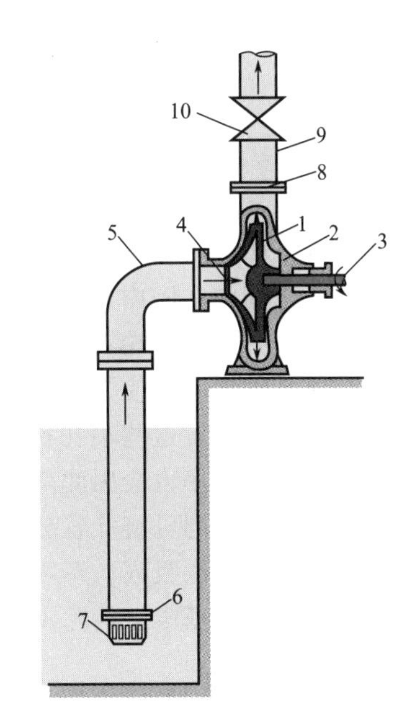

图 2-1 离心泵装置简图

1—叶轮；2—泵壳；3—泵轴；4—吸入口；5—吸入管；6—单向底阀；7—滤网；8—排出口；9—排出管；10—调节阀

当离心泵启动后，泵轴带动叶轮一起作高速旋转运动，迫使预先充灌在叶片间的液体旋转，在惯性离心力的作用下，液体自叶轮中心沿叶片向外周运动。液体在流经叶轮的运动过程中获得了能量，静压能增高，流速增大。当液体离开叶轮进入泵壳后，由于壳内流道逐渐扩大而减速，部分动能转化为静压能，最后沿切向流入排出管路。所以泵壳不仅是汇集由叶轮流出液体的部件，而且又是一个转能装置。在液体自叶轮中心甩向外周的同时，叶轮中心形成低压区，在储槽液面与叶轮中心总势能差的作用下，致使液体被吸进叶轮中心。依靠叶轮的不断运转，液体便连续地被吸入和排出。液体在离心泵中获得的机械能量最终表现为静压能的提高。

需要强调的是，若在离心泵启动前没向泵壳内灌满被输送的液体，则泵壳内充满空气，由于空气密度低，叶轮旋转后产生的离心力小，叶轮中心区形成的真空不足以将储槽内的液体吸入，这时即使启动离心泵也不能输送液体。这种现象称为气缚，表明离心泵无自吸能力。因此，在启动离心泵之前要向泵壳内灌满液体以防止气缚发生，在吸入管路安装单向底阀以防止启动前灌入泵壳内的液体从壳内流出。空气从吸入管道进到泵壳中也会造成气缚。在吸入管路底部还要安装滤网以防止固体物质进入泵内堵塞或损坏泵的部件。

2. 离心泵的主要部件

离心泵的主要部件包括提供能量的叶轮、转换能量的泵壳和起到密封作用的轴封装置等。

（1）叶轮

叶轮是离心泵的关键部件。叶轮的主要作用是将原动机的机械能传递给液体，使液体的静压能和动能都有所提高。叶轮按照结构形式，可以分为闭式、半闭式和开式三种，如图 2-2 所示。叶片两侧带有前、后盖板的称为闭式叶轮，适用于输送清洁液体，一般的离心泵多采用闭式叶轮。没有前、后盖板，仅由叶轮和轮毂组成的称为开式叶轮。只有后盖板的称为半闭式叶轮。开式和半闭式叶轮的流道不易堵塞，因此适用于输送含有固体颗粒的悬浮液。但由于没有盖板，液体在叶片间易产生倒流，泵的效率较低。

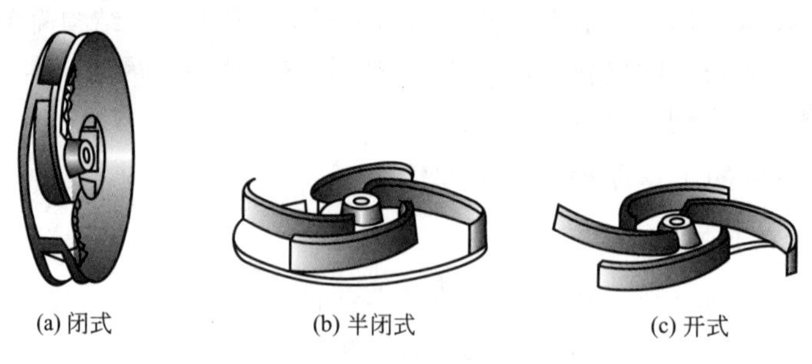

(a) 闭式　　(b) 半闭式　　(c) 开式

图 2-2　离心泵的叶轮

闭式或半闭式叶轮在工作中，吸入口处的压力较低，经叶轮输送的液体有一部分会流入叶轮和泵壳之间的空腔内，造成叶轮盖板两侧的压差，产生了指向叶轮吸入口的轴向推力。这一轴向推力会造成叶轮在工作中向吸入口移动，从而造成叶轮与泵壳之间的接触摩擦，严重时会造成泵的振动，使泵无法正常工作。为了减轻轴向推力的不利影响，在叶轮后盖板上可以钻若干个小孔，这些小孔称为平衡孔，如图 2-3(a) 中的 1，以减少叶轮盖板两侧的压差，但同时泵的效率也会因此降低。

按吸液方式不同可将叶轮分为单吸式与双吸式两种，如图 2-3 所示。单吸式叶轮结构简单，液体只能从一侧吸入。双吸式叶轮可同时从叶轮两侧对称地吸入液体，它不仅具有较大的吸液能力，而且基本上消除了轴向推力。

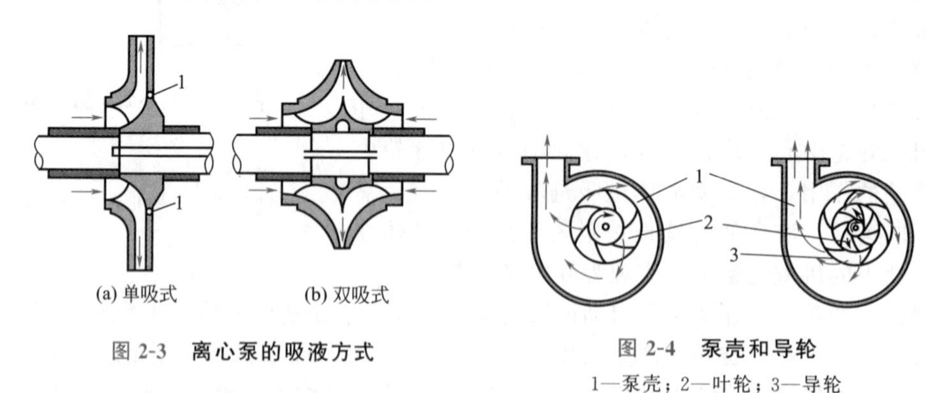

(a) 单吸式　　(b) 双吸式

图 2-3　离心泵的吸液方式

图 2-4　泵壳和导轮

1—泵壳；2—叶轮；3—导轮

（2）泵壳

离心泵的泵壳多制成类似蜗牛外壳的形状，又被称为蜗壳。叶轮在泵壳内沿着蜗形通道逐渐扩大的方向旋转，从叶轮高速流出的液体沿着泵壳的通道流动时流速逐渐降低，能量损失较少，同时将部分动能转化为了静压能。因此，泵壳既有汇集从叶轮流出的流体的功能，也是能量转换装置。

为了减少离开叶轮的液体直接进入泵壳时因冲击而引起的能量损失，在叶轮与泵壳之间有时安装一个固定不动而带有叶片的导轮，如图 2-4 所示。导轮中的叶片使进入泵壳的液体逐渐转向而且流道连续扩大，使部分动能有效地转换为静压能。多级离心泵通常都安装导轮。

(3) 轴封装置

离心泵工作时，泵轴转动而泵壳固定不动，两者之间需设置轴封装置以防止泵内高压液体漏出或避免外界空气进入泵内。常用的轴封装置有填料密封和机械密封，如图 2-5 所示。其中机械密封适用于密封要求较高的场合，如酸、碱、易燃、易爆及有毒液体的输送等。此外，随着科技的发展，也有很多新型密封技术应用于泵的密封上。

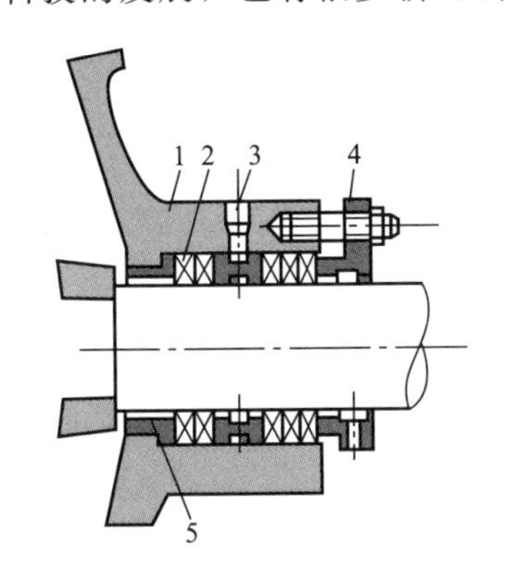

(a) 填料密封装置
1—填料函壳；2—软填料；3—液封圈；
4—填料压盖；5—内衬套

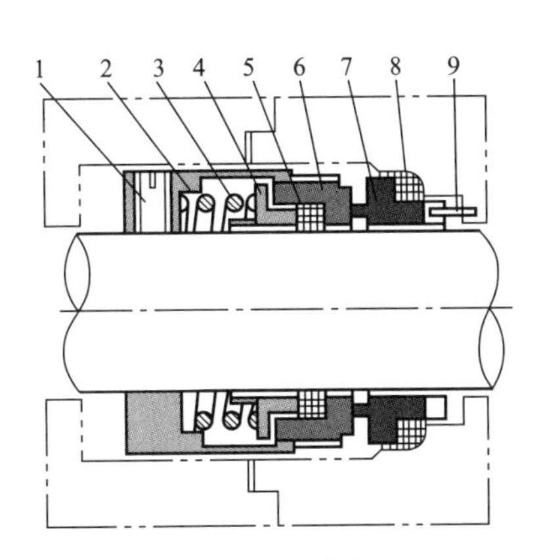

(b) 机械密封装置
1—螺钉；2—传动带；3—弹簧；4—锥环；5—动环密封圈；
6—动环；7—静环；8—静环密封圈；9—防转销

图 2-5 **填料密封装置和机械密封装置**

2.2.1.2 离心泵的基本方程

离心泵的基本方程是从理论上描述在理想情况下离心泵可能达到的最大压头（扬程）与泵的结构、尺寸、转速及液体流量诸因素之间关系的表达式。通过离心泵的基本方程可以对泵的性能参数之间的关系进行分析。

在分析研究流体在叶轮内的运动情况时，作如下简化假设：

① 叶轮为具有无限薄、无限多叶片的理想叶轮，流体质点将完全沿着叶片表面流动，流体无旋涡、无冲击损失；

② 被输送的是理想液体，液体在叶轮内流动不存在流动阻力；

③ 泵内为稳态流动过程。

按上面假想模型推导出来的压头必为在指定转速下可能达到的最大压头——理论压头。

理想流体在理想叶轮中是等角速度旋转运动的。本节选择地面静止参照系，则流体质点在作等角速度旋转运动的同时还伴有径向流动，作二维流动。

如图 2-6 所示，流体质点以绝对速度 c_0 沿着轴向进入叶轮后，随即转化为沿叶片运动，此时流体一方面以圆周速度 u_1 随叶轮旋转，其运动方向即流体质点所在位置的切线方向，大小沿半径而变化；另一方面以相对速度 w_1 在叶片间运动，其运动方向是液体质点所在处叶片的切线方向，流速从里向外由于流道变大而降低。二者的合速度为绝对速度 c_1，此即流体质点相对于泵壳的绝对速度。上述三个速度 w_1、u_1、c_1 所组成的矢量图称为速度三角形。同样，在叶轮出口处，圆周速度 u_2、相对速度 w_2 及绝对速度 c_2 也构成速度三角形。α 表示绝对速度与圆周速度两矢量之间的夹角，β 表示相对速度与圆周速度反方向延线的夹

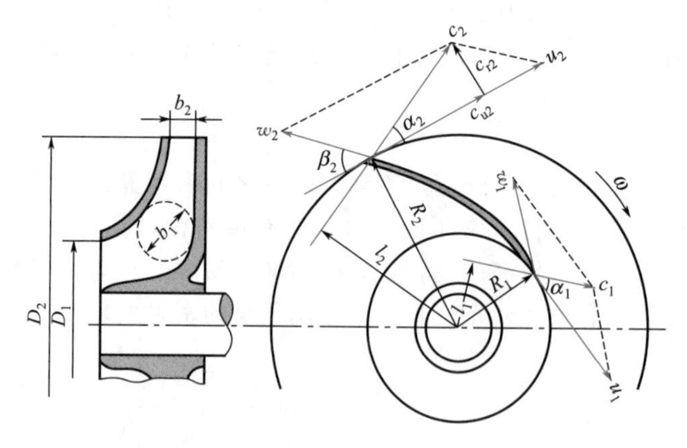

图 2-6　液体在离心泵中流动的速度三角形

角，称之为流动角。α 及 β 的大小与叶片的形状有关。

由速度三角形并应用余弦定理得到

$$w_1^2 = c_1^2 + u_1^2 - 2c_1 u_1 \cos\alpha_1 \tag{2-1}$$

$$w_2^2 = c_2^2 + u_2^2 - 2c_2 u_2 \cos\alpha_2 \tag{2-1a}$$

根据离心力做功或动量理论可以推导出离心泵的基本方程，即

$$H_{\mathrm{T}\infty} = \frac{u_2^2 - u_1^2}{2g} + \frac{w_1^2 - w_2^2}{2g} + \frac{c_2^2 - c_1^2}{2g} \tag{2-2}$$

式中　$H_{\mathrm{T}\infty}$——离心泵的理论压头，m。

式 2-2 即为离心泵基本方程的一种表达形式。它表明离心泵的静压头由液体作旋转运动的圆周速度和径向的相对速度转换而获得。

将式 2-1、式 2-1a 代入式 2-2，并整理可得

$$H_{\mathrm{T}\infty} = \frac{u_2 c_2 \cos\alpha_2 - u_1 c_1 \cos\alpha_1}{g} \tag{2-3}$$

在离心泵设计中，为提高理论压头，一般使 $\alpha_1 = 90°$，则 $\cos\alpha_1 = 0$，故式 2-3 可简化为

$$H_{\mathrm{T}\infty} = \frac{u_2 c_2 \cos\alpha_2}{g} \tag{2-3a}$$

式 2-3 和式 2-3a 为离心泵基本方程的又一表达形式。为了能明显地看出影响离心泵理论压头的因素，需要将式 2-3a 作进一步变换。

离心泵的理论流量可表示为在叶轮出口处的液体径向速度和叶片末端圆周出口面积的乘积，即

$$Q_{\mathrm{T}} = c_{r2} \pi D_2 b_2 \tag{2-4}$$

式中　D_2——叶轮外径，m；

b_2——叶轮外缘宽度，m；

c_{r2}——液体在叶轮出口处绝对速度的径向分量，m/s。

由速度三角形可得

$$c_2 \cos\alpha_2 = u_2 - c_{r2} \cot\beta_2 \tag{2-5}$$

将式 2-4 和式 2-5 代入式 2-3a 可得到

$$H_{\mathrm{T}\infty} = \frac{u_2^2}{g} - \frac{u_2 \cot\beta_2}{g \pi D_2 b_2} Q_{\mathrm{T}} \tag{2-6}$$

$$u_2=\frac{\pi D_2 n}{60} \tag{2-7}$$

式中　n——叶轮转速，r/min。

式 2-6 是离心泵基本方程的另一种表达形式，用来分析各项因素对离心泵理论压头的影响。

① 叶轮的转速和直径　当理论流量 Q_T 和叶片几何尺寸（b_2、β_2）一定时，$H_{T\infty}$ 随 D_2、n 的增大而增大，即加大叶轮直径，提高转速均可提高泵的压头。

② 叶片的几何形状　根据流动角 β_2 的大小，叶片形状可分为后弯、径向、前弯三种，如图 2-7 所示。

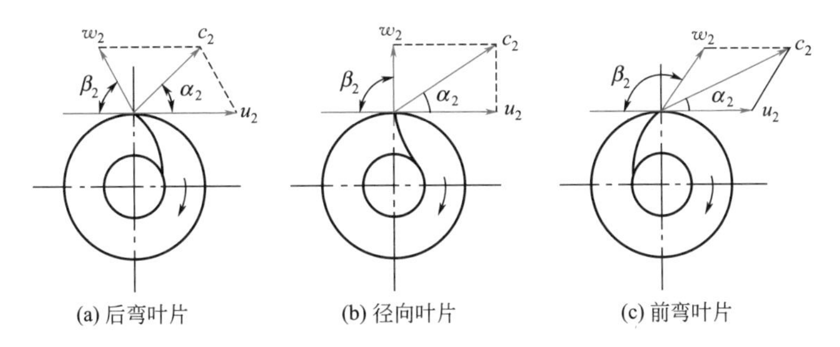

图 2-7　叶片形状及出口速度三角形

由式 2-6 可看出，当 n、D_2、b_2 及 Q_T 一定时，离心泵的理论压头 $H_{T\infty}$ 随叶片形状而变，即

后弯叶片　$\beta_2<90°$　$\cot\beta_2>0$　$H_{T\infty}<\frac{u_2^2}{g}$

径向叶片　$\beta_2=90°$　$\cot\beta_2=0$　$H_{T\infty}=\frac{u_2^2}{g}$

前弯叶片　$\beta_2>90°$　$\cot\beta_2<0$　$H_{T\infty}>\frac{u_2^2}{g}$

离心泵的理论压头由静压头和动压头两部分组成。对于前弯叶片，动压头的提高大于静压头的提高。而对于后弯叶片，静压头的提高大于动压头的提高，其净结果是获得较高的有效压头。为获得较高的能量利用率，提高离心泵的经济指标，应采用后弯叶片。

③ 理论流量　式 2-6 表达了一定转速下指定离心泵（b_2、D_2、β_2 及转速 n 一定）的理论压头与理论流量的关系。这个关系是离心泵的主要特性。$H_{T\infty}$-Q_T 的关系曲线称为离心泵的理论特性曲线，如图 2-8 所示。该线的截距 $A=u_2^2/g$，斜率 $B=u_2\cot\beta_2/(g\pi D_2 b_2)$。于是式 2-6 可表示为

$$H_{T\infty}=A-BQ_T \tag{2-8}$$

显然，对于后弯叶片，$B>0$，$H_{T\infty}$ 随 Q_T 的增加而减小。

④ 液体密度　在式 2-6 中并未出现液体密度这一参数，这表明离心泵的理论压头与液体密度无关。因此，同一台离心泵，只要转速恒定，不论输送何种液体，都可提供相同的理论压头。但是，在同一压头下，离心泵进出口的压差却与液体密度成正比。

实际上，由于叶轮的叶片数目是有限的，且输送的是黏性流体，因而必然引起流体在叶轮内的泄漏和能量损失，致使泵的实际压头和流量小于理论值。所以泵的实际压头与流量的关系曲线应在离心泵理论特性曲线的下方，如图 2-9 所示，其中 H-Q 曲线为离心泵的实际

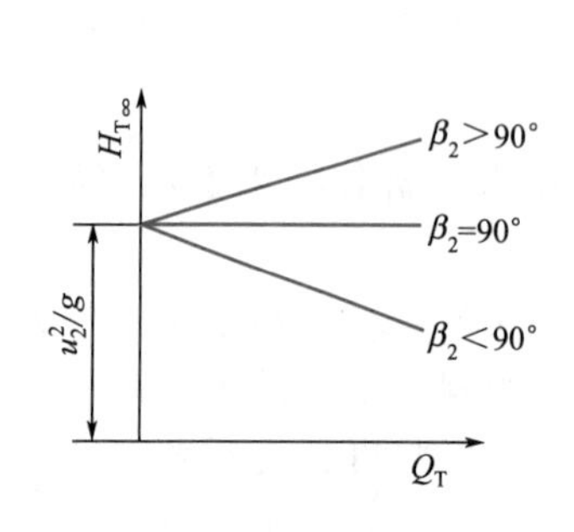

图 2-8 $H_{T\infty}$与Q_T的关系曲线

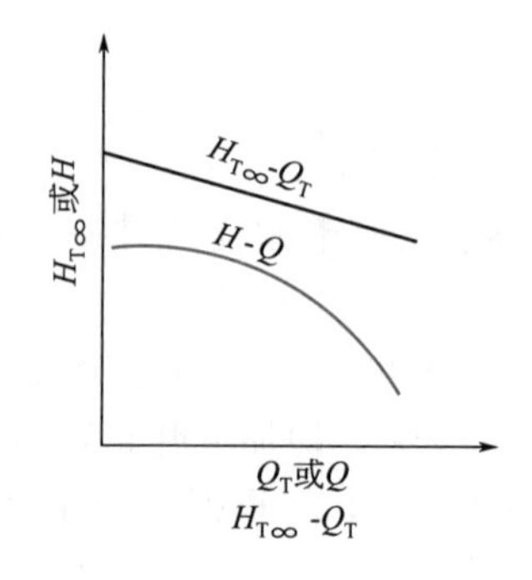

图 2-9 离心泵的 $H_{T\infty}$-Q_T、H-Q 关系曲线

压头流量关系曲线，这条曲线可表示为

$$H=A-BQ^2 \tag{2-9}$$

离心泵的 H-Q 关系曲线通常在一定条件下由实验测定。

2.2.1.3 离心泵的主要性能参数与特性曲线

泵的性能及相互之间的关系是正确选择和使用离心泵的依据。离心泵的主要性能参数有流量、压头、效率、轴功率等。它们之间的关系常用特性曲线来表示。特性曲线是在一定转速下，用20℃清水在常压下实验测得的。

1. 离心泵的主要性能参数

（1）流量

离心泵的流量是指单位时间内排到管路系统的液体体积，一般用 Q 表示，常用单位为 L/s、m^3/s 或 m^3/h 等。离心泵的流量与泵的结构、尺寸和转速有关。在特定管路中还与管路的特性有关。

（2）压头（扬程）

离心泵的压头（又称为扬程）是指离心泵对单位重量（1N）液体所提供的有效能量，一般用 H 表示，单位为 J/N 或 m。离心泵的压头与泵的结构、尺寸（如叶片的弯曲情况、叶轮直径等）、转速及流量等因素有关。

对于一定的泵，在一定的转速下，离心泵的压头与流量有一定的关系。

离心泵的理论压头可以由相关的方程计算得到。泵的实际压头一般由实验测定。具体测定方法见例 2-1。

（3）效率

离心泵在实际运转中，由于存在各种能量损失，致使泵的实际（有效）压头和流量均低于理论值，而输入泵的功率比理论值高。离心泵的有效功率是指液体在单位时间内从叶轮获得的能量，用 N_e 表示，单位为 W。离心泵的轴功率是指电动机输入泵轴的功率，用 N 表示，单位为 W。离心泵的有效功率和轴功率的比值可以反映能量损失大小，这个参数称为离心泵的效率。

离心泵的效率计算式为

$$\boxed{\eta=\frac{N_e}{N}} \tag{2-10}$$

式中 η——离心泵的效率；

N_e——离心泵的有效功率，W；

N——离心泵的轴功率，W。

离心泵的功率损失一般有以下几个原因：

① 泵的液体泄漏所造成的损失，如液体从泵轴与泵壳间缝隙漏到泵之外、高压液体漏到低压区等。

② 液体流经叶片、泵壳的沿程阻力，流道面积和方向变化的局部阻力，以及叶轮通道中的环流和旋涡等因素造成的能量损失。

③ 由于高速旋转的叶轮表面与液体之间摩擦，泵轴在轴承、轴封等处的机械摩擦造成的能量损失。

离心泵的效率与泵的类型、尺寸、加工精度、液体流量和性质等因素有关。通常，小泵效率为50%～70%，而大型泵可达90%。

离心泵的有效功率是指液体在单位时间内从叶轮获得的能量，即

$$\boxed{N_e = HQ\rho g} \tag{2-11}$$

式中 N_e——离心泵的有效功率，W；

Q——离心泵的实际流量，m^3/s；

H——离心泵的压头，m。

由电动机输入泵轴的功率称为泵的轴功率。由于泵内存在上述的各种能量损失，泵的轴功率必大于有效功率，即

$$\boxed{N = \frac{N_e}{1000\eta} = \frac{HQ\rho}{102\eta}} \tag{2-12}$$

式中 N——轴功率，kW。

【例 2-1】 在如附图所示的实验装置上，用20℃的清水于98.1kPa的条件下测定离心泵在转速为2900r/min下的性能参数。实验测得一组数据为：泵入口处真空度为82.0kPa，泵出口处表压力为270kPa，两测压表之间的垂直距离为0.5m，流量为32.0m^3/h，电动机功率为5.5kW，电动机传动效率为80%。泵的吸入管内径为100mm，排出管内径为80mm。

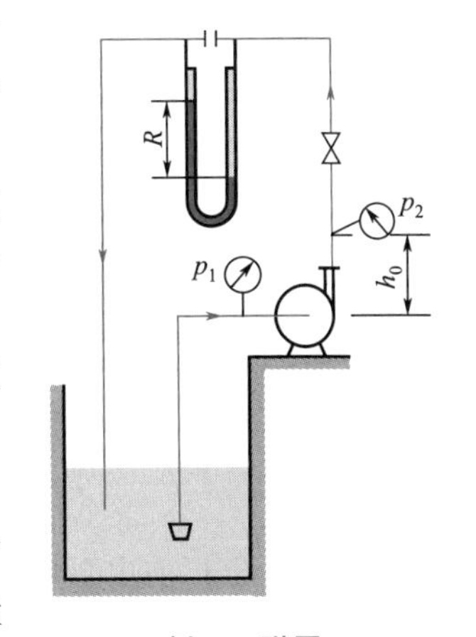

例 2-1 附图

试求该泵在操作条件下的压头、轴功率和效率，并列出泵的性能参数。

解：(1) 泵的压头

在泵入口的真空表和泵出口压力表两截面之间列伯努利方程，在忽略两测压口之间流动阻力下，可得测量泵压头的一般表达式为

$$H = h_0 + H_1 + H_2 + \frac{u_2^2 - u_1^2}{2g} \tag{a}$$

式中 h_0——泵的两测压截面之间的垂直距离，m；

H_1——入口真空度对应的静压头，m，$H_1 = p_1/(\rho g)$，p_1为真空度；

H_2——泵出口表压对应的静压头，m，$H_2 = p_2/(\rho g)$；

u_1、u_2——泵的入口和出口液体的流速，m/s。

$$u_1=\frac{4V_s}{\pi d_1^2}=\frac{32.0\times 4}{3600\times 0.10^2\times \pi}=1.13\text{m/s}$$

$$u_2=u_1\left(\frac{d_1}{d_2}\right)^2=1.13\left(\frac{100}{80}\right)^2=1.77\text{m/s}$$

取水的密度 $\rho=1000\text{kg/m}^3$。

将已知条件代入式(a)，得

$$H=0.5+\frac{82.0\times 10^3}{10^3\times 9.81}+\frac{270\times 10^3}{10^3\times 9.81}+\frac{1.77^2-1.13^2}{2\times 9.81}=36.48\text{m}$$

(2) 泵的轴功率 N

$$N=0.80\times 5.5=4.4\text{kW}$$

(3) 泵的效率 η

泵的有效功率为

$$N_e=HQ\rho g=36.48\times\frac{32}{3600}\times 10^3\times 9.81=3181\text{W}$$

故

$$\eta=N_e/N=3.181/4.4=0.723=72.3\%$$

泵的性能参数：转速 n 为 2900r/min，流量 Q 为 $32\text{m}^3/\text{h}$，压头 H 为 36.48m，轴功率 N 为 4.4kW，效率 η 为 72.3%。

2. 离心泵的特性曲线

离心泵的主要性能参数压头、效率和轴功率与流量之间的关系曲线称为离心泵的特性曲线或者离心泵的工作性能曲线，如图 2-10 所示。

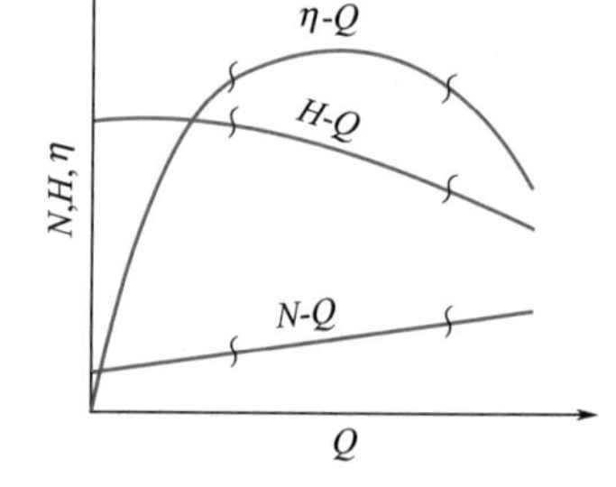

图 2-10 离心泵的特性曲线图

各种型号的离心泵都有其本身独有的特性曲线，且不受管路特性的影响。但它们都具有一些共同的规律：

① 离心泵的压头一般随流量加大而下降（在流量极小时可能有例外），这一点和离心泵的相关理论方程一致。

② 离心泵的轴功率在流量为零时为最小，随流量的增大而上升。故在启动离心泵时，应关闭泵的出口阀门，以减小启动电流，保护电机。停泵时也应先关闭出口阀门，这主要是为了防止高压液体倒流损坏叶轮。

③ 离心泵的效率随流量增加先增大后减小，在某一流量下效率最高，该最高效率点称为泵的设计点，对应的流量、压头、轴功率值称为最佳工况参数或最佳操作参数。离心泵铭牌上标出的性能参数即是最高效率点对应的参数，亦称为额定值。离心泵一般不大可能恰好在设计点运行，但应尽可能在高效区（在最高效率的 92%范围内，如图 2-10 中波折号所示的区域）工作。

在离心泵出厂前由泵的制造厂测定出泵在一定转速下的 H-Q、N-Q、η-Q 等曲线，列入产品样本或说明书中，供使用部门选泵和操作时参考。

2.2.1.4 离心泵性能的影响因素与换算

影响离心泵性能的因素很多，其中包括液体性质（密度 ρ 和黏度 μ 等）、泵的结构尺寸（如叶轮直径或宽度等）、泵的转速 n 等。当任意一个参数发生变化时，都会改变泵的性能，此时需要对泵的生产厂家提供的性能参数或特性曲线进行换算。

1. 液体物性的影响

(1) 密度的影响

离心泵的流量、压头均与液体密度无关，效率也不随液体密度而改变，因而当被输送液体密度发生变化时，H-Q 与 η-Q 曲线基本不变，但泵的轴功率与液体密度成正比。此时，N-Q 曲线不再适用，N 需要用式 2-12 重新计算。需要注意的是：①液体的质量流量与液体密度成正比；②泵的进、出口的压差与液体密度成正比。

（2）黏度的影响

当被输送液体的黏度大于常温水的黏度时，泵内液体的能量损失增大，导致泵的流量、压头减小，效率下降，但轴功率增加，泵的特性曲线均发生变化。当液体运动黏度 ν 大于 20cSt（厘斯）时，离心泵的性能需按下式进行修正，即

$$Q'=C_Q Q \qquad H'=C_H H \qquad \eta'=C_\eta \eta \tag{2-13}$$

式中 C_Q、C_H、C_η——分别为离心泵的流量、压头和效率的校正系数，其值从图 2-11 和图 2-12 中查得；

Q、H、η——分别为离心泵输送清水时的流量、压头和效率；

Q'、H'、η'——分别为离心泵输送高黏度液体时的流量、压头和效率。

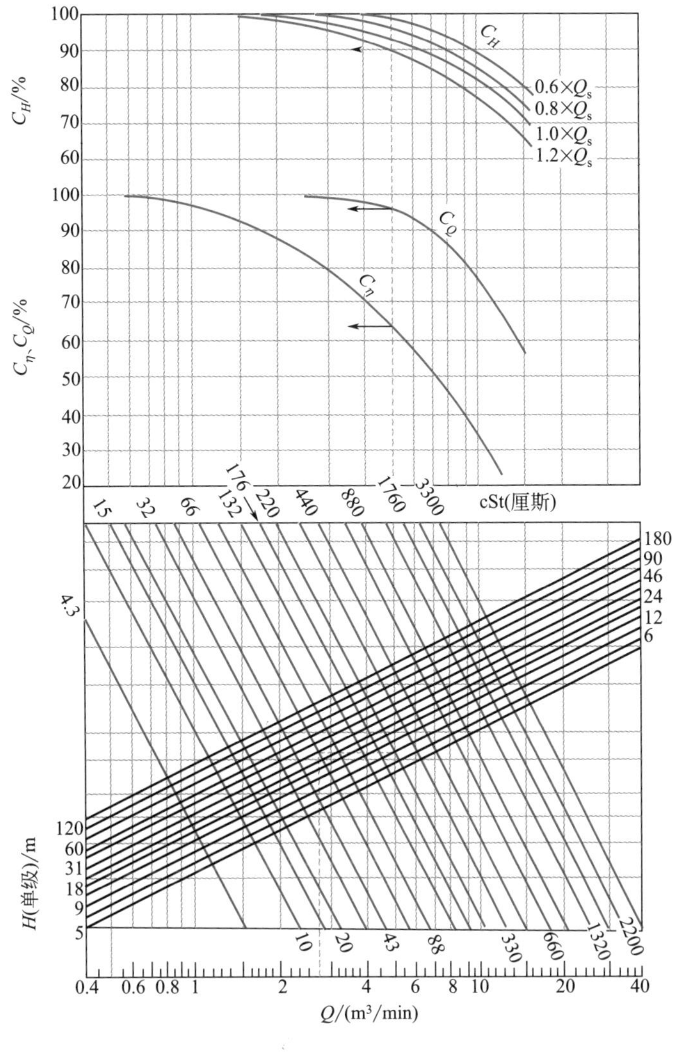

图 2-11 大流量离心泵的黏度校正系数

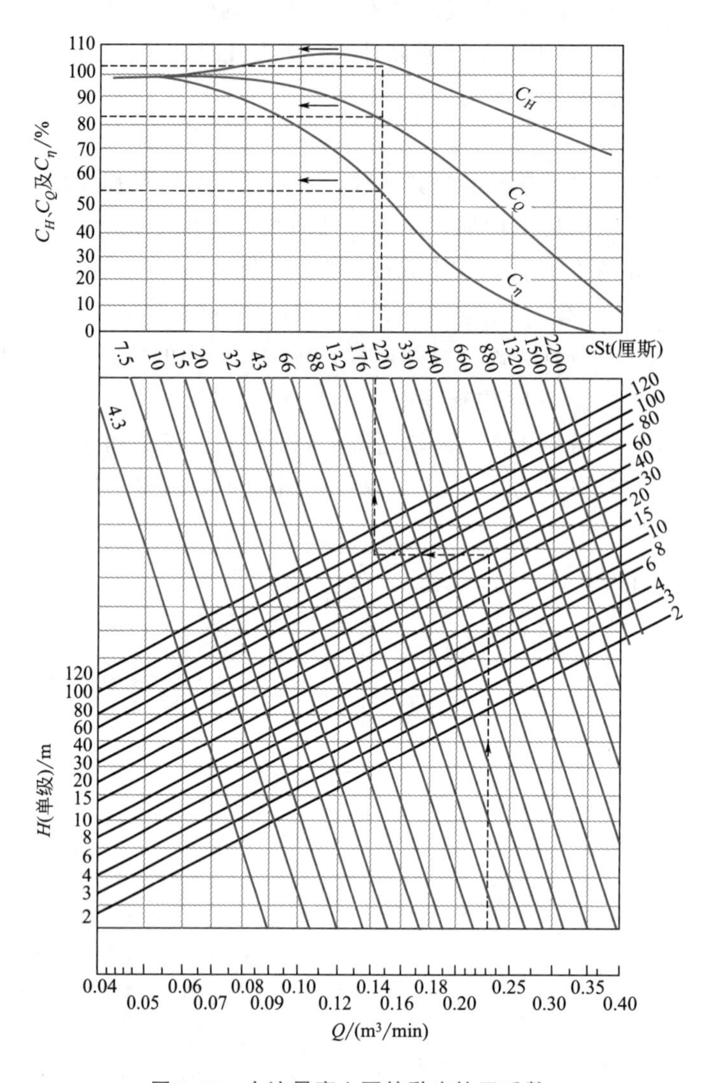

图 2-12　小流量离心泵的黏度校正系数

黏度校正系数图是用在单级离心泵上进行多次试验的平均值绘制出来的，用于多级离心泵时，应采用每一级的压头。两图均适用于牛顿型流体，且只能在刻度范围内使用，不得外推。黏度校正系数图的使用方法见例 2-2。

【例 2-2】 IS100—80—125 型水泵的特性曲线如本例附图所示。设计点对应的流量为 $100m^3/h$ ($1.67m^3/min$)，压头 20m，效率 78%。若用此泵输送密度为 $900kg/m^3$，运动黏度 220cSt 的油品，试作出该离心泵输送油品时的特性曲线。

解：由于油品黏度 $\nu>20cSt$，需对送水时的特性曲线进行换算。输送油品时泵的有关性能参数用式 2-13 计算，即

$$Q'=C_QQ \quad H'=C_HH \quad \eta'=C_\eta\eta$$

式中的黏度校正系数由图 2-11 查取。由于压头换算系数有四条曲线，为避免内插带来的误差，则可取与图中对应的 $0.6Q_s$、$0.8Q_s$、$1.0Q_s$ 及 $1.2Q_s$ 四个流量列入本例附表中，以备查 C_H 值之用。查图方法如下：

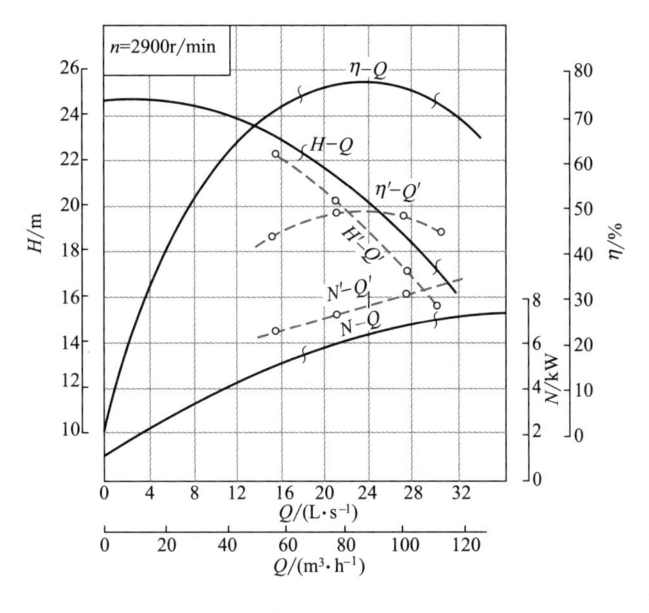

例 2-2 附图

由输送清水时额定流量 $Q_s=1.67m^3/min$ 在图的横坐标上找出相应的点，由该点作垂线与已知的压头线（$H=20m$）相交。从交点引水平线与表示油品运动黏度（$\nu=220cSt$）的斜线交得一点，再由此点作垂线分别与 C_Q、C_H、C_η 曲线相交，便可从纵坐标读得相应值并填入本例附表中。

于是，输送油品时泵的性能参数为（以 Q_s 为例）：

$$Q'=C_QQ=0.95\times1.67=1.587m^3/min$$

$$H'=C_HH=0.92\times20=18.4m$$

$$\eta'=C_\eta\eta=0.64\times0.78=0.499 \quad 即\ 49.9\%$$

$$N'=\frac{Q'H'\rho'}{102\eta'}=\frac{1.587\times18.4\times900}{60\times102\times0.499}=8.61kW$$

同样方法可求得其他流量下对应的性能参数。所有计算结果均列入本例附表中。

将本例附表中各组 Q'、H'、η'及 N'值标绘于本题附图中，图中虚线即为输送油品时离心泵的特性曲线。

例 2-2 附表

项目	$0.6Q_s$	$0.8Q_s$	$1.0Q_s$	$1.2Q_s$
$Q/(m^3\cdot min^{-1})$	1.002	1.336	1.67	2.004
H/m	23.3	22	20	17.3
$\eta/\%$	70	76	78	73
C_Q C_H C_η	0.95 0.97 0.64	0.95 0.96 0.64	0.95 0.92 0.64	0.95 0.90 0.64

续表

项目	$0.6Q_s$	$0.8Q_s$	$1.0Q_s$	$1.2Q_s$
$Q'/(m^3 \cdot min^{-1})$	0.952	1.269	1.587	1.904
H'/m	22.6	21.1	18.4	15.6
$\eta'/\%$	44.8	48.6	49.9	46.7
N'/kW	7.10	8.10	8.61	9.35

2. 离心泵转速的影响

离心泵的特性曲线是在一定的转速下测量得到的，在实际应用中，常常会遇到需要改变离心泵转速的情况。由离心泵的基本方程可知，当泵的转速发生改变时，泵的流量、压头随之发生变化，并且会引起泵的效率和功率的相应改变。当液体的黏度不大，效率变化不明显时，不同转速下泵的流量、压头和功率与转速的关系可近似表达成如下各式，即

$$\frac{Q_1}{Q_2}=\frac{n_1}{n_2} \qquad \frac{H_1}{H_2}=\left(\frac{n_1}{n_2}\right)^2 \qquad \frac{N_1}{N_2}=\left(\frac{n_1}{n_2}\right)^3 \tag{2-14}$$

式中　Q_1、H_1、N_1——转速为 n_1 时泵的性能；

Q_2、H_2、N_2——转速为 n_2 时泵的性能。

式 2-14 称为离心泵的比例定律。其适用条件是离心泵的转速变化不大于±20%。

3. 离心泵叶轮直径的影响

从泵的基本方程可以看出，当离心泵的转速一定时，其流量、压头与叶轮直径也有关。对于同一型号的泵，当换用直径较小的叶轮（除叶轮外径稍有变化外，其他尺寸不变）时，泵的流量、压头和功率与叶轮直径的近似关系为

$$\frac{Q'}{Q}=\frac{D_2'}{D_2} \qquad \frac{H'}{H}=\left(\frac{D_2'}{D_2}\right)^2 \qquad \frac{N'}{N}=\left(\frac{D_2'}{D_2}\right)^3 \tag{2-15}$$

式中　Q'、H'、N'——叶轮外径为 $D_2{}'$ 时泵的性能；

Q、H、N——叶轮外径为 D_2 时泵的性能。

式 2-15 称为离心泵的切割定律。其适用条件是固定转速下，叶轮直径的变化不大于±5% D_2。

【例 2-3】 对例 2-1 的实验数据，若分别改变泵的某一参数，试计算泵的性能参数将如何变化？(1) 输送密度为 $1200kg/m^3$ 的某种水溶液（其他性质与水相同）；(2) 泵的转速降低为 2550r/min；(3) 将泵的叶轮外径切削掉 2%。

解：(1) 根据离心泵的基本方程，离心泵的流量和压头与被输送流体的密度无关，泵的效率也不发生变化，因此

$$Q=32m^3/h \quad H=36.48m \quad \eta=72.3\%$$

但泵的功率与液体密度成正比，有

$$N=4.4\times\frac{1200}{1000}=5.28kW$$

当输送密度为 $1200kg/m^3$ 的某种水溶液时，泵的性能参数为：$Q=32m^3/h$，$H=36.48m$，$N=5.28kW$，$\eta=72.3\%$。

(2) 根据比例定律，当泵的转速降低为 2550r/min 时，离心泵的性能参数变为

$$Q'=Q\left(\frac{n'}{n}\right)=32\times\frac{2550}{2900}=28.14\text{m}^3/\text{h}$$

$$H'=H\left(\frac{n'}{n}\right)^2=36.48\times\left(\frac{2550}{2900}\right)^2=28.21\text{m}$$

$$N'=N\left(\frac{n'}{n}\right)^3=4.4\times\left(\frac{2550}{2900}\right)^3=2.99\text{kW}$$

$$\eta\approx72.3\%$$

(3) 根据切割定律，叶轮被切削掉2%后的性能参数为

$$Q'=Q\left(\frac{D_2'}{D_2}\right)=32\times0.98=31.36\text{m}^3/\text{h}$$

$$H'=H\left(\frac{D_2'}{D_2}\right)^2=36.48\times0.98^2=35.04\text{m}$$

$$N'=N\left(\frac{D_2'}{D_2}\right)^3=4.4\times0.98^3=4.14\text{kW}$$

$$\eta\approx72.3\%$$

2.2.1.5 离心泵的气蚀现象与允许安装高度

离心泵的安装高度是指泵的入口距储槽液面的垂直距离，即图2-13中的H_g。泵的安装位置是否合适，将影响到泵是否能正常运行和泵的使用寿命。

1. 离心泵的气蚀现象

由离心泵的工作原理可知，在离心泵的叶片入口处，会形成低压区。在图2-13所示的离心泵吸液示意图中，泵的吸液过程是通过储槽液面和吸入口截面间的势能（$z+p/\rho g$）差来实现的。

在图2-13的0-0′与1-1′两截面之间列伯努利方程，得

$$H_g=\frac{p_0-p_1}{\rho g}-\frac{u_1^2}{2g}-H_{f,0\text{-}1} \tag{2-16}$$

式中 H_g——泵的安装高度，m；

p_1——泵入口处可允许的最低压力，也可写作$p_{1,\min}$，Pa；

$H_{f,0\text{-}1}$——流体流经吸入管路的压头损失，m；

p_0——储槽液面上的压力，若储槽上方与大气相通，则p_0即为大气压p_a，Pa。

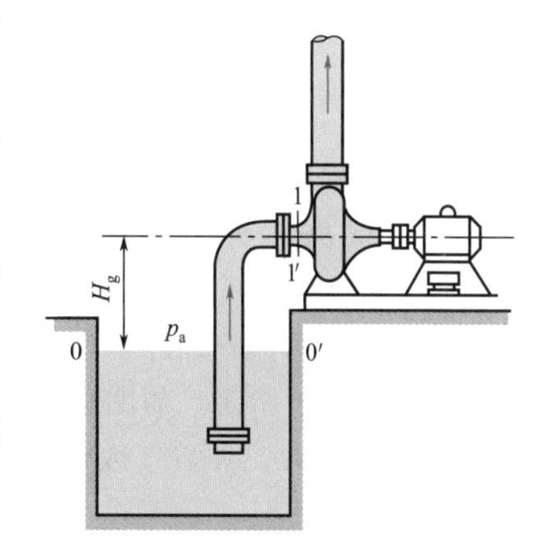

图2-13 离心泵吸液示意图

于是式2-16可表示为

$$H_g=\frac{p_a-p_1}{\rho g}-\frac{u_1^2}{2g}-H_{f,0\text{-}1} \tag{2-17}$$

从式2-16可以看出，当储槽液面上方压力p_0一定时，泵的吸入口附近压力越低，泵的安装高度越高，但是离心泵的安装高度要受到吸入口附近最低允许压力的限制，其极限值为操作条件下液体的蒸气压p_v。

当叶片入口附近的最低压力等于或小于输送温度下液体的饱和蒸气压时，液体将在此处汽化或者是溶解在液体中的气体析出并形成气泡。含气泡的液体进入叶轮高压区后，气泡在高压作用下急剧地缩小而破灭，气泡的消失产生局部真空，周围的液体以极高的速度冲向原

气泡所占据的空间，造成冲击和振动。在巨大冲击力反复作用下，使叶片表面材质疲劳，从开始点蚀到形成裂缝，导致叶轮或泵壳损坏。这种现象称为气蚀（cavitation）。

当离心泵的压头较正常值下降3%以上时，表明发生了气蚀现象。气蚀会导致离心泵的性能下降，泵的流量、压头和效率均降低，当气泡产生过多时，还会出现气缚现象，使离心泵无法正常工作。气蚀还会产生噪声和振动，严重时会使叶轮和泵壳材料遭到损坏，因此，在泵的使用中需要防止气蚀现象的发生。

2. 离心泵的抗气蚀性能

为了防止气蚀现象的发生，在离心泵工作过程中，离心泵入口处液体的静压头与动压头之和$\left(\frac{p_1}{\rho g}+\frac{u_1^2}{2g}\right)$必须大于操作温度下液体的饱和蒸气压头（$p_v/\rho g$）一定数值，才可以保证气蚀现象不发生。此数值即为离心泵的气蚀余量（net positive suction head），即

$$\boxed{NPSH=\frac{p_1}{\rho g}+\frac{u_1^2}{2g}-\frac{p_v}{\rho g}} \tag{2-18}$$

式中　$NPSH$——离心泵的气蚀余量，m；

p_v——操作温度下液体的饱和蒸气压，Pa。

（1）临界气蚀余量（$NPSH$）$_c$

根据前面的介绍，在泵内发生气蚀的临界条件是叶轮入口附近（取作k-k'截面）的最低压力等于液体的饱和蒸气压p_v，相应地泵入口处（取作1-1′截面）的压力必等于确定的最小值$p_{1,min}$。在泵入口1-1′截面和叶轮入口k-k'截面之间列伯努利方程，并整理得到临界气蚀余量表达式，即

$$(NPSH)_c=\frac{p_{1,min}-p_v}{\rho g}+\frac{u_1^2}{2g}=\frac{u_k^2}{2g}+H_{f,1\text{-}k} \tag{2-19}$$

$(NPSH)_c$由泵制造厂实验测定。

（2）必需气蚀余量（$NPSH$）$_r$

为了确保离心泵的正常操作，需要将所测得的$(NPSH)_c$值加上一定的安全量作为**必需气蚀余量** $(\boldsymbol{NPSH})_r$，并列入泵产品样本，或绘于泵的特性曲线上，供离心泵的使用者参考，如图2-14所示。必需气蚀余量随流量增加而增大，必需气蚀余量值越小，泵的抗气蚀性能越好。

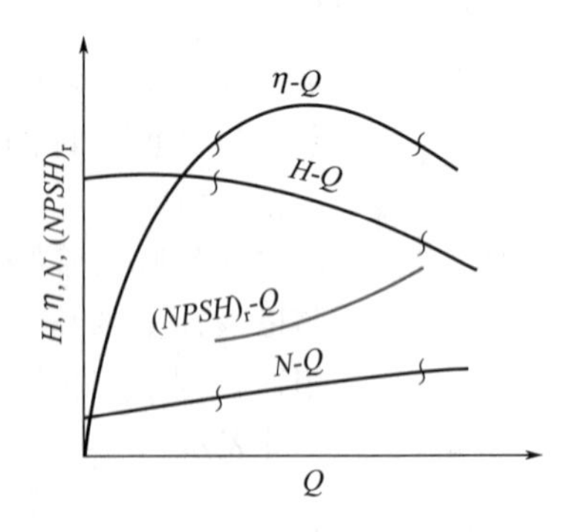

图 2-14　$(NPSH)_r$-Q关系曲线

（3）允许气蚀余量（$NPSH$）

根据相关标准规定，将必需气蚀余量加0.5m以上作为允许气蚀余量（$NPSH$），其值随流量增大而加大。

3. 离心泵的允许安装高度

将式2-18代入式2-16，得到

$$\boxed{H_g=\frac{p_0-p_v}{\rho g}-NPSH-H_{f,0\text{-}1}} \tag{2-20}$$

计算得到的 H_g 即为离心泵的允许安装高度。注意要以当地夏季最高温度和输送液体最大流量作为计算依据。

【例 2-4】 用 IS80—65—160 型离心泵将 20℃的清水从水池输送至敞口容器。输送流量为 $60m^3/h$，泵的转速为 2900r/min，泵安装在水池液面上 4m 处。吸入管路的动压头为 0.52m，压头损失为 2.52m。当地大气压力为 101kPa。试计算：（1）离心泵入口处真空表的读数，kPa；（2）若改为输送 50℃的清水，泵的安装高度是否合适？

解：（1）以水池液面为 0-0′截面及基准面，以离心泵入口处为 1-1′截面，在两截面间列伯努利方程，并进行整理得到

$$p_a - p_1 = \left(z_1 + \frac{u_1^2}{2g} + H_{f,0\text{-}1}\right)\rho g = (4+0.52+2.52)\times 9.81\times 1000 = 69062\text{Pa}$$
$$= 69.06\text{kPa}$$

（2）查得 50℃的清水相关的物性参数：饱和蒸气压 $p_v = 12.34$kPa，密度为 $988.1kg/m^3$。由泵的性能表中查得，当 $Q = 60m^3/h$ 时，$(NPSH)_r = 3.0$m。
将上述数据代入式 2-20，即

$$H_g = \frac{p_0 - p_v}{\rho g} - NPSH - H_{f,0\text{-}1} = \frac{(101-12.34)\times 10^3}{988.1\times 9.81} - (3.0+0.5) - 2.52 = 3.13\text{m}$$

为保证泵能够正常运行，泵的实际安装高度应该在 3.13m 以下，而原来的安装高度 4m 过高，不能够保证泵的正常运行，因此，泵的实际安装高度应该再降低 1m 左右。

从本例题可以看出，当流体的温度升高时，泵的允许安装高度会降低，以保证泵的正常运行。当液体的温度过高或易挥发时，常将泵安装在液面以下以防止气蚀的发生。

2.2.1.6 离心泵的工作点与流量调节

离心泵一般要和管路连接后才能进行正常工作。因此，离心泵的运行参数不仅取决于泵本身，还受到所在管路特性的影响和制约。

1. 管路特性方程与管路特性曲线

管路特性也就是管路中流量与压头之间的关系，可以用管路特性方程或管路特性曲线来表达。

当离心泵安装到特定的管路系统中操作时，如图 2-15 所示，若储槽与受液槽两液面保持恒定，在 1-1′与 2-2′间列伯努利方程，可得液体流过管路系统所需的压头为

$$H_e = \Delta z + \frac{\Delta p}{\rho g} + \frac{\Delta u^2}{2g} + \sum H_f \qquad (2\text{-}21)$$

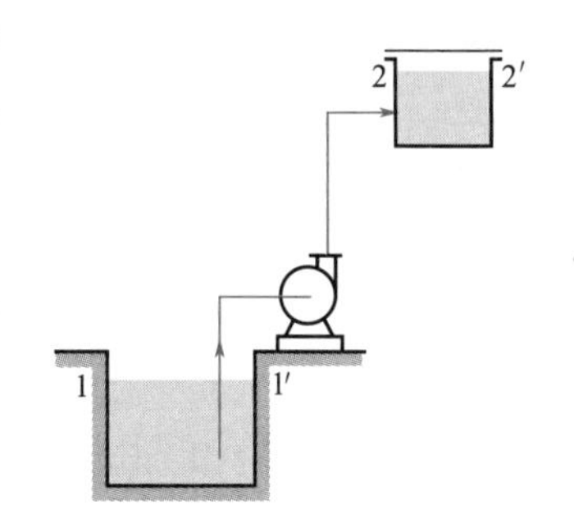

图 2-15　管路输送系统示意图

式中　H_e——输送机械对 1N 流体所提供的能量，J/N 或 m；
Δz——下游与上游截面间的位压头差，m；
$\Delta p/\rho g$——下游与上游截面间的静压头差，m；
$\Delta u^2/2g$——下游与上游截面间的动压头差，m；
$\sum H_f$——两截面之间的压头损失，m。

在特定的管路系统中，于一定条件下操作，上式中的 $\Delta u^2/2g$ 项常可忽略，Δz 与 $\Delta p/$

ρg 均为定值，令

$$K=\Delta z+\frac{\Delta p}{\rho g} \tag{2-22}$$

对于直径均一的管路系统，压头损失可表达为

$$\sum H_{\mathrm{f}}=\left(\lambda \frac{l+\sum l_{\mathrm{e}}}{d}+\sum \zeta\right)\frac{u^{2}}{2g}=\left(\lambda \frac{l+\sum l_{\mathrm{e}}}{d}+\sum \zeta\right)\left(\frac{Q_{\mathrm{e}}}{\pi d^{2}/4}\right)^{2}/2g \tag{2-23}$$

式中 λ——摩擦系数，量纲为1；

l——管路直管段长度，m；

l_{e}——局部阻力的当量长度，m；

d——管路直径，m；

ζ——局部阻力系数，量纲为1；

Q_{e}——流体流量，$\mathrm{m^3/s}$；

g——重力加速度，$\mathrm{m/s^2}$。

对特定的管路，若忽略 λ 随 Re 的变化，且式 2-23 中 d、l、l_{e}、ζ 均为常数，于是可令

$$G=\left(\lambda \frac{l+\sum l_{\mathrm{e}}}{d}+\sum \zeta\right)\frac{8}{\pi^{2} d^{4} g}$$

则式 2-23 可简化为

$$\sum H_{\mathrm{f}}=G Q_{\mathrm{e}}^{2} \tag{2-23a}$$

将式 2-22 和式 2-23a 代入式 2-21，得到

$$H_{\mathrm{e}}=K+G Q_{\mathrm{e}}^{2} \tag{2-24}$$

式 2-24 表明在该管路中流体的流量与流经该管路所需的压头之间的关系，称为管路特性方程。H_{e} 与 Q_{e} 的关系曲线，称为管路特性曲线。此曲线的形状由管路布局和流量等条件确定，与泵的性能无关。

【例 2-5】 用离心泵将敞口水池中 20℃的清水送到敞口高位槽中。两液面间高度差恒为 15m。输送管路的内径为 50mm，包括管件、阀门的当量长度的管路总长度为 100m，管内的摩擦系数为 0.025。管路上装有一个孔板流量计，其局部阻力系数为 7.8。水的流量为 $19.8\mathrm{m^3/h}$，试求该条件下的管路特性方程。

解：取 20℃的水的密度为 $1000\mathrm{kg/m^3}$，管路进、出口的局部阻力系数分别为 0.5 和 1.0。

管路特性方程 $H_{\mathrm{e}}=K+G Q_{\mathrm{e}}^{2}$

$$K=\Delta z+\frac{\Delta p}{\rho g}=15+0=15\mathrm{m}$$

$$G=\left(\lambda \frac{l+\sum l_{\mathrm{e}}}{d}+\sum \zeta\right)\frac{8}{\pi^{2} d^{4} g}=\left(0.025\times\frac{100}{0.05}+7.8+0.5+1.0\right)\times\frac{8}{\pi^{2}\times 0.05^{4}\times 9.81}$$

$$=7.84\times 10^{5}\,\mathrm{s^2/m^5}$$

于是得到，管路特性方程为 $H_{\mathrm{e}}=15+7.84\times 10^{5} Q_{\mathrm{e}}^{2}$，其中 Q_{e} 的单位为 $\mathrm{m^3/s}$。

2. 离心泵的工作点

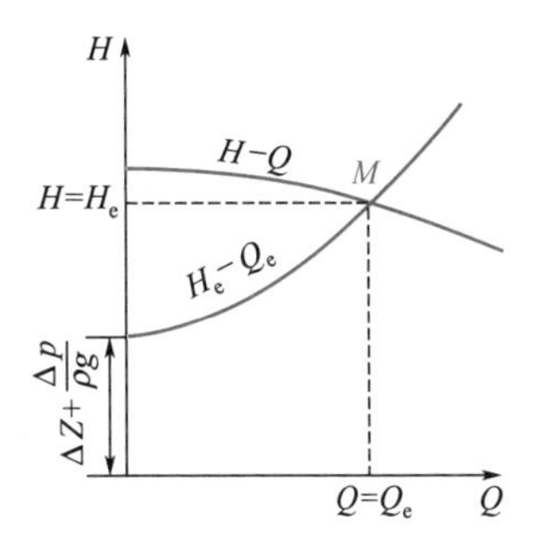

图 2-16 **管路特性曲线与泵的工作点**

离心泵在管路中正常运行时，泵所提供的流量和压头应与管路系统所要求的数值一致。此时，安装于管路中的离心泵所提供的流量与压头必须同时满足管路特性方程与泵的特性方程，即

管路特性方程 $H_e = K + GQ_e^2$

泵的特性方程 $H = A - BQ^2$

联解上述两方程所得到的解即是两特性曲线的交点，即离心泵的工作点 M，如图 2-16 所示。对所选定的泵以一定转速在此管路系统操作时，只能在此点工作。在此点，$H = H_e$，$Q = Q_e$。由此也可以看出，泵在特定管路中所能达到的流量和压头，是泵和管道的特性共同决定的。

【例 2-6】 用离心泵从敞口储罐向高位的密闭储罐内输送清水（密度 $\rho = 1000\text{kg/m}^3$），在规定的转速下，泵的特性方程为

$$H = 48 - 8.5 \times 10^4 Q^2 \qquad (Q \text{ 的单位为 m}^3/\text{s})$$

密闭储罐的表压为 125kPa，高位储罐与吸入敞口储罐间的液位差保持为 15m 恒定不变，管路内全部流动阻力可用下式计算

$$H_f = 1.15 \times 10^5 Q_e^2 \qquad (Q_e \text{ 的单位为 m}^3/\text{s})$$

试求：(1) 泵的流量、压头和轴功率（泵的效率为 81%）；(2) 若输送密度 $\rho = 1150\text{kg/m}^3$ 的无机盐溶液（其他性质与水相近，且其他条件保持不变），泵的流量、压头和轴功率。

解：(1) 联立泵的特性方程和管路特性方程求解即可得到泵的操作参数。根据已知条件，管路特性方程 $H_e = K + GQ_e^2$

$$K = \Delta z + \frac{\Delta p}{\rho g} = 15 + \frac{125 \times 10^3}{1000 \times 9.81} = 27.74\text{m} \quad G = 1.15 \times 10^5 \text{s}^2/\text{m}^5$$

即管路特性方程为

$$H_e = 27.74 + 1.15 \times 10^5 Q_e^2 \tag{a}$$

泵的特性方程为

$$H = 48 - 8.5 \times 10^4 Q^2 \tag{b}$$

联立式(a) 和式(b)，解得

$$Q = 1.006 \times 10^{-2}\text{m}^3/\text{s} = 36.23\text{m}^3/\text{h} \quad H = 39.38\text{m}$$

$$N = \frac{HQ\rho}{102\eta} = \frac{39.38 \times 1.006 \times 10^{-2} \times 1000}{102 \times 0.81} = 4.79\text{kW}$$

(2) 当输送的介质密度发生变化时，泵的特性方程不变，但是管路特性方程因为流体密度的变化会发生改变，管路特性方程中的 K 会发生变化，即

$$K' = \Delta z + \frac{\Delta p}{\rho g} = 15 + \frac{125 \times 10^3}{1150 \times 9.81} = 26.08\text{m}$$

则新的管路特性方程为

$$H'_e = 26.08 + 1.15 \times 10^5 Q_e^2 \tag{c}$$

联立式(b) 和式(c)，解得

$$Q = 1.047 \times 10^{-2}\text{m}^3/\text{s} = 37.69\text{m}^3/\text{h} \quad H = 38.68\text{m}$$

$$N = \frac{HQ\rho}{102\eta} = \frac{38.68 \times 1.047 \times 10^{-2} \times 1150}{102 \times 0.81} = 5.64\text{kW}$$

从题中可以看出，输送介质密度的变化会改变管路特性方程，使泵的工作点发生变化。

3. 离心泵的流量调节

在工作中，常常由于生产任务的变化等需要对泵进行流量调节，实质上是改变泵的工作点。由于离心泵的工作点是由泵及管路特性共同决定的，因此，改变泵或管路特性曲线均可使两条特性曲线的交点位置（即工作点的位置）发生变化，也就达到了流量调节的目的。

（1）改变管路特性曲线——改变管路阀门开度

通过改变管路上阀门（通常为泵的出口阀）的开度，可以改变管路特性方程。前已述及，当阀门关小时，阀门的局部阻力系数或当量长度增大，体现在管路特性方程（式 2-24）中的 G 增大，管路特性曲线变陡，管路特性曲线与泵的特性曲线的交点向流量降低、压头增大的方向移动，如图 2-17 所示，工作点从 M 点调节至 M_1 点；当阀门开大时则正好相反。

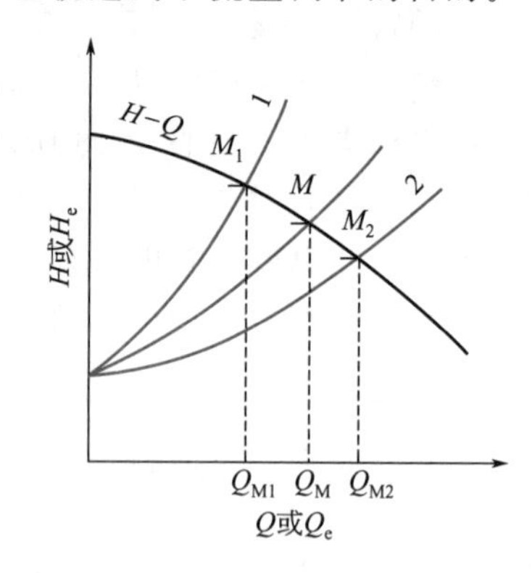

图 2-17 改变出口阀开度时工作点变化

采用阀门来调节流量快捷方便，流量可连续变化，适合连续生产的要求，应用较为广泛。但当阀门关小时能耗加大，且调节幅度较大时可能使泵的效率下降，不够经济。

【例 2-7】 用离心泵将水输送至水洗塔内，要求输水量为 $0.015\mathrm{m^3/s}$，依照泵的性能，在规定的转速下，当泵的输水量为 $0.015\mathrm{m^3/s}$ 时，泵的压头为 50m，此时，管内的流动在阻力平方区。当泵的出口阀开度为 80% 时，测得管路特性方程为 $H_e=18.7+1.13\times10^5Q_e^2$（$Q_e$ 的单位为 $\mathrm{m^3/s}$）。现用调节泵的出口阀门开度的方法将流量调节至 $0.015\mathrm{m^3/s}$。试计算：（1）阀门开度应该增大还是减小；（2）调节阀门后的管路特性方程。

解：（1）当流量为 $0.015\mathrm{m^3/s}$ 时，泵能够提供的压头为 50m，此时，管路要求的压头为

$$H_e=18.7+1.13\times10^5\times0.015^2=44.125\mathrm{m}$$

管路要求的压头低于泵提供的压头，因此，为了保证流量，需要增加管路的阻力，以提高管路要求的压头，即关小出口阀门，这部分压头都转化为了调节阀门后增加的阻力损失，即

$$H_f'=H-H_e=50-44.125=5.875\mathrm{m}$$

损失的有效功率为

$$N_f'=H_f'Q\rho g=5.875\times0.015\times1000\times9.81=864.5\mathrm{W}$$

（2）当阀门开度减小时，管路特性方程中的 G 值会相应增加，因为工作点同时在管路特性方程和泵的特性方程上，则满足如下的关系

$$50=18.7+G'\times0.015^2$$

解得

$$G=1.39\times10^5\mathrm{s^2/m^5}$$

则关小阀门后管路特性方程变为

$$H_e=18.7+1.39\times10^5Q_e^2$$

(2) 改变泵的特性曲线——改变泵的转速

根据前面学到的知识，当泵的转速发生变化时，泵的流量、压头和轴功率等相关性能参数都要发生变化，也就是说，改变泵的转速就是改变泵的特性曲线。当泵的转速提高时，泵的特性曲线 H-Q 会随之上移，当泵的转速下降时，泵的特性曲线 H-Q 会随之下移。如图 2-18 所示，当泵的转速由 n 增加至 n_1 时，泵的特性曲线上移；而当泵的转速由 n 减小至 n_2 时，泵的特性曲线下移。此时管路特性曲线不变，两条曲线的交点（工作点）的位置也会随着泵的转速变化而发生变化，从而达到调节流量的目的。根据比例定律，当流量随泵的转速降低而减小时，泵的功率也会相应减小，因此从能量消耗的角度是比较合理的。随着工业自动化领域的发展，变频装置越来越多地应用于泵的流量调节，但改变泵的转速需要额外添加变频装置，会额外增加设备投资，并且不太容易做到流量连续调节，因此需要进行综合考虑。

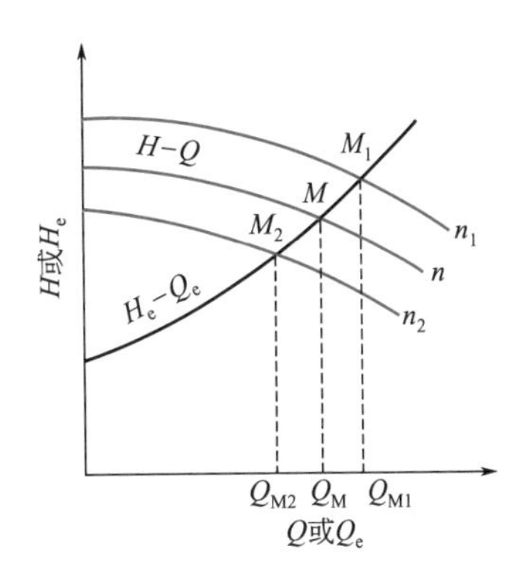

图 2-18 改变泵转速时工作点变化

此外，还可以采用改变叶轮直径的方法来改变泵的特性曲线，但一般操作范围不大，且过程繁琐，因此在工业生产中很少采用。

(3) 离心泵的并联和串联

当单台离心泵不能满足生产任务对流量或者压头的要求时，可以采用离心泵的并联或串联进行组合操作。下面以两台性能相同的泵为例，讨论离心泵的组合操作的特性。

① 离心泵的并联操作　若将两台型号相同的泵并联于管路系统，且各自的吸入管路相同，则两台泵的流量和压头必定相同。显然，在同一压头下，并联泵的流量为单台泵的两倍，即通过任意一台泵的单位重量的液体所获得的压头相同，且流量是两台泵之和。因此，可以根据单台泵的特性曲线，使曲线上点的纵坐标 H 不变，横坐标 Q 变为两倍，得到两台泵并联操作的合成特性曲线，如图 2-19 中的曲线 2。

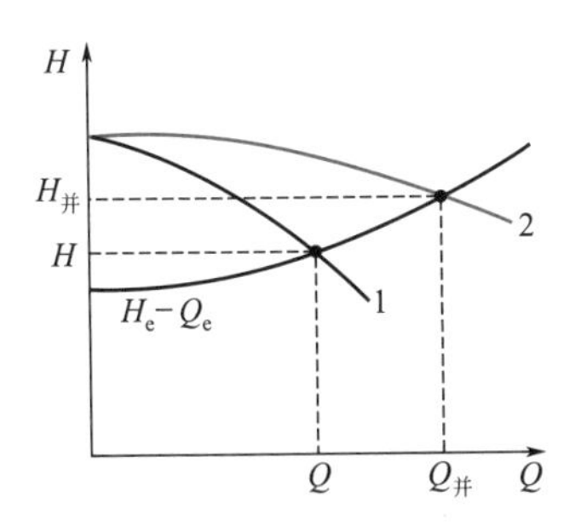

图 2-19 离心泵的并联

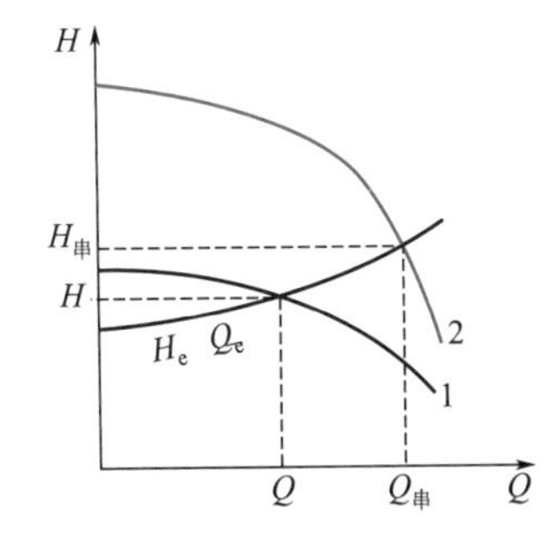

图 2-20 离心泵的串联

当泵并联操作时，操作流量和压头是由合成的特性曲线与管路特性曲线的交点决定的。从图 2-19 中可以看出，当泵并联时，并联后的总流量必低于单台泵流量的两倍，而并联压头略高于单台泵的压头，这是由于流量加大使管路流动阻力加大造成的。并联泵的总效率与单台泵的效率相同。

② 离心泵的串联操作　当两台型号相同的泵串联操作时，每台泵的流量和压头也各自相同。液体流经两个泵时分别被做功，因此，在同一流量下，串联泵的压头为单台泵压头的两倍，可以根据单台泵的特性曲线，得到其合成特性曲线，如图 2-20 中的曲线 2 所示。

同样，串联泵的工作点由合成特性曲线与管路特性曲线的交点决定。两台泵串联操作的总压头必低于单台泵压头的两倍，流量大于单台泵的流量。串联泵的效率为 $Q_{串}$ 下单台泵的效率。

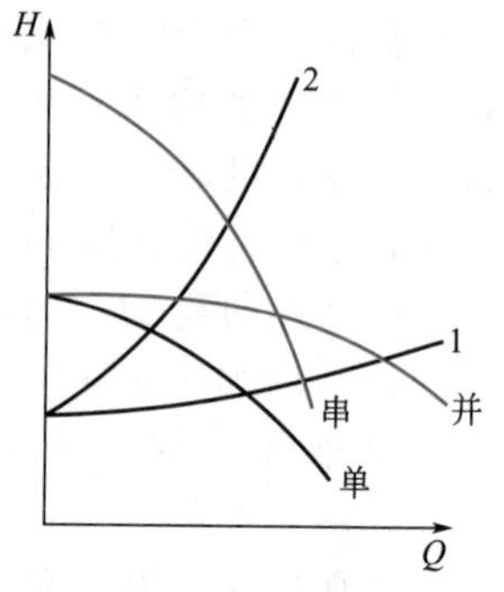

图 2-21 离心泵组合方式的选择

③ 离心泵组合方式的选择　在生产中采取何种组合方式能够取得最佳经济效果，则应视管路要求的压头和特性曲线形状而定，如图 2-21 所示。如果单台泵所能提供的最大压头小于管路两端的 $\left(\Delta z+\dfrac{\Delta p}{\rho g}\right)$ 值，则只能采用泵的串联操作。对于管路特性曲线较平坦的低阻型管路，采用并联组合方式可获得比串联组合更高的流量和压头；反之，对于管路特性曲线较陡的高阻型管路，则宜采用串联组合方式。

【例 2-8】 有两台型号相同的离心泵，单台泵的特性方程为

$$H=31-5.1\times10^5Q^2$$

有三个不同的管路，其各自的管路特性方程分别为

管路 1　$$H_e=13+1.2\times10^5Q_e^2$$

管路 2　$$H_e=13+3.91\times10^5Q_e^2$$

管路 3　$$H_e=13+9.2\times10^5Q_e^2$$

试比较和分析在如上的三种管路系统中，采用何种泵的组合方式可以获得更大的流量。

解： 首先计算管路 1 采用不同泵的组合方式得到的流量。

使用单台泵操作时，联立泵的特性方程和管路 1 的特性方程

$$13+1.2\times10^5Q^2=31-5.1\times10^5Q^2$$

解得

$$Q=5.345\times10^{-3}\text{m}^3/\text{s}=19.24\text{m}^3/\text{h}\quad H=16.43\text{m}$$

当两台泵并联操作时，单台泵的输送量是总流量的 1/2，泵的压头不变，则有

$$13+1.2\times10^5Q^2=31-5.1\times10^5(Q/2)^2$$

解得

$$Q=8.528\times10^{-3}\text{m}^3/\text{s}=30.70\text{m}^3/\text{h}\quad H=21.73\text{m}$$

当两台泵串联操作时，单台泵的输送量与总流量相同，但泵的压头加倍，则有

$$13+1.2\times10^5Q^2=2\times(31-5.1\times10^5Q^2)$$

解得

$$Q=6.556\times10^{-3}\text{m}^3/\text{s}=23.60\text{m}^3/\text{h}\quad H=18.16\text{m}$$

用同样的方法可以求得管路 2 和管路 3 在泵的不同组合方式下的操作参数，结果见本例附表。

例 2-8 附表

管路	流量 $Q/(\text{m}^3/\text{h})$			比较结果
	单台泵	两泵并联	两泵串联	
管路 1	19.24	30.70	23.60	并联流量更大

续表

管路	流量 $Q/(m^3/h)$			比较结果
	单台泵	两泵并联	两泵串联	
管路 2	16.09	21.21	21.21	串、并联流量相同
管路 3	12.77	14.92	18.09	串联流量更大

从计算结果可以看出，当管路特性不同时，泵能提供的流量差别较大，且对于具有低阻和高阻的管路，得到较大流量时采用的泵的组合方式不同。

2.2.1.7 离心泵的类型与选用

1. 离心泵的类型

由于化工生产及石油工业中被输送液体的性质相差悬殊、输送任务的要求千变万化，离心泵的类型也是多种多样的。按照叶轮的吸液方式，可以分为单吸泵和双吸泵；按照叶轮数目，可以分为单级泵和多级泵；按照输送液体的性质和使用条件，可以分为清水泵、油泵、耐腐蚀泵、杂质泵、高温泵、高温高压泵、低温泵、液下泵、磁力泵等。各种类型离心泵按其结构特点自成一个系列。同一系列中又有各种规格。一般来说，关于离心泵的性能参数与结构特点，可以在泵的生产厂家提供的产品样本中得到。

离心泵产品种类较多，生产厂家数量众多，各厂家的生产型号也不尽相同。下面仅对几种常用的离心泵进行简要介绍。

(1) 水泵（IS 型、D 型、Sh 型）

离心水泵一般用于输送水或与水的物理化学性质类似的液体，是最常见的离心泵之一。

IS 型水泵——单级单吸悬臂式离心水泵，其结构如图 2-22 所示。全系列扬程范围为 8～98m，流量范围为 4.5～360m^3/h。

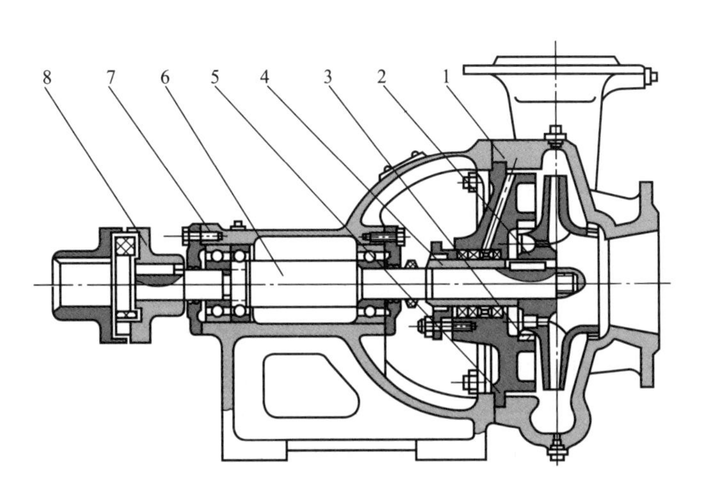

图 2-22 IS 型水泵的结构图

1—泵体；2—叶轮；3—密封环；4—护轴套；5—后盖；6—泵轴；7—机架；8—联轴器部件

D型水泵——若所要求的扬程较高而流量不太大时，可采用如图2-23所示的D型多级离心泵。多级泵的每一级都安装导轮以有效提高液体的静压能。泵的叶轮级数通常为2～9级，最多12级。全系列扬程范围为14～351m，流量范围为10.8～850m^3/h。

Sh型水泵——若泵送液体的流量较大而所需扬程并不高时，则可采用双吸离心泵，其结构如图2-24所示。国产双吸泵系列代号为Sh。全系列扬程范围为9～140m，流量范围为120～12500m^3/h。

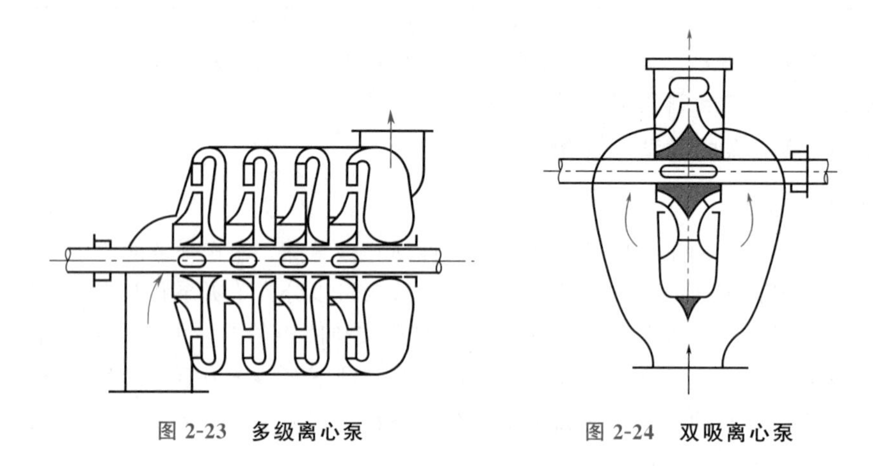

图2-23　多级离心泵　　　图2-24　双吸离心泵

（2）油泵

输送石油产品的泵称为油泵。因为油品易燃易爆，因而要求油泵有良好的密封性能。当输送高温油品（200℃以上）时，需采用具有冷却措施的高温泵。油泵有单吸与双吸、单级与多级之分。国产油泵系列代号为AY、双吸式为AYS。全系列的扬程范围为60～603m，流量范围为6.25～500m^3/h。

（3）耐腐蚀泵

当输送酸、碱或其他腐蚀性液体时应采用耐腐蚀泵。该类泵中所有与腐蚀液体接触的部件都用抗腐蚀材料制造，其系列代号也根据输送液体的性质不同而不同。如FM型、IH型和CZ型等，分别适用于输送不同性质的腐蚀性液体。

此外，常用的离心泵还有适合输送悬浮液及稠厚的液体的杂质泵；可输送易燃、易爆、剧毒和放射性液体的无轴封的屏蔽泵；采用永磁联轴驱动，无轴封且消除液体渗漏的磁力泵等。

2. 离心泵的选择

离心泵种类繁多，且能适应各种不同用途，在选泵时应注意以下几点：

① 根据被输送液体的性质和操作条件，确定适宜的类型。

② 根据管路系统在最大流量下的流量 Q_e 和压头 H_e 确定泵的型号。在选泵的型号时，要使所选泵所能提供的流量 Q 和压头 H 比管路要求值稍大一点，选出泵的型号后，应列出泵的有关性能参数和转速。

③ 当单台泵不能满足管路要求时，可考虑泵的并联和串联。

④ 若输送液体的密度大于水的密度，则要核算泵的轴功率。

另外，要会利用泵的系列特性曲线。

3. 离心泵的安装与操作

离心泵的安装和操作方法可参考离心泵的说明书，下面仅介绍一般应注意的问题：

① 实际安装高度要小于允许安装高度，并尽量减小吸入管路的流动阻力。

② 启动泵前要灌泵，并关闭出口阀；停泵前也应先关出口阀。

③ 定期检查和维修。

2.2.2 其他类型液体输送机械

2.2.2.1 往复泵

往复泵是活塞泵、柱塞泵和隔膜泵的总称，属于正位移泵（positive-displacement pump），应用比较广泛。往复泵是通过活塞的往复运动以压力能的形式向液体提供能量的输送机械。

1. 往复泵的基本结构与工作原理

（1）基本结构

往复泵的装置简图如图 2-25 所示，其主要部件为泵缸、活塞、活塞杆、单向开启的吸入阀和排出阀。泵缸内活塞与阀门间的空间为工作室。

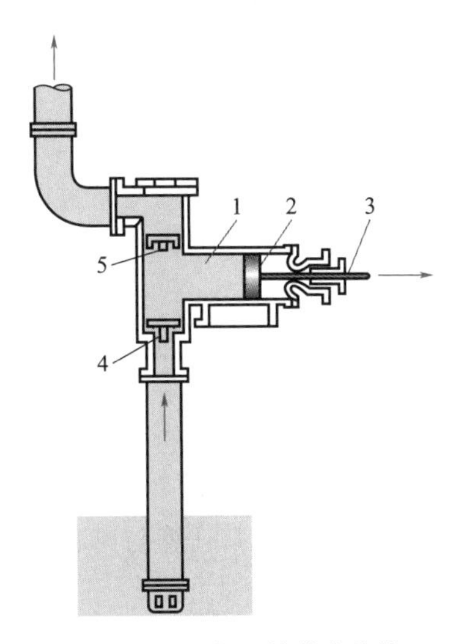

图 2-25 往复泵的基本结构和工作原理

1—泵缸；2—活塞；3—活塞杆；4—吸入阀；5—排出阀

（2）工作原理

往复泵是通过活塞的往复运动，直接以压力能的形式向液体提供能量的液体输送机械。往复泵有自吸能力，启动前不灌泵。当活塞自左向右移动时，工作室的容积增大形成低压，吸入阀被泵外液体推开使液体进入泵缸内，排出阀因受排出管内液体压力而关闭。活塞移至右端点时即完成吸入行程。

活塞自右向左移动时泵缸内液体受到挤压使其压力增高，从而推开排出阀而压入排出管路，吸入阀则被关闭。活塞移至左端点时排液结束，完成了一个工作循环。活塞如此往复运动，液体间断地被吸入泵缸和压出管路，达到输液的目的。

活塞从左端点到右端点（或相反）的距离称为冲程或位移。活塞往复一次只吸液一次和排液一次的泵称为单动泵。单动泵的吸入阀和排出阀均装在泵缸的同一侧，吸液时不能排液，因此排液不连续。对于单动泵，活塞由连杆和曲轴带动，它在左右两端点之间的往复运动是不等速的，于是形成了单动泵不连续的流量曲线。

为了改善单动泵流量的不均匀性，设计出了双动泵和三联泵。双动泵的原理图见图 2-26，双动泵活塞两侧的泵缸内均装有吸入阀和排出阀，活塞每往复一次各吸液和排液两次，使吸入管路和压出管路总有液体流过，所以送液连续，但由于活塞运动的不匀速性，流量曲线仍有起伏。双动泵和三联泵的流量曲线都是连续但不均匀的。

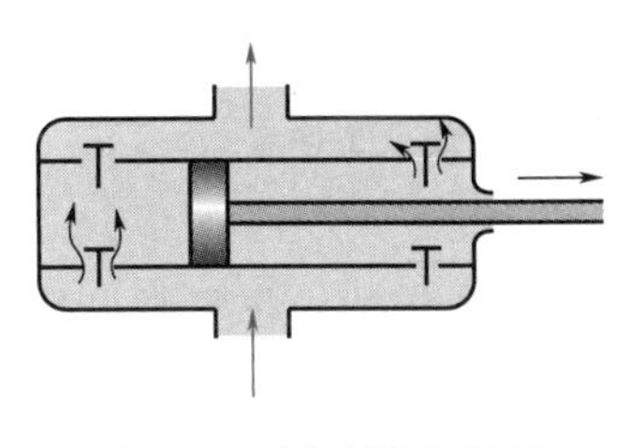
图 2-26 双动泵示意图

2. 往复泵的性能参数与特性曲线

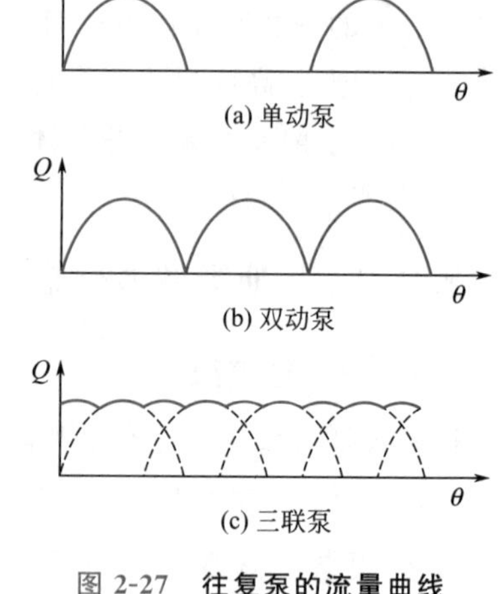

图 2-27 往复泵的流量曲线

(1) 流量(排液能力)

往复泵的流量曲线如图 2-27 所示,往复泵的流量由泵缸尺寸、活塞冲程及往复次数(即活塞扫过的体积)所决定,其理论平均流量可按下式计算:

单动泵理论流量

$$Q_T = ASn_r \tag{2-25}$$

式中 Q_T——往复泵的理论流量,m^3/min;

A——活塞的截面积,m^2;

S——活塞冲程,m;

n_r——活塞每分钟往复次数,min^{-1}。

双动泵理论流量

$$Q_T = (2A - a)Sn_r \tag{2-26}$$

式中 a——活塞杆的截面积,m^2。

实际上,由于活塞与泵缸内壁之间的泄漏,而且泄漏量随泵压头升高而增加,吸入阀和排出阀启闭滞后等原因,往复泵的实际流量低于理论流量,即

$$Q = \eta_v Q_T \tag{2-27}$$

式中 η_v——往复泵的容积效率,其值在 0.85~0.95 的范围内,小型泵接近下限,大型泵接近上限;

Q——往复泵的实际流量,m^3/min。

(2) 功率与效率

往复泵的功率计算与离心泵相同,即

$$N = \frac{HQ\rho g}{60\eta} \tag{2-28}$$

式中 N——往复泵的轴功率,W;

η——往复泵的总效率,通常 $\eta = 0.65 \sim 0.85$,其值由实验测定。

(3) 压头和特性曲线

往复泵的压头与泵本身的几何尺寸和流量无关,只决定于管路情况。只要泵的机械强度和电动机提供的功率允许,输送系统要求多高压头,往复泵即提供多高的压头。往复泵的流量与压头的关系曲线,即泵的特性曲线,如图 2-28 所示。

往复泵的输液能力只取决于活塞的位移而与管路情况无关,泵的压头仅随输送系统要求而定,这种性质称为正位移特性,具有这种特性的泵称为正位移(定排量)泵。往复泵是正位移泵的一种。

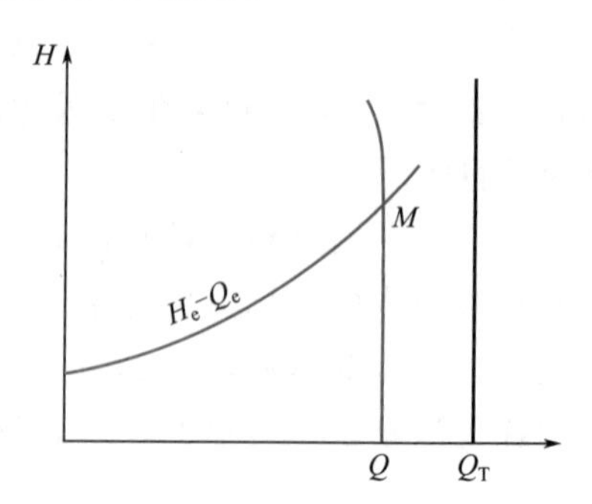

图 2-28 往复泵的特性曲线及工作点

3. 往复泵的工作点和流量调节

任何类型泵的工作点都是由管路特性曲线和泵特性曲线的交点所决定的,往复泵也是如此。由于往复泵的正位移特性,工作点只能沿 Q=常数的垂直线上移动。因此,往复泵的流量调节方式与离心泵是不同的。要想改变往复泵的输液能力,可采取如下措施。

(1) 旁路调节装置

往复泵的流量与管路特性曲线无关，所以不能通过出口阀调节流量，并且，为了防止往复泵出口管路阀门关闭导致工作室或管路内压力过高损坏泵体或者管路，往复泵的连接管路上一般不设出口阀或保持出口阀常开。调节流量的简便方法是增设旁路调节装置，通过调节旁路流量来达到主管路流量调节的目的，如图2-29所示。显而易见，旁路调节流量并没有改变泵的总流量，只是改变了流量在旁路与主管路之间的分配。旁路调节造成了功率的无谓消耗，经济上并不合算，但对于流量变化幅度较小的经常性调节非常方便，生产上常采用。

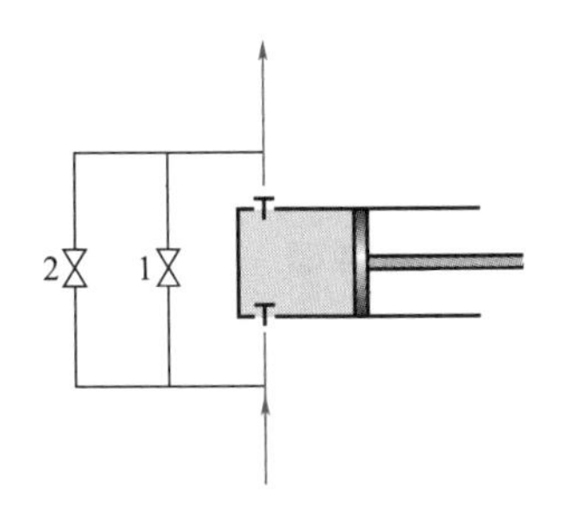

图2-29 往复泵旁路调节流量

1—旁路阀；2—安全阀

(2) 改变活塞冲程或往复频率

调节活塞冲程 S 或往复频率 n_r 均可达到改变流量的目的，而且能量利用合理，但不适用于经常性流量调节。

4. 往复泵的安装高度

往复泵的安装高度取决于储液槽液面上方的压力、液体的性质和温度、活塞的运动速度等因素，因此往复泵的安装高度也有一定的限制。和离心泵不同的是，往复泵内的低压是靠工作室的扩大而形成的，所以往复泵有自吸作用，在启动前无需向泵内灌满被输送的液体。

基于以上特性，往复泵主要适用于较小流量、高扬程、清洁高黏度液体的输送，它不适用于输送腐蚀性液体和含有固体粒子的悬浮液。

计量泵、隔膜泵的工作原理与往复泵相同，只是在结构和材质上进行了有针对性的设计，以适应生产任务的要求。

2.2.2.2 旋转泵

旋转泵又称回转式泵、转子泵，也属于容积式泵，具有正位移特性。它的工作原理是依靠泵内一个或多个转子的旋转来吸液和排液。化工中常用的旋转泵有齿轮泵和螺杆泵等。

1. 齿轮泵

目前化工中常用的是外啮合齿轮泵。图2-30所示为齿轮泵的结构示意图。在泵壳内有两个齿轮，其中一个为主动轮，它由电机带动旋转；另一个为从动轮，它是靠与主动轮的啮合而被动转动。两齿轮将泵壳分为互不相通的吸入室和排出室。当齿轮按图中箭头方向旋转时，吸入室内两轮的齿互相拨开，形成低压而将液体吸入；然后液体分两路封闭于齿穴和壳体之间，

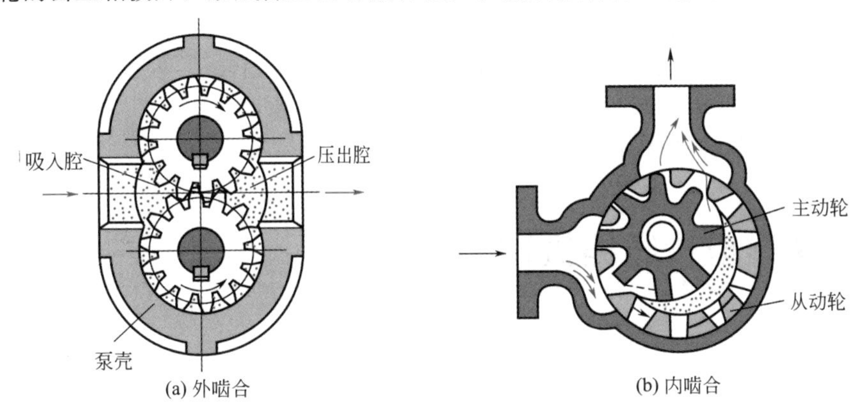

图2-30 齿轮泵

随齿轮向排出室旋转，在排出室两齿轮的齿互相合拢，形成高压而将液体排出，实现液体的输送。近年来已逐步采用的内啮合齿轮泵，较外啮合齿轮泵工作平稳，但制造较复杂。

齿轮泵具有流量小、压头高的特点，适用于黏稠液体和膏状物料的输送，但不能输送含有固体粒子的悬浮液。

2. 螺杆泵

螺杆泵由泵壳和一根或多根螺杆所构成，图 2-31 为双螺杆泵。双螺杆泵的工作原理与齿轮泵十分相似，它是依靠互相啮合的螺杆来吸送液体的。当需要较高压头时，可采用较长的螺杆。

螺杆泵的压头高、效率高、运转平稳、噪声低，适用于高黏度液体的输送。

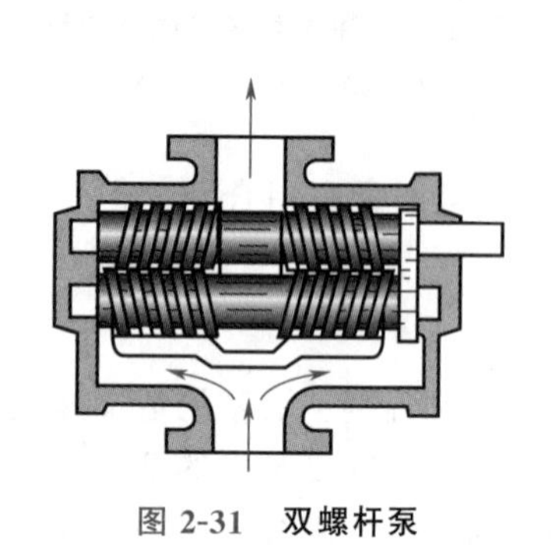

图 2-31　双螺杆泵

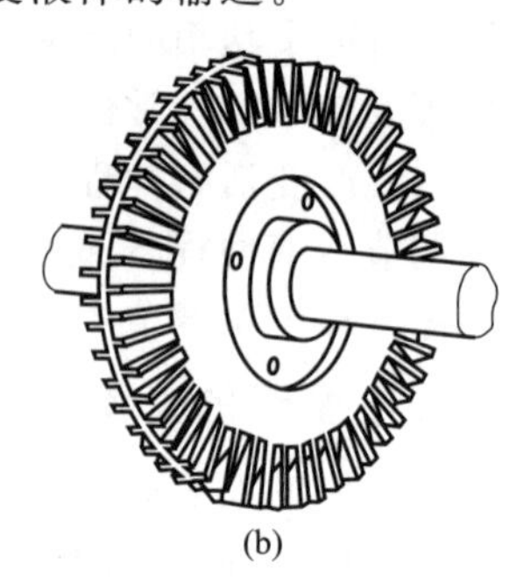

图 2-32　旋涡泵

1—叶轮；2—叶片；3—泵壳；4—引液道；5—间壁

旋转泵由于具有正位移特性，同样不能采用出口阀进行流量调节，需要采用旁路调节或改变转速的方式来调节流量。相对来讲，改变转速来调节旋转泵流量的方法更为方便。

2.2.2.3　旋涡泵

旋涡泵是一种特殊类型的离心泵，其工作原理和离心泵相同，即依靠叶轮旋转产生的惯性离心力来吸液和排液，无自吸能力，启动前需向泵壳内灌满被输送液体，而泵的其他操作特性(如支路调节流量，启动泵时不能关闭出口阀等）与容积泵相似。

旋涡泵的基本结构如图 2-32(a) 所示，主要由叶轮和泵壳组成。叶轮和泵壳之间形成引液道，吸入口和排出口之间由间壁(隔舌）隔开。叶轮上有呈辐射状排列、多达数十片的叶片，如图 2-32(b) 所示。当叶轮旋转时，泵内液体随叶轮旋转，同时又在各叶片与引液道之间作反复的迂回运动，被叶片多次拍击而获得较高能量。旋涡泵的特性曲线如图 2-33 所示。

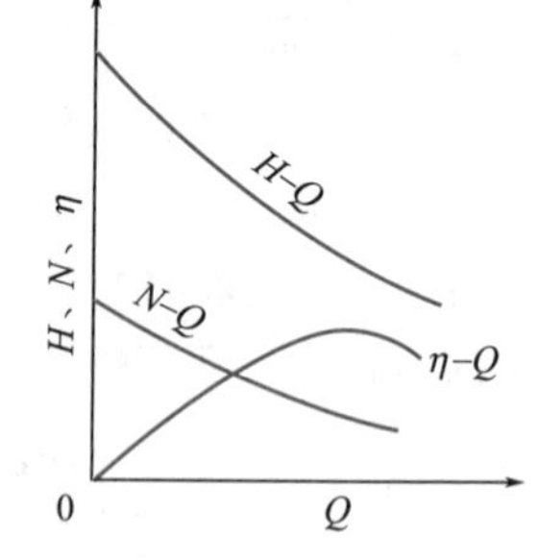

图 2-33　旋涡泵的特性曲线

旋涡泵的压头和功率随流量减少而增加，因而启动泵时出口阀应全开，并采用旁路调节流量，避免泵在很小流量下运转。旋涡泵适用于输送流量小、压头高且黏度不高的清洁液体。

2.3　气体输送和压缩机械

气体输送机械的基本结构、工作原理与液体输送机械大同小异，它们的作用都是对流体做功以提高其机械能（主要表现为静压能）。但由于气体具有密度小、可压缩和压缩升温等特点，气体输送设备与液体输送设备相比，又具有特殊性。

气体输送机械根据用途和出口压力可分类如下：

① 通风机（fan） 出口风压低于 1.47×10^4 Pa（表压），压缩比为 1～1.15，常见的有离心通风机。

② 鼓风机（blower） 出口风压为 $1.47\times10^4\sim2.94\times10^5$ Pa（表压），压缩比小于 4，常见的有罗茨鼓风机、离心鼓风机等。

③ 压缩机（compressor） 出口风压为 2.94×10^5 以上（表压），压缩比大于 4，常见的有往复压缩机、离心压缩机、液环压缩机等。

④ 真空泵 出口风压为常压，如水环真空泵、往复真空泵、蒸汽喷射真空泵等。

此外，还可以按照输送的气体类型、适用条件和用途等进行分类。

2.3.1 离心通风机、鼓风机与压缩机

离心通风机的结构和工作原理与离心泵大致相同。但由于输送的是气体，所以在结构细节上与离心泵还是有所不同的。图 2-34 为低压离心通风机的示意图。低压通风机的叶片数目多、与轴心成辐射状平直安装。中、高压通风机的叶片则是后弯的，所以高压通风机的外形与结构和单级离心泵更相似。通风机由于出口压力不高，都是单级的。离心鼓风机和压缩机都是多级的，流经鼓风机和压缩机后的气体压力较高，离心压缩机还需要配备冷却设施。

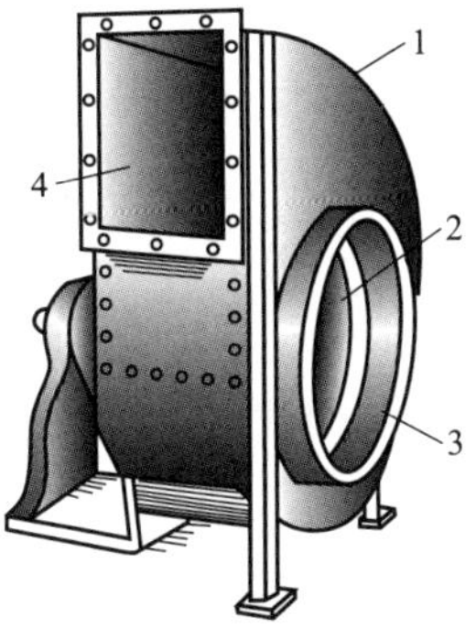

图 2-34 低压离心通风机

1—机壳；2—叶轮；3—吸入口；4—排出口

1. 离心通风机

由于气体通过风机时的压力变化不大于入口压力的 20%，在风机内运动的气体可视为不可压缩流体，可以用离心泵的基本方程来分析离心通风机的性能。

(1) 离心通风机的主要性能参数

离心通风机的主要性能参数有风量、风压、轴功率和效率。

① 风量 Q 风量是指单位时间内从风机出口排出的气体体积，以风机进口处的气体状态计，单位为 m^3/h。

② 风压 H_T 风压是单位体积气体通过风机时所获得的能量，单位为 J/m^3 或 Pa，习惯上用 mmH_2O 表示。风机的全风压由静风压与动风压构成，即

$$H_T=(p_2-p_1)+\rho u_2^2/2 \tag{2-29}$$

通风机铭牌或手册中所列的风压是在空气密度为 $1.2kg/m^3$（20℃、101.3kPa）的条件下用空气作介质测定的。若实际的操作条件与上述的实验条件不同，应将操作条件下的风压 H'_T 换算为实验条件下的风压 H_T 来选择风机，即

$$H_T=H'_T(1.2/\rho') \tag{2-30}$$

式中 ρ'——操作条件下空气的密度，kg/m^3。

③ 轴功率与效率 离心通风机的轴功率为

$$N=H_TQ/1000\eta \tag{2-31}$$

式中 N——轴功率，kW；

Q——风量，m^3/s；

H_T——全风压，Pa；

η——全压效率。

注意，用式 2-31 计算功率时，H_T 和 Q 必须是同一状态下的数值。

(2) 离心通风机的特性曲线

通风机出厂前通常在温度为 20℃ 的常压下(101.3kPa)实验测定其特性曲线。离心通风机的特性曲线与离心泵的特性曲线相比，增加了一条静风压随流量的变化曲线，如图 2-35 中的 H_{st}-Q 曲线。

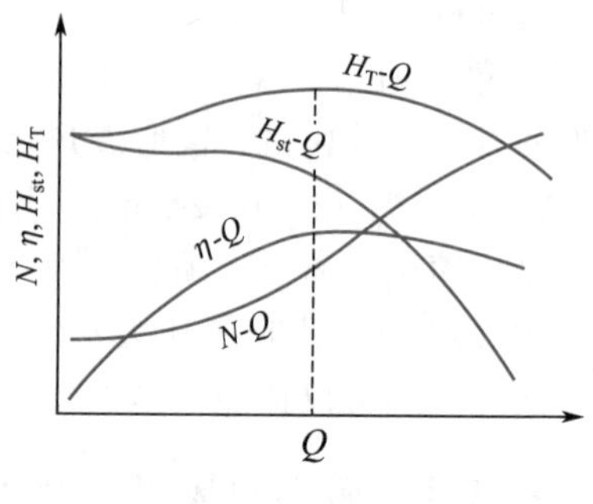

图 2-35 离心通风机的特性曲线

(3) 离心通风机的选择

离心通风机的选择与离心泵的选择遵循相似的步骤：

① 根据管路布局和工艺条件，计算输送系统所需的实际风压 H'_T，并按式 2-30 换算为实验条件下的风压 H_T。

② 根据所输送气体的性质及所需的风压范围，确定风机的类型。对于清洁空气或与空气性质相近的气体，可选用一般类型的离心通风机。注意同一机号，在不同转速下性能相差悬殊。

③ 根据实际风量和实验条件下的风压，选择适宜的风机型号。

④ 当 $\rho' > 1.2\text{kg/m}^3$ 时，要核算轴功率。

2. 离心鼓风机与压缩机

离心鼓风机与离心压缩机又称透平鼓风机和透平压缩机，其结构类似于多级离心泵，每级叶轮之间都有导轮，工作原理和离心通风机相同。离心压缩机的段与段之间设置冷却器，以免气体温度过高。离心鼓风机与离心压缩机的规格、性能及用途详见有关产品目录或手册。

离心压缩机具有生产能力大、供气均匀、连续运行、安全可靠、维修方便的特点。

2.3.2 其他类型气体输送和压缩机械

1. 旋转鼓风机和压缩机

旋转鼓风机、压缩机与旋转泵相似。常见的旋转式气体压缩机械有罗茨鼓风机、叶氏鼓风机、液环压缩机、滑片压缩机、滚动活塞压缩机、螺杆压缩机等多种型式。本节仅对罗茨鼓风机、液环压缩机作简要介绍。

(1) 罗茨鼓风机

罗茨鼓风机的工作原理和齿轮泵相似，两个转子的旋转方向相反，气体从机壳一侧吸入，从另一侧排出。罗茨鼓风机具有结构简单、制造方便的特点，适用于气体输送和加压，也是应用较多的一类鼓风机。

普通型罗茨鼓风机的主要部件是机壳内的两个特殊形状的转子(常为腰形或三星形)，如图 2-36 所示。

罗茨鼓风机属容积式机械，其排气量与转速成正比。当转速一定时，风量与风机出口压力无关，表压为 40kPa 左右时效率较高。罗茨鼓风机一般用旁路调节流量，其出口应安装气体稳压罐并配置安全阀。

（2）液环压缩机

液环压缩机又称纳氏泵。它主要由略似椭圆的外壳和旋转叶轮组成，壳中盛有适量的液体，其装置如图 2-37 所示。当叶轮旋转时，由于离心力的作用，液体被抛向壳体，形成椭圆形的液环，在椭圆形长轴两端形成两个月牙形空隙。当叶轮回转一周时，叶片和液环间所形成的密闭空间逐渐变大和变小各两次，气体从两个吸入口进入机内，从两个排出口排出。

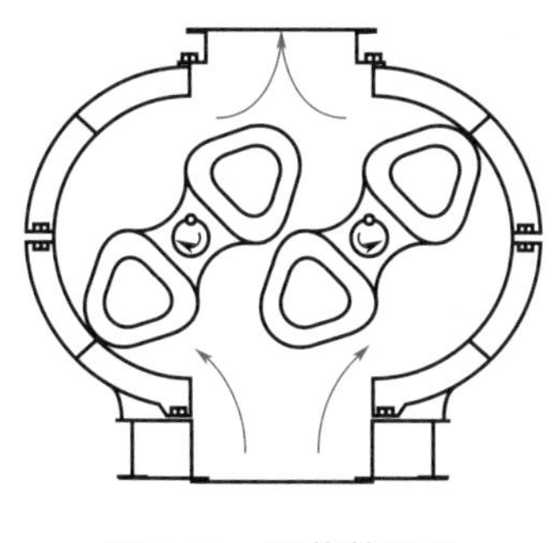

图 2-36　罗茨鼓风机

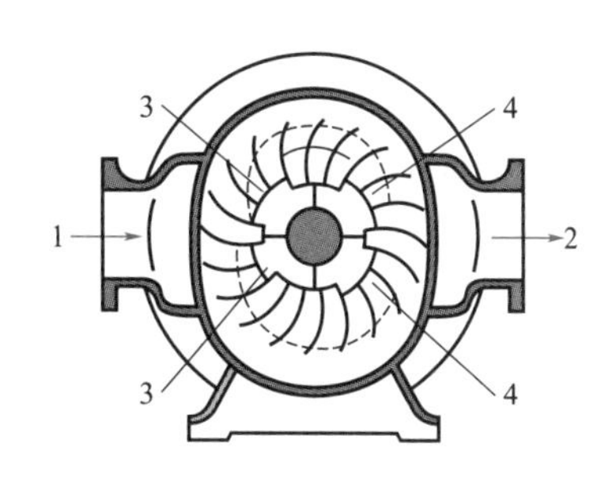

图 2-37　液环压缩机

1—进口；2—出口；3—吸入口；4—排出口

液环压缩机内的液体将被压缩的气体与机壳隔开，气体仅与叶轮接触，只要叶轮用耐腐蚀材料制造，就可输送腐蚀性气体。壳内的液体应与被输送气体不起作用，例如压送氯气时，壳内的液体可采用硫酸。

液环压缩机的压缩比可达 6～7，但出口表压在 150～180kPa 的范围内效率最高。

2. 往复式压缩机

往复式压缩机的工作原理和基本结构与往复泵相近，主要部件有活塞、气缸、吸气阀和排气阀等。往复式压缩机依靠活塞的往复运动实现气体的输送与压缩。但是，由于往复式压缩机处理的气体密度小、具有可压缩性，压缩后气体的体积变小、温度升高，因此与往复泵相比又具有特殊性。主要表现在以下几个方面：

① 往复式压缩机的吸气阀门和排气阀门必须精密配合并可以灵活运转。

② 应附设冷却装置以移除压缩放出的热量以降低气体的温度。

③ 由于在气缸中存在余隙，往复式压缩机实际的工作过程比往复泵更加复杂。

往复式压缩机在工作过程中，在活塞与气缸盖之间存在的最小体积称为余隙。当活塞向体积增大的方向运动时，余隙内残留的高压气体将不断膨胀，压力降至与吸入压力相等时，吸气过程才可开始。因此，实际的压缩循环过程如图 2-38 所示，可以分为吸气（4→1）、压缩（1→2）、排气（2→3）和膨胀（3→4）四个阶段。气缸中余隙体积的存在对压缩机的性能也有着明显的影响。

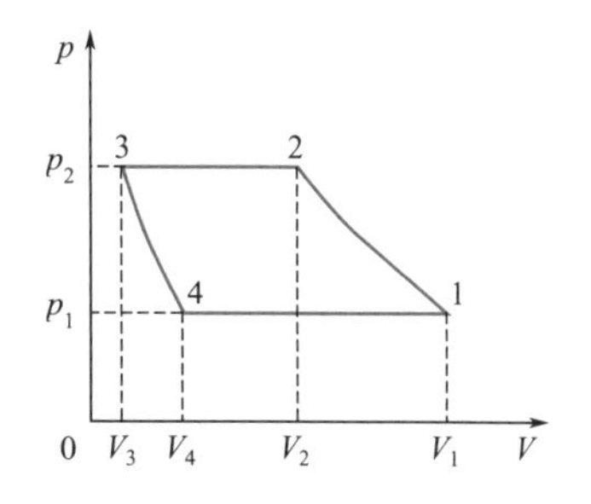

图 2-38　实际压缩循环 p-V 图

余隙系数 ε　余隙体积与活塞一次扫过的体积之比的百分率称为余隙系数，用 ε 表示。通常，大中型压缩机低压气缸的 ε 值在 8%以下，而高压气缸可达 12%。

容积系数 λ_0　压缩机一个循环吸入气体的体积与活塞一次扫过的体积之比，称为容积系数，用 λ_0 表示，当压缩比一定时，余隙系数增大，容积系数变小，压缩机的吸气量就减少。

对于一定的余隙系数，气体的压缩比越高，容积系数则越小，即每一压缩循环的吸气量越小。当压缩比高到某极限值时，容积系数可能变为零。合理设计时，$\lambda_0=0.7\sim0.92$。

当生产过程的压缩比大于 8 时，工业上大都采用多级压缩。多级压缩的优点是避免排出气体温度过高，提高气缸容积利用率（即 λ_0 保持在较高范围），减少功率消耗，压缩机的结构更为合理，从而提高压缩机的经济效益。

3. 真空泵

从设备或系统中抽出气体使其中的绝对压力低于大气压的抽气机械称为真空泵。从原则上讲，真空泵就是在负压下吸气，一般是大气压下排气的输送机械。在真空技术中，通常把真空状态按绝对压力高低划分为低真空（$10^5\sim10^3$Pa）、中真空（$10^3\sim10^{-1}$Pa）、高真空（$10^{-1}\sim10^{-6}$Pa）、超高真空（$10^{-6}\sim10^{-10}$Pa）和极高真空（$<10^{-10}$ Pa）五个真空区域。为了产生和维持不同真空区域强度的需要，设计出多种类型的真空泵。

化工生产中用来产生低、中真空的常用真空泵有往复真空泵、旋转真空泵（包括液环式、旋片式真空泵）和喷射真空泵等。

（1）往复真空泵

往复真空泵的构造和工作原理与往复式压缩机基本相同。但由于真空泵所抽吸气体的压力很小，且其压缩比又很高（通常大于 20），因而真空泵吸入和排出阀门必须更加轻巧灵活、余隙容积必须更小才能满足要求。为了减小余隙的不利影响，真空泵的气缸设有平衡气道连通活塞左右两侧。若气体具有腐蚀性，可采用隔膜真空泵。

（2）液环真空泵

用液体作工作介质的旋转真空泵称作液环真空泵。其中，用水作工作介质的为水环真空泵，其他泵还可用油、硫酸及醋酸等作工作介质。工业上水环真空泵应用居多。

图 2-39 所示的水环真空泵的外壳内偏心地装有叶轮，叶轮上有辐射状叶片 2，泵壳内约充有一半容积的水。当叶轮旋转时，形成水环 3。水环形成之后，使叶片间空隙密封成大小不等的密封小室。当小室的容积增大时，气体通过吸入口 4 被吸入；当小室变小时，气体由排出口 5 排出。从而实现了气体的输送。水环真空泵运转时，需要不断补充水以维持泵内液

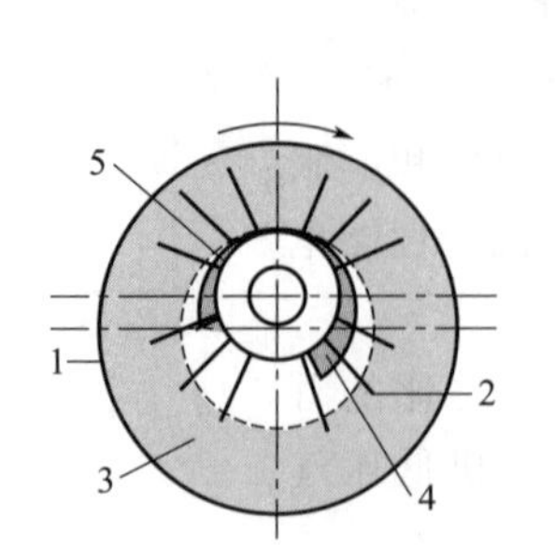

图 2-39 水环真空泵简图

1—外壳；2—叶片；3—水环；4—吸入口；5—排出口

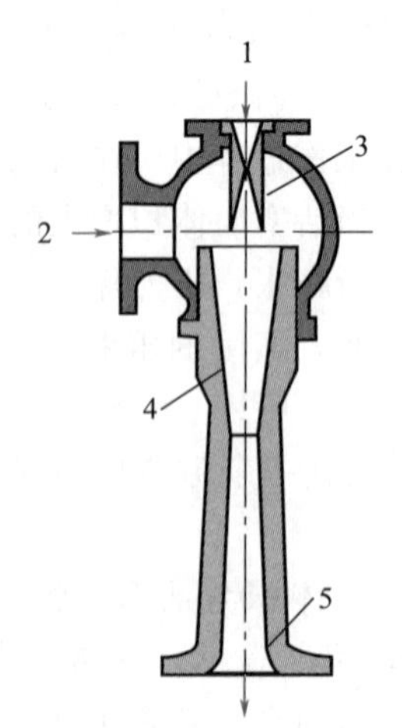

图 2-40 单级蒸汽喷射泵

1—工作蒸汽入口；2—气体吸入口；3—喷嘴；4—扩散管；5—压出口

封。水环真空泵属湿式真空泵，吸气中可允许夹带少量液体。

水环真空泵所能产生的真空度受到泵内水温的限制，可产生的最大真空度为83kPa左右。当被抽吸的气体不宜与水接触时，泵内可充以其他液体。

(3) 喷射泵

喷射泵是利用流体流动时的机械能转换的原理来吸、送流体的。吸、送的流体可以是气体，也可以是液体。在化工生产中，用于抽真空的喷射泵称为喷射真空泵。

喷射泵的工作流体可以是蒸汽，也可以是液体。图2-40所示的是单级蒸汽喷射泵。工作蒸汽以很高的速度从喷嘴3喷出，在喷射过程中，蒸汽的静压能转变为动能，产生低压，而将气体吸入。吸入的气体与蒸汽混合后进入扩散管4，使部分动能转变为静压能，而后从压出口5排出。单级蒸汽喷射泵可达到99%的真空度，若要获得更高的真空度，可以采用多级蒸汽喷射泵。喷射泵不需要传动装置，具有结构简单，制造使用方便的优点，但效率较低。

通过本章学习，你应该已经掌握的知识：

1. 离心泵的基本结构、工作原理和特性曲线，离心泵的工作点与流量调节，离心泵的安装与选型；
2. 其他流体输送机械的结构特点、基本工作原理和适用场合。

你应该具有的能力：

1. 结合生产任务和管路特点合理地选择和使用离心泵完成输送任务；
2. 在生产过程中，可以根据所学知识合理地进行离心泵的流量调节；
3. 针对不同的生产任务和场合，合理地选择适宜的流体输送机械。

本章符号说明

英文字母

a——活塞杆的截面积，m^2

A——活塞的截面积，m^2

B——叶轮宽度，m

c——离心泵叶轮内质点的绝对速度，m/s

C_H、C_Q、C_η——压头、流量、效率的黏度校正系数

d——管径，m

D——叶轮或活塞直径，m

g——重力加速度，m/s^2

H——泵的压头，m

H_e——管路系统所需要的压头，m

H_f——压头损失，m

H_g——泵的允许安装高度，m

H_{st}——离心通风机的静风压，m

H_T——离心通风机的全风压，m

$H_{T\infty}$——离心泵的理论压头，m

l——管长，m

l_e——管路当量长度，m

n——转速，r/min

n_r——活塞每分钟往复次数，min^{-1}

N——轴功率，kW

N_e——有效功率，W

$NPSH$——气蚀余量，m

p——压力，Pa

p_a——大气压力，Pa

p_v——液体的饱和蒸气压，Pa

Q——流量，m^3/s 或 m^3/h

Q_e——管路系统要求的流量，m^3/s 或 m^3/h

Q_s——泵的额定流量，m^3/s 或 m^3/h

Q_T——泵的理论流量，m^3/s

R——叶轮半径，m

S——活塞的冲程，m

t——温度，℃

T——热力学温度，K

u——流速或离心泵内液体质点的圆周速度，m/s

V——体积，m^3

w——离心泵内液体质点运动的相对速度，m/s

z——位压头，m

希腊字母

α——绝对速度与圆周速度的夹角，°

β——相对速度与圆周速度反方向延长线的夹角或流动角，°

θ——时间，s

λ——摩擦系数

λ_0——容积系数

ε——余隙系数

ζ——阻力系数

η——效率

μ——黏度，Pa·s

ρ——密度，kg/m^3

ω——叶轮旋转角速度，s^{-1}

习 题

知识点 1 离心泵的特性

1. 用离心泵（转速为 2900r/min）进行性能参数测定实验。在某流量下泵入口真空表和出口压力表的读数为 60kPa 和 220kPa，两测压口之间的垂直距离为 0.5m，泵的轴功率为 6.7kW，泵吸入口和排出口内径均为 80mm，吸入管中流动阻力可表达为 $\sum h_{f,0\text{-}1}=3.0u_1^2$（$u_1$ 为吸入管内水的流速，m/s）。离心泵的安装高度为 2.5m，实验用 20℃清水在 98.1kPa 的条件下进行。试计算泵的流量、压头和效率。

2. 对于习题 1 的实验装置，若分别改变如下参数，试求新操作条件下泵的流量、压头和轴功率（假设泵的效率保持不变）。

（1）改送密度为 $1220kg/m^3$ 的果汁（其他性质与水相近）；（2）泵的转速降至 2610r/min。

知识点 2 离心泵的安装高度

3. 离心泵的气蚀余量减小，则其抗气蚀能力（　　）。

A. 减小　　B. 不变　　C. 不确定　　D. 增大

4. 为了防止气蚀现象的发生，可以采取的措施不包括（　　）。

A. 将泵的安装高度适当降低　　B. 在吸入管路上安装阀门

C. 尽量减少吸入管路上的弯头　　D. 合理设计以减少吸入管路的长度

5. 用离心泵将流体从敞口容器中输送至某储罐内。泵的吸入管路长为 25m（包括所有局部阻力的当量长度），吸入管内径为 81mm。摩擦系数为 0.025，当地的大气压力为 1.013×10^5Pa。从泵的样本中查得，当输送流量为 $30m^3/h$ 时，泵的气蚀余量为 3.0m。试求该泵在输送下列流体时的允许安装高度：（1）输送流量为 $30m^3/h$，温度为 20℃的水（饱和蒸气压为 2.34×10^3Pa，密度为 $998kg/m^3$）；（2）输送流量为 $30m^3/h$，温度为 60℃的水（饱和蒸气压为 1.992×10^4Pa，密度为 $983kg/m^3$）；（3）输送流量为 $30m^3/h$，温度为 30℃的油（饱和蒸气压为 3.05×10^4Pa，密度为 $800kg/m^3$）。

6. 工厂计划将某液体物料从地面敞口储罐输送至车间二层的反应器内。目前有两种输送方案：方案1. 将离心泵安装在一层地面，储罐液面在泵吸入口上方3m处，泵排出管路插入二层反应器液面下，反应器内液面与储罐液面高度差为10m；方案2. 将离心泵安装在二层楼面上，泵吸入口较储罐液面高9m。已知该离心泵的气蚀余量为2m；物料在操作温度下饱和蒸气压为31.16kPa，密度为977.8kg/m^3；当地大气压力为100kPa。试问哪种方案可行？

知识点3　离心泵的工作点

7. 用离心泵将水槽中的水输送至敞口容器中，两液面差维持恒定，为10.8m，管内流动处于阻力平方区，管路特性方程为

$$H_e=10.8+5.2\times10^5 Q_e^2 \quad (Q_e \text{的单位为 } m^3/s)$$

单台泵的特性方程为

$$H=32-5.1\times10^5 Q^2 \quad (Q \text{的单位为 } m^3/s)$$

试求泵的流量、压头和有效功率。

8. 用离心泵将低位敞口槽中的水以100m^3/h的流量输送至敞口高位槽，两槽液面恒定，高度差为35m。已知离心泵的特性方程为$H=115-3.8\times10^{-3}Q^2$（$Q$，m^3/h），输送管路内径为150mm；在一定的出口阀门开度下，管路总长为800m（包括所有局部阻力当量长度）。水的密度$\rho=1000$kg/m^3，摩擦系数为0.025。试确定：(1) 在此条件下的管路特性方程；(2) 该泵是否能完成该输送任务？

9. 用离心泵从敞口储槽向密闭的高位储罐中输送清水。密闭储罐中的压力为125kPa（表压），其液位比敞口储槽高12m。泵的特性方程为$H=45-8.20\times10^4 Q^2$（Q的单位为m^3/s），水的流量为0.01m^3/s。现改送密度$\rho=1250$kg/m^{3}的水溶液，试求此时的流量和有效功率。假设流动进入阻力平方区。

10. 对于习题7的管路系统，若采用两台规格相同的离心泵（单台泵的特性方程与习题7相同）组合操作，试求可能的最大输水量。

知识点4　往复泵

11. 往复泵适用于（　　）。

A. 流量大、且要求流量均匀的场合　　B. 流量小、扬程高的场合

C. 输送含有固体杂质的流体　　D. 输送腐蚀性液体

知识点5　气体输送机械

12. 某离心风机输送$\rho=1.2$kg/m^{3}的气体，流量为5000m^3/h时，其全风压为4.5kPa，若输送的气体密度变化为$\rho=1.5$kg/m^3，流量不变，此时全风压变为（　　　）kPa。

讨论题

某离心泵在工作一段时间后，发现流量变小，工作状态不正常。初步分析可能发生了气蚀或者气缚现象。试分析：(1) 若发生了气蚀现象，产生的原因可能是什么？如何解决？(2) 若发生了气缚现象，产生的原因可能是什么？如何解决？

第3章

非均相物系的分离

3.1　概述　/ 92
3.2　颗粒及颗粒床层的特征　/ 93
3.2.1　颗粒的特征　/ 93
3.2.2　颗粒群的特性　/ 94
3.2.3　颗粒床层的特征　/ 94
3.3　沉降　/ 95
3.3.1　沉降分离原理　/ 95
3.3.2　重力沉降速度　/ 95
3.3.3　重力沉降设备　/ 98
3.3.4　离心沉降速度　/ 100
3.3.5　离心沉降设备　/ 101
3.3.6　沉降分离设备的分离效率　/ 103
3.3.7　沉降分离设备的压力降　/ 104
3.4　过滤　/ 104
3.4.1　过滤分离原理　/ 104
3.4.2　过滤基本方程　/ 105
3.4.3　恒压过滤　/ 108
3.4.4　恒速过滤　/ 108
3.4.5　过滤常数的测定　/ 109
3.4.6　滤饼洗涤　/ 109
3.4.7　过滤设备　/ 110
3.4.8　过滤设备的生产能力　/ 113
3.5　非均相物系分离方法的选择　/ 116

本章你将可以学到：

1. 颗粒和颗粒床层的特性；
2. 颗粒在流体中的运动规律和流体通过颗粒床层的运动规律；
3. 沉降分离的操作原理、过程计算、典型设备的结构与特点；
4. 过滤分离的操作原理、过程计算、典型设备的结构与特点；
5. 机械分离方法的选用与设备设计方法。

3.1　概述

混合物一般可分为均相混合物和非均相混合物两大类。前者内部物性均匀、不存在相界面，后者内部存在相界面且界面两侧物性不同。非均相混合物中，处于分散状态的物质，如分散于流体中的固体颗粒、液滴或气泡，称为分散相或分散物质；包围分散相且处于连续状态的物质称为连续相或连续介质。根据连续相的状态，非均相混合物分为气态非均相混合物（如含尘气体、含雾气体等）和液态非均相混合物（如悬浮液、乳浊液、泡沫液等）。

化工生产和生活中，常常面临非均相混合物分离的问题，对非均相混合物加以分离可以达到以下目的：

① 回收分散物质　例如，从催化反应器出口气体中分离回收催化剂颗粒，从干燥器出口气体或结晶器出口液浆中分离回收固体颗粒。

② 净化分散介质　例如，从反应原料气中去除影响催化剂活性的尘粒状杂质。

③ 环境保护和安全生产　例如，从工业废气、废液中分离有毒有害物质，使其浓度符合环保排放标准或安全生产要求。

由于非均相混合物中分散相和连续相具有不同的物理性质，工业上一般通过使两相之间发生相对运动而将其分离，即机械分离过程。根据两相运动方式的不同，机械分离可按两种操作方式进行，即：

① 沉降　通过颗粒相对于流体（静止或运动）的运动实现悬浮物系的分离。实现沉降操作的作用力可以是重力（重力沉降），也可以是离心力（离心沉降）。

② 过滤　通过流体相对于固体颗粒床层的运动而实现固液物系的分离。实现过滤操作的作用力可以是重力（重力过滤）、压差（加压过滤）、真空（真空过滤）或离心力（离心过滤）。

3.2 颗粒及颗粒床层的特征

沉降、过滤等诸多化工单元操作都会涉及颗粒、颗粒床层与流体间的相对运动。这些运动遵循流体力学的基本规律，也与颗粒、颗粒床层的特性密切相关，本节首先讨论这方面的问题。

3.2.1 颗粒的特征

颗粒的特性一般由形状、体积和表面积等参数加以表述。对于球形颗粒，各有关特性均可用直径 d 这一单一参数表示。

$$\text{体积 } V=\frac{\pi}{6}d^3,\quad \text{表面积 } S=\pi d^2,\quad \text{比表面积 } a=6/d$$

式中　V——球形颗粒体积，m^3；

S——球形颗粒表面积，m^2；

a——球形颗粒比表面积，m^2/m^3；

d——球形颗粒直径，m。

对于工业上经常遇到的非球形颗粒，可用当量直径和形状系数来表示其特性。当量直径的表示方法，常用以下两种。

(1) 体积当量直径

将等体积球形颗粒的直径作为当量直径（equivalent diameter）。

$$d_e=\left(\frac{6V_p}{\pi}\right)^{\frac{1}{3}} \tag{3-1}$$

式中　V_p——颗粒的体积，m^3；

d_e——颗粒的体积当量直径，m。

(2) 比表面积当量直径

将等比表面积球形颗粒的直径作为当量直径。

$$d_p=\frac{6}{a_p}=\frac{6V_p}{S_p} \tag{3-2}$$

式中　d_p——颗粒的比表面积当量直径，m。

非球形颗粒的形状与球形颗粒的差异程度，用形状系数 ϕ_s 来表征，形状系数又称球形度（sphericity），定义为与非球形颗粒体积相等的圆球体的表面积除以非球形颗粒的表面积，即

$$\boxed{\phi_s=\frac{S}{S_p}} \tag{3-3}$$

式中　S_p——颗粒的表面积，m^2；

S——与该颗粒体积相等的圆球体的表面积，m^2。

对式 3-3 作进一步推导，得

$$\phi_s=\frac{S}{S_p}=\frac{S/V}{S_p/V}=\frac{6/d_e}{S_p/V_p} \tag{3-4}$$

即

$$\frac{S_p}{V_p}=\frac{6}{\phi_s d_e} \tag{3-5}$$

式中　V——与颗粒体积相等的圆球体的体积，m^3，$V=V_p$。

由于体积相同时圆球形颗粒表面积最小，故总有 $\phi_s \leqslant 1$。颗粒的形状越接近球形，ϕ_s 越接近 1；对于圆球形颗粒，$\phi_s=1$。

3.2.2　颗粒群的特性

大小不同的颗粒组成的集合体称为颗粒群，其特性用粒度分布和平均粒径来表征。不同粒径范围内所含颗粒的个数或质量，即粒度分布，可以采用标准筛分法等多种方法测量。颗粒群平均直径的计算方法很多，最常用的是平均比表面积直径。

3.2.3　颗粒床层的特征

由颗粒群组成的颗粒床层的特性用空隙率和比表面积等指标表征。

（1）床层空隙率

床层中颗粒之间的空隙体积（自由体积）与整个床层体积之比，称为床层空隙率，用 ε 表示，即

$$\varepsilon=\frac{\text{床层体积}-\text{颗粒体积}}{\text{床层体积}} \tag{3-6}$$

空隙率反映了床层颗粒的紧密程度，对流体流动的阻力有极大的影响。颗粒的形状、颗粒尺寸的分布、颗粒表面的粗糙度、颗粒直径与床层直径的比值以及颗粒填充方式都会影响空隙率。

对于颗粒直径和形状均一的非球形颗粒床层，其空隙率主要决定于颗粒的形状系数和填充方法。颗粒的形状系数越小，床层的空隙率越大。由大小不均匀的颗粒所填充而成的颗粒床层，小颗粒会充填于大颗粒之间的空隙中，故床层的空隙率会减小。颗粒的表面越光滑，床层的空隙率亦越小。所以，采用大小均匀的颗粒能提高颗粒床层的空隙率。

另外，颗粒直径与颗粒床层直径之比对空隙率也有很大的影响，比值越小，床层的空隙率也越小。

一般，乱堆的颗粒床层空隙率在 0.47～0.70 之间。

(2) 床层的比表面积

颗粒床层的比表面积用 a_b 表示，指单位体积床层中颗粒的暴露表面积（即与流体接触的颗粒的表面积）。忽略床层中颗粒相互重叠而未暴露的表面积，则

$$a_b = a(1-\varepsilon) \tag{3-7}$$

式中 a——颗粒的比表面积，m^2/m^3。

(3) 床层的自由截面积

颗粒床层截面上未被颗粒所占据的面积，即流体可以自由通过的面积称为颗粒床层的自由截面积。对于颗粒均匀堆积的床层，其自由截面积与床层的空隙率数值相等。

实际上，壁面附近床层的空隙率总是大于床层内部，较多的流体趋向于靠近壁面流过，使床层截面上的流体分布不均匀，产生壁效应。床层直径 D 与颗粒直径 d 越接近，壁效应越显著。

(4) 流体流过颗粒床层的压降

流体通过颗粒床层时，床层颗粒对流体产生阻力，包括流体与颗粒表面摩擦而产生的摩擦阻力和孔道截面突然扩大或缩小及流体对颗粒的撞击而产生的形体阻力，与流体雷诺数、流体流动状态（层流或湍流）、曳力、边界层分离及漩涡等有关。固定床层中的流体通道细小、曲折、互相交联，流体流动阻力很难理论推算，本书采用数学模型方法进行研究，在3.4.2节介绍。

3.3 沉降

3.3.1 沉降分离原理

非均相混合物在外力场（重力场、离心力场或电场）作用下，分散相和连续相发生相对运动，分散相汇集到沉降表面（器壁、器底），从而实现分离的操作称为沉降分离。根据外力场的不同，沉降分离分为重力沉降、离心沉降和电沉降。重力沉降和离心沉降利用连续相和分散相的密度差产生相对运动，是本书讨论的重点。

以含颗粒的非均相混合物为例，混合物流入沉降分离设备，沿一定途径从入口流向出口，如果颗粒能在混合物流出设备之前到达沉降表面，就能够留在设备中而与连续相流体分开，否则将随连续相流体流出设备而不能被分离。混合物从设备入口流到出口的时间称为停留时间 τ，颗粒从设备入口位置沉降到沉降表面的时间称为沉降时间 τ_t。颗粒被分离的条件可表示为 $\tau \geqslant \tau_t$。

本节首先从刚性球形颗粒的自由沉降（即颗粒沉降过程不受其他颗粒和器壁及端效应的影响）入手，计算沉降速度，分析其影响因素，探讨沉降设备的设计原则和操作要点，然后引申至其他沉降过程。

3.3.2 重力沉降速度

颗粒在重力场中的沉降称为重力沉降（gravitational settling process）。以光滑球形颗粒在静止流体中的沉降为例，考虑单个颗粒的自由沉降。

颗粒在静止流体中受到重力（方向向下）、流体浮力（方向向上）和相对运动时流体的阻力（方向与运动方向相反）。设颗粒密度大于流体密度，则颗粒先加速向下运动，阻力随颗粒运动速度的增加而增加；当阻力增大到等于重力与浮力之差时，颗粒受到的合力为零，加速度

为零，此后颗粒匀速向下运动。可见，颗粒在静止流体中的降落分两个阶段：第一个阶段为加速降落阶段，第二阶段为匀速降落阶段，匀速降落阶段的速度称为沉降速度，也称为终端速度(terminal velocity)，用 u_t 表示。在颗粒降落过程中，加速降落阶段很短，一般可以忽略。

直径为 d，密度为 ρ_p 的球形颗粒，在黏度为 μ 和密度为 ρ 的流体中所受的力如下

$$重力\quad F_g=\frac{\pi}{6}d^3\rho_p g \quad (方向竖直向下) \tag{3-8}$$

$$浮力\quad F_b=\frac{\pi}{6}d^3\rho g \quad (方向竖直向上) \tag{3-9}$$

颗粒在流体中运动时产生的阻力 F_d 表示为

$$阻力\quad F_d=C_D\frac{\rho u^2}{2}A \quad (方向竖直向上) \tag{3-10}$$

式中　A——球形颗粒在垂直于运动方向的平面上的投影面积，$A=\pi d^2/4$。

代入式 3-10，得

$$F_d=C_D\frac{\rho u^2}{2}\times\frac{\pi d^2}{4} \tag{3-11}$$

在颗粒以沉降速度 u_t 进行匀速降落的阶段，重力、浮力和阻力的合力为零，颗粒向下运动的速度为沉降速度 u_t，即

$$\frac{\pi}{6}d^3(\rho_p-\rho)g=C_D\frac{\rho u_t^2}{2}\times\frac{\pi d^2}{4} \tag{3-12}$$

整理式 3-12，得

$$\boxed{u_t=\sqrt{\frac{4gd(\rho_p-\rho)}{3C_D\rho}}} \tag{3-13}$$

式中　C_D——颗粒与流体相对运动的曳力系数，或称阻力系数。

根据量纲分析，C_D 为雷诺数 $Re_p=du_t\rho/\mu$ 的函数，其值由实验确定，C_D 与 Re_p 的关系曲线如图 3-1 所示，其中球形颗粒的曲线可以分为三个区域，各区分别用相应的关系式表达。

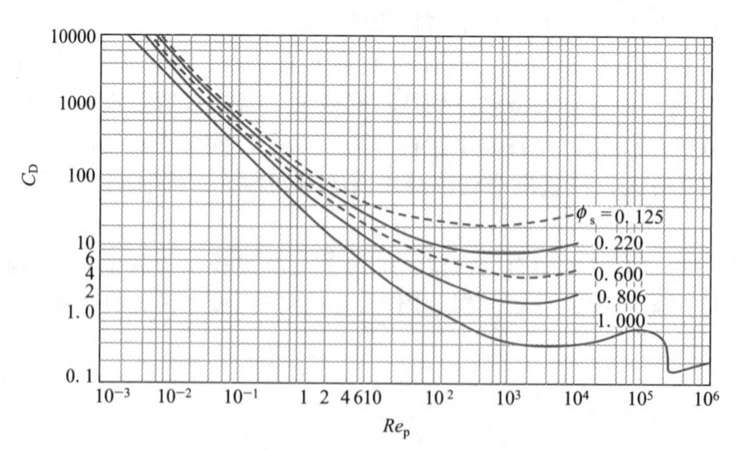

图 3-1　不同球形度 ϕ_s 的颗粒的曳力系数 C_D

层流区或斯托克斯 (Stokes) 定律区 $(10^{-4}<Re_p<1)$

$$\boxed{C_D=\frac{24}{Re_p}} \tag{3-14}$$

过渡区或艾伦（Allen）定律区（$1<Re_p<10^3$）

$$\boxed{C_D=\frac{18.5}{Re_p^{0.6}}} \tag{3-15}$$

湍流区或牛顿（Newton）定律区（$10^3<Re_p<2\times10^5$）

$$\boxed{C_D=0.44} \tag{3-16}$$

将式 3-14～式 3-16 分别代入式 3-13，得到球形颗粒在各区相应的沉降速度公式，即

层流区 $$\boxed{u_t=\frac{d^2(\rho_p-\rho)g}{18\mu}} \quad (10^{-4}<Re_p<1) \tag{3-17}$$

过渡区 $$u_t=0.27\sqrt{\frac{d(\rho_p-\rho)g}{\rho}Re_p^{0.6}} \quad (1<Re_p<10^3) \tag{3-18}$$

湍流区 $$u_t=1.74\sqrt{\frac{d(\rho_p-\rho)g}{\rho}} \quad (10^3<Re_p<2\times10^5) \tag{3-19}$$

式 3-17～式 3-19 分别称为斯托克斯公式、艾伦公式和牛顿公式。牛顿公式适用于大颗粒在气体或低黏性流体中沉降。对比式 3-17 和式 3-19，在层流区 u_t 与 d^2 成正比，而在湍流区 u_t 与 $d^{0.5}$ 成正比。

流体与颗粒的相对运动在不同流动类型时有三种沉降速度计算公式，需要判断流动类型，才能确定使用哪一个关系式，但判断流动类型的 $Re_p=du_t\rho/\mu$ 又包含沉降速度 u_t，因此，需要用试差法求解沉降速度。一般情况下，沉降速度可以通过先设定 Re_p 得到一个最初的 C_D 估值进而试差来得到。

对于非球形颗粒，球形度 ϕ_s 越小，曳力系数 C_D 越大；不同球形度 ϕ_s 的颗粒的曳力系数 C_D 随雷诺数 Re_p 的变化关系如图 3-1 所示。根据式 3-13，球形度 ϕ_s 越小，曳力系数越大则沉降速度 u_t 越小。

多个颗粒一起沉降（即颗粒群沉降）时，由于颗粒的下沉和流体向上置换，流体动力作用相互影响，或者发生颗粒间相互碰撞，这种情况称为干扰沉降。一般，干扰沉降的沉降速度比自由沉降速度要小，这一方面原因是，颗粒在有效密度和有效黏度都比清液大的悬浮液中沉降，颗粒受到的阻力和浮力都比较大；另一方面原因是，颗粒群向下沉降时，流体被置换向上，从而阻滞了邻近颗粒的沉降。

应当指出，上述规律既适用于沉降操作，也适用于浮升操作（颗粒密度小于流体密度）；既适用于静止流体中的颗粒沉降，也适用于流体相对于静止颗粒的运动；既适用于颗粒与流体逆向运动，也适用于颗粒与流体具有相对速度的同向运动。

【例 3-1】 求直径为 80μm 的玻璃球在 20℃ 水中的沉降速度。已知玻璃球的密度为 $2500kg/m^3$，20℃下水的密度取 $1000kg/m^3$，黏度取 0.001Pa·s。

解： 假设玻璃球的沉降处于斯托克斯定律区，则

$$u_t=\frac{d^2(\rho_p-\rho)g}{18\mu}=\frac{(80\times10^{-6})^2\times(2500-1000)\times9.8}{18\times0.001}=5.23\times10^{-3}\text{m/s}$$

复核：计算雷诺数为 $Re_p=\frac{u_t d\rho}{\mu}=\frac{5.23\times10^{-3}\times80\times10^{-6}\times1000}{0.001}=0.418<1.0$，与假设沉降在层流区符合，选用的公式是合适的，故颗粒的沉降速度为 0.00523m/s。

【例 3-2】 方铅矿与石灰石颗粒混合物，用流速为 0.005m/s 的水流冲洗。假设这两种物质颗粒均为球形，且粒径分布相同，请分别估算方铅矿颗粒和石灰石颗粒被水流冲走的粒径范围？水的黏度为 $1\times10^{-3}\mathrm{Pa\cdot s}$，方铅矿和石灰石的密度分别为 $7500\mathrm{kg/m^3}$ 和 $2700\mathrm{kg/m^3}$。

解：颗粒的沉降速度等于上游水流的流动速度 0.005m/s 时，会被水流冲走。假设颗粒的沉降处于斯托克斯定律区。

对于以 0.005m/s 速度运动的方铅矿颗粒有

$$0.005=\frac{d^2(7500-1000)\times9.81}{18\times1\times10^{-3}}=3.54\times10^6d^2$$

$$d=3.76\times10^{-5}\mathrm{m}=37.6\mu\mathrm{m}$$

计算雷诺数为 $Re_\mathrm{p}=\frac{u_\mathrm{t}d\rho}{\mu}=\frac{5\times10^{-3}\times37.6\times10^{-6}\times1000}{1\times10^{-3}}=0.188<1.0$，属于层流区，颗粒的沉降速度能由斯托克斯公式计算。

对于以 0.005m/s 速度移动的石灰石颗粒有

$$0.005=\frac{d^2(2700-1000)\times9.81}{18\times1\times10^{-3}}=9.27\times10^5d^2$$

$$d=7.34\times10^{-5}\mathrm{m}=73.4\mu\mathrm{m}$$

计算雷诺数 $Re_\mathrm{p}=\frac{u_\mathrm{t}d\rho}{\mu}=\frac{5\times10^{-3}\times73.4\times10^{-6}\times1000}{1\times10^{-3}}=0.367<1.0$，属于层流区，颗粒的沉降速度能由斯托克斯公式计算。

因此，粒径小于 37.6μm 的方铅矿颗粒及粒径小于 73.4μm 的石灰石颗粒都会被水流带走。

3.3.3 重力沉降设备

1. 降尘室

降尘室是利用重力沉降原理将颗粒从气流中分离出来的设备，常用于含尘气体的预处理，分离粒径较大的颗粒。常见的重力降尘室如图 3-2(a) 所示，含尘气体进入降尘室后，因流通截面积变大而速度减慢，颗粒在降尘室内的运动情况如图 3-2(b) 所示，只要颗粒能够在气体通过降尘室的时间内降至室底，即可从气流中分离出来。

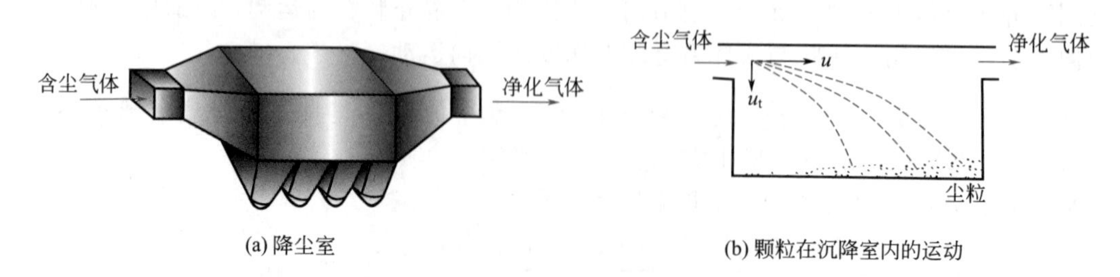

图 3-2 重力降尘室示意图

降尘室的几何尺寸如图 3-3 所示。假设颗粒都是球形颗粒，且颗粒间的距离和颗粒与容器边界的距离均很大，沉降过程不受干扰，为自由沉降。

降尘室高度为 H，处于降尘室顶部的颗粒降落到降尘室底部的时间 τ_t 为

$$\tau_t = \frac{H}{u_t} \tag{3-20}$$

气体在降尘室水平流动的速度为 u，颗粒在水平方向的运动速度与气体速度相同，也为 u，降尘室长 L，则颗粒在降尘室中的停留时间 τ 为

$$\tau = \frac{L}{u} \tag{3-21}$$

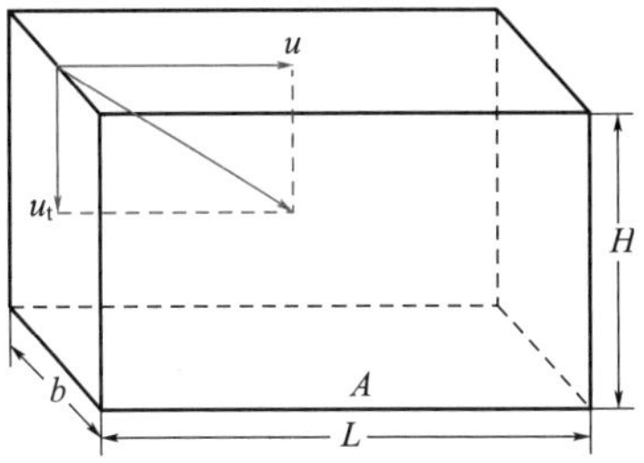

图 3-3 颗粒在降尘室中的运动速度

要使颗粒从气流中分离出来，则颗粒在降尘室中的停留时间 τ 应不小于颗粒的沉降时间 τ_t，即

$$\tau \geqslant \tau_t \quad 或 \quad \frac{L}{u} \geqslant \frac{H}{u_t} \tag{3-22}$$

气体通过降尘室的水平流速为

$$u = \frac{Q}{Hb} \tag{3-23}$$

式中 Q——含尘气体的体积流量，即降尘室的生产能力（单位时间处理的含尘气体体积），m^3/s；

b 和 H——降尘室的宽度和高度，m。

联立式 3-22 和式 3-23 得到

$$u_t \geqslant \frac{Q}{bL} \tag{3-24}$$

对于特定的降尘室，若某粒径的颗粒在沉降时能满足 $\tau = \tau_t$ 的条件，则该粒径为该降尘室理论上能完全除去的最小粒径（即使该颗粒随气流从紧贴降尘室顶部的位置进入也能被分离），称为临界粒径，用 d_c 表示。由式 3-24 可知，对于单层降尘室，与临界粒径 d_c 相对应的临界沉降速度 u_{tc} 为

$$u_{tc} = \frac{Q}{bL} \tag{3-25}$$

若颗粒在降尘室中的沉降服从斯托克斯公式 $u_t = g(\rho_p - \rho)d^2/(18\mu)$，将式 3-25 代入斯托克斯公式，得到

$$d_c = \sqrt{\frac{18\mu u_{tc}}{g(\rho_p - \rho)}} = \sqrt{\frac{18\mu}{g(\rho_p - \rho)} \times \frac{Q}{bL}} \tag{3-26}$$

式 3-24 也可改写成

$$\boxed{Q \leqslant bLu_t} \tag{3-27}$$

由式 3-27 可见，降尘室的生产能力仅取决于沉降面积 bL 和颗粒的沉降速度 u_t，而与降尘室的高度 H 无关。

设计和选用降尘室要兼顾生产能力和分离要求（临界直径），对于确定的降尘室，分离要求提高（即要求粒径更小的颗粒被完全去除），则生产能力下降；适当降低分离要求，则生产能力提高。理论上，降尘室生产能力与高度 H 无关，可以通过隔板将降尘室改造为多层，从而提高分离能力或生产能力。但是，降尘室的高度不能太小，否则气体通过降尘室的水平速度会太大，将沉降下来的尘粒重新卷起。一般情况下，气体通过降尘室的水平速度取 0.5～1m/s。

【例 3-3】 某制药车间用长 5m、宽 2.5m、高 2m 的降尘室回收气体中所含的球形固体颗粒。气体密度为 0.75kg/m^3，黏度为 $2.6\times10^{-5}\text{Pa}\cdot\text{s}$，流量为 $5\text{m}^3/\text{s}$，颗粒密度为 3000kg/m^3。计算理论上能完全收集下来的最小颗粒直径。

解：由式 3-25 得到能从降尘室完全分离出来的最小颗粒的沉降速度为

$$u_{tc}=\frac{Q}{bL}=\frac{5}{2.5\times5}=0.4\text{m/s}$$

设颗粒的沉降服从斯托克斯公式，由式 3-26 得

$$d_c=\sqrt{\frac{18\mu u_{tc}}{g(\rho_p-\rho)}}=\sqrt{\frac{18\times2.6\times10^{-5}\times0.4}{9.8\times(3000-0.75)}}=8.0\times10^{-5}\text{m}$$

核算流动类型：计算雷诺数 $Re_{pc}=\frac{u_{tc}d_c\rho}{\mu}=\frac{0.4\times8\times10^{-5}\times0.75}{2.6\times10^{-5}}=0.92<1.0$，属于层流区，颗粒的沉降速度能由斯托克斯公式计算，原假设成立。故理论上能完全收集下来的最小颗粒直径等于临界粒径，即

$$d_{min}=d_c=8\times10^{-5}\text{m}=80\mu\text{m}$$

2. 沉降槽

沉降槽又称为增稠器或澄清器，是利用重力沉降原理提高悬浮液浓度并得到澄清液体的重力沉降设备。沉降槽可以间歇操作，也可以连续操作。

间歇沉降槽通常是带有锥底的圆槽，待处理悬浮液（料液）在槽内静置足够时间后，增浓的沉渣从槽底排出，清液从槽上部排出管排出。

连续沉降槽主体部分是略呈锥形的大直径浅槽，如图 3-4 所示。料液由位于中央的进料口送至液面下 0.3～1m 处，在尽可能减少扰动的条件下，分散到沉降槽的整个横截面上，液体向上流动，清液由槽顶端四周的溢流槽连续流出，称为溢流；固体颗粒下沉到底部，通过缓慢转动的耙将颗粒从底部的排渣口排出，称为底流。连续沉降槽的直径从几米到数十米，高度一般为 2.5～4m。为了提高沉降槽的生产能力，应尽可能提高沉降速度。沉降槽的搅拌耙转速应适当，通常小槽耙的转速为 1r/min，大槽耙的转速为 0.1r/min。为节省占地面积，可将几个沉降槽叠在一起构成多层沉降槽。

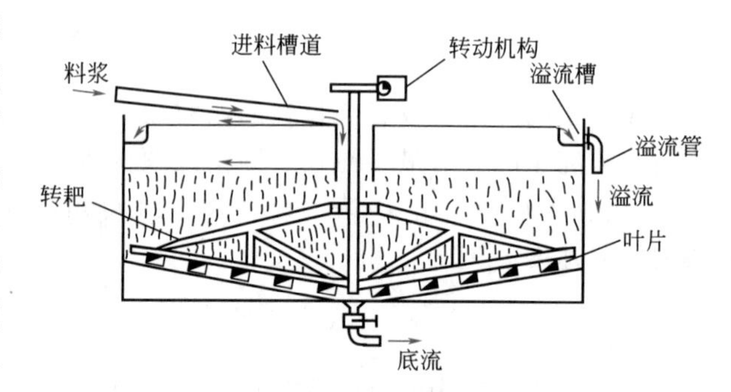

图 3-4 连续沉降槽

3.3.4 离心沉降速度

颗粒在离心力场中的沉降过程称为离心沉降（centrifugal settling process），若颗粒受到的离心加速度为 a_C，即

$$a_C=\omega^2r=\frac{u_T^2}{r} \tag{3-28}$$

式中 a_C——颗粒受到的离心加速度，m/s^2；

ω——旋转角速度，s^{-1}；

r——旋转半径，m；

u_T——切向速度，m/s。

参照重力场中沉降速度的推导过程，得到离心沉降速度

$$u_r=\sqrt{\frac{4d(\rho_p-\rho)}{3C_D\rho}\times\frac{u_T^2}{r}} \tag{3-29}$$

式中　u_r——离心沉降速度，对应于重力沉降速度 u_t，但 u_r 的方向是径向向外。

应该注意的是，u_r 并不是颗粒运动的绝对速度，而是它的径向分量，即颗粒离开旋转中心的速度。颗粒在旋转介质中的运动，实际上是沿着半径逐渐增大的螺旋形轨道前进的。

当颗粒与流体的相对运动属于层流，曳力系数 C_D 用斯托克斯公式表示，则

$$u_r=\frac{d^2(\rho_p-\rho)}{18\mu}\times\frac{u_T^2}{r} \tag{3-30}$$

重力场中重力加速度是一个定值，而离心力场中离心加速度随旋转速度的增大而增大。同一颗粒在相同的流体介质中，其离心沉降速度与重力沉降速度之比，称为离心分离因数，用 K_c 表示。

$$\boxed{K_c=\frac{u_r}{u_t}=\frac{u_T^2}{gr}} \tag{3-31}$$

离心分离因数是考察离心分离设备的重要性能参数。对于绝大多数的离心分离设备，其离心分离因数介于 5～2500 之间。利用离心分离设备，可以分离出比较小的颗粒，而且设备的体积也可以缩小。

3.3.5　离心沉降设备

离心沉降设备是利用离心沉降原理从流体中分离出颗粒的设备，是离心分离设备的一种，工业中使用较多的是旋风分离器和旋液分离器。

1. 旋风分离器

旋风分离器又称旋风除尘器，主要用于从含尘气体中离心分离出尘粒，由于结构简单、制造方便，并可用于高温含尘气体，于 1885 年投入使用后工业应用十分广泛。

图 3-5 是一个标准的旋风分离器。器体的上部呈圆筒形，下部呈圆锥形。含尘气体由圆筒侧面的矩形进气管以切线方向进入，通过圆形器壁的作用而获得旋转运动，先由上而下，然后又自下而上，从圆筒顶部直径为 D_1 的排气管排出。气流在器内旋转运动的过程中，尘粒被甩向器壁，由圆锥形部分落入排灰口收集，实现尘粒与气体的分离。

旋风分离器的本体构造非常简单，但含尘气流在器内的运动却十分复杂。图 3-6 是气体在旋风分离器内的运动流线示意图。通常把下行的螺旋气流称为外旋流，上行的螺旋气流称为内旋流。操作时，两旋流的旋转方向相同，其中除尘区主要集中于外旋流的上部。旋风分离器内各处压力不同，器壁附近的压力最大，越靠近中心轴处压力越小，通常在中心轴会形成一个负压气柱。因此，旋风分离器的出灰口必须要严格密封，否则会造成外界气流渗入，进而卷起已沉降的尘粒，降低除尘效率。

旋风分离器分离颗粒的离心力是重力的 5～2500 倍。气体在进口处的速度一般为 12～25m/s。为减小颗粒对器壁的磨蚀，粒径大于 200μm 的颗粒最好使用降尘室来预先除去。对于 5～10μm 的小颗粒，在旋风分离器内的分离效率不高，可以在其后面连接袋滤器或湿式除尘器来捕集。

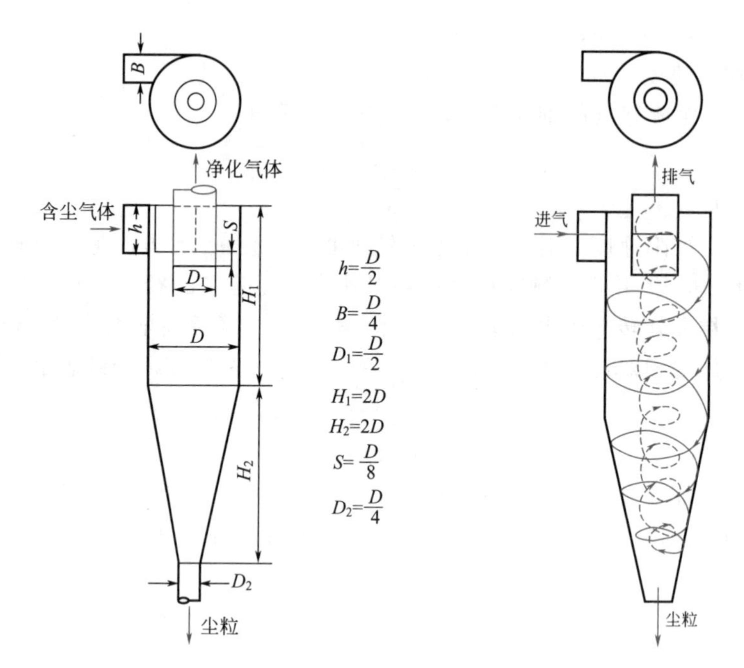

图 3-5 标准旋风分离器　　图 3-6 气体在旋风分离器中的运动

采用能完全除去的最小颗粒粒径［即临界粒径（critical diameter）d_c］表示旋风分离器的分离性能。临界直径越小，旋风分离器的分离性能越好。

假设：①颗粒与气体在旋风分离器内的切线速度恒定，并且等于进气口的气体速度 u_i；②颗粒穿过一定厚度的气流层才能到达器壁，颗粒穿过的最大气流层厚度等于进气口宽度 B（即紧贴器壁进入）；③颗粒与气流的相对运动为层流，旋转半径取平均值以 r_m 表示。

式 3-30 可以写成

$$u_r=\frac{d^2(\rho_p-\rho)}{18\mu}\times\frac{u_i^2}{r_m} \tag{3-32}$$

颗粒到达器壁以前在径向上的最大运动距离等于进气口宽度 B，故得到沉降时间 τ_t 为

$$\tau_t=\frac{B}{u_r}=\frac{18\mu r_m B}{(\rho_p-\rho)d^2u_i^2} \tag{3-33}$$

令气体到达排气管以前的螺旋运动的旋转圈数为 N，则气体运动的距离为 $2\pi r_m N$，故得到停留时间 τ 为

$$\tau=\frac{2\pi r_m N}{u_i}. \tag{3-34}$$

只要到达器壁所需要的沉降时间 τ_t 不大于停留时间 τ，颗粒就可以从气流中分离出来，二者相等的颗粒即为能够完全除去的最小颗粒。令 $\tau=\tau_t$，得

$$\boxed{d_c=\sqrt{\frac{9\mu B}{\pi N(\rho_p-\rho)u_i}}} \tag{3-35}$$

式中，气体的旋转圈数 N 与进口气速有关。对于常用型式的旋风分离器，风速为 12～25m/s，一般可取 $N=3\sim4.5$。风速越大，N 也越大。

影响旋风分离器性能的因素较多，物系情况和操作条件是主要的影响因素。一般颗粒密度大、粒径大、粉尘浓度高等情况均有利于含尘气体的分离。含尘浓度高，有利于颗粒的聚

结，可以提高效率，而且颗粒浓度增大可以抑制气体涡流，从而降低阻力，所以较高的含尘浓度对提高效率和减小压力降这两个方面都是有利的。适当提高进口气速有利于分离，但气速过高则导致涡流加剧，不仅不利于分离，还会增大压力降。因此，旋风分离器的进口气速保持在 10～25m/s 范围为宜。

2. 旋液分离器

旋液分离器又称水力旋流器，是利用离心沉降原理从悬浮液中分离固体颗粒的设备。旋液分离器的结构和操作原理与旋风分离器类似，主体由圆筒和圆锥两部分组成，如图 3-7 所示。悬浮液从圆筒上部的切向入口进入，旋转向下流动。悬浮液中的固体颗粒受离心力作用，沉降到器壁，并下降到圆锥底部的出口，成为黏稠的悬浮液而排出，称为底液。澄清的液体形成向上的内旋流，由圆筒上部的中心管排出。旋液分离器的特点是圆筒部分短而圆锥部分长，这样的结构有利于固液分离。悬浮液的进口速度一般为 5～15m/s，压力损失为 50～200kPa，分离的固体颗粒直径为 10～40μm。

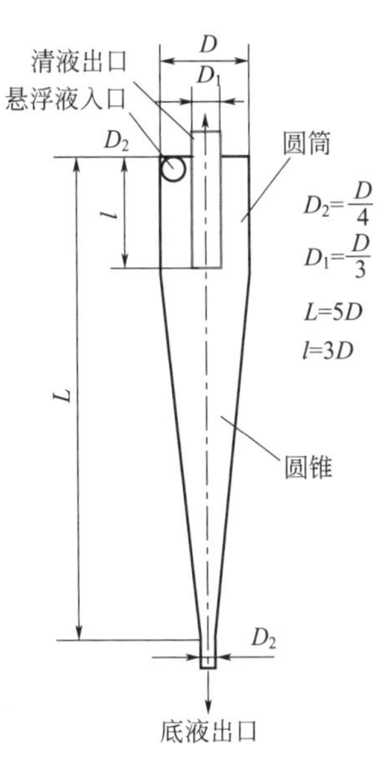

图 3-7 旋液分离器

3.3.6 沉降分离设备的分离效率

分离效率反映了通过沉降分离设备后待分离物质（颗粒）被去除的百分数。分离效率有总效率和粒级效率两种表示方法。

以含尘气体通过旋风分离器后的被分离情况加以说明。

总效率（overall collecting efficiency）是指进入沉降分离设备的全部颗粒中被分离下来的质量分数。

$$\boxed{\eta_0 = \frac{C_1 - C_2}{C_1}} \tag{3-36}$$

式中 C_1——进口气体含尘浓度，g/m^3；

C_2——出口气体含尘浓度，g/m^3。

总效率容易测量，在工程中经常使用，但不能表明分离设备对各种尺寸粒子的不同分离效果。

含尘气流中的颗粒大小不均一，通过旋风分离器后，各种尺寸的颗粒被分离下来的百分率各不相同。按照各种粒度分别表明其被分离下来的质量分数，称为粒级效率。通常把气流中所含颗粒的尺寸范围分成 n 个区间，在第 i 个区间范围内的颗粒（平均粒径为 d_i）的粒级效率（fractional collection efficiency）定义为

$$\boxed{\eta_{p,i} = \frac{C_{1,i} - C_{2,i}}{C_{1,i}}} \tag{3-37}$$

式中 $C_{1,i}$——进口气体中粒径在第 i 区间范围内的颗粒的浓度，g/m^3；

$C_{2,i}$——出口气体中粒径在第 i 区间范围内的颗粒的浓度，g/m^3。

粒级效率 η_p 与颗粒直径 d_i 的对应关系称为粒级效率曲线，可以通过实测进、出口气流

中所含尘粒的浓度及粒径分布而获得。

工程上常把旋风分离器的粒级效率 η_p 绘制成粒径比 $\frac{d}{d_{50}}$ 的函数曲线。d_{50} 是粒级效率恰好为 50% 的颗粒直径，称为分割粒径（cut diameter）。标准旋风分离器的 η_p-$\frac{d}{d_{50}}$ 曲线如图 3-8 所示。理论上，$d_p \geqslant d_c$ 的颗粒，粒级效率均为 1，而 $d_p < d_c$ 的颗粒的粒级效率为 0～100%。实际上，由于涡流的影响，会有一部分 $d_p \geqslant d_c$ 的颗粒没有到达器壁就被气流带出器外或者沉降后又被重新卷起，导致粒级效率小于 1。

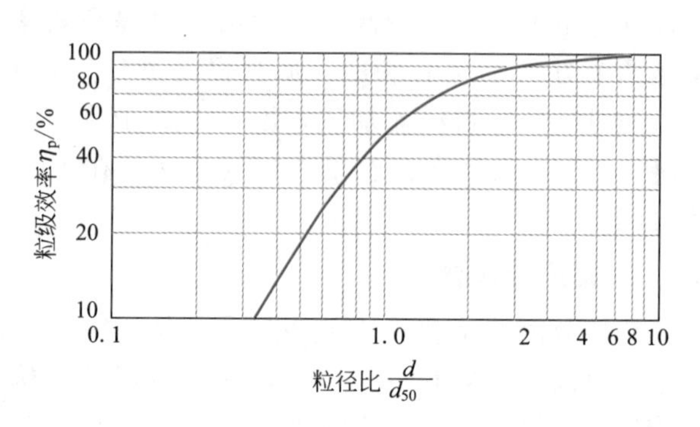

图 3-8　标准旋风分离器的 η_p-$\frac{d}{d_{50}}$ 曲线

3.3.7　沉降分离设备的压力降

流体通过沉降分离设备的压力降是评价设备性能的另一个关键指标。由于气体通过速度较大，旋风分离器的压力降尤其需要关注。气体流经旋风分离器时，由于进气管和排气管及主体器壁所引起的摩擦阻力，流动时的局部阻力以及气体旋转运动所产生的动能损失等，造成气体的压力降。旋风分离器的压力降可以看作与进口气体动能成正比，一般为 500～2000Pa。

3.4　过滤

3.4.1　过滤分离原理

过滤（filtration）是将悬浮液通过多孔介质，固体颗粒截留在多孔介质上，而液体通过多孔介质孔道，实现从液相中分离固体的操作。过滤是分离悬浮液最普遍和最有效的单元操作之一。过滤采用的多孔介质称为过滤介质，悬浮液称为滤浆，截留在多孔介质上的固体颗粒称为滤饼，通过介质孔道的液体称为滤液，如图 3-9 所示。为了使液体能够流过过滤介质，需在介质两端施加一个压差 Δp 作为过滤推动力。压差 Δp 可以通过压力、真空、离心力和重力这四种推动力获得。

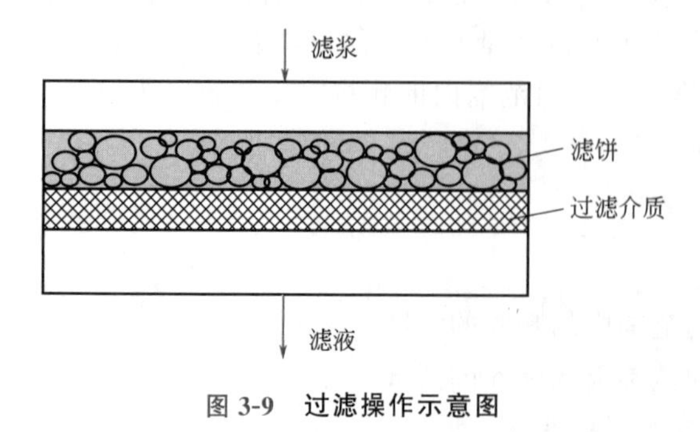

图 3-9　过滤操作示意图

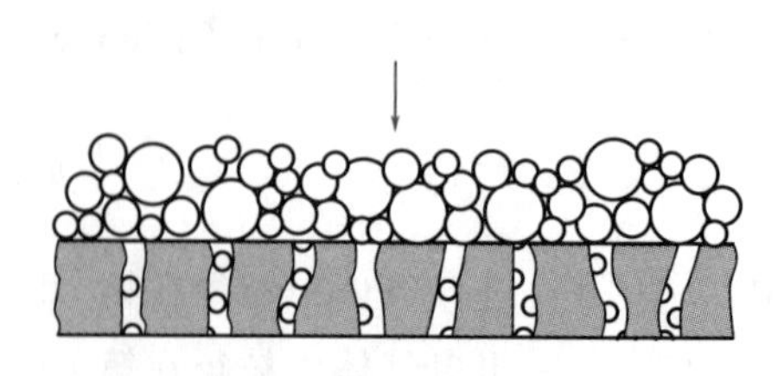

图 3-10　饼层过滤机理

1. 过滤操作方式

工业中有饼层过滤（滤饼过滤）和深床过滤（深层过滤）两种过滤方式。

饼层过滤如图 3-10 所示，过滤介质中的微细孔道直径可能大于滤浆中的部分固体颗粒的直径。在过滤刚开始时，有微小固体颗粒穿过过滤介质而使滤液浑浊，但是这些微小颗粒在孔道内发生“架桥”现象，即使小于过滤介质孔道直径的微小颗粒也无法穿过过滤介质。这时，固体颗粒沉积在过滤介质表面，滤饼开始形成，滤液开始变清，过滤真正能有效进行。在饼层过滤中，真正发挥拦截作用的是滤饼层，而非过滤介质。在深床过滤中，固体颗粒并不形成滤饼，而是沉积于较厚的过滤介质床层内部。

2. 过滤介质

过滤介质应具有下列特性：

① 多孔性。孔道适当，能截留待分离颗粒，对流体的阻力尽可能小。

② 有足够的机械强度，能够支撑滤饼，使用寿命长。

③ 物理化学性质稳定，耐热、耐化学腐蚀。

④ 价格低廉。

工业上常用的过滤介质包括织物介质、堆积介质和多孔固体介质。

① 织物介质　包括棉、毛、丝、麻等天然纤维及合成纤维制成的织物，以及由玻璃丝、金属丝等织成的网。织物介质是最常见的过滤介质，能截留的最小颗粒直径为 5～65μm。

② 堆积介质　由细砂、木炭、石棉、硅藻土等固体颗粒或非编织纤维等堆积而成，多用于深床过滤。

③ 多孔固体介质　具有很多微细孔道的固体材料，如多孔陶瓷、多孔塑料及多孔金属制成的管或板，能截留 1～3μm 的微细颗粒。

3. 滤饼的压缩性和助滤剂

滤饼是由截留下的固体颗粒堆积而成的床层，构成滤饼的颗粒特性和滤饼厚度是影响流动阻力的主要因素。颗粒如果是不易变形的坚硬固体（如硅藻土、碳酸钙等），当滤饼两侧压差增大时，颗粒的形状和颗粒间的空隙都不会发生明显变化，单位厚度床层的流动阻力基本恒定，这类滤饼称为不可压缩滤饼。相反，如果滤饼是由胶体物质构成，当滤饼两侧压差增大时，颗粒的形状和颗粒间的空隙将有明显变化，单位厚度滤饼层的流动阻力随压差的增加而增大，这种滤饼称为可压缩滤饼。

为了减少可压缩滤饼的流动阻力，有时需要使用助滤剂。助滤剂应质地坚硬、粒度适当，能悬浮于料液中，并且化学性质稳定，不会溶解而污染滤液。常用的助滤剂有硅藻土、石棉、炭粉、纸浆粉等。助滤剂的加入有预涂和预混两种方法。

① 预涂　用助滤剂配成悬浮液，在正式过滤前先通过过滤介质，形成一层由助滤剂组成的滤饼，这种方法可以避免细颗粒堵塞介质的细孔，还有助于有黏性的滤饼的脱落。

② 预混　助滤剂与滤浆混合一起过滤。

必须指出，当滤饼是产品时不能使用助滤剂。

3.4.2　过滤基本方程

本节从分析滤液通过滤饼层的流动过程入手，经简化形成物理模型；运用第 1 章学习的数学方程式加以描述，建立数学模型；结合实验研究，建立描述过滤过程的基本方程，获得相关参数。根据过滤基本方程，可以进行过滤计算，进而指导过滤设备设计开发、优化过滤生产操作参数、提出强化过滤操作的措施。

1. 滤液通过滤饼的流动过程描述

过滤时，滤液通过滤饼层和过滤介质，即为 3.2.3 节介绍的流体通过颗粒床层的流动过程。流动通道细小而曲折，颗粒床层提供了很大的液固接触面积，流体流动处于层流区，但流体在床层同一截面的流速分布很不均匀。随着过滤的进行，越来越多的颗粒被截留，滤饼层逐渐增厚，流体流动阻力逐渐增大，为非稳态流动。

将流体通过固定床层的复杂流动过程简化为通过一组长度为 l_e、直径为 d_e 的细管的流动过程，如图 3-11 所示。并假定①细管长度 l_e 与床层高度 L 成正比；②细管的内表面积等于全部颗粒的表面积，流体的流动空间等于床层中颗粒之间的全部空隙体积。

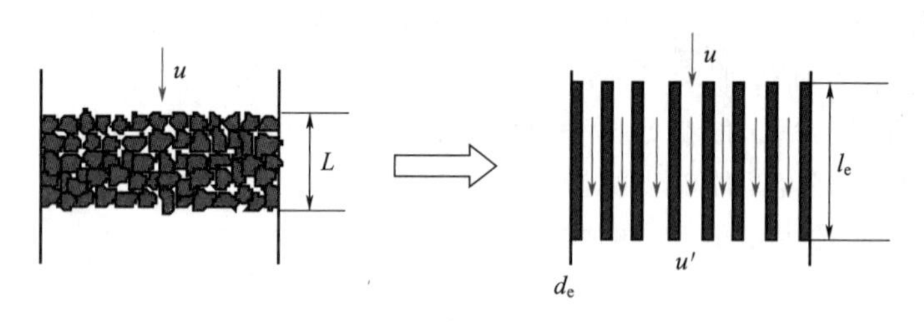

图 3-11　流体在固定床内流动的简化模型

2. 过滤基本方程

为了反映过滤过程进行的快慢，定义过滤速度 u 为单位时间单位过滤面积上通过的滤液体积。实际上，过滤速度就是滤液在空床层中的表观流速。由于过滤为不稳态过程，瞬时过滤速度表示为

$$u=\frac{\mathrm{d}V}{A\,\mathrm{d}\tau}=\frac{\mathrm{d}q}{\mathrm{d}\tau} \tag{3-38}$$

式中　u——瞬时过滤速度，$m^3/(m^2 \cdot s)$；

V——滤液体积，m^3；

A——过滤面积，m^2；

q——单位过滤面积所得的滤液量，$q=V/A$，m^3/m^2；

τ——过滤时间，s。

令滤饼的体积为 V_c，其空隙率为 ε（空隙体积/滤饼体积），滤饼层的比表面积为 a_b（单位体积的滤饼层所具有的表面积），流体在虚拟细管中的流速为 u'，则由前述假定，有

细管内的流动空间为 εV_c

细管的全部内表面积为 $a_b V_c=a(1-\varepsilon)V_c$，即 $a_b=a(1-\varepsilon)$

床层的当量直径为

$$d_e=\frac{4\times\text{流通截面积}}{\text{润湿周边}}=\frac{4\times\text{细管的流动空间}}{\text{细管的全部内表面积}}=\frac{4\varepsilon V_c}{a_b V_c}=\frac{4\varepsilon}{a(1-\varepsilon)}$$

u'与 u 的关系为

$$u'=\frac{\text{滤液体积流量}}{\text{床层截面中空隙部分的面积}}=\frac{\text{滤液体积流量}}{\text{床层空隙率}\times\text{床层截面积}}=\frac{u}{\varepsilon}$$

由于滤饼中微小通道的直径很小，阻力很大，流体流速处于层流区域；同时考虑滤饼较薄，忽略位能差。可直接应用第 1 章得到的哈根-泊谡叶方程，有

$$u'=\frac{\Delta p_1}{32\mu l_e}d_e^2 \tag{3-39}$$

式中　Δp_1——通过滤饼的压降，Pa；

μ——滤液黏度，Pa·s；

l_e——虚拟细管的长度，m，与滤饼厚度具有一定的比例关系，$l_e=CL$。

将 $l_e=CL$、$d_e=4\varepsilon/[a(1-\varepsilon)]$、$u'=\dfrac{u}{\varepsilon}$代入式 3-39

$$u=\frac{\varepsilon^3}{2Ca^2(1-\varepsilon)^2}\times\frac{\Delta p_1}{\mu L} \tag{3-40}$$

式 3-40 称为康采尼（Kozeny）式。

令 $r=\dfrac{2Ca^2(1-\varepsilon)^2}{\varepsilon^3}$，$r$ 称为滤饼比阻，即单位厚度滤饼层的阻力，则

$$u=\frac{\Delta p_1}{r\mu L}=\frac{\mathrm{d}V}{A\,\mathrm{d}\tau}=\frac{\mathrm{d}q}{\mathrm{d}\tau}=\frac{\text{过滤推动力}}{\text{过滤阻力}} \tag{3-41}$$

式中　Δp_1——过滤推动力；

$r\mu L$——过滤阻力。

滤液黏度越大、滤饼越厚、滤饼的比阻越大（空隙率越小或比表面积越大），则阻力越大，过滤越困难。

瞬时过滤速度的大小由过滤推动力和过滤阻力这两个相互抗衡的因素决定，过滤推动力越大，过滤阻力越小，过滤速度越大。这种“速率＝推动力/阻力”的分析方法具有普遍性，在后续章节中还会用到。

上述推导过程仅考虑了滤饼对过滤的影响，若考虑过滤介质，可将二者加和，视为串联操作。在滤饼过滤期间，特别是过滤初期，过滤介质阻力不是定值，但在过滤计算中可简化按定值处理，设想以一层厚度为 L_e 的滤饼来代替过滤介质（单位厚度的假想滤饼与单位厚度的真实滤饼阻力相等），这层假想滤饼产生的压力降为 Δp_2。由物料衡算，滤液以相同的过滤速度通过滤饼和过滤介质（假想滤饼层），则

$$u=\frac{\Delta p_1}{r\mu L}=\frac{\Delta p_2}{r\mu L_e}=\frac{\Delta p}{r\mu(L+L_e)}=\frac{\text{过滤总推动力}}{\text{滤饼阻力＋介质阻力}} \tag{3-42}$$

式中　Δp——通过滤饼和过滤介质的压降，为过滤操作的总压差。

设每获得单位体积滤液时，被截留在过滤介质上的滤饼体积为 c（m^3 滤饼/m^3 滤液），则得到体积为 V 的滤液时，被截留在过滤介质上的滤饼体积为 cV，于是滤饼层厚度为

$$L=cV/A$$

对于过滤介质，

$$L_e=cV_e/A$$

式中　V_e——厚度为 L_e 的滤饼所对应的当量滤液体积。

V_e 是一个虚拟量，实际上并不存在，其值取决于过滤介质与滤饼的性质。

代入过滤速度表达式

$$\frac{\mathrm{d}V}{A\,\mathrm{d}\tau}=\frac{\Delta pA}{cr\mu(V+V_e)}$$

考虑滤饼的可压缩性，根据实验测定，建立下列形式的经验公式

$$r=r_0\Delta p^s$$

比阻 r 是单位厚度滤饼的阻力，在数值上等于黏度为 1Pa·s 的滤液以 1m/s 的平均流速通过厚度为 1m 的滤饼层时所产生的压力降。r_0 和 s 均为经验常数，s 称为滤饼的压缩指数，对于不可压缩滤饼，$s=0$；对于可压缩滤饼，$s=0.2\sim0.8$。

故
$$\frac{\mathrm{d}V}{A\mathrm{d}\tau}=\frac{\Delta p^{1-s}A}{r_0 c\mu(V+V_e)}$$

令
$$K=\frac{2\Delta p^{1-s}}{r_0 c\mu}, \mathrm{m^2/s}$$

则有
$$\boxed{\frac{\mathrm{d}V}{\mathrm{d}\tau}=\frac{KA^2}{2(V+V_e)}} \tag{3-43}$$

或
$$\boxed{\frac{\mathrm{d}q}{\mathrm{d}\tau}=\frac{K}{2(q+q_e)}} \tag{3-44}$$

式 3-43 和式 3-44 就是**过滤基本方程**，K、V_e（或 q_e）称为过滤常数。q_e 或 V_e 主要由过滤介质的性质决定，影响 K 的因素包括滤饼性质（压缩指数、空隙率、比表面积）、滤浆浓度、滤液黏度和过滤压差等。

过滤基本方程表示过滤进程中任一瞬间的过滤速度，应用时需针对具体过滤方式而积分。过滤操作常用恒压过滤和恒速过滤两种方式。在恒定的压差下过滤，随着过滤的进行，滤饼不断增厚，过滤阻力增加，过滤速度将下降。为保持恒定的过滤速度，需在滤饼增厚导致阻力增大时，相应调高过滤压差。实际操作中，提供稳定的过滤压差是较容易实现的，因此恒压过滤更为常见。

3.4.3 恒压过滤

过滤过程维持推动力（压差）恒定，则称为恒压过滤。对于指定滤浆的恒压过滤，K 为常数。对过滤方程积分，有

$$V^2+2VV_e=KA^2\tau \tag{3-45}$$
$$q^2+2qq_e=K\tau \tag{3-46}$$

若滤饼阻力可以忽略，则可简化为

$$V^2=KA^2\tau \tag{3-47}$$
$$q^2=K\tau \tag{3-48}$$

3.4.4 恒速过滤

过滤过程中不断调整压差，维持过滤速度不变，则为恒速过滤，有

$$\frac{\mathrm{d}V}{A\mathrm{d}\tau}=\frac{KA}{2(V+V_e)}=\frac{V}{A\tau}=\text{常数}$$

故有
$$V^2+VV_e=\frac{K}{2}A^2\tau \tag{3-49}$$

或
$$q^2+qq_e=\frac{K}{2}\tau \tag{3-50}$$

当过滤介质阻力可以忽略时，则有

$$V^2=\frac{K}{2}A^2\tau \tag{3-51}$$

或
$$q^2=\frac{K}{2}\tau \tag{3-52}$$

实际上过滤操作并不适合整个过程都在恒压或恒速下进行。若整个过滤过程都在恒压下

进行，则在过滤刚开始时，过滤介质表面没有滤饼层，过滤速度很快，较细的颗粒容易堵塞介质的孔道而增大过滤阻力，而过滤临近终了时，过滤速度又会太小。若全过程保持恒速，则过程末期的压力势必很高，动力负荷过大又可能导致设备泄漏。因此，工业上通常开始时采用低压，然后逐渐升压到指定的压力下操作，即采用先升压后恒压的操作方式。

3.4.5 过滤常数的测定

过滤过程计算需要过滤常数 K、q_e 或 V_e。由不同物料形成的悬浮液，其过滤常数 K 差别很大。即使同一种物料，由于操作条件不同、浓度不同，过滤常数也不尽相同。过滤常数一般要由实验测定。

将恒压过滤方程改写为

$$\frac{\tau}{q}=\frac{1}{K}q+\frac{2}{K}q_e \tag{3-53}$$

式 3-53 表明，$\frac{\tau}{q}$与 q 之间具有线性关系，实验记录不同过滤时间 τ 内单位面积滤液量 q，将 $\frac{\tau}{q}$对 q 作图，得一直线，如图 3-12 所示。直线的斜率为 $1/K$，截距为 $2q_e/K$，由此可以求出 K 和 q_e。

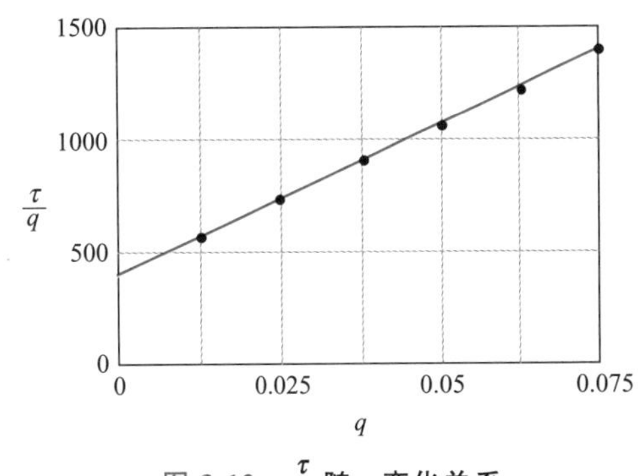

图 3-12 $\frac{\tau}{q}$随 q 变化关系

用上述方法测定不同压差条件下的过滤常数 K，对 $K=\frac{2\Delta p^{1-s}}{r_0 c\mu}$取对数，有

$$\lg K=(1-s)\lg\Delta p+C \tag{3-54}$$

可见 $\lg K$ 与 $\lg\Delta p$ 成直线关系，由直线斜率可求出滤饼的压缩指数 s。

3.4.6 滤饼洗涤

过滤过程结束或告一段落后，往往需要使用溶剂（洗涤液）洗涤滤饼，这既可以去除滤饼中的可溶性杂质，提高固体颗粒产品纯度，又可以回收滞留在滤饼中的滤浆，降低滤液产品的损失。

滤饼洗涤相当于洗涤液在过滤终了时的压差作用下通过滤饼和过滤介质，由于洗涤液中不含固体颗粒，因此洗涤时滤饼厚度不变。

洗涤速度用$\left(\frac{dV}{A\,d\tau}\right)_W$ 表示，m/s。洗涤液在滤饼中的流动过程与过滤过程类似，因此

$$\left(\frac{dV}{A\,d\tau}\right)_W=\frac{\text{洗涤推动力}}{\text{洗涤阻力}} \tag{3-55}$$

类似于过滤阻力，洗涤阻力与滤饼的比阻、洗涤液黏度、滤饼厚度和介质阻力有关。洗涤过程中，滤饼厚度不再变化，故洗涤阻力不变；若洗涤压力与过滤终了时的操作压力相同，则洗涤速度与过滤终了时的速度有如下近似关系

$$\frac{\left(\frac{dV}{A\,d\tau}\right)_W}{\left(\frac{dV}{A\,d\tau}\right)_e}=\frac{\mu L}{\mu_W L_W} \tag{3-56}$$

式中　μ、μ_W——滤液和洗涤液的黏度；

L、L_W——过滤终了时的滤饼厚度和洗涤时滤液穿越的滤饼层厚度。

由过滤基本方程可知

$$\left(\frac{dV}{A\,d\tau}\right)_e=\frac{KA}{2(V_E+V_e)}$$

式中　V_E——过滤结束的滤液量，m^3。

根据式 3-56，可由过滤终了时速度求出洗涤速度。

设洗涤液用量为 V_W，则洗涤时间为

$$\boxed{\tau_W=\frac{V_W}{\left(\frac{dV}{d\tau}\right)_W}} \tag{3-57}$$

3.4.7　过滤设备

工业上应用的过滤设备称为过滤机。过滤机类型很多，按操作方法可分为间歇式和连续式。按过滤机推动力来源又可分为重力过滤机、加压过滤机和真空过滤机。

1. 板框压滤机

板框压滤机的结构如图 3-13 所示。板框压滤机包含有一系列的滤板和滤框，滤板和滤框的角端均开有圆孔，如图 3-14 所示。滤板的每个表面都用过滤介质（滤布）覆盖。滤板上刻有凹形通道，液体可以顺着板上凹形通道排出。滤板又分为洗涤板和过滤板两种。滤板厚 6～50mm，滤框厚 6～200mm。滤板和滤框垂直放在金属轨道上，按过滤板-滤框-洗涤板-滤框-过滤板-滤框-洗涤板……的顺序排列，用螺杆紧紧地挤压在一起，如图 3-13 和图 3-15 所示。

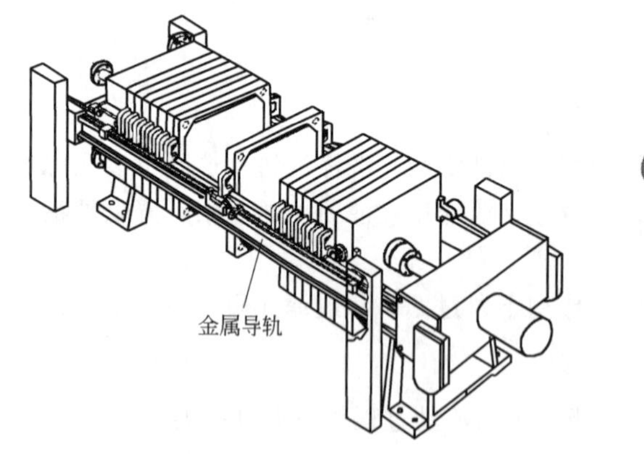

图 3-13　板框压滤机

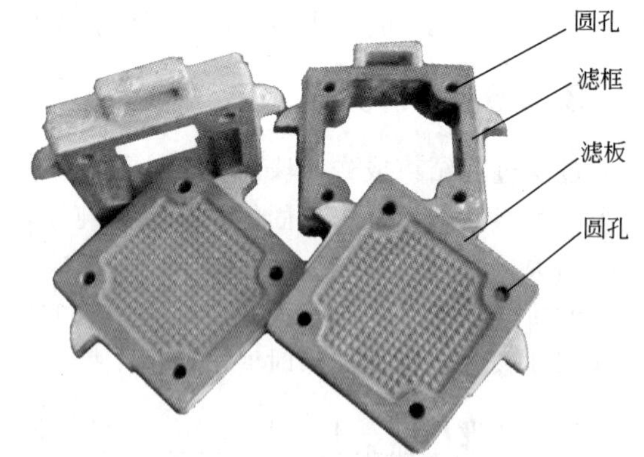

图 3-14　滤板和滤框

滤板和滤框上部的一侧角端圆孔构成滤浆通道，其中滤框圆孔处开设暗孔，滤板下部设滤液出口，如图 3-15 所示。滤板和滤框上部的另一侧角端圆孔构成洗水通道，滤板分为洗涤板和过滤板两种，洗涤板圆孔处开设暗孔，而过滤板圆孔处没有开设暗孔，如图 3-16 所示。

滤浆在泵提供的 3×10^5～10×10^5Pa 的压力下从滤浆通道通过滤框圆孔的暗孔，流入一块块顺序排列的滤框，滤浆中的固体颗粒被覆盖于滤板面上的过滤介质（滤布）拦截。滤液在滤板面上汇流后向下流动，最后由滤液出口排出，如图 3-15 所示。当板框装满固体颗粒，滤液不再流出且过滤压力突然升高时，过滤停止。若滤饼需要洗涤，可将洗水压入洗水通

道，此时应关闭洗涤板下部的滤液出口。洗水通过洗涤板圆孔处的暗孔进入洗涤板，在压差推动下穿过一层滤布及整个厚度的滤饼，然后再横穿一层滤布，进入过滤板，最后由过滤板下部的滤液出口排出，如图 3-16 所示。这种操作称为**横穿洗涤法**。显然，洗涤与过滤时液体所走的路径不同，只使用框的一侧面积进行洗涤，洗涤时的面积是过滤时面积的 1/2，即 $A=2A_W$。洗涤时洗涤液要穿过整个框厚度的（即两层）滤饼层和两层滤布，洗涤液经过的滤饼厚度是过滤时的 2 倍，即$(L+L_e)_W=2(L+L_e)$。洗涤结束后，旋开压紧装置并将板框拉开，卸除滤饼，清洗滤布，重新组合，进入下一个操作循环。

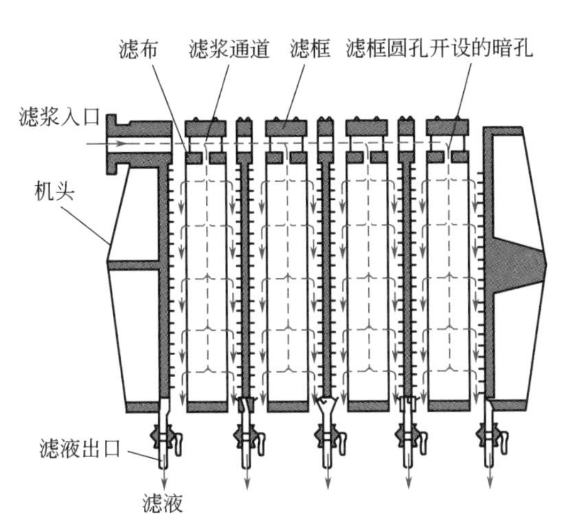

图 3-15　板框压滤机示意图

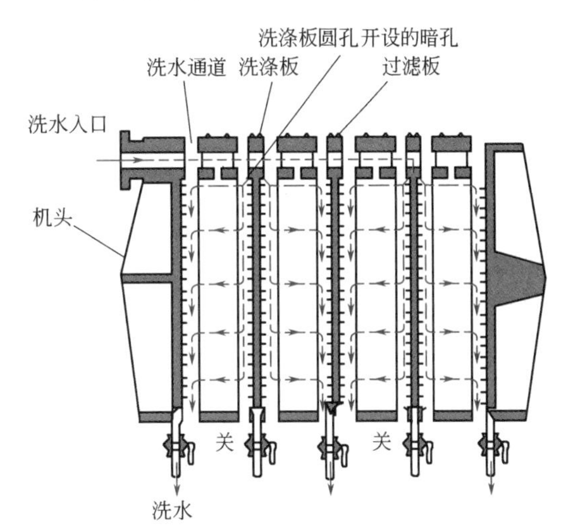

图 3-16　板框压滤机的过滤和洗涤

因此，板框压滤机的洗涤速度与最终过滤速度的关系为

$$\left(\frac{dV}{d\tau}\right)_W=\frac{1}{4}\left(\frac{dV}{d\tau}\right)_e \tag{3-58}$$

即洗涤速度为

$$\boxed{\left(\frac{dV}{d\tau}\right)_W=\frac{1}{4}\times\frac{KA^2}{2(V_E+V_e)}} \tag{3-59}$$

板框压滤机结构简单、加工制造方便、占地面积小而过滤面积较大、操作压力高、适应能力强，故而应用广泛。但是，板框压滤机间歇操作，生产效率低，拆装的劳动强度大，滤布损耗较大。

2. 叶滤机

叶滤机如图 3-17 所示。

滤叶是金属丝网组成的空心框架，上面覆盖滤布。许多这样的滤叶平行排列在一个封闭的滤槽中。滤浆进入滤槽并在压差下通过滤布，滤饼在滤布之外沉积。滤液流入滤叶丝网空心框架的内部，从收集管中流出。洗涤时，洗涤液的流经路径与滤液相同，这

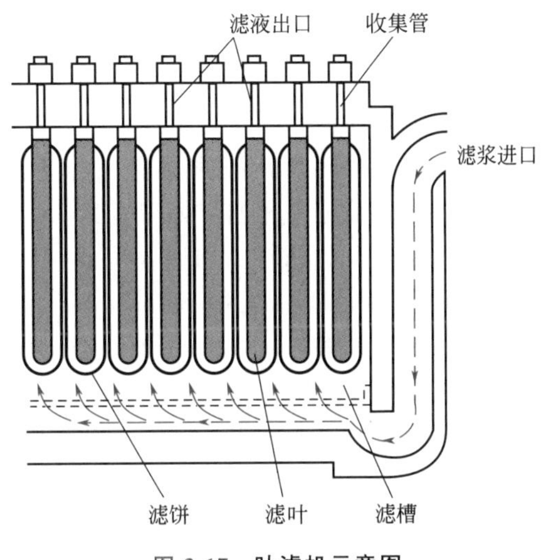

图 3-17　叶滤机示意图

种洗涤方法称为置换洗涤法。洗涤过后打开机壳，拔出滤叶卸除滤饼。

叶滤机的优点是密闭操作，改善了操作条件，过滤速度较大，洗涤效果较好；缺点是结构相对复杂，造价较高，更换滤布比较麻烦。

叶滤机采用置换洗涤法洗涤，洗涤液要穿过单层滤饼层，$(L+L_e)_W=(L+L_e)$；洗涤面积等于过滤面积，$A=A_W$。

因此，可推出

$$\left(\frac{dV}{d\tau}\right)_W=\left(\frac{dV}{d\tau}\right)_e \tag{3-60}$$

即

$$\boxed{\left(\frac{dV}{d\tau}\right)_W=\frac{KA^2}{2(V_E+V_e)}} \tag{3-61}$$

3. 转筒真空过滤机

转筒真空过滤机是一种连续操作的过滤设备，工业应用广泛。

转筒真空过滤机结构如图 3-18 所示。设备的主体是一个能转动的水平圆筒，其表面有一层金属网，网上覆盖滤布，圆筒的下部浸入滤浆中，如图 3-19 所示。圆筒沿径向分隔成若干扇形格，每格都有单独的孔道通至分配头。圆筒转动时，借助分配头的作用使这些孔道依次分别与真空管和压缩空气管相通，因而在回转一周的过程中，每个扇形格表面可顺序进行过滤、洗涤、吹松、卸饼等操作。转筒真空过滤机的过滤面积一般为 5～60m^2，圆筒转速通常为 0.1～3r/min。滤饼厚度一般保持在 40mm 以内。

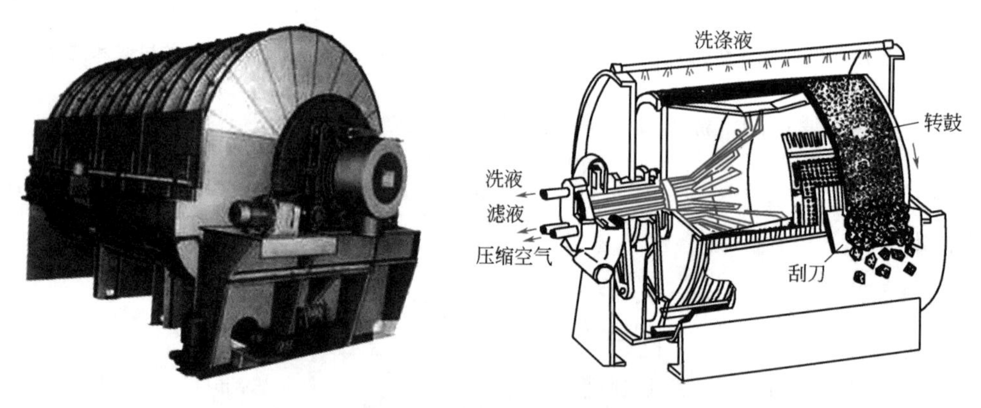

图 3-18　转筒真空过滤机

分配头由转动盘和固定盘组成，转动盘和固定盘紧密贴合。转动盘随圆筒体一起旋转，而固定盘内侧面各凹槽 f、g 和 h 分别与各自的管道（凹槽 f 真空管道、凹槽 g 真空管道和凹槽 h 压缩空气管道）相通。如图 3-19 所示，当扇形格 1 开始浸入滤浆中，转动盘上相应的小孔与固定盘上的凹槽 f 相通，从而与凹槽 f 的真空管道连通，吸走滤液。图上扇形格 1～7 所处的位置称为过滤区。扇形格转出滤浆槽后，仍与凹槽 f 相通，继续吸干残留在滤饼中的滤液。扇形格 8～10 所处的位置称为吸干区。扇形格转到 12 的位置时，洗涤水喷洒到滤饼上，此时扇形格与固定盘凹槽 g 相通，从而与凹槽 g 真空管道连通，吸走洗水。扇形格 12 和 13 所处的位置称为洗涤区。而扇形格 11 对应于固定盘凹槽 f 与 g 之间，不与任何管道相连通，该位置称为不工作区。扇形格 14 所处的位置称为吸干区。扇形格 15 对应于固定盘凹槽 g 与 h 之间，也为不工作区。扇形格 16 和 17 与固定盘凹槽 h 相通，从而与凹槽 h 压缩空气管道连通，压缩空气从内向外穿过滤布而将滤饼吹松，随后由刮刀将滤饼卸除。扇形格 16 和 17 所处的位置称为吹松区和卸料区。扇形格 18 对应于固定盘凹槽 h 与 f 之间，也为不工作区。一旦滤饼清除，圆筒体重新进入滤浆，开始一个新的循环，整个圆筒表面构成连续的过滤操作。转筒真空过滤机操作时，整个圆筒的 30%～40%浸入在滤浆中，滤浆必须连续的进入过滤机。转筒真空过滤机的操作取决于三个主要因素：圆筒速率、真空度和圆筒浸入滤浆的比例。

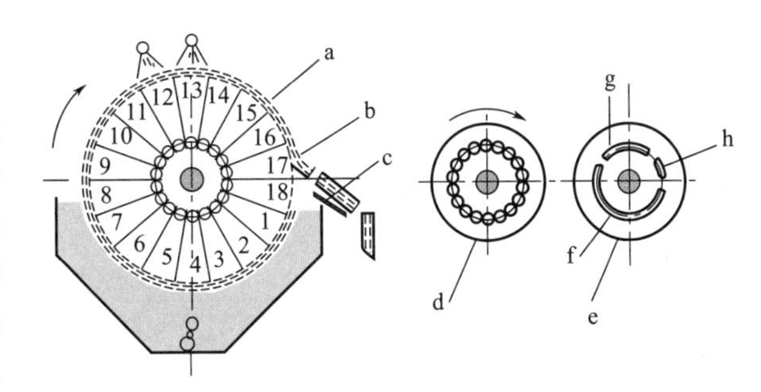

图 3-19　转筒真空过滤机过滤示意图

a—水平圆筒（转筒）；b—滤饼；c—刮刀；d—转动盘；e—固定盘；f—吸走滤液的真空凹槽；g—吸走洗水的真空凹槽；h—通入压缩空气的凹槽

转筒真空过滤机能连续自动操作，节省人力，生产能力大，特别适合于处理量大且容易过滤的料浆。但该过滤机附属设备较多，投资费用高，过滤面积不大。此外，由于它是真空操作，因而过滤推动力（即压差）有限，而且滤饼的洗涤也不充分。

转筒真空过滤机是典型的连续式过滤机。在转筒真空连续过滤中，滤浆、滤液及滤饼的移动都是恒定的，整个过程包括滤饼的形成、洗涤、干燥和换装这几个步骤。在滤饼形成过程中两侧的压差是恒定的。因此，转筒真空连续过滤的计算完全可以参照前面所述的压滤机的计算过程。

3.4.8　过滤设备的生产能力

用单位时间内获得的滤液量或滤饼量表示过滤设备的生产能力。

对于间歇式过滤设备，如板框压滤机、叶滤机，整个操作过程包括过滤、洗涤、卸渣、清洗、重装等操作，是依次分阶段进行的。以整个操作周期所需要的总时间 $\sum\tau$ 作为计算生产能力的依据。整个操作周期所需要的总时间 $\sum\tau$ 包括过滤时间 τ，洗涤时间 τ_W，卸渣、清洗、重装等辅助时间 τ_D。即

$$\sum\tau=\tau+\tau_W+\tau_D \tag{3-62}$$

在一个操作周期中，在过滤时间 τ 内所获得的滤液量为 V，则间歇式过滤机的生产能力 Q 为

$$\boxed{Q=\frac{V}{\sum\tau}=\frac{V}{\tau+\tau_W+\tau_D}} \tag{3-63}$$

在一个操作周期内，辅助操作时间与产量关系不大，可认为是定值；过滤时间随滤液量的增大而增加。过滤时间短，滤饼薄，则过滤平均速度大，但非过滤时间所占比例较大，生产能力不一定高。反之，过滤时间长，过滤后期滤饼厚，过滤速度慢，导致过滤平均速度小，生产能力也不一定高。所以，存在一个过滤时间的最佳值，使生产能力最大。

将式 3-63 对 V 求导，并令导数为零，可得到最佳操作周期。

根据恒压过滤方程，有

$$\tau=\frac{V^2+2VV_e}{KA^2} \tag{3-64}$$

式 3-59 和式 3-61 可统一写成

$$\left(\frac{dV}{d\tau}\right)_W=\frac{KA^2}{\delta(V+V_e)} \tag{3-65}$$

式中，对于板框压滤机，$\delta=8$；对于叶滤机，$\delta=2$。

将式3-65代入式3-57，并设洗涤液用量 $V_W=bV$，得

$$\tau_W=\frac{\delta V_W(V+V_e)}{KA^2}=\frac{\delta bV(V+V_e)}{KA^2} \tag{3-66}$$

代入式3-63，得

$$Q=\frac{KA^2V}{(V^2+2VV_e)+\delta b(V^2+VV_e)+\tau_D KA^2} \tag{3-67}$$

对上式求导，并令 $\frac{dQ}{dV}=0$

得
$$\tau_D=\frac{V^2}{KA^2}+\frac{\delta bV^2}{KA^2} \tag{3-68}$$

若介质阻力忽略不计，则 $\frac{V^2}{KA^2}=\tau$，$\frac{\delta bV^2}{KA^2}=\delta b\tau=\tau_W$，于是有

$$\tau_D=\tau+\tau_W=\tau+\delta b\tau \tag{3-69}$$

当 $\tau_D>\tau+\tau_W$ 时，$dQ/dV>0$，即随着滤液量的增加，生产能力增大；

当 $\tau_D<\tau+\tau_W$ 时，$dQ/dV<0$，即随着滤液量的增加，生产能力减小。

这表明，当介质阻力忽略不计时，过滤时间与洗涤时间之和等于辅助时间时板框压滤机的生产能力最大，操作周期为最佳操作周期，即

$$(\sum\tau)_{opt}=2\tau_D \tag{3-70}$$

若滤饼不洗涤，则达到最大生产能力的条件是

$$\tau=\tau_D \tag{3-71}$$

回转真空过滤机是在恒压差下连续操作的，转筒旋转一周的时间可视为一个操作周期。设转筒每秒转 n 次，则操作周期为

$$\sum\tau=1/n \tag{3-72}$$

在操作周期内，转筒浸没在滤浆内的部分都在进行过滤，也可以理解为部分时间内转筒的全部面积在进行过滤。不论哪种理解方式，过滤时间均为

$$\tau=\phi/n \tag{3-73}$$

式中 ϕ——转筒表面浸入悬浮液的面积占全部转筒面积的比值。

根据恒压过滤方程，在忽略介质阻力的情况下，有 $V^2=KA^2\tau$，即转筒转一圈（一个操作周期）的滤液量

$$V=A\sqrt{K\tau}=A\sqrt{K\phi/n} \tag{3-74}$$

故生产能力为

$$\boxed{Q=V/\sum\tau=nA\sqrt{K\phi/n}=A\sqrt{K\phi n}} \tag{3-75}$$

式3-75表明，提高转筒的浸没分数和转速均可提高回转真空过滤机的生产能力；但是，若转速过大，则每一操作周期内的过滤时间就很短，可能导致滤饼过薄，不易从转筒表面取下；若浸没分数过高，则洗涤、吸干、吹松等区域的分数势必减小，可能造成操作上的困难。

【例3-4】 现用一板框压滤机过滤含钛白（TiO_2）的水悬浮液，过滤压力为 3×10^5Pa（表压）。已知滤框尺寸为810mm×810mm×45mm，共有40个框，已经测得过滤常数 $K=5\times10^{-5}m^2/s$，$q_e=0.01m^3/m^2$，滤饼体积与滤液体积之比 $c=0.08m^3/m^3$。滤框充满后，在同样压力下用清水洗涤滤饼，洗涤水量为滤液体积的1/10，水与钛白水悬浮液的黏度可认为近似相等。试计算：(1) 框全部充满时所需过滤时间；(2) 洗涤时间；(3) 洗涤后卸

渣、清理、重装等共需40min，求板框压滤机的生产能力；(4) 这个板框压滤机的最大生产能力及最大生产能力下的滤饼厚度。

解：(1) 框全部充满时，获得的滤液量

$$V=\frac{滤饼体积}{c}=\frac{框体积}{c}=\frac{0.81\times0.81\times0.045\times40}{0.08}=14.76\text{m}^3$$

过滤面积 $A=0.81\times0.81\times2\times40=52.49\text{m}^2$，故

$$q=\frac{V}{A}=\frac{14.76}{52.49}=0.281\text{m}^3/\text{m}^2$$

由恒压过滤方程 $q^2=2qq_e=K\tau$，有

$$\tau=\frac{q^2+2qq_e}{K}=\frac{0.281^2+2\times0.281\times0.01}{5\times10^{-5}}=1691.6\text{s}=0.47\text{h}$$

(2) 洗涤时间

洗涤液量 $$V_W=\frac{1}{10}V=1.476\text{m}^3$$

洗涤速率

$$\left(\frac{\text{d}V}{\text{d}\tau}\right)_W=\frac{1}{4}\left(\frac{\text{d}V}{\text{d}\tau}\right)_e=\frac{1}{4}\times\frac{KA^2}{2(V+V_e)}=\frac{KA}{8(q+q_e)}=\frac{5\times10^{-5}\times52.49}{8\times(0.281+0.01)}=1.127\times10^{-3}\text{m}^3/\text{s}$$

洗涤时间 $$\tau_W=V_W/\left(\frac{\text{d}V}{\text{d}\tau}\right)_W=\frac{1.476}{1.127\times10^{-3}}=1309.7\text{s}=0.36\text{h}$$

(3) 生产能力 $$Q=\frac{V}{\tau+\tau_W+\tau_D}=\frac{14.76}{0.47+0.36+(40/60)}=9.86\text{m}^3/\text{s}$$

(4) 由 q 和 q_e 的相对大小可近似假定，介质阻力可忽略不计，在此条件下，板框压滤机达到最大生产能力的条件是：$\tau+\tau_W=\tau_D$，将 $b=\frac{V_W}{V}=\frac{1}{10}=0.1$ 代入，得

$$\tau=\frac{\tau_D}{1+8b}=\frac{40\times60}{1+8\times0.1}=1333.3\text{s}$$

即当过滤时间为1333.3s时，板框压滤机的生产能力达到最大。由过滤方程可得此时的过滤量为

$$V=\sqrt{KA^2\tau}=\sqrt{5\times10^{-5}\times52.49^2\times1333.3}=13.55\text{m}^3$$

最大生产能力为 $$Q_{\max}=\frac{13.55}{2\tau_D}=\frac{13.55}{2\times(40/60)}=10.16\text{m}^3/\text{h}$$

每个框的单侧饼厚为 $\frac{Vc}{A}=\frac{13.55\times0.08}{52.49}=0.0207\text{m}=20.7\text{mm}<22.5\text{mm}$，可见框未充满。

【例 3-5】 试验用叶滤机对某种悬浮液进行恒压过滤，已测得过滤面积为 0.2m^2，操作压差为0.15MPa。现测得，当过滤进行到10min时，得到滤液 0.002m^3，又过滤10min，再得到滤液 0.001m^3。求：(1) 恒压过滤的基本方程；(2) 再过滤10min，又能得到多少 m^3 的滤液？

解：(1) 根据题意 $\tau_1=10\times60=600\text{s}$，$V_1=0.002\text{m}^3$；$\tau_2=(10+10)\times60=1200\text{s}$，$V_2=0.002+0.001=0.003\text{m}^3$。分别带入恒压过滤方程 $V^2+2VV_e=KA^2\tau$，得到

$$0.002^2+2\times0.002V_e=600\times0.2^2K \tag{a}$$

$$0.003^2+2\times0.003V_e=1200\times0.2^2\ K \tag{b}$$

联立（a）、（b）两式，得

$$K=2.5\times10^{-7}\text{m}^2/\text{s} \quad 和 \quad V_e=5\times10^{-4}\ \text{m}^3$$

所以，恒压过滤方程为

$$V^2+0.001V=10^{-8}\tau$$

（2）$\tau_3=(10+10+10)\times60=1800\text{s}$，代入恒压过滤方程，得到

$$V_3^2+10^{-3}V_3=10^{-8}\times1800$$

解得

$$V_3=0.00377\text{m}^3$$

所以

$$\Delta V=V_3-V_2=0.00377-0.003=0.00077\text{m}^3$$

即再过滤10min，又能得到0.00077m^3的滤液。

3.5 非均相物系分离方法的选择

沉降和过滤是化工生产中分离非均相混合物的重要单元操作。一般来说，工程师需要根据原料情况（例如，处理量、连续相和分散相的性质、浓度、大小等）、分离要求（例如，分散相物质的回收率、分散介质的净化程度、被完全去除的颗粒直径等）和产品要求等因素选择适宜的分离方法，进而选择或设计分离设备，优化确定分离设备的操作参数。某些情况下，满足生产要求的分离方法和设备是唯一确定的；但更多情况下，会有多种方法和设备满足要求，这就需要综合考虑经济、环保、安全，甚至是工程师和操作人员的知识熟悉情况等多方面因素，最终确定优选方案。

对于气态非均相混合物，工业上主要采用重力沉降和离心沉降加以分离。某些情况下，需要预先增大微细粒子的有效尺寸后再进行机械分离，例如，使含尘或含雾气体与过饱和蒸汽接触，发生以粒子为核心的冷凝；又如，将含尘气体引入超声场，使细粒碰撞附聚成较大颗粒，然后进入旋风分离器进行气固分离。

对于液态非均相混合物，若要求悬浮液在一定程度上增浓，可采用重力增稠器或离心沉降设备；若要求固液较彻底地分离，则要通过过滤操作达到目的。

应该指出，过滤和沉降等机械分离方法是分离非均相混合物的有效手段，但不是唯一手段。某些场合下，静电除尘等方法的分离效果更好。

本章提供了分离非均相混合物的方法，对于均相混合物的分离问题，将在后续章节中展开，本章中分析和解决问题的思想和方法对后续学习具有重要的借鉴意义。

通过本章学习，你应该已经掌握的知识：

1. 颗粒、颗粒床层的性质及颗粒（颗粒床层）与流体相对运动规律；
2. 沉降分离操作的基本原理、典型设备的特点和设计计算原则；
3. 过滤分离操作的基本原理、典型设备的特点和设计计算原则。

你应该具有的能力：

1. 根据化工生产要求，恰当选择和应用机械分离过程；
2. 根据分离要求，选择适宜的机械分离方法；
3. 根据给定的分离任务，初步完成机械分离设备的选型或设计，确定操作参数；
4. 对影响分离效果的各种因素进行合理判断，提出过程强化的初步思路；

5. 查阅文献资料，对各种新型机械分离技术开展应用研究；

6. 对实际问题建立物理模型、数学模型，并据此提出分析和解决工程问题的初步思路；

7. 对“速率＝推动力/阻力”有较深刻的认识，并在后续学习中举一反三。

本章符号说明

英文字母

a——颗粒的比表面积，m^2/m^3

a_b——颗粒床层的比表面积，m^2/m^3

a_C——离心加速度，m/s^2

a_p——颗粒的比表面积，m^2/m^3

A——球形颗粒在垂直于运动方向的平面上的投影面积，过滤面积，m^2

b——降尘室的宽度，m

B——旋风分离器进气口宽度，m

c——滤饼体积与滤液体积之比，m^3 滤饼/m^3 滤液

C_D——阻力系数

d——球形颗粒直径，m

d_c——临界粒径，m

d_e——通道当量直径；颗粒的体积当量直径，m

d_p——颗粒的比表面积当量直径，m

D_1——排气管圆筒顶部直径，m

F_d——颗粒在流体中运动时产生的阻力

H——降尘室高度，m

k——物性常数，$m^4/(N \cdot s)$

K——过滤常数，m^2/s

L——降尘室长度，滤饼层厚度，m

L_e——过滤介质当量滤饼厚度，m

n——转筒每秒转动的次数，s^{-1}

N——气体旋转圈数

Δp——过滤推动力，Pa

q——通过单位面积的滤液体积，m^3/m^2

q_e——通过单位面积的当量滤液体积，m^3/m^2

Q——过滤机的生产能力或降尘室的生产能力，m^3/s

r——旋转半径，m；比阻，m^{-2}

r'——单位压差下滤饼的比阻，m^{-2}

r_m——旋转半径平均值，m

Re_p——雷诺数

s——滤饼的压缩指数

S——球形颗粒的表面积，m^2

S_p——非球形颗粒的表面积，m^2

u——表观流速，气体在降尘室水平流动的速度，过滤速度，m/s

u'——实际流速，m/s

u_i——进气口的气体速度，m/s

u_r——离心沉降速度，m/s

u_t——重力沉降速度，m/s

u_{tc}——临界沉降速度，m/s

u_T——切向速度，m/s

V——颗粒的体积，滤液量，m^3

V_e——过滤介质的当量滤液体积，m^3

V_E——最终滤液量，m^3

V_p——非球形颗粒的体积，m^3

V_W——洗涤水量，m^3

希腊字母

ε——颗粒床层空隙率，m^3/m^3

ρ——流体密度，kg/m^3

ρ_p——颗粒密度，kg/m^3

μ——流体黏度，滤液黏度，$Pa \cdot s$

τ——过滤时间，颗粒在降尘室中的停留时间，s

τ_D——辅助时间，s

τ_W——洗涤时间，s

τ_t——降尘室顶部的颗粒降落到降尘室底部的时间，s

ω——旋转角速度，s^{-1}

ϕ——转筒表面浸入悬浮液的面积占全部转筒面积的比值

ϕ_s——颗粒形状系数，球形度

习题

知识点1　沉降

1. 球径0.50mm、密度2700kg/m^3 的光滑球形固体颗粒在 ρ=920kg/m^3 的液体中自由沉降，自由沉降速度为0.016m/s，试计算该液体的黏度。

2. 已知直径为40μm的球形小颗粒在20℃常压空气（空气密度1.2kg/m^3，黏度1.81×10^{-5}Pa·s）中的沉降速度 u_t=0.08m/s。求相同密度、直径为20μm的球形小颗粒的沉降速度。

3. 在底面积 A=40m^2 的除尘室内回收含尘气体中的球形固体颗粒。含尘气体流量为3600m^3/h（操作条件下体积），气体密度 ρ=1.06kg/m^3，黏度 μ=0.02cP，尘粒密度 ρ_p=3000kg/m^3。试计算理论上能完全除去的最小颗粒直径。

4. 一除尘器高4m、长8m、宽6m，用于除去炉气中的灰尘，尘粒密度 ρ_p=3000kg/m^3，炉气密度 ρ=0.5kg/m^3，黏度 μ=0.035cP。若要求完全除去大于10μm的尘粒，问每小时可处理多少的炉气。

5. 用降尘室（高2m、宽2m、长3m）除去矿石焙烧炉炉气中的氧化铁粉尘，粉尘颗粒密度为4500kg/m^3，操作条件下的气体体积流量为3.5m^3/s，黏度为0.6kg/m^3，黏度为0.03cP。试求：(1) 能100%被除去的最小尘粒直径；(2) 粒径为60μm的氧化铁粉尘被除去的百分数，假设进气中不同粒径的尘粒分布均匀；(3) 若该降尘室用隔板分成2层（不计隔板厚度），而需完全除去的最小尘粒要求不变，则降尘室的气体处理量为多大；若生产能力不变，则能100%被除去的最小尘粒直径为多大。

知识点2　过滤

6. 在实验室用一过滤面积为0.05m^2 的过滤机在 Δp=65kPa条件下进行恒压实验。已知在300s内获得400cm^3 滤液，再过了600s，又获得400cm^3 滤液。

(1) 估算该过滤压力下的过滤常数 K、q_e；(2) 估算再收集400cm^3 滤液需要多少时间。

7. 某压滤机在0.5atm推动力下恒压过滤1.6h后得滤液25m^3，滤饼的压缩指数 s=0.3，介质阻力可忽略不计。

(1) 如果推动力加倍，则恒压过滤1.6h后得滤液多少（m^3）；(2) 其他条件不变，操作时间缩短一半，所得滤液为多少。

8. 使用板框压滤机在恒压下过滤1h，获得滤液12m^3，停止过滤后用4m^3 的清水（其黏度与滤液相同）在同样的压力下洗涤滤饼，求洗涤时间，假设滤布阻力可忽略不计。

9. 某板框过滤机有10个滤框，框的尺寸为635mm×635mm×25mm。滤浆为含15%（质量分数，下同）$CaCO_3$ 的悬浮液，滤饼含水50%，纯 $CaCO_3$ 固体的密度为2710kg/m^3。操作在20℃、恒压条件下进行，此时过滤常数 K=1.57×$10^{-5}$$m^2$/s，$q_e$=0.00378$m^3$/$m^2$。试求：(1) 框充满所需时间；(2) 若用清水在同样条件下洗涤滤饼，清水用量为滤液量的1/10，求洗涤时间。

10. 某工厂用一台板框压滤机过滤某悬浮液，先恒速过滤16min得滤液2m^3，达到泵的最大压头，然后再继续恒压过滤1h，设介质阻力忽略不计、滤饼不可压缩、不洗涤，试求：(1) 共得多少滤液；(2) 若卸渣、重装等需20min，此过滤机的生产能力为多少（m^3/h）；(3) 如果要使生产能力最大，则每个循环应为多少时间？生产能力又为多少？

讨论题

1. 尝试提出一种恒速过滤的操作方法。

2. 尝试提出一种恒压过滤的操作方法。

第4章

传 热

4.1 概述 / 119

4.1.1 传热的基本方式 / 120

4.1.2 传热过程中冷、热流体热交换（接触）方式 / 121

4.1.3 典型的间壁式换热器 / 122

4.1.4 载热体及其选择 / 123

4.2 热传导 / 124

4.2.1 基本概念和傅里叶定律 / 124

4.2.2 热导率 / 126

4.2.3 平壁的热传导 / 128

4.2.4 圆筒壁的热传导 / 132

4.3 对流传热 / 134

4.3.1 对流传热机理 / 134

4.3.2 对流传热速率方程和对流传热系数 / 135

4.3.3 对流传热系数关联式 / 137

4.4 辐射传热 / 151

4.4.1 基本概念 / 152

4.4.2 物体的辐射能力和有关定律 / 152

4.4.3 两固体间的辐射传热 / 155

4.5 传热过程计算 / 157

4.5.1 热量衡算 / 157

4.5.2 总传热速率微分方程和总传热系数 / 158

4.5.3 平均温度差法和总传热速率方程 / 162

4.5.4 总传热速率方程的应用 / 166

4.6 换热器 / 170

4.6.1 间壁式换热器的类型 / 170

4.6.2 管壳式换热器的选用原则 / 177

4.6.3 各种换热器的比较和传热强化途径 / 181

4.7 化工节能和换热网络设计 / 183

本章你将可以学到：

1. 热传导速率方程及其应用；
2. 各种情况下对流传热系数关联式（包括无相变化、有相变化）；
3. 辐射传热的基本概念和相关定律，两固体间辐射传热的速率方程；
4. 换热器中传热过程的计算；
5. 换热器的结构形式和传热强化途径；
6. 传热过程的分析和传热方程的应用。

4.1 概述

传热过程（heat transfer process）研究热量传递的基本规律，是自然界和工程技术领域中极普遍的一种传递过程。几乎所有的工业部门，如化工、能源、冶金、机械和建筑等都涉及传热过程，化学工业与传热的关系尤为密切，大多数化工生产过程中都伴有传热操作。传热设备在化工设备投资中占很大比例，热能的合理利用对节能降耗和环境保护有重要意义。

总的来说，化工生产中对传热过程的要求主要有以下两种情况：一是强化传热过程，如各种换热设备中冷、热流体间的传热，加热或冷却物料，以使物料达到指定温度；二是削弱传热过程，如对设备或管道的保温，目标是减少热量或冷量损失。另外，生产过程中余热回收及热能的合理应用等都涉及传热问题。

化工传热过程分为稳态的和非稳态的。稳态传热的特点是：传热系统中不积累能量，且传热速率在任何时刻都为常数，并且系统中各点的温度仅随位置变化而与时间无关。若传热系统中各点的温度既随位置又随时间而变，则为非稳态传热。本章除非另有说明，讨论的都是稳态传热过程。

根据热力学第二定律，凡是有温差出现的地方，就必然有热量传递。热量传递的基本方式有三种：热传导、对流传热和辐射传热，热量传递可以是以某一种方式进行，也可以是两种或三种方式同时进行。具体情况需要具体分析，如保温层里以热传导为主，而高温壁面则要考虑壁面周围的空气流动的对流传热和辐射传热。

本章先介绍三种基本的传热方式的机理，然后介绍热量衡算方程和传热速率方程，并讨论其在各种典型的工业传热过程中的应用，最后介绍各种典型的换热器。

4.1.1 传热的基本方式

1. 热传导（导热）

热传导（conduction）指热量不依靠宏观混合运动而从物体的高温区向低温区移动的过程，在固体、静止的液体和气体中都可以发生，但它们的导热机理各有不同（见图 4-1）。气体热传导是气体分子作不规则热运动时相互碰撞的结果，温度代表分子的动能，高温区的分子运动速度比低温区的大，能量高的分子与能量低的分子相互碰撞，其净结果是热量由高温处传到低温处。液体热传导的机理与气体类似，但是由于液体分子间距较小，分子力场对分子碰撞过程中的能量交换影响很大，故变得更加复杂。固体以两种方式传导热能，即自由电子的迁移和晶格振动。对于良好的导电体，由于有较高浓度的自由电子在其晶格结构间运动，当存在温度差时，自由电子的流动可将热量由高温区快速移向低温区，这就是良好的导电体往往是良好的导热体的原因。当金属中含有杂质时，例如合金，由于自由电子浓度降低，则其导热性能会大大下降。在非导电的固体中，热传导是通过晶格振动来实现的，通常通过晶格振动传递的能量比自由电子传递的能量小。

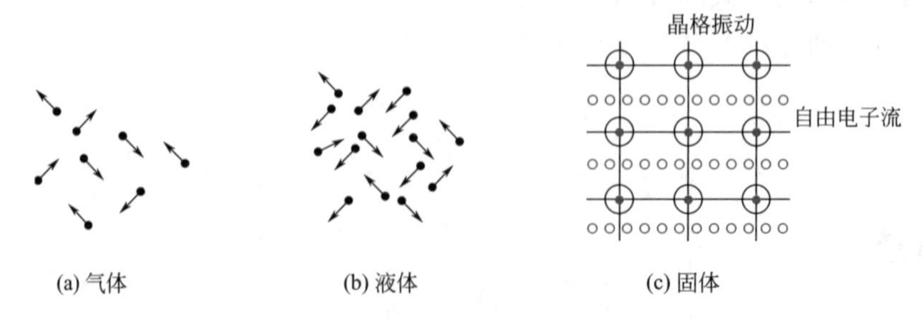

图 4-1 热传导机理在气、液、固三相中示意图

2. 对流传热

对于存在流体流动的场合，由流体内部各部分质点发生宏观运动而引起的热量传递过程

称为对流传热（convection）。按流体流动的原因不同，对流传热可以由强制对流引起，亦可以由自然对流引起，前者是将外力（泵或搅拌器）施加于流体上，从而促使流体微团发生运动，而后者则是由于流体内部存在温度差，形成流体的密度差，从而使流体微团在固体壁面与其附近流体之间产生上下方向的循环流动。通常情况下是一种对流起主要作用，复杂的情况则强制对流和自然对流对传热的贡献都要考虑。

3. 辐射传热

热能以电磁波的形式在空间的传递称为热辐射（radiation），典型的例子是太阳的辐射。热辐射与热传导和对流传热的最大区别就在于它可以在完全真空的地方传递而无需任何介质。

热辐射的另一个特征是不仅产生能量的转移，而且还伴随着能量形式的转换，即在高温处，热能转化为辐射能，以电磁波的形式向空间发送，当遇到另一个能吸收辐射能的物体时，即被其部分或全部地吸收而转化为热能。辐射传热即是物体间相互辐射和吸收能量的总结果，热量从高温物体传递到低温物体。应予说明的是，任何物体只要在绝对零度以上，都能发射辐射能，但仅当物体间的温度差较大时，辐射传热才能成为主要的传热方式。

4.1.2 传热过程中冷、热流体热交换（接触）方式

化工生产过程中最常遇到的是冷、热流体之间的热交换，其结果是热流体被冷却导致温度降低，而冷流体被加热导致温度升高。这种热交换在特定的换热设备中进行，统称换热器（heat exchanger）。根据传热过程中冷、热流体接触的方式不同，所用换热设备的结构也各不相同，通常可分为三种基本方式。

1. 直接接触式换热和混合式换热器

直接接触式是指使冷、热流体直接混合进行热交换，仅适用于工艺上允许两流体互相混合的情况，例如气体的冷却或水蒸气的冷凝等。所采用的设备称为混合式换热器。这种换热方式的优点是传热效果好，设备结构简单，传热效率高。常见的设备有凉水塔、洗涤塔、文氏管及喷射冷凝器等。直接接触式换热器的机理比较复杂，它在进行传热的同时往往伴有传质过程。

图 4-2 所示为混合式冷凝器，其中图 4-2(b) 较为常见，称为干式逆流高位冷凝器，被冷凝的蒸汽与冷凝水在器内逆流流动，上升蒸汽与自上部喷淋下来的冷却水相接触而冷凝，冷凝液与冷却水沿气压管向下流动。由于冷凝器通常与真空蒸发器相连，器内压力为 10～20kPa，因此气压管必须有足够的高度，一般为 10～11m。

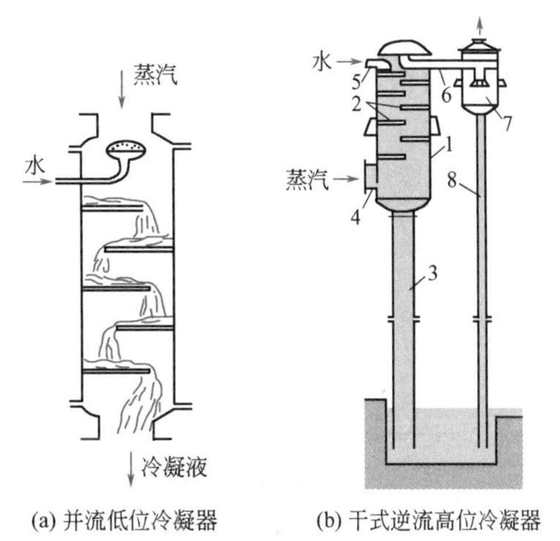

图 4-2　混合式冷凝器

1—外壳；2—淋水板；3、8—气压管；4—蒸汽进口；5—进水口；6—不凝气出口；7—分离罐

2. 蓄热式换热和蓄热器

蓄热式换热器亦称蓄热器。此类换热器借助于热容量较大的固体蓄热体为传热面，冷流

体和热流体交替地通过同一通道，利用蓄热体来吸热和放热，实现将热量由热流体传给冷流体。蓄热体可以是多孔固体填料，当蓄热体与热流体接触时，从热流体处接受热量，蓄热体温度升高，然后与冷流体接触，将热量传给冷流体，蓄热体温度下降，从而达到换热的目的。通常在生产中采用两个并联的蓄热器交替地使用，如图 4-3 所示。此类换热器结构简单，且可耐高温，常用于高温气体热量的回收或冷却。其缺点是设备体积庞大，且不能完全避免两种流体的混合，所以这类设备在化工生产中使用得不太多。

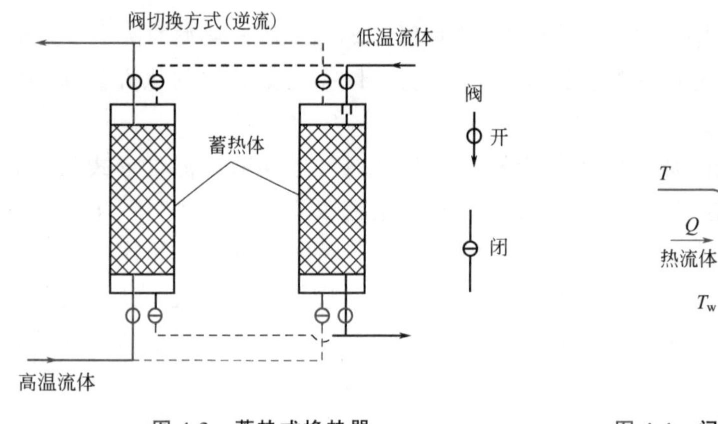

图 4-3　蓄热式换热器

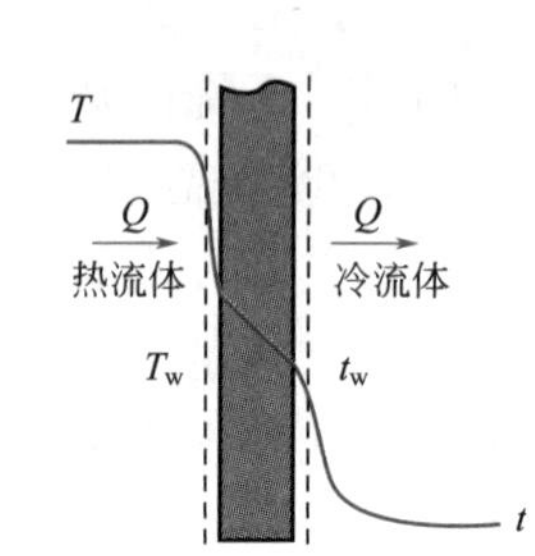

图 4-4　间壁两侧流体间的传热

3. 间壁式换热和间壁式换热器

在多数情况下，化工工艺不允许冷、热流体直接接触。这时较多地用到间壁式换热器，亦称表面式换热器或间接式换热器。在此类换热器中，冷、热流体被固体壁面隔开，互不接触，热量由热流体通过壁面传给冷流体。间壁式换热器应用广泛，形式多样，各种管壳式和板式结构的换热器均属此类。

通常，流体在管内或管外流动，将流体与固体壁面之间的传热称为对流传热，将冷、热流体通过壁面之间的传热称为热交换过程，简称传热过程。如图 4-4 所示，冷、热流体通过间壁两侧的传热过程包括以下三个步骤：

① 热流体以对流传热方式将热量传递给管壁；

② 热量以热传导方式由管壁的一侧传递至另一侧；

③ 传递至另一侧的热量又以对流传热方式传递给冷流体。

间壁式换热是本章讨论的重点。

4.1.3　典型的间壁式换热器

工业上经常遇到的是两流体间的换热问题。间壁式换热器是化工生产传热过程中最常用的设备之一，典型的有套管式换热器和管壳式换热器。

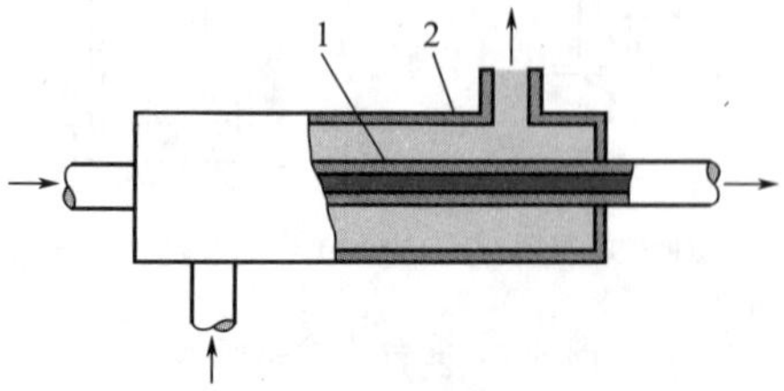

图 4-5　套管式换热器

1—内管；2—外管

图 4-5 为简单的套管式换热器，它由直径不同的两根管子同心套在一起组成，冷、热流体分别流经内管和环隙两个不同的流道，互不接触，通过管壁进行热量传递。

典型的管壳式换热器如图 4-6 所示，由一个外壳和一组管束组成，一种流体在管内流动（称为管程流体），而另一种流体在壳与管束之间从管子外表面流过（称为壳程流体），冷、热流体互不接触，通过管壁实现热量传递。通常在壳程装有挡板，以保证壳程流体能够湍动地横向流过管束，以形成较高的传热速率。可以调整换热器端部结构，采用一个或多个管程。若管程流体在管束内只流过一次，则称为单程管壳式换热器（如图 4-6 所示）；若管程流体在管束内流过两次，则称为双程管壳式换热器（如图 4-7 所示）。在双程管壳式换热器中，隔板将封头与管板的空间（分配室）等分为二，管程流体先流经一半管束，流到换热器另一端的分配室后折回，再流经另一半管束，最后从接管处流出换热器。同样，若流体在管束内来回流过多次，则称为多程（如四程、六程等）换热器。

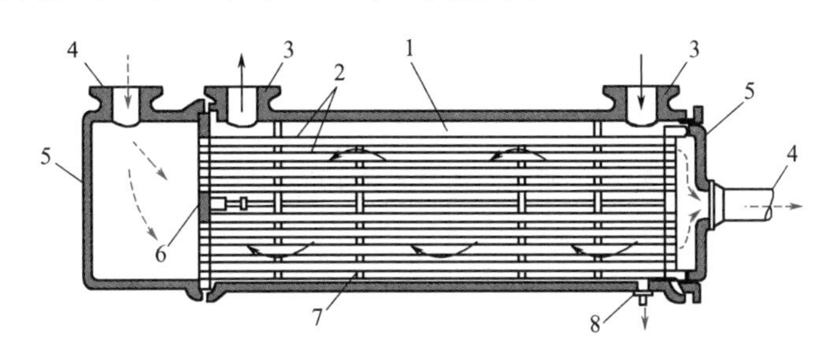

图 4-6　单程管壳式换热器

1—外壳；2—管束；3、4—接管；5—封头；6—管板；7—挡板；8—泄水管

壳程也可以安排隔板来控制流体的流道，壳程流体若两次流过，则称为两壳程，多次通过则为多壳程。

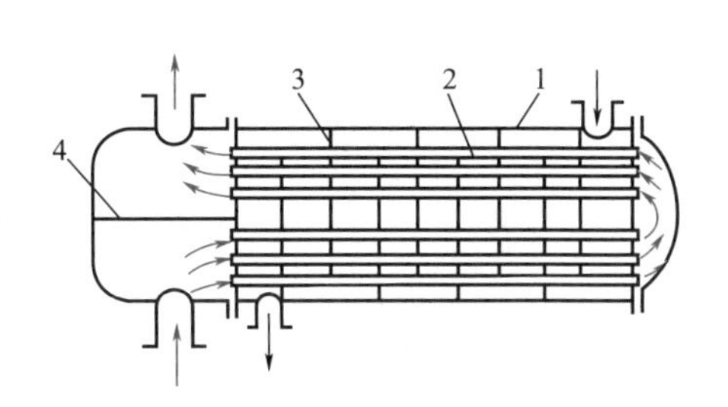

图 4-7　双程管壳式换热器

1—外壳；2—管束；3—挡板；4—隔板

由于两流体间的传热是通过管壁进行的，故管壁表面积即为传热面积。传热面积与所用管子的直径、长度、管数等有关。对于一定的传热任务，确定换热器的传热面积是设计换热器的主题。通常分别用管内径、管外径或平均直径计算，则对应的传热面积分别为管内侧面积、外侧面积或平均面积，使用时需要特别注明。

换热器的热量衡算是传热计算的基础之一。换热器中两流体间传递的热量，可能是显热，即无相变而仅有温度变化，例如液体的加热或冷却，也可能同时伴有流体相变的潜热，例如冷凝或蒸发。

传热的快慢用传热速率来表示，传热速率 Q 是指单位时间内通过传热面的热量，其单位为 W。热通量则是指每单位面积的传热速率，其单位为 W/m^2。由于换热器的传热面积可以用圆管的内表面积、外表面积或平均面积表示，因此相应的热通量的数值各不相同，计算时应标明选择的基准面积。传热速率和热通量是评价换热器性能的重要指标。

4.1.4　载热体及其选择

在化工生产中，某物料在换热器内被加热或冷却时，通常需要用另一种流体供给或取走热量，此种流体称为载热体，其中起加热作用的载热体称为加热剂（或加热介质），起冷却（冷凝）作用的载热体称为冷却剂（或冷却介质）。选择载热体时首先要考虑的是合适的温度范围。

工业上常用的加热剂有热水、饱和蒸汽、矿物油、联苯混合物、熔盐及烟道气等。它们所适用的温度范围如表 4-1 所示。若所需的加热温度很高，则需采用电加热。

表 4-1 常用加热剂及其适用温度范围

加热剂	热水	饱和蒸汽	矿物油	联苯混合物	熔盐(KNO_3 53%,$NaNO_2$ 40%, $NaNO_3$ 7%)	烟道气
适用温度/℃	40～100	100～180	180～250	255～380(蒸汽)	142～530	～1000

工业上常用的冷却剂有水、空气和各种冷冻剂。水和空气可将物料最低冷却至环境温度，其值随地区和季节而异，一般不低于 20～30℃。在水资源紧缺的地区，宜采用空气冷却。某些无机盐（如 $CaCl_2$、NaCl）的水溶液可将物料冷却到零下几度，若需更低的冷却温度，则可考虑利用某些低沸点液体的蒸发来达到目的，如常压下液态氨蒸发可达－33.4℃的低温。一些常用冷却剂及其适用的温度范围如表 4-2 所示。

表 4-2 常用冷却剂及其适用温度范围

冷却剂	水(自来水、河水、井水)	空气	盐水	氨蒸气
适用温度/℃	0～80	>30	－15～0	<－30～－15

对于一定的传热过程，特定的工艺条件设定了待加热或冷却物料的初始与终了温度，同时也规定了该物料的流率，因此通过换热器需要提供或取出的热量是一定的。单位热量的价格因载热体而异。例如，当加热时，温度要求越高，价格越贵；当冷却时，温度要求越低，价格越贵。为了提高传热过程的经济效益，必须选择适当的载热体。除此之外，选择载热体时还应考虑以下原则：

① 载热体的温度易调节控制；

② 载热体的饱和蒸气压较低，加热时不易分解；

③ 载热体的毒性小，不易燃、易爆，不腐蚀设备；

④ 价格便宜，来源容易。

4.2 热传导

热传导是介质内无宏观运动时的传热现象，在固体、液体和气体中均可发生，但严格而言，只有在固体中才是纯粹的热传导，因为流体即使处于静止状态，其中也会因温度梯度所造成的密度差而产生自然对流，使对流与热传导同时发生。本节仅讨论固体中的热传导过程。

4.2.1 基本概念和傅里叶定律

1. 温度场和温度梯度

(1) 温度场

物体或系统内的各点间存在温度差是传热的必要条件。温度场就是任一瞬间物体或系统内各点的温度分布总和。

一般情况下，物体内任一点的温度是该点的位置以及时间的函数，故温度场的数学表达式为

$$t=f(x, y, z, \theta) \tag{4-1}$$

式中 x、y、z——物体内任一点的空间坐标；

t——温度，℃或 K；

θ——时间，s。

若温度场内各点的温度随时间而变，此温度场为非稳态温度场，若温度场内各点的温度不随时间而变，即为稳态温度场。稳态温度场的数学表达式为

$$t=f(x, y, z) \qquad \frac{\partial t}{\partial \theta}=0 \tag{4-2}$$

在特殊的情况下，若物体内的温度仅沿一个坐标方向发生变化，例如高温燃烧炉通过壁面向外界的传热，或管内热流体通过管壁和保温层向外界传热，此温度场为稳态的一维温度场，即

$$t=f(x) \qquad \frac{\partial t}{\partial \theta}=0 \qquad \frac{\partial t}{\partial y}=\frac{\partial t}{\partial z}=0 \tag{4-3}$$

（2）等温面

温度场中同一时刻下具有相同温度的各点所组成的面为等温面。由于某瞬间空间任一点不可能同时有不同的温度，故温度不同的等温面彼此不相交。

等温面上温度处处相等，故在等温面上将无热量传递，而沿与等温面相交的任何方向，因温度发生变化，则有热量传递。

（3）温度梯度

在与等温面垂直的方向上，温度随距离的变化程度最大。通常，将温度为（$t+\Delta t$）与 t 的两相邻等温面的温度差 Δt，与两相邻等温面间垂直距离 Δn 之比的极限称为温度梯度。温度梯度的数学定义式为

$$\mathrm{grad}t=\lim_{\Delta n \to 0}\frac{\Delta t}{\Delta n}=\frac{\overrightarrow{\partial t}}{\partial \boldsymbol{n}} \tag{4-4}$$

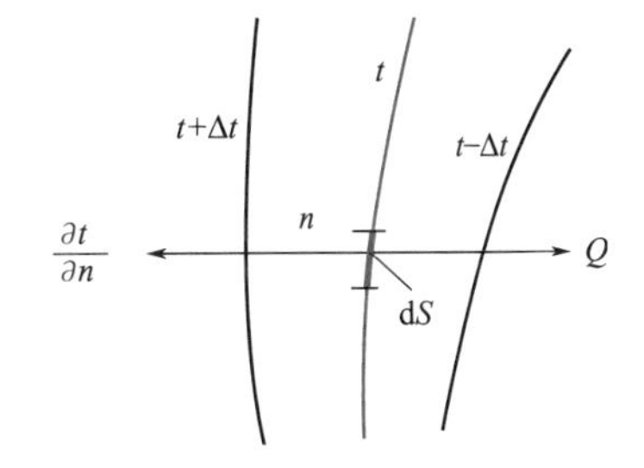

图 4-8 温度梯度和傅里叶定律

温度梯度$\frac{\overrightarrow{\partial t}}{\partial \boldsymbol{n}}$为向量，它的正方向是指向温度增加的方向，如图 4-8 所示。通常，将温度梯度的标量$\frac{\partial t}{\partial n}$也称为温度梯度。

对稳态的一维温度场，温度梯度可表示为

$$\mathrm{grad}t=\frac{\mathrm{d}t}{\mathrm{d}x} \tag{4-5}$$

2. 傅里叶定律

描述热传导现象的物理定律为傅里叶定律（Fourier's Law），其数学表达式为

$$\boxed{\frac{\mathrm{d}Q}{\mathrm{d}S}=-\lambda\frac{\partial t}{\partial x}} \tag{4-6}$$

式中 Q——热传导速率，即单位时间传导的热量，其方向与温度梯度的方向相反，W；

S——与热传导方向垂直的传热面（等温面）面积，m^2；

λ——物质的热导率，W/(m·℃)。

式 4-6 中的负号表示热传导服从热力学第二定律，即热通量的方向与温度梯度的方向相反，热量朝着温度下降的方向由高温向低温传递。该方程表明热通量与温度梯度成正比。

4.2.2 热导率

式 4-6 可改写为

$$\lambda = -\frac{\mathrm{d}Q}{\mathrm{d}S} \bigg/ \frac{\partial t}{\partial x} \tag{4-6a}$$

上式即为热导率的定义式，方程右边分子为热通量，分母为温度梯度。该式表明，热导率在数值上等于单位温度梯度下的热通量。热导率 λ 表征了物质导热能力的大小，是物质的物理性质之一。

热导率数值的变化范围很大。一般来说，金属的热导率最大，非金属固体次之，液体较小，气体最小。表 4-3 列举了一般情况下各类物质的热导率的大致范围，表 4-4 给出了常见物质常温下的热导率。具有不同热导率的材料可以被用于不同的场合，如需保温，则应选用热导率小的材料，如需快速散热，则应选用热导率大的材料。

表 4-3 物质热导率的数量级

物质种类	气体	液体	非导固体	金属	绝热材料
λ/[W/(m·℃)]	0.006～0.6	0.07～0.7	0.2～3.0	15～420	<0.25

表 4-4 常见物质常温下的热导率

物质种类	银	铜	铝	铁	玻璃	砖	水	木头	空气
λ/[W/(m·℃)]	429	401	237	80.2	0.78	0.72	0.613	0.17	0.026

1. 固体的热导率

在所有固体中，金属是最好的导热体，大多数纯金属的热导率随温度升高而减小。金属的纯度对热导率影响很大，热导率随其纯度的增高而增大，因此合金的热导率比纯金属要低。

非金属的建筑材料或绝热材料的热导率与温度、组成及结构的紧密程度有关，一般 λ 值随密度增加而增大，亦随温度升高而增大。

对大多数均质固体，其 λ 值与温度近似呈线性关系，即

$$\lambda = \lambda_0 (1 + \alpha' t) \tag{4-7}$$

式中 λ——固体在 t℃时的热导率，W/(m·℃)；

λ_0——固体在 0℃时的热导率，W/(m·℃)；

α'——温度系数，对大多数金属材料，α'为负值；而对大多数非金属材料，α'为正值。

2. 液体的热导率

液体可分为金属液体（液态金属）和非金属液体。液态金属的热导率比一般的液体要高。大多数金属液体的热导率均随温度的升高而减小。

图 4-9 给出了常见液体的热导率。在非金属液体中，水的热导率最大。大多数非金属液体的热导率亦随温度的升高而减小，但水和甘油的变化规律相反。液体的热导率基本上与压力无关。一般来说，纯液体的热导率比其溶液的要大。

溶液的热导率在缺乏实验数据时，可按纯液体的 λ 值进行估算。

有机化合物水溶液的热导率估算式为

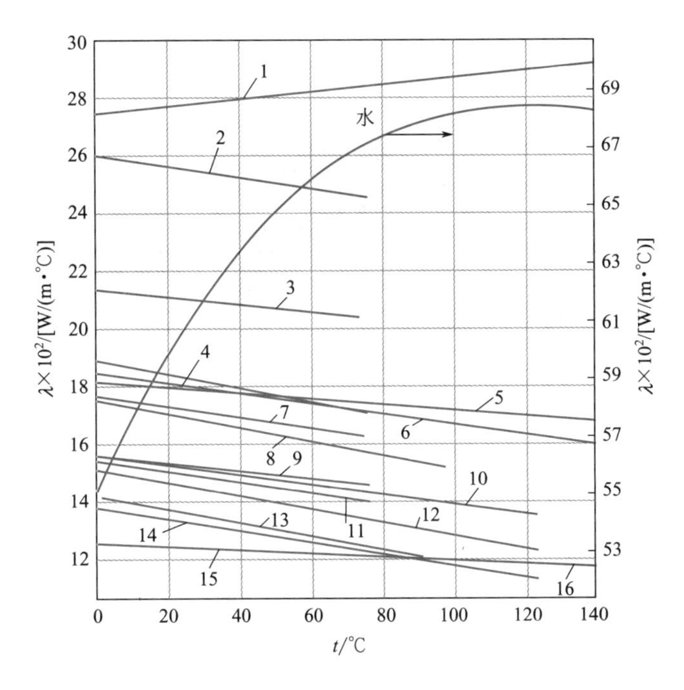

图 4-9　几种液体的热导率

1—无水甘油；2—蚁酸；3—甲醇；4—乙醇；5—蓖麻油；6—苯胺；7—醋酸；8—丙酮；9—丁醇；10—硝基苯；11—异丙醇；12—苯；13—甲苯；14—二甲苯；15—凡士林；16—水（用右边的比例尺）

$$\lambda_{m}=0.9\sum a_{i}\lambda_{i} \tag{4-8}$$

式中　a——组分的质量分数；

m——混合液；

i——组分的序号。

有机化合物的互溶混合液的热导率估算式为

$$\lambda_{m}=\sum a_{i}\lambda_{i} \tag{4-8a}$$

3. 气体的热导率

气体热导率随温度升高而增大。在相当大的压力范围内，气体的热导率随压力的变化很小，可以忽略不计，仅当气体压力很高（大于 200MPa）或很低（低于 2500 Pa）时，才应考虑压力的影响，此时热导率随压力增高而增大。

常压下气体混合物的热导率可用下式估算

$$\lambda_{m}=\frac{\sum_{i=1}^{n}\lambda_{i}y_{i}M_{i}^{1/3}}{\sum_{i=1}^{n}y_{i}M_{i}^{1/3}} \tag{4-9}$$

式中　y_i——气体混合物中 i 组分的摩尔分数；

M_i——气体混合物中 i 组分的相对分子质量，kg/kmol。

与液体和固体相比，气体的热导率最小，对热传导不利，但却有利于保温、绝热。工业上所使用的保温材料，如玻璃棉等，就是因为其结构的空隙中充满气体，所以其表观热导率较小，适用于保温隔热。新型保温材料气凝胶就是由于结构里有更多空隙，所以具有热导率低、密度小的特点，其常温热导率为0.02W/(m・℃)，可以用于深海采油管的保温及航天服的保温等。图4-10给出了常见的需要保温的场合，图4-11给出了常见的几种保温材料形状。

(a) 设备保温

(b) 管道保温

(c) 建筑墙面保温

图4-10　常见的保温场合

(a) 板材

(b) 管材

(c) 卷材

图4-11　常见的保温材料形状

4.2.3　平壁的热传导

1. 单层平壁热传导

单层平壁热传导如图4-12所示。假设材料均匀，热导率不随温度变化，或可取平均值；平壁内的温度仅沿垂直于平壁的方向变化，即等温面垂直于传热方向；平壁面积与平壁厚度相比很大，故可以忽略热损失。

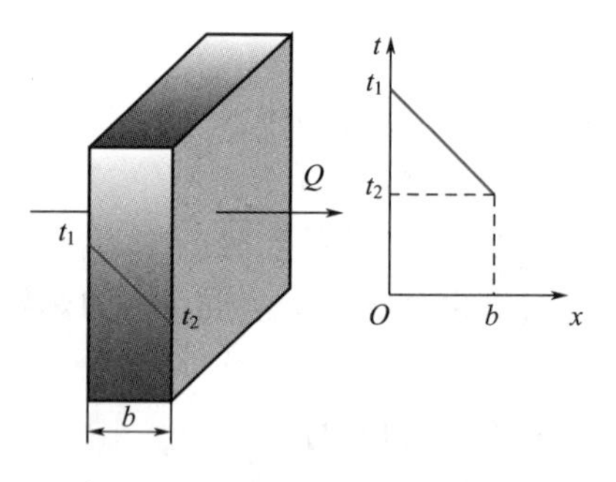

图4-12　单层平壁热传导

这是最简单的稳态的一维平壁热传导问题，式4-6可简化为

$$Q=-\lambda S\frac{\mathrm{d}t}{\mathrm{d}x} \tag{4-10}$$

当$x=0$时，$t=t_1$；当$x=b$，$t=t_2$，且$t_1>t_2$

积分得

$$Q=\frac{\lambda S}{b}(t_1-t_2) \tag{4-11}$$

或

$$Q=\frac{t_1-t_2}{\dfrac{b}{\lambda S}}=\frac{\Delta t}{R} \tag{4-11a}$$

和

$$\boxed{q=\frac{Q}{S}=\frac{t_1-t_2}{\dfrac{b}{\lambda}}=\frac{\Delta t}{R'}} \tag{4-11b}$$

式中　b——平壁厚度，m；

$R=\dfrac{b}{\lambda S}$——热传导热阻，℃/W；

$R'=\dfrac{b}{\lambda}$——热传导热阻，(m^2·℃)/W；

Δt——平壁两侧的温度差，即热传导推动力，℃。

式 4-11 适用于 λ 为常数的稳态热传导过程。

实际上，物体内不同位置上的温度并不相同，因而热导率也随之而异。但是在工程计算中，对于各处温度不同的固体，其热导率可以取固体两侧面温度下 λ 值的算术平均值。在以后的热传导计算中，若非特别说明，一般都采用平均热导率。

在研究传递速率的时候，通常认为速率为传递推动力和阻力之比。对热传导而言，式 4-11a 表明导热速率与导热推动力成正比，与导热热阻成反比。温度差为推动力，温差越大，则推动力越大；而导热距离（厚度）越大，传热面积和热导率越小，则对应导热热阻越大。引入热阻的概念可以比较方便地讨论传热过程的影响因素。该式与电学中的欧姆定律相比，形式完全类似，可以利用电学中串、并联电阻的计算办法类比计算复杂导热过程的热阻。

2. 多层平壁的热传导

实际传热过程中有多于一层平壁的情况，现以三层平壁为例，如图 4-13 所示，推导其速率方程。除了与单层平壁热传导一样的假设外，还假设层与层之间接触良好，即互相接触的两表面温度相同。

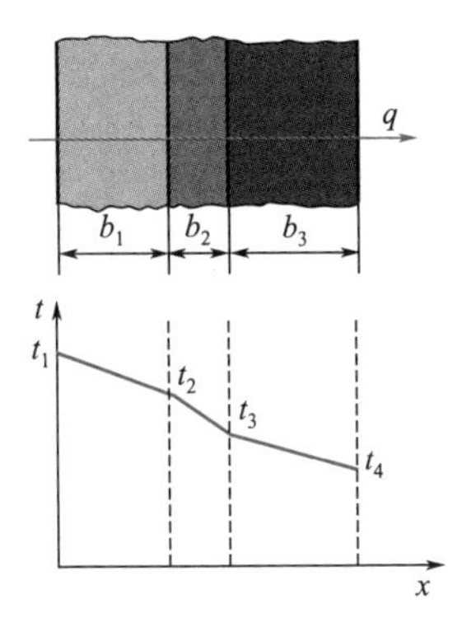

图 4-13　三层平壁热传导

在稳态热传导时，若各表面温度分别为 t_1、t_2、t_3 和 t_4，且 $t_1>t_2>t_3>t_4$，则通过各层平壁截面的传热速率必相等：$Q_1=Q_2=Q_3=Q_4=Q$

即
$$Q=\lambda_1 S\,\frac{t_1-t_2}{b_1}=\lambda_2 S\,\frac{t_2-t_3}{b_2}=\lambda_3 S\,\frac{t_3-t_4}{b_3} \tag{4-12}$$

或
$$Q=\frac{t_1-t_2}{\dfrac{b_1}{\lambda_1 S}}=\frac{t_2-t_3}{\dfrac{b_2}{\lambda_2 S}}=\frac{t_3-t_4}{\dfrac{b_3}{\lambda_3 S}}$$

由上式解出 $t_i-t_{i+1}(i=1,2,3)$ 并相加，经整理得

$$Q=\frac{t_1-t_4}{\dfrac{b_1}{\lambda_1 S}+\dfrac{b_2}{\lambda_2 S}+\dfrac{b_3}{\lambda_3 S}} \tag{4-13}$$

式 4-13 即为三层平壁的热传导速率方程。

对 n 层平壁，其热传导速率方程可表示为

$$\boxed{Q=\frac{t_1-t_{n+1}}{\sum\limits_{i=1}^{n}\dfrac{b_i}{\lambda_i S}}} \tag{4-14}$$

式 4-14 中，下标 i 表示平壁层的序号。

由式 4-14 可见，多层平壁热传导的总推动力为各层温度差之和，即总温度差，总热阻为各层热阻之和。

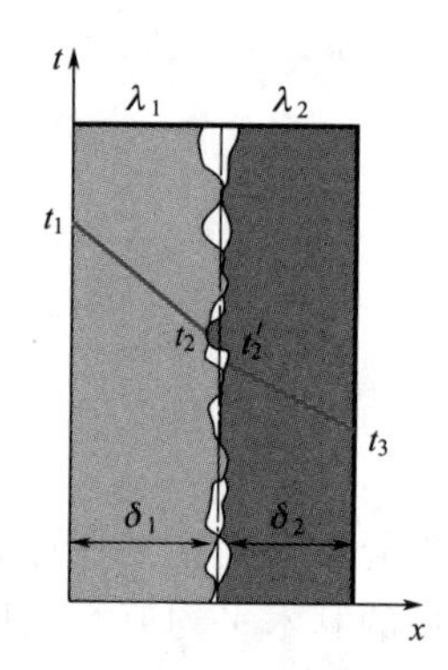

图 4-14 接触热阻的影响

应予指出，在上述多层平壁的计算中，假设层与层之间接触良好，两个接触表面具有相同的温度。但不同材料构成的界面之间可能出现明显的温度降低。这种温度变化是由于表面粗糙不平而产生接触热阻的缘故。因两个接触面间有空穴，而空穴内又充满空气，如图 4-14 所示。因此，传热过程包括通过实际接触面的热传导和通过空穴的热传导（高温时还有辐射传热）。一般来说，因气体的热导率很小，接触热阻主要由空穴造成。

接触热阻与接触面材料、表面粗糙度及接触面上压力等因素有关，目前还没有可靠的理论或经验计算公式，主要依靠实验测定。表 4-5 列出几组材料的接触热阻值，以便对接触热阻有数量级的概念。

表 4-5 几种材料的接触热阻

接触面材料	粗糙度/μm	温度/℃	表压力/kPa	接触热阻/($m^2\cdot$℃/W)
不锈钢(磨光),空气	2.54	90～200	300～2500	$0.264\sim10^{-3}$
铝(磨光),空气	2.54	150	1200～2500	$0.88\sim10^{-4}$
铝(磨光),空气	0.25	150	1200～2500	$0.18\sim10^{-4}$
铜(磨光),空气	1.27	20	1200～20000	$0.7\sim10^{-5}$

【例 4-1】 现有一平壁保温砖墙，厚度为 400mm，一侧温度为 120℃，另一侧温度为 30℃。设砖的平均热导率为 $\lambda=0.7(1+0.0009t)$W/(m·℃)，传热过程为一维稳态热传导。试求导热的热通量及距离高温侧 100mm 处的温度。若希望热通量为原来的 80%，则需要保温层的厚度为多少（mm）?

解：平壁的热导率按壁的平均温度计算，即

$$t_m=\frac{t_1+t_2}{2}=\frac{120+30}{2}=75℃$$

平均热导率为 $\lambda_m=0.7\times(1+0.0009\times75)=0.747\text{W/(m}\cdot℃)$

导热热通量可按式 4-11b 计算

$$q=\frac{Q}{S}=\frac{\lambda_m}{b}(t_1-t_2)=\frac{0.747}{0.40}\times(120-30)=168.075\text{W/m}^2$$

设以 x 表示沿壁厚方向的距离，在 x 处壁面的温度为 t，则导热热通量为

$$q=\frac{\lambda_m}{x}(t_1-t)$$

整理得

$$t=t_1-\frac{qx}{\lambda_m}=120-\frac{168.075}{0.747}x=120-225x$$

这就是平壁内的温度分布，当 $x=0.1$m 时，壁面的温度为 97.5℃。该例题计算结果表示，当热导率为常量时，平壁内温度呈线性分布。

若保持两侧温度不变，希望热通量为上述情况的80%，若还用原来的保温材料，传热推动力不变，需要增加热阻才能减少热通量。因两侧温度不变，所以平均温度不变，还可以用75℃计算的平均热导率，代入公式计算所需的保温层厚度b'。

$$q'=\frac{Q'}{S}=\frac{\lambda_m}{b'}(t_1-t_2)=\frac{0.747}{b'}(120-30)=168.075\times80\%=134.46\mathrm{W/m^2}$$

解得$b'=0.5\mathrm{m}=500\mathrm{mm}$，为保温层的厚度。

【例4-2】 某平壁燃烧炉由一层100mm厚的耐火砖和一层200mm厚的普通砖砌成，其热导率分别为1.0W/(m·℃)及0.8W/(m·℃)。操作稳定后，测得炉壁内表面温度为600℃，外表面温度为100℃。为减小燃烧炉的热损失，在普通砖的外表面增加一层厚为40mm、热导率为0.04W/(m·℃)的保温材料。待操作稳定后，又测得炉壁内表面温度为610℃，外表面温度为40℃。设原有两层材料的热导率不变，试求：(1)加保温层后炉壁的热损失比原来减少的百分数；(2)加保温层后各层接触面的温度。

解：(1)加保温层后炉壁的热损失比原来减少的百分数

加保温层前，为双层平壁的热传导，单位面积炉壁的热损失，即热通量q_1为

$$q_1=\frac{t_1-t_3}{\frac{b_1}{\lambda_1}+\frac{b_2}{\lambda_2}}=\frac{600-100}{\frac{0.1}{1.0}+\frac{0.2}{0.8}}=1428.57\mathrm{W/m^2}$$

加保温层后，为三层平壁的热传导，应考虑三个热阻单位面积炉壁的热损失，即热通量q'为

$$q'=\frac{t_1-t_4}{\frac{b_1}{\lambda_1}+\frac{b_2}{\lambda_2}+\frac{b_3}{\lambda_3}}=\frac{610-40}{\frac{0.1}{1.0}+\frac{0.2}{0.8}+\frac{0.04}{0.04}}=422.22\mathrm{W/m^2}$$

加保温层后热损失比原来减少的百分数为

$$\frac{q_1-q'}{q_1}\times100\%=\frac{1428.57-422.22}{1428.57}\times100\%=70.44\%$$

(2)加保温层后各层接触面的温度

已知$q'=422.22\mathrm{W/m^2}$，且通过各层平壁的热通量均为此值。得

$$\Delta t_1=\frac{b_1}{\lambda_1}q'=\frac{0.1}{1.0}\times422.22=42.22℃$$

$$t_2=t_1-\Delta t_1=610-42.22=567.78℃$$

$$\Delta t_2=\frac{b_2}{\lambda_2}q'=\frac{0.2}{0.8}\times422.22=105.56℃$$

t_3可以从外壁温度来求

$$\Delta t_3=\frac{b_3}{\lambda_3}q'=\frac{0.04}{0.04}\times422.22=422.22℃$$

$$t_3=t_4+\Delta t_3=40+422.22=462.22℃$$

计算结果如附表所示。

例 4-2 附表　各层的温度差和热阻的数值

保温层	温度差/℃	热阻/$m^2 \cdot ℃ \cdot W^{-1}$
耐火砖	42.22	0.10
普通砖	105.56	0.25
保温材料	422.22	1.00

本例为多层平壁稳态热传导，注意推动力与阻力的对应关系。推动力和阻力是可以加和的，总热阻等于各层平壁的热阻之和，总热阻对应总推动力；稳态传热时，通过各层平壁的热通量相同，热阻大的平壁层对应的温度差大。

4.2.4 圆筒壁的热传导

化工生产中，经常遇到圆筒壁的热传导问题，它与平壁热传导的不同之处在于圆筒壁的传热面积和热通量不再是常量，而是随半径而变，同时温度也随半径而变，但传热速率在稳态时依然是常量。

1. 单层圆筒壁的热传导

单层圆筒壁的热传导如图 4-15 所示。假设材料均匀，热导率不随温度变化，或可取平均值；圆筒壁内的温度仅沿垂直于圆筒壁的方向变化，即等温面垂直于传热方向；圆筒壁面积与圆筒壁厚度相比很大，故可以忽略轴向热损失，其热传导可视为一维稳态热传导。

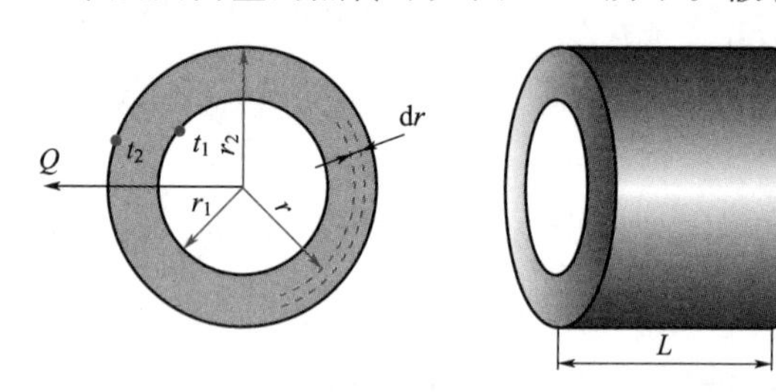

图 4-15　单层圆筒壁的热传导

设圆筒的内半径为 r_1，外半径为 r_2，长度为 L。圆筒内、外壁面温度分别为 t_1 和 t_2，且 $t_1>t_2$。若在圆筒半径 r 处沿半径方向取微分厚度 dr 的薄壁圆筒，其传热面积可视为常量，等于 $2\pi rL$，同时通过该薄层的温度变化为 dt。仿照平壁热传导公式，通过该薄圆筒壁的导热速率可以表示为

$$Q=-\lambda S\frac{dt}{dr}=-\lambda(2\pi rL)\frac{dt}{dr} \tag{4-15}$$

将上式分离变量积分并整理可得

$$Q=2\pi\lambda L\frac{t_1-t_2}{\ln(r_2/r_1)} \tag{4-16}$$

式 4-16 即为单层圆筒壁的热传导速率方程。该式也可写成与平壁热传导速率方程类似的形式，即

$$\boxed{Q=\lambda S_m\frac{t_1-t_2}{r_2-r_1}} \tag{4-17}$$

其中

$$S_m=2\pi\frac{r_2-r_1}{\ln(r_2/r_1)}L=2\pi r_m L \tag{4-18}$$

$$r_m=\frac{r_2-r_1}{\ln\frac{r_2}{r_1}} \tag{4-19}$$

或
$$S_{\mathrm{m}}=\frac{2\pi Lr_2-2\pi Lr_1}{\ln\dfrac{2\pi Lr_2}{2\pi Lr_1}}=\frac{S_2-S_1}{\ln\dfrac{S_2}{S_1}} \tag{4-18a}$$

式中　r_{m}——圆筒壁的对数平均半径，m；

S_{m}——圆筒壁的对数平均面积，m^2。

应予指出，当$\dfrac{r_2}{r_1}\leqslant 2$时，上述各式中的对数平均值可用算术平均值代替。这时算术平均值与对数平均值相比，计算误差在4%以内，这是工程计算允许的。

以上均假定热导率λ为与温度无关的常数。当λ为温度t的线性函数时，上述各式中的热导率λ亦可采用t_1和t_2算术平均温度下的值λ_{m}来代替。

2. 多层圆筒壁的稳态热传导

多层（以三层为例）圆筒壁的稳态热传导如图4-16所示。假设层与层之间接触良好，各层的热导率分别为λ_1、λ_2和λ_3，厚度分别为$b_1=r_2-r_1$，$b_2=r_3-r_2$，$b_3=r_4-r_3$。

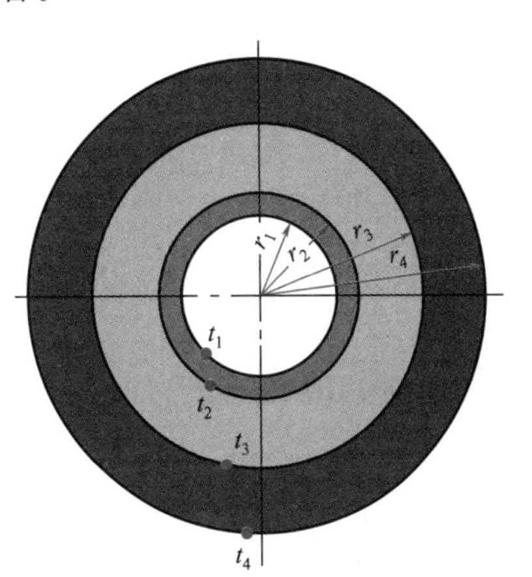

图 4-16　多层圆筒壁的稳态热传导

像多层平壁一样，也可以将串联热阻的概念应用于多层圆筒壁，对于图4-16所示的三层圆筒壁，其解为

$$Q=\frac{(t_1-t_2)+(t_2-t_3)+(t_3-t_4)}{\dfrac{1}{2\pi L\lambda_1}\ln\dfrac{r_2}{r_1}+\dfrac{1}{2\pi L\lambda_2}\ln\dfrac{r_3}{r_2}+\dfrac{1}{2\pi L\lambda_3}\ln\dfrac{r_4}{r_3}}=\frac{t_1-t_4}{\dfrac{r_2-r_1}{\lambda_1 S_{\mathrm{m1}}}+\dfrac{r_3-r_2}{\lambda_2 S_{\mathrm{m2}}}+\dfrac{r_4-r_3}{\lambda_3 S_{\mathrm{m3}}}} \tag{4-20}$$

可得

$$Q=\frac{2\pi L(t_1-t_4)}{\dfrac{1}{\lambda_1}\ln\dfrac{r_2}{r_1}+\dfrac{1}{\lambda_2}\ln\dfrac{r_3}{r_2}+\dfrac{1}{\lambda_3}\ln\dfrac{r_4}{r_3}} \tag{4-20a}$$

对n层圆筒壁，其热传导速率方程可表示为

$$Q=\frac{t_1-t_{n+1}}{\sum\limits_{i=1}^{n}\dfrac{b_i}{\lambda_i S_{\mathrm{m}i}}} \tag{4-21}$$

或

$$\boxed{Q=\frac{2\pi L(t_1-t_{n+1})}{\sum\limits_{i=1}^{n}\dfrac{1}{\lambda_i}\ln\dfrac{r_{i+1}}{r_i}}} \tag{4-22}$$

式中下标i表示圆筒壁的序号。

多层圆筒壁热传导的总推动力亦为总温度差，总热阻亦为各层热阻之和，只是计算各层热阻所用的传热面积不再相等，而应采用各自的对数平均面积。在稳态传热时，单位时间通过各层的传热量，即导热速率Q相同，但由于各层圆筒的内外表面积不等，单位时间通过各层单位面积的热量，即热通量q却不同。

【例 4-3】 内径为 15mm，外径为 19mm 的钢管，热导率 $\lambda_1=45\text{W/(m·℃)}$，其外包扎一层厚为 30mm，热导率 $\lambda_2=0.2\text{W/(m·℃)}$ 的保温材料。若钢管内表面温度为 480℃，保温层外表面温度为 40℃，试求每米管长的热损失以及保温层中的温度分布。

解：由题给条件可知，$r_1=0.0075\text{m}$，$r_2=0.0095\text{m}$，$r_3=0.0095+0.030=0.0395\text{m}$。

由式 4-20a 可得
$$\frac{Q}{L}=\frac{2\pi(t_1-t_3)}{\frac{1}{\lambda_1}\ln\frac{r_2}{r_1}+\frac{1}{\lambda_2}\ln\frac{r_3}{r_2}}=\frac{2\pi(480-40)}{\frac{1}{45}\ln\frac{0.0095}{0.0075}+\frac{1}{0.2}\ln\frac{0.0395}{0.0095}}=387.5\text{W/m}$$

对于保温层，有
$$\frac{Q}{L}=\frac{2\pi\lambda_2(t_2-t_3)}{\ln(r_3/r_2)}$$

则
$$t_2=t_3+\frac{Q}{L}\times\frac{\ln(r_3/r_2)}{2\pi\lambda_2}=40+387.5\times\frac{\ln(0.0395/0.0095)}{2\times3.14\times0.2}=479.6℃$$

于是保温层内的温度分布为
$$t=t_2-\frac{t_2-t_3}{\ln(r_3/r_2)}\ln\frac{r}{r_2}=479.6-\frac{479.6-40}{\ln(0.0395/0.0095)}\ln\frac{r}{0.0095}=-308.49\ln r-957.2$$

在热导率为常数的条件下，圆筒壁内的温度分布为曲线而不是直线。这与多层平壁的温度分布为直线不同。

4.3 对流传热

实际工程中经常遇到两流动流体之间或流体与壁面之间的热交换问题，这类问题需用对流传热的理论予以解决。在对流传热过程中，热量传递不只与流体的物理性质相关，还受流体的流动状况影响，需要考虑温度场与速度场的相互作用。根据流体在传热过程中是否发生相变化，对流传热可分为两类：

① 流体无相变的对流传热　包括强制对流（强制层流和强制湍流）、自然对流。

② 流体有相变的对流传热　包括蒸汽冷凝和液体沸腾等形式的传热过程。

这两类对流传热过程机理不尽相同，对流传热速率的影响因素也有区别。为了方便，先介绍对流传热的基本概念。

4.3.1 对流传热机理

各种对流传热情况的机理并不相同，本节仅简单分析流体无相变的强制对流传热情况。

1. 对流传热分析

当湍流的流体流经固体壁面时，由于流体黏性的作用，壁面附近的流体减速而形成边界层，边界层内存在速度梯度。若流体温度与壁面不同，则二者之间将进行热交换。

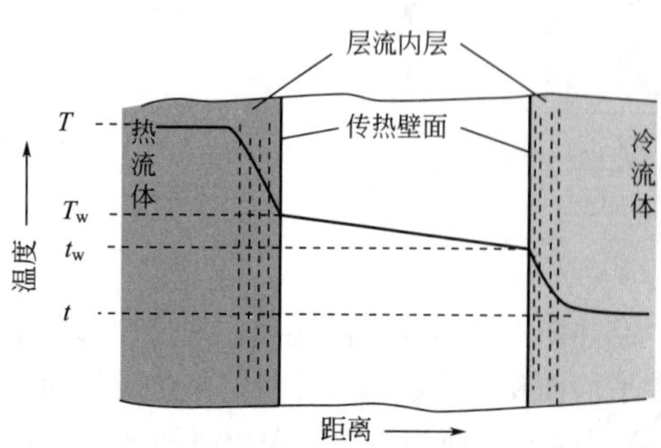

图 4-17 对流传热温度分布情况

如图 4-17 所示，假定壁面温度高于流体温度，热流便会由壁面流向运动流体中。由流动边界层的知识可知，湍流边界层由靠近壁面处的层流内层、离开壁面一定距离处的缓冲层和湍流核心三部分组成。由于流体具有黏性，故紧贴壁面的一层流体速度为零。对应地，这三部分区域有不同的传热机理。固体壁面处的热量首先以热传导方式通过静止的流体层进入层流内层，层流内层中的流体在与流动方向相垂直的方向上进行热量传递时，由于不存在流体的旋涡运动与混合，故传递方式为热传导。然后热流经层流内层进入缓冲层，在这层流体中，既有流体微团的层流流动，也存在一些使流体微团在热流方向上作旋涡运动的宏观运动，故在缓冲层内兼有分子运动所引起的热传导和涡流传热两种传热方式。热流最后由缓冲层进入湍流核心，由于流体剧烈湍动，涡流传热较分子传热强烈得多，故湍流核心的热量传递以旋涡运动引起的涡流传热为主，而热传导可以忽略不计。就热阻而言，层流内层的热阻占总对流传热热阻的大部分，故该层流体虽然很薄，但热阻却很大，相应温度梯度也很大。湍流核心的温度则较为均匀，热阻很小。

2. 热边界层

与速度边界层类似，当流体流过固体壁面时，若二者温度不同，则壁面附近的流体受壁面温度的影响将建立一个温度梯度，一般将流动流体中存在温度梯度的区域称为温度边界层，亦称热边界层（thermal boundary layer）。

平板上热边界层的形成和发展如图 4-18 所示。当温度为 T_∞ 的流体在表面温度为 T_w 的平板上流过时，流体和平板间进行换热。实验表明在大多数情况下，流体的温度也和速度一样，仅在靠近板面的薄流体层中有显著的变化，即在此薄层中存在温度梯度，此薄层为热边界层。在热边界层以外的区域，流体的温度基本上相同，即温度梯度可视为零。热边界层的厚度用 δ_t 表示。通常规定 $T_w - T = 0.99(T_w - T_\infty)$ 处为热边界层的界限，式中 T 为热边界层的任一局部位置的温度。大多数情况下，流动边界层的厚度 δ 大于热边界层的厚度 δ_t。显然，热边界层是进行对流传热的主要区域。

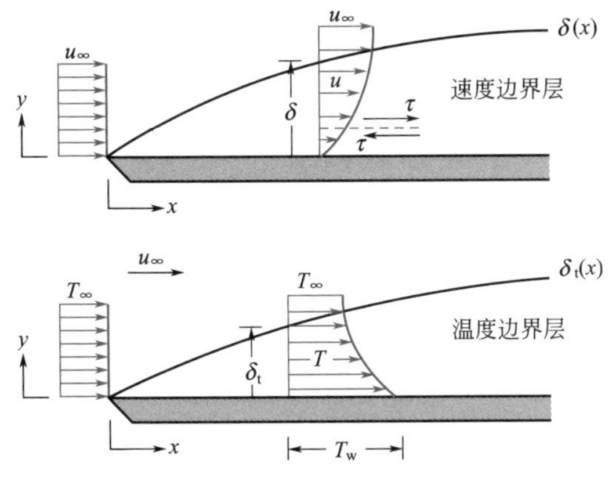

图 4-18 平板上的热边界层

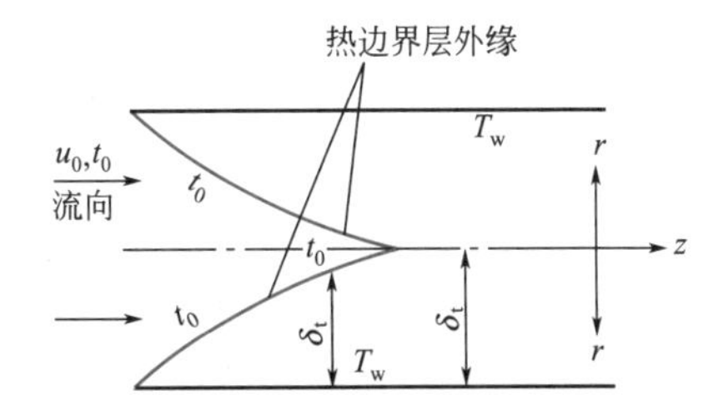

图 4-19 流体流过圆管时的热边界层

当流体流过圆管进行传热时，管内热边界层的形成和发展与管内流动边界层类似，如图 4-19 所示。流体最初以均匀速度 u_0 和均匀温度 t_0 进入管内，因受壁面温度的影响，热边界层的厚度由进口的零值逐渐增厚，经过一定距离后，在管中心汇合。流体由管进口至汇合点的轴向距离称为传热进口段。超过汇合点以后，温度分布将逐渐趋于平坦，若管子的长度足够，则截面上的温度最后变为均匀一致并等于壁面温度 T_w。

4.3.2 对流传热速率方程和对流传热系数

1. 对流传热速率方程

对流传热是一个复杂的传热过程，影响对流传热速率的因素很多，而且对不同的对流传热情况又有差别，因此目前的工程计算仍按半经验法处理。

根据传递过程普遍关系，壁面与流体间（或反之）的对流传热速率应该等于推动力和阻力之比，即

对流传热速率＝对流传热推动力÷对流传热阻力＝系数×推动力

上式中的推动力是某一截面处，壁面和流体间的温度差。影响阻力的因素很多，但比较明确的是阻力必与传热面积成反比。还应指出，在换热器中，沿流体流动方向不同的位置处，流体和壁面的温度一般是变化的，在换热器不同位置上的对流传热速率也随之而异，所以对流传热速率方程应该用微分形式表示。

若以流体和壁面间的对流传热为例，对流传热速率方程可以表示为

$$dQ=\frac{T-T_w}{\frac{1}{\alpha dS}}=\alpha(T-T_w)dS \tag{4-23}$$

式中 dQ——局部对流传热速率，W；

dS——微分传热面积，m^2；

T——换热器的任一截面上热流体的平均温度，℃；

T_w——换热器的任一截面上与热流体相接触一侧的壁面温度，℃；

α——比例系数，又称局部对流传热系数，$W/(m^2 \cdot ℃)$。

式 4-23 又称牛顿冷却定律。

在换热器中，局部对流传热系数 α 随管长而变化，但是在工程计算中，常常使用平均对流传热系数（一般也用 α 表示，应注意与局部对流传热系数的区别），此时牛顿冷却定律可以表示为

$$\boxed{Q=\alpha S\Delta t=\frac{\Delta t}{1/\alpha S}} \tag{4-24}$$

式中 Q——平均对流传热速率，$W/(m^2 \cdot ℃)$；

S——总传热面积，m^2；

Δt——流体与壁面（或反之）间温度差的平均值，℃；

$1/\alpha S$——对流传热热阻，℃/W。

应注意，流体的平均温度是指将流动横截面上的流体绝热混合后测定的温度。在传热计算中，除另有说明外，流体的温度一般都是指某横截面的平均温度。

还应指出，换热器的传热面积有不同的表示方法，可以是管内侧或管外侧表面积。例如，若热流体在换热器的管内流动，冷流体在管间（环隙）流动，则与之对应的对流传热速率方程可分别表示为

$$dQ=\alpha_i dS_i(T-T_w) \tag{4-25}$$

及

$$dQ=\alpha_o dS_o(t_w-t) \tag{4-25a}$$

式中 S_i、S_o——换热器的管内侧和管外侧表面积，m^2；

α_i、α_o——换热器管内侧和管外侧流体对流传热系数，$W/(m^2 \cdot ℃)$；

t——换热器的任一截面上冷流体的平均温度，℃；

t_w——换热器的任一截面上与冷流体相接触一侧的壁面温度，℃。

由式 4-25 可见，对流传热系数必然是和传热面积以及温度差相对应的。

牛顿冷却定律表达了复杂的对流传热问题，实质上是将矛盾集中到对流传热系数 α，因此研究各种对流传热情况时 α 的大小、影响因素及 α 的计算式，成为研究对流传热的核心。

2. 对流传热系数

牛顿冷却定律也是对流传热系数的定义式，即

$$\alpha=\frac{Q}{S\Delta t} \tag{4-24a}$$

对流传热系数（individual heat transfer coefficient）在数值上等于单位温度差下、单位传热面积的对流传热速率，其单位为 $W/(m^2 \cdot ℃)$，它反映了对流传热的快慢，α 越大表示对流传热越快。

由图 4-18 可以看出，若紧靠壁面附近薄层流体（层流内层）中的温度梯度用 $(dt/dy)_w$ 表示，由于通过这一薄层的传热只能是流体间的热传导，所以传热速率可用傅里叶定律表示，即

$$dQ=-\lambda dS\left(\frac{dt}{dy}\right)_w \tag{4-26}$$

式中　λ——流体的热导率，$W/(m \cdot ℃)$；

y——与壁面相垂直方向上的距离，m；

$(dt/dy)_w$——壁面附近流体层内温度梯度，℃/m。

联立式 4-23 和式 4-26，消去 dQ/dS，则可得

$$\alpha=-\frac{\lambda}{T-T_w}\left(\frac{dt}{dy}\right)_w=-\frac{\lambda}{\Delta t}\left(\frac{dt}{dy}\right)_w \tag{4-27}$$

式 4-27 是对流传热系数 α 的另一定义式。该式表明，对于一定的流体（λ 已知）和温度差，只要知道壁面附近的流体层的温度梯度，就可由该式求得 α。显然，由于影响 $(dt/dy)_w$ 的因素很复杂，目前仅能获得少数较简单条件的 α 分析解，对其他情况仍需要通过经验公式来计算。但式 4-27 是理论上分析和计算 α 的基础。

热边界层的厚度影响层内的温度分布，从而影响温度梯度。当边界层内、外侧的温度差一定时，热边界层越薄，则 $(dt/dy)_w$ 越大，因而 α 就越大。反之，热边界层厚度大则对应小的 α 值。因此，减薄层流内层的厚度是强化对流传热的主要途径。

与热导率 λ 不同，对流传热系数 α 不是流体的物理性质，而是受诸多因素影响的一个系数，反映对流传热热阻的大小。流体有无相变化、流体流动的原因、流动状态、流体物性和壁面情况（换热器结构）等都影响对流传热系数。一般来说，对于同一种流体，强制对流传热时的 α 要大于自然对流时的 α，有相变化的 α 要大于无相变化时的 α。表 4-6 列出了各种情况下的 α 数值范围，可作为传热计算中的参考值。

表 4-6　α 值的范围

换热方式	空气自然对流	气体强制对流	水自然对流	水强制对流	水蒸气冷凝	有机蒸气冷凝	水沸腾
$\alpha/[W/(m^2 \cdot ℃)]$	5～25	20～100	20～1000	1000～15000	5000～15000	500～2000	2500～25000

4.3.3　对流传热系数关联式

求算对流传热系数的方法有两种：理论方法和实验方法。前者是通过对各类对流传热现象进行理论分析，建立描述对流传热现象的方程组，然后用数学分析的方法求解。由于过程的复杂性，目前仅一些较为简单的对流传热现象可以用理论方法求解。对于工程上遇到的对

流传热问题仍依赖于实验方法，结合实验测定建立关联式。

4.3.3.1　影响对流传热系数的因素

由对流传热的机理分析可知，对流传热系数取决于热边界层内的温度梯度，与流体的物性、温度、流动状况以及壁面几何状况等诸多因素有关。

（1）流体的种类和相变化的情况

液体、气体和蒸汽的对流传热系数都不相同，牛顿型流体和非牛顿型流体也有区别。本书只限于讨论牛顿型流体的对流传热系数。流体有无相变化，对传热有不同的影响，后面将分别予以讨论。

（2）流体的特性

对α值影响较大的流体物性有热导率、黏度、比热容、密度以及对自然对流影响较大的体积膨胀系数。对于同一种流体，这些物性是温度的函数，其中某些物性还与压力有关。

① 热导率λ　通常，对流传热的热阻主要由边界层的导热热阻构成，当流体呈湍流状态时，湍流主体和缓冲层的传热热阻较小，对流传热主要受层流内层热阻控制。当层流内层的温度梯度一定时，流体的热导率越大，对流传热系数越大。

② 黏度μ　由流体流动规律可知，当流体在管中流动时，若管径和流速一定，流体的黏度越大，其雷诺数Re越小，即湍流程度低，热边界层越厚，于是对流传热系数就越低。

③ 比热容和密度　ρc_p代表单位体积流体所具有的热容量，也就是说ρc_p值越大，流体携带热量的能力越强，因此对流传热的强度越强。

④ 体积膨胀系数β　一般来说，体积膨胀系数越大的流体，所产生的密度差别越大，因此有利于自然对流。由于绝大部分传热过程为非定温流动，因此即使在强制对流的情况下，也会产生附加的自然对流的影响，所以体积膨胀系数对强制对流也有一定的影响。

（3）流体的温度

流体温度与壁面温度之差Δt、流体物性随温度变化程度以及附加自然对流等都会影响到对流传热的速率。因此在对流传热系数计算中必须修正温度对物性的影响。此外由于流体内部温度分布不均匀，必然导致密度的差异，从而产生附加的自然对流，这种影响又与热流方向及管子安放情况等有关。

（4）流体的流动状态

层流和湍流的传热机理有本质的区别。当流体呈层流时，流体沿壁面分层流动，即流体在热流方向上没有混杂运动，传热基本上依靠分子扩散作用的热传导来进行。当流体呈湍流时，湍流主体的传热方式为涡流传热，在壁面附近的层流内层中仍为热传导。涡流致使管子中心温度分布均匀，层流内层的温度梯度增大。由此可见，湍流时的对流传热系数远比层流时大。

（5）流体流动的原因

自然对流和强制对流的流动原因不同，因而具有不同的流动和传热规律。

自然对流是由于流体内部存在温度差，因而各部分的流体密度不同，引起流体质点的相对位移。强制对流是由于外力的作用，例如泵、搅拌器等迫使流体流动。通常，强制对流传热系数要比自然对流传热系数大几倍至几十倍。

（6）传热面的形状、位置和大小

传热面的形状（如管、板、环隙、翅片等）、传热面方位和布置（水平或垂直旋转，管束的排列方式）及管道尺寸（如管径、管长、板高和进口效应）等都直接影响对流传热系数。

这些影响因素比较复杂，但都将反映在 α 的计算公式中。为了获得对流传热系数的计算公式，目前常用的方法是根据对问题的分析，找出影响对流传热的因素，然后通过量纲分析法将这些影响因素组合成若干特征数，继而通过实验确定对流传热系数的关联式，以供设计计算使用。由于篇幅所限，此处不再展开，只简单介绍量纲分析获得的结果，即方程。

① 流体无相变时的强制对流传热过程　根据理论分析及实验研究，得知影响对流传热系数 α 的因素有传热设备的特性尺寸 l、流体的密度 ρ、黏度 μ、比热容 c_p、热导率 λ 及流速 u 等物理量，量纲分析结果为

$$Nu=\phi(Re, Pr) \tag{4-28}$$

② 自然对流传热过程　自然对流是由于流体在加热过程中密度发生变化而产生的流体流动。引起流动的是作用在单位体积流体上的浮力 $\rho g\beta\Delta t$，而影响对流传热系数的其他因素与强制对流是相同的。描述自然对流传热时的特征数关系式为

$$Nu=\phi(Gr, Pr) \tag{4-29}$$

式 4-28 和式 4-29 中各特征数的名称、符号和含义列于表 4-7。

表 4-7　特征数的名称、符号和含义

名称	符号	特征数关联式	含义
努塞尔特数(Nusselt number)	Nu	$\frac{\alpha l}{\lambda}$	表示对流传热系数的特征数
雷诺数(Reynolds number)	Re	$\frac{lu\rho}{\mu}$	表示惯性力与黏性力之比，是表征流动状态的特征数
普朗特数(Prandtl number)	Pr	$\frac{c_p\mu}{\lambda}$	表示速度边界层和热边界层相对厚度的一个参数，反映与传热有关的流体物性
格拉晓夫数(Grashof number)	Gr	$\frac{l^3\rho^2 g\beta\Delta t}{\mu^2}$	表示由温度差引起的浮力与黏性力之比

特征数中各物理量的意义为

α——对流传热系数，W/(m^2·℃)；

u——流速，m/s；

ρ——流体的密度，kg/m^3；

l——传热面的特性尺寸，可以是管径（内径、外径或平均直径）或平板长度等，m；

λ——流体的热导率，W/(m·℃)；

μ——流体的黏度，Pa·s；

c_p——流体的定压比热容，J/(kg·℃)；

Δt——流体与壁面间的温度差，℃；

β——流体的体积膨胀系数，℃$^{-1}$ 或 K^{-1}；

g——重力加速度，m/s^2。

式 4-28 和式 4-29 仅为 Nu 与 Re、Pr 或 Gr、Pr 的原则关系式，而各种不同情况下的具体关系式则需通过实验确定。在整理实验结果及使用关联式时必须注意以下问题。

① 应用范围　关联式中 Re、Pr 等特征数的数值范围等；

② 特性尺寸　Nu、Re 等特征数中的 l 应如何确定；

③ 定性温度　各特征数中的流体物性应按什么温度查取。

4.3.3.2 流体无相变时的对流传热系数

1. 流体在管内作强制对流

(1) 流体在光滑圆形直管内作强制湍流

① 低黏度流体　可应用迪特斯(Dittus)-贝尔特(Boelter)关联式，即

$$Nu=0.023Re^{0.8}Pr^{n} \tag{4-30}$$

或

$$\alpha=0.023\frac{\lambda}{d_i}\left(\frac{d_i u\rho}{\mu}\right)^{0.8}\left(\frac{c_p\mu}{\lambda}\right)^{n} \tag{4-30a}$$

式中，n 值视热流方向而定，当流体被加热时，$n=0.4$；当流体被冷却时，$n=0.3$。

应用范围：$Re>10000$，$0.7<Pr<120$，$\frac{L}{d_i}>60$（L 为管长）。若$\frac{L}{d_i}<60$，需考虑传热进口段对 α 的影响，此时可先由式 4-30a 求得 α 值，再乘以$\left[1+\left(\frac{d_i}{L}\right)^{0.7}\right]$进行校正。

特性尺寸：管内径 d_i。

定性温度：流体进、出口温度的算术平均值。

② 高黏度流体　可应用西德尔(Sieder)-泰特(Tate)关联式，即

$$Nu=0.027Re^{0.8}Pr^{1/3}\varphi_{\mu} \tag{4-31}$$

或

$$\alpha=0.027\frac{\lambda}{d_i}\left(\frac{d_i u\rho}{\mu}\right)^{0.8}\left(\frac{c_p\mu}{\lambda}\right)^{1/3}\left(\frac{\mu}{\mu_w}\right)^{0.14} \tag{4-31a}$$

式中，$\varphi_{\mu}=\left(\frac{\mu}{\mu_w}\right)^{0.14}$ 也是考虑热流方向的校正项；μ_w 为壁面温度下流体的黏度。

应用范围：$Re>10000$，$0.7<Pr<1700$，$\frac{L}{d_i}>60$。

特性尺寸：管内径 d_i。

定性温度：除 μ_w 取壁温外，均取流体进、出口温度的算术平均值。

应予说明，式 4-30 中 Pr 取不同的方次及式 4-31 中引入 φ_{μ} 都是为了校正热流方向对 α 的影响。

液体被加热时，层流内层的温度比液体的平均温度高，由于液体的黏度随温度升高而下降，故层流内层中液体黏度较液体主体黏度低，相应的，层流内层厚度减薄，致使 α 增大；液体被冷却时，情况恰好相反。但由于 Pr 值是根据流体进出口平均温度计算得到的，只要流体进出口温度相同，则 Pr 值也相同。对于大多数液体，$Pr>1$，则 $Pr^{0.4}>Pr^{0.3}$，故液体被加热时取 $n=0.4$，得到的 α 就大；液体被冷却时取 $n=0.3$，得到的 α 就小。

气体黏度随温度变化趋势恰好与液体相反，温度升高时，气体黏度增大，因此，当气体被加热时，层流内层中气体的温度升高，黏度增大，致使层流内层厚度增大，而 α 减小；气体被冷却时，情况相反。但因大多数气体的 $Pr<1$，则 $Pr^{0.4}<Pr^{0.3}$，所以气体被加热时，n 仍取 0.4，而气体被冷却时仍取 0.3。

对式 4-31 中的校正项 φ_{μ}，可以作完全类似的分析，但一般而言，由于壁温是未知的，计算时往往要用试差法，很不方便，为此 φ_{μ} 可取近似值。液体被加热时，取 $\varphi_{\mu}\approx1.05$，液体被冷却时，取 $\varphi_{\mu}\approx0.95$；对气体，不论加热或冷却，均取 $\varphi_{\mu}\approx1.0$。

(2) 流体在光滑圆形直管内作强制层流

流体在管内作强制层流时，一般流速较低，故应考虑自然对流的影响，此时由于在热流方向上同时存在自然对流和强制对流而使问题变得复杂化，也正是上述原因，强制层流时的对流传热系数关联式误差要比湍流的大。

当管径较小，流体与壁面间的温度差也较小，且流体的 μ/ρ 值较大时，可忽略自然对流对强制层流传热的影响，此时可应用西德尔（Sieder）-泰特（Tate）关联式，即

$$Nu=1.86\left(RePr\frac{d_i}{L}\right)^{1/3}\left(\frac{\mu}{\mu_w}\right)^{0.14} \tag{4-32}$$

或

$$\alpha=1.86\frac{\lambda}{d_i}\left(RePr\frac{d_i}{L}\right)^{1/3}\left(\frac{\mu}{\mu_w}\right)^{0.14} \tag{4-32a}$$

应用范围：$Re<2300$，$0.7<Pr<6700$，$RePrd_i/L>100$（L 为管长）。

特性尺寸：管内径 d_i。

定性温度：除 μ_w 取壁温外，均取流体进出口温度的算术平均值。

必须指出，由于强制层流时对流传热系数很低，故在换热器设计中，除非必要，否则应尽量避免在强制层流条件下进行换热。

（3）流体在光滑圆形直管中呈过渡流

当 $Re=2300\sim10000$ 时，对流传热系数可先用湍流时的公式计算，然后把算得的结果乘以校正系数 ϕ，即得到过渡流下的对流传热系数。

$$\phi=1-6\times10^5Re^{-1.8} \tag{4-33}$$

（4）流体在弯管内作强制对流

流体在弯管内流动时，由于受离心力的作用，增大了流体的湍动程度，使对流传热系数较直管内的大，此时可用下式计算对流传热系数，即

$$\alpha'=\alpha\left(1+1.77\frac{d_i}{R}\right) \tag{4-34}$$

式中 α'——弯管中的对流传热系数，$W/(m^2\cdot℃)$；

α——直管中的对流传热系数，$W/(m^2\cdot℃)$；

d_i——管内径，m；

R——管子的弯曲半径，m。

（5）流体在非圆形管内作强制对流

此时，只要将管内径改为当量直径 d_e，则仍可采用上述各关联式。d_e 的定义式为

$$d_e=\frac{4\times\text{流体流通截面积}}{\text{流体润湿周边}}$$

当然，有些关联式特别规定了适用的传热当量直径，具体计算时究竟用哪个当量直径，应由具体的关联式决定。

但当量直径只是一种近似的方法，也有资料提供了专用的关联式，例如在套管环隙中用水和空气进行对流传热实验，可得 α 的关联式

$$\alpha=0.02\frac{\lambda}{d_e}\left(\frac{d_1}{d_2}\right)^{0.53}Re^{0.8}Pr^{1/3} \tag{4-35}$$

应用范围：$Re=12000\sim220000$，$d_1/d_2=1.65\sim17$。

特性尺寸：当量直径 d_e。

定性温度：流体进出口温度的算术平均值。

此式亦可用于计算其他流体在套管环隙中作强制湍流时的传热系数。

表 4-8 中列出空气和水在圆形直管内流动时的对流传热系数，以供参考。由表 4-8 可见，水的 α 值较空气的大得多。同一种流体，相同管径下，流速越大，α 也越大；相同流速下，管径越大，则 α 越小。

表 4-8　**空气和水的 α 值**（16℃和 101.3kPa）

	d_i /mm	u /(m/s)	α /[W/(m^2·℃)]		d_i /mm	u /(m/s)	α /[W/(m^2·℃)]
空气	25	6.1 24.4 42.7 61.0	34.1 101.1 159.9 210.1	水	25	0.61 1.22 2.44	2498 4372 7609
	50	6.1 24.4 42.7 61.0	29.5 89.7 137.4 184.0		50	0.61 1.22 2,44	2158 3804 6586
	75	6.1 24.4 42.7 61.0	26.1 80.6 126.1 169.2		75	0.61 1.22 2.44	2044 3520 6132

【例 4-4】 常压空气在一管壳式换热器的管内由 30℃被加热到 90℃，管内径为 15mm，空气的平均流速为 18m/s。试求：(1) 管壁对空气的对流传热系数；(2) 假设物性不发生变化，如果在管程流体进口端的封头内加设一块横向隔板，使换热器变为双管程，求此时管内对流传热系数；(3) 假设物性不发生变化，考虑换热器管数不变，仍为单管程，但管子尺寸换为 ϕ25mm×2.5mm，求此时管内对流传热系数。

解：(1) 定性温度 $=\dfrac{t_1+t_2}{2}=\dfrac{30+90}{2}=60℃$

由附录查得 60℃时空气的物性如下：$\rho=1.06\text{kg/m}^3$，$\lambda=0.02896\text{W/(m·℃)}$，$\mu=2.01\times10^{-5}\text{Pa·s}$，$Pr=0.696$，则

$$Re=\frac{d_i u\rho}{\mu}=\frac{0.015\times18\times1.06}{2.01\times10^{-5}}=14238$$

Re 和 Pr 值均在式 4-30 的应用范围内，但由于管长未知，故无法查核 $\dfrac{L}{d_i}$，在此情况下，可采用式 4-30 近似计算 α。

气体被加热，取 $n=0.4$，于是得

$$\alpha=0.023\frac{\lambda}{d_i}Re^{0.8}Pr^{0.4}=0.023\times\frac{0.02896}{0.015}\times14238^{0.8}\times0.696^{0.4}=80.77\text{W/(m}^2\text{·℃)}$$

(2) 换为双管程，管内流速增加一倍

$$\frac{\alpha'}{\alpha}=\left(\frac{Re'}{Re}\right)^{0.8}=\left(\frac{u'}{u}\right)^{0.8}=2^{0.8}=1.741$$

$$\alpha'=1.741\alpha=1.741\times80.77=140.62\text{W/(m}^2\text{·℃)}$$

(3) 管子尺寸换为 ϕ25mm×2.5mm，管径变化引起了管内流速的变化

$$\frac{\alpha''}{\alpha}=\frac{d_i}{d_i''}\left(\frac{Re''}{Re}\right)^{0.8}=\left(\frac{d_i''}{d_i}\right)^{-1.8}=\left(\frac{0.020}{0.015}\right)^{-1.8}=0.596$$

$$\alpha''=0.596\alpha=0.596\times80.77=48.14\text{W}/(\text{m}^2\cdot℃)$$

求解本题时，α 关联式的使用要注意定性温度，核算使用范围，选择合适的经验公式进行计算。改变管内的流速和管子的尺寸会引起管内对流传热系数的改变。应该熟悉利用方程求解各种条件下 α 的变化。

【例 4-5】 套管换热器的内管规格为 ϕ38mm×2.5mm，外管规格为 ϕ68mm×4.0mm，长为 20m。85℃的某有机溶剂在环隙内被冷却到 35℃，流量为 4000kg/h，冷却水走管内。两流体逆流流动。假设定性温度下，有机溶剂的物理性质如下：$\rho=860\text{kg/m}^3$，$\lambda=0.15\text{W}/(\text{m}\cdot℃)$，$\mu=1.2\times10^{-3}\text{Pa}\cdot\text{s}$，$c_p=1.7\text{kJ}/(\text{kg}\cdot℃)$。试求：(1) 环隙内管壁对有机溶剂的对流传热系数；(2) 每米管长换热器的换热量为多少。

解：(1) 有机溶剂走的套管环隙间，应该先计算当量直径，然后可以用流体在圆管内流动的公式计算传热系数。

环隙当量直径为 $d_e=d_1-d_2=0.060-0.038=0.022\text{m}$

环隙流通截面积为 $A=\frac{\pi}{4}(d_1^2-d_2^2)=\frac{\pi}{4}(0.060^2-0.038^2)=1.69\times10^{-3}\text{m}^2$

环隙内溶剂的流速为 $u=\frac{V}{A}=\frac{m/\rho}{A}=\frac{\frac{4000}{3600\times860}}{1.69\times10^{-3}}=0.765\text{m/s}$

则 $Re=\frac{d_e u\rho}{\mu}=\frac{0.022\times0.765\times860}{1.2\times10^{-3}}=12062$(湍流)

$$Pr=\frac{c_p\mu}{\lambda}=\frac{1700\times1.2\times10^{-3}}{0.15}=13.6$$

溶剂在环隙内流动被冷却，取 $n=0.3$，于是得

$$\alpha=0.023\frac{\lambda}{d_e}Re^{0.8}Pr^{0.3}=0.023\times\frac{0.15}{0.022}\times12062^{0.8}\times13.6^{0.3}=631.82\text{W}/(\text{m}^2\cdot℃)$$

(2) 每米管长对应的传热速率

传热面积 $S=\pi d_2 L$

$$Q/L=\frac{\alpha S(T_1-T_2)}{L}=631.82\times3.14\times0.038\times(85-35)=3769.44\text{W/m}$$

2. 流体在管外作强制对流

(1) 流体在管束外作强制垂直流动

流体在单根圆管外作强制垂直流动时，有时会发生边界层分离。此时，管子前半周和后半周的速度分布情况颇不相同，相应的，在圆周表面不同位置处的局部对流传热系数也就不同。但在一般换热器计算中，需要的是沿整个圆周的平均对流传热系数，且在换热器计算中，大量遇到的又是流体横向流过管束的情景，此时，由于管束之间的相互影响，其流动与换热情况较流体垂直流过单根管外时复杂得多，因而对流传热系数的计算大都借助于特征数关联式。通常管子的排列有正三角形、转角正三角形、正方形及转角正方形四种，如图 4-20 所示。管子流过正方形排列和正三角形排列的管束外的流动情况示意见图 4-21。

流体在管束外流过时，平均对流传热系数可分别用下式计算，即

对于图 4-20 中 (a)、(d) $Nu=0.33Re^{0.6}Pr^{0.33}$ (4-36)

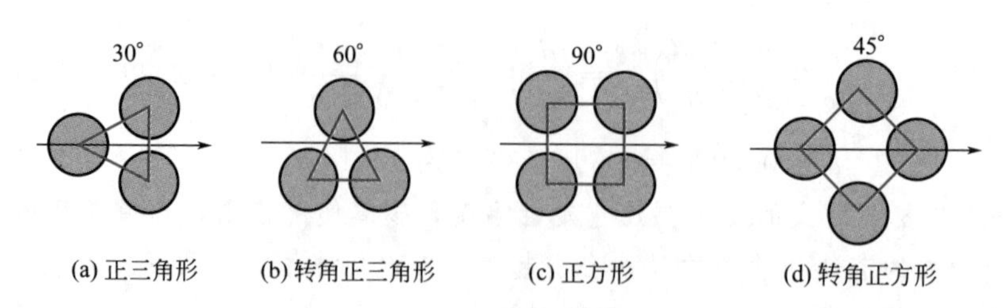

图 4-20　管子的排列

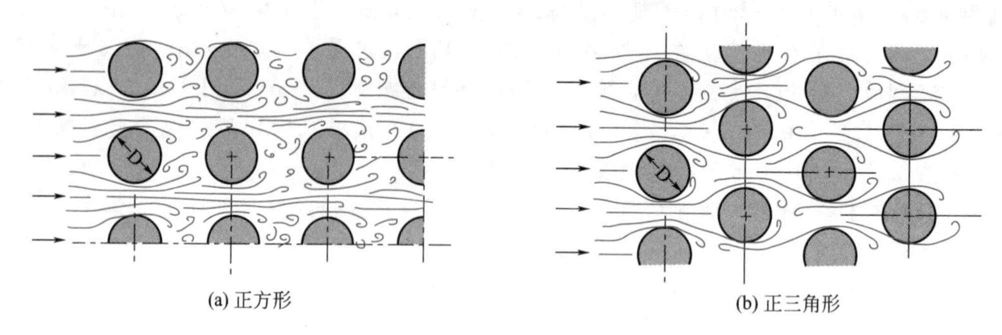

图 4-21　管子的排列方式不同对流体流动的影响

对于图 4-20 中（b）、（c）

$$Nu=0.26Re^{0.6}Pr^{0.33} \tag{4-37}$$

应用范围：$Re>3000$。

特性尺寸：管外径 d_o。

流速：取流体通过每排管子中最狭窄通道处的速度。

定性温度：流体进出口温度的算术平均值。

管束排数应为 10，否则应乘以表 4-9 的校正系数。

表 4-9　式 4-36 和式 4-37 的校正系数

排数	1	2	3	4	5	6	7	8	9	10	12	15	18	25	35	75
(a),(d)	0.68	0.75	0.83	0.89	0.92	0.95	0.97	0.98	0.99	1.0	1.01	1.02	1.03	1.04	1.05	1.06
(b),(c)	0.64	0.80	0.83	0.90	0.92	0.94	0.96	0.98	0.99	1.00						

【例 4-6】 常压空气在预热器内从 10℃预热至 50℃，预热器由一束长度为 1.5m、直径为 ϕ89mm×3.5mm、正三角形排列的直立钢管组成，空气在管外垂直流过，沿流动方向共有 8 排，每排 20 列管子，行间与列间管子的中心距均为 110mm。空气通过管间最狭窄处的流速为 10m/s。试求管壁对空气的平均对流传热系数。

解：定性温度=(10+50)/2=30℃，由附录查得 30℃时空气的物性如下：$\rho=1.165\text{kg/m}^3$，$\lambda=2.675\times10^{-2}\text{W/(m·℃)}$，$\mu=1.86\times10^{-5}\text{Pa·s}$，$Pr=0.701$，则

$$Re=\frac{d_o u\rho}{\mu}=\frac{0.089\times10\times1.165}{1.86\times10^{-5}}=55745>3000$$

空气流过 10 排正三角形排列管束时的平均对流传热系数，可由式 4-36 求得，即

$$\alpha=0.33\frac{\lambda}{d_o}Re^{0.6}Pr^{0.33}=0.33\times\frac{0.02675}{0.089}\times55745^{0.6}\times0.701^{0.33}=62.12\text{W/(m}^2\text{·℃)}$$

空气流过 8 排管束时，由表 4-9 查得校正系数为 0.98，则

$$\alpha'=0.98\alpha=0.98\times62.12=60.88\text{W/(m}^2\text{·℃)}$$

(2) 流体在换热器的管间流动

对于常用的管壳式换热器，由于壳体是圆筒，管束中各列的管子数目并不相同，而且大都装有折流挡板，使得流体的流向和流速不断地变化，因而在 $Re>100$ 时即可达到湍流。此时对流传热系数的计算，要视具体结构选用相应的计算公式。

管壳式换热器折流挡板的形式较多，如图 4-22 所示，其中以弓形（圆缺形）挡板最为常见，当换热器内装有圆缺形挡板（缺口面积约为 25%的壳体内截面积）时，壳方流体的对流传热系数关联式如下。

① 多诺呼（Donohue）法

$$Nu=0.23Re^{0.6}Pr^{1/3}\varphi_{\mu} \tag{4-38}$$

应用范围：$Re=3\sim2\times10^{4}$。

特性尺寸：管外径 d_{o}。

定性温度：除 μ_{w} 取壁温外，均取流体进出口温度的算术平均值。

流速：取换热器中心附近管排中最狭窄通道处的速度。

② 凯恩（Kern）法

$$Nu=0.36Re^{0.55}Pr^{1/3}\varphi_{\mu} \tag{4-39}$$

应用范围：$Re=2\times10^{3}\sim1\times10^{6}$。

特性尺寸：当量直径 d_{e}。

定性温度：除 μ_{w} 取壁温外，均取流体进出口温度的算术平均值。

当量直径 d_{e} 可根据图 4-23 所示的管子排列情况分别用不同的公式进行计算。

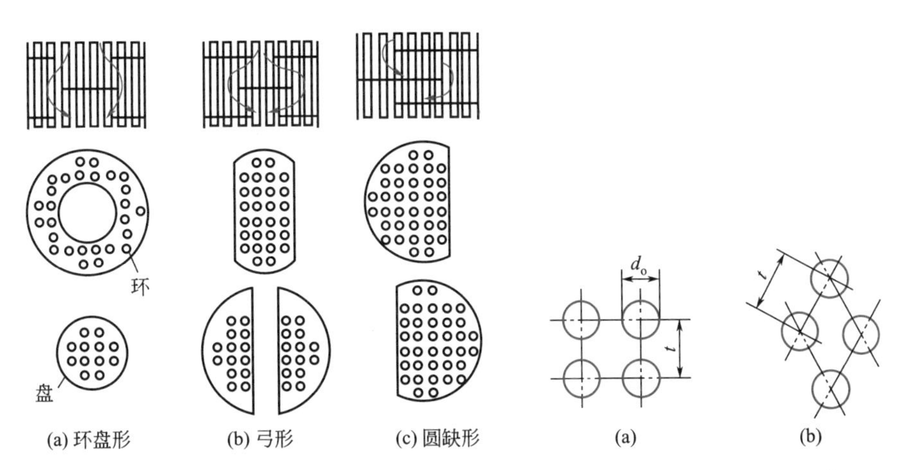

图 4-22 换热器折流挡板

图 4-23 管间当量直径的推导

若管子为正方形排列

$$d_{e}=\frac{4\left(t^{2}-\frac{\pi}{4}d_{o}^{2}\right)}{\pi d_{o}} \tag{4-40}$$

若管子为正三角形排列

$$d_{e}=\frac{4\left(\frac{\sqrt{3}}{2}t^{2}-\frac{\pi}{4}d_{o}^{2}\right)}{\pi d_{o}} \tag{4-41}$$

式中　t——相邻两管的中心距，m；

d_o——管外径，m。

式 4-39 中的流速 u 可根据流体流过管间最大截面积 A 计算，即

$$A = zD\left(1-\frac{d_o}{t}\right) \tag{4-42}$$

式中　z——两挡板间的距离，m；

D——换热器的外壳内径，m。

上述式中的 φ_μ 可近似取值如下：当液体被加热时，$\varphi_\mu = 1.05$，当液体被冷却时，$\varphi_\mu = 0.95$；对气体，则无论是被加热还是被冷却，$\varphi_\mu = 1.0$。这些假设值与实际情况相当接近，一般可不再校核。

此外，若换热器的管间无挡板，则管外流体将沿管束平行流动，此时可采用管内强制对流的公式计算，但需将式中的管内径改为管间的当量直径。

3. 自然对流

自然对流时的对流传热系数仅与反映流体自然对流状况的 Gr 数以及 Pr 数有关，其关系式为

$$Nu = c(GrPr)^n \tag{4-43}$$

大空间中的自然对流，例如管道或传热设备表面与周围大气之间的对流传热就属于这种情况，通过实验测得的 c 和 n 值列于表 4-10 中。

式 4-43 中的定性温度取膜的平均温度，即壁面温度和流体平均温度的算术平均值。

表 4-10　式 4-43 中的 c 和 n 值

加热表面形状	特征尺寸	$(GrPr)$范围	c	n
水平圆管	外径 d_o	$10^4 \sim 10^9$	0.53	1/4
		$10^9 \sim 10^{12}$	0.13	1/3
垂直管或板	高度 L	$10^4 \sim 10^9$	0.59	1/4
		$10^9 \sim 10^{12}$	0.10	1/3

4.3.3.3　流体有相变时的对流传热系数

有相变的对流传热问题中以蒸汽冷凝传热和液体沸腾传热最为常见，这类传热过程具有对流传热系数大和恒温的特点。

1. 蒸汽冷凝传热

（1）蒸汽冷凝方式

当蒸汽处于比其饱和温度低的环境中时，将发生冷凝现象。蒸汽冷凝主要有膜状冷凝和滴状冷凝两种方式（如图 4-24 所示）。若凝液润湿表面，则会形成一层平滑的液膜，此种冷凝称为膜状冷凝（film type condensation）；若凝液不润湿表面，则会在表面上杂乱无章地形成小液珠并沿壁面落下，此种冷凝称为滴状冷凝（dropwise condensation）。

在膜状冷凝过程中，固体壁面被液膜所覆盖，此时蒸汽的冷凝只能在液膜的表面进行，即蒸汽冷凝放出的潜热必须通过液膜后才能传给冷壁面。由于蒸汽冷凝时有相的变化，一般热阻很小，因此这层冷凝液膜往往成为膜状冷凝的主要热阻。冷凝液膜在重力作用下沿壁面向下流动时，其厚度不断增加，故壁面越高或水平放置的管径越大，则整个壁面的平均对流传热系数也就越小。

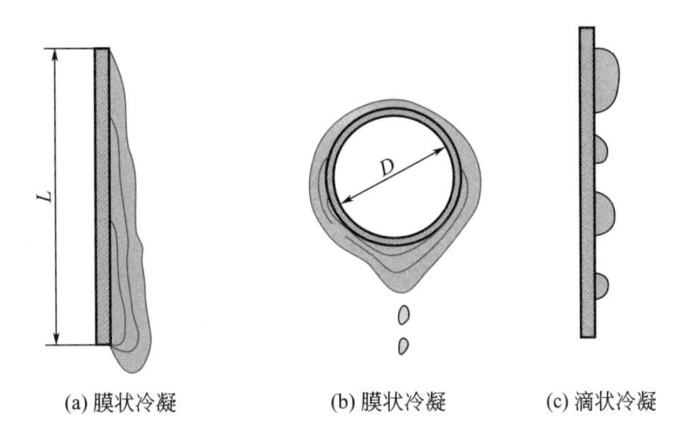

图 4-24 **蒸汽冷凝方式**

在滴状冷凝过程中，壁面的大部分面积直接暴露在蒸汽中，在这些部位没有液膜阻碍着热流，故滴状冷凝的传热系数可比膜状冷凝高十倍左右。

但是要保持滴状冷凝却是非常困难的，即使开始阶段为滴状冷凝，但经过一段时间后，大部分都变为膜状冷凝。为了保持滴状冷凝，可采用各种不同的表面涂层和蒸汽添加剂，但这些方法至今尚未能在工程上实现，故进行冷凝计算时，通常总是将冷凝视为膜状冷凝。

(2) 膜状冷凝时的对流传热系数

① 努塞尔特（Nusselt）理论公式　膜状冷凝对流传热系数理论公式的推导是采用努塞尔特首先提出的方法进行的。在公式的推导中作了以下假设：冷凝液膜呈层流流动，传热方式为通过液膜的热传导；蒸汽静止不动，对液膜无摩擦阻力；蒸汽冷凝成液体时所释放的热量仅为冷凝潜热，蒸汽温度和壁面温度保持不变；冷凝液的物性可按平均液膜温度取值，且为常数。

根据上述假设，对蒸汽在垂直管外或垂直平板侧的冷凝，可推导得努塞尔特理论公式，即

$$\alpha=0.943\left(\frac{r\rho^{2}g\lambda^{3}}{\mu L\Delta t}\right)^{1/4} \tag{4-44}$$

特性尺寸：取垂直管或板的高度。

定性温度：除蒸汽冷凝潜热取其饱和温度 t_s 下的值外，其余物性均取液膜平均温度 $t_m=(t_w+t_s)/2$ 下的值。

式中　L——垂直管或板的高度，m；

r——饱和蒸汽的冷凝潜热，kJ/kg；

Δt——蒸汽的饱和温度 t_s 与壁面温度 t_w 之差，℃。

应予指出，努塞尔特理论公式适用于膜内液体为层流，温度分布为直线的垂直平板或垂直管内外冷凝时对流传热系数的求算。从层流到湍流的临界 Re 值一般可取为 1800。在这里 Re 可计算如下

$$\boxed{Re=\frac{4M}{\mu}} \tag{4-45}$$

其中 M 为冷凝负荷，指单位长度润湿周边上单位时间流过的冷凝液量，其单位为 kg/(m·s)，即 $M=W/b$。W 为冷凝液的质量流量（kg/s），b 为润湿周边（m）。膜状流动时液流的当量

直径为 $d_e=4A/b$，A 为流通截面积。

② 麦克亚当斯（McAdams）修正公式　实际上，在雷诺数低至 30～40 时，液膜即出现了波动，而使实际的值较理论值为高，由于此种现象非常普遍，麦克亚当斯建议在工程设计时，应将计算结果提高 20%，即

$$\alpha=1.13\left[\frac{r\rho^2 g\lambda^3}{\mu L(t_s-t_w)}\right]^{1/4} \tag{4-46}$$

当液膜呈现湍流流动时可应用柯克柏瑞德（Kirkbride）的经验公式计算，即

$$\alpha=0.0076\lambda\left(\frac{\rho^2 g}{\mu^2}\right)^{1/3} Re^{0.4} \tag{4-47}$$

式中的定性温度仍取液膜的平均温度。

③ 水平管外膜状冷凝时的对流传热系数

对于蒸汽在单根水平管外的层流膜状冷凝，努赛尔特曾经获得下述关联式

$$\alpha=0.725\left[\frac{r\rho^2 g\lambda^3}{\mu d_o(t_s-t_w)}\right]^{1/4} \tag{4-48}$$

式中定性尺寸为管外径 d_o。

比较式 4-44 和式 4-48，可知，在其他条件相同时，同一圆管水平放置和竖直放置时其层流膜状冷凝对流传热系数之比为

$$\frac{\alpha_{水平}}{\alpha_{垂直}}=0.64\left(\frac{L}{d}\right)^{1/4} \tag{4-49}$$

对于 $L=1.5$m、$d_o=20$mm 的圆管来说，水平放置时的对流传热系数大约是竖直放置时的 2 倍。所以工业上冷凝器多为水平放置，即卧式冷凝器更常见。

若水平管束在垂直列上的管数为 n，则冷凝传热系数可用 nd_o 代替式 4-48 中的 d_o 计算，即

$$\alpha=0.725\left[\frac{r\rho^2 g\lambda^3}{\mu n d_o(t_s-t_w)}\right]^{1/4} \tag{4-50}$$

式中　n——水平管束在垂直列上的管数。

式 4-50 表明各排管的平均对流传热系数较单管为小，这是因为冷凝液从上排管落到下排管上，使冷凝液膜逐渐加厚，故管的排数越多，平均传热系数越小。

在列管冷凝器中，若管束由互相平行的 z 列管子所组成，一般各列管子在垂直方向上的排数不相等，设分别为 $n_1, n_2, \cdots, n_z$，则平均的管排数可按下式计算，即

$$n_m=\left(\frac{n_1+n_2+\cdots+n_z}{n_1^{0.75}+n_2^{0.75}+\cdots+n_z^{0.75}}\right)^4 \tag{4-51}$$

【例 4-7】 100℃水蒸气在规格为 ϕ38mm×3.5mm、长为 2m 的垂直放置钢管外膜状冷凝。钢管外壁的温度为 90℃，试计算水蒸气冷凝时的对流传热系数。若此钢管改为水平放置，其对流传热系数又为多少？

解：定性温度$=(t_s+t_w)/2=(100+90)/2=95$℃

在此温度下水的物性如下：

$\rho=961.9\text{kg/m}^3$，$\mu=0.30\times10^{-3}\text{Pa}\cdot\text{s}$，$\lambda=0.68\text{W/(m}\cdot℃)$；

100℃时水蒸气的汽化潜热为 $r=2258$kJ/kg

(1) 垂直放置时，先假设液膜内流型为层流，采用式4-46计算，再校核流型。

$$\alpha_{垂直}=1.13\left[\frac{r\rho^2 g\lambda^3}{\mu L(t_s-t_w)}\right]^{1/4}=1.13\left[\frac{2258\times1000\times961.9^2\times9.81\times0.68^3}{0.3\times10^{-3}\times2\times(100-90)}\right]^{1/4}$$

$$=6469\text{W}/(\text{m}^2\cdot℃)$$

校核冷凝液的流型

由对流传热系数计算传热速率

$$Q=\alpha_{垂直}S(t_s-t_w)=6469\times3.14\times0.038\times2\times(100-90)=15437.6\text{W}$$

$$冷凝液的质量流量为\ W=\frac{Q}{r}=\frac{15437.6}{2258\times10^3}=6.84\times10^{-3}\text{kg/s}$$

单位长度润湿周边上的冷凝液质量流率为

$$M=\frac{W}{\pi d_o}=\frac{6.84\times10^{-3}}{3.14\times0.038}=0.057\text{kg}/(\text{m}\cdot\text{s})$$

$$Re=\frac{4M}{\mu}=\frac{4\times0.057}{0.3\times10^{-3}}=760$$

$Re=760<1800$ 为层流，符合假设，公式适用。

(2) 若改为水平放置，则用式4-48计算

$$\alpha_{水平}=0.725\left[\frac{r\rho^2 g\lambda^3}{\mu d_o(t_s-t_w)}\right]^{1/4}=0.725\left[\frac{2258\times1000\times961.9^2\times9.81\times0.68^3}{0.3\times10^{-3}\times0.038\times(100-90)}\right]^{1/4}$$

$$=11179\text{W}/(\text{m}^2\cdot℃)$$

或由

$$\frac{\alpha_{水平}}{\alpha_{垂直}}=\frac{0.725}{1.13}\left(\frac{L}{d}\right)^{1/4}=0.6416\left(\frac{2}{0.038}\right)^{1/4}=1.728$$

$$\alpha_{水平}=1.728\alpha_{垂直}=1.728\times6469=11179\text{W}/(\text{m}^2\cdot℃)$$

(3) 影响冷凝传热的因素

单组分饱和蒸汽冷凝时，气相内温度均匀，都是饱和温度，故热阻集中在冷凝液膜内。因此对一定的组分，液膜的厚度及其流动状况是影响冷凝传热的关键因素。凡是有利于减薄液膜厚度的因素都可提高冷凝传热系数。下面分别予以讨论。

① 冷凝液膜两侧的温度差　当液膜呈层流流动时，若温度差加大，则蒸汽冷凝速率增加，因而液膜层厚度增加，使冷凝传热系数降低。

② 流体物性　由膜状冷凝传热系数计算式可知，液膜的密度、黏度及热导率，蒸汽的冷凝潜热，都影响冷凝传热系数。

③ 蒸汽的流速和流向　蒸汽以一定的速度运动时，和液膜间产生一定的摩擦力，若蒸汽和液膜同向流动，则摩擦力将使液膜加速，厚度减薄，传热系数增大；若逆向流动，则相反。但这种力若超过液膜重力，液膜会被蒸汽吹离壁面，此时随蒸汽流速的增加，对流传热系数急剧增大。

④ 蒸汽中不凝气体含量的影响　若蒸汽中含有空气或其他不凝气体，则壁面可能为气体（热导率很小）层所遮盖，增加了一层附加热阻，使对流传热系数急剧减小。因此在冷凝器的设计和操作中，都必须考虑排除不凝气。含有大量不凝气的蒸汽冷凝设备称为冷却冷凝器，其计算方法需参考有关资料。

⑤ 冷凝壁面的影响　若沿冷凝液流动方向积存的液体增多，则液膜增厚，使传热系数减小，故在设计和安装冷凝器时，应正确安放冷凝壁面。例如，对于管束，冷凝液从上面各

排流到下面各排，使液膜逐渐增厚，因此下面管子的传热系数比上排的要低。为了减薄下面管排上液膜的厚度，一般需减少垂直列上的管子数目，或把管子的排列旋转一定的角度，使冷凝液沿下一根管子的切向流过，如图 4-25 所示。

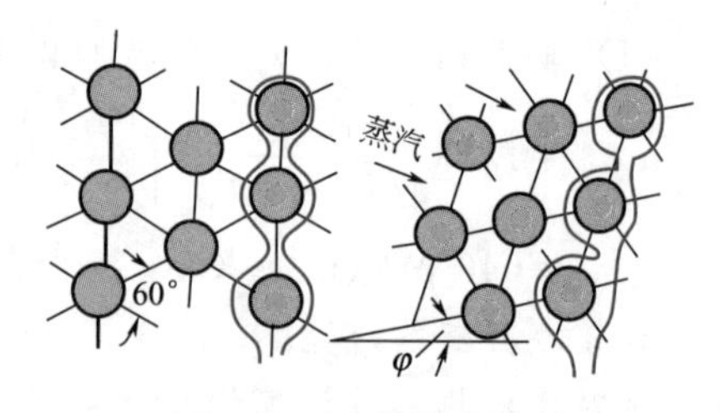

图 4-25　冷凝器中管子的切向旋转

此外，冷凝壁面的表面情况对传热系数的影响也很大，若壁面粗糙不平或有氧化层，则会使膜层加厚，增加膜层阻力，因而传热系数减小。

2. 液体沸腾传热

所谓液体沸腾是指在液体的对流传热过程中，伴有由液相变为气相，即在液相内部产生气泡或气膜的过程。

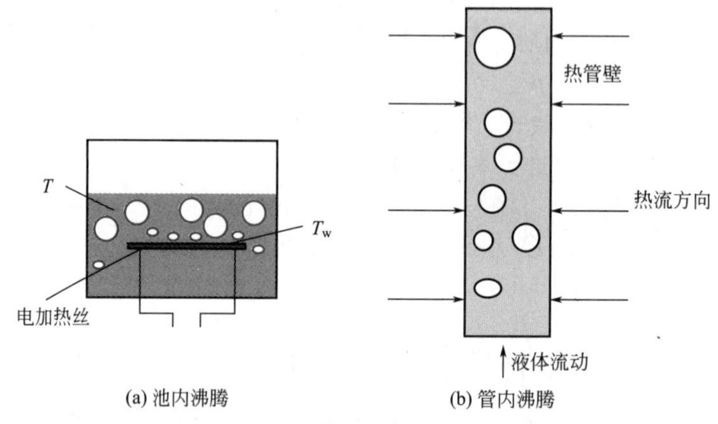

图 4-26　池内沸腾和管内沸腾示意图

工业上的液体沸腾主要有两种：其一是将加热表面浸入液体的自由表面之下，液体在加热壁面受热沸腾，此时，液体的运动仅源于自然对流和气泡的扰动，称为池内沸腾或大容器沸腾；其二是液体在管内流动过程中于管内壁发生的沸腾，称为流动沸腾，亦称为管内沸腾，此时液体的流速对传热速率有强烈的影响，在加热表面上产生的气泡与液体一起流动，出现复杂的气-液两相流动状态，其传热机理较池内沸腾复杂得多，见图 4-26。

若液体温度低于其饱和温度，而加热壁面的温度又高于其饱和温度，则在加热表面上也会产生气泡，但产生的气泡或者尚未离开壁面，或者在脱离壁面后又于液体中迅速冷凝，此种沸腾称为过冷沸腾；反之，若液体温度维持其饱和温度，则此类沸腾称为饱和沸腾。

本节主要讨论池内沸腾，至于管内沸腾，请参阅有关专著。

(1) 液体沸腾曲线

池内沸腾时，热通量的大小取决于加热壁面温度与液体饱和温度之差 $\Delta t = t_w - t_s$，图 4-27 表示出了常压下水在池内沸腾时的热通量 q、对流传热系数 α 与 Δt 之间的关系曲线，这两条曲线称为沸腾曲线。

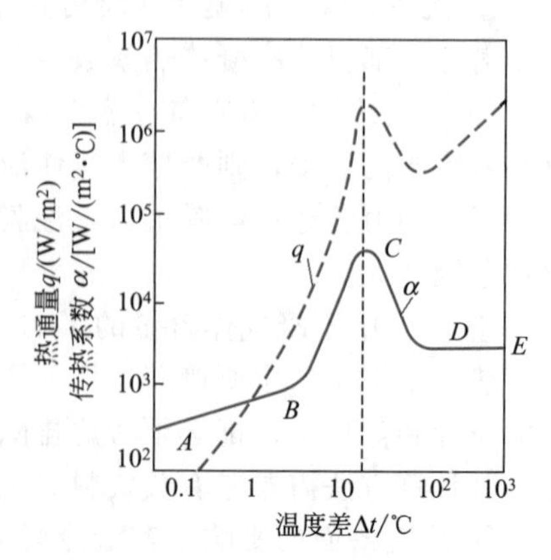

图 4-27　水的沸腾曲线

AB 段为自然对流区（natural convection）。此时加

热壁面的温度与周围液体的温度差较小（≤5℃），加热壁面上的液体轻微过热，使液体内产生自然对流，但没有气泡从液体中逸出液面，而仅在液体表面发生汽化蒸发，故 q 和 α 均较低。

BC 段为泡核沸腾或泡状沸腾（nucleate boiling）区。随着 Δt 的逐渐升高（$\Delta t=5\sim25$℃），气泡将在加热壁面的某些区域生成，其生成频率随 Δt 上升而增加，且不断离开壁面上升至液体表面而逸出，致使液体受到剧烈的扰动，因此 q 和 α 均急剧增大。

CD 段为过渡（transition boiling）区。随着 Δt 的进一步升高（$\Delta t>25$℃），气泡产生的速度进一步加快，而使部分加热面被气膜覆盖，气膜的附加热阻使 q 和 α 均急剧减小，但此时仍有部分加热面维持泡核沸腾状态，故此区域称为不稳定膜状沸腾或部分泡核沸腾。

DE 段为膜状沸腾（film boiling）区。当达到 D 点时，在加热面上形成的气泡全部连成一片，加热面全部被气膜所覆盖，并开始形成稳定的气膜。此后，随 Δt 的进一步增加，α 基本不变，但由于辐射传热的影响，q 又有上升。实际上，一般将 *CDE* 段合称为膜状沸腾区。由泡核沸腾向不稳定膜状沸腾过渡的转折点 C 称为临界点。临界点处的温度差、沸腾传热系数和热通量称为临界温度差 Δt_c、临界沸腾传热系数 α_c 和临界热通量 q_c，由于泡核沸腾时可获得较高的对流传热系数和热通量，故工程上总是设法控制在泡核沸腾下操作，因此确定不同液体在临界点处的参数值具有实际意义。

其他液体在不同压力下的沸腾曲线与水类似，仅临界点的数值不同而已。

（2）液体沸腾传热的影响因素

通常，凡是有利于气泡生成和脱离的因素均有助于强化沸腾传热。

① 液体性质的影响　一般而言 α 随 λ、ρ 的增加而加大，而随 μ 和 σ 的增加而减小。

② 温度差 Δt 的影响　温度差 Δt 是控制沸腾传热过程的重要参数。一定条件下，多种液体进行泡核沸腾传热时的对流传热系数与 Δt 的关系可用下式表达，即

$$\alpha=k(\Delta t)^n \tag{4-52}$$

式中，k 和 n 的值随液体种类和沸腾条件而异，由实验数据关联确定。

③ 操作压力的影响　提高沸腾操作的压力相当于提高液体的饱和温度，使液体的表面张力和黏度均下降，有利于气泡的生成和脱离，故在相同的 Δt 下，q 和 α 都更高。

④ 加热壁面的影响　加热壁面的材质和粗糙度对沸腾传热有重要影响。清洁的加热壁面 α 较高，而当壁面被油脂沾污后，因油脂的导热性能较差，会使 α 急剧下降；壁面越粗糙，气泡核心越多，越有利于沸腾传热，此外，加热壁面的布置情况，也对沸腾传热有明显的影响。

4.4　辐射传热

物体以电磁波方式传递能量的过程称为辐射，被传递的能量称为辐射能。物体因热的原因引起的电磁波辐射，即是热辐射。热辐射和光辐射的本质完全相同，所不同的仅仅是波长的范围。理论上热辐射的电磁波波长的范围从 0 到∞，但是具有实际意义的波长范围为 0.4～20μm，这包括波长范围为 0.4～0.8μm 的可见光线和波长范围为 0.8～20μm 的红外光线，二者统称为热射线，不过后者对热辐射起决定作用，而前者只有在很高的温度下其作用才明显。

热射线和可见光线一样，都服从反射和折射定律，在均匀介质中作直线传播，在真空和大多数气体中可以完全透过，但不能透过工业上常见的大多数固体或液体。

4.4.1 基本概念

如图 4-28 所示，假设投射在某一物体上的总辐射能量为 Q，其中有一部分能量 Q_A 被吸收，一部分能量 Q_R 被反射，另一部分能量 Q_D 透过物体。根据能量守恒定律，可得

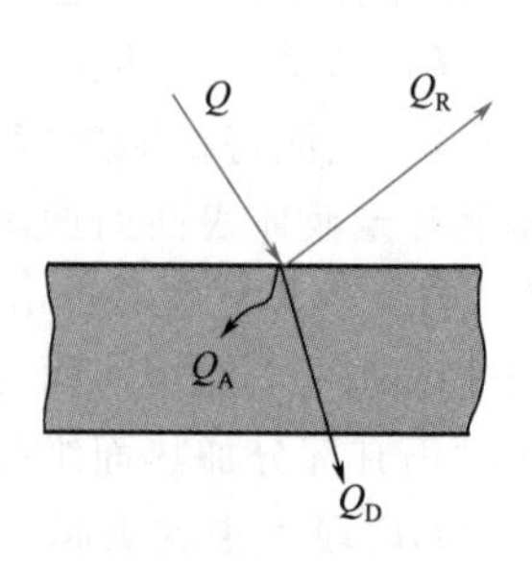

图 4-28 辐射能的吸收、反射和透过

$$Q_A+Q_R+Q_D=Q \tag{4-53}$$

即

$$\frac{Q_A}{Q}+\frac{Q_R}{Q}+\frac{Q_D}{Q}=1 \tag{4-53a}$$

或

$$A+R+D=1 \tag{4-53b}$$

式中 $A=\frac{Q_A}{Q}$——物体的吸收率，量纲为 1；

$R=\frac{Q_R}{Q}$——物体的反射率，量纲为 1；

$D=\frac{Q_D}{Q}$——物体的透过率，量纲为 1。

能全部吸收辐射能的物体，即 $A=1$ 的物体，称为黑体（blackbody）或绝对黑体。能全部反射辐射能的物体，即 $R=1$ 的物体，称为镜体或绝对白体。能透过全部辐射能的物体，即 $D=1$ 的物体，称为透热体，一般单原子气体和对称的双原子气体（如 He、O_2、N_2 和 H_2 等）均可视为透热体。黑体和镜体都是理想物体，实际上并不存在，引入黑体等概念，只是作为实际物体的比较标准，以简化辐射传热的计算。某些物体，如无光泽的黑漆表面，其吸收率约为 0.97，接近于黑体；磨光的金属表面的反射率约等于 0.97，接近于镜体。

物体的吸收率 A、反射率 R 和透过率 D 的大小取决于物体的性质、表面状况及辐射线的波长等。一般来说，固体和液体都是不透热体，即 $D=0$，故 $A+R=1$。气体则不同，其反射率 $R=0$，故 $A+D=1$。某些气体只能部分地吸收一定波长范围的辐射能。

能够以相等的吸收率吸收所有波长辐射能的物体，称为灰体（graybody）。灰体也是理想物体，但是大多数工业上常见的固体材料均可视为灰体。灰体有如下特点：

① 它的吸收率 A 与辐射线的波长无关；

② 它是不透热体，即 $A+R=1$。

4.4.2 物体的辐射能力和有关定律

1. 物体的辐射能力 E

物体在一定温度下，单位表面积、单位时间内所发射的全部波长的辐射能，称为该物体在该温度下的辐射能力，以 E 表示，单位为 W/m^2。因此，辐射能力表征物体发射辐射能的本领。在相同条件下，物体发射特定波长的能力，称为单色辐射能力，用 E_Λ 表示。其定义为辐射能力随波长的变化率，即

$$E_\Lambda=\frac{dE}{d\Lambda} \tag{4-54}$$

式中 Λ——波长，m 或 μm；

E_Λ——单色辐射能力，W/m^3。

若用下标 b 表示黑体，则黑体辐射能力和单色辐射能力分别用 E_b 和 $E_{b\Lambda}$ 表示，于是

$$E_b=\int_0^\infty E_{b\Lambda}d\Lambda \tag{4-55}$$

2. 普朗克定律、斯蒂芬-玻尔兹曼定律及克希霍夫定律

（1）普朗克（Planck）定律

普朗克定律揭示了黑体的单色辐射能力 $E_{b\Lambda}$ 随波长变化的规律，其表达式为

$$E_{b\Lambda}=\frac{C_1\Lambda^{-5}}{e^{C_2/\Lambda T}-1} \tag{4-56}$$

式中 T——黑体的热力学温度，K；

e——自然对数的底数；

C_1——常数，其值为 3.743×10^{-16} W·m^2；

C_2——常数，其值为 1.4387×10^{-2} m·K。

图 4-29 为由式 4-56 得到的 $E_{b\Lambda}$ 随波长 Λ 的变化曲线。

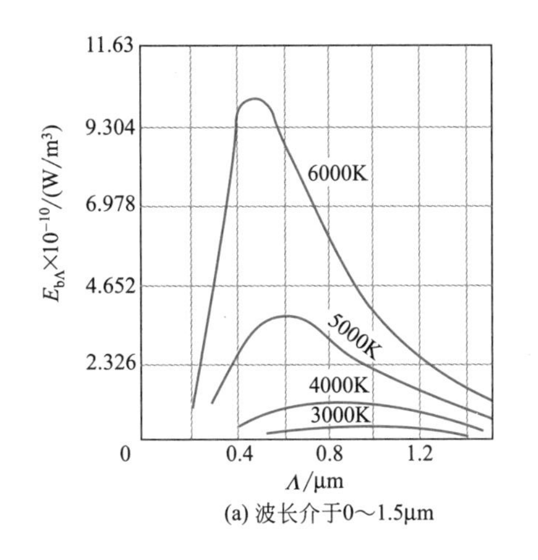

(a) 波长介于0～1.5μm

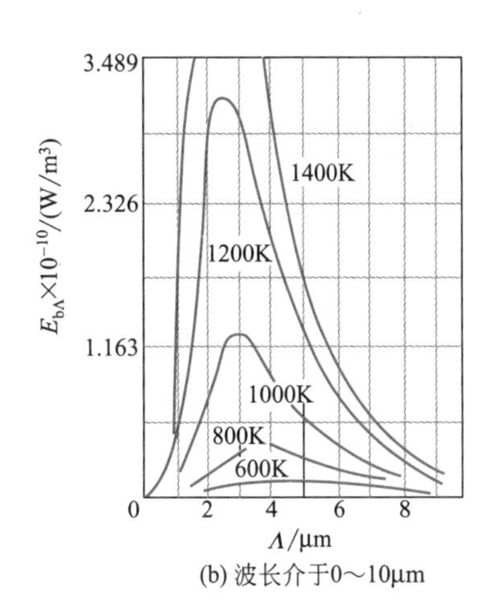

(b) 波长介于0～10μm

图 4-29 黑体的单色辐射能力按波长的分布规律

由图 4-29 可见，每一温度均对应一条能量分布曲线，在指定的温度下，黑体辐射各种波长的能量是不同的。当温度不太高时，辐射能主要集中在波长为 0.8～10μm 的范围内。对于同一波长，温度越高，黑体的辐射能力越强。

（2）斯蒂芬（Stefan）-玻尔兹曼（Boltzman）定律

斯蒂芬-玻尔兹曼定律揭示了黑体的辐射能力与其表面温度的关系，将式 4-56 代入式 4-55 并积分，得

$$E_b=\sigma_0 T^4=C_0\left(\frac{T}{100}\right)^4 \tag{4-57}$$

式中 σ_0——黑体的辐射常数，其值为 5.67×10^{-8} W/(m^2·K^4)；

C_0——黑体的辐射系数，其值为 5.67W/(m^2·K^4)。

式 4-57 即为斯蒂芬-玻尔兹曼定律，通常称为四次方定律，它表明黑体的辐射能力与其表面温度的四次方成正比。注意使用该公式时，温度的单位是 K，不是℃。

（3）克希霍夫（Kirchhoff）定律

克希霍夫定律揭示了物体的辐射能力 E 与吸收率 A 之间的关系。

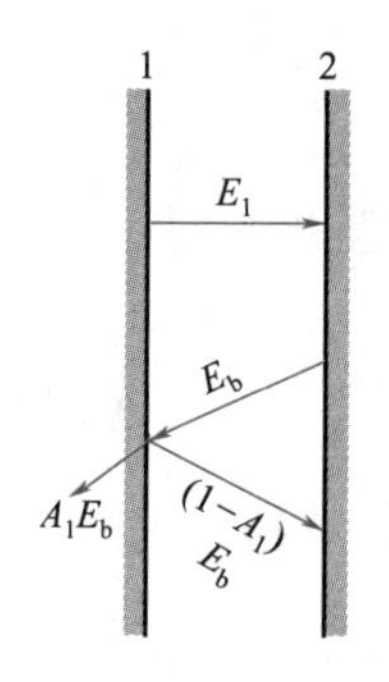

图 4-30　黑体与灰体间的辐射传热

如图 4-30 所示，设有两块相距很近的平行平板，一块板上的辐射能可以全部投射到另一块板上。若板 1 为实际物体（灰体），其辐射能力、吸收率和表面温度分别为 E_1、A_1 和 T_1；板 2 为黑体，其辐射能力、吸收率和表面温度分别为 E_2（$=E_b$）、A_2（$=1$）和 T_2，设 $T_1>T_2$，两板中间介质为透热体，系统与外界绝热，以单位时间、单位平板面积为基准。由于板 2 为黑体，板 1 发射出的 E_1 能被板 2 全部吸收，由板 2 发射的 $E_2(=E_b)$ 被板 1 吸收了 A_1E_b，余下的 $(1-A_1)E_b$ 被反射至板 2，并被全部吸收，故对板 1 来说，辐射传热的结果为

$$Q/S=E_1-A_1E_b$$

式中　Q/S——两板间辐射传热的热通量，W/m^2。

当两板达到热平衡，即 $T_1=T_2$ 时，$Q/S=0$，故

$$E_1=A_1E_b$$

或

$$E_1/A_1=E_b$$

因板 1 可以用任何板来代替，故上式可写为

$$\boxed{E_1/A_1=E_2/A_2=\cdots=E/A=E_b=f(T)} \tag{4-58}$$

上式称为克希霍夫定律，它表明任何物体（灰体）的辐射能力与吸收率的比值恒等于同温度下黑体的辐射能力，即仅和物体的绝对温度有关。

（4）物体的辐射能力的影响因素

将式 4-57 代入式 4-58，得

$$\boxed{E=AC_0\left(\frac{T}{100}\right)^4=C\left(\frac{T}{100}\right)^4} \tag{4-59}$$

式中　$C=AC_0$——灰体的辐射系数。

对于实际物体，因 $A<1$，故 $C<C_0$。由此可见，在任一温度下，黑体的辐射能力最大，对于其他物体而言，物体的吸收率越大，其辐射能力也越大。

在同一温度下，灰体的辐射能力与黑体的辐射能力之比，定义为灰体的黑度，亦称为灰体的发射率，用 ε 表示，即

$$\boxed{\varepsilon=\frac{E}{E_b}} \tag{4-60}$$

比较式 4-58 和式 4-60 可知，$A=\varepsilon$，即在同一温度下，灰体的吸收率和黑度在数值上是相等的，于是

$$\boxed{E=\varepsilon C_0\left(\frac{T}{100}\right)^4=C\left(\frac{T}{100}\right)^4} \tag{4-61}$$

显然，只要知道灰体的黑度 ε，便可由式 4-61 求得该灰体的辐射能力。

黑度 ε 和物体的性质、温度及表面情况（如表面粗糙度及氧化程度）有关，一般由实验测定，常用工业材料的黑度列于表 4-11 中。

表 4-11　常用工业材料的黑度

材料	温度/℃	黑度	材料	温度/℃	黑度
红砖	20	0.93	铝(磨光的)	225～575	0.039～0.057
耐火砖	—	0.8～0.9	铜(氧化的)	200～600	0.57～0.87
钢板(氧化的)	200～600	0.8	铜(磨光的)	—	0.03
钢板(磨光的)	940～1100	0.55～0.61	铸铁(氧化的)	200～600	0.64～0.78
铝(氧化的)	200～600	0.11～0.19	铸铁(磨光的)	330～910	0.6～0.7

4.4.3　两固体间的辐射传热

化学工业中有时会遇到两固体间的辐射传热，而这类固体在热辐射中大都可视为灰体。在两灰体间的辐射传热中，相互进行着辐射能的多次被吸收和多次被反射的过程，因而较黑体与灰体间的辐射传热过程要复杂得多。在计算灰体间的辐射传热时，必须考虑它们的吸收率和反射率，形状和大小以及相互间的位置和距离等因素的影响。可推出两灰体间辐射传热的计算式为

$$Q_{1\text{-}2}=C_{1\text{-}2}\varphi S\left[\left(\frac{T_1}{100}\right)^4-\left(\frac{T_2}{100}\right)^4\right] \tag{4-62}$$

式中　$Q_{1\text{-}2}$——两灰体间净的辐射传热速率，W；

$C_{1\text{-}2}$——总辐射系数，其计算式见表 4-12；

S——辐射面积，m^2；

T_1、T_2——高温和低温表面的热力学温度，K；

φ——几何因数（角系数）。

式 4-62 表明，两灰体间辐射传热的结果，是高温物体向低温物体传递了能量。辐射传热速率正比于二者的绝对温度四次方之差。显然，此结果与另外两种传热方式——热传导和对流传热完全不同。

角系数 φ 表示从一个物体表面所发出的能量为另一物体表面所截获的分数。当两表面的大小与其距离相比不够大时，一个表面所发出的辐射能，可能有一部分不能到达另一表面，角系数的数值既与两物体的几何排列有关，又与式中的 S 是用表面 1 的面积 S_1，还是用表面 2 的面积 S_2 作为辐射面积有关，因此，在计算中，几何因数 φ 必须和选定的辐射面积 S 相对应。φ 值已利用模型通过实验方法测出，可查阅有关的手册，几种简单情况下的 φ 值见表 4-12 和图 4-31。

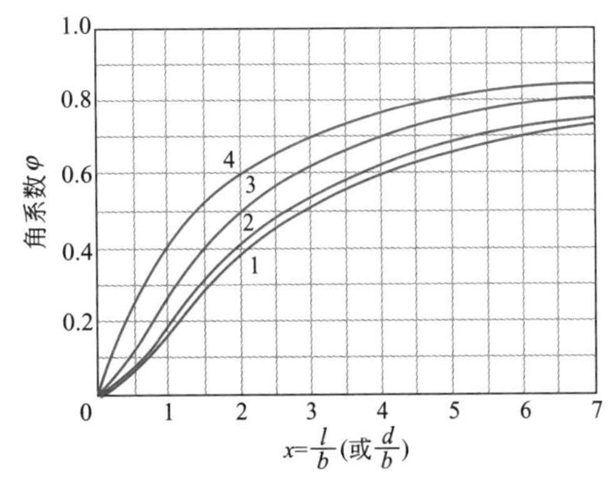

图 4-31　平行面间辐射传热的角系数

1—圆盘形；2—正方形；3—长方形（边长之比为 2∶1）；4—长方形（狭长）

表 4-12　φ 值与 $C_{1\text{-}2}$ 的计算式

序号	辐射情况	S	φ	$C_{1\text{-}2}$
1	极大的两平行面	S_1 或 S_2	1	$C_0/(1/\varepsilon_1+1/\varepsilon_2-1)$
2	面积相等的两平行面	S_1	查图 4-31	$\varepsilon_1\varepsilon_2 C_0$
3	很大的物体 2 包住物体 1	S_1	1	$\varepsilon_1 C_0$
4	物体 2 恰好包住物体 1，$S_2\approx S_1$	S_1	1	$C_0/(1/\varepsilon_1+1/\varepsilon_2-1)$
5	介于 3、4 两种情况之间	S_1	1	$C_0/[1/\varepsilon_1+(1/\varepsilon_2-1)S_1/S_2]$

【例 4-8】 某车间有一铸铁门（黑度为 0.70），高度和宽度分别为 4m 和 3m，温度为 700℃，车间内的环境温度为 30℃。为减少其辐射散热，在离铁门 50mm 处放置尺寸与炉门相同的铝质挡板（黑度为 0.11）一块。试计算放置挡板前后由于辐射引起的散热速率各为多少？

解：(1) 放置铝板前由于炉门辐射而引起的散热速率

以下标 1、2 分别表示炉门、房间。由于炉门 S_1 被车间四壁 S_2 所包围，则 $\varphi=1$；又 $S_2\gg S_1$，故 $C_{1\text{-}2}=\varepsilon_1 C_0$，于是

$$S=S_1=4\times3=12\text{m}^2$$

$$C_{1\text{-}2}=\varepsilon_1 C_0=0.70\times5.67=3.969\text{W}/(\text{m}^2\cdot\text{K}^4)$$

$$Q_{1\text{-}2}=C_{1\text{-}2}\varphi S\left[\left(\frac{T_1}{100}\right)^4-\left(\frac{T_2}{100}\right)^4\right]=3.969\times1\times12\times\left[\left(\frac{700+273}{100}\right)^4-\left(\frac{30+273}{100}\right)^4\right]$$

$$=4.23\times10^5\text{W}$$

(2) 放置铝板后由于炉门辐射而引起的散热速率

以下标 1、2 和 3 分别表示炉门、房间和铝板。假定铝板的温度为 T_3，则当传热达稳态时，炉门对铝板的辐射传热速率必等于铝板对房间的辐射传热速率，此即由于炉门辐射而引起的散热速率。

炉门对铝板的辐射传热速率为

$$Q_{1\text{-}3}=C_{1\text{-}3}\varphi S\left[\left(\frac{T_1}{100}\right)^4-\left(\frac{T_3}{100}\right)^4\right]$$

因 $S_1=S_3$，且两者相距很小，故可认为是两个极大平行平面间的相互辐射，故 $\varphi=1$，$S=S_1$。

$$C_{1\text{-}3}=\frac{C_0}{1/\varepsilon_1+1/\varepsilon_2-1}=\frac{5.67}{1/0.7+1/0.11-1}=0.596\text{W}/(\text{m}^2\cdot\text{K}^4)$$

故

$$Q_{1\text{-}3}=0.596\times1\times12\times\left[\left(\frac{700+273}{100}\right)^4-\left(\frac{T_3}{100}\right)^4\right]\tag{a}$$

铝板对房间的辐射传热速率为

$$Q_{3\text{-}2}=C_{3\text{-}2}\varphi S\left[\left(\frac{T_3}{100}\right)^4-\left(\frac{T_2}{100}\right)^4\right]$$

式中，$S=S_3=4\times3=12\text{m}^2$，$C_{3\text{-}2}=C_0\varepsilon_3=5.67\times0.11=0.624\text{W}/(\text{m}^2\cdot\text{K}^4)$，$\varphi=1$，则

$$Q_{3\text{-}2}=0.624\times1\times12\times\left[\left(\frac{T_3}{100}\right)^4-\left(\frac{30+273}{100}\right)^4\right]\tag{b}$$

于是 $Q_{1-3}=Q_{3-2}$，解得 $T_3=815.5\mathrm{K}$，将 T_3 值代入式(b)，得

$$Q_{3-2}=0.624\times12\times\left[\left(\frac{815.5}{100}\right)^4-\left(\frac{30+273}{100}\right)^4\right]=3.25\times10^4\,\mathrm{W}$$

放置铝板后因辐射引起的散热速率可减少的百分率为

$$\frac{Q_{1-2}-Q_{3-2}}{Q_{1-2}}\times100\%=\frac{4.23\times10^5-3.25\times10^4}{4.23\times10^5}\times100\%=92.32\%$$

由上面数据看出，炉门前放置铝板（热屏）后可大大降低辐射传热速率。

4.5 传热过程计算

换热器的传热计算包括两类：一类是设计型计算，即根据工艺提出的条件，确定换热器传热面积；另一类是校核型计算，即对已知换热面积的换热器，核算其传热量、流体的流量或温度。无论哪种类型的计算，都是以热量衡算和总传热速率方程为基础的。

4.5.1 热量衡算

对间壁式换热器进行能量衡算，以单位时间为基准，因系统中无外功加入，且一般位能和动能项均可忽略，故实质上为焓衡算。假设换热器绝热良好，热损失可以忽略时，则在单位时间内换热器中对于微元面积 $\mathrm{d}S$，热流体放出的热量等于冷流体吸收的热量。

若换热器中两流体均无相变，且流体的比热容不随温度变化或可取流体平均温度下的比热容时

$$\mathrm{d}Q=-W_{\mathrm{h}}c_{p\mathrm{h}}\mathrm{d}T=W_{\mathrm{c}}c_{p\mathrm{c}}\mathrm{d}t \tag{4-63}$$

$$Q=W_{\mathrm{h}}c_{p\mathrm{h}}(T_1-T_2)=W_{\mathrm{c}}c_{p\mathrm{c}}(t_2-t_1) \tag{4-63a}$$

式中 c_p——流体的定压比热容，kJ/(kg·℃)；

t——冷流体的温度，℃；

T——热流体的温度，℃。

下标 h 和 c 分别表示热流体和冷流体。下标 1 和 2 分别表示换热器的进口和出口。

若换热器中流体有相变，例如饱和蒸汽冷凝时，冷凝液在饱和温度下离开换热器，则式 4-63a 可表示为

$$\boxed{Q=W_{\mathrm{h}}r=W_{\mathrm{c}}c_{p\mathrm{c}}(t_2-t_1)} \tag{4-64}$$

式中 W_{h}——饱和蒸汽的冷凝速率，kg/h 或 kg/s；

r——饱和蒸汽的汽化热，kJ/kg。

若冷凝液的温度低于饱和温度时，则式 4-64 变为

$$\boxed{Q=W_{\mathrm{h}}[r+c_{p\mathrm{h}}(T_{\mathrm{s}}-T_2)]=W_{\mathrm{c}}c_{p\mathrm{c}}(t_2-t_1)} \tag{4-65}$$

式中 $c_{p\mathrm{h}}$——热流体冷凝液的定压比热容，kJ/(kg·℃)；

T_{s}——热流体冷凝液的饱和温度，℃。

4.5.2 总传热速率微分方程和总传热系数

原则上，根据导热速率方程和对流传热速率方程可进行换热器的传热计算。但是，采用上述方程计算冷、热流体间的传热速率时，必须知道壁温，而实际上壁温往往是未知的。准确测定壁温几乎不可能实现，理论估算也较为麻烦。为便于计算，通常避开壁温，而直接用已知的冷、热流体的温度进行计算。为此，需要建立以冷、热流体温度差为传热推动力的传热速率方程，因为对应于总温差，所以该方程称为总传热速率方程。

1. 总传热速率方程的微分形式

冷、热流体通过任一微元面积 dS 的间壁传热过程的传热速率方程，可以仿照牛顿冷却定律写出，即

$$dQ=K(T-t)dS=K\Delta t dS \tag{4-66}$$

式中 K——局部总传热系数，$W/(m^2 \cdot ℃)$；

T——换热器的任一截面上热流体的平均温度，℃；

t——换热器的任一截面上冷流体的平均温度，℃。

式 4-66 为总传热速率微分方程，该方程又称传热基本方程，是换热器传热计算的基本关系式。换热器某截面上的局部总传热系数 K 可表示为单位传热面积、单位传热温差下的传热速率，它反映了传热过程的强度。这里的局部指的是换热器管长方向上的一个截面，因为在换热器管长方向上，流体从进口到出口，不同截面处可以有不同的 K 值，工业上应用到的通常是平均值。

应予指出，当冷、热流体通过管式换热器进行传热时，沿传热方向（从热流体通过壁面到冷流体）传热面积是变化的，此时总传热系数必须和所选择的传热面积相对应，选择的传热面积不同，总传热系数的数值也不同。因此，式 4-66 可表示为

$$dQ=K_i(T-t)dS_i=K_o(T-t)dS_o=K_m(T-t)dS_m \tag{4-67}$$

式中 K_i、K_o、K_m——基于管内表面积、外表面积和平均表面积的总传热系数，$W/(m^2 \cdot ℃)$；

S_i、S_o、S_m——管内表面积、外表面积和平均表面积，m^2。

由式 4-67 可知，在传热计算中，选择何种面积作为计算基准，Q 的结果完全相同。工程上大多以外表面积作为基准，故后面讨论中，除特别说明外，K 都是基于外表面积的总传热系数。比较式 4-67 可得

$$\frac{K_o}{K_i}=\frac{dS_i}{dS_o}=\frac{d_i}{d_o} \tag{4-68}$$

及

$$\frac{K_o}{K_m}=\frac{dS_m}{dS_o}=\frac{d_m}{d_o} \tag{4-68a}$$

式中 d_i、d_o、d_m——管内径、外径和平均直径，m。

2. 总传热系数

总传热系数（overall heat transfer coefficient）K 是评价换热器性能的一个重要参数，也是对换热器进行传热计算的依据。K 的数值取决于流体的物性、传热过程的操作条件及换热器的类型等，因而 K 值变化范围很大。通常可以有以下途径获得 K 值数据。

① 实验测定　对于已有的换热器，可以通过测定有关数据，如设备的尺寸、流体的流量和温度等，然后由传热基本方程计算 K 值。显然，这样得到的总传热系数 K 值最为可

靠，但是其使用范围受到限制，只有用于与所测情况相一致的场合（包括设备类型、尺寸、物料性质、流动状况等）才准确。但若使用情况与测定情况相近，所测 K 值仍有一定的参考价值。

② 参考生产实际的经验数据　在实际设计计算中，总传热系数通常采用推荐值。这些推荐值是从实践中积累或通过实验测定获得的。总传热系数的推荐值可从有关手册中查得，表 4-13 中列出了管壳式换热器的总传热系数 K 的推荐值，可供设计时参考。

表 4-13　管壳式换热器中的总传热系数 K 的推荐值

冷流体	热流体	总传热系数 K /[W/(m^2·℃)]	冷流体	热流体	总传热系数 K /[W/(m^2·℃)]
水	水	850～1700	水	水蒸气冷凝	1420～4250
水	气体	17～280	气体	水蒸气冷凝	30～300
水	有机溶剂	280～850	水	低沸点烃类冷凝	455～1140
水	轻油	340～910	水沸腾	水蒸气冷凝	2000～4250
水	重油	60～280	轻油沸腾	水蒸气冷凝	455～1020
有机溶剂	有机溶剂	115～340			

③ 计算获得　本部分将结合传热机理，讨论结合冷、热流体的性质及流动情况，估算总传热系数的方法。

3. 总传热系数的计算

（1）总传热系数计算公式

总传热系数计算公式可利用串联热阻叠加的原理导出。当冷、热流体通过间壁换热时，其传热机理如下（见图 4-17）：

① 热流体以对流方式将热量传给高温壁面；

② 热量由高温壁面以导热方式通过间壁传给低温壁面；

③ 热量由低温壁面以对流方式传给冷流体。

由此可见，冷、热流体通过间壁换热是一个“对流-传导-对流”的串联过程。对稳态传热过程，各串联环节速率必然相等，即

$$dQ=\alpha_i(T-T_w)dS_i=\frac{\lambda}{b}(T_w-t_w)dS_m=\alpha_o(t_w-t)dS_o \tag{4-69}$$

或

$$dQ=\frac{T-T_w}{\dfrac{1}{\alpha_i dS_i}}=\frac{T_w-t_w}{\dfrac{b}{\lambda dS_m}}=\frac{t_w-t}{\dfrac{1}{\alpha_o dS_o}} \tag{4-69a}$$

式中　α_i、α_o——间壁内侧、外侧流体的对流传热系数，W/(m^2·℃)；

T_w——间壁与热流体接触一侧的壁面温度，℃；

t_w——间壁与冷流体接触一侧的壁面温度，℃；

λ——间壁的热导率，W/(m·℃)；

b——间壁的厚度，m。

根据串联热阻叠加原理，可得

$$dQ=\frac{(T-T_w)+(T_w-t_w)+(t_w-t)}{\frac{1}{\alpha_i dS_i}+\frac{b}{\lambda dS_m}+\frac{1}{\alpha_o dS_o}}=\frac{T-t}{\frac{1}{\alpha_i dS_i}+\frac{b}{\lambda dS_m}+\frac{1}{\alpha_o dS_o}} \tag{4-69b}$$

上式两边均除以 dS_o，可得

$$\frac{dQ}{dS_o}=\frac{T-t}{\frac{d_o}{\alpha_i d_i}+\frac{bd_o}{\lambda d_m}+\frac{1}{\alpha_o}} \tag{4-69c}$$

比较式 4-67 和 4-69c，得

$$K_o=\frac{1}{\frac{d_o}{\alpha_i d_i}+\frac{bd_o}{\lambda d_m}+\frac{1}{\alpha_o}} \tag{4-70}$$

同理可得

$$K_i=\frac{1}{\frac{1}{\alpha_i}+\frac{bd_i}{\lambda d_m}+\frac{d_i}{\alpha_o d_o}} \tag{4-70a}$$

$$K_m=\frac{1}{\frac{d_m}{\alpha_i d_i}+\frac{b}{\lambda}+\frac{d_m}{\alpha_o d_o}} \tag{4-70b}$$

式 4-70、式 4-70a、式 4-70b 即为总传热系数的计算式。总传热系数也可以表示为热阻的形式。由式 4-70 得

$$\frac{1}{K_o}=\frac{d_o}{\alpha_i d_i}+\frac{bd_o}{\lambda d_m}+\frac{1}{\alpha_o} \tag{4-71}$$

（2）污垢热阻

换热器在实际操作中，传热表面上常有污垢积存，对传热产生附加热阻，该热阻称为污垢热阻。通常污垢热阻比传热管壁的热阻大得多，因而设计中应考虑污垢热阻的影响。

影响污垢热阻的因素很多，如物料的性质、传热壁面的材料、操作条件、设备结构和清洗周期等。由于污垢层的厚度及其热导率难以准确地估计，因此通常选用一些经验值。

设管壁内、外侧表面上的污垢热阻分别为 R_{si} 及 R_{so}，根据串联热阻叠加原理，式 4-71 可表示为

$$\boxed{\frac{1}{K_o}=\frac{d_o}{\alpha_i d_i}+R_{si}\frac{d_o}{d_i}+\frac{bd_o}{\lambda d_m}+R_{so}+\frac{1}{\alpha_o}} \tag{4-71a}$$

式 4-71a 表明，间壁两侧流体间传热总热阻等于两侧流体的对流传热热阻、污垢热阻及管壁导热热阻之和。

换热器的管材一般选择热导率比较大的材料制造，若管壁比较薄，则管壁热传导热阻相比其他几项而言较小，某些时候可以忽略不计。污垢热阻往往不能忽略，但对比较清洁的流体或换热设备在运行初期，可以不考虑。具体情况具体分析。

若传热面为平壁或薄管壁时，d_i、d_o 和 d_m 相等或近于相等，则式 4-71a 可简化为

$$\frac{1}{K}=\frac{1}{\alpha_i}+R_{si}+\frac{b}{\lambda}+R_{so}+\frac{1}{\alpha_o} \tag{4-71b}$$

当管壁热阻和污垢热阻均可忽略时，上式可进一步简化为

$$\frac{1}{K}=\frac{1}{\alpha_i}+\frac{1}{\alpha_o} \tag{4-71c}$$

(3) 提高总传热系数途径的分析

式 4-71a 中的五项热阻中，若其中某一项的数值远大于其他项，则总热阻接近于该项热阻，称为控制热阻。对控制热阻的分析在工程上有重要意义，可以给出有效的方案来提高总传热系数，改善传热效果。

若 $\alpha_i \gg \alpha_o$，则 $1/K \approx 1/\alpha_o$，称为管壁外侧对流传热控制，此时欲提高 K 值，关键在于提高管壁外侧的对流传热系数；若 $\alpha_o \gg \alpha_i$，则 $1/K \approx 1/\alpha_i$，称为管壁内侧对流传热控制，此时欲提高 K 值，关键在于提高内侧的对流传热系数。由此可见，K 值总是接近于 α 小的流体的对流传热系数值，且小于 α 的值。若 $\alpha_o \approx \alpha_i$，则称为管内、外侧对流传热控制，此时必须同时提高两侧的对流传热系数，才能提高 K 值。同样，若管壁两侧对流传热系数很大，即两侧的对流传热热阻很小，而污垢热阻很大，则称为污垢热阻控制，此时欲提高 K 值，必须设法减慢污垢形成速率或及时清除污垢。

值得一提的是，忽略污垢热阻和壁阻的情况下，可以通过管壁两侧流体的平均温度来估算管壁温度。设 $T_w - t_w$ 近似为 0，可以得到

$$Q=\frac{T-T_w}{\frac{1}{\alpha_o}}=\frac{T_w-t}{\frac{1}{\alpha_i}} \tag{4-72}$$

即

$$\frac{T-T_w}{T_w-t}=\frac{\alpha_i}{\alpha_o} \tag{4-72a}$$

式 4-72 说明管壁两侧的温度差之比等于两侧热阻之比，热阻大（对流传热系数小）的那一侧温差大，热阻小（对流传热系数大）的那一侧温差小。即壁温接近于热阻小的那一侧流体的温度。

【例 4-9】 某空气冷却器，空气在管外横向流过，管外侧的对流传热系数为 100W/(m^2·℃)，冷却水在管内流过，管内侧的对流传热系数为 2000W/(m^2·℃)。冷却管为 ϕ25mm×2.5mm 的钢管，其热导率为 45W/(m·℃)。试求：(1) 总传热系数；(2) 若将管外对流传热系数 α_o 提高一倍，其他条件不变，总传热系数增加的百分率；(3) 若将管内对流传热系数 α_i 提高一倍，其他条件不变，总传热系数增加的百分率；(4) 若冷却水的平均温度为 30℃，空气的平均温度为 60℃，设管内、外侧污垢热阻可忽略，忽略壁阻，试估算壁温。

解：(1) 管内、外侧污垢热阻可忽略，总热阻由 3 项组成，如式 4-71

$$\frac{1}{K_o}=\frac{d_o}{\alpha_i d_i}+\frac{b d_o}{\lambda d_m}+\frac{1}{\alpha_o}$$

d_m 应该用对数平均求算，但对于管壁很薄的情况，也可用算数平均来计算。本例中

$$d_m=\frac{d_o+d_i}{2}=\frac{0.025+0.020}{2}=0.0225\text{m}$$

$$K_o=\frac{1}{\frac{0.025}{2000\times0.02}+\frac{0.0025\times0.025}{45\times0.0225}+\frac{1}{100}}=93.57\text{W/(m}^2\cdot℃)$$

(2) α_o 提高一倍，传热系数为

$$K_o'=\frac{1}{\frac{0.025}{2000\times0.02}+\frac{0.0025\times0.025}{45\times0.0225}+\frac{1}{2\times100}}=175.85\text{W/(m}^2\cdot℃)$$

$$传热系数增加的百分率=\frac{175.85-93.57}{93.57}\times100\%=87.93\%$$

(3) α_i 提高一倍，传热系数为

$$K''_o = \frac{1}{\frac{0.025}{2\times2000\times0.02}+\frac{0.0025\times0.025}{45\times0.0225}+\frac{1}{100}} = 96.39\text{W}/(\text{m}^2\cdot℃)$$

$$传热系数增加的百分率 = \frac{96.39-93.57}{93.57}\times100\% = 3\%$$

(4) 壁温的估算

$$\frac{T-T_w}{T_w-t} = \frac{\alpha_i}{\alpha_o} \qquad \frac{60-T_w}{T_w-30} = \frac{2000}{100}$$

解得 $T_w = 31.43℃$。

通过计算可以看出，空气侧的热阻远大于水侧的热阻，故该换热过程为空气侧热阻控制，此时将空气侧对流传热系数提高一倍，总传热系数显著提高，而提高水侧对流传热系数，总传热系数变化不大。通常，需要先确定哪一侧为控制热阻，然后再采取有效措施。壁温接近于热阻小的那一侧流体的温度。需要特别指出的是，若污垢热阻不能忽略，则其数值有可能影响计算结果。

4.5.3 平均温度差法和总传热速率方程

前已述及，总传热速率方程（式 4-66）是换热器传热计算的基本关系式。在换热器管长方向上，不同位置处的 Δt 随着传热过程冷、热流体的温度变化而改变。因此，将式 4-66 用于整个换热器时，必须对该方程进行积分。若以 Δt_m 表示传热过程冷、热流体的平均温度差，则积分结果可表示为

$$\boxed{Q = KS\Delta t_m} \tag{4-73}$$

式 4-73 为总传热速率方程的积分形式，用该式进行传热计算时需先计算出 Δt_m，故此方法称为平均温度差法。很显然，随着冷、热流体在传热过程中温度变化情况不同，Δt_m 的计算也不相同。推导平均温度差时，需对传热过程作以下简化假定：①传热为稳态操作过程；②两流体的定压比热容均为常量或可取为换热器进、出口温度下的平均值；③总传热系数 K 为常量，不随换热器的管长而变化；④忽略热损失。

就换热器中冷、热流体温度变化情况而言，有恒温传热和变温传热两种，现分别予以讨论。

1. 恒温传热时的平均温度差

换热器中间壁两侧的流体均存在相变时，两流体温度可以分别保持不变，这种传热称为恒温传热。例如蒸发器中，换热管一侧为蒸气在饱和温度下冷凝，另一侧为液体在沸点下沸腾。此时，冷、热流体的温度均不随位置变化，两者间温度差处处相等，即 $\Delta t = T - t$，显然流体的流动方向对 Δt 也无影响。因此，恒温传热时的平均温度差 $\Delta t_m = \Delta t$，故有

$$Q = KS\Delta t \tag{4-74}$$

2. 变温传热时的平均温度差

当换热器中间壁两侧流体的温度发生变化，这种情况下的传热称为变温传热。变温传热时，若两流体的相互流向不同，则对温度差的影响也不相同，故应分别予以讨论。

(1) 逆流和并流时的平均温度差

在换热器中，两流体若以相反的方向流动，称为逆流；若以相同的方向流动称为并流，

如图 4-32 所示。从图中看出，冷、热流体的温度差是沿管长而变化的，可推出逆流和并流时总传热速率的计算式为

$$Q=KS\frac{\Delta t_2-\Delta t_1}{\ln\frac{\Delta t_2}{\Delta t_1}}=KS\Delta t_m \tag{4-75}$$

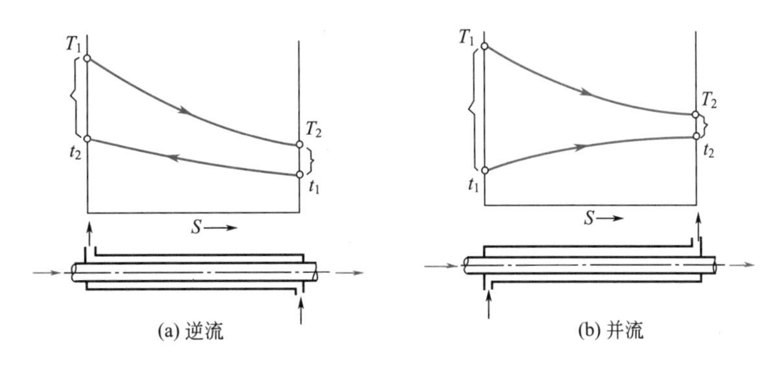

图 4-32 变温传热时的温度差变化

式 4-75 是适用于整个换热器的总传热速率方程，该式是传热计算的基本方程。已知换热器两端冷、热流体的温度差，计算对数平均值作为流体通过整个换热器的平均传热推动力，称为对数平均温度差，即

$$\boxed{\Delta t_m=\frac{\Delta t_2-\Delta t_1}{\ln\frac{\Delta t_2}{\Delta t_1}}} \tag{4-76}$$

在工程计算中，当 $\Delta t_2/\Delta t_1 \leqslant 2$ 时，用算术平均温度差 $\Delta t_m=(\Delta t_1+\Delta t_2)/2$ 代替对数平均温度差，其误差不超过 4%，可以简化计算。

式 4-76 是计算逆流和并流时平均温度差 Δt_m 的通式。通常将换热器两端温度差 Δt 中数值大者写成 Δt_2，小者写成 Δt_1，这样计算 Δt_m 较为简便。

【例 4-10】 在一套管式换热器中，用冷却水将热流体由 90℃冷却至 65℃，冷却水进口温度为 25℃，出口温度为 60℃，若冷却水的质量流量为 2000kg/h，平均温度下定压比热容 $c_p=4.17\text{kJ/(kg}\cdot℃)$，基于外表面的总对流传热系数为 $1500\text{W/(m}^2\cdot℃)$，试分别计算：(1) 两流体作逆流和并流时的平均温度差；(2) 两流体作逆流和并流时所需的换热器面积。

解：(1) 逆流时

热流体温度	T	90→65
冷流体温度	t	60←25
	Δt	30　40

所以

$$\Delta t_{m逆}=\frac{\Delta t_2-\Delta t_1}{\ln\frac{\Delta t_2}{\Delta t_1}}=\frac{40-30}{\ln\frac{40}{30}}=34.8℃$$

并流时

热流体温度	T	90→65
冷流体温度	t	25→60
	Δt	65　5

所以

$$\Delta t_{m并}=\frac{65-5}{\ln\frac{65}{5}}=23.4℃$$

（2）再进一步求所需的面积。冷流体升温所吸收的热量为

$$Q=W_c c_{pc}(t_2-t_1)=\frac{2000}{3600}\times 4.17\times 1000\times(60-25)=8.108\times 10^4\text{W}=81.08\text{kW}$$

由 $Q=W_c c_{pc}(t_2-t_1)=KS\Delta t_m$ 可得套管式换热器基于内管外表面的换热面积为

$$S_{o逆}=\frac{Q}{K_o\Delta t_{m逆}}=\frac{81.08\times 10^3}{1500\times 34.8}=1.55\text{m}^2$$

$$S_{o并}=\frac{Q}{K_o\Delta t_{m并}}=\frac{81.08\times 10^3}{1500\times 23.4}=2.31\text{m}^2$$

由上面数据看出，在冷、热流体的初、终温度相同的条件下，逆流的平均温差较并流的为大，即传热推动力大。工业上多采用逆流操作，原因如下：当换热任务，即被换热流体的流率、进出口温度给定，若载热体流体的进、出口温度确定，在换热器的传热量 Q 及总传热系数 K 值相同的条件下，采用逆流操作，可以获得比较大的传热推动力，减小所需的传热面积，进而减少设备费；若传热面积一定，则可减少换热介质的流量，降低操作费。

（2）错流和折流时的平均温度差

为了强化传热，管壳式换热器的管程和壳程常采用多程。因此，换热器中两流体并非作简单的逆流或并流，而是作比较复杂的多程流动或互相垂直的交叉流动，如图 4-33 所示。在图 4-33(a) 中，两流体的流向互相垂直，称为错流；在图 4-33(b) 中，一流体沿一个方向流动，而另一流体反复折流，称为简单折流。若两流体均作折流，或既有折流又有错流，则称为复杂折流或混合流。

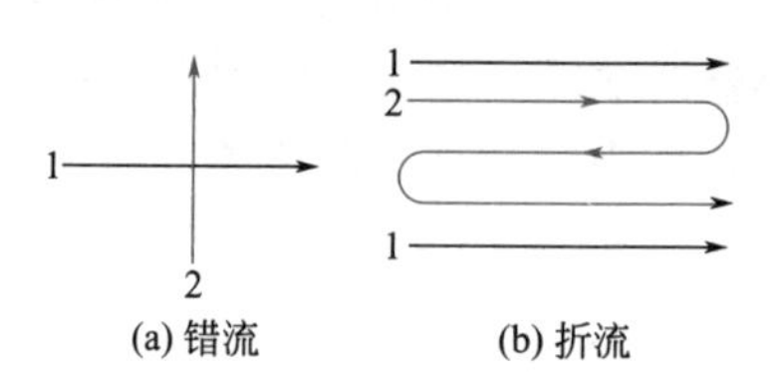

图 4-33　错流和折流示意图

两流体呈错流和折流流动时，平均温度差 Δt_m 的计算较为复杂。为便于计算，通常将解析结果以算图的形式表达出来，然后通过算图进行计算，该方法即为安德伍德（Underwood）和鲍曼（Bowman）图算法。其基本思路是先按逆流计算对数平均温度差，然后再乘以考虑流动方向的校正因素。即

$$\boxed{\Delta t_m=\varphi_{\Delta t}\Delta t'_m} \tag{4-77}$$

式中　$\Delta t'_m$——按逆流计算的对数平均温度差，℃；

$\varphi_{\Delta t}$——温度差校正系数，量纲为 1。

具体步骤如下：

① 根据冷、热流体的进出口温度，算出纯逆流条件下的对数平均温度差 $\Delta t'_m$；

② 按下式计算因数 R 和 P

$$R=\frac{T_1-T_2}{t_2-t_1}=\frac{热流体的温降}{冷流体的温升} \tag{4-78}$$

$$P=\frac{t_2-t_1}{T_1-t_1}=\frac{冷流体的温升}{两流体的最初温度差} \tag{4-79}$$

③ 根据 R 和 P 的值，从算图中查出温度差校正系数 $\varphi_{\Delta t}$；

④ 将纯逆流条件下的对数平均温度差乘以温度差校正系数 $\varphi_{\Delta t}$，即得所求的 Δt_m。

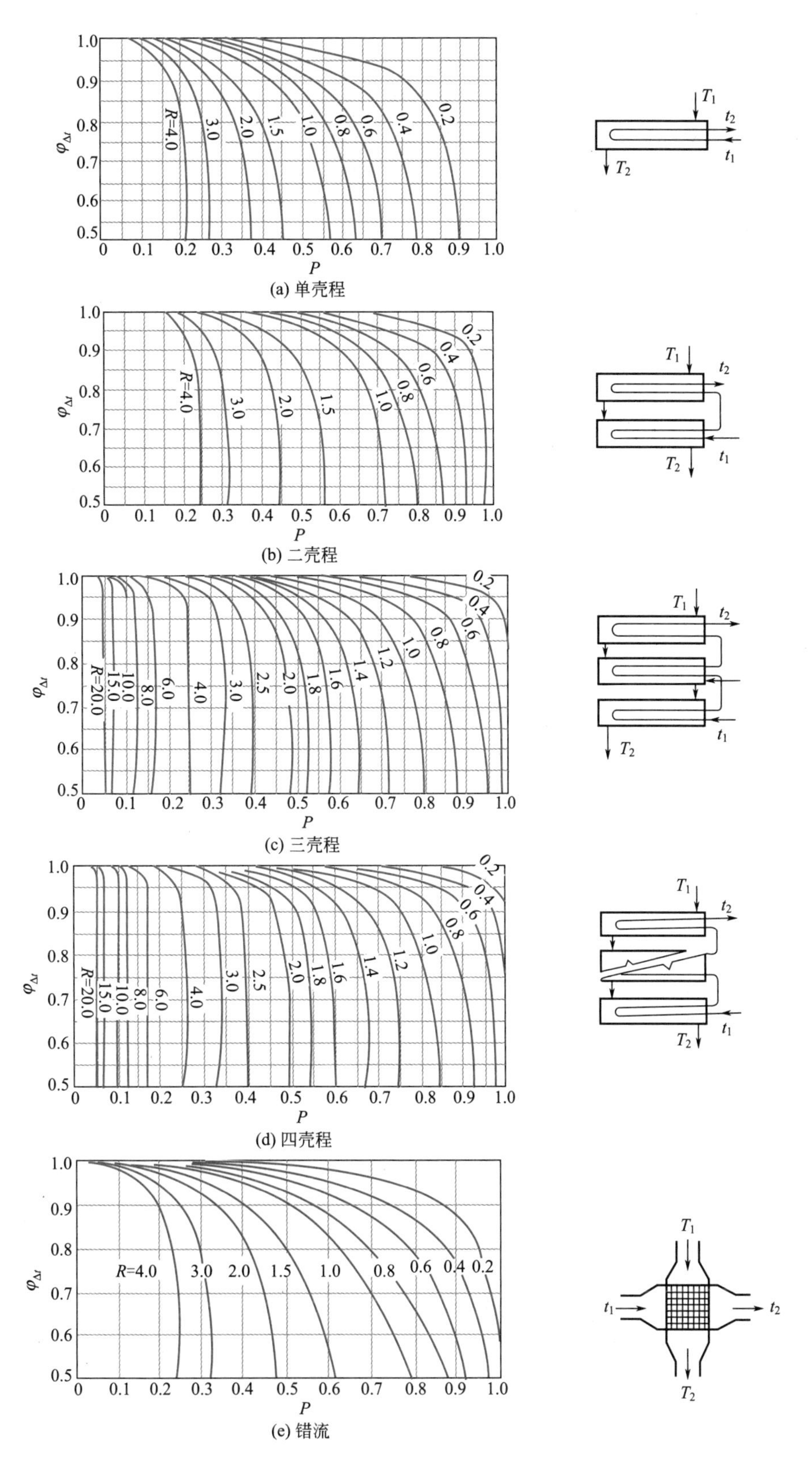

图 4-34 对数平均温度差校正系数 $\varphi_{\Delta t}$ 值

图 4-34 所示为温度差校正系数算图，其中（a）、（b）、（c）、（d）分别适用于单壳程、二壳程、三壳程及四壳程，每个单壳程内的管程可以是 2、4、6 或 8 程，图（e）适用于错流。对于其他复杂流动的 $\varphi_{\Delta t}$，可从有关传热的手册或书籍中查取。

由图 4-34 可见，$\varphi_{\Delta t}$ 值恒小于 1，这是由于各种复杂流动中同时存在逆流和并流的缘故，因此它们的 Δt_m 比纯逆流时为小。通常在换热器的设计中规定，$\varphi_{\Delta t}$ 值不应小于 0.8，否则 Δt_m 值太小，经济上不合理。若低于此值，则应考虑增加壳方程数，或将多台换热器串联使用，使传热过程接近于逆流。

【例 4-11】 在一个单壳程、双管程的管壳式换热器中，用水冷却热油。冷水在管程流动，进口温度为 20℃，出口温度为 35℃，热油在壳程流动，进口温度为 110℃，出口温度为 50℃。热油的流量为 1.5kg/s，平均比热容为 1.92kJ/(kg·℃)。设换热器的热损失可忽略。若基于外表面的总传热系数为 500W/(m²·℃)，试求换热器基于外表面的传热面积。

解：换热器的传热量为

$$Q=W_h c_{ph}(T_1-T_2)=1.5\times1.92\times10^3\times(110-50)=1.73\times10^5\,\text{W}$$

先按逆流计算对数平均温度差，然后按 R 和 P 的值，查图得校正因子，从而得到一单壳程、双管程的管壳式换热器中的有效对数平均温度差

$$\Delta t'_m=\frac{\Delta t_2-\Delta t_1}{\ln\dfrac{\Delta t_2}{\Delta t_1}}=\frac{(110-35)-(50-20)}{\ln\dfrac{110-35}{50-20}}=49.11℃$$

$$R=\frac{T_1-T_2}{t_2-t_1}=\frac{110-50}{35-20}=4 \qquad P=\frac{t_2-t_1}{T_1-t_1}=\frac{35-20}{110-20}=0.167$$

由图 4-34(a) 中查得，$\varphi_{\Delta t}=0.92$

所以

$$\Delta t_m=\varphi_{\Delta t}\Delta t'_m=0.92\times49.11=45.18℃$$

$$S_o=\frac{Q}{K_o\Delta t_m}=\frac{1.73\times10^5}{500\times45.18}=7.66\text{m}^2$$

（3）流向的选择

若两流体均为变温传热时，且在两流体进、出口温度各自相同的条件下，逆流时的平均温度差最大，并流时的平均温度差最小，其他流向的平均温度差介于逆流和并流两者之间，因此就传热推动力而言，逆流优于并流和其他流动型式。当换热器的传热量 Q 及总传热系数 K 一定时，采用逆流操作，所需的换热器传热面积较小。

由以上分析可知，换热器应尽可能采用逆流操作。但是在某些生产工艺要求下，若对流体的温度有所限制，如冷流体被加热时不得超过某一温度，或热流体被冷却时不得低于某一温度，则宜采用并流操作。另外，在某些高温换热器中，逆流操作因冷、热流体的最高温度都集中在一端，该处的壁温会特别高，有时也采用并流降低该处的壁温，以延长换热器的使用寿命。另外，需要注意的是，有些时候由于热量衡算的限制，只能选择一种流动方式才能完成给定的换热任务。

采用折流或其他流动型式的原因除了为了满足换热器的结构要求外，就是为了提高总传热系数，但是平均温度差较逆流时为低。在选择流向时应综合考虑，$\varphi_{\Delta t}$ 值不宜过低，一般设计时应取 $\varphi_{\Delta t}>0.9$，至少不能低于 0.8，否则另选其他流动型式。

4.5.4 总传热速率方程的应用

换热计算可分为设计型和核算型两大类。所谓设计型计算，是在给定的操作条件和换热

效果下求换热器的面积，对管壳式换热器，可细化为管程数、壳程数、换热管数目、管长和管径等。操作型计算通常是给定换热器的传热面积或相关结构尺寸，冷、热流体的物理性质和换热要求等，判断一个换热器是否适用；或者预测某些参数的变化，例如换热器的操作调节。

通常的计算都要求热量衡算及传热速率方程联立来解决。下面以例题来说明。

【例 4-12】 某单壳程、单管程管壳式换热器，其换热管束为管径 ϕ25mm×2.5mm 的钢管。管程流过流体流量为 1.5×10^4kg/h 的某有机溶剂，经换热后其由 20℃被加热至 50℃，在每个管子里的流速为 0.5m/s，对流传热系数为 700W/(m^2·℃)。已知在定性温度下管程流体的物性参数为：密度 858kg/m^3、恒压比热容 1.76kJ/(kg·℃)。130℃的水蒸气在壳程饱和温度下冷凝，冷凝传热系数为 10000W/(m^2·℃)，管壁的热导率为 45W/(m·℃)。假如热损失和污垢热阻可以忽略，估算：(1) 基于外表面的总传热系数，W/(m^2·℃)；(2) 换热器中管子的数目及每根管子的长度。

解：(1) 基于外表面的总传热系数

$$K_o=\frac{1}{\dfrac{1}{\alpha_o}+\dfrac{bd_o}{kd_m}+\dfrac{d_o}{\alpha_i d_i}}=\frac{1}{\dfrac{1}{10000}+\dfrac{0.0025\times0.025}{45\times0.0225}+\dfrac{0.025}{700\times0.020}}=513.49\text{W/(m}^2\cdot℃)$$

(2) 换热器中管子的数目及每根管子的长度，需要从总流量和每根管子里的流速来获得信息。总质量流量为

$$W_c=\frac{\pi}{4}d_i^2 n\rho u$$

整理得 $$n=\frac{4W_c}{\pi d_i^2\rho u}=\frac{4\times15000/3600}{3.14\times0.02^2\times858\times0.5}=30.93\approx31\text{ 根}$$

总传热速率方程为 $$Q=K_oS_o\Delta t_m$$

$$\Delta t_m=\frac{\Delta t_2-\Delta t_1}{\ln\dfrac{\Delta t_2}{\Delta t_1}}=\frac{(130-20)-(130-50)}{\ln\dfrac{130-20}{130-50}}=94.2℃$$

$$Q=W_c c_{pc}(t_2-t_1)=\frac{15000}{3600}\times1.76\times10^3\times(50-20)=2.2\times10^5\text{W}$$

$$S_o=\frac{Q}{K_o\Delta t_m}=\frac{2.2\times10^5}{513.49\times94.2}=4.548\text{m}^2$$

$$S_o=n\pi d_o L$$

$$L=\frac{S_o}{n\pi d_o}=\frac{4.548}{31\times3.14\times0.025}=1.869\text{m}$$

本题主要熟悉管壳式换热器的结构，换热面积与管子尺寸、数目和长度有关。

【例 4-13】 乙醇精馏塔顶采用一单管程单壳程的管壳式换热器将乙醇蒸气（假设为纯乙醇）在常压下冷却成饱和液体。已知冷水的流量为 50000kg/h，其温度由 20℃升高至 35℃，水的平均比热容为 4.17kJ/(kg·℃)。常压下乙醇的沸点为 78.3℃，汽化热为 846kJ/kg。设换热器的热损失可忽略，换热器基于外表面的总传热系数为 450W/(m^2·℃)。试求：(1) 计算乙醇物料的处理量，kg/h；(2) 现有一单程管壳式换热器由 170 根 ϕ25mm×2.5mm、长为 3m 的管子组成，试核算该换热器是否能满足该乙醇精馏塔的换热任务。

解：(1) 从冷、热流体热量衡算可以得到热蒸气的流量

由
$$W_h r = W_c c_{pc}(t_2 - t_1)$$
得
$$W_h = \frac{W_c c_{pc}(t_2 - t_1)}{r} = \frac{50000 \times 4.17 \times 1000 \times (35-20)}{846 \times 1000} = 3696.8\text{kg/h}$$

(2) 核算一台现有的换热器是否合用，就是用工艺本身的要求与现有换热器相比，空气所需的热负荷应小于换热器的传热速率，或冷却空气所需要的传热面积应小于现有换热器提供的传热面积。

设乙醇在常压下的沸点为 $T_s = 78.3℃$，则 $\Delta t_2 = T_s - t_1$；$\Delta t_1 = T_s - t$；因为蒸气在饱和温度下冷凝，可视为热流体侧温度恒定，逆流或并流时的平均温度差数值是相同的。

$$\Delta t_m = \frac{\Delta t_2 - \Delta t_1}{\ln \dfrac{\Delta t_2}{\Delta t_1}} = \frac{t_2 - t_1}{\ln \dfrac{T_s - t_1}{T_s - t_2}}$$

联立热量衡算方程和传热速率方程

$$Q = W_c c_{pc}(t_2 - t_1) = K_o S_o \frac{\Delta t_2 - \Delta t_1}{\ln \dfrac{\Delta t_2}{\Delta t_1}} = K_o S_o \frac{t_2 - t_1}{\ln \dfrac{T_s - t_1}{T_s - t_2}} \tag{a}$$

比较方程 (a) 两边，可以消去对数平均温度差分子项中的未知量 $(t_2 - t_1)$，使计算简化，得

$$\ln \frac{T_s - t_1}{T_s - t_2} = \frac{K_o S_o}{W_c c_{pc}}$$

完成任务需要的换热面积为

$$S_o = \frac{W_c c_{pc} \ln \dfrac{T_s - t_1}{T_s - t_2}}{K_o} = \frac{\dfrac{50000}{3600} \times 4.17 \times 10^3 \times \ln \dfrac{78.3-20}{78.3-35}}{450} = 38.28\text{m}^2$$

现有换热器所能提供的基于外表面的换热面积为

$S_o = n\pi d_o L = 170 \times 3.14 \times 0.025 \times 3 = 40.03\text{m}^2 > 38.28\text{m}^2$。

一侧为饱和蒸汽冷凝时，这一侧的换热过程恒温，流体逆流和并流时的对数平均推动力是一样的。在求解的时候，还可以消去未知量 $(t_2 - t_1)$，使计算简化。

【例 4-14】 在一单程管壳式换热器中用饱和蒸汽加热某有机液体物料 [$\rho = 860\text{kg/m}^3$，$\mu = 0.7 \times 10^{-3}\text{Pa·s}$，$c_p = 1.7\text{kJ/(kg·℃)}$]。温度为 120℃ 的饱和水蒸气在壳程冷凝为同温度的水。有机液体在管程湍流流动，由 20℃ 加热到 70℃。管壳式换热器的管长为 3m，内有 ϕ19mm × 2mm 的列管 40 根。若换热器的热负荷为 300kW，蒸汽冷凝传热系数为 6000W/(m^2·℃)，有机液体侧污垢热阻为 0.0005(m^2·℃)/W，管壁热阻和蒸汽侧污垢热阻可忽略。试求：(1) 管内有机液体侧对流传热系数；(2) 有机液体的质量流量增加一倍，保持饱和蒸汽温度及有机液体入口温度不变，假设有机液体的物性不变，求有机液体的出口温度；(3) 有机液体的质量流量增加一倍，保持有机液体进口和出口温度不变，求饱和蒸汽的温度。

解： 这是冷流体流量变化对传热影响的例题。冷流体的流量变化既影响热量平衡又影响传热系数。因管内有机液体为湍流流动，$\alpha \propto u^{0.8}$，当有机液体的流量加倍，流速也加倍，总传热系数 K 提高。结合热量衡算方程与传热速率方程，$Q = W_c c_{pc}(t_2 - t_1) = KS\Delta t_m$，$S$、$t_1$、$c_{pc}$ 不变，当 W_c 提高 2 倍，而 K 提高小于 2 倍，则冷流体出口温度 t_2 应下降，若

T 不变，Δt_m 会增加。

若保持有机液体进口和出口温度 t_1 和 t_2 不变，W_c 增加至2倍，Q 提高到2倍，而 K 的提高小于2倍，所以 Δt_m 也要提高，这势必要求热流体蒸汽侧的温度提高。

（1）管内有机液体侧对流传热系数应该由 K 求取

$$Q=K_iS_i\Delta t_m$$

依题意 $Q=300\text{kW}$

$$S_i=n\pi d_iL=40\times\pi\times0.015\times3=5.652\text{m}^2$$

$$\Delta t_m=\frac{\Delta t_2-\Delta t_1}{\ln\dfrac{\Delta t_2}{\Delta t_1}}=\frac{(120-20)-(120-70)}{\ln\dfrac{120-20}{120-70}}=72.13℃$$

$$K_i=\frac{Q}{S_i\Delta t_m}=\frac{300\times10^3}{5.652\times72.13}=735.87\text{W/(m}^2\cdot℃)$$

$$K_i=\frac{1}{\dfrac{d_i}{\alpha_od_o}+R_{si}+\dfrac{1}{\alpha_i}}$$

$$\frac{1}{\alpha_i}=\frac{1}{K_i}-R_{si}-\frac{d_i}{\alpha_od_o}=\frac{1}{735.87}-0.0005-\frac{0.015}{6000\times0.019}$$

解得 $\alpha_i=1374.84\text{W/(m}^2\cdot℃)$

（2）有机液体的出口温度

若油的质量流量提高一倍，油在管内的流速也提高一倍，则管内的传热系数为

$$\frac{\alpha_i'}{\alpha_i}=\left(\frac{u'}{u}\right)^{0.8}=2^{0.8}=1.741 \qquad \alpha_i'=2^{0.8}\alpha_i=1.741\times1374.84=2393.60\text{W/(m}^2\cdot℃)$$

$$\frac{1}{K_i'}=\frac{1}{\alpha_i'}+R_{si}+\frac{d_i}{\alpha_od_o}=\frac{1}{2393.60}+0.0005+\frac{0.015}{6000\times0.019} \qquad K_i'=952.96\text{W/(m}^2\cdot℃)$$

$$\frac{K_i'}{K_i}=\frac{952.96}{735.87}=1.295$$

列热量衡算与传热速率方程

原来 $$Q=W_cc_{pc}(t_2-t_1)=K_iS_i\Delta t_m \tag{a}$$

后来 $$Q'=2W_cc_{pc}(t_2'-t_1)=K_i'S_i\Delta t_m' \tag{b}$$

式(a)/式(b) $$\frac{t_2-t_1}{2(t_2'-t_1)}=\frac{\Delta t_m}{1.295\Delta t_m'}$$

带入数据

$$\frac{70-20}{2(t_2'-20)}=\frac{72.13}{1.295\Delta t_m'}$$

整理得 $$\ln\frac{T-20}{T-t_2'}=\frac{(70-20)\times1.295}{2\times72.13}=0.449$$

$$\frac{120-20}{120-t_2'}=e^{0.449}=1.567 \qquad t_2'=56.18℃$$

（3）饱和蒸汽的温度

若保持有机液体进口和出口温度 t_1 和 t_2 不变，W_c 增加至2倍，t_1 和 t_2 不变，列热量衡算及速率方程如下

原来 $$Q=W_c c_{pc}(t_2-t_1)=K_i S_i \Delta t_m \tag{c}$$

后来 $$Q'=2W_c c_{pc}(t_2-t_1)=K_i' S_i \Delta t_m' \tag{d}$$

式(c)/式(d) $$\frac{1}{2}=\frac{\Delta t_m}{1.295\Delta t_m'}$$

带入数据

$$\Delta t_m'=\frac{2\Delta t_m}{1.295}=111.40℃$$

$$\Delta t_m'=\frac{\Delta t_2-\Delta t_1}{\ln\dfrac{\Delta t_2}{\Delta t_1}}=\frac{(T'-20)\ -\ (T'-70)}{\ln\dfrac{T'-20}{T'-70}}=111.40$$

$$\ln\frac{T'-20}{T'-70}=\frac{70-20}{111.40}=0.449$$

$$\frac{T'-20}{T'-70}=e^{0.449}=1.567$$

$$T'=158.18℃$$

用前后两种情况对比的方法，可以消除未知的 W、c_p 和 K 等参数，是一种解题技巧。采取提高加热蒸汽的压力，实现提高加热蒸汽侧的温度，使平均温度差提高，从而满足由于冷流体油的流量增加引起的热负荷变化。冷流体流量的变化，同时引起 Δt_m 和 K 的变化，必须要联合传热速率方程和热量衡算方程来求解。

4.6 换热器

进行热量交换的设备统称为换热器。换热器作为工艺过程必不可少的单元设备，广泛地应用于各种工程领域中。据统计，在现代石油化工企业中，换热器投资约占装置建设总投资的30%～40%；在合成氨厂中，换热器约占全部设备总台数的40%。流体在换热器中完成热量传递过程，冷流体被加热，热流体被冷却，有的时候还发生相变化，例如蒸发器中加热液体使之汽化，冷凝器中蒸汽被冷凝而凝结液化。由于物料性质、传热要求和生产规模不同，换热设备有多种形式和结构，可根据工艺要求进行选择。

常用的换热器由金属材料制成，常用的材料有碳钢、合金钢、铜、铝、钛及其合金。为了适应化工生产中处理的特殊物料，如强酸、强碱和强腐蚀等流体，还有一些特殊材质的换热器，常用到的有聚四氟乙烯、石墨、玻璃及贵金属作为材质的换热器。具体选用哪种材质，要根据物料性质和操作条件来选择。

如前所述，按冷、热流体接触方式不同，可分为直接接触式换热器、间壁式换热器和蓄热式换热器。由于化工原料的特性，在多数情况下两股流体不能直接混合，所以间壁式换热器使用比较广泛，本章将重点介绍间壁式换热器。

按热交换元件（或传热面）的形状不同，分为管式换热器、板式换热器等，其他还有热管换热器等类型。本节将介绍常用的换热器类型。

4.6.1 间壁式换热器的类型

1. 管式换热器的结构形式

管式换热器是进行热交换操作的通用工艺设备，广泛应用于各个工业部门，特别是在石油炼制和化学加工装置中，占有极其重要的地位。

(1) 管壳式换热器

管壳式换热器又称列管式换热器，由壳体、管束、封头、管板、折流挡板、接管等部件组成，具有结构简单、坚固耐用、造价低廉、用材广泛、清洗方便、适应性强等优点，应用最为广泛。管壳式换热器根据热补偿方法及结构特点分为固定管板式、浮头式、U形管式换热器，按结构分为单管程、双管程、多管程及多壳程换热器，传热面积可根据用户需要定制。

① 固定管板式换热器　固定管板式换热器的结构如图4-35所示。两块管板分别焊于壳体的两端，管束的两端固定在管板上。冷、热流体中的一个在管内通道（称为管程）流动，称为管程流体；另外一个在管外与外壳包围形成的通道（称为壳程）中连续流动，称为壳程流体。

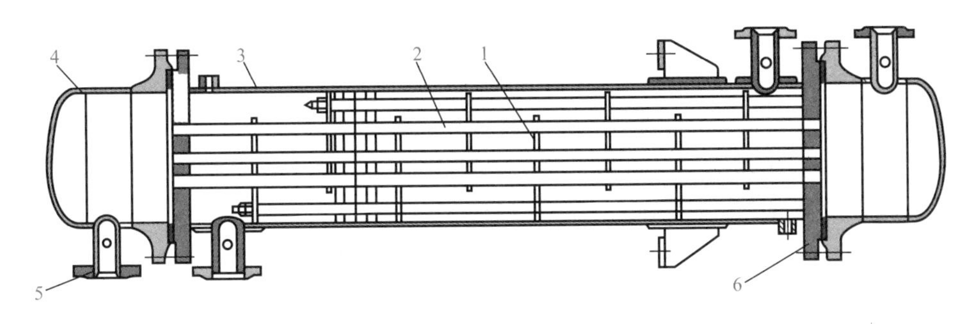

图4-35　固定管板式换热器

1—折流挡板；2—管束；3—壳体；4—封头；5—接管；6—管板

若管程流体一次通过管程，称为单管程。当换热器传热面积较大，所需管子数目较多时，为提高管流体的流速，常在分配头加挡板，将换热管平均分为若干组，使流体在管内依次往返多次，称为多管程。增加管程数提高了管程流体的流速，从而增大了管内对流传热系数，但同时亦会导致流动阻力增大。因此，管程数不宜过多，通常以2、4管程最为常见。

壳程流体一次通过壳程，称为单壳程。也可在与管束轴线平行方向放置纵向隔板使壳程分为多程。分程可使壳程流体流速增大，流程增长，扰动加剧，有助于强化传热。但是，壳程分程不仅使流动阻力增大，且制造安装较为困难，故工程上应用较少。通常采用设置折流挡板以实现强化壳程换热的目的。

固定管板式换热器的优点是结构简单、紧凑。在相同的壳体直径内，排管数最多，旁路最少；每根换热管都可以进行更换，且管内清洗方便。其缺点是壳程不能进行机械清洗；当换热管与壳体的温差较大（大于50℃）时产生温差应力，需在壳体上设置膨胀节，因而壳程压力受膨胀节强度的限制不能太高。固定管板式换热器适用于壳方流体清洁且不易结垢，两流体温差不大或温差较大但壳程压力不高的场合。

② 浮头式换热器　浮头式换热器的结构如图4-36所示。其结构特点是只有一端的管板与壳体固定，而另一端的管板不与壳体固定连接，可在壳体内沿轴向自由伸缩，该端称为浮头。当换热管与壳体有较大温差存在，壳体或换热管膨胀时，互不约束，不会产生温差应力；管束可从壳体内抽出或插入，为清洗和检修提供了方便。其缺点是结构较复杂，用材量大，造价高；浮头盖与浮动管板之间若密封不严，发生内漏，造成两种介质的混合。浮头式换热器适用于壳体和管束壁温差较大或壳程介质易结垢，要求壳程和管程都进行清洗的场合。

③ U形管式换热器　U形管式换热器的结构如图4-37所示。其结构特点是换热管为U

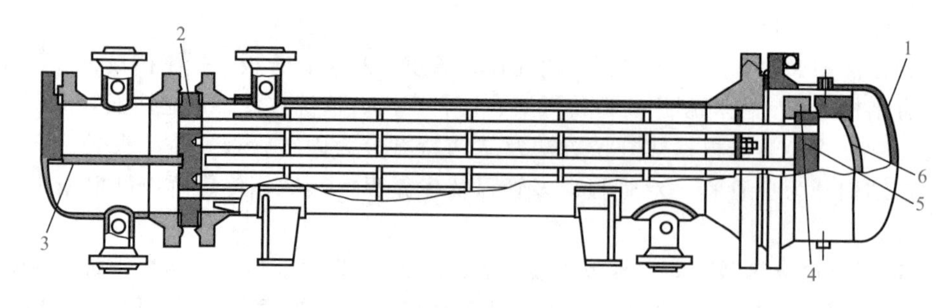

图 4-36　浮头式换热器

1—壳盖；2—固定管板；3—隔板；4—浮头钩圈法兰；5—浮动管板；6—浮头盖

形，管子两端固定在同一管板上。当壳体与 U 形换热管有温差时，管束可以自由伸缩，不会产生温差应力。U 形管式换热器的优点是结构简单，密封面少，运行可靠，造价低；管束可以抽出，管间清洗方便。其缺点是管内清洗比较困难；由于管子需要有一定的弯曲半径，故管板的利用率较低；管束最内层管间距大，壳程易短路；内层管子坏了不能更换，因而报废率较高。U 形管式换热器适用于管、壳壁温差较大或壳程介质易结垢，而管程介质清洁不易结垢以及高温、高压、腐蚀性强的场合。

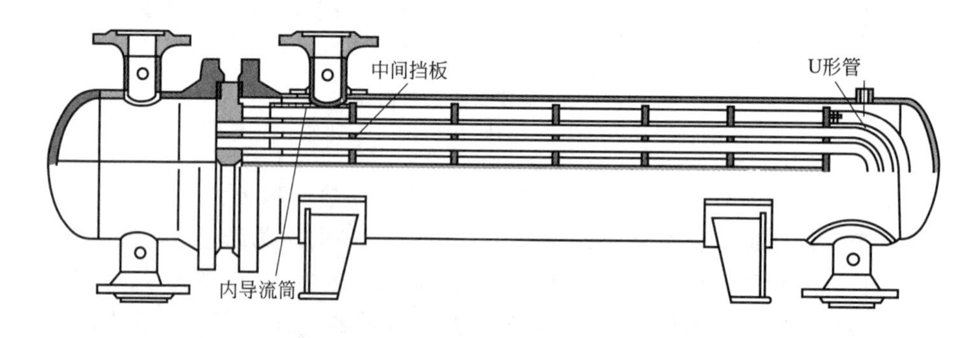

图 4-37　U 形管式换热器

④ 填料函式换热器　填料函式换热器的结构如图 4-38 所示。其结构特点是管板只有一端与壳体固定连接，另一端采用填料函密封。管束可以自由伸缩，不会产生因壳壁与管壁温差而引起的温差应力。填料函式换热器的优点是结构较浮头式换热器简单，制造方便，耗材少，造价低；管束可从壳体内抽出，管内、管间均能进行清洗，维修方便。其缺点是填料函耐压不高，一般小于 4.0MPa；壳程介质可能通过填料函外漏，对易燃、易爆、有毒和贵重的介质不适用。填料函式换热器适用于管、壳壁温差较大或介质易结垢，需经常清理且压力不高的场合。

⑤ 釜式换热器　釜式换热器的结构如图 4-39 所示。其结构特点是在壳体上部设置适当的蒸发空间，同时兼有蒸汽室的作用。管束可以为固定管板式、浮头式或 U 形管式。釜式换热器清洗维修方便，可处理不清洁、易结垢的介质，并能承受高温、高压。它适用于液-汽式换热，可作为最简结构的废热锅炉。

（2）蛇管式换热器

按照换热方式不同，通常将蛇管式换热器分为沉浸式和喷淋式两类。

① 沉浸式蛇管换热器　此种换热器用于给容器内的液体加热或冷却，多以金属管弯绕

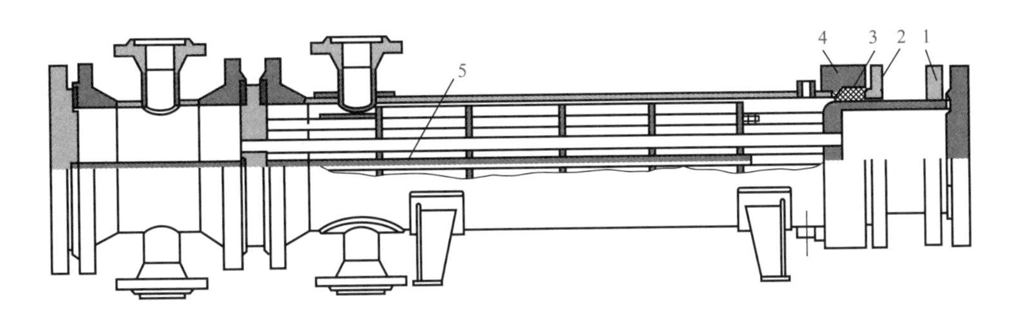

图 4-38 **填料函式换热器**

1—活动管板；2—填料压盖；3—填料；4—填料函法兰；5—纵向隔板

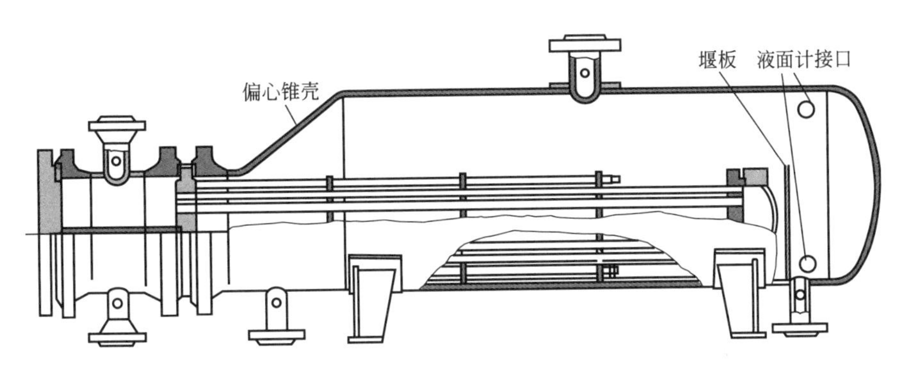

图 4-39 **釜式换热器**

而成，制成适应容器的形状，沉浸在容器内的液体中。传热介质在管内流动，通过管壁与管外流体进行换热。几种常用的蛇管形状如图 4-40 所示。

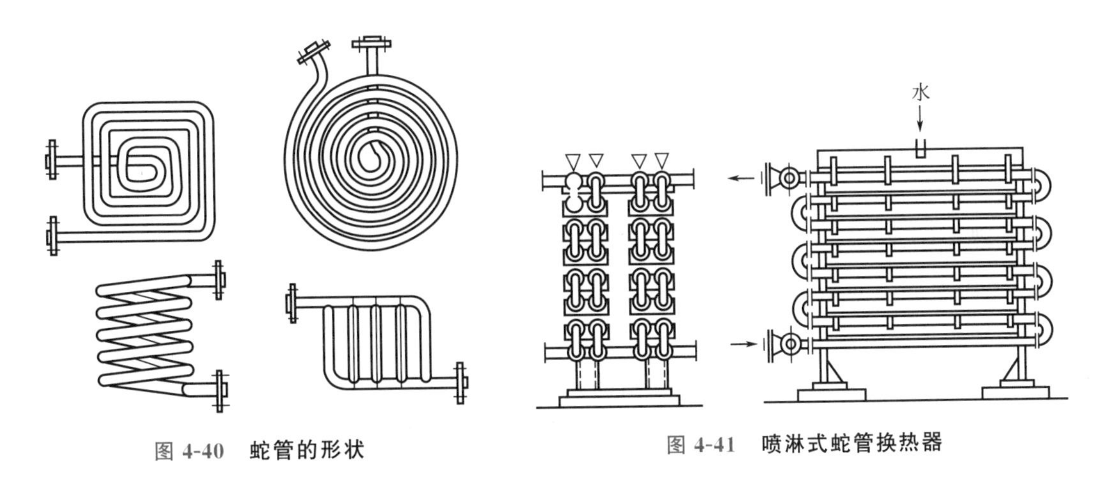

图 4-40 **蛇管的形状**

图 4-41 **喷淋式蛇管换热器**

沉浸式蛇管换热器的优点是结构简单、价格低廉、便于防腐蚀、能承受高压。其缺点是管外流体的传热膜系数较小，常需加搅拌装置，以提高其传热效率。

② 喷淋式蛇管换热器 此种换热器多用于冷却管内的热流体。如图 4-41 所示，蛇管排列在同一垂直面上并固定在支架上，热流体自下部的管进入，由上部的管流出。在管上方设置喷淋装置，用于将冷却介质均匀地喷洒在上层蛇管上，并沿着管外表面淋下，依次流过下

层蛇管表面，最后收集在排管的底盘中。该装置通常放在室外空气流通处，冷却水在空气中汽化时，可带走部分热量，以提高冷却效果。

与沉浸式蛇管换热器相比，喷淋式蛇管换热器具有检修清理方便，传热效果好等优点。其缺点是体积庞大，占地面积大；冷却水量较大，喷淋不易均匀。

（3）套管式换热器

套管式换热器是由两种不同直径的直管套在一起组成同心套管，以内管的壁面为传热面，安排一种流体走内管，另一种流体走环隙，冷、热流体不互相混合，其构造如图 4-42 所示。内管可用 U 形肘管顺次连接，每一段套管称为一程，根据传热面积的要求而增减程数。

套管式换热器的优点是结构简单、能耐高压、传热面积可根据需要增减，两种流体可呈严格逆流流动，有利于传热。其缺点是单位传热面积的金属耗量大，管子接头多，检修清洗不方便。此类换热器适用于高温、高压及小流量流体间的换热。

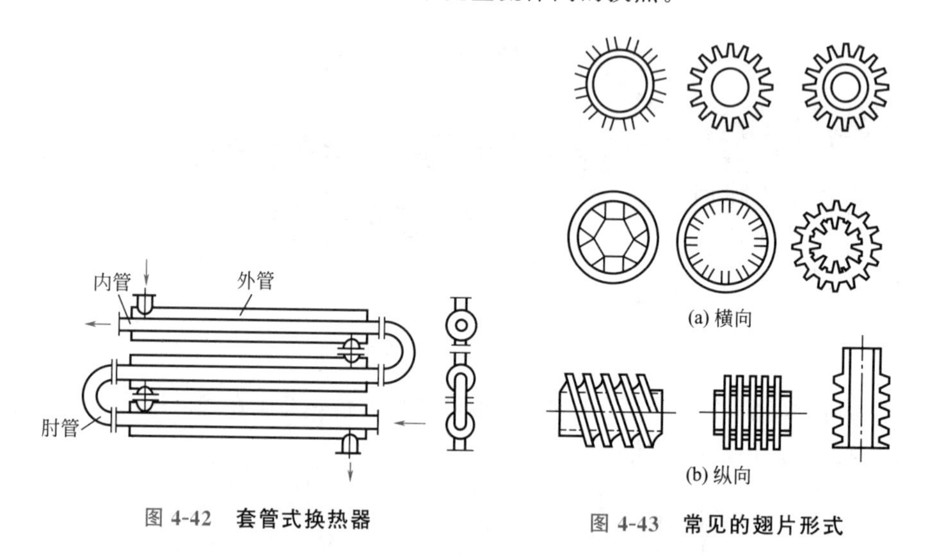

图 4-42　**套管式换热器**

图 4-43　**常见的翅片形式**

（4）翅片管式换热器

翅片管式换热器又称管翅式换热器，其结构特点是在换热管的外表面或内表面装有许多翅片，常用的翅片有纵向和横向两类，图 4-43 所示是工业上广泛应用的几种翅片形式。翅片管式换热器作为空气冷却器，在工业上应用很广。

2. 板式换热器的结构形式

（1）平板式换热器

平板式换热器简称板式换热器，其结构如图 4-44 所示。它是由一组薄金属板平行排列，夹紧组装于支架上面构成。两相邻板片的边缘衬有垫片，压紧后板间形成密封的流体通道，且可用垫片的厚度调节通道的大小。每块板的四个角上，各开一个圆孔，其中有两个圆孔和板面上的流道相通，另两个圆孔则不相通。它们的位置在相邻板上是错开的，以分别形成两流体的通道。冷、热流体分别在板片两侧流动，通过金属板片进行换热。

板片是板式换热器的核心部件。为使流体均匀流过板面，增加传热面积，并促使流体的湍动，常将板面冲压成凹凸的波纹状，波纹形状有几十种，常用的波纹形状有水平波纹、人字形波纹和圆弧形波纹等，如图 4-45 所示。

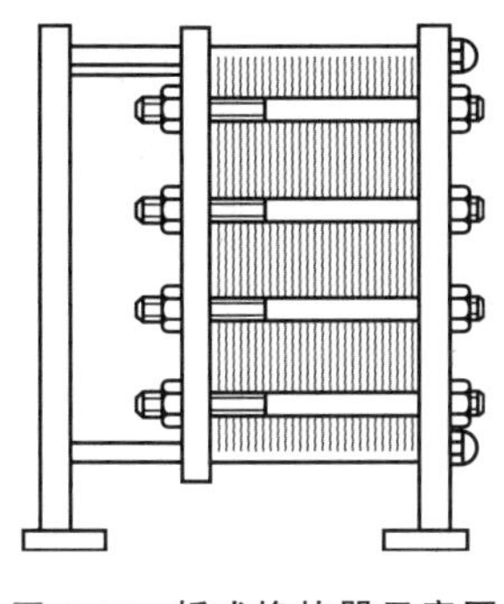

图 4-44 板式换热器示意图

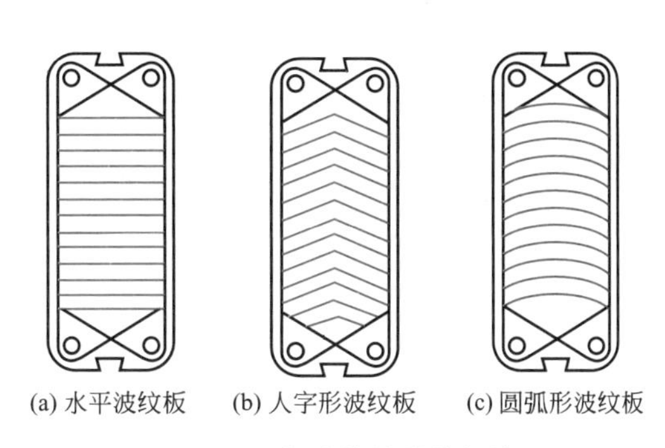

图 4-45 板式换热器的板片

板式换热器结构紧凑，单位体积设备所提供的换热面积大；可根据需要增减板数以调节传热面积；板面波纹增强流体的扰动，传热效率高；拆装方便，有利于维修和清洗。其缺点是处理量小，操作压力和温度受密封垫片材料性能限制而不宜过高。

（2）螺旋板式换热器

螺旋板式换热器如图 4-46 所示，两张平行的薄金属板通过卷制，形成两个同心的螺旋形通道，两板之间焊有定距柱以维持通道间距，在螺旋板两侧焊有盖板。冷、热流体分别通过两条通道，通过薄板进行换热。

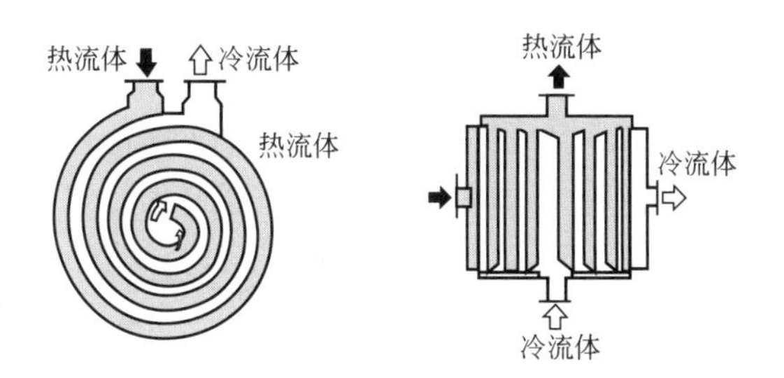

图 4-46 螺旋板式换热器

螺旋板式换热器的优点是螺旋通道中的流体由于惯性离心力的作用和定距柱的干扰，在较低雷诺数下即达到湍流，并且允许选用较高的流速，故传热系数大；由于流速较高，流体中悬浮物不易沉积下来，不易结垢和堵塞；由于流体的流程长和两流体可进行完全逆流，故可在较小的温差下操作，能充分利用低温热源；结构紧凑，单位体积的传热面积约为管壳式换热器的 3 倍。其缺点是操作温度和压力不宜太高，目前最高操作压力为 2MPa，温度在 400℃以下；因整个换热器为卷制而成，一旦发现泄漏，维修很困难。

（3）板翅式换热器

板翅式换热器为单元体叠积结构。在相邻两隔板间放置翅片、导流片以及封条组成一夹层，称为通道。将这样的夹层根据流体的不同方式叠置起来，焊成一整体便组成板束。板束是板翅式换热器的核心，配以必要的封头、接管、支撑等就组成了板翅式换热器。常见的板翅式换热器见图 4-47。

翅片是板翅式换热器的基本元件，传热过程主要通过翅片热传导及翅片与流体之间的对流传热来完成。翅片的主要作用是扩大传热面积，提高换热器的紧凑性，提高传热效率，兼做隔板的支撑，提高换热器的强度和承压能力。常见的翅片形式见图 4-48。

板翅式换热器具有以下优点：传热效率高；结构紧凑，单位体积换热器能提供很高的换热面积；适应性强，通过单元间串联、并联、串并联的组合可以满足大型设备的换热需要。缺点是：制作复杂，容易堵塞，检修困难。适用于清洁的换热场合。

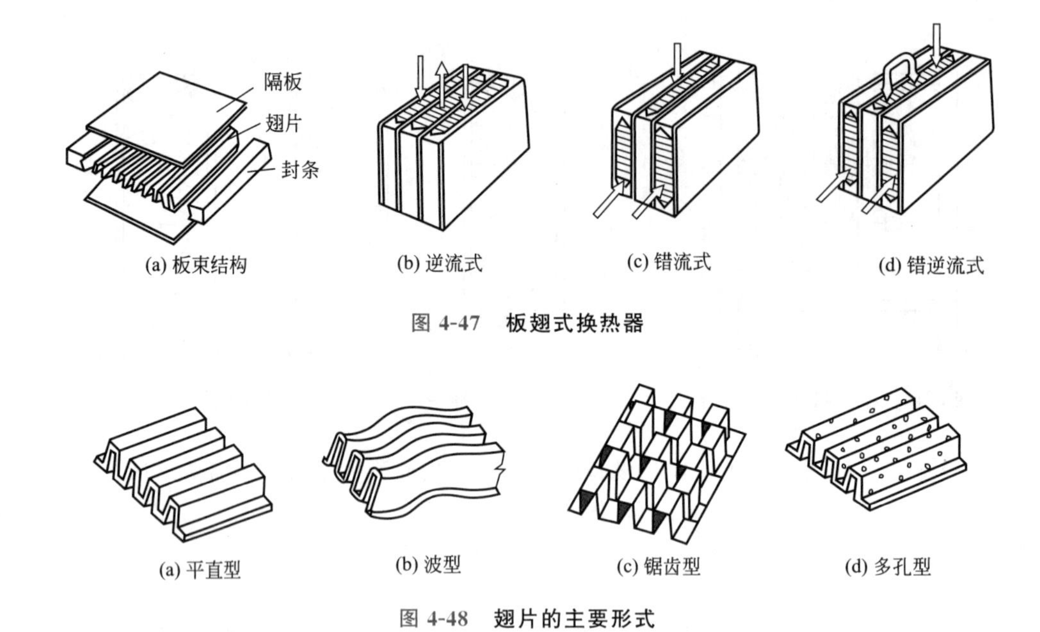

(a) 板束结构　(b) 逆流式　(c) 错流式　(d) 错逆流式

图 4-47　**板翅式换热器**

(a) 平直型　(b) 波型　(c) 锯齿型　(d) 多孔型

图 4-48　**翅片的主要形式**

（4）热板式换热器

热板式换热器是一种新型高效板面式换热器，热板结构如图 4-49 所示。其传热基本单元为热板，热板成型方法是按等阻力流动原理，将双层或多层金属平板点焊或滚焊成各种图形，并将边缘焊接密封组成一体。平板之间在高压下充气形成空间，实现最佳流动状态的流道结构形式。各层金属板的厚度可以调节，板数可以为双层或多层，这样就构成了多种热板传热表面形式，如图 4-49 所示，设计时，可根据需要选取。

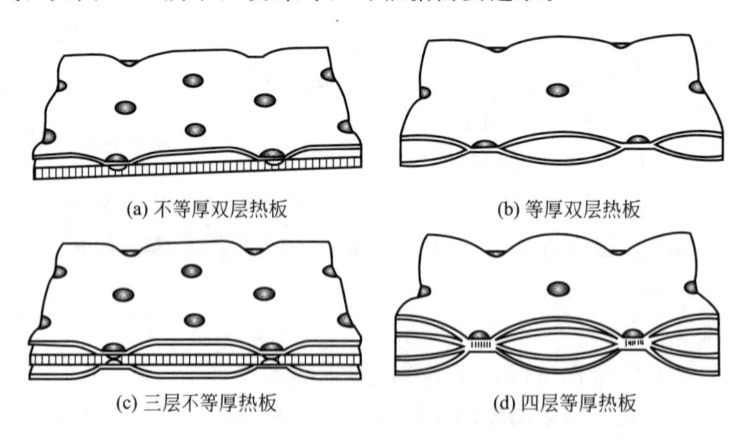

(a) 不等厚双层热板　(b) 等厚双层热板

(c) 三层不等厚热板　(d) 四层等厚热板

图 4-49　**热板式换热器的热板传热表面形式**

热板式换热器具有最佳的流动状态，阻力小，传热效率高；根据工程需要可制造成各种形状，亦可根据介质的性能选用不同的板材。

3. 热管换热器的结构形式

热管换热器是一种新型高效换热器，由壳体、热管和隔板组成，其结构如图 4-50 和图 4-51 所示。热管作为主要的传热元件，具有高导热性能，还具有均温特性好、热流密度可调、传热方向可逆等特性。热管换热器不仅具有热管固有的传热量大、温差小、重量轻、体积小、热响应快等特点，还具有安装方便、维修简单、阻力损失小等特点。

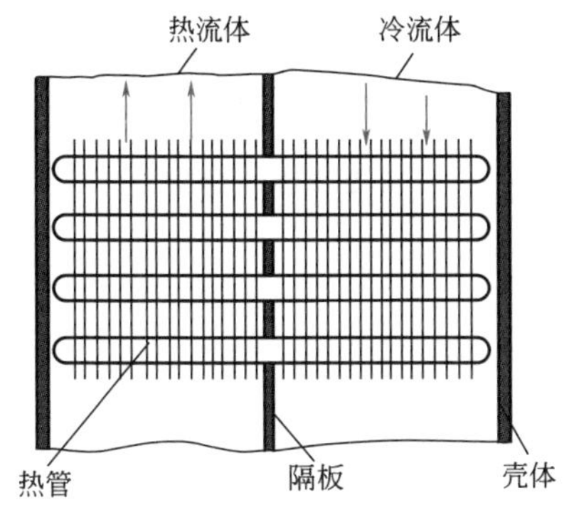

图 4-50 **热管换热器**

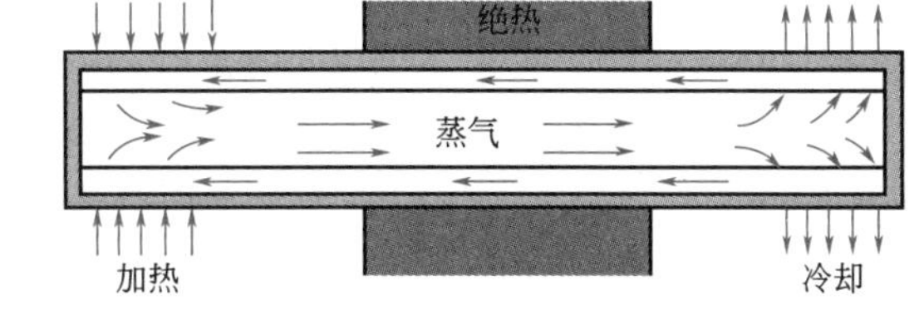

图 4-51 **热管示意图**

热管是一种真空容器，将壳体抽真空后充入适量的工作液，密闭壳体便构成一只热管。热管内热量传递是通过工作液的相变过程进行的。当热源对其一端供热时，工作液吸收热量而蒸发汽化，携带潜热的蒸气在压差作用下，高速传输至壳体的另一端，向冷源放出潜热而凝结，冷凝液借毛细力或重力的作用回流至热端，再次受热沸腾汽化。如此反复循环，热量就不断从热端传至冷端。将热管元件按一定行、列间距布置，成束状在框架的壳体内，用中间隔板将热管的加热段和散热段隔开，构成热管换热器。按工作液的工作温度分为深冷热管、低温热管、中温热管和高温热管四种。

4.6.2 管壳式换热器的选用原则

管壳式换热器是一种传统的标准换热设备，在化工行业应用最广。本节将对管壳式换热器的设计和选型原则予以讨论。

4.6.2.1 管壳式换热器的型号与系列标准

鉴于管壳式换热器应用极广，为便于设计、制造、安装和使用，有关部门已制定了管壳式换热器系列标准。

（1）管壳式换热器的基本参数和型号表示方法

管壳式换热器的基本参数包括：公称换热面积 SN、公称直径 DN、公称压力 PN、换热管长度 L、换热管规格及管程数 N_{P}。管壳式换热器的型号由五部分组成，例如 DN800mm、PN0.6MPa 的单管程、换热面积为 110m^2 的固定管板式换热器的型号为 G800 I-0.6-110。G 为固定管板式换热器的代号。

（2）管壳式换热器的系列标准

固定管板式换热器及浮头式换热器的系列标准列于附录中，其他形式的管壳式换热器的系列标准可参考有关手册。

4.6.2.2 管壳式换热器的设计与选型

换热器的设计是通过计算，确定经济合理的传热面积及换热器的其他有关尺寸，以完成生产中所要求的传热任务。

1. 设计的基本原则

（1）流体流径的选择

流体流径的选择是指在管程和壳程各走哪一种流体，此问题受多方面因素的制约，下面以固定管板式换热器为例，介绍一些选择的原则。

① 不洁净和易结垢的流体宜走管程，因为管程清洗比较方便。

② 腐蚀性的流体宜走管程，以免管子和壳体同时被腐蚀，且管程便于检修与更换。

③ 压力高的流体宜走管程，以免壳体受压，可节省壳体金属消耗量。

④ 被冷却的流体宜走壳程，可利用壳体对外的散热作用，增强冷却效果。

⑤ 饱和蒸汽宜走壳程，以便于及时排除冷凝液，且蒸汽较洁净，一般不需清洗。

⑥ 有毒易污染的流体宜走管程，以减少泄漏量。

⑦ 流量小或黏度大的流体宜走壳程，因流体在有折流挡板的壳程中流动，由于流速和流向的不断改变，在低 Re（$Re>100$）下即可达到湍流，以提高传热系数。

⑧ 若两流体温差较大，宜使对流传热系数大的流体走壳程，因壁面温度与 α 大的流体接近，以减小管壁与壳壁的温差，减小温差应力。

以上讨论的原则并不是绝对的，对具体的流体来说，上述原则可能是相互矛盾的。因此，在选择流体的流径时，必须根据具体的情况，抓住主要矛盾进行确定。

（2）流体流速的选择

流体流速的选择涉及传热系数、流动阻力及换热器结构等方面。增大流速，可加大对流传热系数，减少污垢的形成，使总传热系数增大；但同时使流动阻力加大，动力消耗增多；选择高流速，使管子的数目减小，对一定换热面积，不得不采用较长的管子或增加程数，管子太长不利于清洗，单程变为多程使平均传热温差下降。因此，一般需通过多方面权衡选择适宜的流速。表 4-14～表 4-16 列出了常用的流速范围，可供设计时参考。选择流速时，应尽可能避免在层流下流动。

表 4-14　管壳式换热器中常用的流速范围

流体的种类		一般液体	易结垢液体	气体
流速/(m/s)	管程	0.5～3.0	＞1.0	5.0～30
	壳程	0.2～1.5	＞0.5	3.0～15

表 4-15　管壳式换热器中不同黏度液体的常用流速

液体黏度/mPa·s	＞1500	1500～500	500～100	100～35	35～1	＜1
最大流速/(m/s)	0.6	0.75	1.1	1.5	1.8	2.4

表 4-16　管壳式换热器中易燃、易爆液体的安全允许速度

液体名称	乙醚、二硫化碳、苯	甲醇、乙醇、汽油	丙酮
安全允许速度/(m/s)	＜1	＜2～3	＜10

（3）冷却介质（或加热介质）终温的选择

在换热器的设计中，进、出换热器物料的温度一般是由工艺确定的，而冷却介质（或加热介质）的进口温度一般为已知，出口温度则由设计者确定。如用冷却水冷却某种热流体，水的进口温度可根据当地气候条件作出估计，而出口温度需经过经济权衡确定。为了节约用水，可使水的出口温度高些，但所需传热面积加大；反之，为减小传热面积，则可增加水量，降低出口温度。一般来说，设计时冷却水的温度差可取 5～10℃。缺水地区可选用较大温差，水源丰富地区可选用较小的温差。此外，如果冷却介质是工业用水，出口温度 t_2 不宜过高。因为工业用水中所含的许多盐类（主要是 $CaCO_3$，$MgCO_3$，$CaSO_4$，$MgSO_4$ 等）的溶解度随温度升高而减小，如出口温度过高，盐类析出，形成导热性能很差的垢层，会使传热过程恶化。为阻止垢层的形成，可在冷却用水中添加某些阻垢剂和其他水质稳定剂。

若用加热介质加热冷流体，可按同样的原则选择加热介质的出口温度。

（4）管子的规格和管间距

① 管子规格　管子规格的选择包括管径和管长。目前试行的管壳式换热器系列只采用25mm×2.5mm 及 19mm×2mm 两种管径规格的换热管。换热管直径小，单位容积的传热面积大。对于洁净的流体，可选择小管径，而对于易结垢或不洁净的流体，可选择大管径。管长的选择以清理方便和合理使用管材为原则。我国生产的标准钢管长度为 6m，故系列标准中管长有 1.5m、2m、3m 和 6m 四种。此外管长 L 和壳径 D 的比例应适当，一般 L/D 为 4～6。

② 管间距　管子的排列方式可以是等边三角形和正方形两种。等边三角形排列比较紧凑，管外流体湍动程度高，正方形排列相对传热效果差，但管外清洗方便，对易结垢的流体更为适用。如将正方形排列的管束斜转 45°安装，可以在一定程度上提高给热系数。

管子的中心距 t 称为管间距，管间距小，有利于提高传热系数，且设备紧凑。但由于制造上的限制，一般 $t=(1.25\sim1.5)d_o$，d_o 为管的外径。

（5）管程和壳程数的确定

① 管程数的确定　当换热器的换热面积较大而管子又不能很长时，就得排列较多的管子，为了提高流体在管内的流速，需将管束分程。但是程数过多，导致管程流动阻力加大，动力能耗增大，同时多程会使平均温差下降，设计时应权衡考虑。管壳式换热器系列标准中管程数有 1、2、4、6 四种。采用多程时，通常应使每程的管子数相等。

管程数 N_P 可按下式计算，即

$$N_P=\frac{u}{u'} \tag{4-80}$$

式中　u——管程内流体的适宜速度，m/s；

u'——单管程时管内流体的实际速度，m/s。

② 壳程数的确定　当温度差校正系数 $\varphi_{\Delta t}<0.8$ 时，应采用壳方多程。壳方多程可通过安装与管束平行的隔板来实现。流体在壳内流经的次数称壳程数。但由于壳程隔板在制造、安装和检修方面都很困难，故一般不宜采用。常用的方法是将几个换热器串联使用，以代替壳方多程。

（6）折流挡板的选用

安装折流挡板的目的是为了加大壳程流体的速度，使湍动程度加剧，提高壳程流体的对流传热系数。

折流挡板有弓形、圆盘形、分流形等形式，其中以弓形挡板应用最多。挡板的形状和间距对壳程流体的流动和传热有重要的影响。弓形挡板的弓形缺口过大或过小都不利于传热，往往还会增加流动阻力。板间距过小，不便于制造和检修，阻力也较大；板间距过大，流体难以垂直流过管束，使对流传热系数下降。挡板弓形缺口及板间距对流体流动的影响如图 4-52 所示。

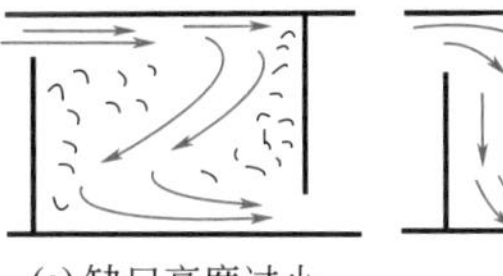

(a) 缺口高度过小，板间距过大

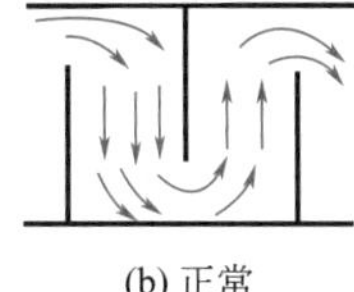

(b) 正常

(c) 缺口高度过大，板间距过小

图 4-52　挡板缺口高度及板间距的影响

（7）外壳直径的确定

换热器壳体的直径可采用作图法确定，即根据计算出的实际管数、管长、管中心距及管子的排列方式等，通过作图得出管板直径，换热器壳体的内径应等于或稍大于管板的直径。但当管数较多又需要反复计算时，用作图法就太麻烦。一般在初步设计中，可参考壳体系列标准或通过估算初选外壳直径，待全部设计完成后，再用作图法画出管子的排列图。为使管子排列均匀，防止流体走“短路”，可以适当地增加一些管子或安排一些拉杆。

初步设计可用下式估算外壳直径，即

$$D=t(n_c-1)+2b' \tag{4-81}$$

式中 D——壳体内径，m；

t——管中心距，m；

n_c——位于管束中心线上的管数；

b'——管束中心线上最外层管的中心至壳体内壁的距离，一般取 $b'=(1\sim1.5)d_o$，m。

n_c 值可由下面公式估算

管子按正三角形排列 $$n_c=1.1\sqrt{n} \tag{4-82}$$

管子按正方形排列 $$n_c=1.19\sqrt{n} \tag{4-83}$$

式中 n——换热器的总管数。

应予指出，按上述方法计算出壳内径后应圆整，壳体标准常用的有 159mm、273mm、400mm、500mm、600mm、800mm、1000mm、1100mm、1200mm 等。

（8）流体通过换热器的流动阻力（压降）计算

流体流经管壳式换热器的阻力，应按管程和壳程分别计算。此处不再详述，具体请参考相关资料。

2. 设计与选型的具体步骤

管壳式换热器的设计计算步骤如下。

（1）估算传热面积，初选换热器型号

① 根据换热任务，计算传热量。

② 确定流体在换热器中的流动途径。

③ 确定流体在换热器中两端的温度，计算定性温度，确定在定性温度下的流体物性。

④ 计算平均温度差，并根据温度差校正系数不应小于 0.8 的原则，确定壳程数或调整加热介质或冷却介质的终温。

⑤ 根据两流体的温差和设计要求，确定换热器的型式。

⑥ 依据换热流体的性质及设计经验，选取总传热系数值 $K_{选}$。

⑦ 依据总传热速率方程，初步算出传热面积 S，并确定换热器的基本尺寸或按系列标准选择设备规格。

（2）计算管、壳程压降

根据初选的设备规格，计算管、壳程的流速和压降，检查计算结果是否合理或满足工艺要求。若压降不符合要求，要调整流速，再确定管程和折流挡板间距，或选择其他型号的换热器，重新计算压降直至满足要求为止。

（3）核算总传热系数

计算管、壳程对流传热系数，确定污垢热阻 R_{si} 和 R_{so}，再计算总传热系数 $K_{计}$，然后与 $K_{选}$ 值比较，若 $K_{计}/K_{选}=1.15\sim1.25$，则初选的换热器合适，否则需另选 $K_{选}$ 值，重复上述计算步骤。

应予指出，上述计算步骤为一般原则，设计时需视具体情况而定。更多的设计内容可参考相关教材或手册。

设计时应注意在满足传热任务前提下使各项因素在合理范围内。换热器的设计或选型实际是个反复试算过程，以达到优化的目的。目前，已有商业软件如 Aspen Plus，Chemcad 等都有模块可以设计换热器。

4.6.3 各种换热器的比较和传热强化途径

不同的换热场合需要选择适合的换热器。常见的换热器按结构分类比较见表 4-17。

表 4-17 换热器按结构分类比较

类型			特点
管式	管壳式	固定管板式	壳程承受压力低，膨胀节有温度补偿能力
		浮头式	管内外均能承受高压，可用于高温高压场合，可抽出管束清洗检修
		U 形管式	管内外均能承受高压，可用于高温高压场合，管内清洗及检修困难
		釜式	有蒸发空间，用于蒸发和液体再沸
	套管式		能实现严格逆流和并流，用于传热面积稍小的场合
	螺旋盘管式	浸没式	用于管内流体的冷却、冷凝，或管外流体的加热
		喷淋式	用于管内流体的冷却或冷凝
	翅片管式		扩展表面式换热器，用于特别需要增加单位体积传热面积的场合
板式	平板式		组合式，传热面积方便调整，拆洗方便
	螺旋板式		可进行严格逆流操作，可回收低温热量
	热板式		新型换热器，流动阻力小，传热效率高
	板翅式		结构紧凑，传热效率高，流体阻力大
蓄热式			结构紧凑，需要固体蓄热体为传热面，适合于低温到高温各种条件
热管式			需要适合的工作液，密闭壳体。结构简单，适用于低温差传热的场合

所谓换热器传热过程的强化就是力求使换热器在相同动力消耗下，单位时间内、单位传热面积传递的热量尽可能增多。针对管壳式换热器的强化传热主要有以下方式：管程强化传热、壳程强化传热、流体本身物性优化以及复合强化传热等。本节将结合所学的知识，对传热过程的强化途径予以讨论。

换热器传热计算的基本关系式 $Q=K_iS_i\Delta t_m$，揭示了换热器中传热速率 Q 与传热系数 K、平均温度差 Δt_m 以及传热面积 S 之间的关系。根据此式，要使 Q 增大，无论是增加 K、Δt_m，还是 S 都能收到一定的效果，工艺设计和生产实践中大多是从这些方面进行传热过程的强化的。

(1) 增大传热面积

增大传热面积，可以提高换热器的传热速率。但增大传热面积不能靠增大换热器的尺寸来实现，而是要从设备的结构入手，提高单位体积的传热面积。工业上往往通过改进传热面的结构来实现。目前已研制出并成功使用了多种高效能传热面，它不仅使传热面得到充分的扩展，而且还使流体的流动和换热器的性能得到相应的改善。常见的有翅化面（肋化面）、异形表面等。上述方法可提高单位体积的传热面积，但同时由于流道的变化，往往会使流动阻力有所增加，故设计时应综合比较，全面考虑。

(2) 增大平均温度差

增大平均温度差可以提高换热器的传热速率。平均温度差的大小主要取决于两流体的温度条件和两流体在换热器中的流动型式。一般来说，物料的温度由生产工艺来决定，不能随意变动，而加热介质或冷却介质的温度由于所选介质不同，可以有很大的差异。例如，在化工中常用的加热介质是饱和水蒸气，若提高蒸汽的压力就可以提高蒸汽的温度，从而提高平均温度差。但需指出的是，提高介质的温度必须考虑到技术上的可行性和经济上的合理性。另外，采用逆流操作或增加管壳式换热器的壳程数使 $\varphi_{\Delta t}$ 增大，均可得到较大的平均温度差。

(3) 增大总传热系数

增大总传热系数，可以提高换热器的传热速率。总传热系数的计算公式为

$$K_o=\frac{1}{\frac{d_o}{\alpha_i d_i}+R_{si}\frac{d_o}{d_i}+\frac{bd_o}{\lambda d_m}+R_{so}+\frac{1}{\alpha_o}}$$

由此可见，要提高 K 值，就必须减少各项热阻。但因各项热阻所占比例不同，故应设法减小对 K 值影响较大的热阻。一般来说，在金属材料换热器中，金属材料壁面较薄且热导率高，不会成为主要热阻；污垢热阻是一个可变因素，在换热器刚投入使用时，污垢热阻很小，不会成为主要矛盾，但随着使用时间的加长，污垢逐渐增加，便可成为阻碍传热的主要因素；对流传热热阻经常是传热过程的主要矛盾，也是应着重研究的内容。

减小热阻的主要方法有：

① 提高流体的速度　加大流速，使流体的湍动程度加剧，可减小传热边界层中层流内层的厚度，提高对流传热系数，即减小了对流传热的热阻。例如在管壳式换热器中增加管程数和壳程的挡板数，可分别提高管程和壳程的流速。

② 增强流体的扰动　增强流体的扰动可使层流内层减薄，使对流传热热阻减小。例如在管式换热器中，采用各种异形管或在管内加装麻花铁、螺旋圈或金属卷片等添加物，均可增强流体的扰动，破坏边界层从而强化传热。常用的插件有纽带、螺旋篇、螺旋线等。

③ 在流体中加固体颗粒　在流体中加固体颗粒，一方面由于固体颗粒的扰动和搅拌作用，使对流传热系数加大，对流传热热阻减小；另一方面由于固体颗粒不断冲刷壁面，减少了污垢的形成，使污垢热阻减小。

④ 在气流中喷入液滴　在气流中喷入液滴能强化传热，其原因是液雾改善了气相放热强度低的缺点，当气相中液雾被固体壁面捕集时，气相换热变成了液膜换热，液膜表面蒸发传热强度极高，因而使传热得到强化。

⑤ 采用短管换热器　采用短管换热器能强化对流传热，其原理在于流动入口段对传热的影响。在流动入口处，由于层流内层很薄，对流传热系数较高。据报道，短管换热器的总传热系数较普通的管壳式换热器可提高 5～6 倍。

⑥ 防止结垢和及时清除垢层　为了防止结垢，可增加流体的速度，加强流体的扰动；

为便于清除垢层，使易结垢的流体在管程流动或采用可拆式的换热器结构，定期进行清垢和检修。另外还可以开车时在载热体中加入防垢剂，操作时控制好流速、温度和温差。

除了换热器本身几何形状的优化，改善换热流体物性也吸引了研究者的关注，目前的研究主要集中于提高流体热导率和比热容。纳米流体是将纳米粒子分散在基液中，可以有效提高流体热导率，目前主要研究的纳米颗粒有 TiO_2、Al_2O_3、CuO、Cu 和多壁碳纳米管等，常见的基液为水和乙二醇。

4.7 化工节能和换热网络设计

换热过程是化工行业进行能量回收利用、节能降耗、保护环境的重要手段，换热器是实现热量传递的主要设备。因此，学习换热的基本知识也包括热量的合理应用，培养节能意识是每个工程类技术人员必须具有的专业素质。

1. 化工节能的主要措施

节能降耗就是采取技术上可行、经济上合理的措施，提高能源的利用效率，最大限度地减少能耗。一般说来，化工领域采取的节能措施主要有以下 5 个方面。

① 先进的生产工艺和节能设备　采用先进的工艺使工艺总用能最佳化，包括采用新的催化剂和工艺路线，节能型流程、优化过程参数，提高装置操作弹性，改进反应操作条件，降低能量消耗。采用高效分馏塔、换热器、泵等传质、换热、流体输送等节能设备，并提高单体设备的生产能力。

② 降低动力能耗　动力能耗主要包括电力和蒸汽消耗，是化工企业能耗的主要部分。降低动力消耗可以采用电动机变频调速技术。

③ 供热系统优化　合理地实行装置间的联合，在较大范围内进行冷、热物流的优化匹配，实现能量利用的最优化。

④ 能量综合利用　化工企业使用的能源种类多，品位高低不等，工艺过程兼有吸热和放热，把生产中大量使用的燃料、蒸汽、电力、机械能和生产过程中产生的可燃性气体、反应热及多种余能有效地组合起来，以求得系统能量的高效利用。

⑤ 除垢和防腐保温　化工企业中，连续运行的换热器很容易出现结垢现象，导致换热效率降低，需要定期通过化学清洗或者机械清洗的方法清除。另外，采用抗垢剂来防止结垢或减缓结垢速度是一种简单易行的办法。

2. 换热网络

一个生产过程不是只有单一的冷却或加热任务，而是多个传热过程的集合，有的流股需要被加热，有的流股需要被冷却。实际操作中不是每一个加热过程都以加热蒸汽为热介质，以冷却水作为冷却介质。把这些需要换热的流股都匹配起来，例如利用热流股作为热介质加热冷流体，在冷流体温升的同时达到热流体的温降，可以提高系统的热回收，减少公用工程加热与冷却的负荷，从而降低能量消耗。

换热网络设计或合成就是实现把多个换热器、多条冷热流股组合在一起，进行总体设计、优化匹配的一种方法。其基本思想是：换热的目的不仅是为了使物流温度满足工艺要求，而且也是为了回收过程余热，减少公用工程消耗。换热网络的设计已经成为化工设计的一个重要组成部分。

换热网络合成的任务，是确定换热物流的合理匹配方式，从而以最小的消耗代价，获得最大的能量利用效益。一方面，要尽可能的匹配冷、热流股使全过程系统能力得到进一步合理应用，最大化的回收能量、提高能量的利用效率；另一方面要尽可能的减少换热器数目，减少设备投资费用和年度操作费用。这其实是个优化问题，目标是在满足每一物流由初始温度加热或冷却到指定温度，同时实现最小的投资费用和最少运行费用（即公用工程的加热和冷却费用）。有关的优化设计方法很多，夹点技术（pinch technology）是换热网络设计比较经典的一种方法，物理意义比较清楚，且简便实用。Aspen 等相关软件已经能够提供专门的换热网络分析和合成。

通过本章学习，你应该已经掌握的知识：

1. 传热过程的三种基本机理及其应用；
2. 单层、多层平壁及圆筒壁的稳态热传导速率方程及其应用；
3. 换热器的热量衡算、总传热速率方程和总传热系数的计算，用平均温度差法进行传热计算；
4. 热边界层、对流传热机理、对流传热系数及其影响因素；
5. 间壁式换热器的结构特点及设计计算原则。

你应该具有的能力：

1. 熟练运用传热速率方程和热量平衡方程去解决各类换热器的设计、校核和调节的问题；
2. 熟悉热阻和传热推动力的概念，能讨论会分析传热过程；
3. 了解对流传热系数及其影响因素，能够提出强化传热的思路；
4. 根据给定的换热任务，完成换热器选型和初步设计。

本章符号说明

英文字母

A——冷凝液流通面积，m^2/m^3；换热器管间最大截面积，m^2/m^3；吸收率

b——平壁厚度，m

c_p——定压比热容，J/(kg · ℃)

C——灰体的辐射系数，$W/(m^2 \cdot K^4)$

C_0——黑体的辐射系数，$W/(m^2 \cdot K^4)$

$C_{1\text{-}2}$——总辐射系数，$W/(m^2 \cdot K^4)$

d——管径，m

D——换热器外壳的内径，m；透过率

E——辐射能力，W/m^2

K——总传热系数，$W/(m^2 \cdot ℃)$

L——管长，m

M——单位长度润湿周边的冷凝液质量流量，kg/(m · s)

n——管数

N_P——换热器管程数

p——压力，Pa

q——热通量，W/m^2

Q——传热速率，W

r——半径，m；汽化潜热，J/kg

R——导热热阻，℃/W；反射率

S——换热器传热面积，m^2

t——冷流体温度，m；管中心距，m

T——热流体温度，℃

u——流速，m/s

V——体积流量，m^3/s

W——质量流量，kg/s 或 kg/h

x——距离，m

希腊字母

α——对流传热系数，W/(m^2·℃)

β——温度系数，1/℃或1/K；体积膨胀系数，1/℃或1/K

Λ——波长，m或μm

δ_t——热边界层厚度，m

λ——热导率，W/(m·℃)

μ——黏度，Pa·s

ρ——密度，kg/m^3

σ——表面张力，N/m

σ_0——黑体的辐射常数，W/(m^2·K^4)

φ——校正系数，N/m；几何因数（角系数）

下标

b——黑体的

c——中心的；冷流体的，临界的

e——当量的

f——按膜温估算

h——热流体的

i——管内的

i——组分的

m——平均的

max——最大的

min——最小的

o——管外的

s——饱和的；污垢的

w——壁面处的

习 题

知识点1 热传导

1. 一平壁砖墙，厚度为60cm，一侧温度为120℃，另一侧温度为20℃。设砖的平均热导率为0.7W/(m·℃)，过程为一维稳态传热。试求导热的热通量及距离高温侧20cm处的温度。

2. 对于多层平壁一维稳态热传导，平壁层与层之间接触良好，若某层两侧的温度差越大，则该层的导热热阻就（　　）。

A. 越小　　B. 越大　　C. 与温差成反比　　D. 不确定

3. 金属的纯度对其热导率有较大影响，一般地，纯金属的热导率（　　）其合金的热导率。

A. 大于　　B. 小于　　C. 等于　　D. 不确定

4. 二层平壁的稳态一维热传导过程，各层平壁厚度相同，接触良好，若热导率$\lambda_1>\lambda_2$，则热阻R_1______R_2，单位面积的热通量Q_1______Q_2，各层的温差降Δt_1______ Δt_2。

5. 在外径为200mm的蒸汽管外包扎单层保温材料，热导率为0.05W/(m·℃)，蒸汽管外壁温度为200℃。若要求保温层外表面温度不超过50℃，并把每米管长向空气的散热量控制在200W/m以下，试求：保温层的厚度、保温层中的温度分布。

6. 为减少热损失，在外径为173mm的饱和水蒸气管道外包一层保温层。已知保温材料的平均热导率为0.1W/(m·℃)。蒸汽管道外壁温度为152℃，要求保温层外壁温度不超过45℃，且每米管道的热损失造成的蒸汽冷凝量控制在1×10^{-4} kg/(m·s)，问保温层的厚度应该为多少？(152℃的蒸汽冷凝潜热为2113.2kJ/kg)

7. 平壁燃烧炉的平壁由三种材料构成。最内层为耐火砖，厚度为150mm，热导率为1.0W/(m·℃)；中间层为绝缘砖，厚度为300mm，热导率为0.15W/(m·℃)；最外层为普通砖，厚度为200mm，热导率为0.8W/(m·℃)。已知炉内、外表面温度为800℃和35℃，假设各层接触良好，试求耐火砖和绝热砖间以及绝热砖和普通砖间界面的温度。

8. 直径为ϕ60mm×3mm的钢管用30mm厚的软木包扎，其外又用100mm厚的保温灰包扎，以作为绝热层。现测得钢管外壁面温度为－110℃，绝热层外表面温度为20℃。软木和保温灰的热导率分别为0.043和0.07W/(m·℃)，试求每米管长的冷损失量。

知识点2 无相变化的对流传热

9. 一管壳式换热器由38根ϕ25mm×2.5mm的无缝钢管组成，某流体在管内以5kg/s的流速通过，从40℃加热到90℃，求流体对管壁的对流传热系数。若流体的流速增加一倍，其他条件不变，管内对流传热系数有何变化？假设定性温度下，流体的物理性质如下：$\rho=992.2\text{kg/m}^3$，$\lambda=0.6338\text{W/(m·℃)}$，$\mu=65.6\times10^{-5}\text{Pa·s}$，$c_p=4.174\text{kJ/(kg·℃)}$。

10. 75℃的常压空气在套管换热器的管内被冷却到25℃，内管规格为ϕ38mm×2.5mm，外管规格为ϕ57mm×3.5mm，空气的流量为$40\text{m}^3\text{/h}$。试求管壁对空气的对流传热系数。

11. 75℃的常压空气在套管换热器的环隙空间被冷却到25℃，内管规格为ϕ38mm×2.5mm，外管规格为ϕ57mm×3.5mm，空气的流量为$40\text{m}^3\text{/h}$。试求环隙空间管壁对空气的对流传热系数。假设定性温度下空气的物性如下：$\rho=1.093\text{kg/m}^3$，$\lambda=0.028\text{W/(m·℃)}$，$\mu=1.96\times10^{-5}\text{Pa·s}$，$Pr=0.698$。

知识点 3　有相变化的对流传热

12. 蒸汽冷凝有两种基本模式，它们是________和________。

13. 对膜状冷凝传热，冷凝液膜两侧温差越大，冷凝传热系数越________。

14. 在蒸汽冷凝传热中，不凝气体的存在对α的影响是______。

A. 会使α大大降低　　B. 会使α升高　　C. 对α无影响

15. 100℃水蒸气在外径为0.06m、长为2m的垂直放置钢管外冷凝。钢管外壁的温度为90℃，试计算水蒸气冷凝时的对流传热系数。若此钢管改为水平放置，其对流传热系数又为多少？

知识点 4　热辐射

16. 灰体黑度在数值上与同一温度下物体的________相等。

17. 能完全吸收所有波长范围内辐射能的物体称为________。

A. 黑体　　B. 白体　　C. 灰体　　D. 不透体

18. 两平行的大平板，在空气中相距5mm，面积均为10m^2。一平板的黑度为0.2，温度为800K；另一平板的黑度为0.1，温度为300 K。若将一板加涂层，使其黑度从0.1变为0.025，试计算由此引起的传热速率改变的百分率。假设两板间对流传热可以忽略。

19. 车间内有一高和宽各为3m的炉门（黑度$\varepsilon_1=0.70$），其表面温度为600℃，车间内温度为27℃。试求：(1) 由于炉门辐射而引起的散热速率。(2) 若在炉门前25mm处放置一块尺寸和炉门相同而黑度为0.11的铝板作为热屏，则散热速率可降低多少？

知识点 5　传热过程计算

20. 在某管壳式换热器中用冷水冷却热空气。换热管为ϕ25mm×2.5mm的钢管，其热导率为45W/(m·℃)。冷却水在管程流动，其对流传热系数为$3000\text{W/(m}^2\text{·℃)}$，管内污垢热阻为$5\times10^{-5}(\text{m}^2\text{·℃)/W}$；热空气在壳程流动，其对流传热系数为$100\text{W/(m}^2\text{·℃)}$，空气侧的污垢热阻为$3\times10^{-5}(\text{m}^2\text{·℃)/W}$。试求基于管外表面积的总传热系数$K_o$，管内管外流体热阻占总热阻的百分数。

21. 在逆流换热器中，用初温为20℃的水将1.25kg/s的液体［定压比热容为1.69kJ/(kg·℃)］由80℃冷却到30℃。换热器的列管直径为ϕ25mm×2.5mm，水走管内。水侧和液体侧的对流传热系数分别为850和$1700\text{W/(m}^2\text{·℃)}$，管壁的热导率为45W/(m·℃)，污垢热阻和热损失可忽略。若水的出口温度不能高于50℃，试求换热器基于外表面的传热面积。

22. 在一管壳式换热器中，用冷水将常压下的纯苯蒸气冷凝成饱和液体。已知苯蒸气的流量为2000kg/h，常压下苯的沸点为80.1℃，汽化热为394kJ/kg。冷却水的入口温度为20℃，流量为4000kg/h，水的平均比热容为4.18kJ/(kg·℃)。基于外表面的总传热系数为$500\text{W/(m}^2\text{·℃)}$。设换热器的热损失可忽略，试计算所需的基于外表面的传热面积。

23. 要求热油从200℃被冷却到80℃，冷却介质为冷却水，两流体逆流流动。换热在一单程管壳式换热器中进行，管子尺寸为ϕ25mm×2.5mm。油走壳程，质量流率为3600kg/h，定压比热容为2.0kJ/(kg·℃)，油侧的对流传热系数为$600\text{W/(m}^2\text{·℃)}$。冷却水流经管程，定压比热容为 4.2kJ/(kg·℃)，水侧的对流传热系数为 1800W/(m^2·℃)。假设热损失、壁阻和污垢热阻可以忽略，由于温度变化引起的流体物性变化可以忽略。若冷却水的进口温度为 20℃，出口温度为 60℃，计算：(1) 冷却水的质量流率，kg/h；(2) 基于外表面的换热面积，m^2；(3) 保持流体流率、进出口温度不变，假如冷、热流体采用并流的流动方式，计算所需基于外表面的换热面积，m^2。

24. 在套管换热器中用水冷却油，油和水呈并流流动。已知油的进、出口温度分别为 150℃和 100℃，冷却水的进、出口温度分别为 15℃和 40℃。现因工艺条件变动，要求油的出口温度降至 80℃，而油和水的流量、进口的温度均不变。若原换热器的管长为 1m，试求将此换热器管长增至多少米后才能满足要求。设换热器的热损失可忽略，在本题所涉及的温度范围内油和水的比热容为常数，总传热系数为常数。

25. 用 120℃的饱和水蒸气将某溶液在单程管壳式换热器中从 80℃加热到 95℃。溶液走管程，水蒸气走壳程。换热器的管子尺寸为 ϕ25mm×2.5mm，基于外表面积的总传热系数为 3000W/(m^2·℃)。一段时间后，由于溶液侧产生污垢，其污垢热阻为 0.0001(m^2·℃)/W，水蒸气侧的污垢热阻和壁阻可忽略不计。假设热损失为 0。若维持溶液的原流量及进口温度不变，其出口温度变为多少？

26. 一管壳式换热器，管外用 2.0×10^5 Pa 的饱和水蒸气加热空气，将空气从 25℃加热到 75℃，流量为 1000kg/h，现因生产任务变化，空气流量需要增加 30%，进、出口温度仍维持不变，问在原换热器中采用什么方法可完成新的生产任务？(提示：可以改变蒸汽饱和温度)

27. 某单壳程单管程管壳式换热器，用 1.8×10^5Pa 饱和水蒸气加热空气，水蒸气走壳程，其对流传热系数为 10000W/(m^2·℃)；空气走管内，进口温度为 30℃，要求出口温度达 100℃，空气在管内流速为 10m/s。管子规格为 ϕ25mm×2.5mm 的钢管，管数共 269 根。(1) 试求换热器的管长，m；(2) 若将该换热器改为单壳程双管程，总管数减至 254 根。水蒸气温度、空气的质量流量及进口温度不变，设各物性数据不变，换热器的管长亦不变，试求空气的出口温度，℃。

28. 某管壳式换热器的换热面积为 40m^2，换热管直径为 ϕ25mm×2.5mm，管壁的热导率为 45W/(m·℃)。温度为 80℃的饱和苯蒸气在壳程被冷凝成饱和液体，苯的流量为 8000kg/h，汽化潜热为 394kJ/kg。管程冷却水进口温度为 20℃，出口温度为 35℃，冷却水的恒压比热容按 4.17kJ/(kg·℃) 估算，若已知冷却水的对流传热系数为 2500W/(m^2·℃)，忽略换热器的热损失及可能的污垢热阻，试求：(1) 换热器的热负荷 Q，kW；(2) 冷却水的用量 W_c，kg/h；(3) 苯蒸气的冷凝传热系数 α_o，W/(m^2·℃)。

知识点 6　换热器

29. 工业上使用管壳式换热器时，需要根据流体的性质和状态来确定其走管程还是壳程。一般来说，蒸汽走______；易结垢的流体走 ________ ；有腐蚀性的流体走________；高压流体走 ________；黏度大或流量小的流体走________ 。

30. 在管壳式换热器的壳程安装折流挡板的作用是 ____________________________ 。

讨论题

在一传热面积为 2.5m^2，内管为 ϕ25mm×2.5mm 的套管式换热器内，用初温为 20℃的冷却水将油自 160℃冷却到 100℃，两流体并流流动，水走管内，油走管间。已知水和油的流量分别为 1200kg/h 和 1500kg/h，其比热容为 4.18kJ/(kg·℃) 和 2.0kJ/(kg·℃)；水侧和油侧的对流传热系数分别为 3000W/(m^2·℃) 和 300W/(m^2·℃)，忽略管壁和污垢热阻。

(1) 通过计算核算该换热器是否适用？

(2) 夏天当冷却水的初温达到 30℃，油的流量和冷却要求及两侧传热系数不变时，核算该换热器是否适用？如果不合适，应该如何解决？

第 5 章
蒸 发

5.1 蒸发设备 / 188
5.1.1 常用蒸发器的结构与特点 / 189
5.1.2 蒸发器的改进与发展 / 194
5.1.3 蒸发器性能的比较与选型 / 195
5.2 单效蒸发 / 196
5.2.1 温度差损失和有效温度差 / 196
5.2.2 单效蒸发的计算 / 198
5.2.3 蒸发强度与加热蒸汽的经济性 / 203
5.3 多效蒸发 / 204
5.3.1 多效蒸发的流程 / 205
5.3.2 多效蒸发与单效蒸发的比较 / 206
5.3.3 蒸发中的节能措施 / 207

本章你将可以学到:

1. 蒸发的概念、分类和特点；
2. 蒸发器的类型及选择的基本原则；
3. 溶液的沸点升高及单效蒸发过程的计算；
4. 多效蒸发的流程及其与单效蒸发的比较，多效蒸发最佳效数的概念。

5.1 蒸发设备

蒸发（evaporation）是将含有不挥发溶质的溶液加热沸腾，使其中的挥发性溶剂部分汽化，从而将溶液浓缩的过程，其广泛应用于化工、轻工、制药、食品等许多工业中。

工业蒸发操作的目的主要有以下几个方面：

① 稀溶液增浓直接制取液体产品，如稀烧碱溶液、蔗糖水溶液和各种果汁及牛奶的浓缩等；或者将浓缩液再进一步处理制取固体产品，如冷却结晶等。

② 制取纯净溶剂，此时蒸出的溶剂为产品，如海水淡化等。

③ 同时制备浓溶液和回收溶剂，如中药生产中酒精浸出液的蒸发等。

工业上被蒸发的多为水溶液，故本章仅限于讨论水溶液的蒸发，其基本原理和设备对其他液体也是适用的。

蒸发器主要由加热室和蒸发室（分离室）构成，基本流程如图 5-1 所示。其中加热室为一垂直排列的加热管束，在管外用加热介质（通常为饱和水蒸气）加热管内的溶液，使之沸腾汽化，产生的蒸汽经蒸发室与溶液分离后由顶部引至冷凝器，浓缩液（完成液）则由蒸发器底部排出。为便于区别，将加热蒸汽称为生蒸汽或新鲜蒸汽，而将蒸出的蒸汽称为二次蒸汽。

沸点较高溶液的蒸发，可采用高温载热体如导热油、融盐等作为加热介质，也可以考虑采用烟道气直接加热。

蒸发过程可按照如下的方式进行分类：

① 按操作压力不同，可将蒸发过程分为常压、加压和减压（真空）蒸发。对于大多数无特殊要求的溶液，采用常压、加压或减压操作均可。但对于热敏性料液，如抗生素溶液和果汁等，为保证产品质量，宜采用减压蒸发。减压蒸发，可使溶液沸点降低，因此可防止热敏性物料的变性或分解；在一定的加热蒸汽温度下，可增大平均传热温差，减小传热面积；可利用低压或废热蒸汽加热；减小了系统热损失。但沸点降低，会增大溶液黏度，减小传热系数；同时，减压蒸发需要增加真空设备和动力。

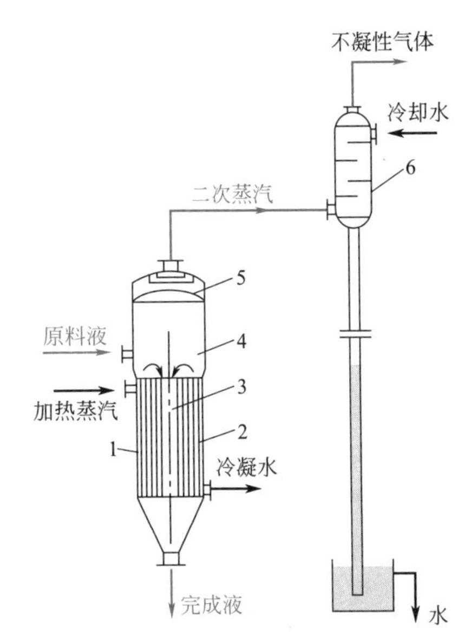

图 5-1 蒸发装置示意图

1—加热室；2—加热管；3—中央循环管；4—分离室；5—除沫器；6—冷凝器

② 根据二次蒸汽是否用作另一蒸发器的加热蒸汽，可将蒸发过程分为单效蒸发（single-effect evaporation）和多效蒸发（multi-effect evaporation）。若前一效的二次蒸汽直接冷凝而不再利用，称为单效蒸发；若将二次蒸汽引至下一蒸发器作为加热蒸汽，将多个蒸发器串联，则称为多效蒸发。

③ 根据蒸发的过程模式，可将其分为间歇蒸发和连续蒸发。间歇蒸发分批进料或出料，为非稳态操作，蒸发中，蒸发器内溶液的组成和沸点随时间改变。通常间歇蒸发适合于小规模、多品种的场合，而连续蒸发稳态操作，适合于大规模的生产过程。

蒸发是间壁两侧均发生相变的恒温传热过程。传热速率是蒸发过程的控制因素，蒸发所用的设备属于换热设备。与一般的传热过程比较，蒸发过程具有其自身的特点，主要表现在：

① 溶液沸点升高　被蒸发的溶液含有非挥发性溶质。相同压力下，溶液的沸点高于纯溶剂的沸点；或者说，相同温度下，溶液的蒸气压低于纯溶剂的蒸气压。因此，当加热蒸汽温度一定时，蒸发溶液时的传热温差要小于蒸发溶剂时的温差。溶液组成越高，这种影响越显著。在进行蒸发计算时，必须考虑溶液沸点升高的影响。

② 物料的工艺特性　蒸发中，溶液的某些性质随着浓缩而改变。有些物料可能结垢、析出结晶或产生泡沫；有些物料是热敏性的，高温下易变性或分解；有些物料具有较大的腐蚀性或较高的黏度等。选择蒸发的方法和设备时，应考虑物料的这些工艺特性。

③ 能量利用与回收　蒸发时需消耗大量的加热蒸汽，而同时又产生大量的二次蒸汽，因此，如何充分利用二次蒸汽的潜热，提高加热蒸汽的经济性，也是蒸发器设计中应考虑的重要问题。

随着蒸发技术的发展，蒸发设备的结构与型式亦不断改进创新。目前工业蒸发设备最常用的有十余种型式，本节选择几种常用的类型进行介绍。

5.1.1 常用蒸发器的结构与特点

常用蒸发器主要由加热室和分离室两部分组成，其多样性即在于加热室和分离室的结构及其组合方式的变化。根据溶液在蒸发器中流动的情况，大致可将工业上常用的间接加热蒸发器分为循环型与单程型两类。

1. 循环型蒸发器

循环型蒸发器的特点是溶液在蒸发器内循环流动。根据液体循环的原理，分为自然循环和强制循环两种类型。前者是利用溶液在加热室不同位置上的受热程度不同，进而产生密度差而形成自然循环；后者是依靠外加动力使溶液进行强制循环。常用的循环型蒸发器有以下几种。

（1）中央循环管式蒸发器

如图 5-2 所示，中央循环管式蒸发器的加热室由一垂直的加热管束（沸腾管束）构成，在管束中央有一根直径较大的管子，称为中央循环管，其截面积一般为加热管束总截面积的 40%～100%。加热介质通入管间，单位体积液体在加热管内的受热面积大于中央循环管，因此加热管内液体的相对密度小，造成液体在加热管与中央循环管内之间的密度差，形成溶液自加热管上升、再由中央循环管下降的自然循环流动。溶液循环速度取决于其密度差以及管长，密度差越大，管越长，循环速度越大。由于受总高限制，这类蒸发器加热管较短，一般为 1～2m，直径为 25～75mm，长径比为 20～40。

该类蒸发器结构紧凑、制造方便、操作可靠，在工业上应用十分广泛，有“标准蒸发器”之称。但由于结构上的限制，其循环速度较低，一般在 0.5m/s 以下；由于溶液在加热管内不断循环，其组成始终接近完成液的组成，因而溶液沸点高，有效温度差小。此外，设备的清洗和检修也不够方便。

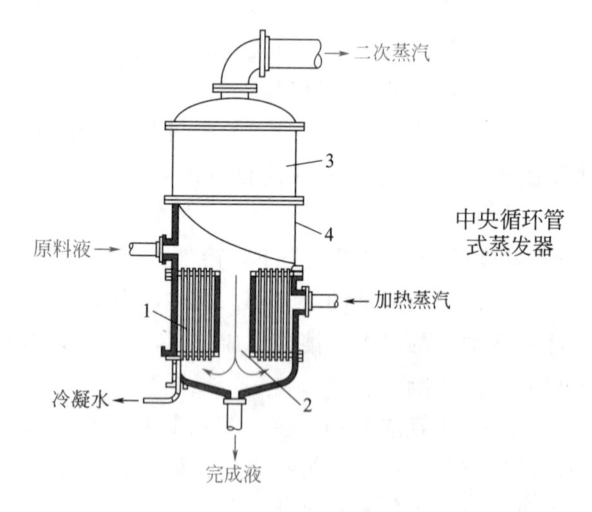

图 5-2　中央循环管式蒸发器

1—加热室；2—中央循环管；
3—蒸发室；4—外壳

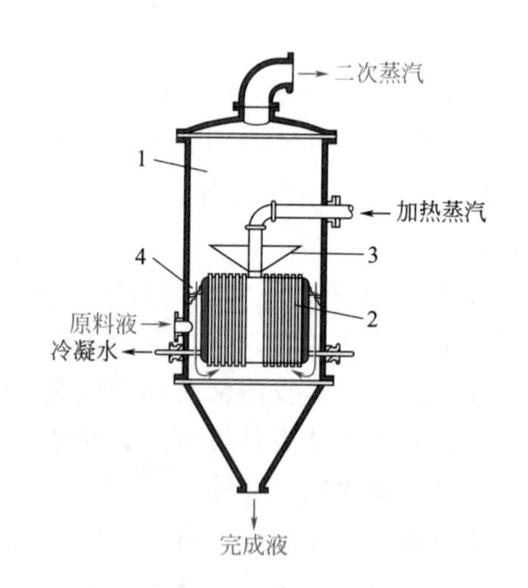

图 5-3　悬筐式蒸发器

1—分离室；2—加热蒸汽管；
3—除沫器；4—环形循环通道

（2）悬筐式蒸发器

如图 5-3 所示，悬筐式蒸发器是中央循环管式蒸发器的改进。其加热室悬挂在蒸发器壳体的下部，像个悬筐，可由顶部取出，以便于清洗与更换。加热介质由中央蒸汽管进入加热室，在加热室外壁与蒸发器壳体的内壁之间有环隙通道，其作用类似于中央循环管。操作时溶液沿加热管上升而沿环隙下降，形成自然循环。由于一般环隙截面积约为加热管总面积的

100%～150%，因而溶液循环速度较高，约为1～1.5m/s。

该类蒸发器适用于易结垢或有晶体析出的溶液，其缺点是结构复杂，单位传热面需要设备材料量较大。

(3) 外热式蒸发器

外热式蒸发器如图5-4所示。其特点是加热室与分离室分开，便于清洗与更换，可降低蒸发器的总高度。由于其加热管较长（管长径比为50～100)，且循环管内溶液不受热，故溶液循环速度大，可达1.5m/s。

(4) 列文蒸发器

列文蒸发器如图5-5所示。其特点是在加热室上部增设一沸腾室。加热室内溶液由于受到这一段附加液柱的作用，上升到沸腾室时才汽化。沸腾室上方装有防止气泡长大的纵向隔板。循环管的高度一般为7～8m，其截面积约为加热管总截面积的200%～350%，流动阻力较小，同时因循环管不被加热，因而溶液循环推动力较大，循环速度可高达2～3m/s。

该类蒸发器循环速度大，传热效果好；溶液在加热管中不沸腾，可避免在其中析出晶体，适用于有晶体析出或易结垢的溶液。其缺点是设备庞大，需要的厂房高。此外，由于液层静压力大，要求加热蒸汽的压力较高。

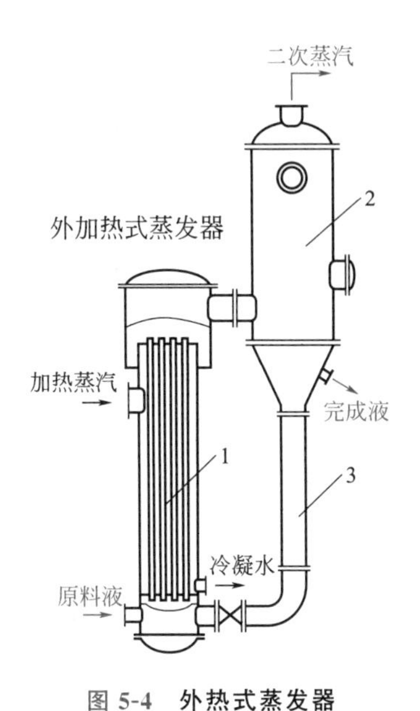

图5-4 外热式蒸发器

1—加热室；2—蒸发室；3—循环管

(5) 强制循环型蒸发器

上述蒸发器均为自然循环型，循环速度一般较低，不宜处理黏度大、易结垢及有大量结晶析出的溶液。对于这类溶液，可采用强制循环型蒸发器，如图5-6所示。这种蒸发器是利用外加动力（循环泵）使溶液沿一定方向作高速循环，循环速度由泵的流量来控制，一般在2.5m/s以上。

该类蒸发器传热系数大，较适合于黏度较大或易结晶、结垢的物料，但其动力消耗较大。

2. 单程型蒸发器

单程型蒸发器的特点是溶液沿加热管壁呈膜状流动，一次通过加热室即达到要求的组成，停留时间仅数秒或十几秒。主要优点是传热效率高、蒸发速度快、溶液停留时间短，特别适用于热敏性物料的蒸发。

按物料在蒸发器内的流向及成膜原因，主要分为以下几种类型。

(1) 升膜蒸发器

升膜蒸发器如图5-7所示。其加热室由一根或数根垂直长管组成，通常加热管直径为25～50mm，管长径比为100～150。预热后的原料液由蒸发器的底部进入，加热蒸汽在管外冷凝。当溶液受热后迅速沸腾汽化，二次蒸汽在管内高速上升，带动液体沿管内壁向上成膜并继续受热蒸发。浓溶液进入分离室与二次蒸汽分离后由分离器底部排出。加热管出口处的二次蒸汽速度常压下不应小于10m/s，一般为20～50m/s，减压操作时，有时可达100～160m/s或更高。

该类蒸发器适用于蒸发量较大（即稀溶液）、热敏性及易起泡沫的溶液，但对于高黏度、

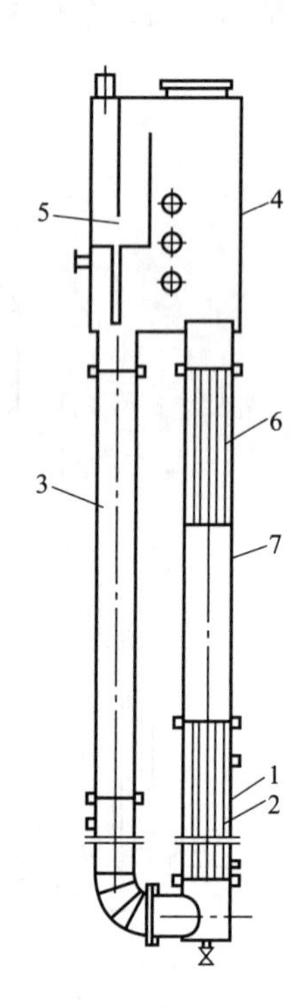

图 5-5 列文蒸发器

1—加热室；2—加热管；3—循环管；4—蒸发室；5—除沫器；6—挡板；7—沸腾室

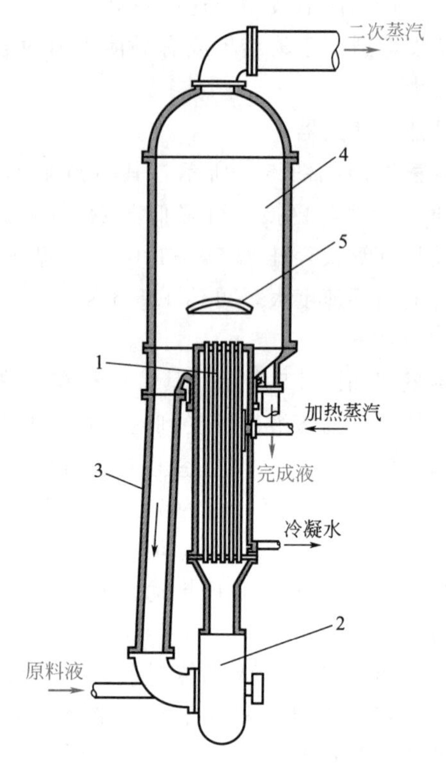

图 5-6 强制循环型蒸发器

1—加热管；2—循环泵；3—循环管；4—分离室；5—除沫器

有晶体析出或易结垢的溶液则不适用。

(2) 降膜蒸发器

降膜蒸发器如图 5-8 所示。原料液由加热管的顶部加入，在自身重力作用下沿管内壁呈膜状下流，并被蒸发浓缩，汽、液混合物由加热管底部进入分离室，经汽、液分离后，完成液由分离器底部排出。

在每根加热管的顶部均需设置液体布膜器，以使溶液能在壁上均匀成膜。布膜器型式多样，图 5-9 所示为较常用的三种。图 5-9(a) 以具有螺旋型沟槽的圆柱体为导流管，液体沿沟槽旋转下流分布在整个管内壁上；图 5-9(b) 的导流管下部为圆锥体，为避免沿锥体斜面流下的液体再向中央聚集，锥体底面向下内凹；图 5-9(c) 中，液体经齿缝沿加热管内壁呈膜状下降。

该类蒸发器适合于组成较高的溶液和黏度较大的物料，但不适用于易结晶或易结垢的溶液。由于液膜在管内不易均匀分布，其传热系数较升膜蒸发器小。

(3) 升-降膜蒸发器

升-降膜蒸发器如图 5-10 所示，将升膜和降膜加热室装在一个外壳中，即构成升-降膜蒸发器。原料液经预热后先由升膜加热室上升，再由降膜加热室下降，最后经分离室和二次蒸汽分离后得到完成液。

该类蒸发器多用于蒸发中溶液的黏度变化很大，蒸发量不大和厂房高度有一定限制的场合。

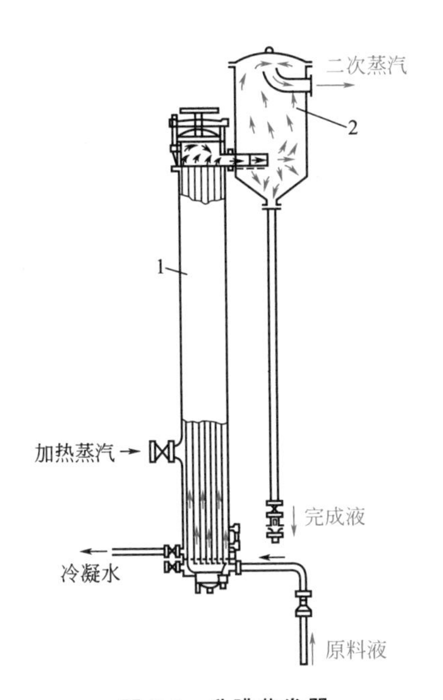

图 5-7　**升膜蒸发器**

1—加热室；2—分离室

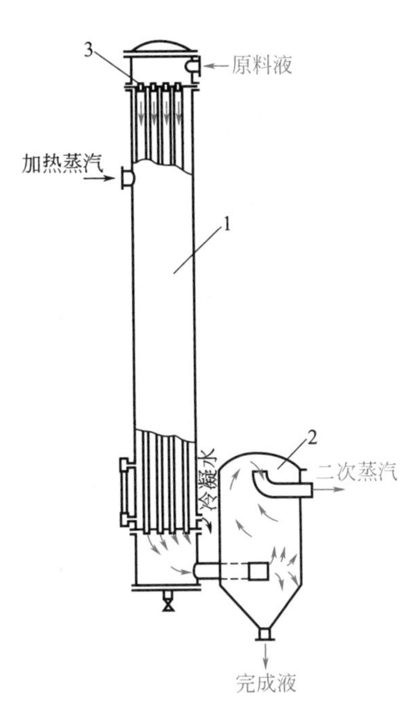

图 5-8　**降膜蒸发器**

1—加热室；2—分离室；3—布膜器

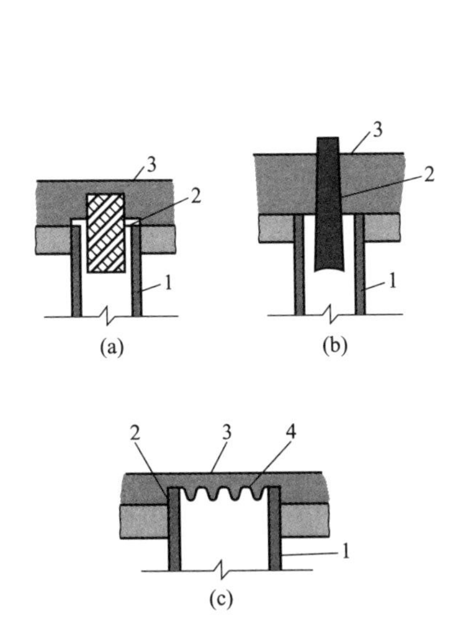

图 5-9　**布膜器的型式**

1—加热管；2—分布器；
3—液面；4—齿缝

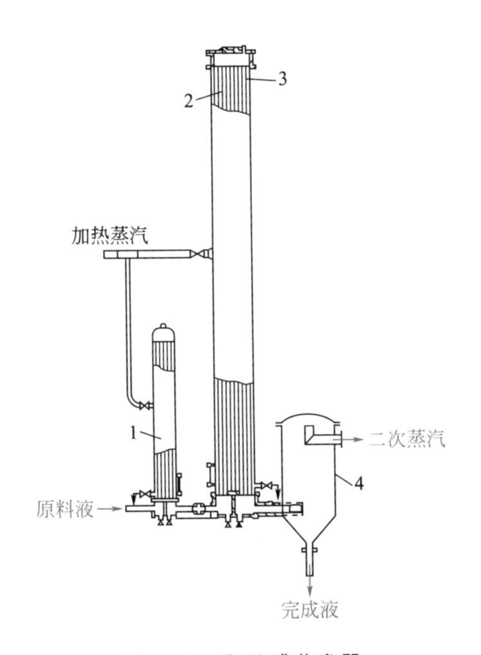

图 5-10　**升-降膜蒸发器**

1—预热器；2—升膜加热室；
3—降膜加热室；4—分离室

（4）刮板薄膜蒸发器

刮板薄膜蒸发器如图 5-11 所示，这种蒸发器是利用旋转刮片的刮带作用，使液体分布在加热管壁上。其壳体外部装有加热蒸汽夹套，内部装有可旋转的搅拌刮片，旋转刮片有固定的和活动的两种。前者与壳体内壁的缝隙为0.75～1.5mm，后者与器壁的间隙随搅拌轴的转数而变。料液沿切线方向由蒸发器上部加入后，在重力和旋转刮片带动下，在壳体内壁上形成下旋的薄膜，不断被蒸发浓缩，由底部得到完成液。在某些情况下，也可将溶液蒸干而由底部直接获得固体产物。

该类蒸发器对于高黏度、热敏性、易结晶和结垢的物料等都能适用，对物料的适应性很强。其缺点是结构复杂，动力消耗大，传热面积小，一般为3～4m^2，最大不超过20m^2，故其处理量较小。

3. 直接接触传热的蒸发器

除上述循环型和单程型两大类间接加热的蒸发器外，在实际生产中，有时还应用直接接触传热的蒸发器，如图5-12所示。其将煤气或重油等燃料与空气混合后燃烧，产生的高温烟气直接喷入被蒸发的溶液中，使得溶液迅速沸腾汽化。蒸发出的水分与烟气一起由蒸发器的顶部直接排出。

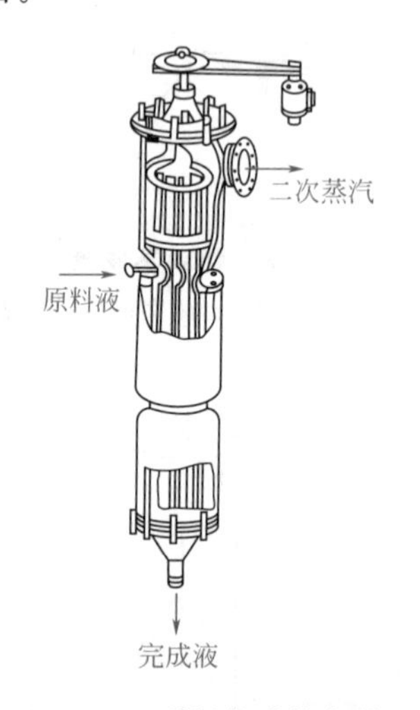

图5-11 **刮板薄膜蒸发器**

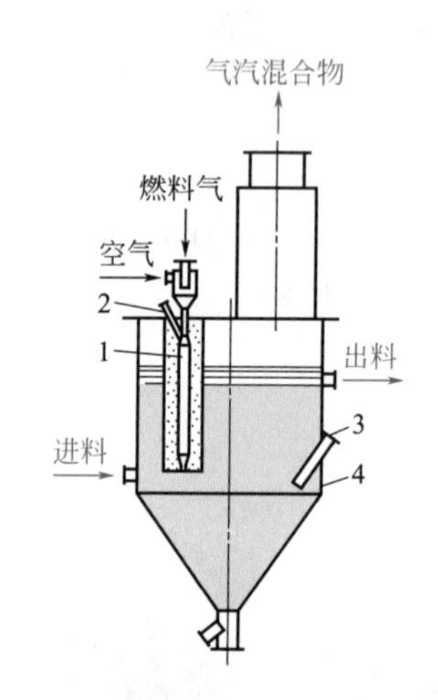

图5-12 **直接接触传热的蒸发器**

1—燃烧室；2—点火管；3—测温管；4—外壳

此类蒸发器的燃烧室在溶液中的深度通常为200～600mm，燃烧室内高温烟气的温度可达1000℃以上，但由于气、液直接接触时传热速率快，离开液面时气体只比溶液温度高出2～4℃。因在高温下使用，燃烧室的喷嘴较易损坏，需选用耐高温和耐腐蚀的材料制作，结构上应考虑便于更换。

此类蒸发器的结构简单，传热效率高，特别适用于易结晶、结垢或有腐蚀性的物料。目前广泛应用在废酸处理和硫酸铵盐等溶液的蒸发中。但其不适于不可被烟气污染的物料，且其二次蒸汽也很难利用。

5.1.2 蒸发器的改进与发展

近年来国内外对于蒸发器的研究十分活跃，归结起来主要有以下几个方面。

(1) 开发新型蒸发器

主要是通过改进加热表面的形状提高传热效果，如新近发展的板式蒸发器，体积小、传热效率高、溶液滞留时间短，且加热面积可由需要而增减，拆卸和清洗方便。又如，表面多孔加热管，可使沸腾溶液侧的传热系数提高10～20倍，可应用于石油化工和天然气液化等行业。此外，双面纵槽加热管也可显著提高传热效果，可用于海水淡化中。

（2）改善蒸发器内液体的流动状况

在蒸发器内装入不同形式的湍流构件或填料，由于构件或填料能造成液体的湍动，可提高沸腾液体侧的传热系数；同时由于其本身亦为热导体，可将热量由加热管传向溶液内部，增加了传热面积。如在自然循环型蒸发器中加入铜质填料，可将液体沸腾传热系数提高50%。

（3）改进溶液的性质

如加入适当的表面活性剂，可使总传热系数提高1倍以上；加入适当阻垢剂，可以减少蒸发过程中的结垢，也是提高传热效率的途径之一。

（4）汽-液-固三相循环流化床蒸发器

是在汽-液两相流沸腾系统中引入惰性固体颗粒，并实现固体颗粒的分离和循环流动而形成的蒸发系统。固体颗粒的引入，增加了汽化核心，减小了气泡的直径，加速了气泡的形成与跃离，从而增加了流体的湍动程度，减薄了流动与传热边界层厚度，使得三相循环流化床蒸发器沸腾传热系数能达到两相流蒸发器的1.5～2.0倍。同时，颗粒的加入也可阻碍析出晶体向壁面的扩散并提供晶体沉积表面，与传热壁面的频繁撞击可使壁面污垢脱落，所以三相循环流化床蒸发器也具有很好的防垢、除垢作用。

5.1.3 蒸发器性能的比较与选型

蒸发器结构很多，各有其特点。选型或设计时，在满足生产任务要求、保证产品质量的前提下，既要考虑结构简单、易于制造、操作和维修方便、传热效果好等要求，也要考虑对物料的黏性、热敏性、腐蚀性以及是否结晶或结垢等因素有良好的适应性。

表5-1为常见蒸发器的一些主要性能，供选型时参考。

表5-1 蒸发器的主要性能

蒸发器型式	造价	总传热系数		溶液在管内流速/(m/s)	停留时间	完成液组成能否恒定	浓缩比	处理量	对溶液性质的适应性					
		稀溶液	高黏度						稀溶液	高黏度	易生泡沫	易结垢	热敏性	有结晶析出
标准型	最廉	良好	低	0.1～0.5	长	能	良好	一般	适	适	适	尚适	尚适	稍适
悬框式	较高	较好	低	1～1.5	长	能	良好	一般	适	适	适	适	尚适	适
外热式(自然循环)	廉	高	良好	0.4～1.5	较长	能	良好	较大	适	尚适	较好	尚适	尚适	稍适
列文式	高	高	良好	1.5～2.5	较长	能	良好	较大	适	尚适	较好	尚适	尚适	稍适
强制循环	高	高	高	2.0～3.5	—	能	较高	大	适	好	好	适	尚适	适
升膜式	廉	高	良好	0.4～1.0	短	较难	高	大	适	尚适	好	尚适	良好	不适
降膜式	廉	良好	高	0.4～1.0	短	尚能	高	大	较适	好	适	不适	良好	不适
刮板式	最高	高	高	—	短	尚能	高	较小	较适	好	较好	适	良好	适
板式	高	高	良好	—	较短	尚能	良好	较小	适	尚适	适	不适	尚适	不适
浸没燃烧	廉	高	高	—	短	较难	良好	较大	适	适	适	适	不适	适

5.2 单效蒸发

5.2.1 温度差损失和有效温度差

蒸发计算中，一般给定加热蒸汽压力（或温度 T）和冷凝器内的操作压力。由冷凝器内的压力，可确定进入冷凝器的二次蒸汽的温度 t_c。因此，蒸发器的总温差为

$$\Delta t_T = T - t_c \tag{5-1}$$

但此总温差并非蒸发器内传热的有效温差。原因在于，溶液中溶质的存在引起的沸点升高，蒸发器内溶液静压头引起的沸点升高，以及管路流动阻力等因素，均会造成一定的温度差损失，使得蒸发器内传热的实际有效温差 Δt_m 小于上述的总温差 Δt_T。下面简要分析各种温度差损失的具体情况。

1. 由于溶质存在引起的温度差损失 Δ'

溶液中含有的不挥发性溶质会阻碍溶剂的汽化，因而溶液的沸点高于纯水在相同压力下的沸点，使得蒸发的有效温差降低。如，在 101.3kPa 下，水的沸点为 100℃，而 71.3%的 NH_4NO_3（质量分数）水溶液的沸点则为 120℃。但二者在相同压力下（101.3kPa）沸腾时产生的饱和蒸汽（二次蒸汽）温度相同（100℃）。相同压力下，由溶液中溶质存在引起的沸点升高，也就是相应的温度差损失可定义为

$$\boxed{\Delta' = t_B - T'} \tag{5-2}$$

式中 t_B——溶液沸点，℃；

T'——与溶液相同压力下水的沸点，即二次蒸汽的饱和温度，℃。

溶液的沸点 t_B 主要与溶液的种类、浓度和压力有关，一般需由实验测定。某些常见溶液在常压下的沸点可见附录。非常压下溶液的沸点很难从手册中直接查到，当缺乏实验数据时，可用下式估算溶液的沸点升高。

$$\Delta' = f\Delta'_a \tag{5-3}$$

式中 Δ'_a——常压下（101.3kPa）由于溶质存在引起的沸点升高，℃；

Δ'——操作压力下由于溶质存在引起的沸点升高，℃；

f——校正系数，量纲为 1。其经验计算式为

$$f = \frac{0.0162(T'+273)^2}{r'} \tag{5-4}$$

式中 T'——操作压力下二次蒸汽的温度，℃；

r'——操作压力下二次蒸汽的汽化热，kJ/kg。

溶液的沸点还可用杜林规则（Duhring's rule）估算。该规则表明：一定组成的某种溶液的沸点与相同压力下标准液体的沸点呈线性关系。由于水的沸点较易查得，故一般以纯水作为标准液体。根据杜林规则，以水的沸点为横坐标，以同压力某种溶液的沸点为纵坐标作图，可得一直线，即

$$\frac{t'_B - t_B}{t'_w - t_w} = k \tag{5-5}$$

或写成 $$t_B = kt_w + m \tag{5-6}$$

式中 t_B、t'_B——压力 p 和 p' 下溶液的沸点，℃；

t_w、t'_w——压力 p 和 p' 下水的沸点，℃；

k——杜林直线的斜率。

由式 5-6 可知，只要已知溶液在两个压力下的沸点，即可确定杜林直线的斜率，进而可确定其他压力下的溶液沸点。

图 5-13 为 NaOH 水溶液的杜林线图，图中每条直线都对应着一定的组成（溶质的质量分数）。

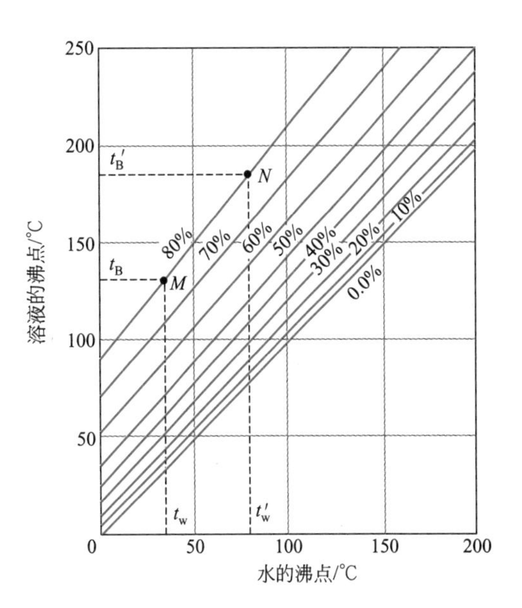

图 5-13 NaOH 水溶液的杜林线图

【例 5-1】 采用标准蒸发器对 NaOH 的稀溶液进行浓缩，蒸发室的绝对操作压力为 60kPa，浓缩液中溶质质量分数为 30%。试分别用经验式 5-2 和杜林规则确定操作条件下溶液的沸点升高及沸点。

解：(1) 查得水的相关数据：

压力/kPa	沸点/℃
101.3	100
60	85.6

在 101.3kPa 时，查得 30% 的 NaOH 溶液沸点为 119.5℃，因此常压下溶液沸点升高为

$$\Delta'_a = 119.5 - 100 = 19.5℃$$

由式 5-2，压力为 60kPa 下的沸点升高为

$$\Delta' = f\Delta'_a = \frac{0.0162(T'+273)^2}{r'}\Delta'_a = \frac{0.0162(85.6+273)^2}{2293.9} \times 19.5 = 17.7℃$$

此时溶液的沸点为

$$t_B = 85.6 + 17.7 = 103.3℃$$

(2) 用杜林规则

60kPa 压力下水的沸点为 85.6℃，在图 5-13 的横坐标上找出温度为 85.6℃ 的点，由此点查出 30% 氢氧化钠溶液的沸点为 104℃，此温度即为 30% NaOH 水溶液在 60kPa 压力下的沸点。

$$沸点升高为\ \Delta' = t_B - T' = 104 - 85.6 = 18.4℃$$

两种方法的计算结果略有差异，但差别不大。

2. 由于液柱静压头引起的温度差损失 Δ''

液层内部的压力大于液面，故溶液内部的沸点高于液面上的沸点 t_B，二者之差即为液柱静压头引起的沸点升高，也就是相应的温度差损失。为简便计，以液层中部点处的压力和沸点代表整个液层的平均压力和温度，则根据流体静力学方程，液层的平均压力为

$$p_{av} = p' + \frac{\rho_{av} gL}{2} \tag{5-7}$$

式中　p_{av}——液层的平均压力，Pa；

p'——液面处的压力，即二次蒸汽的压力，Pa；

ρ_{av}——溶液的平均密度，kg/m^3；

g——重力加速度，m/s^2；

L——液层高度，m。

因此由液柱的静压力导致的温度差损失为

$$\Delta''=t_{av}-t_B \tag{5-8}$$

式中　t_{av}——平均压力 p_{av} 下溶液的沸点，℃；

t_B——液面处压力（即二次蒸汽压力）p'下溶液的沸点，℃。

作为近似计算，t_{av} 和 t_B 可用相应压力下水的沸点进行代替。

应指出，溶液沸腾时形成汽、液混合物，密度大为减小，因此按上述公式求得的 Δ''值比实际值略大。

3. 由于流动阻力引起的温度差损失 Δ'''

二次蒸汽由蒸发室流入冷凝器的过程中，由于要克服管路阻力，其压力下降，故蒸发器内的压力高于冷凝器内的压力。换言之，二次蒸汽在蒸发器内的饱和温度高于冷凝器内的温度，由此造成的温度差损失以 Δ'''表示。Δ'''与管道中的流速、物性以及管道尺寸有关，很难定量分析，一般取经验值，末效或单效蒸发器至冷凝器间温度下降约为 1～1.5℃；多效蒸发效间的温度下降一般取 1℃。

综上，蒸发器内温度差损失应由三部分组成，即

$$\Delta=\Delta'+\Delta''+\Delta''' \tag{5-9}$$

式中　Δ'——由溶质的存在引起的温度差损失，℃；

Δ''——由液柱静压力引起的温度差损失，℃；

Δ'''——由管路流动阻力引起的温度差损失，℃。

总温差与温度差损失的差值即为蒸发传热的有效温度差，即

$$\Delta t_m=\Delta t_T-\Delta \tag{5-10}$$

5.2.2　单效蒸发的计算

对于单效蒸发，通常已知进料量、温度和组成，完成液的组成，加热蒸汽的压力和冷凝器的操作压力，要求确定：

① 水的蒸发量；

② 加热蒸汽消耗量；

③ 蒸发器传热面积。

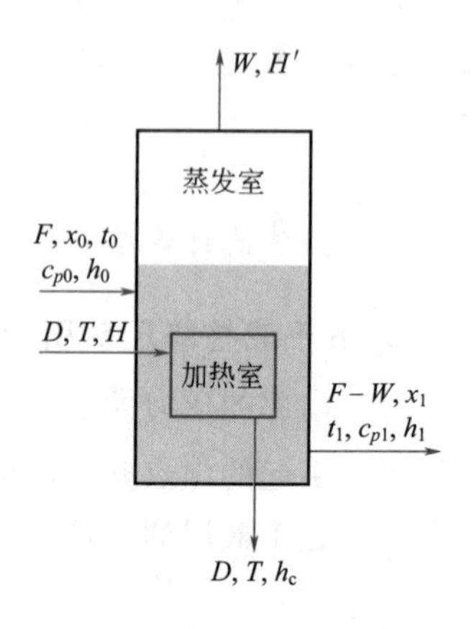

图 5-14　单效蒸发器示意图

1. 蒸发量 W

对图 5-14 所示的单效蒸发器进行溶质的质量衡算，可得

$$Fx_0=(F-W)x_1$$

或

$$\boxed{W=F\left(1-\frac{x_0}{x_1}\right)} \tag{5-11}$$

式中　x_0——原料液中溶质质量分数；

x_1——完成液中溶质质量分数；

F——原料液流量，kg/h；

W——水的蒸发量，kg/h。

2. 加热蒸汽消耗量 *D*

对图 5-14 所示的单效蒸发器进行热量衡算，得

$$\boxed{DH+Fh_0=WH'+(F-W)h_1+Dh_c+Q_L} \tag{5-12}$$

或

$$\boxed{D=\frac{WH'+(F-W)h_1-Fh_0+Q_L}{H-h_c}} \tag{5-13}$$

式中　D——加热蒸汽耗量，kg/h；

H——加热蒸汽的焓，kJ/kg；

h_0——原料液的焓，kJ/kg；

H'——二次蒸汽的焓，kJ/kg；

h_1——完成液的焓，kJ/kg；

h_c——冷凝水的焓，kJ/kg；

Q_L——蒸发器的热损失，kJ/h。

若冷凝液在饱和温度下排出，则

$$H-h_c=r$$

$$D=\frac{WH'+(F-W)h_1-Fh_0+Q_L}{r} \tag{5-13a}$$

式中　r——加热蒸汽的汽化热，kJ/kg。

溶液的焓值是组成和温度的函数。有些溶液，稀释时放出热量，在蒸发这些溶液时需考虑供给和稀释热相当的浓缩热。因此，应用式 5-13 或 5-13a 时，分为溶液稀释热可忽略和不可忽略两种情况。

（1）溶液稀释热可忽略

大多数溶液属于此种情况，如许多中等浓度的无机盐水溶液。此时，焓值可由比热容近似计算。若以 0℃的溶液为基准，则

$$h_0=c_{p0}t_0 \tag{5-14}$$

$$h_1=c_{p1}t_1 \tag{5-14a}$$

将式 5-14 和 5-14a 代入式 5-13，得

$$D=\frac{WH'+(F-W)c_{p1}t_1-Fc_{p0}t_0+Q_L}{H-h_c} \tag{5-13b}$$

式中　t_0——原料液温度，℃；

t_1——完成液温度，℃；

c_{p0}——原料液定压比热容，kJ/(kg·℃)；

c_{p1}——完成液定压比热容，kJ/(kg·℃)。

当溶解热效应不大时，比热容可近似按线性加和原则计算，即

$$c_{p0}=c_{pw}(1-x_0)+c_{pB}x_0 \tag{5-15}$$

$$c_{p1}=c_{pw}(1-x_1)+c_{pB}x_1 \tag{5-15a}$$

式中 c_{pw}——水的定压比热容，kJ/(kg·℃)；

c_{pB}——溶质的定压比热容，kJ/(kg·℃)。

将式 5-15 与 5-15a 联立，消去 c_{pB} 并代入式 5-11 中，得

$$(F-W)c_{p1}=Fc_{p0}-Wc_{pw} \tag{5-16}$$

再将式 5-16 代入式 5-13b 中，得

$$D=\frac{WH'+(Fc_{p0}-Wc_{pw})t_1-Fc_{p0}t_0+Q_L}{H-h_c}=\frac{W(H'-c_{pw}t_1)+Fc_{p0}(t_1-t_0)+Q_L}{H-h_c} \tag{5-17}$$

二次蒸汽的温度 T' 与溶液温度 t_1 并不相同，近似认为

$$H'-c_{pw}t_1\approx r' \tag{5-18}$$

式中 r'——二次蒸汽的汽化热，kJ/kg。

若冷凝水在饱和温度下排出，将式 5-18 代入式 5-17 中，得

$$\boxed{D=\frac{Wr'+Fc_{p0}(t_1-t_0)+Q_L}{r}} \tag{5-19}$$

可知加热蒸汽放出热量用于：①原料液升温；②水汽化；③热损失。

若溶液沸点进料并忽略热损失，由式 5-19 可得单位蒸汽耗量

$$\boxed{e=\frac{D}{W}=\frac{r'}{r}} \tag{5-20}$$

水的汽化热一般随压力变化不大，即 $r\approx r'$，$D\approx W$ 或 $e\approx 1$。因此单效蒸发理论上每蒸发 1kg 水约需 1kg 加热蒸汽。但实际上由于热损失和溶液的热效应等因素，e 值约为 1.1 或更大。

(2) 溶液稀释热不可忽略

有些溶液，如 $CaCl_2$、NaOH 的水溶液，稀释时其放热效应非常显著。因而蒸发时，除了提供汽化热之外，还需提供和稀释热相等的浓缩热。溶质浓度越高，这种影响越显著。对于这类溶液，其焓值不能按简单的比热容加和方法计算，需由专门的焓浓图查得。溶液的焓浓图通常由实验测定。图 5-15 为以 0℃为基准的 NaOH 水溶液的焓浓图。由图可见，溶液的焓是组成的高度非线性函数。

此时，加热蒸汽耗量可直接按式 5-13a 计算。

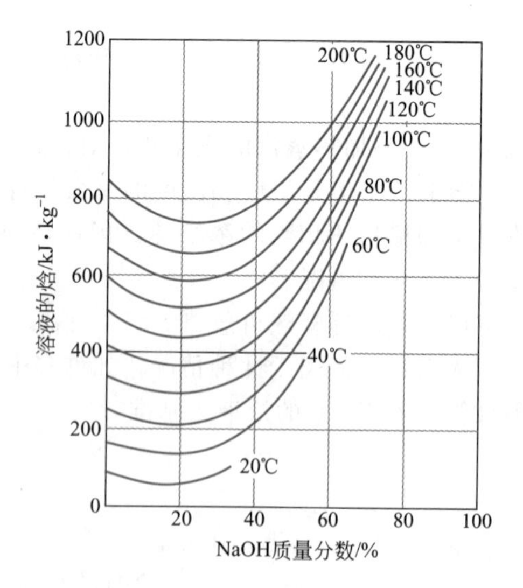

图 5-15 氢氧化钠溶液的焓浓图

【例 5-2】 在连续操作的单效蒸发器中，将 1000kg/h 的某无机盐水溶液由 15%（质量分数）浓缩至 45%（质量分数），原料液的比热容为 3.5kJ/(kg·℃)。蒸发器的操作压力为 50kPa（绝压），相应的溶液沸点为 90℃。加热蒸汽压力为 300kPa（绝压），冷凝液在饱和温度下排出。已知蒸发器热损失为 10000 W，溶液的稀释热可以忽略，试求：(1) 水的蒸发量；(2) 进料温度分别为 50℃、90℃和 125℃时的单位蒸汽消耗量。

解：(1) 由式 5-11，可得水的蒸发量

$$W=F\left(1-\frac{x_0}{x_1}\right)=1000\times\left(1-\frac{0.15}{0.45}\right)=666.7\text{kg/h}$$

(2) 可用式 5-19 计算加热蒸汽消耗量

可查得饱和水蒸气的冷凝潜热

压力/kPa	冷凝潜热/(kJ/kg)
50	2304.5
300	2168.1

50℃进料时，蒸汽消耗量为

$$e=\frac{D}{W}=\frac{666.7\times2304.5+1000\times3.5\times(90-50)+10000\times3600/1000}{2168.1\times666.7}=1.18$$

原料液温度为 90℃时，蒸汽消耗量为

$$e=\frac{D}{W}=\frac{666.7\times2304.5+10000\times3600/1000}{2168.1\times666.7}=1.09$$

原料液温度为 125℃时，蒸汽消耗量为

$$e=\frac{D}{W}=\frac{666.7\times2304.5+1000\times3.5\times(90-125)+10000\times3600/1000}{2168.1\times666.7}=1.0$$

由计算结果可知，进料温度越高，单位蒸汽消耗量越小。

【例 5-3】 在连续操作的单效蒸发器中，将组成为 15％的 NaOH 水溶液浓缩至 30％(均为质量分数)。原料液 80℃进料，处理量为 1500kg/h。蒸发室操作压力为 70kPa（绝压），操作压力下 30％的 NaOH 溶液的平均沸点为 100℃。加热蒸汽压力为 0.16MPa（绝压），冷凝水在饱和温度下排出。若蒸发器热损失为 11000W，试求：(1) 水蒸发量；(2) 加热蒸汽消耗量。

解：(1) 由式 5-11 可得水蒸发量

$$W=1500\times\left(1-\frac{0.15}{0.3}\right)=750\text{kg/h}$$

(2) 由于 NaOH 水溶液的稀释热不能忽略，需采用式 5-13 计算加热蒸汽消耗量

由图 5-15 可查得 NaOH 溶液的焓

80℃，浓度为 15％时，$h_0=290\text{kJ/kg}$

100℃，浓度为 30％时，$h_1=370\text{kJ/kg}$

可查得 0.16MPa 水蒸气的冷凝热 $r=2224.2\text{kJ/kg}$，70kPa 饱和蒸汽的焓 $H'=2659.8\text{kJ/kg}$，因此

$$D=\frac{750\times2659.8+(1500-750)\times370-1500\times290+11000\times3600/1000}{2224.2}=843.9\text{kg/h}$$

3. 传热面积 S_o

蒸发器所需传热面积可由式 5-21 计算

$$S_o=\frac{Q}{K_o\Delta t_m} \tag{5-21}$$

式中 S_o——蒸发器外表面传热面积，m^2；

Q——蒸发器热负荷，W；

K_o——蒸发器基于外表面的总传热系数，W/(m^2·℃)；

Δt_m——传热的平均温差，℃。

(1) 蒸发器热负荷

若冷凝水在饱和温度下排出且忽略热损失，则

$$Q=D(H-h_c)=Dr \tag{5-22}$$

(2) 传热的平均温差

加热室的两侧分别为蒸汽冷凝和溶液沸腾，因此，传热平均温差为

$$\Delta t_m=T-t_1 \tag{5-23}$$

式中 T——加热蒸汽温度，℃；

t_1——操作条件下溶液沸点，℃。

Δt_m 即为蒸发的有效温度差。

(3) 蒸发器的总传热系数

蒸发器的总传热系数可由式5-24计算

$$K_o=\frac{1}{\frac{1}{\alpha_o}+R_{so}+\frac{b}{\lambda}\frac{d_o}{d_m}+R_{si}\frac{d_o}{d_i}+\frac{d_o}{\alpha_i d_i}} \tag{5-24}$$

式中 α——对流传热系数，W/(m^2·℃)；

d——管径，m；

R_s——垢层热阻，(m^2·℃)/W；

b——管壁厚度，m；

λ——管材的热导率，W/(m·℃)；

下标i表示管内侧，o表示管外侧，m表示平均。

管外蒸汽冷凝的传热系数 α_o 可按膜状冷凝的公式计算，垢层热阻值 R_s 可按经验值估计。

由于 α_i 的关联式精度较差，目前在蒸发器设计中，总传热系数大多根据实测或经验值选定。几种常用蒸发器 K 值的大致范围如表5-2所示。

表5-2 蒸发器的总传热系数 K 的经验值

蒸发器型式	总传热系数 K /[W/(m^2·℃)]	蒸发器型式	总传热系数 K /[W/(m^2·℃)]
水平浸没加热式	600～2300	外热式(自然循环)	1200～6000
标准式(自然循环)	600～3000	外热式(强制循环)	1200～7000
标准式(强制循环)	1200～6000	升膜式	1200～6000
悬筐式	600～3000	降膜式	1200～3500

【例5-4】 用连续操作的单效蒸发器将15%的KNO_3水溶液浓缩至25%（均为质量分数）。沸点进料，进料量为2500kg/h。加热介质为0.25MPa（绝压）的饱和水蒸气，冷凝器的操作压力为60kPa（绝压）。在操作条件下，蒸发器总传热系数 $K=1200$W/(m^2·℃)，溶液的平均密度为1162kg/m^3。冷凝水在饱和温度下排出，热损失为12000W，蒸发器中液面高度为2.5m。试求：(1) 加热蒸汽用量；(2) 蒸发器所需传热面积。

解：(1) 由式 5-11 得水的蒸发量

$$W=F\left(1-\frac{x_0}{x_1}\right)=2500\times\left(1-\frac{0.15}{0.25}\right)=1000\text{kg/h}$$

查得 60kPa 下，水蒸气的温度为 $t_c=85.6$℃，取 $\Delta'''=1$℃，则蒸发室内二次蒸汽的温度 $T'=86.6$℃，相应的二次蒸汽压力 $p'=62.3$kPa 及汽化热 $r'=2291$kJ/kg。0.25MPa 下水蒸气的温度为 $T=127.2$℃，冷凝潜热为 $r'=2185$kJ/kg。

因沸点进料，则

$$D=\frac{Wr'+Q_L}{r}=\frac{1000\times2291+12000\times3600/1000}{2185}=1068\text{kg/h}$$

(2) 蒸发器所需传热面积

查得常压下 (101.3kPa)，25% KNO_3 水溶液的沸点升高为 2.5℃，故 62.3kPa 下的沸点升高为

$$\Delta'=f\Delta'_a=\frac{0.0162\times(86.6+273)^2}{2291}\times2.5=2.3℃$$

液面上溶液的沸点为

$$t_B=86.6+2.3=88.9℃$$

由式 5-7 计算液柱平均压力

$$p_{av}=p'+\frac{\rho_{av}gL}{2}=62.3+\frac{1162\times9.81\times2.5}{2\times10^3}=76.5\text{kPa}$$

可查得在 76.5kPa 下水蒸气的温度为 92℃，故

$$\Delta''=92-86.6=5.4℃$$

$$\Delta=2.3+5.4+1=8.7℃$$

因此，溶液的平均沸点为

$$t_1=85.6+8.7=94.3℃$$

有效温度差为

$$\Delta t_m=127.2-94.3=32.9℃$$

由式 5-21，可得

$$S=\frac{Q}{K\Delta t_m}=\frac{Dr}{K\Delta t_m}=\frac{1068\times2185\times10^3}{3600\times32.9\times1200}=16.42\text{m}^2$$

求解本题的关键是理解 Δ、Δ'、Δ''的概念及计算方法。

5.2.3 蒸发强度与加热蒸汽的经济性

蒸发强度与加热蒸汽的经济性是衡量蒸发装置性能的两个重要技术经济指标。

1. 蒸发器的生产能力和蒸发强度

生产能力通常指单位时间内蒸发的水量，其单位为 kg/h，大小由蒸发器的传热速率 Q 来决定。若忽略热损失且沸点进料，则生产能力为

$$W=\frac{Q}{r'}=\frac{KS\Delta t_m}{r'} \tag{5-25}$$

式中 W——蒸发器的生产能力，kg/h。

应指出，蒸发器的生产能力只能表示生产量的大小，未涉及传热面积。为定量反映蒸发器的优劣，可采用蒸发强度的概念。

蒸发器的生产强度简称蒸发强度，指单位时间、单位传热面积上所蒸发的水量，即

$$U=\frac{W}{S} \tag{5-26}$$

式中 U——蒸发强度，kg/(m^2·h)；

S——蒸发器传热面积，m^2。

对于给定的蒸发量，蒸发强度越大，所需传热面积越小，设备投资越小。

将式 5-25 代入式 5-26，得

$$U=\frac{Q}{Sr'}=\frac{K\Delta t_{m}}{r'} \tag{5-26a}$$

由式 5-26a 可知，提高总传热系数 K 和传热温差 Δt_{m} 是提高蒸发强度的基本途径。

① Δt_{m} 的大小取决于加热蒸汽和冷凝器操作压力。加热蒸汽压力受工厂供汽条件的限制，一般为 0.3～0.5MPa，有时可达 0.6～0.8MPa。冷凝器中真空度的提高要考虑动力消耗，且随着真空度提高，溶液沸点降低，黏度增加，总传热系数 K 下降。因此，冷凝器的真空度一般不应低于 10～20kPa。综上，传热温差的提高是有限制的。

② 由式 5-24 可知，K 取决于两侧对流传热系数和污垢热阻。

蒸汽冷凝的传热系数通常高于溶液沸腾，即在总热阻中，蒸汽冷凝热阻较小，但要及时排除蒸汽中的不凝气体，否则将增加热阻，使总传热系数下降。

管内溶液沸腾传热系数 α_{i} 是影响总传热系数的主要因素。影响 α_{i} 的因素很多，如溶液的性质、蒸发器的类型及操作条件等。

管内污垢热阻往往是影响总传热系数的重要因素，特别是对于易结垢和有结晶析出的溶液。为了减小垢层热阻，通常采用定期清洗，或选用适宜的蒸发器型式（如强制循环或列文蒸发器等），以及在溶液中加入晶种或微量阻垢剂等。

2. 加热蒸汽的经济性

蒸发过程能耗较大，因此能耗是评价蒸发过程优劣的另一个重要指标，通常以加热蒸汽的经济性来表示，其是指 1kg 生蒸汽可蒸发的水分量，即

$$E=\frac{W}{D}=\frac{1}{e} \tag{5-27}$$

提高加热蒸汽经济性的多种途径将在下节中详细讨论。

5.3 多效蒸发

单效蒸发时，单位蒸汽耗量大于 1，这在经济上是不合算的。因此，工业上多采用多效蒸发。

多效蒸发中，各效操作压力依次降低，相应地，各效加热蒸汽温度及溶液的沸点亦依次降低。因此，只有当新鲜加热蒸汽的压力较高或末效采用真空的条件下，多效蒸发才是可行的。

5.3.1 多效蒸发的流程

按溶液与蒸汽之间流向的不同，多效蒸发有三种基本的操作流程，下面以三效蒸发为例来说明。

1. 并流模式

并流模式在工业上最为常见，如图 5-16 所示。溶液与蒸汽流动方向相同，均由第一效顺序流至末效。

该模式的优点为：溶液从压力和温度较高的效流向较低的效，效间输送可利用效间压差，不需要泵。同时，当前一效溶液流入温度和压力较低的后一效时，会产生自蒸发（闪蒸），可多产生一部分二次蒸汽。此法的操作简便，工艺条件稳定。

该模式的缺点为：随着溶液从前一效至后效，浓度增高，而温度降低，使溶液的黏度增加，传热系数下降。因此，不适于随溶质含量的增加黏度变化很大的料液。

2. 逆流模式

逆流加料流程如图 5-17 所示。溶液与蒸汽的流向相反，即加热蒸汽由第一效进入，而原料液由末效进入，由第一效排出。

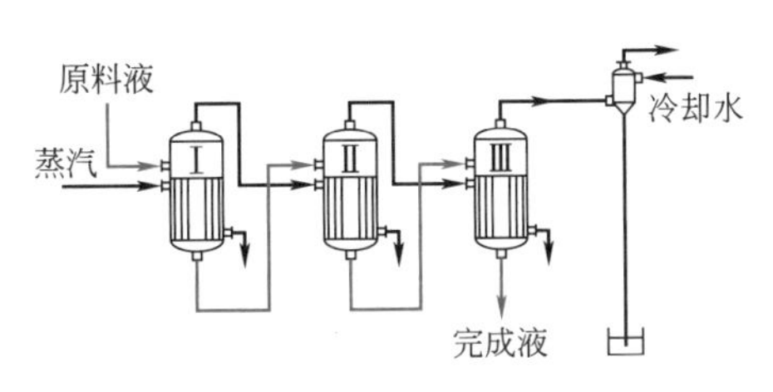

图 5-16　**并流加料流程**

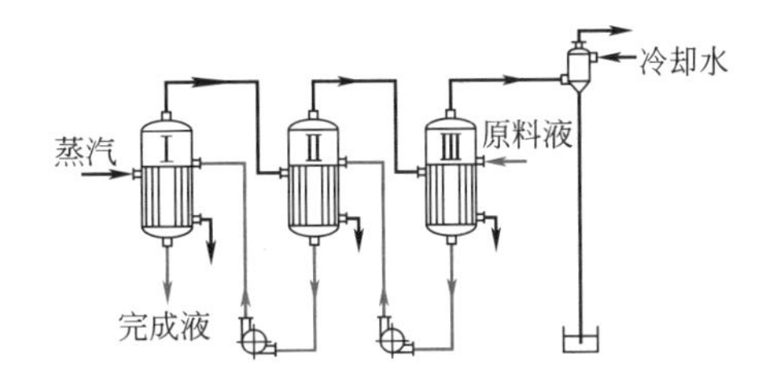

图 5-17　**逆流加料流程**

该模式的优点为：沿着流动方向溶质含量增大，温度也随之升高，因溶质含量增大使黏度增大的影响大致与因温度升高使黏度减小的影响相抵，故各效溶液黏度较为接近，传热系数也大致相同。

该模式的缺点为：溶液的效间流动是由低压向高压，由低温向高温，须用泵输送，能耗大；各效（末效除外）均在低于沸点下进料，无自蒸发，与并流相比，产生的二次蒸汽量较少。

逆流加料法一般适合于黏度随温度和组成变化较大的溶液，但不适合于处理热敏性物料。

3. 平流模式

平流模式中原料液平行加入各效，完成液亦分别自各效排出；蒸汽的流向仍由第一效流向末效，如图 5-18 所示。适合于处理蒸发中有结晶析出的溶液。例如某些无机盐溶液在蒸发中析出结晶而不便于在效间输送，宜采用平流模式。

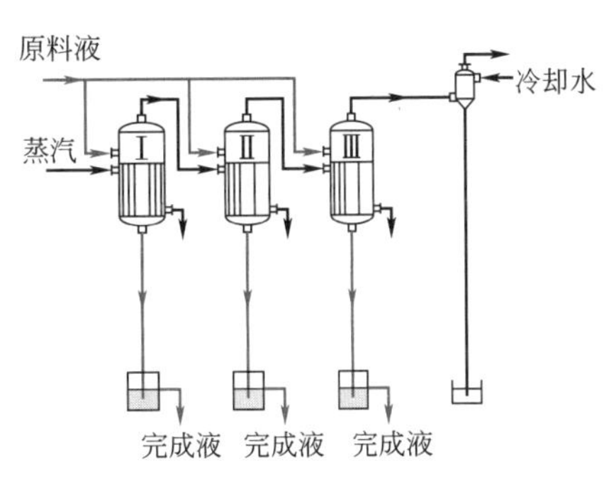

图 5-18　**平流加料流程**

除以上三种基本流程外，工业生产中有时还采用错流流程，即在一个多效蒸发中，加料的方式可既有并流又有逆流。以三效蒸发为例，溶液的流向可以是 3→1→2，亦可以是 2→3→1。错流法是为了利用两者的优点而避免或减轻其缺点，但其操作较为复杂。

5.3.2 多效蒸发与单效蒸发的比较

1. 加热蒸汽的经济性

多效蒸发旨在通过二次蒸汽的再利用而降低能耗。设单效和 n 效蒸发所蒸发的水量相同，则理想情况下，单效蒸发单位蒸汽用量为$\frac{D}{W}=1$，而 n 效蒸发$\frac{D}{W}=\frac{1}{n}$（kg 蒸汽/kg 水）。但如果考虑热损失、温度差损失及不同压力下汽化热的差别等因素，则多效蒸发单位蒸汽用量比$\frac{1}{n}$稍大，如表 5-3 所示。

表 5-3 不同效数蒸发的单位蒸汽消耗量

效数	1	2	3	4	5
e_T/(kg 蒸汽/kg 水)	1	0.5	0.33	0.25	0.2
e_P/(kg 蒸汽/kg 水)	1.1	0.57	0.4	0.3	0.27

注：e_T——理论值；e_P—实际值。

由表 5-3 可知，效数越多，单位蒸汽消耗量越小，相应的操作费用越低。

2. 溶液的温度差损失

设多效蒸发与单效蒸发操作条件相同，即二者加热蒸汽压力、冷凝器操作压力，料液与完成液组成相同，则多效蒸发温度差损失较单效蒸发为大。

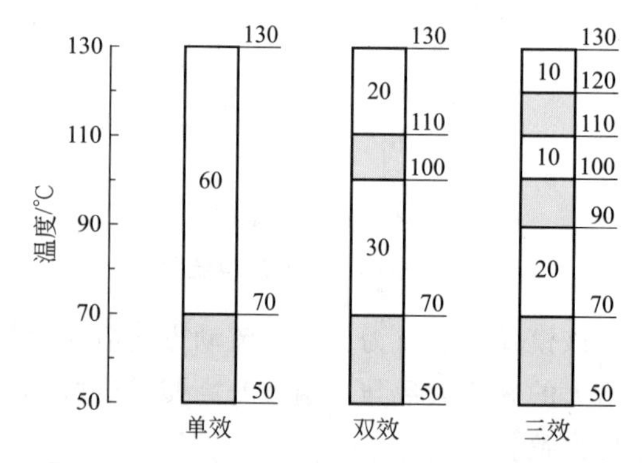

图 5-19 单效和多效蒸发装置中的温度差损失

图 5-19 为温度差损失示意图。图中三种情况具有相同的操作条件。图形总高度代表加热蒸汽和冷凝器中蒸汽间的总温差 Δt_T（即 130－50＝80℃），阴影部分代表各种温度差损失，空白部分代表有效温度差，即传热推动力。由图可见，多效蒸发的温度差损失高于单效蒸发，且效数越多，温度差损失越大。

3. 蒸发强度

同样，设单效与多效蒸发操作条件相同，则多效蒸发的蒸发强度较单效蒸发时为小。为简化起见，设各效传热面积和传热系数均相等，则多效蒸发的总传热速率为

$$Q=Q_1+Q_2+\cdots+Q_n=KS(\Delta t_1+\Delta t_2+\cdots+\Delta t_n)=KS\left[\Delta t_T-\sum_{i=1}^{n}(\Delta'_i+\Delta''_i+\Delta'''_i)\right] \tag{5-28}$$

生产强度为

$$U=\frac{Q}{r'nS}=\frac{K}{r'n}\left[\Delta t_T-\sum_{i=1}^{n}(\Delta'_i+\Delta''_i+\Delta'''_i)\right] \tag{5-29}$$

由于多效蒸发的温度差损失大于单效蒸发，因此随着效数的增加，其蒸发强度明显减小；效数越多，蒸发强度越小，蒸发每千克水的设备投资增大。

4. 多效蒸发的效数限制及最佳效数

随着多效蒸发效数的增加，温度差损失加大，有时还可能出现总温度差损失大于或等于总温度差的极端情况，导致蒸发无法进行。因此多效蒸发的效数是有一定限制的。

效数增加，单位蒸汽耗量减小，操作费用降低，但设备投资费用增大。由表 5-3 可知，D/W 随效数的增加而降低的幅度越来越小。如由单效改为 2 效，可节省生蒸汽约 50%，而由 4 效改 5 效，可节省的生蒸汽仅约为 10%。因此，适宜的效数应根据设备费与操作费之和为最小的原则权衡确定。

通常，多效蒸发的效数取决于溶液的性质和温度差损失的大小等各种因素。每效的有效温差最小为 5～7℃。溶液的沸点升高大，则采用的效数少，如 NaOH 溶液一般用 2～3 效；溶液的沸点升高小，则采用的效数多，如糖水溶液用 4～6 效，而海水淡化可达 20～30 效。

5.3.3 蒸发中的节能措施

提高加热蒸汽的经济性，除多效蒸发之外，工业上还常采用其他措施。

1. 抽出额外蒸汽

抽出额外蒸汽是指将蒸发器蒸出的二次蒸汽用于其他加热设备的热源。将二次蒸汽引出作为它用，蒸发器只是将高品位（高温）加热蒸汽转化为较低品位（低温）的二次蒸汽，其冷凝潜热仍可完全利用。不仅降低了能耗，而且降低了进入冷凝器的二次蒸汽量，减少了冷凝器的负荷。

2. 利用冷凝水显热

加热室排出的冷凝水，可用来预热料液或加热其他物料；可通过减压闪蒸，产生部分蒸汽，与二次蒸汽一起作为下一效的加热蒸汽；也可以根据生产需要，作为其他工艺用水。

3. 热泵蒸发

热泵蒸发是指将二次蒸汽用压缩机压缩，提高压力，使其饱和温度超过溶液的沸点，然后送回加热室作为加热蒸汽。图 5-20 为其流程之一。

热泵蒸发只需在蒸发器开工阶段供应加热蒸汽，操作稳定后，不再需要加热蒸汽，同时不消耗冷却水，因此可以节能。

热泵蒸发不适合于沸点上升较大的溶液，因为将增大二次蒸汽所需的压缩比，使得经济上变得不合理；此外，压缩机投资较大，经常要维修保养。这些因素在一定程度上限制了热泵蒸发的应用。

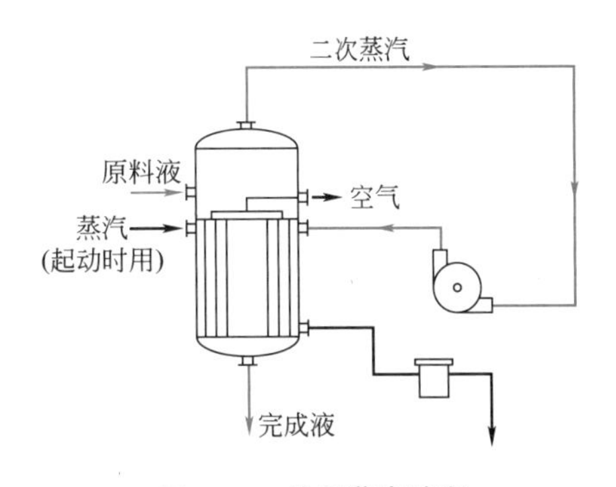

图 5-20 热泵蒸发流程

通过本章学习，你应该已经掌握的知识：

1. 各类蒸发器的结构及适用场合；
2. 引起温度差损失的因素及其计算方法；
3. 单效蒸发过程的物料衡算和热量衡算以及蒸发过程经济性和蒸发强度的计算；
4. 各种多效蒸发流程的特性及效数限制。

你应该具有的能力：

根据生产要求，进行蒸发器的初步设计。

本章符号说明

英文字母

b——管壁厚度，m

c_p——比热容，kJ/(kg·℃)

D——加热蒸汽耗量，kg/h

e——单位蒸汽耗量，kg/kg

E——加热蒸汽的经济性，kg/kg

f——校正系数

F——原料液流量，kg/h

g——重力加速度，m/s^2

h——液体的焓，kJ/kg

H——蒸汽焓，kJ/kg

k——杜林直线的斜率

K——总传热系数，$W/(m^2·℃)$

L——液层高度，m

m——杜林直线的截距

n——效数

p——绝对压力，Pa

Q——传热速率，热负荷，kW

r——汽化潜热，kJ/kg

R——污垢热阻，$m^2·℃/W$

S——传热面积，m^2

t——温度，℃

T——温度，℃

U——蒸发强度，$kg/(m^2·h)$

W——水的蒸发量；蒸发器的生产能力，kg/h

x——溶质的质量分数

希腊字母

α——对流传热系数，$W/(m^2·℃)$

Δ——温度差损失，℃

λ——热导率，W/(m·℃)

ρ——密度，kg/m^3

下标

0——原料液的

1——完成液的

a——常压

av——平均的

B——沸腾的

c——冷凝器的

i——内侧的

L——热损失的

m——平均的

o——外侧的

s——污垢的

T——总的

w——水的

上标

$'$——二次蒸汽的，因溶液蒸气压下降而引起的

$''$——因液柱静压力而引起的

$'''$——因流动阻力而引起的

习　题

知识点 1　蒸发器的结构

1. 工业上常用的间接加热式蒸发器可分为（　　　　）和（　　　　）两大类。

知识点 2　溶液的沸点和温度差损失

2. 蒸发过程中引起温度差损失的原因有（　　　　）、（　　　　）和（　　　　）。

3. 已知某溶液在 80kPa（绝压，下同）下的沸点为 95.2℃，在 20kPa 下的沸点为 62.3℃，试确定其在 60kPa 下的沸点。

4. 在单效蒸发器中蒸发 Na_2SO_4 水溶液，加热室内溶液的高度为 2m，溶液的密度为 $1250kg/m^3$，分离室操作压力为 80kPa（绝压）。试求由于溶液静压力引起的温度差损失，℃。

知识点 3　单效蒸发的计算

5. 用一单效蒸发器将 1000kg/h 的 NaOH 水溶液由 10%（质量分数）浓缩至 25%（质量分数）。已知加热蒸汽压力为 400kPa（绝压），蒸发室内操作压力为 100kPa，溶液的平均沸点为 120℃。若冷凝液在饱和温度下排出，热损失可忽略，试分别计算 20℃和沸点进料时的加热蒸汽消耗量，kg/h。

6. 一蒸发器将 800kg/h 的 NaCl 水溶液由 5%（质量分数）浓缩至 25%（质量分数）。已知进料温度为 25℃，原料的比热容为 3.0kJ/(kg·K)；加热蒸汽压力为 100kPa（绝压）；蒸发器操作压力为 20kPa（绝压），溶液的平均沸点为 80℃。若浓缩热与热损失可忽略，试求单位蒸汽耗量，kg/kg。

7. 在一传热面积为 $8m^2$ 的小型蒸发器中，将 1000kg/h 的某水溶液由 15%浓缩至 25%，沸点进料。蒸发室的操作压力为 50kPa（绝压）。已知加热蒸汽压力为 0.14MPa（绝压），总传热系数为 $1500W/(m^2·℃)$，热损失和稀释热可忽略。试求溶液的沸点，℃。

8. 单效蒸发中，将二次蒸汽的 1/4 用来预热原料液。已知 F 为 1200kg/h，从 25℃预热到 65℃，其比热容为 3.6kJ/(kg·K)。蒸发室操作压力为 60kPa（绝压）；完成液中溶质的质量分数为 25%，其沸点 90℃；生蒸汽的压力为 160kPa（绝压）。若稀释热和热损失可忽略，冷凝液在饱和温度下排出。试求：(1) 原料液的组成 x_0；(2) 单位蒸汽耗量，kg/kg。

9. 在单效蒸发器内将 14%的盐水溶液浓缩至 35%。温度为 25℃的原料液流量为 2000kg/h，比热容为 3.0kJ/(kg·℃)。蒸发室的压力为 70kPa；生蒸汽的压力为 180kPa，其用量为 1500kg/h。蒸发器的总传热系数为 $1000W/(m^2·℃)$，稀释热和热损失可忽略。试求：(1) 溶液的沸点升高，℃；(2) 蒸发器的传热面积，m^2。

知识点 4　蒸发器的生产能力和生产强度

10. 蒸发器的生产能力是指（　　　　）；蒸发强度是指（　　　　）；（　　　　）是提高蒸发强度的主要途径。

知识点 5　多效蒸发的流程

11. 多效蒸发操作流程有（　　　　）、（　　　　）和（　　　　）；当输送有结晶析出的物料时，适宜采用（　　　　）流程。

知识点 6　多效蒸发与单效蒸发的比较

12. 多效蒸发与单效蒸发相比，其优点是（　　）。

A. 温度差损失小　　B. 加热蒸汽经济性高　　C. 生产能力大　　D. 生产强度大

知识点 7　提高加热蒸汽经济性的措施

13. 若要提高加热蒸汽的经济性，常见的措施有哪些？

讨论题

1. 分别采用单效和两效并流加料的蒸发器将 10%（质量分数，下同）的 NaOH 水溶液浓缩到 25%。加热蒸汽压力为 400kPa（绝压，下同），冷凝器内的压力为 25kPa。第 1 效的操作压力为 200kPa，溶液的组成为 15%。各效中溶液的液面高度约为 2.0m，溶液的平均密度分别为 $1150kg/m^3$ 和 $1250kg/m^3$。试通过计算比较两种情况下的温度差损失，并在此基础上，对单效蒸发和多效蒸发进行比较。

2. 为何多效蒸发效数会有一定的限制？应如何确定多效蒸发的最佳效数？

第6章
蒸　馏

6.1　概述　/ 210
6.2　两组分溶液的气液平衡　/ 211
6.2.1　两组分理想物系的气液平衡　/ 212
6.2.2　两组分非理想物系的气液平衡　/ 215
6.3　平衡蒸馏与简单蒸馏　/ 217
6.3.1　平衡蒸馏　/ 217
6.3.2　简单蒸馏　/ 219
6.4　两组分连续精馏　/ 220
6.4.1　精馏的原理和流程　/ 220
6.4.2　理论板的概念和恒摩尔流假定　/ 223
6.4.3　物料衡算与操作线方程　/ 224
6.4.4　进料热状况的影响　/ 226
6.4.5　理论板层数的计算　/ 229
6.4.6　回流比的影响及其选择　/ 232
6.4.7　简捷法求理论板层数　/ 236
6.4.8　塔高和塔径的计算　/ 237
6.4.9　连续精馏装置的热量衡算和节能　/ 241
6.4.10　精馏塔的操作和调节　/ 243
6.5　间歇精馏　/ 246
6.6　特殊精馏　/ 246
6.7　板式塔　/ 248
6.7.1　塔板类型　/ 249
6.7.2　板式塔的流体力学性能与操作特性　/ 251

本章你将可以学到：

1. 蒸馏过程的特点和分类；
2. 蒸馏过程的相平衡关系；
3. 平衡蒸馏和简单蒸馏的原理和相关计算方法；
4. 精馏的原理及两组分连续精馏过程的计算；
5. 特殊精馏的分类和原理；
6. 板式塔的结构、流体力学性能。

6.1　概述

1. 蒸馏在化工中的应用

化工生产中，常需将原料、中间产物或粗产物进行分离，以获取符合工艺要求的各种产品。常见的分离过程包括蒸馏、吸收、萃取、干燥和结晶等。其中蒸馏应用最为广泛，是分离液体混合物的典型单元操作，如工业上由原油蒸馏得到汽油、煤油、柴油及重油等；由混合芳烃蒸馏得到苯、甲苯及二甲苯等；由液态空气蒸馏得到纯态的液氧和液氮等。

蒸馏（distillation）是利用各组分挥发度（或沸点）的差异，使均相液体混合物中各组分得以分离。其中较易挥发的称为易挥发组分（或轻组分）；较难挥发的称为难挥发组分

（或重组分）。如，将容器中的苯和甲苯溶液加热，使之部分汽化形成气、液两相。当气、液两相趋于平衡时，由于苯的挥发性强于甲苯（即苯的沸点较甲苯低），气相中苯的含量必然高于原溶液，将蒸气引出并冷凝后，则可得到含苯较高的液体。而残留在容器中的液体，苯的含量低于原溶液，即甲苯的含量高于原溶液，溶液因此就得到了初步的分离。若上述过程多次进行，则可获得较纯的苯和甲苯。

2. 蒸馏的特点

作为目前应用最广的一类均相液体混合物的分离方法，蒸馏具有如下特点：

① 蒸馏可以直接获得所需的产品，流程通常较为简单；而吸收、萃取等分离方法，由于有外加的溶剂，需进一步使所提取的组分与外加组分进行分离。

② 蒸馏适用范围广，既可分离液体混合物，也可用于分离气态或固态混合物。如，将空气加压液化，再精馏可获得氧、氮等产品；将脂肪酸混合物加热熔化，并在减压下建立气、液两相系统，可采用蒸馏进行分离。

③ 蒸馏适用于各种组成混合物的分离，而吸收、萃取等操作，只有当被提取组分组成较低时才比较经济。

④ 蒸馏通过对混合液加热建立气、液两相体系，得到的气相还需再冷凝液化。因此，蒸馏耗能较大，节能是蒸馏中需重视的问题。

3. 蒸馏的分类

在工业上，蒸馏操作可按以下方法分类：

① 按操作方式可分为简单蒸馏（微分蒸馏）、平衡蒸馏（闪蒸）、精馏和特殊精馏等。简单蒸馏和平衡蒸馏均为单级蒸馏，常用于混合物中各组分挥发度相差较大、对分离要求又不高的情况；精馏为多级蒸馏，适用于难分离物系或对分离要求较高的情况；特殊精馏适用于某些普通精馏难以分离或无法分离的物系。工业生产中以精馏的应用最为广泛。

② 按操作流程可分为间歇蒸馏和连续蒸馏。间歇蒸馏为非稳态操作，操作灵活、适应性强，主要适用于小规模、多品种或某些有特殊要求的情况；连续蒸馏为稳态操作，生产能力大、产品质量稳定、操作方便，主要适用于生产规模大、产品质量要求高等情况。

③ 按物系中组分的数目可分为两组分蒸馏和多组分蒸馏。工业生产中，绝大多数为多组分蒸馏，但由于两组分蒸馏的原理及计算原则同样适用于多组分蒸馏，只是在处理多组分蒸馏过程时更为复杂些，因此常以两组分蒸馏为基础。

④ 按操作压力可分为加压、常压和减压蒸馏。常压下，气态（如空气、石油气）或泡点为室温的混合物，常采用加压蒸馏；常压下，泡点为室温至150℃左右的混合液，一般采用常压蒸馏；而对于常压下泡点较高，或在高温下易发生分解、聚合等变质现象的热敏性混合物，宜采用减压蒸馏，以降低操作温度。

本章重点讨论常压下两组分物系连续精馏的原理及计算方法。

6.2 两组分溶液的气液平衡

蒸馏是气、液两相间的传质，传质极限是气、液两相达到平衡。因此，气液平衡关系是分析蒸馏原理和计算的基础。

6.2.1 两组分理想物系的气液平衡

理想物系是指液相和气相应符合以下条件：

① 液相为理想溶液，遵循拉乌尔定律。严格地讲，理想溶液并不存在，但对于由化学结构相似、性质极相近的组分组成的溶液，如苯-甲苯、甲醇-乙醇等混合物，可近似按理想溶液处理。

② 气相为理想气体，遵循道尔顿分压定律。当总压不太高（一般不高于 10^4kPa）时，气相可视为理想气体。

理想物系的相平衡是最简单的相平衡关系模型。

1. 气液平衡相图

气液平衡关系用相图表达较为直观，尤其对两组分蒸馏更为方便。蒸馏的影响因素可直接由相图反映。常用的相图为恒压下的温度-组成图及气相-液相组成图。

(1) 温度-组成（t-x-y）图

恒压下，溶液的平衡温度随组成而变。将平衡温度与液（气）相的组成关系标绘成曲线图，即为温度-组成图或 t-x-y 图。

在总压为 101.3kPa 时，苯-甲苯混合液的平衡温度-组成图如图 6-1 所示。图中以 x（或 y）为横坐标，以 t 为纵坐标。图中有两条曲线，上方的曲线为 t-y 线，也称为饱和蒸气线或露点线，表示混合物的平衡温度 t 与气相组成 y 之间的关系；下方的曲线为 t-x 线，也称为饱和液体线或泡点线，表示混合物的平衡温度 t 与液相组成 x 之间的关系。两条曲线将相图分成三个区域：饱和液体线以下的区域称为液相区，代表未沸腾的液体；饱和蒸气线上方的区域称为过热蒸气区，代表过热蒸气；两曲线包围的区域称为气液共存区，表示气、液两相同时存在。

恒压下，若将组成为 x_1、温度为 t_1 的混合液（图中点 A）加热，当升温到 t_2（点 B）时，溶液开始沸腾，产生第一个气泡，该温度即为泡点 t_B。继续升温到 t_3（点 C）时，气、液平衡两相共存，其液相组成为 x、气相组成为 y。同样，若将温度为 t_5、组成为 y_1 的过热蒸气（点 E）冷却，当温度降到 t_4（点 D）时，过热蒸气开始冷凝，产生第一个液滴，该温度即为露点 t_D。继续降温到 t_3（点 C）时，气、液两相共存。

由图 6-1 可见，气、液两相平衡时，两相的温度相同，但气相组成（易挥发组分）大于液相组成；若气、液两相组成相同时，则露点温度大于泡点温度。

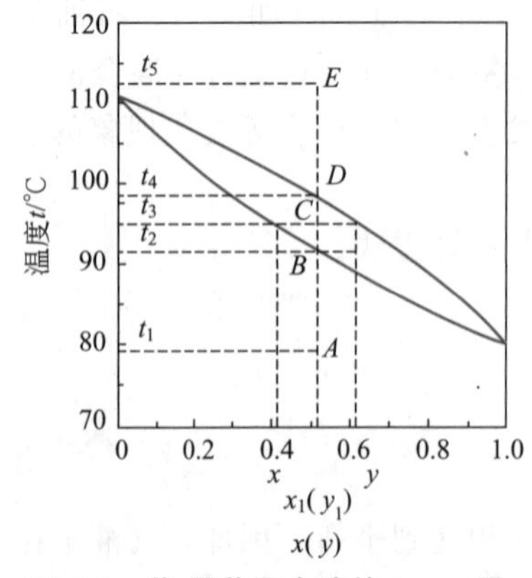

图 6-1 苯-甲苯混合液的 t-x-y 图

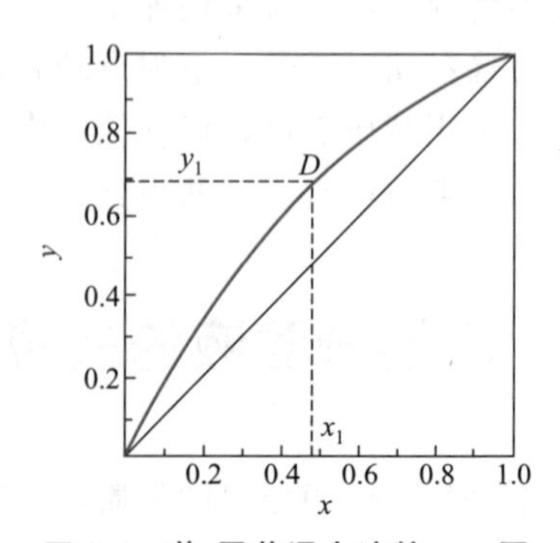

图 6-2 苯-甲苯混合液的 x-y 图

(2) 气-液相组成图（x-y 图）

x-y 图在蒸馏计算中应用最为普遍，其表达了一定压力下，气、液平衡两相的组成关系。

图 6-2 所示为总压为 101.3kPa 时，苯-甲苯混合物系的 x-y 图。图中以 x 为横坐标，y 为纵坐标。图中的曲线称为平衡曲线，表示平衡的气、液相组成之间的关系。若已知液相组成 x_1，则由平衡曲线可得出与之平衡的气相组成 y_1，反之亦然。对角线（$y=x$）作为参考线供计算时使用。对于理想物系，平衡线位于对角线上方，气相组成 y 恒大于液相组成 x；平衡线偏离对角线越远，表示该溶液越易分离。x-y 图可通过 t-x-y 图作出。在恒定压力下，常见两组分物系的平衡数据可从理化手册中查得。

实验表明，虽然 x-y 曲线在恒压下测得，但若压力变化不超过 20%～30%，则 x-y 曲线的变动不超过 2%。因此，当总压变化不大时，可忽略压力的影响。

2. 气液平衡关系式

与相图相比，在定量计算中采用气液平衡关系式更为方便。

(1) 拉乌尔定律

实验表明，当理想溶液的气、液两相平衡时，气相中组分的分压与溶液中该组分的摩尔分数成正比，即

$$p_A = p_A^\circ x_A \tag{6-1}$$

$$p_B = p_B^\circ x_B = p_B^\circ (1-x_A) \tag{6-2}$$

式中　x——溶液中组分的摩尔分数；

p——气相中组分的平衡分压，Pa；

p°——相同温度下，纯组分的饱和蒸气压，Pa。

下标 A 表示易挥发组分，B 表示难挥发组分。

式 6-1 所示的关系即为拉乌尔定律（Raoult's law）。纯组分的饱和蒸气压为温度的函数，通常可用安托尼方程计算，也可直接从理化手册中查得。

为简单起见，常略去上式中的下标，以 x 和 y 分别表示在液相和气相中易挥发组分的摩尔分数，则（$1-x$）和（$1-y$）分别表示难挥发组分的摩尔分数。

溶液上方各组分的分压之和等于总压 p，即

$$p = p_A + p_B \tag{6-3}$$

或

$$p = p_A^\circ x_A + p_B^\circ (1-x_A)$$

由上式可得

$$x_A = \frac{p - p_B^\circ}{p_A^\circ - p_B^\circ} \tag{6-4}$$

式 6-4 称为泡点方程，表示平衡液相组成与平衡温度之间的关系。由此式可计算一定压力下的泡点。

(2) 以平衡常数表示的气液平衡方程

分析拉乌尔定律，即可得出以平衡常数表示的气液平衡方程。

设平衡的气相遵循道尔顿分压定律，即

$$y_A = \frac{p_A}{p} \tag{6-5}$$

或

$$y_A = \frac{p_A^\circ}{p} x_A \tag{6-5a}$$

结合式 6-4，可得

$$\boxed{y_A = \frac{p_A^\circ}{p} \times \frac{p - p_B^\circ}{p_A^\circ - p_B^\circ}} \tag{6-6}$$

式 6-6 称为露点方程，表示气相平衡组成与平衡温度之间的关系。由此式可计算一定压力下的露点。

若引入相平衡常数 k，则式 6-5a 可写为

$$y_A = k_A x_A \tag{6-7}$$

其中

$$k_A = \frac{p_A^\circ}{p} \tag{6-7a}$$

式 6-7 即为以平衡常数表示的气液平衡方程，其中 k_A 称为气液相平衡常数，或简称平衡常数。

（3）以相对挥发度表示的气液平衡方程

蒸馏的基本依据是混合液中各组分挥发度的差异。纯组分的挥发度是指在一定温度下，液体的饱和蒸气压；而溶液中各组分的挥发度（volatility）可用其在蒸气中的分压和液相中与之平衡的摩尔分数之比来表示，即

$$\boxed{v_A = \frac{p_A}{x_A}} \tag{6-8}$$

及

$$\boxed{v_B = \frac{p_B}{x_B}} \tag{6-9}$$

v_A 和 v_B 分别为溶液中 A、B 两组分的挥发度。

因理想溶液符合拉乌尔定律，则有

$$v_A = p_A^\circ \qquad v_B = p_B^\circ$$

挥发度表示某组分挥发能力的大小。其随温度而变，因而在使用上不太方便，故引出相对挥发度的概念。相对挥发度（relative volatility）习惯上是指易挥发组分的挥发度与难挥发组分的挥发度之比，以 α 表示，即

$$\alpha = \frac{v_A}{v_B} = \frac{p_A/x_A}{p_B/x_B} \tag{6-10}$$

理想物系中，气相遵循道尔顿分压定律，上式可写为

$$\boxed{\alpha = \frac{p y_A/x_A}{p y_B/x_B} = \frac{y_A x_B}{y_B x_A}} \tag{6-11}$$

式 6-11 通常被称为相对挥发度的定义式。对理想溶液

$$\alpha = \frac{p_A^\circ}{p_B^\circ} \tag{6-12}$$

因 p_A° 与 p_B° 随温度沿同方向变化，故两者比值变化不大，一般可将 α 取作常数或取操作温度范围内的平均值。

对于两组分溶液，当总压不高时，由式 6-11 可得

$$\frac{y_A}{y_B}=\alpha\frac{x_A}{x_B} \quad 或 \quad \frac{y_A}{1-y_A}=\alpha\frac{x_A}{1-x_A}$$

略去下标并整理可得

$$\boxed{y=\frac{\alpha x}{1+(\alpha-1)x}} \tag{6-13}$$

式 6-13 即为以相对挥发度表示的气液平衡方程。常用来在蒸馏的分析和计算中，表示气液平衡关系。

α 值的大小可判断混合液可否用一般蒸馏方法分离及分离的难易程度。$\alpha>1$ 表示组分 A 较 B 容易挥发；α 值偏离 1 的程度越大，表明挥发度差异越大，分离越容易；$\alpha=1$，由式 6-13 可知 $y=x$，此时不能用普通蒸馏方法，而需要采用特殊精馏或其他分离方法加以分离。

6.2.2 两组分非理想物系的气液平衡

生产中所遇到的物系大多数为非理想物系。非理想物系可能有如下三种情况：

① 液相为非理想溶液，气相为理想气体；

② 液相为理想溶液，气相为非理想气体；

③ 液相为非理想溶液，气相为非理想气体。

蒸馏过程一般在较低的压力下进行，此时气相通常可视为理想气体，故多数非理想物系可视为第一种情况。本小节简要介绍第一种情况的气液平衡关系。

1. 气液平衡相图

实际溶液与理想溶液的偏差程度各不相同。例如乙醇-水、苯-乙醇等物系为具有最低恒沸点的溶液，是具有很大正偏差的例子。表现为在某一组成时，溶液两组分的饱和蒸气压之和出现最大值，与此对应的溶液泡点低于任一纯组分的沸点。乙醇-水溶液的 t-x-y 及 x-y 图分别如图 6-3 和图 6-4 所示。图中 M 点表示气、液两相组成相同，在该点处，溶液的相对挥发度 $\alpha=1$。常压下，恒沸组成为 0.894，最低恒沸点为 78.15℃。与之相反，硝酸-水物系和氯仿-丙酮溶液为具有最高恒沸点的溶液，是具有很大负偏差的例子。硝酸-水混合液的 t-x-y 和 x-y 图分别如图 6-5 和图 6-6 所示，在图中的点 N，溶液的相对挥发度 $\alpha=1$。常压下，其最高恒沸点为 121.9℃，恒沸组成为 0.383。

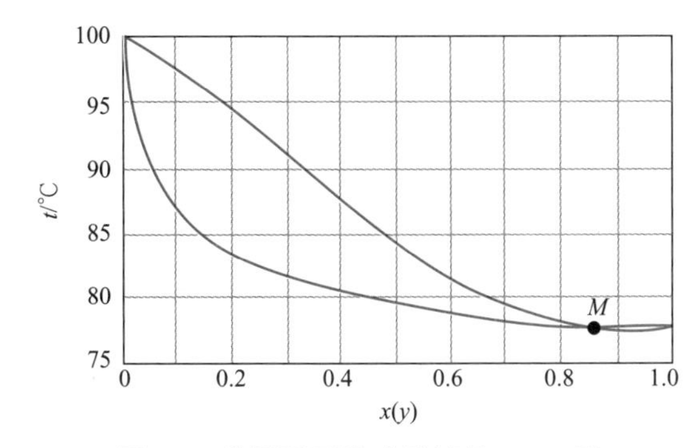

图 6-3　常压下乙醇-水溶液的 t-x-y 图

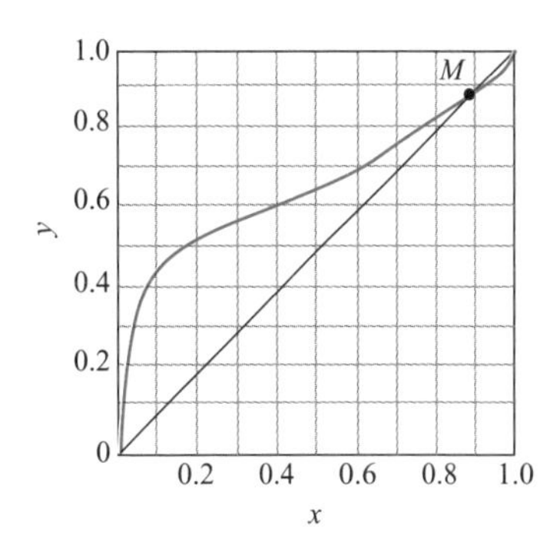

图 6-4　常压下乙醇-水溶液的 x-y 图

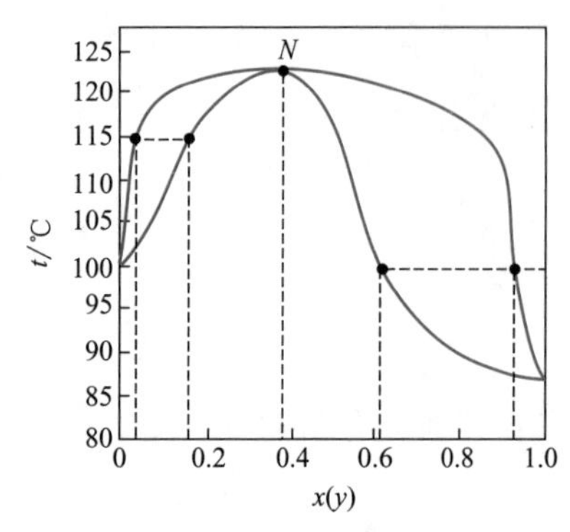

图 6-5　常压下硝酸-水溶液的 t-x-y 图

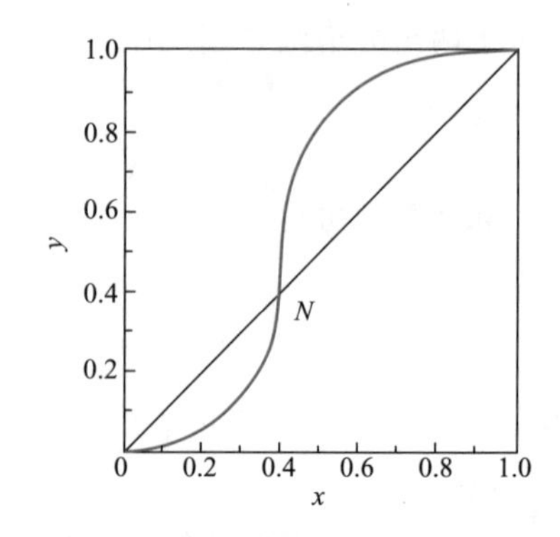

图 6-6　常压下硝酸-水溶液的 x-y 图

2. 气液平衡方程

非理想溶液各组分的平衡分压可表示为

$$p_A = p_A^\circ x_A \gamma_A \tag{6-14}$$

$$p_B = p_B^\circ x_B \gamma_B \tag{6-15}$$

式中的 γ 为组分的活度系数，与组成有关，一般可通过实验数据或热力学公式获取。

若总压不太高，气相为理想气体，其气相平衡组成为

$$y_A = \frac{p_A^\circ x_A \gamma_A}{p}$$

令

$$k_A = \frac{p_A^\circ \gamma_A}{p} \tag{6-16}$$

则

$$y_A = k_A x_A$$

应予指出，采用平衡常数表示气液平衡方程时，非理想物系与理想物系的气液平衡方程的形式完全相同，但平衡常数的表达式不同。

【例 6-1】 苯 (A)-甲苯 (B) 的饱和蒸气压数据如本例附表所示，该溶液可视为理想溶液。试计算在总压为 101.3kPa 下，苯的摩尔分数为 0.6 时，混合液的泡点温度及其平衡气相组成。

例 6-1 附表

温度/℃	80.1	85.0	90.0	95.0	100.0	105.0	110.6
p_A°/kPa	101.3	116.9	135.5	155.7	179.2	204.2	240.0
p_B°/kPa	40.0	46.0	54.0	63.3	74.3	86.0	101.3

解：设泡点温度 t=90℃，查附表得

$$p_A^\circ = 135.5\text{kPa},\ p_B^\circ = 54.0\text{kPa}$$

由式 6-4 得

$$x_A = \frac{p - p_B^\circ}{p_A^\circ - p_B^\circ} = \frac{101.3 - 54.0}{135.5 - 54.0} = 0.580 < 0.6$$

由计算结果可知，所设泡点温度偏高。再设泡点温度 t=89.4℃，由附表数据插值求得

$$p_A^\circ = 133.3\text{kPa},\ p_B^\circ = 53.0\text{kPa}$$

由式 6-4 得

$$x_A = \frac{p - p_B^\circ}{p_A^\circ - p_B^\circ} = \frac{101.3 - 53.0}{133.3 - 53.0} = 0.601$$

所以，泡点温度 t=89.4℃。

平衡气相组成 $y_A=\frac{p_A^\circ}{p}x_A=\frac{133.3\times0.601}{101.3}=0.791$

【例 6-2】 试计算在总压 101.3kPa 下，苯（A）-甲苯（B）混合液的气液平衡数据和平均相对挥发度。该溶液可视为理想溶液，饱和蒸气压数据见例 6-1 附表。

解：以 95℃下的数据为例，计算过程如下：

由式 6-4 得
$$x_A=\frac{p-p_B^\circ}{p_A^\circ-p_B^\circ}=\frac{101.3-63.3}{155.7-63.3}=0.4113$$

$$y_A=\frac{p_A^\circ}{p}x_A=\frac{155.7}{101.3}\times0.4113=0.6322$$

$$\alpha=\frac{p_A^\circ}{p_B^\circ}=155.7/63.3=2.460$$

其他温度下的计算结果列于本例附表。

例 6-2 附表

温度/℃	80.1	85.0	90.0	95.0	100.0	105.0	110.6
x	1.0000	0.7800	0.5804	0.4113	0.2574	0.1294	0
y	1.0000	0.9001	0.7763	0.6322	0.4553	0.2608	0
α	2.533	2.541	2.509	2.460	2.412	2.374	2.369

故平均相对挥发度为

$$\alpha_m=\frac{1}{7}(2.533+2.541+2.509+2.460+2.412+2.374+2.369)=2.457$$

6.3 平衡蒸馏与简单蒸馏

平衡蒸馏和简单蒸馏为单级蒸馏过程，常用于混合物中各组分的挥发度相差较大，且对分离要求不高的场合。

6.3.1 平衡蒸馏

1. 平衡蒸馏流程

平衡蒸馏是一种连续、稳态的单级蒸馏操作，又称闪蒸（flash distillation），其流程如图 6-7 所示。被分离的混合液先经加热器 1 加热，使之温度高于分离器 3 压力下料液的泡点，然后通过节流阀 2 使之压力降低至规定值后进入分离器。在分离器中，过热的液体混合物部分汽化，平衡的气、液两相分别从分离器的顶部和底部引出，混合液的初步分离即得以实现。

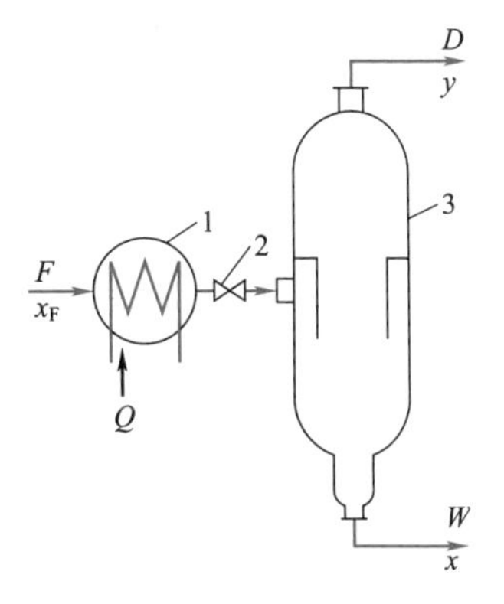

图 6-7 平衡蒸馏流程

1—加热器；2—节流阀；3—分离器

2. 平衡蒸馏计算

平衡蒸馏计算中所应用的基本关系是物料衡算、热量衡算及气液平衡关系。现以两组分的平衡蒸馏为例分述如下。

（1）物料衡算

对图 6-7 所示的平衡蒸馏装置作物料衡算，得

总物料衡算

$$F=D+W \tag{6-17}$$

易挥发组分衡算

$$Fx_F=Dy+Wx \tag{6-18}$$

式中　F、D、W——分别为原料液、气相和液相产品流量，kmol/h 或 kmol/s；

x_F、y、x——分别为原料液、气相和液相产品中易挥发组分的摩尔分数。

若各流股组成已知，则可解得气相产品的流量为

$$D=F\frac{x_F-x}{y-x} \tag{6-19}$$

设　　$q=W/F$

则　　$1-q=D/F$

式中 q 称为原料液的液化率，则 $1-q$ 称为原料液的汽化率。将以上关系代入式 6-19 并整理，可得

$$\boxed{y=\frac{q}{q-1}x-\frac{x_F}{q-1}} \tag{6-20}$$

式 6-20 为平衡蒸馏中气、液相组成的关系。若 q 为定值，该式为直线方程，在 x-y 图上，其斜率为 $q/(q-1)$，且通过点（x_F，x_F）。

（2）热量衡算

对图 6-7 中的加热器作热量衡算，若忽略热损失，则

$$Q=Fc_p(T-t_F) \tag{6-21}$$

式中　Q——加热器的热负荷，kJ/h 或 kW；

c_p——原料液的平均比热容，kJ/(kmol·℃)；

T——通过加热器后料液的温度，℃；

t_F——原料液的温度，℃。

对图 6-7 中的节流阀和分离器作热量衡算，若忽略热损失，则

$$Fc_p(T-t_e)=(1-q)rF \tag{6-22}$$

式中　t_e——分离器中的平衡温度，℃；

r——平均摩尔汽化热，kJ/kmol。

原料液离开加热器的温度为

$$\boxed{T=t_e+(1-q)\frac{r}{c_p}} \tag{6-23}$$

（3）气液平衡关系

气、液两相在平衡蒸馏中处于平衡状态，即两相组成互为平衡，温度相等，则有

$$y=\frac{\alpha x}{1+(\alpha-1)x}$$

应用上述三类基本关系，即可计算平衡蒸馏中气、液相的平衡组成及平衡温度。

6.3.2 简单蒸馏

1. 简单蒸馏流程

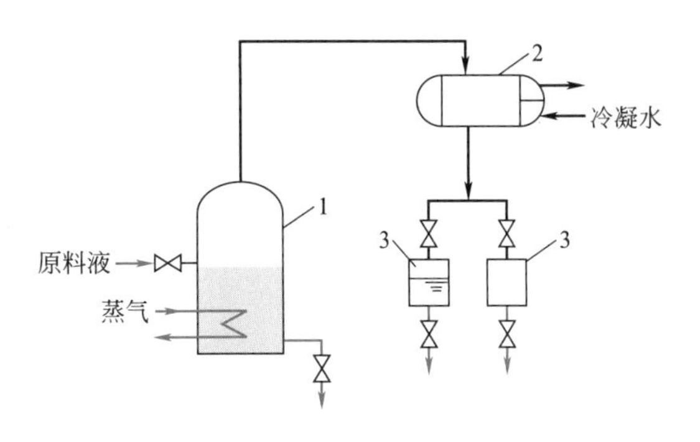

图 6-8 简单蒸馏流程

1—蒸馏釜；2—冷凝器；3—接受器

简单蒸馏是一种间歇、单级蒸馏操作，又称微分蒸馏（differential distillation），多用于液体混合物的初步分离，其流程如图 6-8 所示。原料液在蒸馏釜 1 中通过间接加热使之部分汽化，产生的蒸气进入冷凝器 2 中冷凝，冷凝液排入接受器 3 中作为馏出液产品。随着蒸馏的进行，釜液中易挥发组分的含量不断降低，釜中液体的泡点则逐渐升高，与之平衡的气相组成（即馏出液组成）也随之下降。当釜液组成或馏出液平均组成降低至某规定值后，蒸馏操作即停止。在一批操作中，馏出液也可以分段收集，以获得不同组成的馏出液。

2. 简单蒸馏的计算

简单蒸馏中，易挥发组分在馏出液和釜液中的组成逐渐降低，釜温逐渐升高，为非稳态过程。因此，其计算应采取微分衡算。

设某瞬时 τ，釜液量为 L kmol、组成为 x，经微分时间 $\mathrm{d}\tau$ 后，釜液量和组成分别变为 $L-\mathrm{d}L$ 和 $x-\mathrm{d}x$，蒸出的气相量和组成分别为 $\mathrm{d}D$ 和 y。

在 $\mathrm{d}\tau$ 内作物料衡算，得

总物料衡算

$$\mathrm{d}L=\mathrm{d}D$$

易挥发组分衡算

$$Lx=(L-\mathrm{d}L)(x-\mathrm{d}x)+y\mathrm{d}D$$

联立以上两式并略去二阶无穷小量，可得

$$\frac{\mathrm{d}L}{L}=\frac{\mathrm{d}x}{y-x}$$

在 $L=F$，$x=x_\mathrm{F}$ 及 $L=W$，$x=x_2$ 范围内积分，可得

$$\ln\frac{F}{W}=\int_{x_2}^{x_\mathrm{F}}\frac{\mathrm{d}x}{y-x} \tag{6-24}$$

利用气液平衡关系，则可由该式确定 F、W、x_F 及 x_2 之间的关系。

若气液平衡关系如式 6-13 所示，则代入式 6-24 积分可得

$$\ln\frac{F}{W}=\frac{1}{\alpha-1}\left[\ln\frac{x_\mathrm{F}}{x_2}+\alpha\ln\frac{1-x_2}{1-x_\mathrm{F}}\right] \tag{6-25}$$

通过对一批操作作物料衡算，可求得馏出液的平均组成 $\overline{y}$，即

$$D=F-W$$

$$\boxed{\overline{y}=\frac{Fx_\mathrm{F}-Wx_2}{F-W}=x_\mathrm{F}+\frac{W}{D}(x_\mathrm{F}-x_2)}$$

【例 6-3】 在常压下，将易挥发组分摩尔分数为 0.5 的某理想二元混合物分别进行平衡蒸馏和简单蒸馏，若规定液化率为 1/2，平均相对挥发度为 2.0。试计算：(1) 平衡蒸馏的

气、液相组成；（2）简单蒸馏中，易挥发组分在残液中的组成及在馏出液中的平均组成；（3）试分析比较平衡蒸馏和简单蒸馏的分离效果。

解：（1）平衡蒸馏

由
$$y=\frac{q}{q-1}x-\frac{x_F}{q-1}=\frac{1/2}{1/2-1}x-\frac{0.5}{1/2-1}=-x+1$$

及平衡关系
$$y=\frac{2x}{1+x}$$

联立以上两式，求得平衡的气、液相组成分别为
$$x=0.414\qquad y=0.586$$

（2）简单蒸馏

依题意，得
$$D=1/2F\qquad W=1/2F$$

由
$$\ln\frac{F}{W}=\frac{1}{\alpha-1}\left[\ln\frac{x_F}{x_2}+\alpha\ln\frac{1-x_2}{1-x_F}\right]$$

解
$$\ln\frac{F}{1/2F}=\frac{1}{2-1}\left[\ln\frac{0.5}{x_2}+2\ln\frac{1-x_2}{1-0.5}\right]$$

得
$$x_2=0.382$$

馏出液的平均组成为
$$\overline{y}=x_F+\frac{W}{D}(x_F-x_2)=0.5+\frac{1/2F}{1/2F}(0.5-0.382)=0.618$$

（3）由上述计算结果可知，对于相同的原料组成和液化率，简单蒸馏可以达到更高的分离程度。

6.4 两组分连续精馏

6.4.1 精馏的原理和流程

平衡蒸馏和简单蒸馏仅对液体混合物进行一次部分汽化和冷凝，为单级分离过程，只能对液体混合物进行初步的分离。若要几乎完全分离液体混合物，必须进行多次部分汽化和冷凝，该过程即为精馏。

1. 精馏的原理

（1）多次部分汽化和冷凝

可用 t-x-y 图来说明精馏过程的原理。如图 6-9 所示，将组成和温度分别为 x_F 和 t_F 的某混合液加热至泡点以上，则该混合物被部分汽化，产生组成分别为 y_1 和 x_1 的气、液两相，此时 $y_1>x_F>x_1$。将气、液两相分离并将气相进行部分冷凝，则可得到组成分别为 y_2 和 x_2 的气相和液相。继续将组成为 y_2 的气相进行部分冷凝，又可得到组成分别为 y_3 和 x_3 的气相和液相，显然 $y_3>y_2>y_1$。如此进

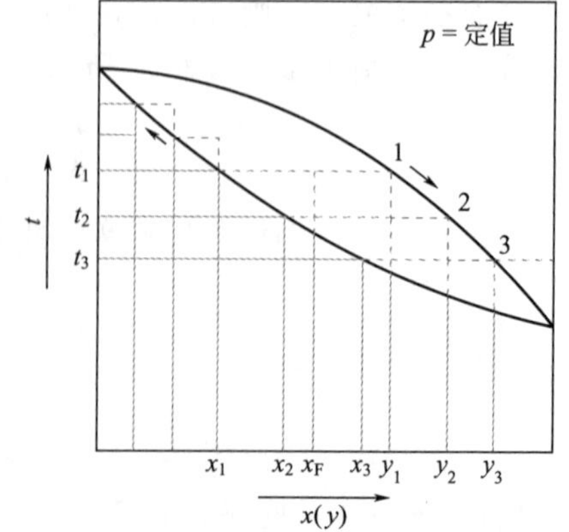

图 6-9　多次部分汽化和冷凝

行下去，最终的气相经全部冷凝后，即可获得易挥发组分的高纯度产品。同时，将组成为 x_1 的液相进行部分汽化，则可得到组成分别为y_2' 和 x_2'的气相和液相（图中未标出），继续将组成为 x_2'的液相部分汽化，又可得到组成分别为 y_3'和 x_3'的气相和液相，显然 $x_3'<x_2'<x_1$。如此进行下去，最终的液相即为难挥发组分的高纯度产品。

由此可见，经多次部分汽化和冷凝后，液体混合物可得到几乎完全的分离，此即为精馏过程的基本原理。

（2）精馏塔模型

上述的多次部分汽化和冷凝过程是在精馏塔内进行的，图 6-10 所示为精馏塔的模型图。塔内通常装有塔板或填料，前者称为板式塔，后者则称为填料塔。现以板式塔为例，说明在塔内进行的精馏过程。

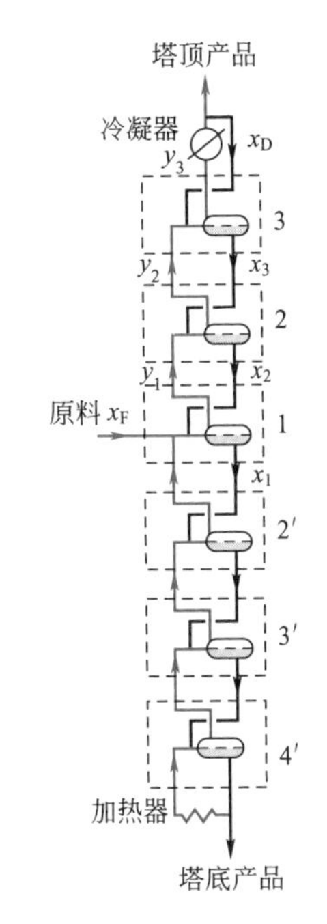

图 6-10　精馏塔模型

图 6-11 所示为精馏塔中任意第 n 层塔板上的操作情况。在塔板上，设置升气道（筛孔、泡罩或浮阀等），由下层第 $n+1$ 层塔板上升的蒸气通过第 n 层板的升气道；而上层第 $n-1$ 板上的液体通过降液管下降到第 n 块板上，在该板上横向流动而流入下一层板。蒸气鼓泡穿过液层，与液相传热、传质。

设进入第 n 块板的气相组成和温度分别为 y_{n+1} 和 t_{n+1}，液相组成和温度分别为 x_{n-1} 和 t_{n-1}，且 $t_{n+1}>t_{n-1}$，$x_{n-1}>x_{n+1}$（与 y_{n+1} 成平衡的液相组成）。由于温度差和组成差的存在，气相发生部分冷凝，因难挥发组分更易冷凝，故部分难挥发组分冷凝后进入液相；同时液相发生部分汽化，因易挥发组分更易汽化，故部分易挥发组分汽化后进入气相。其结果是离开第 n 块板的气相中，易挥发组分的组成较进入该板时增高，即 $y_n>y_{n+1}$，而离开该板的液相中，易挥发组分的组成较进入该板时降低，即 $x_n<x_{n-1}$。因此，每通过一层塔板，即进行了一次部分汽化和冷凝。当经过多层塔板后，则进行了多次部分汽化和冷凝，最后在塔顶气相中获得纯度较高的易挥发组分，在塔底液相中获得纯度较高的难挥发组分，从而实现了液体混合物的分离。

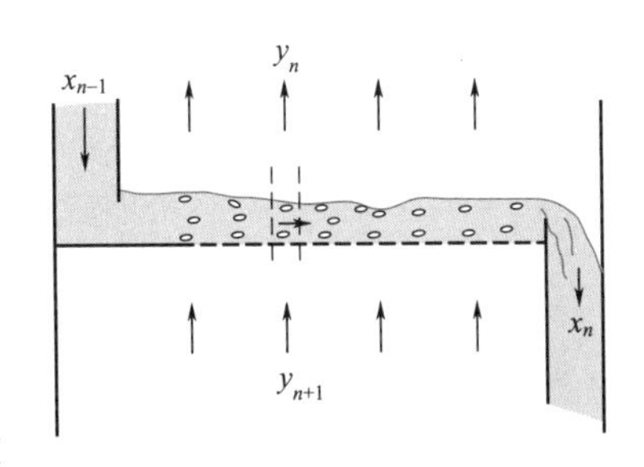

图 6-11　塔板上的操作情况

应予指出，在每层塔板上所进行的传热和传质是密切相关的，气、液两相温差越大，则所交换的质量越多。气、液两相在塔板上接触后，气相温度降低，液相温度升高，气相部分冷凝所放出的潜热恰好等于液相部分汽化所需要的潜热，故每层塔板上不需设置加热器和冷凝器。

还应指出，塔板是气、液两相进行传热与传质的场所，每层塔板上必须有气相和液相流过。因此，必须从塔顶引入下降液体（即回流液）和从塔底产生上升蒸气，以建立气、液两相体系。因此，塔顶液体回流和塔底上升蒸气流是精馏过程连续进行的必要条件。回流是精馏与普通蒸馏的本质区别。

2. 精馏操作流程

由精馏原理可知，只有精馏塔尚不能完成精馏操作，还必须有提供回流液的塔顶冷凝器、提供上升蒸气的塔底再沸器及其他附属设备。将这些设备进行安装组合，即构成了精馏操作流程。根据操作方式的不同，精馏过程分为连续精馏和间歇精馏两种流程。

（1）连续精馏操作流程

典型的连续精馏操作流程如图 6-12 所示。操作时，原料液连续地加入精馏塔内。从再沸器连续地取出部分液体作为塔底产品（称为釜残液）；部分液体被汽化，产生上升蒸气，依次通过各层塔板。塔顶蒸气进入冷凝器中全部被冷凝，用泵（或借重力作用）将部分冷凝液送回塔顶作为回流液体，其余部分采出作为塔顶产品（称为馏出液）。

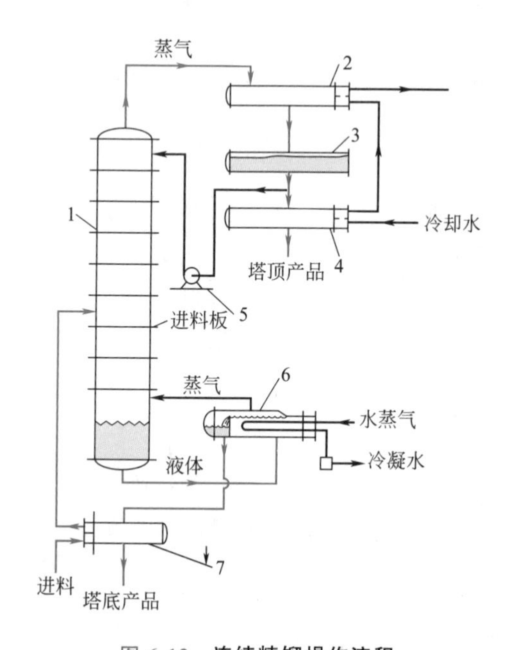

图 6-12　连续精馏操作流程

1—精馏塔；2—全凝器；3—储槽；4—冷却器；5—回流液泵；6—再沸器；7—原料液预热器

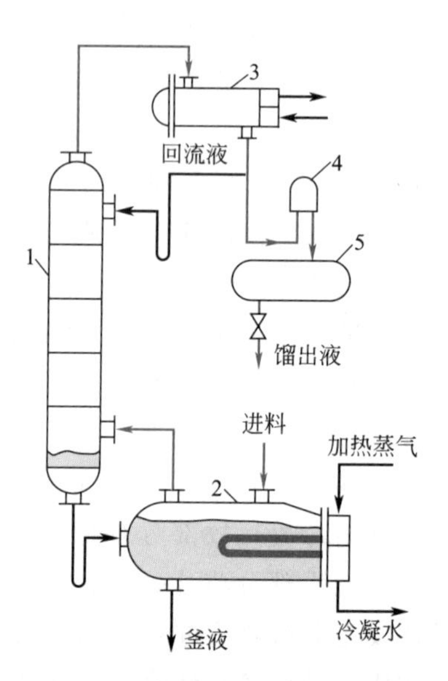

图 6-13　间歇精馏操作流程

1—精馏塔；2—再沸器；3—全凝器；4—观察罩；5—储槽

通常，加入原料液的那层塔板称为进料板。在进料板以上的塔段，上升气相中难挥发组分向液相中传递，易挥发组分的含量逐渐增大，最终达到了上升气相的精制，因而称为精馏段。进料板以下的塔段（包括进料板），完成了易挥发组分从下降液体中的提出，从而使塔顶易挥发组分的收率提高，同时在塔底获得高含量的难挥发组分产品，因而将之称为提馏段。

（2）间歇精馏操作流程

间歇精馏操作流程如图 6-13 所示。原料液一次加入塔釜中，因而只有精馏段，而无提馏段。精馏过程中，釜液组成不断变化，若塔底上升蒸气量和塔顶回流液量恒定，则馏出液的组成也逐渐降低。当釜液组成达到规定值后，精馏操作即被停止。

应予指出，可依靠重力作用，有时也可用回流液泵，使塔顶回流液流入塔内进行回流。塔底有时安装蛇管以代替再沸器。

前面介绍了精馏的原理和流程，接下来讨论两组分连续精馏过程的计算。精馏过程的计算可分为设计型计算和操作型计算。本书重点讨论板式精馏塔的设计型计算，主要内容包括：①产品流量或组成的确定；②精馏塔的理论板层数和适宜的加料位置的确定；③适宜操作回流比的确定；④冷凝器和再沸器热负荷的计算等。

6.4.2 理论板的概念和恒摩尔流假定

1. 理论板的概念

所谓理论板是指一种理想化的塔板，塔板上各处的液相组成均匀一致，离开该板的气、液两相互成平衡。其前提条件是气、液两相皆充分混合、各自组成均匀、塔板上不存在传热传质过程的阻力。实际上，由于气、液两相在塔板上的接触时间和接触面积是有限的，在任何形式的塔板上，两相都难以达到平衡，因而理论板是不存在的。但作为一种假定，理论板可用作衡量实际板分离效率的依据和标准。在工程设计中，通常先求得理论板层数，再用塔板效率予以校正，即可获得实际塔板层数。总之，引入理论板的概念，可对塔板上的传递过程用泡点方程和相平衡方程描述，对精馏过程的分析和计算是十分有用的。

2. 恒摩尔流假定

精馏操作时，在精馏段和提馏段内，每层塔板上升的气相摩尔流量和下降的液相摩尔流量一般并不相等，通常引入恒摩尔流动的假定，以简化精馏计算。

（1）恒摩尔气流

恒摩尔气流是指从精馏段或提馏段每层塔板上升的气相摩尔流量各自相等，但两段的气相摩尔流量不一定相等。即

精馏段 $V_1=V_2=V_3=\cdots=V=$常数

提馏段 $V'_1=V'_2=V'_3=\cdots=V'=$常数

式中下标为塔板序号。

（2）恒摩尔液流

恒摩尔液流是指从精馏段或提馏段每层塔板下降的液相摩尔流量分别相等，但两段的液相摩尔流量不一定相等。即

精馏段 $L_1=L_2=L_3=\cdots=L=$常数

提馏段 $L'_1=L'_2=L'_3=\cdots=L'=$常数

式中下标为塔板序号。

上述内容即为恒摩尔流假定。精馏中，在每层塔板上，若有 n kmol 的蒸气冷凝，则相应地要有 n kmol 的液体汽化，恒摩尔流假定才能成立。为此须满足以下条件：①混合物中各组分的摩尔汽化热相等；②可以忽略气、液接触时因温度不同而交换的显热；③塔设备保温良好，可以忽略热损失。恒摩尔流虽为一项简化假设，但某些物系基本上能符合上述条件，因此，在精馏塔内可将这些系统的气、液两相视为恒摩尔流动。后面对精馏计算的介绍均以恒摩尔流为前提。

6.4.3 物料衡算与操作线方程

1. 全塔物料衡算

可通过全塔物料衡算来确定精馏塔各股物料的流量、组成之间的关系，如进料、塔顶产品和塔底产品等。

图 6-14 所示为一连续精馏塔。以单位时间为基准，在图片虚线范围内作全塔物料衡算，可得

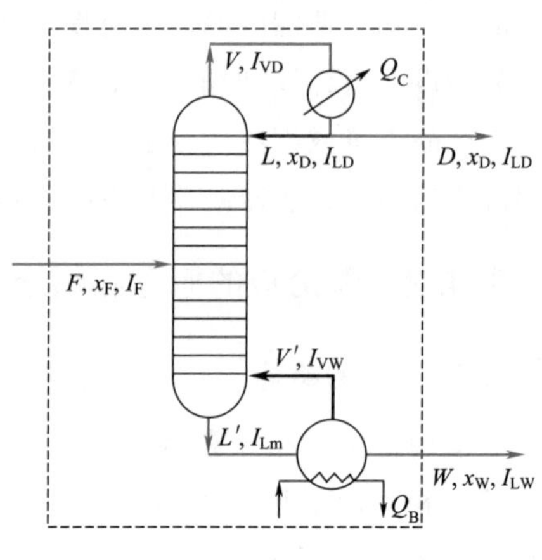

图 6-14 精馏塔的物料衡算

总物料衡算

$$F=D+W \tag{6-26}$$

易挥发组分衡算

$$Fx_F=Dx_D+Wx_W \tag{6-27}$$

式中 F——原料液流量，kmol/h 或 kmol/s；

D——塔顶馏出液流量，kmol/h 或 kmol/s；

W——塔底釜残液流量，kmol/h 或 kmol/s；

x_F——原料液中易挥发组分的摩尔分数；

x_D——馏出液中易挥发组分的摩尔分数；

x_W——釜残液中易挥发组分的摩尔分数。

将式 6-26 和式 6-27 联立，可得馏出液的采出率

$$\frac{D}{F}=\frac{x_F-x_W}{x_D-x_W} \tag{6-28}$$

也可得到塔顶易挥发组分的回收率为

$$\eta_D=\frac{Dx_D}{Fx_F}\times 100\% \tag{6-29}$$

【例 6-4】 在连续精馏塔中分离某理想二元混合物。已知原料液流量为 200kmol/h，组成为 0.5（易挥发组分的摩尔分数，下同），馏出液组成为 0.95，塔顶易挥发组分回收率为 95%，试计算馏出液和釜残液的摩尔流量及釜残液的组成。

解：由

$$\eta_D=\frac{Dx_D}{Fx_F}\times 100\%$$

$$\frac{0.95D}{200\times 0.5}\times 100\%=95\%$$

解得

$$D=100\text{kmol/h}$$

由

$$F=D+W$$

解得

$$W=100\text{kmol/h}$$

$$x_W=\frac{Fx_F-Dx_D}{W}=\frac{200\times 0.5-100\times 0.95}{100}=0.05$$

2. 操作线方程

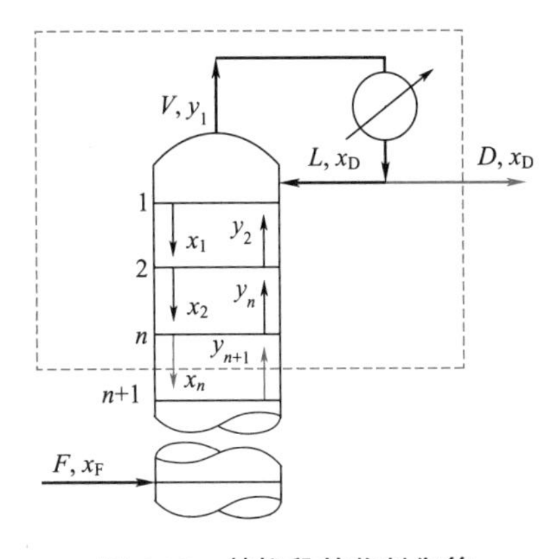

图 6-15 精馏段的物料衡算

在精馏塔中，任意第 n 块塔板下降的液相组成 x_n，与由其下一层第 $n+1$ 块塔板上升的蒸气组成 y_{n+1} 之间的关系称为操作线关系，而描述它们之间关系的方程则称为操作线方程，可通过塔板间的物料衡算求得。连续精馏中，由于原料液不断地加入，使得精馏段和提馏段的操作关系不同，现分别予以讨论。

（1）精馏段操作线方程

在图 6-15 所示的虚线范围（包括精馏段的第 $n+1$ 层板以上塔段及冷凝器）内，以单位时间为基准作物料衡算，可得

总物料衡算

$$V=L+D \tag{6-30}$$

易挥发组分衡算

$$Vy_{n+1}=Lx_n+Dx_D \tag{6-31}$$

式中 x_n——易挥发组分在精馏段第 n 层塔板下降液相中的摩尔分数；

y_{n+1}——易挥发组分在精馏段第 $n+1$ 层板上升蒸气中的摩尔分数。

将式 6-30 代入式 6-31，并整理得

$$y_{n+1}=\frac{L}{L+D}x_n+\frac{D}{L+D}x_D \tag{6-32}$$

令 $R=\frac{L}{D}$，代入上式得

$$y_{n+1}=\frac{R}{R+1}x_n+\frac{1}{R+1}x_D \tag{6-33}$$

式中 R 称为回流比（reflux ratio），表示精馏段下降液体与馏出液的摩尔流量之比。稳态操作时，D 和 x_D 为定值，同时根据恒摩尔流假定，L 亦为定值，故 R 也是常量。R 值一般由设计者选定，其确定方法将在后面讨论。

式 6-32 和式 6-33 均称为精馏段操作线方程。该方程在 x-y 相图上为直线，斜率和截距分别为 $R/(R+1)$ 和 $x_D/(R+1)$。

（2）提馏段操作线方程

以单位时间为基准，在图 6-16 虚线范围（包括提馏段第 m 层板以下塔段及再沸器）内作物料衡算，可得

总物料衡算

$$L'=V'+W \tag{6-34}$$

易挥发组分衡算

$$L'x'_m=V'y'_{m+1}+Wx_W \tag{6-35}$$

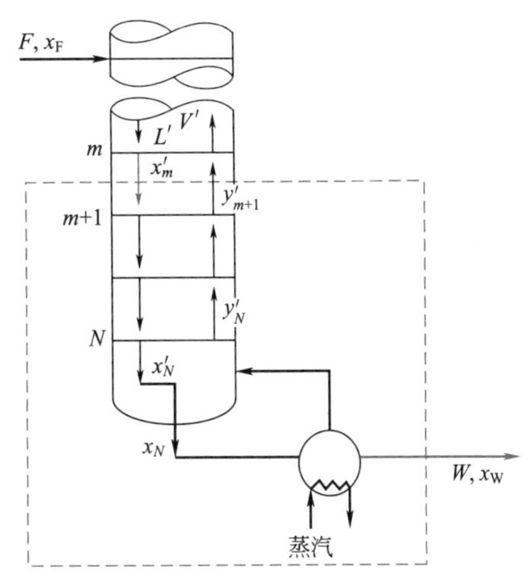

图 6-16 提馏段的物料衡算

式中 x'_m——易挥发组分在提馏段第 m 层塔板下降液相中的摩尔分数；

y'_{m+1}——易挥发组分在提馏段第 $m+1$ 层板上升蒸气中的摩尔分数。

将式 6-34 代入式 6-35，经整理得

$$y'_{m+1}=\frac{L'}{L'-W}x'_m-\frac{W}{L'-W}x_W \tag{6-36}$$

式 6-36 称为提馏段操作线方程。稳态操作时，W 与 x_W 为定值；同时，根据恒摩尔流假设，L'亦为定值，因此提馏段操作线方程在 x-y 相图上为直线，其斜率和截距分别为 $L'/(L'-W)$ 和 $-Wx_W/(L'-W)$。

6.4.4 进料热状况的影响

精馏塔操作中，精馏塔的进料热状况会影响精馏段和提馏段气、液两相流量间的关系，因此对提馏段的操作线方程有直接的影响。

1. 精馏塔的进料热状况

精馏塔根据工艺条件和操作要求，可以不同的物态进料。如图 6-1 所示，组成为 x_F 的原料，其进料状态可有以下几种：①冷液（A 点）；②饱和液体（泡点）（B 点）；③气液混合物（C 点）；④饱和蒸气（露点）（D 点）；⑤过热蒸气（E 点）。

图 6-17 定性地表示了进料热状况对进料板上、下各股流量的影响。由图可知：

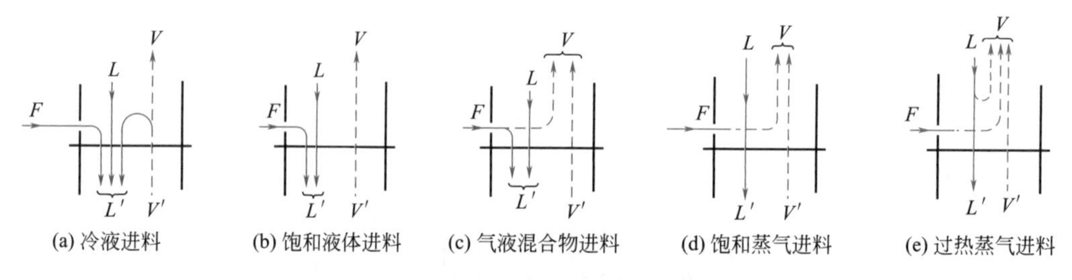

图 6-17 进料热状况对进料板上、下各流股的影响

原料以冷液进料时，进料温度低于泡点，使得进料板上部分蒸气冷凝。因此，提馏段的液体流量应包括精馏段的液体流量和进料量及部分蒸气冷凝所形成的液量；而精馏段的气体流量则小于提馏段的气体流量，即

$$L'>L+F \qquad V'>V$$

原料以饱和液体进料时，进料温度等于泡点，加入后全部进入提馏段。因此，提馏段的液体流量为精馏段的液体流量与进料量之和；而精馏段的气体流量则等于提馏段的气体流量，即

$$L'=L+F \qquad V'=V$$

原料以气液混合物进料时，进料温度介于泡点和露点之间，加入后，其气相部分和液相部分分别进入精馏段和提馏段。因此，提馏段的液体流量大于精馏段的液体流量，但小于精馏段液体流量与进料量之和；而提馏段的气体流量则小于精馏段的气体流量，即

$$L<L'<L+F \qquad V'<V$$

原料以饱和蒸气进料时，进料温度等于露点，加入后全部进入精馏段。因此，提馏段的液体流量等于精馏段的液体流量；而精馏段的气体流量则为提馏段的气体流量与进料量之和，即

$$L'=L \qquad V=V'+F$$

原料以过热蒸气进料时，进料温度高于露点，加入后，使得进料板上部分液体汽化。因

此，精馏段的液体流量大于提馏段的液体流量；而精馏段的气体流量则包括提馏段的气体流量与进料量及部分液体汽化所形成的蒸气量，即

$$L'<L \qquad V>V'+F$$

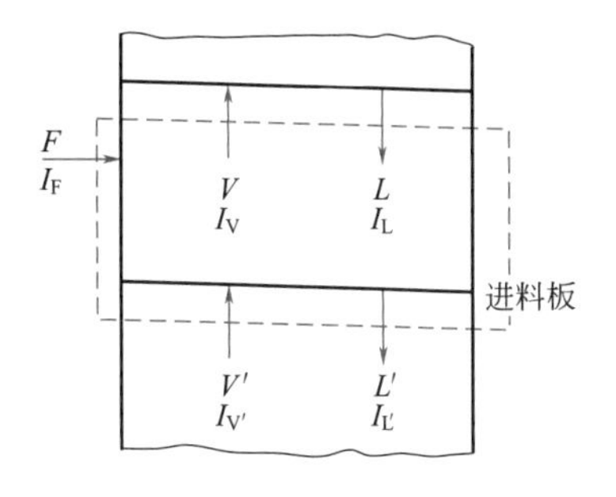

图 6-18 进料板上的物料衡算与热量衡算

2. 进料热状况参数

现引入进料热状况参数的概念，以定量地分析进料量及其热状况对于精馏操作的影响。

以单位时间为基准，对图 6-18 中所示的进料板作物料及热量衡算，可得

总物料衡算

$$F+V'+L=V+L' \tag{6-37}$$

热量衡算

$$FI_F+V'I_{V'}+LI_L=VI_V+L'I_{L'} \tag{6-38}$$

式中 I_F——原料液的焓，kJ/kmol；

I_V、$I_{V'}$——分别为进料板上、下处饱和蒸气的焓，kJ/kmol；

I_L、$I_{L'}$——分别为进料板上、下处饱和液体的焓，kJ/kmol。

由于塔中气、液均呈饱和状态，且进料板上、下处的气、液相组成及温度各自都较相近，故

$$I_V \approx I_{V'} \qquad 及 \qquad I_L \approx I_{L'}$$

于是可将式 6-38 可改写为

$$FI_F+V'I_V+LI_L=VI_V+L'I_L$$

或

$$(V-V')I_V=FI_F-(L'-L)I_L$$

将式 6-37 代入上式，可得

$$\frac{I_V-I_F}{I_V-I_L}=\frac{L'-L}{F} \tag{6-39}$$

令

$$q=\frac{I_V-I_F}{I_V-I_L}=\frac{将1摩尔进料变为饱和蒸气所需热量}{原料液的摩尔汽化热} \tag{6-40}$$

q 值称为进料热状况参数，式 6-40 为进料热状况参数的定义式，可由该式计算各种进料热状况的 q 值。

冷液进料	$q>1$
饱和液体（泡点）进料	$q=1$
气液混合物进料	$0<q<1$
饱和蒸气（露点）进料	$q=0$
过热蒸气进料	$q<0$

在实际生产中，以接近泡点的冷液进料和泡点进料居多。

【例 6-5】 在常压操作的连续精馏塔中分离苯-甲苯的二元混合物。苯的摩尔分数为 0.41，原料液的泡点为 92.5℃，试求以下各种进料热状况下的 q 值。苯和甲苯的汽化热分别为 390kJ/kg 和 361kJ/kg。(1) 进料温度为 50℃；(2) 饱和液体进料；(3) 饱和蒸气进料。

解：(1) 原料液的平均汽化热为

$$r_{\mathrm{m}}=0.41\times390\times78+0.59\times361\times92=3.207\times10^{4}\mathrm{kJ/kmol}$$

进料温度为50℃，泡点为92.5℃，故平均温度为

$$t_{\mathrm{m}}=\frac{1}{2}(50+92.5)=71.25℃$$

从手册中查得在71.25℃时，苯的比热容为1.81kJ/(kg·℃)，甲苯的比热容为1.82kJ/(kg·℃)，故原料液的平均比热容为

$$c_{p\mathrm{m}}=0.41\times1.81\times78+0.59\times1.82\times92=156.7\mathrm{kJ/(kmol\cdot℃)}$$

q 值可由定义式6-40计算，即

$$q=\frac{I_{\mathrm{V}}-I_{\mathrm{F}}}{I_{\mathrm{V}}-I_{\mathrm{L}}}=\frac{r_{\mathrm{m}}+c_{p\mathrm{m}}(t_{\mathrm{B}}-t_{\mathrm{F}})}{r_{\mathrm{m}}}$$

$$=\frac{3.207\times10^{4}+156.7\times(92.5-50)}{3.207\times10^{4}}=1.208$$

(2) 饱和液体进料，依定义

$$q=1$$

(3) 饱和蒸气进料，依定义

$$q=0$$

3. 进料热状况对操作线方程的影响

由式6-39和式6-40可得

$$\boxed{L'=L+qF} \tag{6-41}$$

将式6-37代入式6-41，并整理得

$$\boxed{V'=V+(q-1)F} \tag{6-42}$$

式6-41和式6-42表示精馏段和提馏段的气、液相流量及进料热状况参数之间的关系。将式6-41代入式6-36，则提馏段操作线方程可改写为

$$y'_{m+1}=\frac{L+qF}{L+qF-W}x'_{m}-\frac{W}{L+qF-W}x_{\mathrm{W}} \tag{6-43}$$

【例6-6】 在连续精馏塔中分离某理想二元混合物。已知原料液流量为100kmol/h，组成为0.6（易挥发组分的摩尔分数，下同），饱和液体进料，馏出液组成为0.96，塔釜难挥发组分的回收率也为96%，回流比为2.0。试确定精馏段和提馏段的操作线方程。

解：精馏段操作线方程

$$y=\frac{R}{R+1}x+\frac{1}{R+1}x_{\mathrm{D}}=\frac{2}{2+1}x+\frac{1}{2+1}\times0.96=0.67x+0.32$$

由

$$\eta_{\mathrm{W}}=\frac{W(1-x_{\mathrm{W}})}{F(1-x_{\mathrm{F}})}\times100\%$$

$$\frac{W(1-x_{\mathrm{W}})}{100\times(1-0.6)}\times100\%=96\%$$

可得

$$W-Wx_{\mathrm{W}}=38.4 \tag{a}$$

由物料衡算可得

$$F=D+W=100 \quad \text{(b)}$$

$$Fx_F=Dx_D+Wx_W=0.96D+Wx_W=60 \quad \text{(c)}$$

联立式(a)、式(b)、式(c) 可得

$$D=61.5\text{kmol/h}, W=38.5\text{kmol/h}$$

$$x_W=\frac{Fx_F-Dx_D}{W}=\frac{100\times0.6-61.5\times0.96}{38.5}=0.025$$

$$L=RD=2\times61.5=123\text{kmol/h}$$

饱和液体进料 $q=1$，提馏段操作线方程

$$y=\frac{L+qF}{L+qF-W}x-\frac{W}{L+qF-W}x_W=\frac{123+100}{123+100-38.5}x-\frac{38.5}{123+100-38.5}\times0.025=1.21x-0.005$$

6.4.5 理论板层数的计算

理论板层数的确定是计算精馏塔有效高度的关键，是精馏计算的主要内容之一。通常采用逐板计算法和图解法计算理论板层数。

1. 逐板计算法

逐板计算法通常从塔顶开始，依次使用平衡方程和操作线方程，逐板进行计算，直至满足分离要求为止。

如图 6-19 所示，在一连续精馏塔内，由塔顶最上一层塔板（序号为 1）上升的蒸气经全凝器全部冷凝成饱和液体，因此馏出液和回流液的组成均为 y_1，即

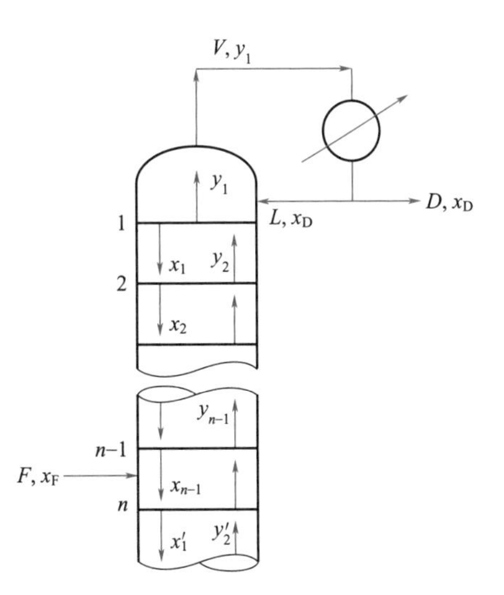

图 6-19　逐板计算示意图

$$y_1=x_D$$

根据理论板的概念，第一层板的下降液相组成 x_1 与 y_1 成平衡，则

$$x_1=\frac{y_1}{y_1+\alpha(1-y_1)}$$

第二层塔板的上升蒸气组成 y_2 与 x_1 符合精馏段操作线关系，故可用精馏段操作线方程由 x_1 求得 y_2，即

$$y_2=\frac{R}{R+1}x_1+\frac{x_D}{R+1}$$

同理，y_2 与 x_2 为平衡关系，用平衡方程可由 y_2 求得 x_2，再用精馏段操作线方程由 x_2 计算 y_3。如此依次地利用平衡方程及精馏段操作线方程进行逐板计算，直至求得的 $x_n\leqslant x_F$（泡点进料）时，则第 n 层理论板便为进料板。因进料板通常计算在提馏段，故精馏段所需理论板层数为（$n-1$）。对于其他进料热状况，应计算到 $x_n\leqslant x_q$ 为止（x_q 为两操作线交点横坐标）。

进料板以下，改用提馏段操作线方程由 x_n（将其记为 x'_1）求得 y'_2，再利用平衡方程由 y'_2 求算 x'_2，如此重复计算，直至计算到 $x'_m\leqslant x_W$ 为止。间接蒸汽加热时，再沸器内气、液两相可视为平衡，再沸器相当于一层理论板，故提馏段所需理论板层数为（$m-1$）。计算过程中，每使用一次平衡关系，便对应一层理论板。

逐板计算法概念清晰，计算结果准确，但对多组分精馏计算过程较繁琐，一般适用于计算机计算。

2. 图解法

图解法又称麦克布-蒂利法（McCabe-Thiele method），简称 **M-T** 法，在两组分精馏计算中应用广泛。该方法是以逐板计算法的基本原理为基础，在 x-y 相图上，用平衡曲线和操作线代替平衡方程和操作线方程，用简便的图解法求解理论板层数。

（1）操作线的作法

在 x-y 图上图解理论板层数时，需先作出精馏段和提馏段的操作线。由于精馏段和提馏段的操作线方程在 x-y 图上均为直线，因此作图时，先找出操作线与对角线的交点，然后由已知条件求出操作线的斜率（或截距），即可作出操作线。

① 精馏段操作线　联立求解精馏段操作线方程和对角线方程 $y=x$，可获得精馏段操作线与对角线的交点 a (x_D, x_D)；再由已知的 R 和 x_D，可得精馏段操作线的截距 $x_D/(R+1)$，依此值在 y 轴上标出点 b，直线 ab 即为精馏段操作线，如图 6-20 所示。当然，也可从点 a 作斜率为 $R/(R+1)$ 的直线 ab 而得到精馏段操作线。

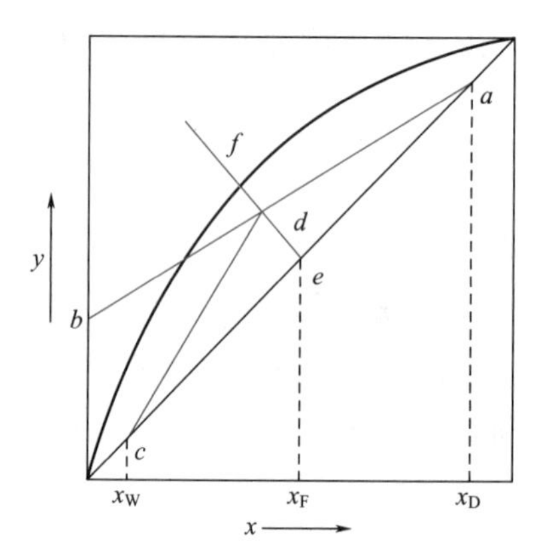

图 6-20　操作线的作法

② 提馏段操作线　联立求解提馏段操作线方程与对角线方程 $y=x$，确定其交点 $c(x_W, x_W)$；再由已知的 W、F、L、q 和 x_W，确定提馏段操作线的截距 $-Wx_W/(L+qF-W)$，依此值在 y 轴上标出与截距相对应的点，连接 c 点与此点即可获得提馏段操作线。但由于提馏段操作线的截距数值往往很小，因此，按照上述方法，提馏段操作线不易准确作出，且这种作图方法不能直接反映出进料热状况的影响。故提馏段操作线通常按以下方法作出：分别确定提馏段操作线与对角线的交点 c，以及提馏段操作线与精馏段操作线的交点 d，直线 cd 即为提馏段操作线。两操作线的交点可联解两操作线方程获得。

精馏段和提馏段操作线方程可分别用式 6-31 和式 6-35 表示，因在交点处两式中的变量相同，故有关变量的上下标可略去，即

$$Vy=Lx+Dx_D \quad 及 \quad V'y=L'x-Wx_W$$

将式 6-27、式 6-41 和式 6-42 代入并整理，得

$$\boxed{y=\frac{q}{q-1}x-\frac{x_F}{q-1}} \tag{6-44}$$

式 6-44 称为 q 线方程或进料方程，为代表两操作线交点轨迹的直线方程。将式 6-44 与对角线方程联立，解得交点坐标为 $x=x_F$，$y=x_F$，如图 6-20 上的点 e 所示。过点 e 作斜率为 $q/(q-1)$ 的直线，并与精馏段操作线交于点 d，连接 cd 即得提馏段操作线。

③ 进料热状况对 q 线及操作线的影响　进料热状况参数 q 值不同，q 线的斜率及 q 线与精馏段操作线的交点也会随之不同，从而影响提馏段操作线的位置。当进料组成 x_F 和两产品组成 x_D、x_W 及操作回流比 R 一定时，进料热状况对 q 线及操作线的影响如图 6-21 所示。

（2）梯级图解法求理论板层数

图 6-22 所示为理论板层数的图解法。自对角线上的点 a 开始，在精馏段操作线与平衡

线之间作由水平线和铅垂线构成的阶梯，即从点 a 作水平线与平衡线交于点 1，该点即代表离开第一层理论板的气液相平衡组成（x_1，y_1），故由点 1 可确定 x_1。然后由点 1 作铅垂线与精馏段操作线交于点 1′，可确定 y_2。再由点 1′作水平线与平衡线交于点 2，由此点定出 x_2。如此，重复在精馏段操作线与平衡线之间作阶梯。当阶梯跨过两操作线的交点 d 时，改在提馏段操作线与平衡线之间绘阶梯，直至阶梯的垂线达到或跨过点 $c(x_W，x_W)$ 为止。平衡线上每个阶梯即代表一层理论板。跨过点 d 的阶梯为进料板，最后一个阶梯为再沸器。阶梯数减 1 即为总理论板层数。图 6-22 中的图解结果为：所需理论板层数为 6，其中精馏段与提馏段各为 3，第 4 板为进料板。

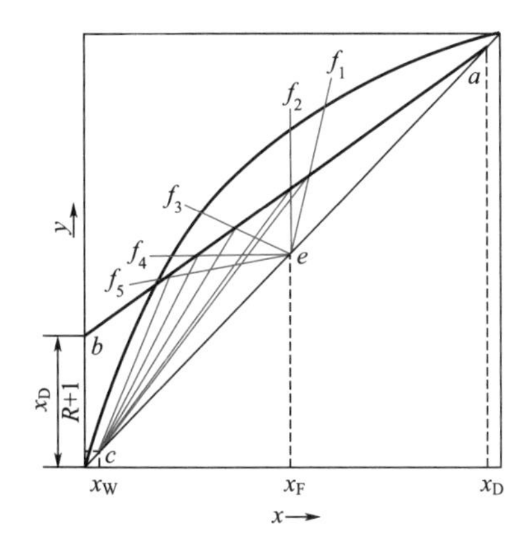

图 6-21 进料热状况对 q 线及操作线的影响

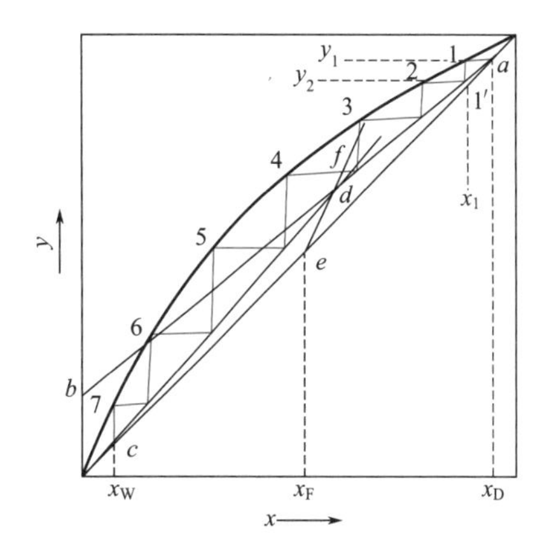

图 6-22 梯级图解法求理论板层数

也可从塔底点 c 开始作阶梯，得到的结果基本一致。

3. 适宜的进料位置

前已述及，两操作线交点 d 所在的梯级为进料位置，这一位置即为适宜的进料位置。因为若实际进料位置下移（梯级已跨过两操作线交点 d，而仍在精馏段操作线和平衡线之间绘梯级）或上移（未跨过两操作线交点 d 而过早更换为提馏段操作线），则所需的理论板层数增多，只有在跨过两操作线交点 d 时更换操作线所需的理论板层数最少，如图 6-23 所示。

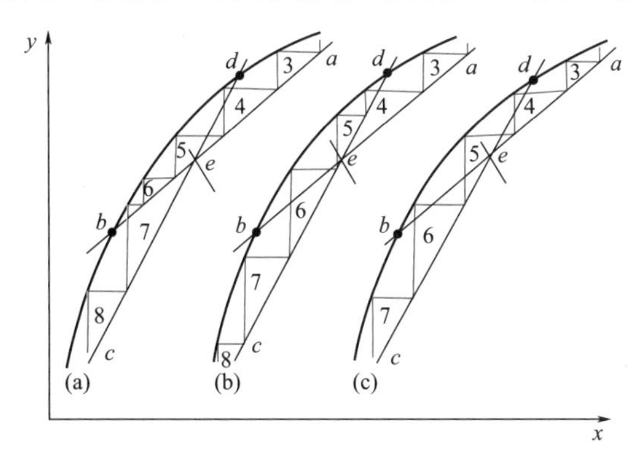

图 6-23 适宜的进料位置

【例 6-7】 在一连续精馏塔内分离某二元理想混合物。原料泡点进料，已知进料量为 200kmol/h，进料组成为 0.5（易挥发组分的摩尔分数，下同）。塔顶采用全凝器，泡点回流，塔顶易挥发组分的收率为 95%，釜残液组成为 0.05。回流比为 2.0，物系的平均相对挥发度为 2.5。试计算所需的理论板层数和进料口位置。

解：(1) 塔顶轻组分的收率 η_D

由
$$\eta_D=\frac{Dx_D}{Fx_F}\times 100\%=\frac{Dx_D}{200\times 0.5}=0.95$$
可得
$$Dx_D=95\text{kmol/h}$$
$$W=\frac{Fx_F-Dx_D}{x_W}=\frac{0.05\times 200\times 0.5}{0.05}=100\text{kmol/h}$$
$$D=F-W=200-100=100\text{kmol/h},\ x_D=0.95$$

精馏段操作线方程为

$$y=\frac{R}{R+1}x+\frac{x_D}{R+1}=\frac{2}{2+1}x+\frac{0.95}{2+1}=0.667x+0.317$$

饱和液体进料，q 线方程为 $x=x_F=0.5$。

气液平衡方程为

$$y=\frac{\alpha x}{1+(\alpha-1)x}=\frac{2.5x}{1+1.5x}$$

依上式可计算平衡的气液组成，如下表所示：

例 6-7 附表

x	0	0.1	0.2	0.3	0.4	0.5	0.6	0.7	0.8	0.9	1.0
y	0	0.217	0.385	0.517	0.625	0.714	0.789	0.854	0.909	0.957	1.0

将以上数据绘成 x-y 图，用图解法求理论板层数，图解过程见本例附图。图解结果为理论板层数 $N_T=11$（包括再沸器），进料板位置 $N_F=5$。

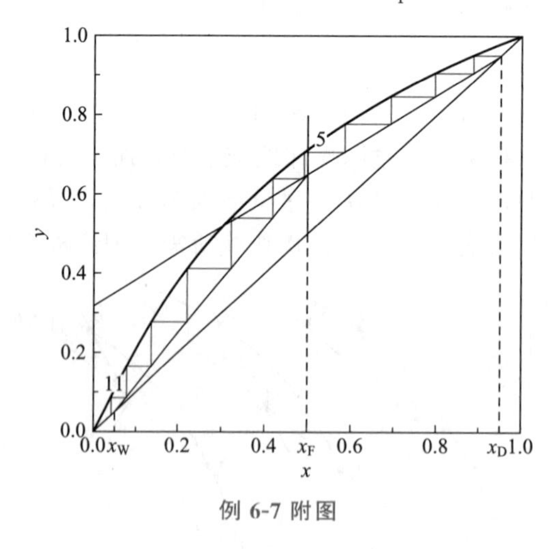

例 6-7 附图

6.4.6 回流比的影响及其选择

回流比是精馏塔设计中的一个重要参数，由设计者预先选定，其大小直接影响着理论板层数、塔径及冷凝器和再沸器的负荷。因此，回流比的正确选择是精馏塔设计中的关键问题。回流比有两个极限值，其上限为无限大，即全回流，下限为最小回流比，实际操作回流比为介于两者之间的某适宜值。

1. 全回流和最少理论板层数

(1) 全回流的概念

全回流是指塔顶蒸气经全凝器冷凝后形成的冷凝液全部回流到塔内，此时回流比为

$$R=\frac{L}{D}=\frac{L}{0}=\infty$$

精馏段操作线的斜率和截距在全回流下分别为

$$\frac{R}{R+1}=1$$

$$\frac{x_D}{R+1}=0$$

此时，全塔无精馏段和提馏段之分，两段的操作线合二为一；在 x-y 图上，操作线与对角线重合，即

$$y_{n+1}=x_n \tag{6-45}$$

全回流时，塔顶产品 D 为零，一般 F 和 W 也均为零，即不向塔内进料，也不从塔内取出产品，装置的生产能力为零，因此对正常生产并无实际意义。但在精馏的开工阶段或实验研究时，全回流操作可缩短达到稳定所需时间并便于过程控制。

（2）最少理论板层数

回流比越大，操作线距平衡线越远，完成一定的分离任务所需的理论板层数越少。全回流时，操作线距平衡线最远，气、液两相间的传质推动力最大，所需的理论板层数最少，此时的理论板数称为最少理论板数，以 $N_{\min}$ 表示。

可在 x-y 图上直接作阶梯图解获得 $N_{\min}$，也可采用芬斯克（Fenske）方程计算得到。芬斯克方程推导过程如下。

由气液平衡方程可得

$$\left(\frac{y_A}{y_B}\right)_n=\alpha_n\left(\frac{x_A}{x_B}\right)_n$$

全回流时操作线方程为

$$y_{n+1}=x_n$$

若塔顶为全凝器，则

$$y_1=x_D \qquad \text{或} \qquad \left(\frac{y_A}{y_B}\right)_1=\left(\frac{x_A}{x_B}\right)_D$$

第 1 层理论板的气液平衡关系为

$$\left(\frac{y_A}{y_B}\right)_1=\alpha_1\left(\frac{x_A}{x_B}\right)_1=\left(\frac{x_A}{x_B}\right)_D$$

第 1、2 层理论板之间的操作关系为

$$\left(\frac{y_A}{y_B}\right)_2=\left(\frac{x_A}{x_B}\right)_1$$

所以

$$\left(\frac{x_A}{x_B}\right)_D=\alpha_1\left(\frac{y_A}{y_B}\right)_2$$

同理，第 2 层理论板的气液平衡关系为

$$\left(\frac{y_A}{y_B}\right)_2=\alpha_2\left(\frac{x_A}{x_B}\right)_2$$

则

$$\left(\frac{x_A}{x_B}\right)_D=\alpha_1\alpha_2\left(\frac{x_A}{x_B}\right)_2$$

重复上述过程，直至塔釜（塔釜视作第 $N+1$ 层理论板）为止，可得

$$\left(\frac{x_A}{x_B}\right)_D=\alpha_1\alpha_2\cdots\alpha_{N+1}\left(\frac{x_A}{x_B}\right)_W$$

令　$\alpha_m=\sqrt[N+1]{\alpha_1\alpha_2\cdots\alpha_{N+1}}$，则上式可写为

$$\left(\frac{x_A}{x_B}\right)_D=\alpha_m^{N+1}\left(\frac{x_A}{x_B}\right)_W$$

以 N_{min} 代替上式中的 N，对等式两边取对数，经整理得全回流时的最小理论板数为

$$N_{min}=\frac{\lg\left[\left(\frac{x_A}{x_B}\right)_D\left(\frac{x_B}{x_A}\right)_W\right]}{\lg\alpha_m}-1 \tag{6-46}$$

对两组分物系，略去上式中的下标 A、B 而写为

$$N_{min}=\frac{\lg\left[\left(\frac{x_D}{1-x_D}\right)\left(\frac{1-x_W}{x_W}\right)\right]}{\lg\alpha_m}-1 \tag{6-47}$$

式中　N_{min}——全回流时不含再沸器的最少理论板层数；

α_m——全塔平均相对挥发度；当 α 变化不大时，可取塔顶的 α_D 和塔底的 α_W 的几何平均值。

式 6-46 和式 6-47 即为芬斯克方程（Fenske equation），适用条件为 α 取全塔操作范围内的平均值，塔顶采用全凝器，塔釜间接蒸汽加热。该方程可用来计算全回流下的最少理论板层数，若用 x_F 替代式中的 x_W，α 取塔顶和进料板间的平均值，则该式也可用来计算精馏段的最少理论板层数。

2. 最小回流比

（1）最小回流比的概念

一定的分离任务下，若回流比减小，则精馏段操作线的斜率变小，两操作线向平衡线靠近，气、液两相间的传质推动力减小，所需理论板层数增多。当回流比减小到某一值时，两操作线的交点 d 落到平衡线上，如图 6-24 所示。若此时在平衡线与操作线之间绘阶梯，将需要无穷多阶梯才能到达点 d，此时的回流比称为最小回流比，以 R_{min} 表示。在点 d 前后（通常为进料板上下区域），各板之间的气、液两相组成基本不变，即无增浓作用，故点 d 称为夹紧点（pinch point），此区域称为夹紧区（恒浓区）。R_{min} 是回流比的下限，若回流比较 R_{min} 还低，则操作线和 q 线的交点落在平衡线之外，精馏操作不能完成指定的分离任务。

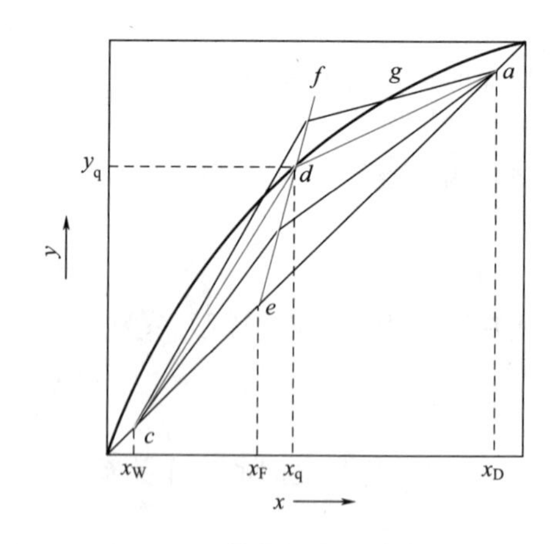

图 6-24　最小回流比的确定

（2）最小回流比的求法

可采用作图法和解析法确定最小回流比，现分别予以叙述。

① 作图法　作图法依据平衡曲线的形状而有所不同。

若平衡曲线为如图 6-24 中所示的正常曲线，则此时夹紧点为两操作线与平衡线的交点，由精馏段操作线的斜率可确定最小回流比，即

$$\frac{R_{\min}}{R_{\min}+1}=\frac{x_D-y_q}{x_D-x_q} \tag{6-48}$$

整理得

$$\boxed{R_{\min}=\frac{x_D-y_q}{y_q-x_q}} \tag{6-49}$$

式中　x_q、y_q——q 线与平衡线的交点坐标。

若平衡曲线为不正常曲线，夹紧点可能在两操作线与平衡线交点前出现。夹紧点 g 可能先出现在精馏段操作线与平衡线相切的位置，如图 6-25(a) 所示，也可能先出现在提馏段操作线与平衡线相切的位置，所图 6-25(b) 所示。这两种情况都可根据精馏段操作线的斜率求得 $R_{\min}$。

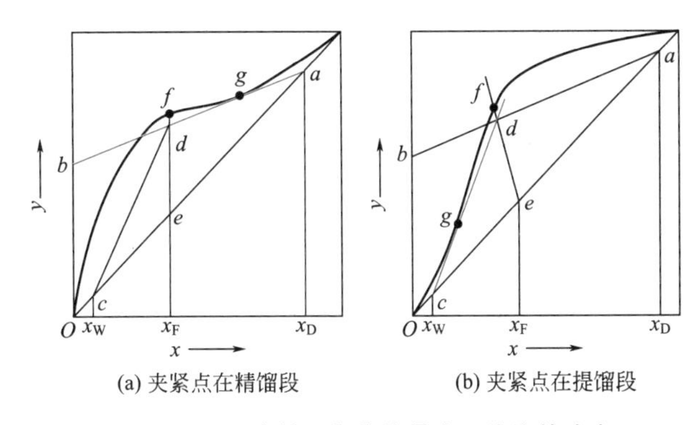

(a) 夹紧点在精馏段　　(b) 夹紧点在提馏段

图 6-25　不正常的平衡曲线最小回流比的确定

② 解析法　当两操作线的交点位于平衡线上时，对于相对挥发度 α 为常量（或取平均值）的物系，$R_{\min}$ 可直接用式 6-49 计算，其中 x_q 与 y_q 的关系由相平衡方程确定。

泡点进料时，$x_q=x_F$，则由式 6-49 和相平衡方程可得

$$R_{\min}=\frac{1}{\alpha-1}\left[\frac{x_D}{x_F}-\frac{\alpha(1-x_D)}{1-x_F}\right] \tag{6-50}$$

而饱和蒸气进料时　$y_q=y_F$，则有

$$R_{\min}=\frac{1}{\alpha-1}\left[\frac{\alpha x_D}{y_F}-\frac{1-x_D}{1-y_F}\right]-1 \tag{6-51}$$

式中　y_F——饱和蒸气进料中易挥发组分的摩尔分数。

3. 适宜回流比的选择

设计计算时，回流比应介于 $R_{\min}$ 与 $R=\infty$之间。回流比确定的原则为经济核算，操作费用和设备费用之和最低时的回流比称为适宜回流比。

精馏装置的设备费用主要为精馏塔、再沸器、冷凝器及其他辅助设备的购置费用。若设备类型和材质确定后，此项费用主要取决于设备的尺寸。当 $R=R_{\min}$ 时，所需的理论塔板层数为无穷多，设备费用为无穷大；R 稍大于 $R_{\min}$ 时，理论板层数则锐减至某一有限值，设备费用亦随之锐减；若 R 继续增加，理论板层数仍随之减少，但趋势变缓，同时，由于 R 的增加，塔内气、液负荷增加，使得塔径及再沸器和冷凝器的尺寸相应增大，故 R 增加到某一值后，设备费用反而增加。设备费用与回流比之间的关系如图 6-26 中曲线 1 所示。

精馏的操作费用主要取决于再沸器中加热介质和冷凝器中冷却介质的消耗量，及两种介

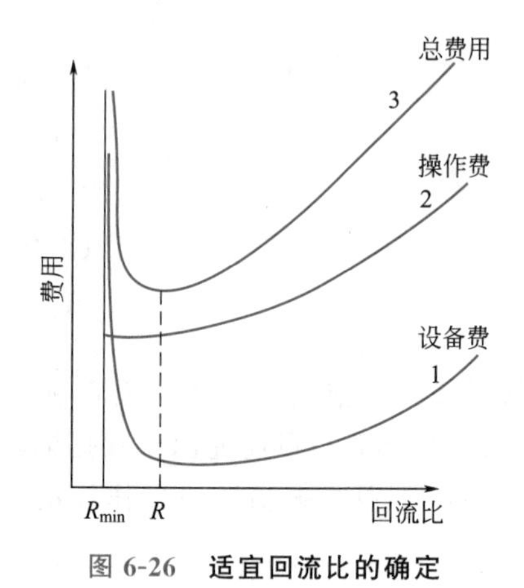

图 6-26　适宜回流比的确定

质的输送动力消耗等，这些消耗与塔内上升蒸气量 V 和 V' 有关。当 F、q 和 D 一定时，V 和 V' 均随 R 的增加而增大，使得加热介质及冷却介质用量随之增加，即精馏操作费用增加。操作费用与回流比之间的关系如图 6-26 中曲线 2 所示。

精馏操作的总费用为操作费用与设备费用之和。总费用与回流比之间的关系如图 6-26 中曲线 3 所示，总费用最低时的回流比即为适宜回流比。

上述方法为确定适宜回流比的一般原则，其准确值较难确定。精馏设计中，一般不进行详细的经济核算，常采用经验值。通常，操作回流比的范围为

$$\boxed{R=(1.1\sim2.0)R_{min}} \tag{6-52}$$

【例 6-8】 在一连续精馏塔内分离某理想二元混合物。原料泡点进料，进料组成为 0.45（易挥发组分的摩尔分数，下同）。塔顶采用全凝器，泡点回流，馏出液组成为 0.95。操作回流比为最小回流比的 1.6 倍；物系的平均相对挥发度为 2.0。试确定精馏段操作线方程。

解：对于泡点进料，有 $x_q=x_F=0.45$。由气液平衡方程

$$y_q=\frac{\alpha x_q}{1+(\alpha-1)x_q}=\frac{2\times0.45}{1+(2-1)\times0.45}=0.621$$

最小回流比
$$R_{min}=\frac{x_D-y_q}{y_q-x_q}=\frac{0.95-0.621}{0.621-0.45}=1.92$$

依题意
$$R=1.6R_{min}=1.6\times1.92=3.07$$

精馏段操作线方程为

$$y=\frac{R}{R+1}x+\frac{x_D}{R+1}=\frac{3.07}{3.07+1}x+\frac{0.95}{3.07+1}=0.754x+0.233$$

6.4.7　简捷法求理论板层数

除了可用逐板计算法和图解法求算精馏塔理论板层数外，还可以采用简捷法。现介绍一种应用较广泛的，采用经验关联图的简捷法。

1. 吉利兰（Gilliland）关联图

吉利兰关联图关联了 R_{min}、R、N_{min} 及 N 四个变量之间的关系，横坐标为 $(R-R_{min})/(R+1)$，纵坐标为 $(N-N_{min})/(N+2)$，为双对数坐标图。其中，N 和 N_{min} 分别代表全塔的理论板层数及最少理论板层数（均不含再沸器）。图 6-27 中，曲线左端延线后表示在最小回流比下的操作情况，此时，$(R-R_{min})/(R+1)$ 接近零，而 $(N-N_{min})/(N+2)$ 接近 1，即 $N=\infty$；而曲线右端延长后表示在全

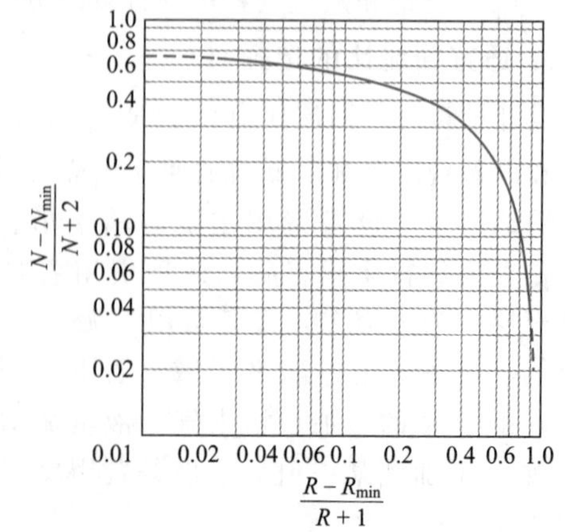

图 6-27　吉利兰关联图

回流下的操作状况，此时 $(R-R_{min})/(R+1)$ 接近 1（即 $R=\infty$），$(N-N_{min})/(N+2)$ 接近零，即 $N=N_{min}$。

吉利兰关联图是采用八种物系并在下面的精馏条件下，由逐板计算的结果绘制而成。这些条件包括：组分数为 2～11；进料热状况包括冷料至过热蒸气等五种情况；R_{min} 为 0.53～7.0；组分间相对挥发度为 1.26～4.05；理论板层数为 2.4～43.1。

吉利兰关联图可用于两组分和多组分精馏的计算，其条件应尽量满足上述条件要求。

在 $0.01<(R-R_{min})/(R+1)<0.9$ 的范围内，可将图中的曲线用下式表达，以便于计算机计算，即

$$Y=0.545827-0.591422X+0.002743/X \tag{6-53}$$

式中
$$X=\frac{R-R_{min}}{R+1} \qquad Y=\frac{N-N_{min}}{N+2}$$

2. 求理论板层数的步骤

简捷法求理论板层数的步骤如下：

① 由设计条件求出最小回流比 R_{min}，并选择操作回流比 R。

② 计算全回流下的最少理论板层数 N_{min}。

③ 利用图 6-27 或式 6-53 计算全塔理论板层数 N。

④ 用精馏段的最少理论板层数 N_{min1} 代替全塔的 N_{min}，可确定适宜的进料板位置。

6.4.8 塔高和塔径的计算

1. 塔高的计算

(1) 板式塔有效高度的计算

① 基本计算公式　板式塔中安装塔板部分的高度称为板式塔有效高度。计算时，先由理论板层数通过板效率换算得到实际板层数，然后选择合适的塔板间距（指相邻两层实际板之间的距离），即可由下式计算得到板式塔有效高度为

$$\boxed{Z=(N_P-1)H_T} \tag{6-54}$$

式中　Z——板式塔的有效高度，m；

N_P——实际塔板数；

H_T——塔板间距，m。

② 塔板效率　塔板效率反映了实际塔板的气、液两相传质的完善程度，有全塔效率、单板效率等不同的表示方法。

全塔效率（overall efficiency）用 E_T 表示，又称总板效率，其定义式为

$$\boxed{E_T=\frac{N_T}{N_P}\times 100\%} \tag{6-55}$$

式中　E_T——全塔效率，%；

N_T——理论板层数。

全塔效率是理论板层数的一个校正系数，反映塔中各层塔板的平均效率，其值恒小于 1。对一定的板式塔，若已知其全塔效率，便可由式 6-55 获得实际板层数。全塔效率的影响因素众多，可归纳为以下几个主要方面：塔板的结构，包括塔板类型、塔径、板间距、堰高及开孔率等；系统的物性，包括黏度、密度、表面张力、扩散系数及相对挥发度等；塔的操

作条件，包括温度、压力、上升气速及气液流量比等。由于各影响因素之间的彼此联系和相互制约，很难找到它们之间的定量关系，因此，设计中所用的全塔效率数据，一般是取自于条件相近的中试装置或生产装置中的经验数据，也可由经验关联式计算。奥康奈尔（O′connel）方法目前被认为是较好的简易方法。对于精馏塔，奥康奈尔法将总板效率对液相黏度与相对挥发度的乘积进行关联，得到如图 6-28 所示的曲线。

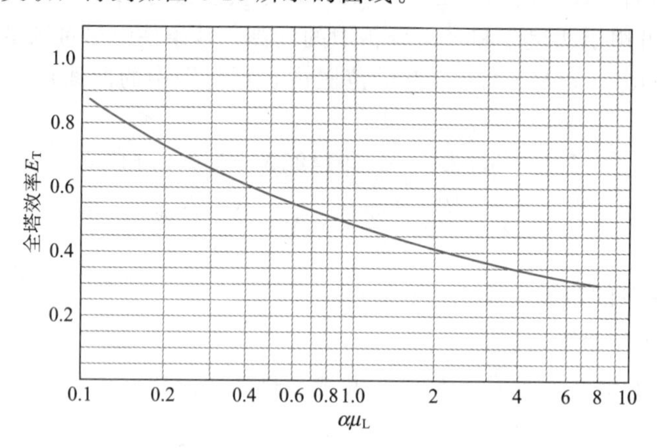

图 6-28　精馏塔效率关联曲线

该曲线也可用式 6-56 表达，即

$$E_T = 0.49(\alpha\mu_L)^{-0.245} \tag{6-56}$$

式中　α——塔顶与塔底平均温度下的相对挥发度，对多组分系统，应取关键组分间的相对挥发度；

μ_L——塔顶与塔底平均温度下的液相黏度，mPa·s。

对于多组分系统 μ_L 可按下式计算，即

$$\mu_L = \sum x_i \mu_{Li}$$

式中　μ_{Li}——液相任意组分 i 的黏度，mPa·s；

x_i——液相中任意组分 i 的摩尔分数。

图 6-28 和式 6-56 是根据老式的工业塔及实验塔的总效率关联的，对于新型高效的精馏塔，总板效率要适当提高。

单板效率可由混合物经过实际板的组成变化与经过理论板的组成变化之比来表示，又称默弗里板效率（Murphree efficiency），参见图 6-29。单板效率可分为气相单板效率和液相单板效率，以第 n 层塔板为例，其表达式分别为

气相单板效率

$$\boxed{E_{MV} = \frac{y_n - y_{n+1}}{y_n^* - y_{n+1}}} \tag{6-57}$$

液相单板效率

$$\boxed{E_{ML} = \frac{x_{n-1} - x_n}{x_{n-1} - x_n^*}} \tag{6-58}$$

式中　E_{MV}——气相单板效率；

E_{ML}——液相单板效率；

y_n^*——与 x_n 成平衡的气相摩尔分数；

x_n^*——与 y_n 成平衡的液相摩尔分数。

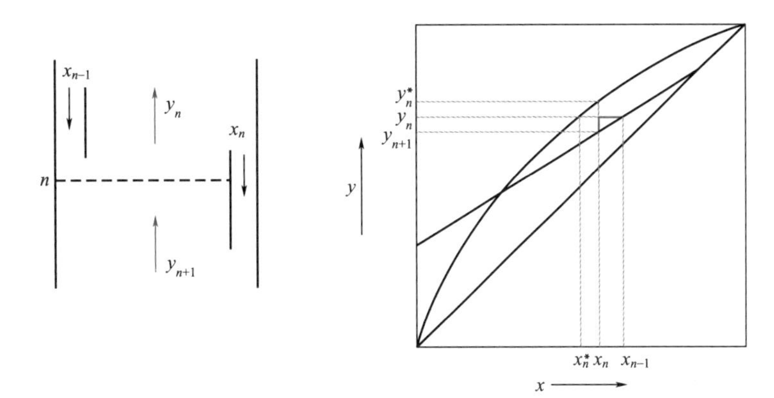

图 6-29 单板效率定义

同一层塔板的 E_{MV} 与 E_{ML} 一般并不相等。经一定的简化，通过对第 n 层塔板的物料衡算，可得 E_{MV} 和 E_{ML} 的关系为

$$E_{MV}=\frac{E_{ML}}{E_{ML}+\frac{mV}{L}(1-E_{ML})} \tag{6-59}$$

式中 m——第 n 层塔板所涉及组成范围内的平衡线斜率；

L/V——操作线斜率，即气、液两相摩尔流量比。

由式 6-59 可知，只有当操作线与平衡线平行时，E_{MV} 与 E_{ML} 才会相等。

单板效率可直接反映该层塔板的传质效果，但各层塔板的单板效率通常不相等。单板效率是基于板理论增浓程度的概念，而全塔效率是基于所需理论板数的概念，两者定义的基准不同。因此，即使塔内各板效率相等，全塔效率在数值上也不等于单板效率。

【例 6-9】 在连续操作的板式精馏塔中分离某两组分理想溶液。全回流时，测得塔中相邻两块塔板的上升气相组成分别为 0.62 和 0.51（均为摩尔分数），试求其中上一层塔板的单板效率 E_{ML}。平均相对挥发度为 2.3。

解：依据已知条件，可得

$$y_n=0.62,\quad y_{n+1}=0.51$$

全回流时

$$x_{n-1}=y_n=0.62,\quad x_n=y_{n+1}=0.51$$

由气液平衡方程，可得

$$x_n^*=\frac{y_n}{\alpha+(1-\alpha)y_n}=\frac{0.62}{2.3+(1-2.3)\times 0.62}=0.415$$

$$E_{ML}=\frac{x_{n-1}-x_n}{x_{n-1}-x_n^*}=\frac{0.62-0.51}{0.62-0.415}=0.537$$

【例 6-10】 在常压精馏塔内分离某两组分理想溶液。泡点进料，进料组成为 0.6（易挥发组分的摩尔分数，下同）。塔顶采用全凝器，泡点回流，馏出液组成为 0.93。操作回流比为最小回流比的 3 倍。气液平衡方程为：$y=0.5x+0.6$。若塔顶第一块塔板的气相默弗里板效率为 0.6，试确定从塔顶向下第二块塔板的上升气相组成。

解：泡点进料 $x_q=x_F=0.6$

由气液平衡方程

$$y_q = 0.5x_q + 0.6 = 0.5 \times 0.6 + 0.6 = 0.9$$

$$R_{min} = \frac{x_D - y_q}{y_q - x_q} = \frac{0.93 - 0.9}{0.9 - 0.6} = 0.1$$

$$R = 3R_{min} = 3 \times 0.1 = 0.3$$

精馏段操作线方程为

$$y = \frac{R}{R+1}x + \frac{x_D}{R+1} = \frac{0.3}{0.3+1}x + \frac{0.93}{0.3+1} = 0.231x + 0.715$$

塔顶为全凝器 $y_1 = x_D = 0.93$

由题给条件 $E_{MV} = \frac{y_1 - y_2}{y_1^* - y_2} = \frac{0.93 - y_2}{0.5x_1 + 0.6 - y_2} = \frac{0.93 - y_2}{0.5(y_2 - 0.715)/0.231 + 0.6 - y_2} = 0.6$

可解得 $y_2 = 0.882$

(2) 填料塔有效高度的计算

填料塔的有效高度是指塔内填料层部分的高度。上升蒸气和回流液体在填料塔内的填料表面上连续逆流接触，两相在塔内的组成连续变化。填料层高度可按下式计算

$$Z = N_T HETP \tag{6-60}$$

式中 $HETP$——填料的理论板当量高度（height equivalent to a theoretical plate）或等板高度，m。

理论板当量高度是指相当于一层理论板分离作用的填料层高度。通过这一填料层高度后，上升蒸气与下降液体互成平衡。等板高度与板效率一样，通常由实验测定，在缺乏实验数据时，也可用经验公式估算。

2. 塔径的计算

(1) 基本计算公式

塔径可由塔内上升蒸气通过塔横截面的空塔线速度及其体积流量求得，即

$$V_s = \frac{\pi}{4}D^2 u$$

$$D = \sqrt{\frac{4V_s}{\pi u}} \tag{6-61}$$

式中 D——精馏塔内径，m；

u——空塔线速度，m/s；

V_s——塔内上升蒸气的体积流量，m^3/s。

空塔线速度（空塔速度）是精馏操作的重要影响因素，其确定方法可参考有关书籍。

(2) 蒸气体积流量的计算

由于精馏段和提馏段内的上升蒸气体积流量 V_s 可能不同，因此两段的 V_s 及直径应分别计算。

① 精馏段 V_s 的计算　精馏段的体积流量可按下式计算，即

$$V_s = \frac{VM_m}{3600\rho_V} \tag{6-62}$$

式中 V——精馏段气相摩尔流量，kmol/h；

ρ_V——在精馏段平均操作压力和温度下气相的密度，kg/m^3；

M_m——精馏段气相平均摩尔质量，kg/kmol。

若操作压力较低，气相可视为理想气体混合物，则

$$V_s=\frac{22.4V}{3600}\times\frac{Tp_0}{T_0p} \tag{6-63}$$

式中 T、T_0——分别为精馏段操作的平均温度和标准状况下的热力学温度，K；

p、p_0——分别为精馏段操作的平均压力和标准状况下的压力，Pa。

② 提馏段 V_s'的计算 若已知提馏段的摩尔流量、平均温度和平均压力，则可按式 6-62 或式 6-63 的方法计算提馏段的体积流量 V_s'。

应予指出，由于进料热状况及操作条件不同，精馏段和提馏段的上升蒸气体积流量可能不同，故塔径也不相同。为使塔的结构简化，当两段的上升蒸气体积流量或塔径相差不太大时，宜采用相同的塔径。设计时通常选取两者中的较大者经圆整后作为精馏塔的塔径。

6.4.9 连续精馏装置的热量衡算和节能

1. 连续精馏装置的热量衡算

连续精馏装置的热量衡算通常是对冷凝器和再沸器进行的。通过热量衡算，可求得冷凝器和再沸器的热负荷以及冷却介质和加热介质的耗量。

（1）冷凝器的热负荷

精馏塔有全凝器冷凝和分凝器-全凝器冷凝两种，工业上多采用前者。以单位时间为基准，忽略热损失，对全凝器作热量衡算，则

$$Q_C=VI_{VD}-(LI_{LD}+DI_{LD})$$

因

$$V=L+D=(R+1)D$$

代入上式并整理得

$$\boxed{Q_C=(R+1)D(I_{VD}-I_{LD})} \tag{6-64}$$

式中 Q_C——全凝器的热负荷，kJ/h；

I_{VD}——塔顶上升蒸气的焓，kJ/kmol；

I_{LD}——塔顶馏出液的焓，kJ/kmol。

冷却介质耗量可按下式计算，即

$$\boxed{W_c=\frac{Q_C}{c_{pc}(t_2-t_1)}} \tag{6-65}$$

式中 W_c——冷却介质耗量，kg/h；

c_{pc}——冷却介质的比热容，kJ/(kg·℃)；

t_1、t_2——分别为在冷凝器的进、出口处冷却介质的温度，℃。

（2）再沸器的热负荷

精馏有直接蒸汽加热与间接蒸汽加热两种加热方式，工业上多采用后者。以单位时间为基准，对间接蒸汽加热的再沸器作热量衡算，则

$$\boxed{Q_B=V'I_{VW}+WI_{LW}-L'I_{Lm}+Q_L} \tag{6-66}$$

式中 Q_B——再沸器的热负荷，kJ/h；

I_{VW}——再沸器中上升蒸气的焓，kJ/kmol；

I_{LW}——釜残液的焓，kJ/kmol；

I_{Lm}——提馏段底层塔板下降液体的焓，kJ/kmol；

Q_L——再沸器的热损失，kJ/h。

若近似取 $I_{LW}=I_{Lm}$，且因 $V'=L'-W$，则

$$Q_B=V'(I_{VW}-I_{LW})+Q_L \tag{6-67}$$

加热介质耗量可用下式计算，即

$$\boxed{W_h=\frac{Q_B}{I_{B1}-I_{B2}}} \tag{6-68}$$

式中 W_h——加热介质耗量，kg/h；

I_{B1}、I_{B2}——分别为进、出再沸器的加热介质的焓，kJ/kg。

若用饱和蒸汽加热，冷凝液在饱和温度下排出，则加热蒸汽耗量

$$W_h=\frac{Q_B}{r} \tag{6-69}$$

式中 r——加热蒸汽的汽化热，kJ/kg。

【例 6-11】 在连续精馏塔中分离苯-甲苯混合液。饱和液体进料，原料液的流量为100kmol/h，其中苯的组成为0.5（摩尔分数，下同），塔顶馏出液的组成和塔底釜残液的组成分别为0.96和0.02。塔顶采用全凝器，泡点回流，回流比为1.5。试计算：(1) 塔顶全凝器的热负荷及冷却水的消耗量。(2) 再沸器的热负荷和加热蒸汽消耗量。

已知加热蒸汽的温度为125℃，冷凝水在饱和温度下排出；冷却水进、出全凝器的温度分别为25℃和35℃；操作条件下苯、甲苯组分的汽化热分别为 $r_A=390$kJ/kg，$r_B=360$kJ/kg；热损失忽略不计。

解：可以查得125℃时，加热蒸汽的冷凝热为2191.8kJ/kg，冷却水在30℃的比热容为 $c_p=4.174$kJ/(kg·℃)

因为 $F=100$kmol/h，$x_F=0.5$，$x_D=0.96$，$x_W=0.02$，由方程 (a) 和 (b) 联立

$$F=D+W \tag{a}$$

$$Fx_F=Dx_D+Wx_W \tag{b}$$

可得 $W=48.9$kmol/h，$D=51.1$kmol/h。

精馏段的上升蒸气流量为

$$V=(R+1)D=(1.5+1)\times 51.1=127.75\text{kmol/h}$$

提馏段的上升蒸气流量为

$$V'=V+(q-1)F=127.75\text{kmol/h}$$

苯和甲苯的摩尔质量分别为 $M_A=78$kg/kmol，$M_B=92$kg/kmol。由于馏出液中几乎为纯苯，为简化起见，按纯苯进行计算。则全凝器的热负荷为

$$Q_C=Vr_m=127.75\times 390\times 78=3.89\times 10^6\text{kJ/h}$$

冷却水的消耗量为 $$W_c=\frac{Q_C}{c_p(t_2-t_1)}=\frac{3.89\times 10^6}{4.174\times(35-25)}=9.32\times 10^4\text{kg/h}$$

同理，由于釜残液中苯的含量很低，为简化起见，按纯甲苯进行计算。则再沸器的热负荷为

$$Q_B=V'r'_m=127.75\times 360\times 92=4.23\times 10^6\text{kJ/h}$$

加热蒸汽的理论消耗量为 $$W'_h=\frac{Q_B}{r}=\frac{4.23\times 10^6}{2191.8}=1930\text{kg/h}$$

应予指出，上述的计算是在恒摩尔流简化假设下进行的。

2. 连续精馏装置的节能

精馏为能耗很大的单元操作之一，进入再沸器的95%热量需要在塔顶冷凝器中取走。据统计，对于一个典型的石化工厂，精馏的能耗约占全厂总能耗的40%左右。因此，如何降低精馏过程的能耗是一个重要的课题。由精馏过程的热力学分析知，减少有效能损失，是精馏过程节能的基本途径。

(1) 减少向再沸器提供的热量（热节减型）

① 精馏的核心在于回流，而回流必然消耗大量能量，因而精馏过程节能的首要因素是选择经济合理的回流比。应用一些新型板式塔和高效填料塔，可能使回流比大为降低。

② 减小再沸器与冷凝器的温差，可减少向再沸器提供的热量，提高有效能效率。若塔底和塔顶的温差较大，则可在精馏段中间设置冷凝器、在提馏段中间设置再沸器来降低精馏的操作费用。其原因在于精馏过程的热能费用取决于传热量和所用载热体的温位。在传热量一定的条件下，在塔内设置中间冷凝器，可用温位较高的冷却剂，价格较便宜，使上升蒸气部分冷凝，以减少塔顶低温冷凝剂用量。同理，中间再沸器可利用温位较低的加热剂，使下降液体部分汽化，从而减少塔底高温位加热剂的用量。另外，压降低的设备的采用，也有利于减小再沸器与冷凝器的温度差。

③ 采用热泵精馏，可大大减少向再沸器提供额外的热能。如图6-30所示，将塔顶蒸气绝热压缩后升温，作为再沸器的热源，将再沸器中的液体部分汽化。而压缩气体本身冷凝成液体，经节流阀后一部分作为塔顶回流液，另一部分作为塔顶产品抽出。因此，除开工阶段外，基本上可不向再沸器提供另外的热源，节能效果显著。此法虽然要增加热泵系统的设备费，但两年内一般可收回增加的投资。

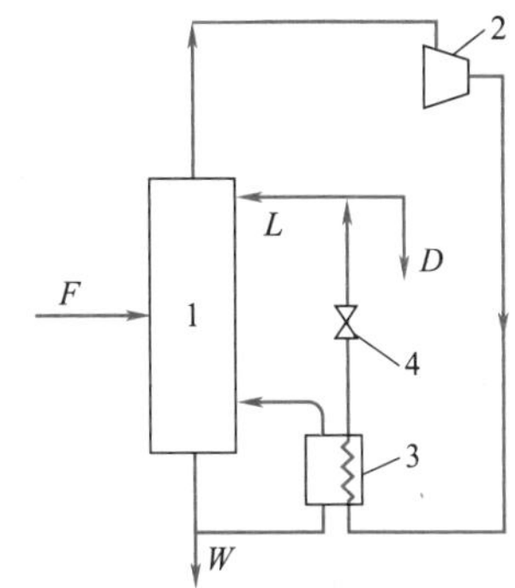

图6-30 热泵精馏流程

1—精馏塔；2—压缩机；
3—再沸器；4—节流阀

④ 多效精馏的原理如多效蒸发，即采用压力依次降低的若干个精馏塔串联，前一塔塔顶蒸气用作后一塔再沸器的加热介质。这样，除两端精馏塔外，中间精馏装置可不必从外界引入冷却剂和加热剂。

(2) 热能的综合利用（热回收型）

回收精馏装置的余热，作为本系统或其他加热装置的热源，也是精馏操作节能的有效途径。如用塔顶蒸气的潜热直接预热原料或用作其他热源；回收馏出液或釜残液的显热用作其他热源等。

对精馏装置进行优化控制，使其在最佳工况下运作，减小操作裕度，确保过程的能耗最低。此外，合理选择多组分精馏流程，也可达到降低能耗的目的。

6.4.10 精馏塔的操作和调节

1. 精馏操作的主要影响因素简析

精馏操作的基本要求为，在连续稳态和最经济的条件下处理更多的原料液，达到预定的分离要求（规定的 x_D 和 x_W）或组分的回收率，即在允许范围内采用较大的再沸器传热量和较小的回流比。

通常，对特定的物系和精馏塔，保持精馏稳态操作的条件包括以下几个方面：①塔压稳定；②进、出塔系统的物料量平衡和稳定；③进料组成和热状况稳定；④回流比恒定；⑤再沸器和冷凝器的传热条件稳定；⑥塔系统与环境间的散热稳定等。因此，精馏操作的影响因素十分复杂，下面就其中一些主要因素予以分析。

（1）物料平衡的影响和制约

保持精馏装置的物料平衡是精馏塔稳态操作的必要条件。由全塔物料衡算可知，若确定了原料液的流量 F、组成 x_F 以及分离程度 x_D 和 x_W，则馏出液流量 D 和釜残液流量 W 也会随之确定。因此 D 和 W 或采出率$\frac{D}{F}$与$\frac{W}{F}$只能根据 x_D 和 x_W 确定，而不能任意增减，否则两个组分进、出塔的量不平衡，塔内组成必然发生变化，操作波动，不能达到预期的分离要求。x_D 和 x_W 取决于气液平衡关系（α）、x_F、q、R 和理论板数 N_T（适宜的进料位置）。

（2）回流比的影响

回流比是影响精馏塔分离效果的主要因素，生产中产品的质量经常采用改变回流比来调节和控制。增大回流比时，精馏段操作线斜率$\frac{L}{V}$变大，传质推动力增加，在精馏段理论板数一定的条件下，馏出液组成变大；同时，提馏段操作线斜率$\frac{L'}{V'}$变小，传质推动力增加，在一定的提馏段理论板数下，釜残液组成变小。反之，减小回流比时，x_D 减小而 x_W 增大，分离效果变差。

此外，增加回流比，也会增加塔内上升蒸气量和下降液体量，若使得塔内气液负荷超过允许值，则需减小原料流量。再沸器和冷凝器的传热量也会随着回流比发生相应的变化。

在采出率$\frac{D}{F}$一定的条件下，以增大 R 来提高 x_D，要受到以下限制：

① 受理论板数的限制，因为理论板数一定，即使回流比增大到无穷大（全回流），x_D 也有一最大极限值。

② 受全塔物料平衡的限制，其极限值为 $x_D=\frac{Fx_F}{D}$。

（3）进料组成和进料热状况的影响

若进料状况 x_F 和 q 发生变化，则应适当改变进料位置。故一般精馏塔常设几个进料位置，以适应生产中进料状况的变化，保证进料位置适宜。若进料位置没有随进料状况相应地调整，则将引起馏出液和釜残液组成的变化。

对特定的精馏塔，若 x_F 减小，则 x_D 和 x_W 均将减小；欲保持 x_D 不变，则应增大回流比。

以上定性分析了精馏过程的主要影响因素。若需要定量计算或估算，则所用的基本方程与前述设计计算的完全相同。但由于众多变量之间的非线性关系，操作型的计算更为繁杂，一般需试差计算或用作图法来求得计算结果。

2. 精馏塔的产品质量控制和调节

精馏塔的产品质量一般是指馏出液及釜残液的组成。生产中某些因素的干扰，如原料液的组成 x_F、传热量等发生变化，将会影响产品的质量，因此应及时予以调节和控制。

对于混合物，在一定的压力下，其泡点和露点均取决于其组成，因此可以用较易测量的温度来预示塔内组成的变化。通常可用塔顶温度（馏出液的露点）反映馏出液组成，而用塔底温度（釜残液的泡点）反映釜残液组成。但对于高纯度分离，由于在塔顶或塔底相当一段高度内，温度变化极小，其典型的温度分布如图6-31所示，因此当塔顶（或塔底）的温度变化可觉察时，可能产品的组成已经发生了明显的改变，再调节就很难了。因此在高纯度分离时，一般不能用测量塔顶温度的方法来控制塔顶组成。

通过对塔内温度沿塔高的分布进行分析可知，温度在精馏段或提馏段的某些塔板上变化最显著，也就是说，对于外界因素的干扰，这些塔板的温度反应最为灵敏，因此通常将其称之为灵敏板。生产上常用测量和控制灵敏板的温度来保证产品的质量。

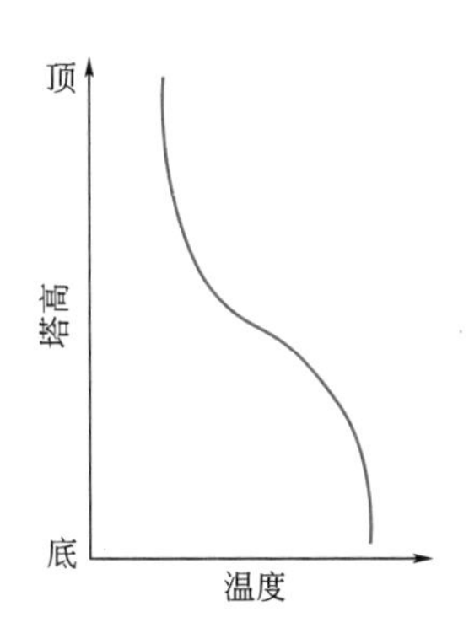

图6-31 精馏塔内沿塔高的温度分布

3. 精馏过程的操作型计算

精馏过程的操作型计算的任务是对特定的塔设备（已知全塔理论板数和进料位置），在指定的操作条件下，预计操作结果。一般在生产实际中可用于预计：产品的质量；操作条件变化时，产品质量或采出量的变化；保证产品质量所应采取的措施等。操作型计算具有以下特点：

① 众多变量之间成非线性关系，一般需要采用迭代计算或试差作图的方法求得计算结果；

② 进料板位置（或其他操作条件）一般不满足优化条件。

在精馏塔的设计中，也可采用操作型的计算方法来确定所需的理论板数，这对于非理想体系的多组分精馏计算往往十分有效。

【例6-12】 用一具有14层理论板的常压精馏塔分离苯-甲苯混合液。饱和液体进料，原料液组成为0.5（苯的摩尔分数，下同）。馏出液组成为0.95，釜残液组成为0.03。物系的平均相对挥发度为2，试估算操作回流比是最小回流比的多少倍。

解：本题为精馏过程的操作型计算，一般需要用试差法求解。在本例中，利用吉利兰图估算操作回流比，可避免试差。

先用芬斯克方程求得全回流下的最少理论板数

$$N_{\min}=\frac{\lg\left[\left(\dfrac{x_D}{1-x_D}\right)\left(\dfrac{1-x_W}{x_W}\right)\right]}{\lg\alpha_m}-1=\frac{\lg\left[\left(\dfrac{0.95}{1-0.95}\right)\left(\dfrac{1-0.03}{0.03}\right)\right]}{\lg 2}-1=8.263$$

然后用吉利兰图回归方程估算回流比 R

$$Y=0.545827-0.591422X+0.002743/X$$

其中
$$Y=(N-N_{\min})/(N+2)=\frac{14-8.263}{14+2}=0.3586$$

即
$$0.3586=0.545827-0.591422X+0.002743/X$$

简化得
$$0=X^2-0.6777X-0.004638$$

解得
$$X=0.3306$$

即
$$(R-R_{\min})/(R+1)=0.3306$$

其中
$$R_{\min}=\frac{x_D-y_q}{y_q-x_q}$$

因饱和液体进料，故 $q=1$，则 $x_q=x_F=0.5$

$$y_q=\frac{\alpha x_F}{1+(\alpha-1)x_F}=\frac{2\times 0.5}{1+0.5}=0.667$$

$$R_{min}=\frac{0.95-0.667}{0.667-0.5}=1.69$$

则 $(R-1.69)/(R+1)=0.3306$，解得 $R=3.019$

$$R/R_{min}=\frac{3.019}{1.69}=1.79$$

若用图解试差法可获得较准确的结果。

图解试差步骤如下：首先假设一回流比 R，依已知的 x_D、x_W、x_q 和 q 在 x-y 图上求解，可得理论板数 N_T。若图解得到的 N_T 与已知的 N_T 相符，则所设的回流比 R 即为所求。否则再重新假设回流比 R，直至满足要求为止。这样同时也可求得适宜的加料位置。

6.5 间歇精馏

间歇精馏又称分批精馏。间歇精馏中，被处理物料一次加入精馏釜中，然后受热汽化，蒸气自塔顶引出冷凝后，一部分回流送回塔内，另一部分作为馏出液产品。待釜液组成降到规定值后，精馏操作停止，将釜液一次排出，再进行下一批操作。与连续精馏相比，间歇精馏有以下特点：

① 为非稳态过程。由于釜中液相组成随精馏过程的进行而不断降低，因此塔内操作参数，如温度、组成等，既随位置而变，也随时间而变。

② 恒为塔底饱和蒸气进料，故间歇精馏塔只有精馏段。

间歇精馏主要适用于以下场合：原料液由分批生产得到，因此分离过程也要分批进行；处理量较少，且原料的品种、组成及分离程度经常变化，此时采用间歇精馏更为灵活方便；多组分混合液的初步分离，要求获得不同馏分（组成范围）的产品，这时也可采用间歇精馏。

间歇精馏有两种基本操作方式：其一是回流比保持恒定，馏出液组成逐渐减小，通常，当釜液组成达到规定值后，停止精馏操作；其二是保持馏出液组成恒定，因釜液组成不断下降，为保持恒定的馏出液组成，因此必须不断地加大回流比。实际生产中，往往采用联合操作方式，如在操作初期保持恒馏出液组成，而在操作后期保持恒回流比。具体联合的方式可视情况而定。

前已述及，间歇精馏为非稳态过程，在回流比恒定下馏出液的组成逐渐减小；而在馏出液组成恒定下，回流比逐渐增大，故其计算比较复杂。此处不作介绍，详细计算过程可参考有关书籍。

6.6 特殊精馏

前已述及，精馏操作是利用各组分相对挥发度的差异来分离液体混合物的，相对挥发度越大越容易分离。但某些液体混合物，其组分间的相对挥发度接近于 1 或形成恒沸物，以至于不宜或不能用一般精馏方法进行分离。此时则需要采用特殊精馏方法。本节主要介绍常用的恒沸精馏和萃取精馏，其他特殊精馏技术可参见有关文献。

1. 恒沸精馏

将第三组分（夹带剂）加入两组分恒沸液中，该组分能与原料液中的一个或两个组分形成新的恒沸液，从而使原料液能用普通的精馏方法分离，这种操作称为恒沸精馏（azeotropic distillation）。恒沸精馏可分离挥发度相近的物系，以及具有最低恒沸点或最高恒沸点的溶液。

图 6-32 为分离乙醇-水混合液的恒沸精馏流程示意图。将适量的夹带剂苯加入原料液中，与原料液形成新的三元非均相恒沸液（恒沸摩尔组成为苯 0.539、乙醇 0.228、水 0.233，相应的恒沸点为 64.85℃）。只要苯的加入量适当，可将原料液中的水全部转入到三元恒沸液中，从而使乙醇-水混合液得以分离。

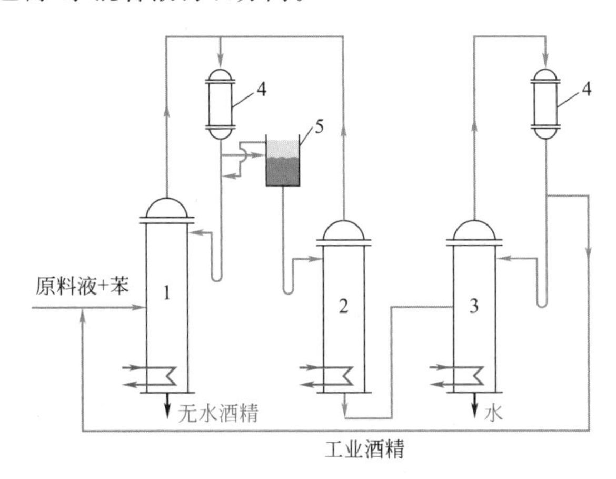

图 6-32 恒沸精馏流程示意图

1—恒沸精馏塔；2—苯回收塔；3—乙醇回收塔；4—冷凝器；5—分层器

由于常压下此三元恒沸液的恒沸点为 64.85℃，故其由塔顶蒸出，塔底产品为近于纯态的乙醇。塔顶蒸气进入冷凝器 4 中冷凝后，部分液相回流到塔 1，其余的进入分层器 5，在器内分层。轻相返回塔 1 作为补充回流，重相送入苯回收塔 2 回收其中的苯。塔 2 的蒸气由塔顶引出后也进入冷凝器 4 中，塔 2 底部的产品为稀乙醇，被送到乙醇回收塔 3 中。塔 3 的塔顶产品为乙醇-水恒沸液，送回塔 1 作为原料，塔底产品几乎为纯水。在操作中苯是循环使用的，但因有损耗，故需隔一段时间后进行补充。

恒沸精馏需选择适宜的夹带剂，对夹带剂的要求是：①夹带剂应能与被分离组分形成新的恒沸液，而且最好其恒沸点比纯组分的沸点低，一般两者沸点差应不小于 10℃；②为减少夹带剂用量及汽化、回收时所需的能量，新恒沸液所含夹带剂的量越少越好；③为便于用分层法分离，新恒沸液最好为非均相混合物；④热稳定性好，无毒、无腐蚀性；⑤价格低廉，来源容易。

2. 萃取精馏

萃取精馏（extractive distillation）和恒沸精馏相似，也是将第三组分（称为萃取剂或溶剂）加入原料液中，以改变原有组分间的相对挥发度而达到分离要求的特殊精馏方法。但不同的是，萃取剂的沸点要求比原料液中各组分的沸点高得多，且不与组分形成恒沸液，以便于回收。萃取精馏常用于各组分挥发度差别很小时溶液的分离。例如，在常压下，环己烷的沸点为 80.73℃，苯的沸点为 80.1℃。若将萃取剂糠醛加入苯-环己烷溶液中，则溶液的相对挥发度发生显著的变化，且随萃取剂量加大，相对挥发度增高，如表 6-1 所示。

表 6-1　加入糠醛后苯-环己烷溶液 α 的变化

溶液中糠醛的摩尔分数	0	0.2	0.4	0.5	0.6	0.7
相对挥发度	0.98	1.38	1.86	2.07	2.36	2.7

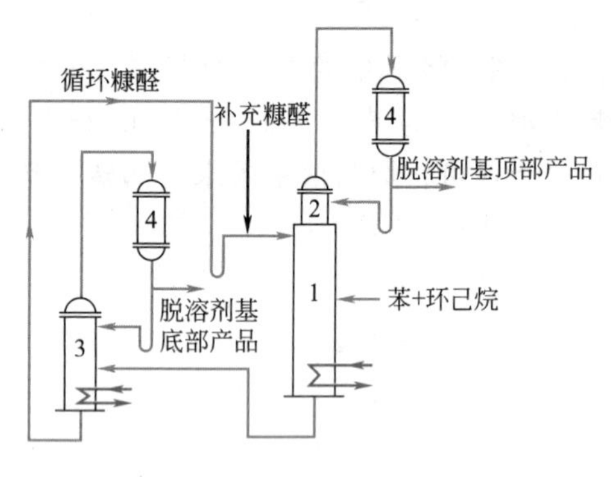

图 6-33　苯-环己烷萃取精馏流程示意图

1—萃取精馏塔；2—萃取剂回收段；
3—苯回收塔；4—冷凝器

图 6-33 为分离苯-环己烷溶液的萃取精馏流程示意图。原料液进入萃取精馏塔 1 中，萃取剂（糠醛）由塔 1 顶部加入，以便在每层板上都与苯相结合。塔顶蒸出的为环己烷蒸气。为回收微量的糠醛蒸气，在塔 1 上部设置回收段 2（若萃取剂沸点很高，也可以不设回收段）。塔底釜液为苯-糠醛混合液，将其送入苯回收塔 3 中。由于常压下苯的沸点为 80.1℃，糠醛的沸点为 161.7℃，故两者很容易分离。塔 3 中釜液为糠醛，可循环使用。在精馏过程中，萃取剂基本上不被汽化，也不与原料液形成恒沸液，这些都是有异于恒沸精馏的。

选择适宜萃取剂时主要应考虑：①萃取剂应能使原组分间相对挥发度发生显著的变化；②其沸点应较原混合液中纯组分的为高，即萃取剂的挥发性应低些，且不与原组分形成恒沸液；③热稳定性好，无毒、无腐蚀性；④来源方便，价格低廉。

为保证各层塔板上有足够的添加剂浓度，萃取精馏中萃取剂的加入量一般较多；而且为使精馏段和提馏段的添加剂浓度基本相同，萃取精馏塔往往采用饱和蒸气进料。

6.7　板式塔

板式塔（plate column）为逐级接触式的气液传质设备，主要由圆柱形壳体、塔板、溢流堰、降液管及受液盘等部件构成，其结构如图 6-34 所示。

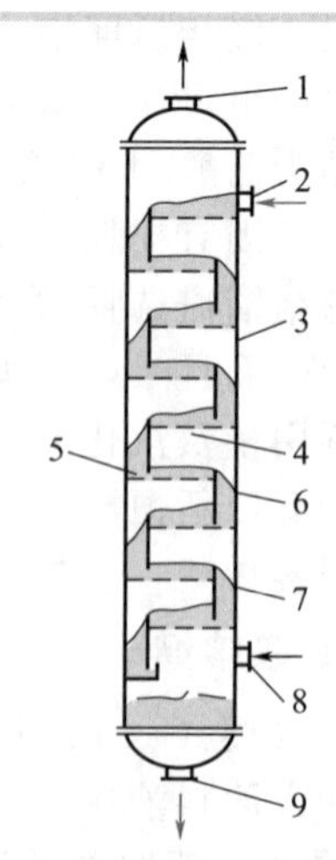

图 6-34　板式塔的结构

1—气体出口；2—液体入口；
3—塔壳；4—塔板；5—受液盘；
6—降液管；7—出口溢流堰；
8—气体入口；9—液体出口

操作时，塔内液体依靠重力作用，由上层塔板的降液管流到下层塔板的受液盘，然后横向流过塔板，从另一侧的降液管流至下一层塔板。溢流堰可使塔板上保持一定厚度的液层。气体则在压差的推动下，自下而上穿过各层塔板的气体通道（泡罩、筛孔或浮阀等），分散成小股气流，鼓泡通过各层塔板的液层。在塔板上，气、液两相密切接触，进行传热和传质。在板式塔中，气、液两相逐级接触，在正常操作下，液相为连续相，气相为分散相，两相的组成沿塔高呈阶梯式变化。

板式塔的空塔速度一般较高，因而生产能力较大；因塔板上要维持一定厚度的液层，塔内持液量大，故操作比较稳定，塔板效率稳定；操作弹性大，且造价低、检修和清洗方便，故在工业上应用较为广泛。

6.7.1 塔板类型

塔板包括错流式塔板（也称溢流式塔板或有降液管式塔板）及逆流式塔板（也称穿流式塔板或无降液管式塔板）两类。因在工业生产中，以错流式塔板应用最为广泛，故在此只讨论错流式塔板。

1. 泡罩塔板

泡罩塔板的结构如图 6-35 所示，它是工业上应用最早的塔板，主要由升气管及泡罩构成，泡罩安装在升气管的顶部。泡罩分圆形和条形两种，前者使用较广。工业上常用的泡罩尺寸有 $\phi 80$、$\phi 100$、$\phi 150$mm 三种，可由塔径的大小选择。泡罩在塔板上为正三角形排列，其下部周边开有很多齿缝，齿缝一般为三角形、矩形或梯形。

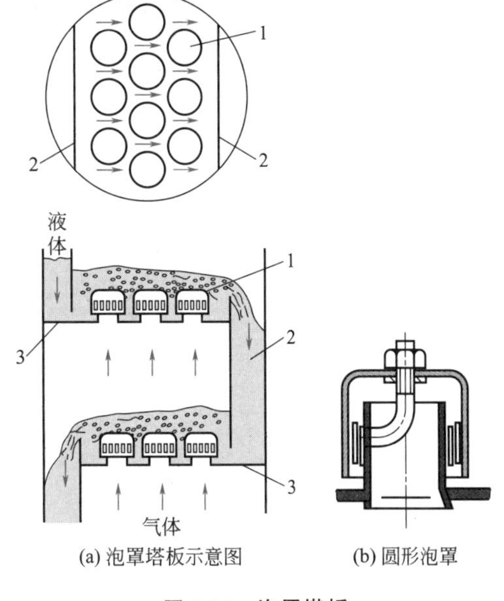

(a) 泡罩塔板示意图　(b) 圆形泡罩

图 6-35　泡罩塔板

1—泡罩；2—降液管；3—塔板

操作时，液体横向流过塔板，靠溢流堰维持板上有一定厚度的液层，齿缝浸没于液层之中而形成液封。为防止液体漏下，升气管的顶部应高于泡罩齿缝的上沿。上升气体通过齿缝进入液层后，被分散成许多细小的气泡或流股，在板上形成鼓泡层，为气、液两相提供了大量的传热和传质界面。

泡罩塔板的优点是塔板不易堵塞，操作弹性较大；缺点是板上液层厚，塔板压降大，生产能力及板效率较低，结构复杂、造价高。目前工业上的绝大多数泡罩塔板已被筛板、浮阀塔板等所取代，已很少在新建塔设备中采用。

2. 筛孔塔板

筛孔塔板简称筛板，其结构如图 6-36 所示。在塔板上开设许多均匀的小孔，即形成筛板。根据孔径的不同，可分为小孔径筛板（孔径为 3～8mm）和大孔径筛板（孔径为 10～25mm）两类，工业中应用以小孔径筛板为主。筛孔在塔板上通常采用正三角形排列，塔板上设置溢流堰，使板上能保持一定厚度的液层。

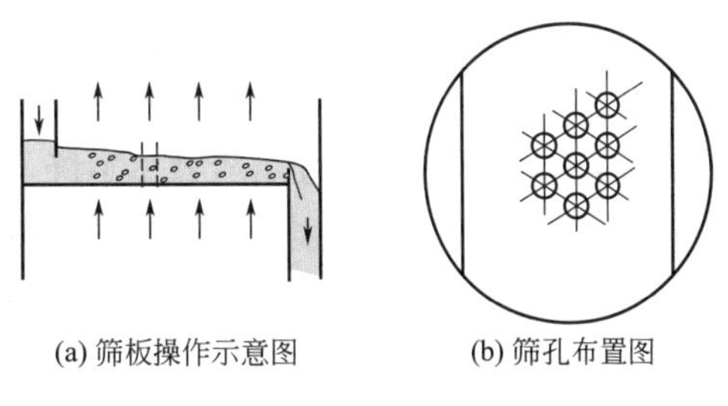
(a) 筛板操作示意图　(b) 筛孔布置图

图 6-36　筛板

操作时，气体经筛孔分散成小股气流，鼓泡通过液层，气、液间密切接触进行传热和传质。正常操作时，由筛孔上升的气流，应能阻止液体经筛孔向下泄漏。

筛板的优点是板上液面落差小、气体压降低、生产能力大、传质效率高、结构简单、造价低。其缺点是筛孔易堵塞，不宜处理黏度大、易结焦的物料。

3. 浮阀塔板

浮阀塔板兼有泡罩和筛板的优点，应用广泛。其结构特点是在塔板上开有若干个阀孔（标准孔径为 39mm），每个阀孔装有一个可上下浮动的阀片。浮片的型式很多，如图 6-37 所示的 F1 型、V-4 型及 T 型等。

工业上常用的浮阀为图 6-37(a) 所示的 F1 型浮阀。阀片本身连有几个阀腿，插入阀孔后将阀腿底脚拨转 90°，以限制阀片升起的最大高度（8.5mm），并防止阀片被气体吹走。

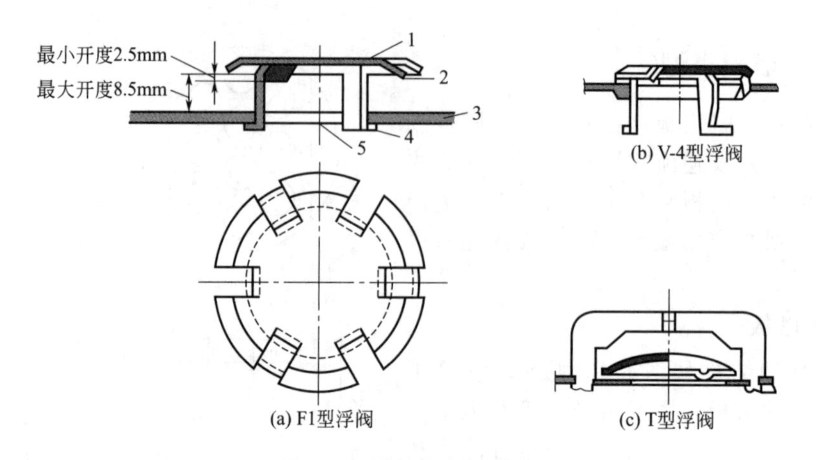

图 6-37 **浮阀的主要型式**

1—阀片；2—定距片；3—塔板；4—底脚；5—阀孔

阀片周边冲出几个略向下弯的定距片，当气速很低时，定距片可使阀片与塔板呈点接触而坐落在阀孔上，阀片与塔板间保持 2.5mm 的开度供气体均匀流过，防止阀片与板面的粘结。

操作时，由阀孔上升的气流经阀片与塔板间隙沿水平方向进入液层，增加了气、液接触时间。浮阀开度随气体负荷而变，在高气量时，阀片自动浮起，开度增大，使气速不致过大。在低气量时，开度较小，气体仍能以足够的气速通过缝隙，避免过多的漏液。

浮阀塔板的优点是生产能力大，操作弹性大，塔板效率较高，结构简单、造价低。其缺点是处理易结焦、高黏度的物料时，阀片易与塔板粘结；操作中有时会发生阀片脱落或卡死等现象，使塔板效率和操作弹性下降。

4. 喷射型塔板

上述的塔板均属于气体分散型的塔板，气体是以鼓泡或泡沫状态和液体接触。当气体向上垂直穿过液层时，使分散形成的泡沫或液滴具有一定向上的初速度。若气速过高，则会造成较为严重的液沫夹带，使塔板效率下降，因而其生产能力受到一定的限制。为克服这一缺点，近年来开发出了喷射型塔板，主要有以下几种类型。

① 舌型塔板　其结构如图 6-38 所示。在塔板上冲出许多舌孔，朝塔板液体流出口一侧张开。舌片尺寸有 50mm×50mm 和 25mm×25mm 两种，舌片与板面成一定的角度，有 18°、20°和 25°三种，一般为 20°。舌孔按正三角形排列，塔板的液体流出口一侧不设溢流堰，只保留降液管，且降液管截面积要高于一般塔板。

操作时，上升的气流沿舌片喷出，速度可达 20～30m/s。流过每排舌孔的液体，被喷出的气流强烈扰动而形成液沫，被斜向喷射到液层上方。喷射出的液流冲至降液管上方的塔壁后流入降液管中，进入下一层塔板。

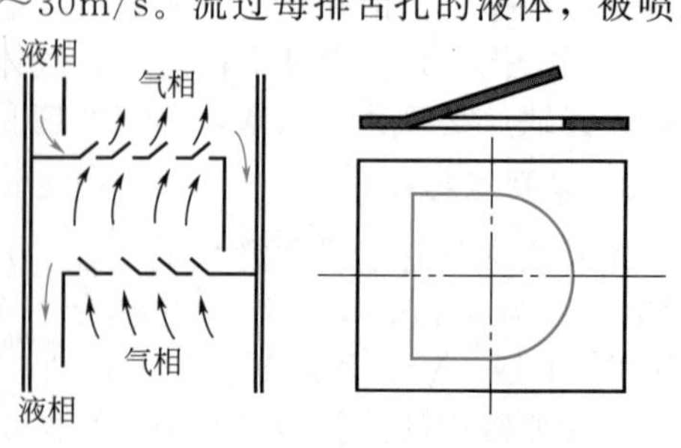

图 6-38 **舌型塔板示意图**

舌型塔板的优点是：生产能力大，塔板压降低，传质效率较高；缺点是：气体喷射作用易使降液管中的液体夹带气泡流到下层塔板，从而降低塔板效率，操作弹性较小。

② 浮舌塔板　其结构如图6-39所示。与舌型塔板相比，浮舌塔板的结构特点是其舌片可上下浮动，因此，其兼有浮阀塔板和固定舌型塔板的特点，具有处理能力大、压降低、操作弹性大等优点，特别适宜于热敏性物系的减压分离过程。

③ 斜孔塔板　其结构如图6-40所示。在板上开有斜孔，孔口向上与板面成一定角度。斜孔的开口方向与液流方向垂直，同一排孔的孔口方向一致，相邻两排孔的开孔方向相反，因此，相邻两排孔的气体向相反的方向喷出，使气流不会对喷，既使水平方向具有较大的气速，同时又阻止了液沫夹带，使板面上液层低而均匀，气、液两相不断分散和聚集，接触良好，其表面不断更新，传质效率提高。

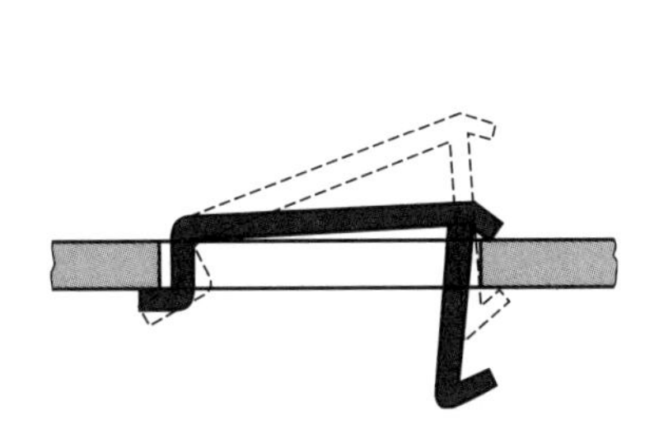

图6-39　**浮舌塔板示意图**

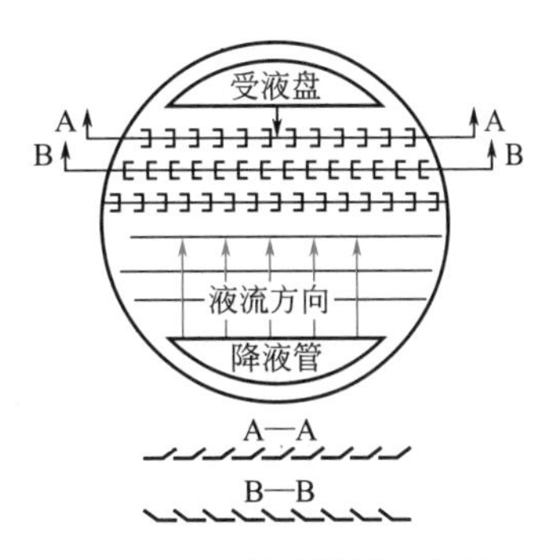

图6-40　**斜孔塔板示意图**

斜孔塔板克服了筛板、浮阀塔板和舌型塔板的某些缺点，其生产能力比浮阀塔板大30%左右，效率与之相当，同时其结构简单，加工制造方便，因此是一种性能优良的塔板。

除以上介绍的几种类型外，近年来新开发出的喷射型塔板还有垂直筛板、立体传质塔板等类型，详细介绍可参考有关书籍。

6.7.2　板式塔的流体力学性能与操作特性

塔板是板式精馏塔中气、液两相进行传热和传质的重要场所。塔板上气、液两相的流动状况即为板式塔的流体力学性能，与传热和传质过程密切相关。

1. 塔板上气、液两相的接触状态

塔板上气、液两相的接触状态是决定板式塔流体力学性能的重要因素。当液体流量一定时，随着气速的增加，可以出现四种不同的接触状态，如图6-41所示。

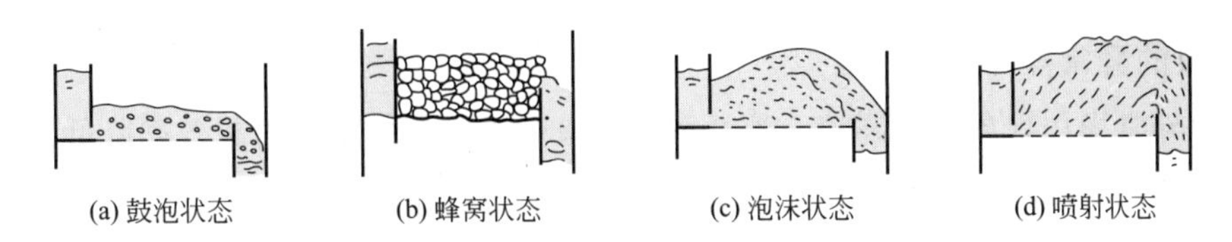

图6-41　**塔板上的气液接触状态**

① 鼓泡接触状态　气速较低时，以鼓泡形式通过液层。由于气泡的数量不多，形成的气液混合物基本上以液体为主，气、液两相接触的表面积不大，传质效率很低。

② 蜂窝状接触状态　随着气速的增加，气泡的数量不断增加。当气泡的形成速度大于其浮升速度时，则在液层中累积。气泡之间相互碰撞，形成各种多面体的大气泡，板上为以气体为主的气液混合物。由于此时气泡不易破裂，表面得不到更新，因此不利于传热和传质。

③ 泡沫接触状态　若气速继续增加，气泡数量急剧增加，且不断发生碰撞和破裂，此时板上的液体大部分以液膜的形式存在于气泡之间，形成一些直径较小，扰动十分剧烈的动态泡沫，在板上只能看到较薄的一层液体。由于此时气、液接触的表面积大，并不断更新，为两相传热与传质提供了良好的条件，是一种较好的接触状态。

④ 喷射接触状态　当气速进一步增加时，由于气体动能很大，把板上的液体向上喷成大小不等的液滴，直径较大的液滴受重力作用又落回到板上，直径较小的液滴则被气体带走，形成液沫夹带。此时，塔板上的气体为连续相，液体为分散相，液滴的外表面是两相的传质面积。由于液滴回到塔板上又被分散，这种液滴的反复形成和聚集，使传质面积大大增加，而且表面不断更新，有利于传质与传热，也是一种较好的接触状态。

由上可知，泡沫接触状态和喷射接触状态均是优良的气、液接触状态。因喷射接触状态的气速高于泡沫接触状态，故其生产能力较大，但喷射接触状态液沫夹带较多，若控制不好，会形成夹带液泛，所以塔多数采用泡沫接触状态作为操作状态。

2. 气体通过塔板的压降

上升气流通过塔板时需要克服的阻力包括：塔板本身的干板阻力（即板上各部件所造成的局部阻力）、板上充气液层的静压力及液体的表面张力，这些阻力就形成了塔板的压降。

塔板压降是影响板式塔操作特性的重要因素。塔板压降增大，一方面气、液两相在塔板上的接触时间随之延长，板效率升高，完成相同的分离任务所需实际塔板数减少，设备费降低；另一方面，塔釜温度随之升高，能耗增加，操作费增大，若分离热敏性物系，则易造成物料的分解或结焦。因此，进行塔板设计时，应综合考虑，在保证较高效率的前提下，力求减小塔板压降，以降低能耗和改善塔的操作。

3. 塔板上的液面落差

在错流塔板上，液体在塔板上横向流动，为克服板上的摩擦阻力和板上部件（如泡罩、浮阀等）的局部阻力，需要一定的液位差，则在板上形成由液体进入到离开板面的液面落差，这也是影响板式塔操作特性的重要因素。液面落差将导致气流分布不均，从而造成漏液现象，使塔板的效率下降。因此，在塔板设计中应尽量减小液面落差。

液面落差的大小与塔板结构有关。泡罩塔板结构复杂，液体在板面上流动阻力大，故液面落差较大；筛板板面结构简单，液面落差较小。此外，液面落差还与塔径和液体流量有关，当塔径或流量很大时，也会造成较大的液面落差。为此，对于直径较大的塔，设计中常采用阶梯溢流或双溢流等形式来减小液面落差。

4. 塔板的异常操作现象

塔板的异常操作现象包括漏液、液泛和液沫夹带等，它们是使塔板效率降低甚至无法操作的重要因素，因此应尽量避免。

① 漏液　正常操作的塔板上，液体横向流过塔板，然后经降液管流下。当气体通过塔板的速度较小，气体通过升气孔道的动压不足以阻止板上液体经孔道流下时，漏液现象便会出现。漏液将导致气、液两相在塔板上的接触时间减少，塔板效率下降，严重时会使塔板不能积液而无法正常操作。通常，漏液量应不大于液体流量的10%，以保证塔的正常操作。漏液量达到10%的气体速度称为漏液速度，为板式塔操作气速的下限。

漏液的主要原因是气速太小和板面上液面落差所引起的气流分布不均。在塔板液体入口处，液层较厚，往往出现漏液，因此常在塔板液体入口处留出一条不开孔的区域，称为安定区。

② 液沫夹带　上升气流穿过板上液层时，必然将部分液体分散成微小液滴。液滴被气体夹带在板间的空间上升，如来不及沉降分离，则将随气体进入上层塔板，这种现象称为液沫夹带。

液滴的生成虽然可增大气、液两相的接触面积，有利于传质和传热，但过量的液沫夹带常造成液相在塔板间的返混，进而导致板效率严重下降。为维持正常操作，需限制液沫夹带量 e_V 在一定的范围，一般允许的值为 $e_V < 0.1$kg(液)/kg(气)。

影响液沫夹带量的因素很多，其中最主要的是空塔气速和塔板间距。空塔气速减小和塔板间距增大，可减小液沫夹带量。

③ 液泛　正常操作的塔板上需维持一定厚度的液层，与气体进行接触传质。若由于某种原因导致液体充满塔板之间的空间，破坏塔的正常操作，这种现象称为液泛。

根据形成的原因，液泛可分为夹带液泛和降液管液泛。若塔板上升的气体速度过高，液沫夹带量过大，塔板间充满气液混合物，最终使整个塔内都充满液体，此种液泛称为夹带液泛。若塔板的液体流量过大，降液管内液体不能顺利向下流动，管内液体积累，使管内液位增高而越过溢流堰顶部，两板间液体相连，塔板产生积液，并依次上升，最终导致塔内充满液体，此种液泛称为降液管液泛。为防止降液管液泛，液体在降液管内的停留时间应大于3～5s。

液泛的形成与气、液两相的流量均相关。对一定的液体流量，气速过大会形成液泛；反之，对一定的气体流量，液量过大也可能发生液泛。发生液泛时的气速称为泛点气速，正常操作气速应控制在泛点气速之下。

除气、液流量外，影响液泛的因素还有塔板的结构，特别是塔板间距等参数，采用较大的板间距，可提高泛点气速。

5. 塔板的负荷性能图

影响板式塔操作状况和分离效果的主要因素为物料性质、塔板结构和气液负荷。对一定的分离物系和选定的塔板类型，其操作状况和分离效果只取决于气液负荷。必须将塔内的气液负荷限制在一定的范围内，才能维持塔板正常操作和塔板效率的基本稳定，该范围即为适宜操作区。在直角坐标系中，以液相负荷 L_s 为横坐标，气相负荷 V_s 为纵坐标绘制此范围，所得图形称为塔板的负荷性能图，如图 6-42 所示。

负荷性能图由以下五条线组成：

① 液沫夹带线　为图中线 1，又称气相负荷上限线。如操作的气相负荷超过此线时，表明液沫夹带现象严重，塔板效率急剧下降。

② 液泛线　为图中线 2。若操作的气液负荷超过此线，塔内将发生液泛现象，不能正常操作。

③ 液相负荷上限线　为图中线 3。若操作的液相负荷高于此线，表明液体流量过大，使得液体在降液管内停留时间过短，进入降液管内的气泡来不及与液相分离而被带入下层塔板，造成气相返混，塔板效率下降。

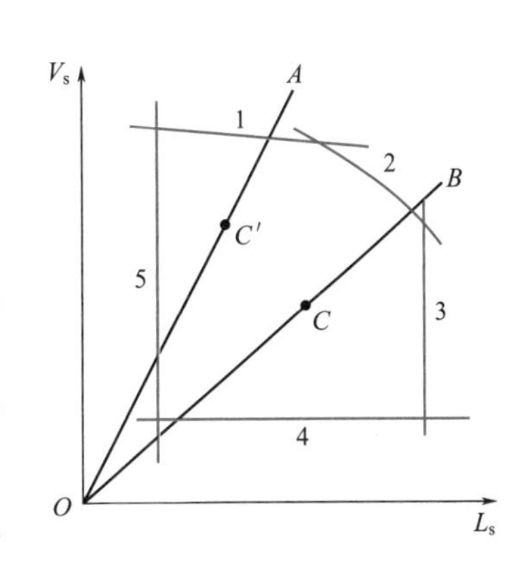

图 6-42　塔板的负荷性能图

④ 漏液线　为图中线 4，又称气相负荷下限线。当操作的气相负荷低于此线时，将发生严重的漏液现象，使气、液不能充分接触，塔板效率下降。

⑤ 液相负荷下限线　为图中线 5。若操作的液相负荷低于此线时，表明液体流量过低，使板上液流不能均匀分布，气、液接触不良，易产生干吹、偏流等现象，导致塔板效率的下降。

6. 板式塔的操作分析

在塔板的负荷性能图中，适宜操作区为五条线所包围的区域。操作时的液相负荷 L_s 与气相负荷 V_s 在负荷性能图上的坐标点称为操作点。由于在连续精馏塔中，回流比为定值，故操作的气液比 V_s/L_s 也为定值。因此，每层塔板上的操作点沿斜率为 V_s/L_s、通过原点的直线而变，该线称为操作线。操作线与负荷性能图上曲线的两个交点分别表示塔的上、下操作极限，两极限的气体流量之比称为塔板的操作弹性。设计时，应尽可能使操作点位于适宜操作区的中央，若操作点紧靠某一条边界线，则负荷稍有波动时，塔的正常操作即被破坏。

应予指出，当分离物系和分离任务确定后，操作点的位置即固定，但负荷性能图中各条线的相应位置随着塔板的结构尺寸而变。因此，在设计塔板时，可以根据操作点在负荷性能图中的位置，适当调整塔板结构参数，以改进负荷性能图，满足所需的操作弹性。例如：减小塔板开孔率可使漏液线下移，加大板间距可使液泛线上移，增加降液管面积可使液相负荷上限线右移等。

还应指出，图 6-42 中所示为塔板负荷性能图的一般形式。实际上，塔板的负荷性能图与塔板的类型密切相关，如浮阀塔与筛板塔的负荷性能图的形状有一定的差异，同时，对于同一个塔，各层塔板的负荷性能图也不尽相同。

塔板负荷性能图在板式塔的设计及操作中具有重要的意义。通常，为检验设计的合理性，塔板设计后均要作出负荷性能图。为分析操作状况是否合理，对于操作中的板式塔，也需作出负荷性能图，当操作出现问题时，通过负荷性能图可分析问题所在，为解决问题提供依据。

【例 6-13】 如附图所示为某塔板的负荷性能图，该塔板上的气、液流量分别为 $2000m^3/h$ 和 $6m^3/h$。(1) 在图中确定其操作点；(2) 判断塔板的操作上、下限各为什么控制；(3) 计算塔板的操作弹性。

解：由所给操作时的气、液相负荷画出操作点，连接原点和操作点得操作线。由附图可读得，上限为液泛控制，$V_{max}=3200m^3/h$，下限为漏液控制，$V_{min}=890m^3/h$，所以

$$操作弹性=\frac{V_{max}}{V_{min}}=\frac{3200}{890}=3.59$$

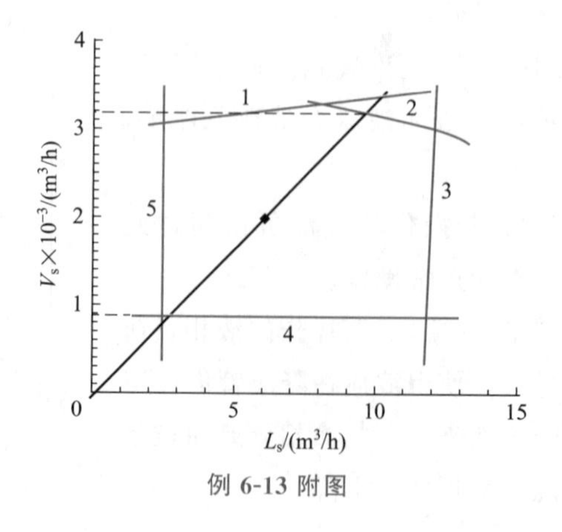

例 6-13 附图

通过本章学习，你应该已经掌握的知识：

1. 两组分气液相平衡的表示方法；
2. 理论板的概念、恒摩尔流假定和回流比的概念；
3. 操作线方程的计算和进料热状况对操作线的影响；
4. 理论板层数及板效率的计算方法；
5. 精馏过程的节能方法和操作的影响因素；
6. 间歇精馏的特点；
7. 恒沸精馏和萃取精馏所适用的物系；
8. 塔板的主要类型、流体力学性能及负荷性能图。

你应具有的能力：

1. 根据化工生产要求，恰当选择和应用蒸馏过程；
2. 能够根据分离要求，完成塔的设计计算；
3. 能够分析各主要因素对精馏操作的影响。

本章符号说明

英文字母

c_p——比热容，kJ/(kg·℃) 或 kJ/(kmol·℃)

D——塔顶产品(馏出液)流量，kmol/h；塔内径，m

e_V——液沫夹带量，kg(液)/kg(气)

E——全塔效率，%

F——原料量，kmol；原料液流量，kmol/h 或 kmol/s

H_T——塔板间距，m

$HETP$——理论板当量高度，m

I——物质的焓，kJ/kmol

k——相平衡常数

L——釜液量，kmol；塔内下降的液体流量，kmol/h

L_s——液体体积流量，m^3/s

m——平衡线斜率；提馏段理论板层数

M——摩尔质量，kg/kmol

n——精馏段理论板层数；塔板数

N——理论板层数；塔板数；

p——系统总压或外压，Pa

q——进料热状况参数；原料液的液化率

Q——传热速率或热负荷，kJ/h 或 kW

r——汽化热，kJ/kmol 或 kJ/kg

R——回流比

t——温度，℃

T——温度，℃；热力学温度，K

u——气相空塔速度，m/s

v——组分的挥发度，Pa

V——上升蒸气的流量，kmol/h

V_s——气体体积流量，m^3/s

W——冷却介质耗量，kg/h；瞬间釜液量，kmol；塔底产品(釜残液)流量，kmol/h

x——液相中易挥发组分的摩尔分数

y——气相中易挥发组分的摩尔分数

Z——塔高，m

希腊字母

α——相对挥发度

γ——活度系数

η——组分回收率

μ——黏度，Pa·s

ρ——密度，kg/m^3

τ——时间，h 或 s

ϕ——相数

下标

0——标准状况

A——易挥发组分
B——再沸器；难挥发组分
c——冷却介质
C——冷凝器
D——馏出液
e——最终
F——原料液
h——加热
L——损失的；液相
m——平均或塔板序号
min——最小或最少
M——默弗里
n——塔板序号
p——压力
P——实际的
q——q 线与平衡线的交点
T——理论的；全塔的
V——气相
W——釜残液
上标
°——纯态
′——提馏段

习　题

知识点 1　两组分理想物系的气液平衡

1. 正戊烷（C_5H_{12}）和正己烷（C_6H_{14}）的饱和蒸气压数据列于本题附表，试计算总压 $p=13.3$kPa 下该溶液的气液平衡数据和平均相对挥发度。假设该物系为理想溶液。

习题 1 附表

温度 T/K									
	C_5H_{12}	223.1	233.0	244.0	251.0	260.6	275.1	291.7	309.3
	C_6H_{14}	248.2	259.1	276.9	279.0	289.0	304.8	322.8	341.9
饱和蒸气压 p°/kPa		1.3	2.6	5.3	8.0	13.3	26.6	53.2	101.3

2. 某精馏塔再沸器的操作压力为 105.0kPa，釜液中含苯 0.15（摩尔分数），其余为甲苯。苯与甲苯的安托尼常数列于本题附表，安托尼方程中温度的单位为℃，压力的单位为 kPa。本物系可视作理想溶液。求此溶液的泡点及其平衡气相组成。

习题 2 附表

组分	A	B	C
苯	6.023	1206.35	220.24
甲苯	6.078	1343.94	219.58

3. 蒸馏中，理想物系气、液两相呈平衡状态时，两相温度（　　　　），但气相组成（　　　　）液相组成。

知识点 2　平衡蒸馏和简单蒸馏

4. 常压下，对苯-甲苯混合液进行蒸馏分离，原料处理量为 200kmol，其中苯的摩尔分数为 0.5。物系的平均相对挥发度为 2.0，汽化率为 0.4。试计算：(1) 平衡蒸馏的气、液相流量及组成；(2) 简单蒸馏的馏出液量及其平均组成。

知识点 3　精馏的原理和流程

5. 精馏塔中由塔顶向下的第 $n-1$、n、$n+1$ 层塔板，其液相组成关系为（　　）。

A. $x_{n+1}>x_n>x_{n-1}$　　B. $x_{n+1}=x_n=x_{n-1}$　　C. $x_{n+1}<x_n<x_{n-1}$　　D. 不确定

知识点 4　两组分连续精馏的计算

6. 什么是理论板？

7. 什么是恒摩尔流假定？

8. 在连续精馏塔中分离某二元理想混合液。已知原料液流量为150kmol/h，组成为0.6（易挥发组分的摩尔分数，下同），若要求馏出液组成不小于0.96，釜残液中难挥发组分的回收率为95%。试求馏出液和釜残液的流量及釜残液的组成。

9. 在连续精馏塔中分离流量为250kmol/h甲醇-水溶液，其中含甲醇0.57（摩尔分数，下同）。要求馏出液中甲醇的含量为95%，釜液中甲醇的含量为2%，回流比为1.5。试确定饱和蒸气进料时，精馏段和提馏段的操作线方程。

10. 某精馏塔的精馏段操作线方程为 $y=0.8x+0.19$，则该精馏塔的操作回流比为（　　），馏出液组成为（　　）。

11. 在连续精馏操作中，已知原料液流量为200kmol/h，其中60%为气相，精馏段和提馏段的操作线方程分别为 $y=0.6x+0.384$ 和 $y=1.25x-0.01$。试求原料液、馏出液和釜残液的组成及釜残液的流量。

12. 在连续精馏塔中分离苯-甲苯混合液。原料为饱和液体进料，其中含苯0.45（摩尔分数，下同）。塔顶采用全凝器，泡点回流。馏出液组成为0.96，塔底釜残液组成为0.05，回流比为1.6。试求理论板层数和进料板位置。气液平衡数据见例6-2附表。

13. 全回流条件下的操作线方程为（　　）。

14. 在常压连续精馏塔内分离某理想二元混合物。已知进料量为100kmol/h，其组成为0.5（易挥发组分的摩尔分数，下同），泡点进料。塔顶采用全凝器，泡点回流，馏出液和釜残液的组成分别为0.95和0.05。操作回流比为最小回流比的1.5倍，物系的平均相对挥发度为2.0。试确定提馏段操作线方程。

15. 在常压连续精馏塔中分离某理想二元混合物。已知完成规定的分离任务所需的理论板层数为10（包括再沸器），若塔板间距为0.5m，精馏塔的有效高度为8m，试求全塔效率。

16. 在塔的精馏段测得 $x_1=0.88$，$x_2=0.80$（均为摩尔分数），已知 $R=2$，$\alpha=2.5$，$x_D=0.924$，则第二层塔板的 $E_{MV}=$（　　）。

17. 在连续操作的板式精馏塔中分离某理想二元混合物。全回流条件下测得相邻板上的液相组成分别为0.26、0.41和0.55，试求三层板中较低的两层的单板效率 E_{MV}。操作条件下平均相对挥发度可取作2.5。

18. 在常压连续精馏塔中分离两组分理想溶液。已知进料组成为0.75（易挥发组分的摩尔分数，下同），饱和蒸气进料。塔顶全凝器，泡点回流，馏出液组成为0.98。操作回流比为最小回流比的2倍。气液平衡方程为 $y=0.5x+0.6$，气相默弗里板效率为0.6。试求：经过塔顶第一层实际板气相组成的变化。

19. 设计中的精馏塔，若保持 F、x_F、q、x_D 和 x_W 不变，减小 R，则 $\frac{L'}{V'}$（　　）。

A. 增加　　B. 不变　　C. 不确定　　D. 减小

20. 操作中的精馏塔，保持 F、x_F 和 q 不变，增加 R，则 x_D（　　），x_W（　　）。

A. 增加　　B. 减小　　C. 不变　　D. 不确定

21. 操作中的精馏塔，保持 F、q、x_D、x_W 和 V 不变，减小 x_F，则（　　）。

A. W 增加，R 减小　　B. W 减小，R 增加

C. W 增加，R 增加　　D. W 减小，R 不变

知识点5　板式塔

22. 板式塔是（　　）接触式气液传质设备，正常操作时，（　　）为连续相，

(　　　　) 为分散相。

23. 操作时，塔板上的气、液接触状态一般控制在（　　）。

A. 鼓泡接触状态　　　　B. 蜂窝接触状态

C. 泡沫接触状态　　　　D. 喷射接触状态

24. 错流塔板的主要类型有（　　　　）、（　　　　）和（　　　　）等。

25. 构成塔板负荷性能图的五条曲线包括（　　　　）、（　　　　）、（　　　　）、（　　　　）和（　　　　）；塔板适宜的操作区为（　　　　）区域。

26. 塔板的操作点是指（　　　　），操作弹性是指（　　　　）。

27. 对于板式塔，影响塔板液沫夹带的主要因素有（　　）；影响漏液的主要因素有（　　）；影响液泛的主要因素有（　　）。

A. 空塔气速　　B. 液体流量　　C. 板上液面落差　　D. 塔板间距

28. 本题附图为某塔板的负荷性能图，A 为操作点。

(1) 请作出操作线；(2) 塔板的上、下限各为什么控制；(3) 计算塔板的操作弹性。

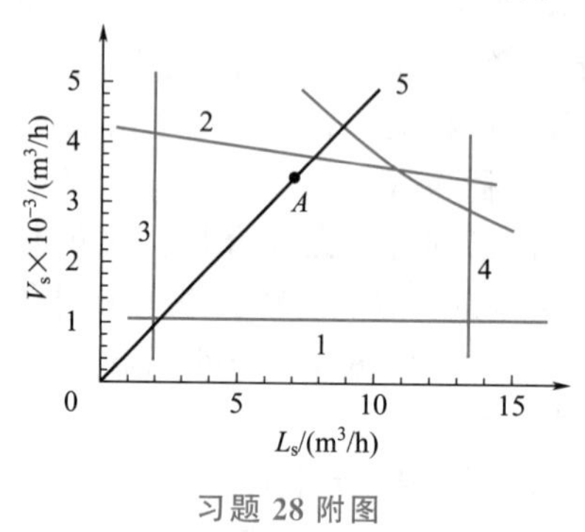

习题 28 附图

讨论题

1. 在连续精馏塔中分离两组分理想物系，现有如附图所示的三种方案。假定塔顶第一层板上升的蒸气量为 V kmol/h，其组成为 0.89，操作回流比为 2，物系相对挥发度为 2.5。试分析比较：(1) 方案 (a) 中 t_1 和 t_2 如何确定，是否相等；(2) t_1、t_2 和 t_3 的相对大小；(3) x_{L1}、x_{L2} 和 x_{L3} 的相对大小；(4) x_{D1}、x_{D2} 和 x_{D3} 的相对大小。

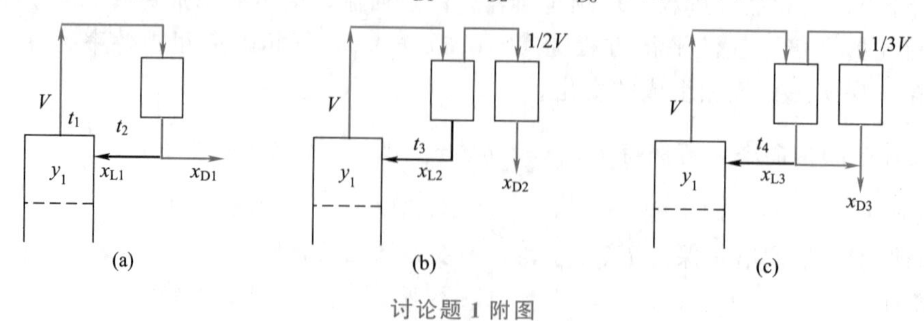

讨论题 1 附图

2. 在连续精馏塔中分离苯-甲苯混合液。原料液的组成为 0.5（易挥发组分的摩尔分数，下同）。塔顶采用全凝器，泡点回流，馏出液组成为 0.95，塔底釜残液组成为 0.05。回流比为 2.0，平均相对挥发度为 2.0。试求当进料分别为：(1) 饱和液体；(2) 饱和蒸气；(3) 气液混合物，且气液流量比为 1∶1 时，所需理论板层数和进料板位置，并以此讨论进料热状况对于理论板数的影响。

第 7 章 吸收

7.1 概述 / 259
7.2 气液相平衡 / 261
7.2.1 气体的溶解度 / 261
7.2.2 亨利定律 / 262
7.2.3 吸收剂的选择 / 266
7.2.4 气液相平衡在吸收中的应用 / 267
7.3 传质机理与吸收速率 / 268
7.3.1 分子扩散与菲克定律 / 268
7.3.2 气相中的稳态分子扩散 / 270
7.3.3 液相中的稳态分子扩散 / 272
7.3.4 扩散系数 / 273
7.3.5 对流传质 / 275
7.3.6 吸收过程的机理 / 276
7.3.7 吸收速率方程 / 279
7.4 吸收塔的计算 / 285
7.4.1 吸收塔的物料衡算与操作线方程 / 285
7.4.2 吸收剂用量的确定 / 287
7.4.3 塔径的计算 / 288
7.4.4 填料层高度的计算 / 289
7.5 填料塔 / 296
7.5.1 填料塔的结构和特点 / 296
7.5.2 填料类型 / 297
7.5.3 填料塔的流体力学性能与操作特性 / 301
7.5.4 填料塔的内件 / 303

本章你将可以学到:

1. 气体吸收过程的基本原理;
2. 气体吸收的相平衡关系;
3. 相际传质过程的模型;
4. 传质机理与吸收速率方程;
5. 低组成气体吸收过程的计算;
6. 填料塔的结构、填料的类型及性能评价;
7. 填料塔的流体力学性能。

7.1 概述

吸收(absorption)是利用混合气体中各组分在某种液体溶剂中的溶解度不同,而将气体混合物进行分离的单元操作过程。在吸收过程中,所用的液体溶剂称为吸收剂,以 S 表示;混合气体中,能够显著溶解于吸收剂的组分称为吸收物质或溶质,以 A 表示;而几乎不被溶解的组分统称为惰性组分或载体,以 B 表示;吸收操作所得到的溶液称为吸收液或溶液,其成分为溶剂 S 和溶质 A;排出的气体称为吸收尾气,其主要成分除惰性气体 B 外,还有未溶解的溶质 A。

吸收过程通常在吸收塔中进行。根据气、液两相的流动方向，分为逆流操作和并流操作，工业生产中以逆流操作为主。吸收塔操作示意图如图 7-1 所示。吸收塔体内可安装塔板或填料作为气液传质部件。

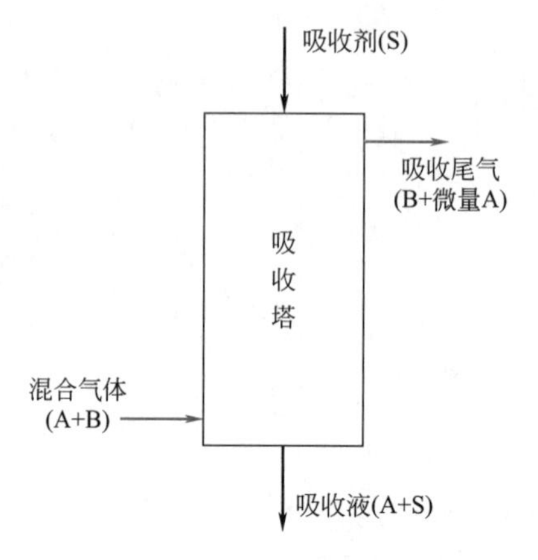

图 7-1　吸收塔操作示意图

通常，气体吸收过程可按以下方法分类。

① 单组分吸收与多组分吸收　若混合气体中只有一个组分进入液相，其余组分不溶（或微溶）于吸收剂，这种吸收过程称为单组分吸收，例如混合有氨气的空气，通过用水作为吸收剂的吸收塔时，只有氨气的溶解度较大，此吸收过程即为单组分吸收。反之，若在吸收过程中，混合气中进入液相的气体溶质不止一个，这样的吸收称为多组分吸收，例如用洗油处理焦炉气时，混合气体中的苯、甲苯、二甲苯等几种组分都有明显的溶解，这种过程即为多组分吸收。

② 物理吸收与化学吸收　在吸收过程中，如果溶质与溶剂之间不发生显著的化学反应，可以把吸收过程看成是气体溶质单纯地溶解于液相溶剂的物理过程，则称为物理吸收，例如用水来吸收二氧化碳、用洗油来吸收芳烃都属于物理过程。相反，如果在吸收过程中气体溶质与溶剂（或其中的活泼组分）发生显著的化学反应，则称为化学吸收，例如用硫酸来吸收氨气、用碱液来吸收二氧化碳等过程都属于化学吸收。

③ 低浓度吸收与高浓度吸收　在吸收过程中，若溶质在气液两相中的摩尔分数均较低（通常不超过 0.1），这种吸收称为低浓度吸收；反之，则称为高浓度吸收。对于低浓度吸收过程，由于气相中溶质含量较低，传递到液相中的溶质相对于气、液相流率也较小，因此通过吸收塔的气、液相流率均可视为常数。

④ 等温吸收与非等温吸收　气体溶质溶解于液体时，常由于溶解热或化学反应热，而产生热效应，热效应使液相的温度逐渐升高，这种吸收称为非等温吸收，例如用少量水吸收高浓度氨气即可视为非等温吸收。若吸收过程的热效应很小，或虽然热效应较大，但吸收设备的散热效果很好，能及时移出吸收过程所产生的热量，此时液相的温度变化并不显著，这种吸收称为等温吸收。

应予指出，吸收过程通过混合气中的溶质溶解于吸收剂中而得到一种液体混合物，并未得到纯度较高的气体溶质。在工业过程中，除了以获得溶液产品为目的的吸收（如用水吸收氨气制取氨水等）之外，一般都要将吸收液进行解吸，以便得到纯净的气体溶质或使吸收剂再生后循环使用。解吸（desorption）也称为脱吸，它是使溶质从吸收液中释放出来的过程，是吸收的逆过程，吸收与解吸的原理基本相同，对于解吸过程的处理方法也可对照吸收过程来进行考虑，溶液解吸过程通常在解吸塔中完成。

如图 7-2 所示为合成气中 CO_2 的脱除工艺流程图，左侧为吸收部分，右侧为解吸部分。含 CO_2 的合成气由吸收塔底部引入，吸收剂碳酸丙烯酯从吸收塔顶部喷淋而下与气体呈逆流流动。在吸收塔内，合成气中的 CO_2 溶解于碳酸丙烯酯中，净化后的合成气由塔顶排出，而吸收了 CO_2 的吸收液由塔底引入加热器，升温后进入解吸塔。在解吸塔内，由于 CO_2 的溶解度降低，由吸收液中解吸出的 CO_2 经塔顶排走，再生后的碳酸丙烯酯经冷却后送回吸收塔循环使用。

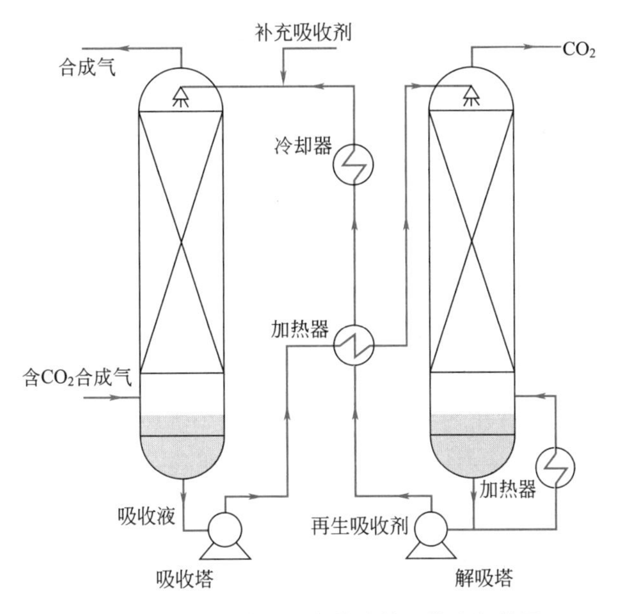

图 7-2　**具有吸收剂再生的连续吸收流程简图**

气体吸收在工业生产中的应用大致有以下几种。

① 净化气体　混合气的净化常采用吸收的方法。如在煤气化合成甲醇工艺中，采用聚乙二醇二甲醚作为溶剂脱除合成气中的二氧化碳、硫化氢等组分。

② 制取气体的液态产品　气体的液态产品的制取常采用吸收的方法。如用水吸收氯化氢气体制取盐酸等。

③ 回收混合气体中所需的组分　回收混合气体中的某组分通常采用吸收的方法。如用洗油处理焦炉气以回收其中的芳烃等。

④ 废气的治理　在工农业生产中，例如发电厂燃烧煤炭所排放的废气中常含有大量的 SO_2、N_xO_y、HF 等有害气体成分，若直接排入大气，则对环境造成污染。因此，在排放之前必须加以治理，生产中通常采用吸收的方法，选用碱性吸收剂除去这些有害的酸性气体。

本章主要讨论单组分低浓度下的常规等温物理吸收过程，对于其他条件下的吸收过程以及解吸过程，可参考有关书籍。

7.2 气液相平衡

7.2.1 气体的溶解度

气液相平衡关系通常用气体在液体中的溶解度及亨利定律表示，该关系是研究气体吸收分离过程的基础。

在一定的温度和压力下，使某种气体与一定量的液相吸收剂进行接触，例如空气中的 O_2 与水进行接触，O_2 分子便向水中转移，直至水相中 O_2 分子组成达到饱和为止。此时并非没有 O_2 分子进入水相，只是在任何时刻进入水相中的 O_2 分子数与从水相逸出的 O_2 分子数恰好相等，这种状态称为相际动态平衡，简称相平衡。平衡状态下气相中的溶质分压称为平衡分压或饱和分压，液相中的溶质组成称为平衡组成或饱和组成。气体在液体中的溶解度的定义就是在气液相平衡下，气体在液体中的实际组成。气体在液体中的溶解度表明在一定条件下吸收过程可能达到的极限程度。

互成平衡的气液两相是相互依存的，并且平衡状态会随着温度、压力、溶质组成等条件的变化而改变。对于单组分的物理吸收，涉及 A、B、S 三个组分构成的气液两相体系，由相律可知其自由度为 3，所以，在一定的温度和压力下，气体的溶解度取决于它在气相中的组成。

用同种气体在不同温度和压力下的溶解度绘制的曲线称为溶解度曲线，气体在液体中的溶解度可通过实验测定，某些气体在液体中的溶解度曲线可从有关书籍、手册中查得。

图 7-3～图 7-5 分别为常压下氨、二氧化硫和氧在水中的溶解度曲线，分析可知：

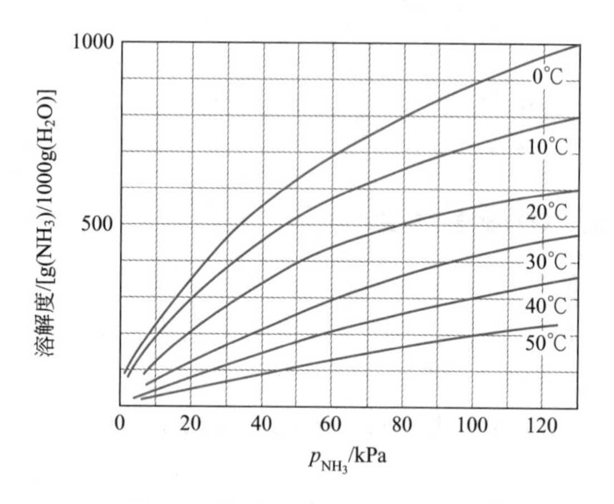

图 7-3 氨在水中的溶解度曲线

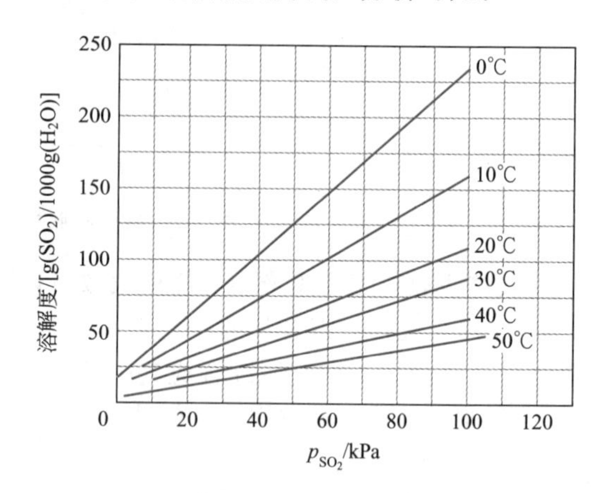

图 7-4 二氧化硫在水中的溶解度曲线

① 对同一溶质，在相同的气相分压下，溶解度随溶解温度的升高而减小。

② 对同一溶质，在相同的温度下，溶解度随溶质分压的升高而增大。

③ 在同一溶剂（水）中，相同的温度和溶质分压下，不同气体的溶解度差别很大，其中氨在水中的溶解度最大，氧在水中的溶解度最小。换言之，对于同样浓度的溶液，易溶气体溶液上方的分压小，而难溶气体溶液上方的分压大。这也说明氨易溶于水，氧难溶于水，二氧化硫溶解度居中。

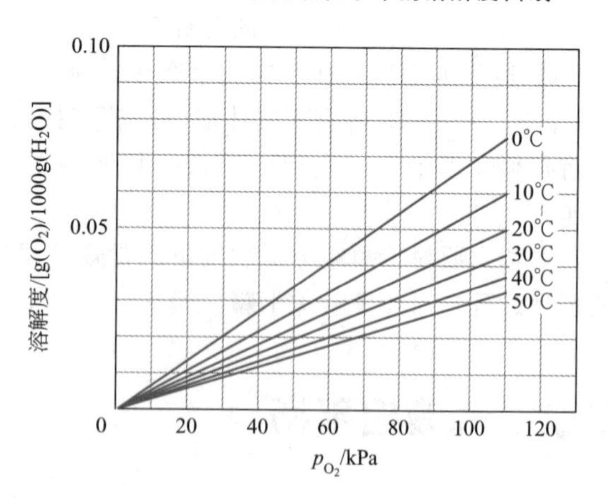

图 7-5 氧在水中的溶解度曲线

图 7-3～图 7-5 反映了大多数气体所遵循的规律，即加压和降温有利于吸收操作，因为加压和降温可增加气体溶质的溶解度。反之，减压和升温则有利于解吸操作。

7.2.2 亨利定律

亨利定律（Henry's law）是英国化学家亨利于 1803 年在长期研究气体在液体中的溶解度规律的基础上总结得到的。在一定温度下，当气液相体系处于低压（通常不超过 500kPa）

时，对于稀溶液或难溶气体，互成平衡的气、液两相组成间的关系可用亨利定律来描述，因气液相组成的表示方法不同，故亨利定律亦有不同的表达形式。

1. p-x 关系

在平衡状态下，若溶质在气、液两相中的组成分别以分压 p、摩尔分数 x 表示，则亨利定律可写成如下形式，即

$$\boxed{p^* = Ex} \tag{7-1}$$

式中 p^*——溶质在气相中的平衡分压，kPa；

x——溶质在液相中的摩尔分数；

E——亨利系数，kPa。

式 7-1 表明稀溶液上方的溶质分压与该溶质在液相中的摩尔分数成正比，其比例系数称为亨利系数。

对于理想溶液，在低压及温度恒定的条件下，p^*-x 关系在整个组成范围内都符合亨利定律，而 E 值即为该温度下纯溶质的饱和蒸气压，此时亨利定律与拉乌尔定律是一致的。但实际的吸收操作所涉及的系统多为非理想溶液，此时 E 值不等于纯溶质的饱和蒸气压，且只在液相溶质组成很低时才是常数。在同一溶剂中，不同的气体维持其 E 值恒定的组成范围是不同的，并且在溶质分压超过 50kPa 后，E 值不仅是温度的函数，也随溶质本身的分压而变。因此，亨利定律适用范围是溶解度曲线的直线部分。

E 值可由实验测定，亦可从有关手册中查得。表 7-1 列出某些气体水溶液的亨利系数，可供参考。

表 7-1　某些气体水溶液的亨利系数

气体种类	温度/℃															
	0	5	10	15	20	25	30	35	40	45	50	60	70	80	90	100
	$E\times10^{-6}$/kPa															
H_2	5.87	6.16	6.44	6.70	6.92	7.16	7.39	7.52	7.61	7.70	7.75	7.75	7.71	7.65	7.61	7.55
N_2	5.35	6.05	6.77	7.48	8.15	8.76	9.36	9.98	10.5	11.0	11.4	12.2	12.7	12.8	12.8	12.8
空气	4.38	4.94	5.56	6.15	6.73	7.30	7.81	8.34	8.82	9.23	9.59	10.2	10.6	10.8	10.9	10.8
CO	3.57	4.01	4.48	4.95	5.43	5.88	6.28	6.68	7.05	7.39	7.71	8.32	8.57	8.57	8.57	8.57
O_2	2.58	2.95	3.31	3.69	4.06	4.44	4.81	5.14	5.42	5.70	5.96	6.37	6.72	6.96	7.08	7.10
CH_4	2.27	2.62	3.01	3.41	3.81	4.18	4.55	4.92	5.27	5.58	5.85	6.34	6.75	6.91	7.01	7.10
NO	1.71	1.96	2.21	2.45	2.67	2.91	3.14	3.35	3.57	3.77	3.95	4.24	4.44	4.45	4.58	4.60
C_2H_6	1.28	1.57	1.92	2.90	2.66	3.06	3.47	3.88	4.29	4.69	5.07	5.72	6.31	6.70	6.96	7.01
	$E\times10^{-5}$/kPa															
C_2H_4	5.59	6.62	7.78	9.07	10.3	11.6	12.9	—	—	—	—	—	—	—	—	—
N_2O	—	1.19	1.43	1.68	2.01	2.28	2.62	3.06	—	—	—	—	—	—	—	—
CO_2	0.378	0.8	1.05	1.24	1.44	1.66	1.88	2.12	2.36	2.60	2.87	3.46	—	—	—	—
C_2H_2	0.73	0.85	0.97	1.09	1.23	1.35	1.48	—	—	—	—	—	—	—	—	—
Cl_2	0.272	0.334	0.399	0.461	0.537	0.604	0.669	0.74	0.80	0.86	0.90	0.97	0.99	0.97	0.96	—
H_2S	0.272	0.319	0.372	0.418	0.489	0.552	0.617	0.686	0.755	0.825	0.689	1.04	1.21	1.37	1.46	1.50
	$E\times10^{-4}$/kPa															
SO_2	0.167	0.203	0.245	0.294	0.355	0.413	0.485	0.567	0.661	0.763	0.871	1.11	1.39	1.70	2.01	—

对于一定的气体溶质和溶剂，E 值随温度而变化。一般说来，温度升高则 E 值增大，这体现了气体的溶解度随温度升高而减小的变化趋势。在同一溶剂中，难溶气体的 E 值很大，而易溶气体的 E 值则很小。

使用亨利定律时，必须满足以下两个条件：

① 溶液为理想溶液或稀溶液；

② 溶质在气相和液相中的分子状态完全相同。如把 HCl 溶解在甲苯里，由于溶质在气、液两相都是 HCl 分子，此时可应用亨利定律；但当 HCl 气体溶解在水中时，由于 HCl 在水中解离，则不能使用亨利定律。

2. *p-c* 关系

若溶质在气、液相中的组成分别以分压 p、摩尔组成 c 表示，则亨利定律可写成如下形式，即

$$\boxed{p^* = \frac{c}{H}} \tag{7-2}$$

式中 c——溶液中溶质的摩尔组成，$kmol/m^3$；

p^*——气相中溶质的平衡分压，kPa；

H——溶解度系数，$kmol/(m^3 \cdot kPa)$。

对于一定的气体溶质和溶剂，H 值随温度升高而减小，说明溶解度系数 H 也是温度的函数。易溶气体的 H 值很大，而难溶气体的 H 值则很小。

溶解度系数 H 与亨利系数 E 的换算关系推导如下：

设溶液的密度为 $\rho kg/m^3$，体积为 $V m^3$，组成为 $c kmol(A)/m^3$，则溶质 A 的总量为 $cV kmol$，溶剂 S 的总量为 $(\rho V\text{-}cVM_A)/M_S$ kmol（M_A 及 M_S 分别为溶质 A 和溶剂 S 的摩尔质量），于是溶质 A 在液相中的摩尔分数为

$$x = \frac{cV}{cV + \dfrac{\rho V - cVM_A}{M_S}} = \frac{cM_S}{\rho + c(M_S - M_A)} \tag{7-3}$$

将上式代入式 7-1 可得

$$p^* = E\,\frac{cM_S}{\rho + c(M_S - M_A)}$$

把此式与式 7-2 比较可得

$$\frac{1}{H} = E\,\frac{M_S}{\rho + c(M_S - M_A)}$$

对稀溶液，c 值很小，则 $c(M_S - M_A) \ll \rho$，故上式可简化为

$$H = \frac{\rho}{EM_S} \tag{7-4}$$

3. *y-x* 关系

若溶质在气、液两相中的组成分别以摩尔分数 y、x 表示，则亨利定律可写成如下形式，即

$$\boxed{y^* = mx} \tag{7-5}$$

式中 x——液相中溶质的摩尔分数；

y^*——与液相成平衡的气相中溶质的摩尔分数；

m——相平衡常数，或称为分配系数。

相平衡常数 m 也是温度和压力的函数，其数值可由实验测得。由 m 值同样可比较不同气体溶解度的大小，m 值越大，则表明该气体的溶解度越小；反之，则溶解度越大。

若系统总压为 P，由道尔顿分压定律可知

$$p=Py$$

同理

$$p^*=Py^*$$

将上式代入式 7-1 可得

$$Py^*=Ex \qquad y^*=\frac{E}{P}x$$

将此式与式 7-5 比较可得

$$m=\frac{E}{P} \tag{7-6}$$

将式 7-6 代入式 7-4，即可得 H-m 的关系为

$$H=\frac{\rho}{mPM_S} \tag{7-7}$$

4. *Y*-*X* 关系

在吸收过程中，对于气、液两相来说，其各自混合物的总物质的量是变化的。如用水吸收空气中氨的过程，氨作为溶质可从气相迁移到水中，而空气与水不能互溶。随着吸收过程的进行，气相及液相各自的物质的量是变化的，但气相中空气及液相中水的惰性组分物质的量是不变的。此时，若用摩尔分数表示气、液相组成，计算很不方便。为此引入摩尔比来表示气、液相的组成。

摩尔比的定义如下

$$X=(\text{液相中溶质的物质的量})/(\text{液相中溶剂的物质的量})=\frac{x}{1-x} \tag{7-8}$$

$$Y=(\text{气相中溶质的物质的量})/(\text{气相中惰性组分的物质的量})=\frac{y}{1-y} \tag{7-9}$$

将上述二式变换为

$$x=\frac{X}{1+X} \tag{7-10}$$

$$y=\frac{Y}{1+Y} \tag{7-11}$$

把式 7-10 和式 7-11 代入式 7-5 可得

$$\frac{Y^*}{1+Y^*}=m\frac{X}{1+X}$$

整理得

$$Y^*=\frac{mX}{1+(1-m)X} \tag{7-12}$$

对于稀溶液，X 值很小，$(1-m)X\ll 1$，则式 7-12 可简化为

$$\boxed{Y^*=mX} \tag{7-13}$$

式 7-13 表明当液相中溶质组成足够低时，平衡关系在 Y-X 图中可近似地表示成一条通过原点的直线，其斜率为 m。

亨利定律的不同表达式形式上虽然不同，但所描述的都是互成平衡的气液两相组成之间的关系，气、液相组成可相互由对方计算而得。因此，上述亨利定律表达形式可改写为

$$x^*=\frac{p}{E}\quad(7\text{-}1a)；\qquad c^*=Hp\quad(7\text{-}2a)；\qquad x^*=\frac{y}{m}\quad(7\text{-}5a)；\qquad X^*=\frac{Y}{m}\quad(7\text{-}13a)$$

【例 7-1】 甲烷在水中的溶解度为 0.0042g (CH_4)/100g(H_2O)，试判断若甲烷在空气中的组成与此浓度成平衡，则此时空气是否具有爆炸危险。甲烷的气液相平衡关系符合亨利定律，相平衡常数为 45.5。甲烷在空气中的爆炸极限为 5%～15%（体积分数）。

解：先求液相组成

$$x=\frac{\frac{0.0042}{16}}{\frac{0.0042}{16}+\frac{100}{18}}=4.72\times10^{-5}$$

由亨利定律，求气相组成

$$y=mx=45.5\times4.72\times10^{-5}=0.00215=0.215\%<5\%$$

由此可见，此时空气没有爆炸危险。

【例 7-2】 在大气压为 101.3kPa 的大气中，CO_2 的浓度为 0.03%（体积分数），湖水的温度为 20℃。试求达到平衡时湖水中 CO_2 的物质的量组成。

解：混合气体按理想气体处理，由理想气体分压定律可知，CO_2 在气相中的分压为

$$p=Py=101.3\times0.03\%=3.039\times10^{-2}\text{kPa}$$

CO_2 为难溶于水的气体，其水溶液的组成很低，故气液相平衡关系符合亨利定律，并且溶液的密度可按纯水的密度计算。

由表可知，20℃水的密度为 $\rho=998.2\text{kg/m}^3$，且

$$c^*=Hp\qquad H=\frac{\rho}{EM_S}$$

故

$$c^*=\frac{\rho p}{EM_S}$$

查表 7-1 可知，20℃时 CO_2 在水中的亨利系数 $E=1.44\times10^5$kPa，故

$$c^*=\frac{998.2\times3.039\times10^{-2}}{1.44\times10^5\times18}=1.17\times10^{-5}\text{kmol/m}^3$$

7.2.3 吸收剂的选择

选择适宜的吸收剂对吸收操作至关重要，吸收剂性能的优劣往往是决定能否采用吸收操作单元的关键。选择吸收剂应注意以下几点。

① 溶解度　吸收剂对溶质组分的溶解度越大，则传质推动力越大，吸收速率越快，且吸收剂的耗用量越少，同时所选择的吸收剂溶解度应该随着操作条件的改变而有显著差异，以便回收。

② 选择性　吸收剂应对溶质组分有较大的溶解度，而对混合气体中的其他组分有较小的溶解度，否则吸收过程不能实现分离的目的。

③ 挥发度　在吸收过程中，尾气往往被吸收剂挥发的蒸气所饱和。故在操作温度下，

吸收剂的蒸气压要低，即挥发度要小，以减少吸收剂的损耗量，提高使用效率。

④ 黏度　吸收剂在操作温度下的黏度越低，其在塔内的流动阻力越小，扩散系数越大，这有助于传质速率的提高。

⑤ 其他要求　吸收剂应尽可能选择无毒、无腐蚀性、不易燃易爆、不发泡、冰点低、价廉易得，且化学性质稳定的产品。

在工业过程中，所选择的吸收剂不可能满足上述所有要求，但应在安全性、环保性和经济性方面重点考虑。

7.2.4　气液相平衡在吸收中的应用

相平衡关系描述的是气、液两相接触传质的极限状态。根据气、液两相的实际组成与相应条件下平衡组成的比较，可以判断传质进行的方向，确定传质推动力的大小，并可指明传质过程所能达到的极限。

1. 判断传质进行的方向

若气相中溶质的实际组成 y 大于与液相中溶质组成相平衡的气相溶质组成 y^*（$y^*=mx$），即 $y>y^*$ [或液相的实际组成 x 小于与气相组成 y 相平衡的液相组成 x^*（$x^*=y/m$），即 $x<x^*$]，说明溶液还没有达到饱和状态，此时气相中的溶质必然要继续溶解，发生由气相到液相的传质过程，即进行吸收；反之，传质方向由液相到气相，即发生解吸。

总之，偏离相平衡状态的任何气液系统都是不稳定的，在传质推动力作用下，溶质必由一相传递到另一相，其结果是使气、液两相逐渐趋于平衡，溶质传递的方向就是系统趋于平衡的方向。

2. 确定传质的推动力

传质过程的推动力通常用气相或液相的实际组成与其平衡组成的偏离程度来表示，由于组成的表示方法不同，传质推动力亦有不同的表达形式。

如图 7-6(a) 所示，设定吸收塔在操作条件下气液相平衡关系为 $y_i^*=mx_i$，若在塔内截面 A-A 处，溶质在气、液两相中的组成分别为 y、x，则在 x-y 坐标上可标绘出平衡线 OE 和 A-A 截面上的操作点 A，如图 7-6(b) 所示。从图中可看出，以气相组成差表示的推动力为 $\Delta y=y-y^*$，以液相组成差表示的推动力为 $\Delta x=x^*-x$。

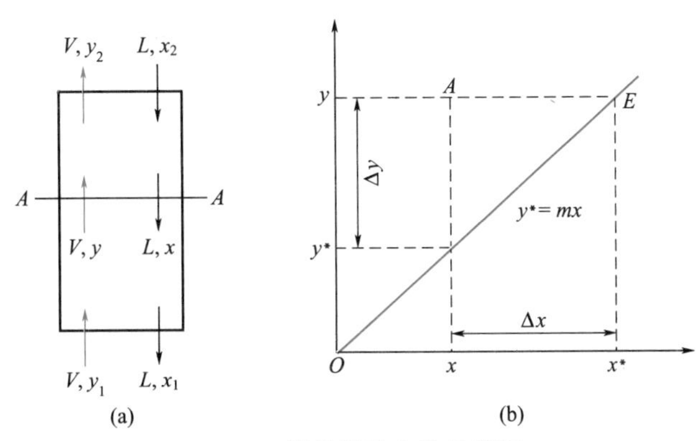

图 7-6　**吸收推动力的示意图**

同理，若气、液组成分别以 p、c 表示，并且相平衡方程为 $p^*=\dfrac{c}{H}$ 或 $c^*=Hp$，则以气相分压差表示的推动力为 $\Delta p=p-p^*$，以液相组成差表示的推动力为 $\Delta c=c^*-c$。

在吸收过程中，任何一相实际组成与平衡组成的偏离程度越大，传递过程的推动力也越大，其传质速率也相应地提高。

3. 指明传质过程进行的极限

平衡状态是传质过程进行的极限。对于逆流吸收过程，无论进塔气体流量有多少，吸收剂使用量有多大，吸收塔有多高，出塔气体中溶质的组成 y_2 不会低于与入塔吸收剂组成 x_2 相平衡的气相溶质组成 y_2^*，即

$$y_{2\min} \geqslant y_2^* = mx_2$$

同理，吸收液的组成 x_1 不会高于与入塔气相组成 y_1 相平衡的液相组成 x_1^*，即

$$x_{1\max} \leqslant x_1^* = \frac{y_1}{m}$$

由此可见，相平衡关系限定了气体离塔时的最低组成和吸收液离塔时的最高组成。系统处于相平衡状态都是有条件的，通过合理改变平衡条件可得到有利于传质进行所需的新的相平衡关系。

【例 7-3】 在总压为 101.3kPa，温度为 30℃的条件下，含有 15%（体积分数）SO_2 的混合空气通过填料塔进行逆流吸收处理，吸收剂为含有 0.2%（体积分数）SO_2 的水溶液，试计算出塔吸收液最高组成及尾气最低组成。已知操作条件下相平衡常数 $m=47.9$。

解：吸收液最高组成为与原料气相平衡的液相组成，即

$$x_{\max} = \frac{y}{m} = \frac{0.15}{47.9} = 0.0031$$

尾气最低组成为与吸收剂相平衡的气相组成，即

$$y_{\min} = mx = 47.9 \times 0.002 = 0.0958$$

7.3 传质机理与吸收速率

吸收操作是溶质从气相向液相传递的过程，该过程属相际间的对流传质问题。对于相际间传质问题，重要的是研究传质速率及其影响因素，而研究传质的速率，首先要清楚传质的机理。

质量传递的方式与热量传递中的导热和对流传热相对应，亦可分为分子传质（扩散）和对流传质两类。

7.3.1 分子扩散与菲克定律

分子传质又称为分子扩散（molecular diffusion），简称为扩散，它是由于分子的无规则热运动而形成的物质传递现象。分子传质在气相、液相和固相中均能发生。

1. 分子扩散

如图 7-7 所示，用一块隔板将容器分为左右两室，两室中分别充入温度及压力相同，而浓度不同的 A、B 两种气体。设在左室中，组分 A 的浓度高于右室，而组分 B 的浓度低于右室。当隔板抽出后，由于气体分子的无规则热运动，左室中的

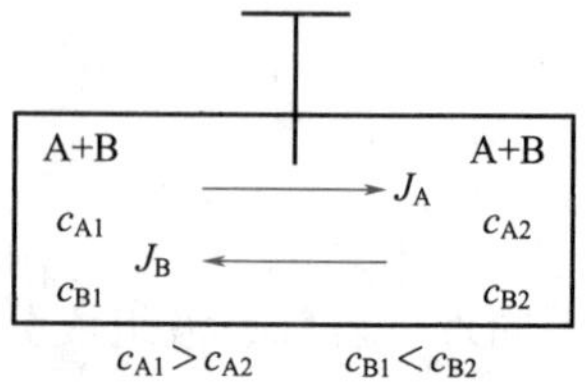

图 7-7 分子扩散现象

A、B 分子会扩散到右室，同时，右室中的 A、B 分子亦会扩散到左室。左右两室交换的分子数虽相等，但因左室 A 的浓度高于右室，故在同一时间内 A 分子进入右室较多而返回左室较少。同理，B 分子进入左室较多返回右室较少，最终结果必然是物质 A 自左向右传递，而物质 B 自右向左传递，即物质各自沿其浓度降低的方向传递。

上述扩散过程将一直进行到整个容器中 A、B 两种物质的浓度完全均匀为止，此时，通过任一截面物质 A、B 的净扩散通量为零，但扩散仍在进行，只是左、右两方向物质的扩散通量相等，系统处于扩散的动态平衡中。

2. 菲克定律

扩散过程进行的快慢可用扩散通量描述，其数学表达式为

$$J_A=-D_{AB}\frac{dc_A}{dz} \tag{7-14}$$

及

$$J_B=-D_{BA}\frac{dc_B}{dz} \tag{7-15}$$

式中 J_A、J_B——组分 A、B 的扩散通量，$kmol/(m^2 \cdot s)$；

$\frac{dc_A}{dz}$、$\frac{dc_B}{dz}$——组分 A、B 在扩散方向的浓度梯度，$(kmol/m^3)/m$；

D_{AB}——组分 A 在组分 B 中的扩散系数，m^2/s；

D_{BA}——组分 B 在组分 A 中的扩散系数，m^2/s。

上述表达式称为费克定律，由阿道夫·菲克于 1855 提出，其物理意义为在发生扩散时，任何一点的扩散通量与该位置的浓度梯度成正比。费克定律只适用于由于分子无规则热运动而引起的扩散过程。

对于两组分扩散系统，尽管组分 A、B 各自的摩尔浓度皆随位置不同而变化，但在恒温下，总摩尔浓度为常数，即

$$C=c_A+c_B=\text{常数} \tag{7-16}$$

由式 7-16 可得

$$\frac{dc_A}{dz}=-\frac{dc_B}{dz} \tag{7-17}$$

两组分扩散时，以下关系成立

$$J_A=-J_B \tag{7-18}$$

因此可得

$$D_{AB}=D_{BA} \tag{7-19}$$

式 7-19 表明，在两组分扩散系统中，组分 A 与组分 B 的相互扩散系数相等。

3. 主体流动现象

实际上，主体流动现象经常出现在分子扩散过程中。如用水吸收空气中的溶质氨，设 A、B 分别为氨和空气，由于 A 为溶质，可溶解于水中，而 B 不能在水中溶解。这样，组分 A 可通过相界面进入液相，而组分 B 不能进入液相。由于 A 分子不断通过相界面进入液相，在相界面的气相一侧会留下“空穴”，导致此处气相压力降低，由于存在压差作为推动力，混合气体便会自动地向界面流动，这样就发生了 A、B 两种分子同时流向相界面的运动，这种运动就形成了混合物的主体流动（bulk flow）。此时，由于组分 B 不能通过相界面，当组

分 B 随主体流动运动到相界面后，又以分子扩散形式返回气相主体中，故组分 B 的传质通量为零，该过程如图 7-8 所示。

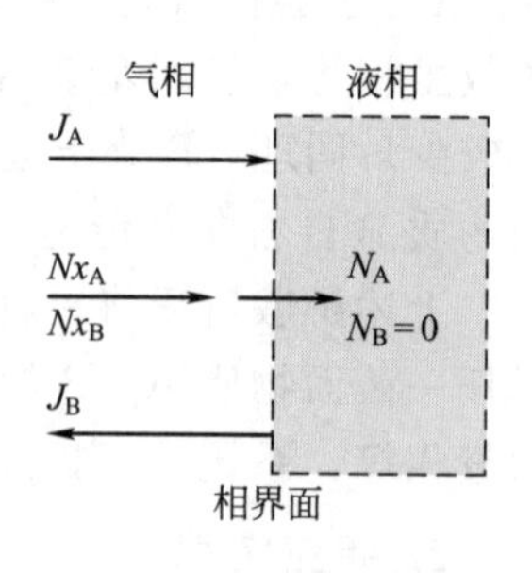

图 7-8　吸收过程各传质通量的关系

如上所述，若在分子扩散的同时伴有混合物的主体流动，则组分 A 的传质通量应等于由于分子扩散所形成的扩散通量与由于主体流动所形成的主体流动通量之和，即

$$N_A = J_A + x_A N \tag{7-20}$$

或

$$N_A = -D_{AB}\frac{dc_A}{dz} + x_A N \tag{7-21}$$

式中　N_A——组分 A 的传质通量，kmol/(m^2·s)；

N——组分总传质通量，kmol/(m^2·s)；

x_A——组分 A 的摩尔分数。

式 7-21 为费克定律的普遍表达形式。

7.3.2　气相中的稳态分子扩散

在质量传递过程中，分子扩散有两种形式，即双向扩散（等分子反方向扩散）和单向扩散（一组分通过另一组分的扩散）

1. 等分子反方向扩散（equimolar diffusion）

如图 7-9 所示，用一段直径均匀的圆管将两个很大的容器连通，两容器内分别充有浓度不同的 A、B 两种气体，其中 $c_{A1} > c_{A2}$、$c_{B1} < c_{B2}$。设两容器内混合气体的温度及总压相同，两容器内均装有搅拌器，以保持各自浓度均匀。显然，由于连通管两端存在浓度差，在连通管内将发生分子扩散现象，使组分 A 向右传递而组分 B 向左传递。因两容器内总压相同，所以连通管内任一截面上，组分 A 的传质通量与组分 B 的传质通量相等，但方向相反，故称之为等分子反方向扩散。

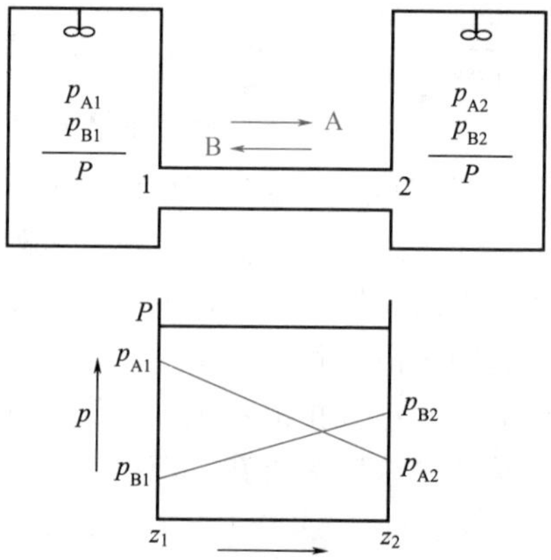

图 7-9　等分子反方向扩散示意图

对于等分子反方向扩散过程，有

$$N_A = -N_B$$

因此得

$$N = N_A + N_B = 0$$

将以上关系代入式 7-21，可得

$$N_A = J_A = -D_{AB}\frac{dc_A}{dz} \tag{7-22}$$

参考图 7-9，式 7-22 的边界条件为

$z=z_1$ 时，$c_A = c_{A1}$；$z=z_2$ 时，$c_A = c_{A2}$

求解式 7-22，并代入边界条件得

$$N_A = J_A = \frac{D_{AB}}{\Delta z}(c_{A1} - c_{A2}) \tag{7-23}$$

$$\Delta z = z_2 - z_1 \tag{7-24}$$

当扩散系统处于低压时，气相适用理想气体状态方程，于是

$$c_A = \frac{p_A}{RT}$$

将上述关系代入式 7-23 中，得

$$N_A = J_A = \frac{D_{AB}}{RT\Delta z}(p_{A1} - p_{A2}) \tag{7-25}$$

式 7-23、式 7-25 即为 A、B 两组分作等分子反方向稳态扩散时的传质通量表达式，依此式可计算出组分 A、B 的传质通量。

2. 一组分通过另一惰性组分的扩散（one-way diffusion）

如图 7-10 所示，设由 A、B 两组分组成的二元混合物中，组分 A 为扩散组分，组分 B 为不扩散组分（称为惰性组分），组分 A 通过惰性组分 B 进行扩散，称为一组分通过另一惰性组分的扩散。该扩散过程多在吸收操作中遇到，例如用水吸收空气中氨的过程，气相中氨（组分 A）通过不扩散的空气（组分 B）扩散至气液相界面，然后溶于水中，而空气在水中可认为是不溶解的，不参与传质过程，故它并不能通过气液相界面。

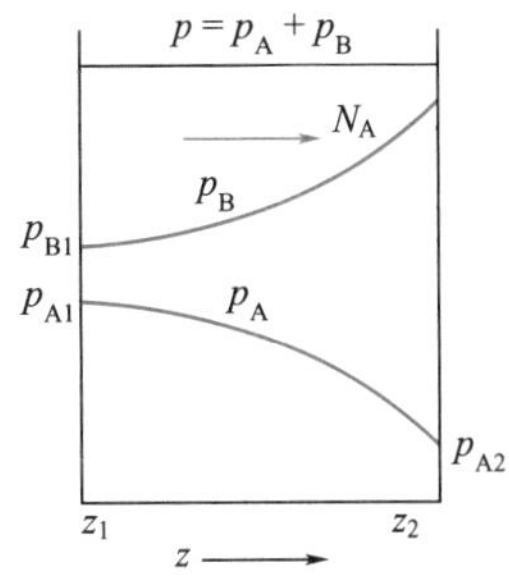

图 7-10　一组分通过另一惰性组分扩散示意图

由于组分 B 为不扩散组分，$N_B=0$，有

$$N = N_A + N_B = N_A$$

将上式代入式 7-21，可得

$$N_A = -D_{AB}\frac{dc_A}{dz} + x_A N_A = -D_{AB}\frac{dc_A}{dz} + \frac{c_A}{C}N_A$$

整理得

$$N_A = \frac{D_{AB}C}{C - c_A} \times \frac{dc_A}{dz} \tag{7-26}$$

在系统中取 z_1 和 z_2 两个平面，设组分 A、B 在平面 z_1 处的摩尔浓度分别为 c_{A1}、c_{B1}，z_2 处的摩尔浓度分别为 c_{A2}、c_{B2}，且 $c_{A1} > c_{A2}$、$c_{B1} < c_{B2}$，系统的总摩尔浓度 C 恒定。则式 7-26 的边界条件为

$z = z_1$ 时，$c_A = c_{A1}$

$z = z_2$ 时，$c_A = c_{A2}$

求解式 7-26，并代入边界条件得

$$N_A = \frac{D_{AB}C}{\Delta z}\ln\frac{C - c_{A2}}{C - c_{A1}} \tag{7-27}$$

或

$$N_A = \frac{D_{AB}P}{RT\Delta z}\ln\frac{P - p_{A2}}{P - p_{A1}} \tag{7-28}$$

式 7-27、式 7-28 即为组分 A 通过惰性组分 B 的稳态扩散时的传质通量表达式，依此可计算组分 A 的传质通量。

由于扩散过程中总压 P 不变，可得

$$p_{B2} = P - p_{A2}$$

$$p_{B1} = P - p_{A1}$$

有

$$p_{B2} - p_{B1} = p_{A1} - p_{A2}$$

于是

$$N_A=\frac{D_{AB}P}{RT\Delta z}\times\frac{p_{A1}-p_{A2}}{p_{B2}-p_{B1}}\ln\frac{p_{B2}}{p_{B1}}$$

令

$$p_{BM}=\frac{p_{B2}-p_{B1}}{\ln\frac{p_{B2}}{p_{B1}}}$$

p_{BM} 称为组分 B 的对数平均分压。据此，得

$$\boxed{N_A=\frac{D_{AB}P}{RT\Delta z p_{BM}}(p_{A1}-p_{A2})} \tag{7-29}$$

比较式 7-29 与式 7-25 可知，组分 A 通过惰性组分 B 扩散的传质通量为其进行等分子反方向扩散的传质通量的 P/p_{BM} 倍。P/p_{BM} 反映了主体流动对传质速率的影响，定义为“漂流因数”。因 $P>p_{BM}$，所以漂流因数 $P/p_{BM}>1$，这表明由于有主体流动而使物质 A 的传递速率较之单纯的分子扩散要大一些。当混合气体中组分 A 的浓度很低时，由于 $p_{BM}\approx P$，有 $P/p_{BM}\approx 1$，式 7-29 即可简化为式 7-25。

7.3.3 液相中的稳态分子扩散

研究物质在液体中的扩散与在气体中的扩散同样具有重要的意义。但对液体而言，由于存在浓度分布差异，并且液相中的扩散速度远小于气相中的扩散速度，扩散过程更加复杂，对其扩散规律远不及气体研究的充分，因此只能仿效气体中的速率关系式写出液体中的相应关系式。

在稳态扩散时，气体的扩散系数 D 及总浓度 C 均为常数，而液体中的扩散系数随浓度而变，且总浓度在整个液相中也并非保持一致，一般以平均扩散系数和平均总浓度来代替。与气体扩散情况一样，液体扩散也有常见的两种情况，即组分 A 与组分 B 的等分子反方向扩散和组分 A 通过惰性组分 B 的扩散。下面分别予以讨论。

1. 等分子反方向扩散

与气体中的等分子反方向扩散过程类似，可写出液体中进行等分子反方向扩散时的传质通量方程为

$$N_A=\frac{D'_{AB}}{\Delta z}(c_{A1}-c_{A2}) \tag{7-30}$$

式中　D'_{AB}——组分 A 在溶剂 B 中的平均扩散系数，m^2/s。

2. 一组分通过另一惰性组分的扩散

溶质 A 在惰性的溶剂 B 中的扩散是液体扩散中最重要的方式，在吸收和萃取等操作中都会遇到。例如，用苯甲酸的水溶液与苯接触时，苯甲酸（A）会通过水（B）向相界面扩散，再越过相界面进入苯相中去，在相界面处，水不扩散，故 $N_B=0$。与气体中的一组分通过另一惰性组分的扩散过程类似，可写出液体中一组分通过另一惰性组分扩散时的传质通量方程为

$$N_A=\frac{D'_{AB}}{\Delta z}\times\frac{C}{c_{BM}}(c_{A1}-c_{A2}) \tag{7-31}$$

式中　C——溶液的平均总浓度，$kmol/m^3$；

c_{BM}——惰性组分 B 的对数平均摩尔浓度，kmol/m^3，其定义为

$$c_{BM}=\frac{c_{B2}-c_{B1}}{\ln\frac{c_{B2}}{c_{B1}}} \tag{7-32}$$

7.3.4 扩散系数

分子扩散系数简称扩散系数（diffusivity），它是物质的特性常数之一。扩散系数是计算分子扩散通量的关键。

物质的扩散系数可由实验测得，或从有关的资料中查得，有时也可由估算公式计算而得。

1. 气体中的扩散系数

（1）扩散系数的影响因素和数据

扩散系数与系统的温度、压力、浓度及物质的性质有关。对于双组分气体混合物，组分的扩散系数在低压下与浓度无关，只是温度和压力的函数。

表 7-2 列举了一些物质在空气中的扩散系数，其值一般在 $1\times10^{-5}\sim1\times10^{-4}$ m^2/s 范围内。

表 7-2　一些物质在空气中的扩散系数（0℃，101.3kPa）

扩散物质	扩散系数 D_{AB} /(cm^2/s)	扩散物质	扩散系数 D_{AB} /(cm^2/s)
H_2	0.611	H_2O	0.220
N_2	0.132	C_6H_6	0.077
O_2	0.178	C_7H_8	0.076
CO_2	0.138	CH_3OH	0.132
HCl	0.130	C_2H_5OH	0.102
SO_2	0.103	CS_2	0.089
SO_3	0.095	$C_2H_5OC_2H_5$	0.078
NH_3	0.170		

（2）扩散系数的测定

测定二元扩散系数的方法有许多种，常用的方法有蒸发管法、双容积法、液滴蒸发法等。由于蒸发管法操作简单，此处重点讨论用该方法测定气体扩散系数的原理。

蒸发管法测定气体扩散系数的装置如图 7-11 所示，装置的主体为一细长的圆管，该圆管置于恒温、恒压的系统内。测定时，将液体 A 注入圆管的底部，使气体 B 缓慢地流过管口。于是，液体 A 汽化并通过气层 B 进行扩散。组分 A 扩散到管口处，即被气体 B 带走，使得管口处的浓度很低，可认为是零，而液面处组分 A 的分压为测定条件下组分 A 的饱和蒸气压。

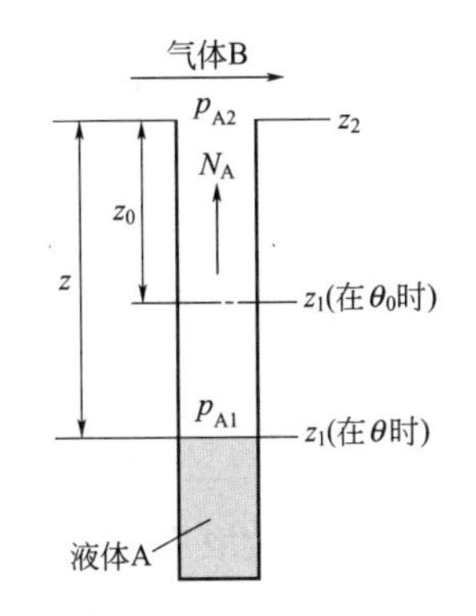

图 7-11　**蒸发管法测定气体扩散系数**

由于蒸发过程扩散速率小，液面下降距离与整个扩散距离相比可以忽略，可把该过程当作稳态过程来处理。

若在扩散过程中，气体 B 不能溶解于液体 A 中，则该过程为组分 A 通过惰性组分 B 的

稳态扩散过程，其扩散通量方程为

$$N_A=\frac{D_{AB}P}{RT\Delta z p_{BM}}(p_{A1}-p_{A2})$$

同时，组分 A 的扩散通量 N_A 也可通过物料衡算获得。设在 $d\theta$ 时间内，液面下降 dz，则

$$\rho_{AL}S dz=N_A S M_A d\theta$$

整理可得

$$N_A=\frac{\rho_{AL}}{M_A}\times\frac{dz}{d\theta}$$

式中　ρ_{AL}——组分 A 的液相密度，kg/m^3；

M_A——组分 A 的摩尔质量，kg/kmol；

S——圆管的横截面积，m^2。

联立以上两式，得

$$\frac{D_{AB}P}{RT\Delta z p_{BM}}(p_{A1}-p_{A2})=\frac{\rho_{AL}}{M_A}\times\frac{dz}{d\theta}$$

代入以下边界条件：$\theta=0$ 时，$z=z_0$；$\theta=\theta$ 时，$z=z_1$。可得

$$\theta=\frac{\rho_{AL}RTp_{BM}}{2D_{AB}PM_A}\times\frac{(z^2-z_0^2)}{(p_{A1}-p_{A2})} \tag{7-33}$$

或

$$D_{AB}=\frac{\rho_{AL}RTp_{BM}}{2PM_A\theta}\frac{(z^2-z_0^2)}{(p_{A1}-p_{A2})} \tag{7-34}$$

测定时，可记录一系列时间间隔与 z 的对应关系，由式 7-34 即可计算出扩散系数 D_{AB}。此法操作简单，设备造价低，精确度高，部分扩散系数由此法获取。

(3) 温度和压力对扩散系数的影响

在中低压（2.5×10^3kPa 以下）范围内，气体扩散系数与温度、压力的关系为

$$\frac{D_2}{D_1}=\left(\frac{p_1}{p_2}\right)\left(\frac{T_2}{T_1}\right)^{3/2} \tag{7-35}$$

式中　D_1——温度为 T_1、压力为 p_1 下的扩散系数，m^2/s；

D_2——温度为 T_2、压力为 p_2 下的扩散系数，m^2/s。

若以 D°表示 101.3kPa 及 273K 条件下的扩散系数，则任意温度 T 和压力 P 时的扩散系数可由下式计算

$$D=D^\circ\frac{1}{P}\left(\frac{T}{273}\right)^n \tag{7-36}$$

式中　n——温度指数。

温度指数取决于系统内气体的性质和温度范围。某些气体的扩散系数 D°、温度指数及适用温度范围列于附录 16 中。

2. 液体中的扩散系数

液体中溶质的扩散系数不仅与物系的种类、温度有关，且随溶质的浓度而变，其值一般在 $1\times10^{-10}\sim1\times10^{-9}m^2/s$ 范围内。

表 7-3 分别列举了一些物质在水中的扩散系数，供计算时参考。

表 7-3　**一些物质在水中的扩散系数**（20℃，稀溶液）

扩散物质	扩散系数 $D'_{AB}\times10^{-9}$ /(m^2/s)	扩散物质	扩散系数 $D'_{AB}\times10^{-9}$ /(m^2/s)
O_2	1.80	HNO_3	2.60
CO_2	1.50	NaCl	1.35
N_2O	1.51	NaOH	1.51
NH_3	1.76	C_2H_2	1.56
Cl_2	1.22	CH_3COOH	0.88
Br_2	1.20	CH_3OH	1.28
H_2	5.13	C_2H_5OH	1.00
N_2	1.64	C_3H_7OH	0.87
HCl	2.64	C_4H_9OH	0.77
H_2S	1.41	C_6H_5OH	0.84
H_2SO_4	1.73	$C_{12}H_{22}O_{11}$（蔗糖）	0.45

7.3.5 对流传质

1. 涡流扩散

物质在湍流流体中的传递，主要依靠流体质点的无规则运动。在湍流流体中，由于存在大量的旋涡运动，引起各部位流体间的剧烈混合，在有浓度差存在的条件下，物质便朝着浓度降低的方向进行传递。这种凭借流体质点的湍动和旋涡来传递物质的现象，称为涡流扩散(eddy diffusion)。

对于涡流扩散，其扩散通量表达式为

$$J_A^e=-\varepsilon_M\frac{dc_A}{dz}\tag{7-37}$$

式中　J_A^e——涡流扩散通量，kmol/(m^2·s)；

ε_M——涡流扩散系数，m^2/s。

在湍流过程中，分子扩散同样存在，但是涡流扩散占主导地位，一般可忽略分子扩散的影响。

应予指出，分子扩散系数 D_{AB} 是物质的物理性质，它仅与温度、压力及组成等因素有关；而涡流扩散系数 ε_M 则与流体的性质无关，它与湍动的强度、流道中的位置、壁面粗糙度等因素有关。因此，涡流扩散系数较难确定。

2. 对流传质

运动流体与固体表面之间，或两个有限互溶的运动流体之间的质量传递过程统称为对流传质。对流传质的速率不仅与质量传递的特性因素（如扩散系数）有关，而且与动量传递的动力学因素（如流速）等密切相关。在化工领域的传质多发生在流体湍流的情况下，此时的对流传质就是湍流主体与相界面之间的涡流扩散和分子扩散两种传质作用的总和。

对流传质与对流传热过程类似，因此可采用与处理对流传热问题类似的方法来解决对流传质问题。与传热的牛顿冷却定律相对应，可写出对流传质表述式

$$\boxed{N_A=k_L\Delta c_A}\tag{7-38}$$

式中　N_A——对流传质通量，kmol/(m^2·s)；

Δc_A——组分A在界面处的浓度与流体主体浓度之差，kmol/m^3；

k_L——对流传质系数，kmol/(m^2·s)。

式7-38称为对流传质速率方程，其中的对流传质系数k_L是以浓度差定义的。因浓度差还可以采用其他单位，故根据不同的浓度表示法，可相应定义出多种形式的对流传质系数。

式7-38既适用于流体作层流运动的情况，也适用于流体作湍流运动的情况，只不过在两种情况下k_L的数值不同。一般而论，k_L与界面的几何形状、流体的物性、流型以及浓度差等因素有关，其中流型的影响最为显著。k_c的确定方法与对流传热系数的确定方法类似。

【例7-4】 某个管状实验装置底部残留的CS_2液体在恒定温度273K下向空气中蒸发。空气压力为1.013×10^5Pa。CS_2蒸气在管内的扩散距离为10cm。此种状态下，CS_2在空气中的扩散系数$D_{AB}=0.089\times10^{-4}\text{m}^2/\text{s}$。试求稳态扩散时$CS_2$的传质通量$N_A$。$CS_2$在273K时的蒸气压为127.3mmHg。

解：首先需判断所求的扩散问题属于何种类型的扩散，此题为组分A(CS_2)通过惰性组分B(空气)的稳态扩散问题。因此，应用式7-29

$$N_A=\frac{D_{AB}P}{RT\Delta z p_{BM}}(p_{A1}-p_{A2})$$

在CS_2液面（即$z=z_1=0$）处，p_{A1}为CS_2的饱和蒸气压

$$p_{A1}=\frac{127.3}{760}\times1.013\times10^5=1.70\times10^4\text{Pa}$$

在管顶部（即$z=z_2=0.10$m）处，由于CS_2的分压很小，可视为零，即

$$p_{A2}=0$$

故

$$p_{B1}=P-p_{A1}=(1.013-0.170)\times10^5=8.43\times10^4\text{Pa}$$

$$p_{B2}=P-p_{A2}=1.013\times10^5\text{Pa}$$

$$p_{BM}=\frac{p_{B2}-p_{B1}}{\ln\dfrac{p_{B2}}{p_{B1}}}=\frac{(1.013-0.843)\times10^5}{\ln\dfrac{1.013\times10^5}{0.843\times10^5}}=9.254\times10^4\text{Pa}$$

故CS_2蒸气的传质通量为

$$N_A=\frac{0.089\times10^{-4}\times1.013\times10^5}{8.314\times273\times0.10\times9.254\times10^4}(1.70\times10^4-0)=7.297\times10^{-4}\text{kmol/(m}^2\cdot\text{s)}$$

7.3.6　吸收过程的机理

吸收过程属于相际传质过程，所涉及的传质机理较为复杂。国内外学者对吸收机理作了大量的研究工作，提出了多种传质模型，其中最具代表性的是双膜模型、溶质渗透模型和表面更新模型。

1. 双膜模型

惠特曼（Whiteman）于1923年提出了双膜模型(two-film theory)，是最早提出的一种传质模型。

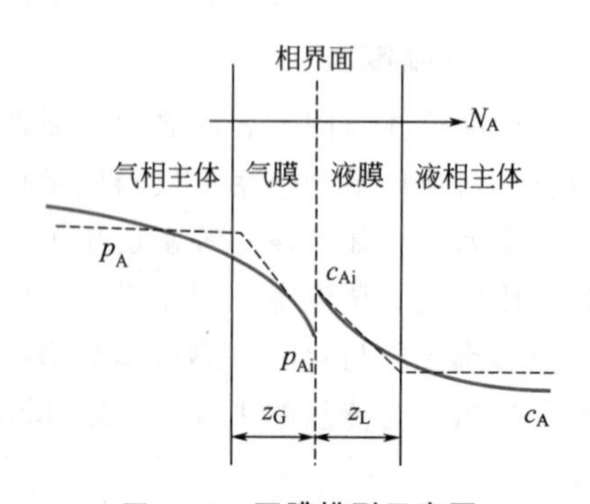

图7-12　双膜模型示意图

惠特曼把两流体间的对流传质过程设想成图7-12所示的模式，几点主要假设如下：

① 当气液两相互相接触时，在气液两相间存在着稳定的相界面，界面的两侧各有一个很薄的停滞膜，气液相两侧各称为“气膜”和“液膜”，溶质 A 以分子扩散传质方式经过两膜层。

② 在气液相界面处，气液两相处于平衡状态。

③ 在气膜、液膜以外的气、液两相主体中，由于流体的强烈湍动传质，各处浓度均匀一致。

双膜模型把复杂的相际传质过程归结为两种流体停滞膜层的分子扩散过程，依此模型，在相界面处及两相主体中均无传质阻力存在。这样，整个相际传质过程的阻力便全部集中在两个停滞膜层内。因此，双膜模型又称为双阻力模型。根据双膜模型的要点，在停滞膜层内进行分子传质。因此，组分 A 通过气膜和液膜的扩散通量方程可分别由式 7-29 和式 7-31 写出，即

$$N_A=\frac{D_{AB}P}{RTz_G p_{BM}}(p_A-p_{Ai})$$

$$N_A=\frac{D'_{AB}}{z_L}\times\frac{C}{c_{BM}}(c_{Ai}-c_A)$$

对流传质速率方程可分别表示为

$$N_A=k_G(p_A-p_{Ai}) \tag{7-39}$$

$$N_A=k_L(c_{Ai}-c_A) \tag{7-40}$$

比较得

$$k_G=\frac{D_{AB}P}{RTz_G p_{BM}} \tag{7-41}$$

$$k_L=\frac{D'_{AB}C}{z_L c_{BM}} \tag{7-42}$$

式中 k_G、k_L 分别表示气、液膜内的对流传质系数。由此可见，对流传质系数 k_G、k_L 可通过分子扩散系数 D_{AB}（D'_{AB}）和气、液膜厚度 z_G、z_L 来计算。气、液膜厚度 z_G、z_L 即为模型参数。

双膜模型为传质模型奠定了初步的基础，用该模型描述具有固定相界面的系统及速度不高的两流体间的传质过程，与实际情况大体符合，按此模型所确定的传质速率关系，至今仍是传质设备设计的主要依据。但是，该模型对传质机理的假定过于简单，双膜模型推导出对流传质系数与扩散系数的一次方成正比，即 $k_G\propto D_{AB}$（$k_L\propto D'_{AB}$）。对许多传质设备，特别是不存在固定相界面的传质设备，双膜模型并不能反映出传质的真实情况，譬如对填料塔这样具有较高传质效率的传质设备而言，k_G（k_L）并不与 D_{AB}（D'_{AB}）的一次方成正比。

2. 溶质渗透模型

溶质渗透模型由希格比（Higbie）于 1935 年提出，该模型为非稳态模型。

希格比把两流体间的对流传质描述成图 7-13 所示的模式。主要假设如下：

① 液体由无数微小的流体单元构成，当气液两相处于湍流状态相互接触时，某些流体单元运动至界面便停滞下来。

② 在气液未接触前（$\theta\leqslant 0$），流体单元中溶质的

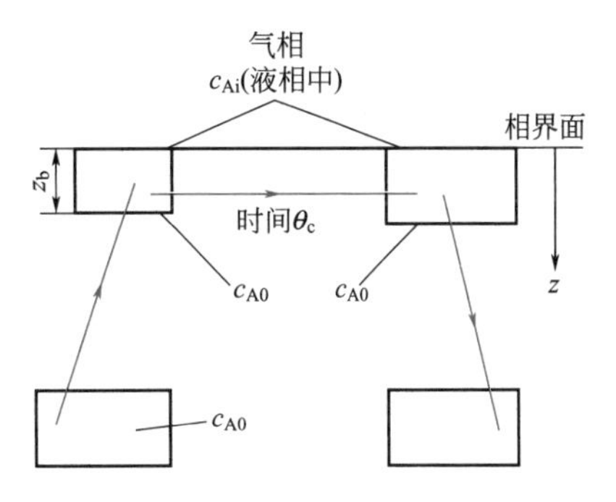

图 7-13　溶质渗透模型示意图

浓度和液相主体的浓度相等（$c_A = c_{A0}$）。接触开始后（$\theta > 0$），相界面处（$z=0$）立即达到与气相的平衡状态（$c_A = c_{Ai}$）。

③ 溶质 A 通过非稳态扩散方式不断地向流体单元中渗透，时间越长，渗透越深。但由于流体单元在界面处暴露的时间是有限的，经过 θ_c 时间后，旧的流体单元即被新的流体单元所置换而回到液相主体中去，故在流体单元深处（$z = z_b$），仍保持原来的主体浓度（$c_A = c_{A0}$）。流体单元不断进行交换，每批流体单元在界面暴露的时间 θ_c 都是一样的。

根据溶质渗透模型，可导出组分 A 的传质通量为

$$N_A = \sqrt{\frac{4D'_{AB}}{\pi\theta_c}}(c_{Ai} - c_{A0}) \tag{7-43}$$

对流传质速率方程为

$$N_A = k_L(c_{Ai} - c_{A0}) \tag{7-44}$$

比较可得

$$\boxed{k_L = \sqrt{\frac{4D'_{AB}}{\pi\theta_c}}} \tag{7-45}$$

式 7-45 即为用溶质渗透模型导出的对流传质系数计算式。由该式可看出，对流传质系数 k_L 可通过分子扩散系数 D'_{AB}和暴露时间 θ_c 计算，暴露时间 θ_c 即为模型参数。

由式 7-45 还可看出，传质系数 k_L 与分子扩散系数 D'_{AB}的平方根成正比，该结论已由施伍德等人在填料塔及短湿壁塔中的实验数据所证实。

应予指出，溶质渗透模型更能准确地描述气液间的对流传质过程，但该模型的模型参数 θ_c 求算较为困难，使其应用受到一定的限制。

3. 表面更新模型

丹克沃茨（Danckwerts）于 1951 年对溶质渗透模型进行了研究与修正，提出了表面更新模型，又称为渗透-表面更新模型。

该模型同样认为溶质向液相内部的传质为非稳态分子扩散过程，但它否定表面上的流体单元有相同的暴露时间，而认为液体表面是由具有不同暴露时间（或称“年龄”）的液面单元所构成。为此，丹克沃茨提出了年龄分布的概念，即界面上各种不同年龄的液面单元都存在，只是年龄越大者，占据的比例越小。针对液面单元的年龄分布，丹克沃茨假定了一个表面年龄分布函数，同时提出了不论界面上液面单元的暴露时间多长，其被置换的概率是均等的，即更新频率与年龄无关。单位时间内表面被置换的分数称为表面更新率，用符号 S 表示，则任何年龄的液面单元在 $d\theta$ 时间内被置换的分数均为 $Sd\theta$。

根据上述假定，可导出组分 A 的传质通量为

$$N_A = \sqrt{D'_{AB}S}(c_{Ai} - c_{A0}) \tag{7-46}$$

与式 7-44 比较得

$$\boxed{k_L = \sqrt{D'_{AB}S}} \tag{7-47}$$

式 7-47 即为用表面更新模型导出的对流传质系数计算式。由该式可见，对流传质系数 k_L 可通过分子扩散系数 D'_{AB}和表面更新率 S 计算而得，表面更新率 S 即为模型参数。显然，由表面更新模型得出的传质系数与扩散系数之间的关系与溶质渗透模型是一致的，即 $k_L \propto (D'_{AB})^{1/2}$。

应予指出，传质模型的建立，不仅使对流传质系数的确定得以简化，还可据此对传质过

程及设备进行分析，确定适宜的操作条件，并对设备的强化、新型高效设备的开发等作出指导。但是由于工程上应用的传质设备类型繁多，传质机理又极其复杂，所以至今尚未建立一种普遍化的比较完善的传质模型。为了便于学习和理解，本章仍以双膜模型为基础进行讨论。

7.3.7 吸收速率方程

单位相际传质面积上单位时间内传递的溶质量称为吸收速率。要设计完成指定任务所需的吸收设备的尺寸，或核算指定设备能否达到吸收工艺指标，都需要知道吸收速率。描述吸收速率与吸收推动力之间关系的数学表达式即为吸收速率方程。与传热等其他传递过程一样，吸收过程的速率关系也遵循“过程速率=过程推动力/过程阻力”的一般关系式，其中的推动力是指浓度差，吸收阻力的倒数称为吸收系数。因此，吸收速率关系又可表示成“吸收速率=吸收系数×推动力”的形式。

1. 膜吸收速率方程

对于稳态吸收操作，在吸收设备内的任一部位上，相界面两侧的气、液膜层中的传质速率应是相等的（否则会在相界面处有溶质积累）。因此，其中任何一侧停滞膜中的传质速率都能代表该部位上的吸收速率。单独根据气膜或液膜的推动力及阻力写出的速率关系式称为气膜或液膜吸收速率方程，相应的吸收系数称为膜系数或分系数。

（1）气膜吸收速率方程

气相停滞膜层内的吸收速率方程参照式 7-39 写出，即

$$N_A=k_G(p-p_i) \tag{7-48}$$

式中 k_G——气膜吸收系数，$kmol/(m^2 \cdot s \cdot kPa)$；

$p-p_i$——溶质 A 在气相主体中的分压与相界面处的分压差，kPa。

式 7-48 也可写成如下的形式，即

$$N_A=\frac{p-p_i}{\frac{1}{k_G}}$$

$1/k_G$ 即表示气膜的传质阻力，其表达形式是与气膜推动力（$p-p_i$）相对应的。

当气相组成以摩尔分数表示时，相应的气膜吸收速率方程为

$$N_A=k_y(y-y_i) \tag{7-49}$$

式中 k_y——气膜吸收系数，$kmol/(m^2 \cdot s)$；

$y-y_i$——溶质 A 在气相主体中的摩尔分数与相界面处的摩尔分数差。

同理，$1/k_y$ 也表示气膜的传质阻力，其表达形式是与气膜推动力（$y-y_i$）相对应的。

当气相处于低压时，由道尔顿分压定律可知

$$p=Py \qquad p_i=Py_i$$

将以上两式代入式 7-48，并与式 7-49 比较可得

$$k_y=Pk_G \tag{7-50}$$

（2）液膜吸收速率方程

液相停滞膜层内的吸收速率方程可参照式 7-40 写出，即

$$N_A=k_L(c_i-c) \tag{7-51}$$

式中 k_L——液膜吸收系数，$kmol/(m^2 \cdot s \cdot kmol/m^3)$ 或 m/s；

$c_i - c$——溶质 A 在相界面处的摩尔浓度与液相主体中的摩尔浓度差，$kmol/m^3$。

式 7-48 也可写成如下的形式，即

$$N_A = \frac{c_i - c}{\frac{1}{k_L}}$$

$1/k_L$ 表示吸收质通过液膜的传质阻力，其表达形式是与液膜推动力（$c_i - c$）相对应的。

当液相组成以摩尔分数表示时，相应的液膜吸收速率方程为

$$N_A = k_x(x_i - x) \tag{7-52}$$

式中　k_x——液膜吸收系数，$kmol/(m^2 \cdot s)$；

$x_i - x$——溶质 A 在相界面处的摩尔分数与液相主体中的摩尔分数差。

同理，$1/k_x$ 也表示吸收质通过液膜的传质阻力，其表达形式是与液膜推动力（$x_i - x$）相对应的。

因为　$c_i = Cx_i \qquad c = Cx$

将以上两式代入式 7-51，并与式 7-52 比较可得

$$k_x = Ck_L \tag{7-53}$$

（3）界面浓度

在上述各膜吸收速率方程中，都含有界面浓度。因此，要使用膜吸收速率方程，就必须解决如何确定界面浓度的问题。

由双膜理论可知，界面处的气液组成符合平衡关系。且在稳态下，气、液两膜中的传质速率相等。

由此可得

$$N_A = k_G(p - p_i) = k_L(c_i - c)$$

所以

$$\frac{p - p_i}{c - c_i} = -\frac{k_L}{k_G} \tag{7-54}$$

式 7-54 表明，在直角坐标系中，p_i-c_i 关系是一条通过定点 $A(c, p)$ 而斜率为 $-k_L/k_G$ 的直线，该直线与平衡线 OE 交点的横、纵坐标分别是界面上的液相摩尔浓度 c_i、气相分压 p_i，如图 7-14 所示。

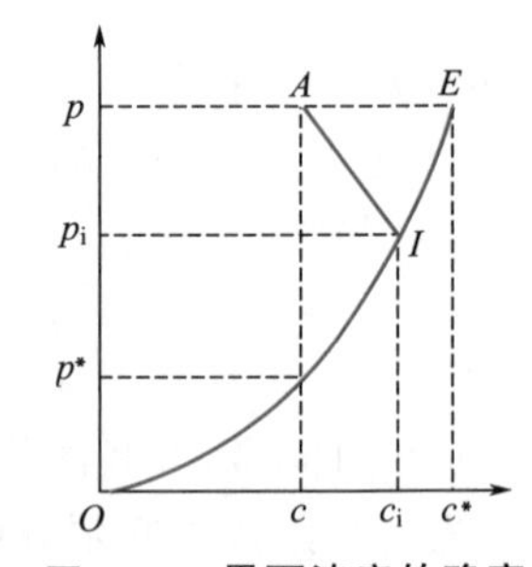

图 7-14　界面浓度的确定

2. 总吸收速率方程

为避开界面浓度难以测定的难题，可采用类似于间壁传热的处理方法。在研究间壁传热的速率时，为了避开难以测定的壁面温度，引入了总传热系数、总传热推动力等概念。对于吸收过程，同样可以采用两相主体组成的某种差值来表示总推动力，从而写出相应的总吸收速率方程。这种速率方程中的吸收系数，称为总吸收系数，以 K 表示，总系数的倒数即为总阻力，总阻力是两膜传质阻力之和。

吸收过程之所以能自发地进行，就是因为两相主体组成尚未达到平衡，一旦任何一相主体组成与另一相主体组成达到了平衡，推动力便等于零。因此，吸收过程的总推动力应该用任何一相的主体组成与其平衡组成的差值来表示。

（1）以（$p - p^*$）表示总推动力的吸收速率方程

若吸收系统服从亨利定律或平衡关系在吸收过程所涉及的组成范围内为直线，则

$$p^* = \frac{c}{H}$$

根据双膜模型，相界面上两相互成平衡，则

$$p_i = \frac{c_i}{H}$$

将以上两式代入式 7-51，并整理得

$$\frac{N_A}{k_L H} = (p_i - p^*)$$

由气膜吸收速率方程可得

$$N_A / k_G = (p - p_i)$$

上两式相加可得

$$N_A\left(\frac{1}{Hk_L} + \frac{1}{k_G}\right) = p - p^* \tag{7-55}$$

令

$$\boxed{\frac{1}{K_G} = \frac{1}{Hk_L} + \frac{1}{k_G}} \tag{7-56}$$

则

$$N_A = K_G(p - p^*) \tag{7-55a}$$

式中　K_G——气相总吸收系数，kmol/(m^2·s·kPa)；

　　p^*——与液相主体浓度 c 成平衡的气相分压，kPa。

式 7-55a 即为以（$p - p^*$）为总推动力的吸收速率方程，也称为气相总吸收速率方程。总吸收系数的倒数 $1/K_G$ 为总阻力。由式 7-55 可看出，总阻力是由气膜阻力 $1/k_G$ 和液膜阻力 $1/Hk_L$ 两部分组成的。

对于易溶气体，H 值很大，在 k_G 与 k_L 数量级相同或接近的情况下存在如下的关系

$$\frac{1}{Hk_L} \ll \frac{1}{k_G}$$

此时传质总阻力的绝大部分存在于气膜之中，液膜阻力可忽略，式 7-55 可简化为

$$\frac{1}{K_G} \approx \frac{1}{k_G} \qquad \text{或} \qquad K_G \approx k_G$$

该式表明气膜阻力控制着整个吸收过程的速率，吸收的总推动力主要用来克服气膜阻力，这种情况称为“气膜控制（gas-film control）”。用水吸收氨、氯化氢等过程，通常都被视为气膜控制的吸收过程。

气膜控制如图 7-15 所示。由图 7-15 可看出，对于气膜控制过程，以下关系成立，即

$$p - p^* \approx p - p_i$$

显然，对于气膜控制的吸收过程，若要提高其吸收速率，在选择设备及确定操作条件时应重点考虑减少气膜阻力。

(2) 以（$c^* - c$）表示总推动力的吸收速率方程

若吸收系统服从亨利定律或平衡关系在吸收过程所涉及的组成范围内为直线，则

$$p = \frac{c^*}{H} \qquad p^* = \frac{c}{H}$$

将上两式带入式 7-55，可得

$$N_A\left(\frac{1}{k_L} + \frac{H}{k_G}\right) = c^* - c \tag{7-57}$$

可导出以（c^*-c）表示总推动力的吸收速率方程为

$$N_A=K_L(c^*-c) \tag{7-57a}$$

其中

$$\boxed{\frac{1}{K_L}=\frac{1}{k_L}+\frac{H}{k_G}} \tag{7-58}$$

式中 K_L——液相总吸收系数，$kmol/(m^2 \cdot s \cdot kmol/m^3)$ 或 m/s；

c^*——与气相分压 p 成平衡的液相摩尔浓度，$kmol/m^3$。

式 7-57a 为以（c^*-c）为总推动力的吸收速率方程，也称为液相总吸收速率方程。总吸收系数的倒数 $1/K_L$ 为两膜总阻力。由式 7-58 可看出，此总阻力是由气膜阻力 H/k_G 和液膜阻力 $1/k_L$ 两部分构成的。

对于难溶气体，H 值很小，在 k_G 与 k_L 数量级相同或接近的情况下存在如下的关系，即

$$\frac{H}{k_G}\ll\frac{1}{k_L}$$

此时传质阻力的绝大部分存在于液膜之中，气膜阻力可以忽略，式 7-58 可简化为

$$\frac{1}{K_L}\approx\frac{1}{k_L} \quad 或 \quad K_L\approx k_L$$

该式表明液膜阻力控制着整个吸收过程的速率，吸收总推动力的绝大部分用于克服液膜阻力，这种情况称为“液膜控制（liquid-film control)”。用水吸收氧、二氧化碳等过程，通常都被视为液膜控制的吸收过程。

液膜控制如图 7-16 所示，由图可看出，对于液膜控制过程，以下关系成立，即

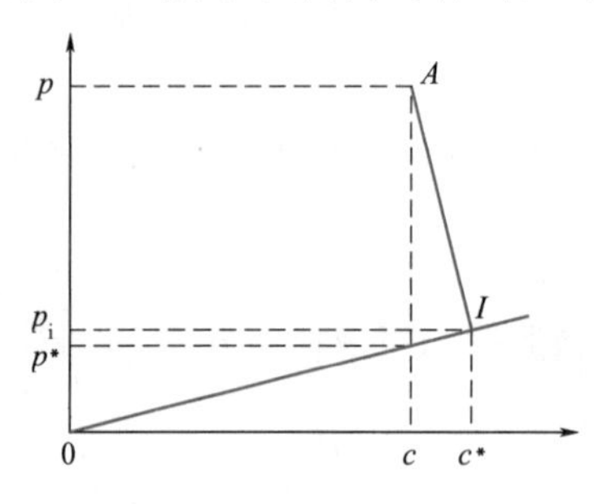

图 7-15 **气膜控制示意图**

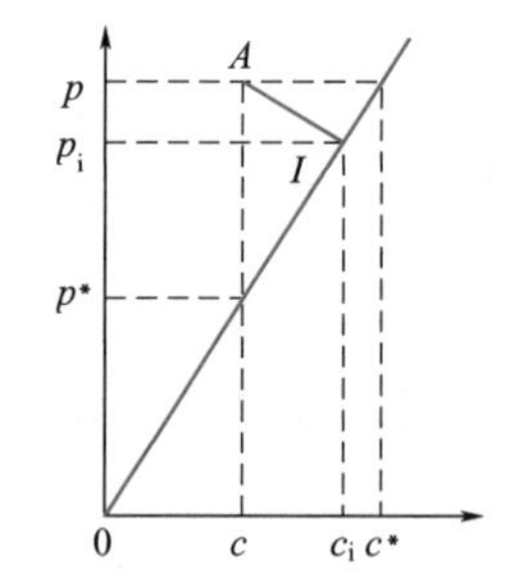

图 7-16 **液膜控制示意图**

$$c^*-c\approx c_i-c$$

类似地，对于液膜控制的吸收过程，若要提高其吸收速率，在选择设备及确定操作条件时应重点考虑减少液膜阻力。

一般情况下，对于具有中等溶解度的气体吸收过程，气膜和液膜共同控制着整个吸收过程，气膜阻力和液膜阻力均不可忽略，该过程称为双膜控制，用水吸收二氧化硫等过程就属于双膜控制的吸收过程。

(3) 以（$y-y^*$）表示总推动力的吸收速率方程

若气液相平衡关系符合亨利定律，则有

$$x=\frac{y^*}{m}$$

根据双膜理论，可得

$$x_i=\frac{y_i}{m}$$

将上述二式代入式 7-52，并整理得

$$N_A \frac{m}{k_x} = (y_i - y^*)$$

由式 7-49 可得

$$N_A / k_y = (y - y_i)$$

将以上两式相加得

$$N_A \left(\frac{m}{k_x} + \frac{1}{k_y} \right) = y - y^*$$

令

$$\boxed{\frac{1}{K_y} = \frac{m}{k_x} + \frac{1}{k_y}} \tag{7-59}$$

则

$$N_A = K_y (y - y^*) \tag{7-60}$$

式中　K_y——气相总吸收系数，$kmol/(m^2 \cdot s)$；

　　y^*——与液相主体摩尔分数 x 成平衡的气相摩尔分数。

式 7-60 即为以（$y-y^*$）为总推动力的吸收速率方程，它是气相总吸收速率方程的另一种表示形式。式中总吸收系数的倒数 $1/K_y$ 为吸收总阻力，即两膜阻力之和。

（4）以（x^*-x）表示总推动力的吸收速率方程

同理，可导出以（x^*-x）表示总推动力的吸收速率方程为

$$N_A = K_x (x^* - x) \tag{7-61}$$

其中

$$\boxed{\frac{1}{K_x} = \frac{1}{k_x} + \frac{1}{mk_y}} \tag{7-62}$$

式中　K_x——液相总吸收系数，$kmol/(m^2 \cdot s)$；

　　x^*——与气相主体摩尔分数 y 成平衡的液相摩尔分数。

将式 7-60 与式 7-61 比较可得

$$K_x = mK_y \tag{7-63}$$

（5）以（$Y-Y^*$）表示总推动力的吸收速率方程

在吸收计算中，当溶质含量较低时，通常采用摩尔比表示组成较为方便，故常用到以（$Y-Y^*$）表示总推动力的吸收速率方程。

若操作总压力为 P，根据道尔顿分压定律可知

$$p = Py$$

又

$$y = \frac{Y}{1+Y}$$

故

$$p = P \frac{Y}{1+Y}$$

同理

$$p^* = P \frac{Y^*}{1+Y^*}$$

将以上二式代入式 7-56 得

$$N_A = K_G \left(P \frac{Y}{1+Y} - P \frac{Y^*}{1+Y^*} \right)$$

整理得

$$N_A = \frac{K_G P}{(1+Y)(1+Y^*)} (Y - Y^*)$$

令
$$K_Y=\frac{K_G P}{(1+Y)(1+Y^*)} \tag{7-64}$$

则
$$\boxed{N_A=K_Y(Y-Y^*)} \tag{7-65}$$

式中　K_Y——气相总吸收系数，kmol/(m^2·s)；

Y^*——与液相组成 X 成平衡的气相组成。

式 7-65 即为以（$Y-Y^*$）表示总推动力的吸收速率方程，式中总吸收系数的倒数$1/K_Y$为两膜总阻力。

当吸收质在气相中的组成很低时，Y 和 Y^* 都很小，式 7-64 右端的分母接近于 1，于是

$$\boxed{K_Y \approx K_G P} \tag{7-66}$$

（6）以（X^*-X）表示总推动力的吸收速率方程

采用类似的方法可导出以（X^*-X）表示总推动力的吸收速率方程

$$\boxed{N_A=K_X(X^*-X)} \tag{7-67}$$

其中
$$K_X=\frac{K_L C}{(1+X^*)(1+X)} \tag{7-68}$$

式中　K_X——液相总吸收系数，kmol/(m^2·s)；

X^*——与气相组成 Y 成平衡的液相组成。

式 7-67 即为以（X^*-X）表示总推动力的吸收速率方程，式中总吸收系数的倒数 $1/K_X$ 为两膜总阻力。

当溶质在液相中的组成很低时，X^* 和 X 都很小，式 7-68 右端的分母接近于 1，于是有

$$K_X \approx K_L C \tag{7-69}$$

3. 吸收速率方程小结

基于不同组成表示的推动力，可写出相应的吸收速率方程。如表 7-4 所示，一般可将常用的吸收速率方程分为两类：一类是与膜系数相对应的速率方程，采用一相主体与界面处的组成之差表示，如表中前 4 个方程。另一类是与总吸收系数相对应的速率方程，采用任一相主体组成与另一相溶质组成相对应的平衡组成之差表示推动力，如表中后 6 个速率方程。

表 7-4　吸收速率方程一览表

吸收速率方程	推动力		吸收系数	
	表达式	单位	符号	单位
$N_A=k_G(p-p_i)$	$(p-p_i)$	kPa	k_G	kmol/(m^2·s·kPa)
$N_A=k_L(c_i-c)$	(c_i-c)	kmol/m^3	k_L	kmol/(m^2·s·kmol/m^3)或 m/s
$N_A=k_y(y-y_i)$	$(y-y_i)$		k_y	kmol/(m^2·s)
$N_A=k_x(x_i-x)$	(x_i-x)		k_x	kmol/(m^2·s)
$N_A=K_G(p-p^*)$	$(p-p^*)$	kPa	K_G	kmol/(m^2·s·kPa)
$N_A=K_L(c^*-c)$	(c^*-c)	kmol/m^3	K_L	kmol/(m^2·s·kmol/m^3)或 m/s
$N_A=K_y(y-y^*)$	$(y-y^*)$		K_y	kmol/(m^2·s)
$N_A=K_x(x^*-x)$	(x^*-x)		K_x	kmol/(m^2·s)
$N_A=K_Y(Y-Y^*)$	$(Y-Y^*)$		K_Y	kmol/(m^2·s)
$N_A=K_X(X^*-X)$	(X^*-X)		K_X	kmol/(m^2·s)

使用吸收速率方程应注意以下几点。

① 上述的各种吸收速率方程是等效的。采用任何吸收速率方程均可计算吸收过程的速率。

② 任何吸收系数的单位都是 $kmol/(m^2 \cdot s \cdot$ 单位推动力)。当推动力以量纲为 1 的摩尔分数或摩尔比表示时，吸收系数的单位简化为 $kmol/(m^2 \cdot s)$，即与吸收速率的单位相同。

③ 必须注意各吸收速率方程中的吸收系数与吸收推动力的正确搭配及其单位的一致性。吸收系数的倒数即表示吸收过程的阻力，阻力的表达形式也必须与推动力的表达形式相对应。

④ 上述各吸收速率方程，都是以气液组成保持不变为前提的，因此只适合于描述稳态操作的吸收塔内任一横截面上的速率关系，而不能直接用来描述全塔的吸收速率。

⑤ 在使用与总吸收系数相对应的吸收速率方程时，在整个过程所涉及的组成范围内，平衡关系须为直线。

【例 7-5】 已知某低浓度气体溶质被吸收时，平衡关系服从亨利定律，气、液膜吸收系数分别为 $k_G=2.56\times10^{-7}kmol/(m^2 \cdot s \cdot kPa)$ 和 $k_L=6.86\times10^{-5}m/s$，溶解度系数为 $H=1.48kmol/(m^3 \cdot kPa)$。试求液相总吸收系数 K_L，并分析该吸收过程的控制因素。

解：因系统符合亨利定律，故可按式 7-58 计算液相总吸收系数 K_L

$$\frac{1}{K_L}=\frac{H}{k_G}+\frac{1}{k_L}=\frac{1.48}{2.56\times10^{-7}}+\frac{1}{6.86\times10^{-5}}=5.79\times10^6$$

$$K_L=\frac{1}{5.79\times10^6}=1.73\times10^{-7}m/s$$

由计算可知，液膜阻力为 $1.46\times10^4 s/m$，气膜阻力为 $5.78\times10^6 s/m$，液膜阻力远小于气膜阻力，故该吸收过程为气膜控制。

7.4 吸收塔的计算

在工业生产中，吸收操作多采用塔式设备，既可采用气液两相在塔内逐级接触的板式塔，也可采用气液两相在塔内连续接触的填料塔。工业生产中，以填料塔为主，故本节对于吸收过程计算的讨论结合填料塔进行。

填料塔内的气液两相接触方式有逆流和并流，由于逆流接触平均推动力大，工业上采用较多。逆流时，塔内液体作为分散相，总是依靠重力自上而下地流动；气体靠压差的作用从塔底逆流进入而从塔顶排出，并流时则相反。

吸收塔的工艺计算，首先是在选定吸收剂的基础上确定吸收剂用量，继而计算塔的主要工艺尺寸，包括塔径和塔的有效高度。

7.4.1 吸收塔的物料衡算与操作线方程

1. 物料衡算

图 7-17 所示为一个稳态操作下的逆流接触吸收塔。下标“1”表示塔底截面，下标“2”表示塔顶截面，m-n 代表塔内的任一截面。

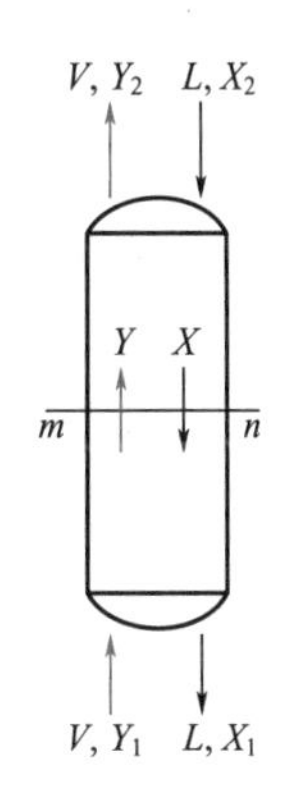

图 7-17 逆流吸收塔的物料衡算示意图

图中　V——单位时间通过吸收塔的惰性气体量，kmol(B)/s；

　　　L——单位时间通过吸收塔的溶剂量，kmol(S)/s；

Y_1、Y_2——进塔、出塔气体中溶质组分的摩尔比，kmol(A)/kmol(B)；

X_1、X_2——出塔、进塔液体中溶质组分的摩尔比，kmol(A)/kmol(S)。

在整个吸收塔范围，对溶质 A 作物料衡算，得

$$VY_1+LX_2=VY_2+LX_1 \tag{7-70}$$

或

$$\boxed{V(Y_1-Y_2)=L(X_1-X_2)} \tag{7-70a}$$

混合气中溶质 A 被吸收的百分率定义为**溶质的吸收率**或**回收率**，它反映了进塔混合气在吸收塔中的脱除程度。

$$\boxed{\varphi_A=\frac{Y_1-Y_2}{Y_1}} \tag{7-71}$$

式中　φ_A——溶质 A 的回收率。

通常，进塔混合气的组成与流量是由吸收任务规定的，而吸收剂的初始组成和流量往往根据生产工艺要求确定。如果吸收任务规定了溶质回收率 φ_A，则气体出塔时的组成 Y_2 为

$$Y_2=Y_1(1-\varphi_A) \tag{7-71a}$$

由此，V、Y_1、L、X_2 及 Y_2 均为已知，再通过全塔物料衡算式 7-70 便可求得塔底排出吸收液的组成 X_1。

2. 吸收塔的操作线方程

吸收塔内任一横截面上，气液组成 Y 与 X 之间的关系称为操作关系，描述该关系的方程即为操作线方程。在稳态操作的情况下，操作线方程可通过对组分 A 进行物料衡算获得。在 m-n 截面与塔底端面之间对组分 A 进行衡算，可得

$$VY+LX_1=VY_1+LX$$

或

$$\boxed{Y=\frac{L}{V}X+\left(Y_1-\frac{L}{V}X_1\right)} \tag{7-72}$$

同理，在 m-n 截面与塔顶端面之间作组分 A 的衡算，得

$$\boxed{Y=\frac{L}{V}X+\left(Y_2-\frac{L}{V}X_2\right)} \tag{7-73}$$

对式 7-70 进行整理变换，可得

$$Y_1-\frac{L}{V}X_1=Y_2-\frac{L}{V}X_2$$

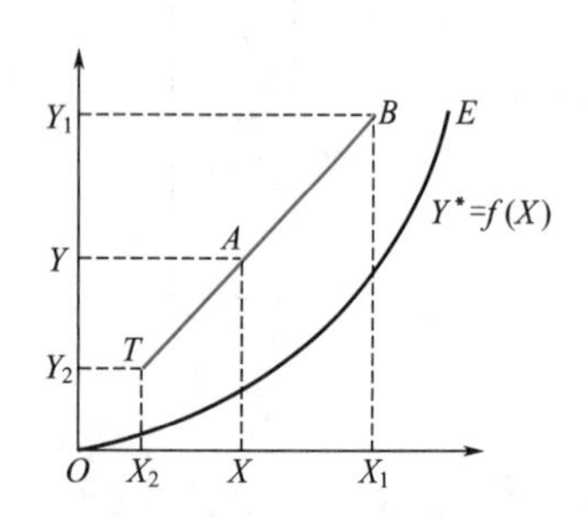

图 7-18　逆流吸收塔的操作线

由此式可知，式 7-72 与式 7-73 是等效的，皆称为逆流吸收塔的操作线方程。

由操作线方程可知，塔内任一横截面上的气相组成 Y 与液相组成 X 呈线性关系，该直线通过点 $B(X_1,Y_1)$ 及点 $T(X_2,Y_2)$，直线的斜率 L/V 称为液气比，是溶剂与惰性气体摩尔流量的比值，反映了单位气体处理量所需的溶剂耗用量。图 7-18 中的直线 BT 即为逆流吸收塔的操作线。操作线 BT 上任一点 A 的坐标 (X,Y) 代表塔内相应截面上液、气组成

X、Y，端点 B 代表填料层底部端面，即塔底的情况，该处具有最大的气液组成，故称之为“浓端”；端点 T 代表填料层顶部端面，即塔顶的情况，该处具有最小的气液组成，故称之为“稀端”。图 7-18 中的曲线 OE 为相平衡曲线 $Y^*=f(X)$。当进行吸收操作时，在塔内任一截面上，溶质在气相中的实际组成 Y 总是高于与其相接触的液相平衡组成 Y^*，所以吸收操作线 BT 总是位于平衡线 OE 的上方。反之，如果操作线位于相平衡曲线的下方，则应进行解吸过程。

对于气、液并流操作的情况，吸收塔的操作线方程及操作线可采用同样的办法求得。

7.4.2 吸收剂用量的确定

在吸收塔的计算中，通常气体处理量及组成由设计任务规定，而吸收剂的用量需要通过工艺计算来确定。在气量 V 一定的情况下，确定吸收剂的用量也即确定液气比 L/V。仿照精馏过程适宜（操作）回流比的确定方法，可先求出吸收过程的最小液气比，然后再根据工程经验，确定适宜（操作）液气比。

1. 最小液气比

如图 7-19(a) 所示，在 Y_1、Y_2 及 X_2 已知的情况下，操作线的端点 T 已固定，另一端点 B 则可在 $Y=Y_1$ 的水平线上移动。B 点的横坐标将取决于操作线的斜率 L/V，若 V 值一定，则取决于吸收剂用量 L 的大小。在 V 值一定的情况下，吸收剂用量 L 减小，操作线斜率也将变小，点 B 便沿水平线 $Y=Y_1$ 向右移动，其结果是使出塔吸收液的组成增大，但此时吸收推动力也相应减小。当吸收剂用量减小到恰使点 B 移至水平线 $Y=Y_1$ 与平衡线 OE 的交点 B^* 时，$X_1=X_1^*$，即塔底吸收液组成与刚进塔的混合气组成达到平衡。这是理论上吸收液所能达到的最高组成，但此时吸收过程的推动力已变为零，因而需要无限大的相际接触面积，即吸收塔需要无限高的填料层。这在工程上是不能实现的，只能用来表示一种极限的情况。此种状况下吸收操作线 TB^* 的斜率等于最小液气比，以 $(L/V)_{\min}$ 表示；相应的吸收剂用量即为最小吸收剂用量，以 $L_{\min}$ 表示。

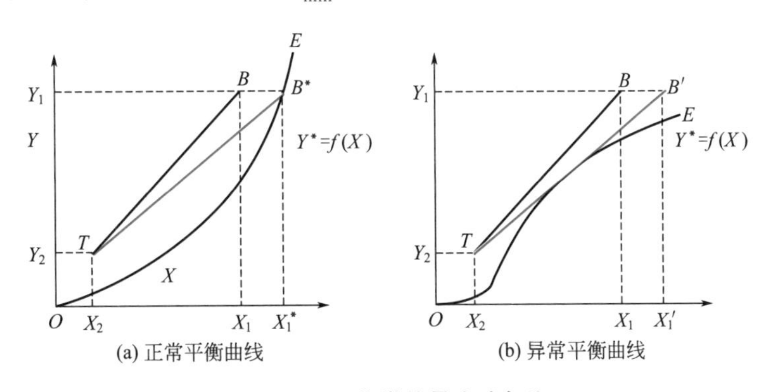

图 7-19 吸收塔的最小液气比

最小液气比可用图解法求得。由图 7-19(a) 可得

$$\left(\frac{L}{V}\right)_{\min}=\frac{Y_1-Y_2}{X_1^*-X_2} \tag{7-74}$$

或

$$L_{\min}=\frac{Y_1-Y_2}{X_1^*-X_2}V \tag{7-74a}$$

如果平衡关系可用 $Y^*=mX$ 表示，则可直接用下式计算最小液气比，即

$$\left(\frac{L}{V}\right)_{\min}=\frac{Y_1-Y_2}{\dfrac{Y_1}{m}-X_2} \tag{7-75}$$

或

$$L_{\min}=\frac{Y_1-Y_2}{\dfrac{Y_1}{m}-X_2}V \tag{7-75a}$$

平衡线若呈现如图 7-19(b) 所示的形状，则应过点 T 作平衡曲线的切线，找到水平线 $Y=Y_1$ 与此切线的交点 B'，从而读出点 B'的横坐标 X_1'的数值，可按下式计算最小液气比，即

$$\boxed{\left(\frac{L}{V}\right)_{\min}=\frac{Y_1-Y_2}{X_1'-X_2}} \tag{7-76}$$

或

$$\boxed{L_{\min}=\frac{Y_1-Y_2}{X_1'-X_2}V} \tag{7-76a}$$

2. 适宜的液气比

在吸收任务不变的情况下，吸收剂用量越小，溶剂的消耗、输送及回收等操作费用越少，但吸收过程的推动力减小，所需的填料层高度及塔高增大，设备费用增加。反之，若增大吸收剂用量，吸收过程的推动力增大，所需的设备费减少，但操作费用增加。由以上分析可见，吸收剂用量的大小，应从设备费与操作费两方面综合考虑，选择适宜的液气比，使两种费用之和最小。根据生产实践经验，一般情况下取吸收剂用量为最小用量的 1.1～2.0 倍是比较适宜的，即

$$\frac{L}{V}=(1.1\sim2.0)\left(\frac{L}{V}\right)_{\min} \tag{7-77}$$

或

$$\boxed{L=(1.1\sim2.0)L_{\min}} \tag{7-77a}$$

应予指出，在填料吸收塔中，填料表面必须被液体润湿，才能起到传质作用。为了保证填料表面能被液体充分地润湿，液体量不得小于某一最低允许值。如果按式 7-77 算出的吸收剂用量不能满足充分润湿填料的要求，则应采用更大的溶剂用量。

7.4.3 塔径的计算

工业上的吸收塔通常为圆柱形，故吸收塔的直径可根据圆形管道流量公式计算，即

$$\frac{\pi}{4}D^2u=V_s$$

或

$$\boxed{D=\sqrt{\frac{4V_s}{\pi u}}} \tag{7-78}$$

式中 D——吸收塔的直径，m；

V_s——操作条件下混合气体的体积流量，m^3/s；

u——空塔气速，即按空塔截面计算的混合气体的线速度，m/s。

应予指出，在吸收过程中，由于溶质不断进入液相，故混合气体流量由塔底至塔顶逐渐减小。在计算塔径时，一般应以塔底的气量为依据。

由式 7-78 可知，计算塔径的关键在于确定适宜的空塔气速 u，确定方法可参考有关书籍。

【例 7-6】 用清水在填料塔内逆流吸收某混合气中的硫化氢，操作条件为 101.3kPa、25℃，进塔气相组成为 $y_1=0.03$，出塔气相组成为 $y_2=0.001$，已知操作条件下气液相平衡关系为 $p^*=5.52\times10^4x$ kPa，操作时吸收剂用量为最小用量的 1.5 倍。试求吸收液的组成 x_1。

解：气相进塔组成 $Y_1=\frac{y_1}{1-y_1}=\frac{0.03}{1-0.03}=0.03093$

气相出塔组成 $Y_2=\frac{y_2}{1-y_2}=\frac{0.001}{1-0.001}=0.001001$

由于吸收剂为清水，可知 $X_2=0$

$$m=\frac{E}{P}=\frac{5.52\times10^4}{101.3}=544.9$$

$$x_1^*=\frac{y_1}{m}=\frac{0.03}{544.9}=5.505\times10^{-5}\approx X_1^*$$

可得

$$\left(\frac{L}{V}\right)_{\min}=\frac{Y_1-Y_2}{X_1^*-X_2}=\frac{0.03093-0.001001}{5.505\times10^{-5}-0}=543.7$$

由此可得操作时的液气比为

$$\frac{L}{V}=1.5\left(\frac{L}{V}\right)_{\min}=1.5\times543.7=815.5$$

对全塔进行物料衡算可得

$$x_1\approx X_1=\frac{V}{L}(Y_1-Y_2)+X_2=\frac{1}{815.5}(0.03093-0.001001)+0=3.67\times10^{-5}$$

7.4.4 填料层高度的计算

吸收塔的填料层高度是指塔内进行气液传质部分的高度，填料层高度的计算可采用传质单元数法和等板高度法，本节主要对传质单元数法进行介绍，等板高度法的计算公式为式 6-60。

传质单元数法依据传质速率方程来计算填料层高度，故又称传质速率模型法。

1. 基本计算式

计算塔的吸收负荷要依据物料衡算关系，计算传质速率要使用吸收速率方程，而吸收速率方程中的总推动力的计算需要知道相平衡关系，因此采用传质单元数法计算填料层高度，将涉及物料衡算、传质速率与相平衡这三种关系式的应用。现以连续逆流操作的填料吸收塔为例，推导填料层高度的基本计算公式。

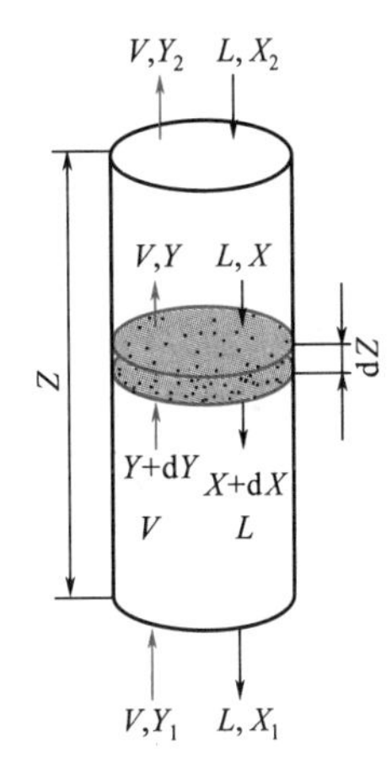

图 7-20 微元填料层的物料衡算

填料塔是一种连续接触式设备，随着吸收的进行，沿填料层高度气液两相的组成均不断变化，传质推动力也相应地改变，塔内各截面上的吸收速率并不相同。因此，前面所讲的吸收速率方程，都只适用于塔内任一截面，而不能直接应用于全塔。为解决填料层高度的计算问题，需要对微元填料层进行物料衡算。

如图 7-20 所示，在填料吸收塔内任意位置上选取微元填料层高度 dZ，在此微元填料层内对组分 A 作物料衡算，可得

$$dG_A = -VdY = -LdX \tag{7-79}$$

式中　dG_A——单位时间内由气相转入液相的溶质A的量，kmol/s。

在微元填料层内，因气、液组成变化很小，故可认为吸收速率N_A为定值，则

$$dG_A = N_A dA = N_A(a\Omega dZ) \tag{7-80}$$

式中　dA——微元填料层内的传质面积，m^2；

a——填料的有效比表面积（单位体积填料层所提供的有效传质面积），m^2/m^3；

Ω——吸收塔截面积，m^2。

由吸收速率方程

$$N_A = K_Y(Y-Y^*) = K_X(X^*-X)$$

将此式代入式7-80可得

$$dG_A = K_Y(Y-Y^*)(a\Omega dZ)$$

及

$$dG_A = K_X(X^*-X)(a\Omega dZ)$$

再将式7-79代入以上二式，可得

$$-VdY = K_Y(Y-Y^*)(a\Omega dZ)$$

及

$$-LdY = K_X(X^*-X)(a\Omega dZ)$$

整理得

$$\frac{-dY}{Y-Y^*} = \frac{K_Y a\Omega}{V}dZ \tag{7-81}$$

及

$$\frac{-dX}{X^*-X} = \frac{K_X a\Omega}{L}dZ \tag{7-82}$$

在稳态操作条件下，对于低组成吸收过程，L、V、a以及Ω皆不随时间而变化，且不随截面位置而改变，K_Y及K_X也可视为常数。于是，对式7-81和式7-82在全塔范围内积分，有填料层高度的基本计算公式。

$$\int_{Y_1}^{Y_2}\frac{-dY}{Y-Y^*} = \frac{K_Y a\Omega}{V}\int_0^Z dZ$$

$$\int_{X_1}^{X_2}\frac{-dX}{X^*-X} = \frac{K_X a\Omega}{L}\int_0^Z dZ$$

可得

$$Z = \frac{V}{K_Y a\Omega}\int_{Y_2}^{Y_1}\frac{dY}{Y-Y^*} \tag{7-83}$$

$$Z = \frac{L}{K_X a\Omega}\int_{X_2}^{X_1}\frac{dX}{X^*-X} \tag{7-84}$$

上述二式中的有效比表面积a总要小于填料的比表面积σ（单位体积填料的表面积）。这是因为只有那些被流动的液体所润湿并形成液膜的填料表面，才能提供气液传质的有效面积。因此，a值不仅与填料的形状、尺寸和装填状况有关，而且受气液的物性及流动状况的影响。一般a的数值很难直接测量，通常将其与吸收系数的乘积视为一体，作为一个物理量来看待，称为“体积吸收系数”。式7-83、式7-84中的$K_Y a$和$K_X a$分别称为气相总体积吸收系数和液相总体积吸收系数，其单位均为$kmol/(m^3 \cdot s)$。体积吸收系数的物理意义为：在推动力为一个单位的情况下，单位时间单位体积填料层内所传递溶质的量。

2. 传质单元高度与传质单元数

（1）传质单元高度（height of a transfer unit）与传质单元数（number of transfer unit）的定义

与传热计算中的传热单元长度和传热单元数的概念类似，在吸收计算中可引入传质单元高度与传质单元数的概念。

对式 7-83 分析可知，等号右端的因式 $V/K_{Y}a\Omega$ 的单位为 m，而 m 为高度的单位，因此可理解其为由过程条件所决定的某种单元高度，定义为“气相总传质单元高度”，以 H_{OG} 表示，即

$$\boxed{H_{OG}=\frac{V}{K_{Y}a\Omega}} \tag{7-85}$$

等号右端的积分项 $\int_{Y_2}^{Y_1}\frac{dY}{Y-Y^*}$ 中的分子与分母具有相同的单位，因而整个积分为量纲为 1 的数值，它代表所需填料层总高度 Z 相当于气相总传质单元高度 H_{OG} 的倍数，定义为“气相总传质单元数”，以 N_{OG} 表示，即

$$\boxed{N_{OG}=\int_{Y_2}^{Y_1}\frac{dY}{Y-Y^*}} \tag{7-86}$$

于是，式 7-83 可改写为

$$\boxed{Z=H_{OG}N_{OG}} \tag{7-87}$$

同理，式 7-84 可写成如下的形式，即

$$\boxed{Z=H_{OL}N_{OL}} \tag{7-88}$$

式中 H_{OL}——液相总传质单元高度，$H_{OL}=\frac{L}{K_{X}a\Omega}$，m；

N_{OL}——液相总传质单元数，$N_{OL}=\int_{X_2}^{X_1}\frac{dX}{X^*-X}$，量纲为 1。

由此，可写出填料层高度计算的通式为

填料层高度＝传质单元数×传质单元高度

（2）传质单元高度与传质单元数的物理意义

下面以气相总传质单元高度 H_{OG} 为例，来分析传质单元高度的物理意义。

如图 7-21(a) 所示，假定某吸收过程所需的填料层高度恰好等于一个气相总传质单元高度，即

$$Z=H_{OG}$$

由式 7-83 可知

$$N_{OG}=\int_{Y_2}^{Y_1}\frac{dY}{Y-Y^*}=1$$

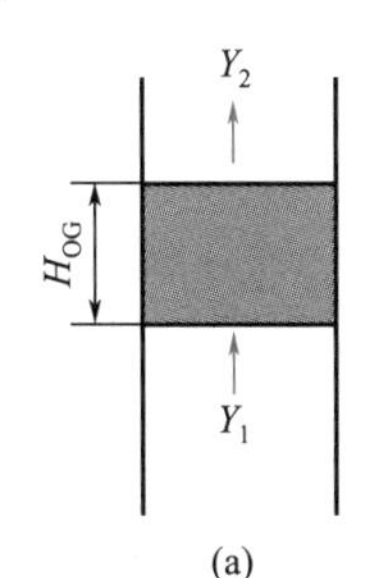

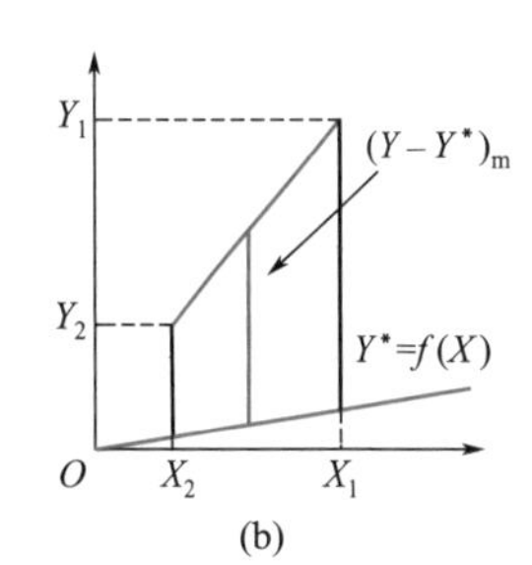

图 7-21 气相总传质单元高度

在整个填料层内，吸收推动力（$Y-Y^*$）虽是变化的，但总可以找到某一个平均值 $(Y-Y^*)_m$ 来代替（$Y-Y^*$），并使积分值保持不变，即

$$\int_{Y_2}^{Y_1}\frac{dY}{Y-Y^*}=\int_{Y_2}^{Y_1}\frac{dY}{(Y-Y^*)_m}=1$$

平均值 $(Y-Y^*)_m$ 作为常数可提到积分号之外，于是得

$$N_{OG}=\frac{1}{(Y-Y^*)_m}\int_{Y_2}^{Y_1}\mathrm{d}Y=\frac{Y_1-Y_2}{(Y-Y^*)_m}=1$$

即

$$(Y-Y^*)_m=Y_1-Y_2$$

由此可见，如果气体流经一段填料层前后的组成变化（Y_1-Y_2）恰好等于此段填料层内以气相组成差表示的总推动力的平均值（$Y-Y^*$）$_m$，如图 7-21(b) 所示，则这段填料层的高度就是一个气相总传质单元高度。

传质单元高度反映了传质阻力的大小、填料性能的优劣以及润湿情况的好坏。吸收过程的传质阻力越大，填料层有效比表面越小，则每个传质单元所相当的填料层高度就越大。

传质单元数反映吸收过程进行的难易程度。生产任务所要求的气体组成变化越大，吸收过程的平均推动力越小，则意味着过程的难度越大，此时所需的传质单元数也就越大。

3. 传质单元数的求法

计算填料层高度的关键是计算传质单元数，传质单元数有多种计算方法，可根据平衡关系情况选择使用。

（1）解析法

① 脱吸因数法　脱吸因数法适用于在吸收过程所涉及的组成范围内平衡关系为直线的情况。设平衡关系为

$$Y^*=mX+b$$

依定义式 7-86 得

$$N_{OG}=\int_{Y_2}^{Y_1}\frac{\mathrm{d}Y}{Y-Y^*}=\int_{Y_2}^{Y_1}\frac{\mathrm{d}Y}{Y-(mX+b)}$$

由逆流吸收塔操作线方程，可得

$$X=X_2+\frac{V}{L}(Y-Y_2)$$

代入上式得

$$N_{OG}=\int_{Y_2}^{Y_1}\frac{\mathrm{d}Y}{Y-m\left[\frac{V}{L}(Y-Y_2)+X_2\right]-b}=\int_{Y_2}^{Y_1}\frac{\mathrm{d}Y}{\left(1-\frac{mV}{L}\right)Y+\left[\frac{mV}{L}Y_2-(mX_2+b)\right]}$$

令

$$\boxed{S=\frac{mV}{L}}$$

则

$$N_{OG}=\int_{Y_2}^{Y_1}\frac{\mathrm{d}Y}{(1-S)Y+(SY_2-Y_2^*)}$$

积分上式并化简，可得

$$\boxed{N_{OG}=\frac{1}{1-S}\ln\left[(1-S)\frac{Y_1-Y_2^*}{Y_2-Y_2^*}+S\right]}\tag{7-89}$$

式7-89 中 S 为平衡线斜率与操作线斜率的比值，称为脱吸因数（stripping factor），量纲为 1。

为方便计算，在半对数坐标上以 S 为参数，按式 7-89 标绘出 N_{OG}-$\frac{Y_1-Y_2^*}{Y_2-Y_2^*}$的函数关系，得到如图 7-22 所示的一组曲线。

在吸收过程计算中，通常已知 V、L、Y_1、Y_2、X_2 和平衡线斜率 m，由此可求出 S 和 $\frac{Y_1-Y_2^*}{Y_2-Y_2^*}$的值，进而可从图中读出 N_{OG} 的数值。应予指出，图 7-22 用于 N_{OG} 的求取和其他

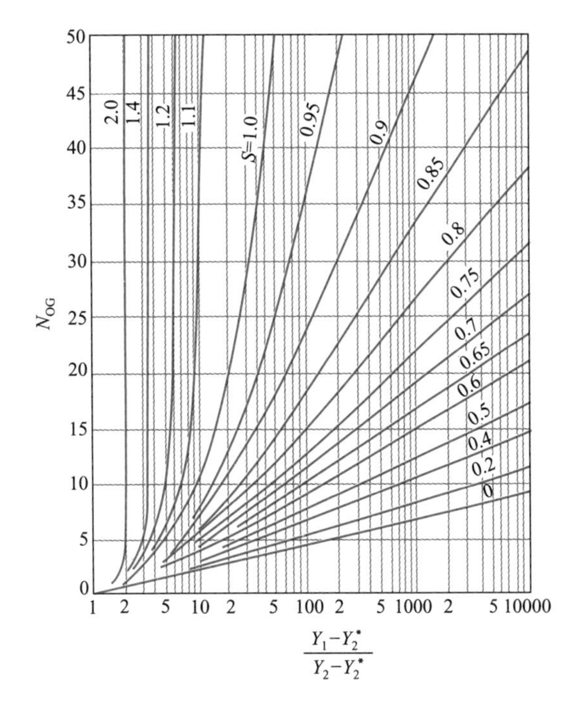

图 7-22 N_{OG}-$\frac{Y_1-Y_2^*}{Y_2-Y_2^*}$关系图

有关吸收过程的分析估算虽十分方便，但只有在$\frac{Y_1-Y_2^*}{Y_2-Y_2^*}>20$和$S\leqslant 0.75$的范围内使用该图时，读数才较准确，否则误差较大。

同理，相应地可导出液相总传质单元数N_{OL}的计算式，即

$$N_{OL}=\frac{1}{1-\frac{L}{mV}}\ln\left[\left(1-\frac{L}{mV}\right)\frac{Y_1-Y_2^*}{Y_1-Y_1^*}+\frac{L}{mV}\right]$$

或
$$N_{OL}=\frac{1}{1-A}\ln\left[(1-A)\frac{Y_1-Y_2^*}{Y_1-Y_1^*}+A\right] \tag{7-90}$$

式中$A=\frac{L}{mV}$，即为脱吸因数S的倒数，它是操作线斜率与平衡线斜率的比值，称为吸收因数，量纲为1。

比较式7-89与式7-90可看出，二者具有同样的函数形式，只是式7-89中的N_{OG}、$\frac{Y_1-Y_2^*}{Y_2-Y_2^*}$和$S$在式7-90中分别换成了$N_{OL}$、$\frac{Y_1-Y_2^*}{Y_1-Y_1^*}$和$A$。由此可知，若用图7-22来表示$N_{OL}$-$\frac{Y_1-Y_2^*}{Y_1-Y_1^*}$的关系（以$A$为参数）将完全适用。

依据平衡关系$Y^*=mX+b$和全塔物料衡算式$V(Y_1-Y_2)=L(X_1-X_2)$，式7-89与式7-90可进一步简化为

$$N_{OG}=\frac{1}{1-S}\ln\frac{Y_1-Y_1^*}{Y_2-Y_2^*}=\frac{1}{1-S}\ln\frac{\Delta Y_1}{\Delta Y_2} \tag{7-91}$$

及
$$N_{OL}=\frac{1}{1-A}\ln\frac{Y_2-Y_2^*}{Y_1-Y_1^*}=\frac{1}{1-A}\ln\frac{\Delta Y_2}{\Delta Y_1} \tag{7-92}$$

比较式 7-91 与式 7-92 可得

$$N_{OG}=AN_{OL}$$

② 对数平均推动力法　对式 7-89 进行变换，可获得用对数平均推动力表示的气相总传质单元数 N_{OG} 的计算式。

由于
$$S=m\left(\frac{V}{L}\right)=\frac{Y_1^*-Y_2^*}{X_1-X_2}\left(\frac{X_1-X_2}{Y_1-Y_2}\right)=\frac{Y_1^*-Y_2^*}{Y_1-Y_2}$$

所以
$$1-S=\frac{(Y_1-Y_1^*)-(Y_2-Y_2^*)}{Y_1-Y_2}=\frac{\Delta Y_1-\Delta Y_2}{Y_1-Y_2}$$

将此式代入式 7-91 得

$$N_{OG}=\frac{Y_1-Y_2}{\Delta Y_1-\Delta Y_2}\ln\frac{\Delta Y_1}{\Delta Y_2}$$

因此有
$$N_{OG}=\frac{Y_1-Y_2}{\Delta Y_m} \tag{7-93}$$

式中
$$\Delta Y_m=\frac{\Delta Y_1-\Delta Y_2}{\ln\dfrac{\Delta Y_1}{\Delta Y_2}}=\frac{(Y_1-Y_1^*)-(Y_2-Y_2^*)}{\ln\dfrac{Y_1-Y_1^*}{Y_2-Y_2^*}} \tag{7-94}$$

ΔY_m 是塔顶与塔底两截面上吸收推动力 ΔY_1 与 ΔY_2 的对数平均值，称为对数平均推动力。同理，可导出液相总传质单元数 N_{OL} 的计算式

$$N_{OL}=\frac{X_1-X_2}{\Delta X_m} \tag{7-95}$$

式中
$$\Delta X_m=\frac{\Delta X_1-\Delta X_2}{\ln\dfrac{\Delta X_1}{\Delta X_2}}=\frac{(X_1^*-X_1)-(X_2^*-X_2)}{\ln\dfrac{X_1^*-X_1}{X_2^*-X_2}} \tag{7-96}$$

应予指出，对数平均推动力法亦适用于在吸收过程所涉及的组成范围内平衡关系为直线的情况。当 $\frac{1}{2}<\frac{\Delta Y_1}{\Delta Y_2}<2$ 或 $\frac{1}{2}<\frac{\Delta X_1}{\Delta X_2}<2$ 时，可用算术平均推动力来代替相应的对数平均推动力，使计算得以简化。

(2) 梯级图解法

若在吸收过程所涉及的组成范围内平衡关系为直线或弯曲程度不大的曲线，采用下述的梯级图解法估算总传质单元数比较简便。梯级图解法是直接根据传质单元数的物理意义引出的一种近似方法，也称为贝克（Baker）法。

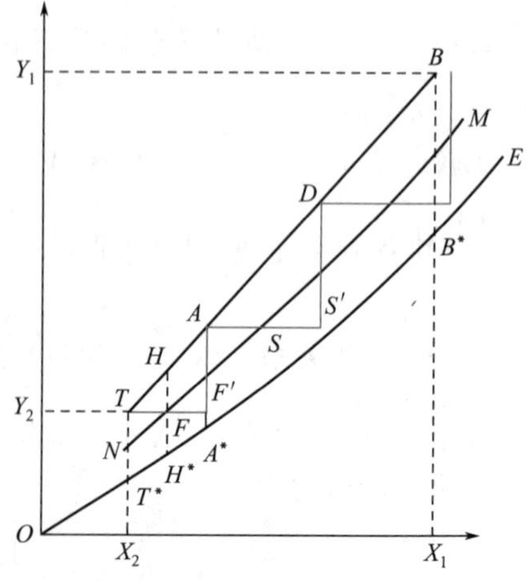

图 7-23　梯级图解法求 N_{OG}

如图 7-23 所示，OE 为平衡线，BT 为操作线，两线段间的竖直线段 BB^*、AA^*、TT^* 等表示塔内各相应横截面上的气相总推动力（$Y-Y^*$），各竖直线段中点的连线为曲线 MN。

从代表塔顶的端点 T 出发，作水平线交 MN 于点 F，延长 TF 至 F'，使 $FF'=TF$，过点 F' 作竖

直线交 BT 于点 A。再从点 A 出发作水平线交 MN 于点 S，延长 AS 至点 S'，使 $SS'=AS$，过点 S' 作竖直线交 BT 于点 D。再从点 D 出发……。如此进行下去，直至达到或超过操作线上代表塔底的端点 B 为止，所画出的梯级数即为气相总传质单元数。

不难证明，按上述方法所作的每一个梯级都代表一个气相总传质单元。

令在操作线与平衡线之间通过 F 及 F' 两点的竖直线分别为 HH^* 及 AA^*。

因为
$$FF'=FT$$
所以
$$F'A=2FH=HH^*$$
只要平衡线的 A^*T^* 段可近似地视为直线，就可写出如下关系
$$HH^*=(TT^*+AA^*)/2$$
亦即 HH^* 代表此段内气相总推动力（$Y-Y^*$）的算术平均值。$F'A$ 表示此段内气相组成的变化（Y_A-Y_T），因为 $F'A=HH^*$，故图 7-23 中的三角形 $TF'A$ 即可表示一个气相总传质单元。

同理，三角形 $AS'D$ 可表示另一个气相总传质单元，依此类推。

（3）数值积分法

若在吸收过程所涉及的组成范围内平衡关系为曲线时，则应采用数值积分法求传质单元数。数值积分有不同的方法，其中常用的有辛普森（Simpson）数值积分法，即

$$N_{OG}=\int_{Y_0}^{Y_n} f(Y)\mathrm{d}Y \approx \frac{\Delta Y}{3}\{f(Y_0)+f(Y_n)+4[f(Y_1)+f(Y_3)+\cdots+f(Y_{n-1})] \\ +2[f(Y_2)+f(Y_4)+\cdots+f(Y_{n-2})]\} \tag{7-97}$$

其中 $\Delta Y=\dfrac{Y_n-Y_0}{n}$，$f(Y)=\dfrac{1}{Y-Y^*}$

式中 Y_0、Y_n——出、入塔气相组成；

n——在 Y_0 与 Y_n 间划分的区间数目，可取为任意偶数；

ΔY——把（Y_0,Y_n）分成 n 个相等的小区间，每一个小区间的步长。

【例 7-7】 在常压逆流吸收塔中，出塔气体组成为 0.0003（摩尔比，下同），吸收率为 99%；循环溶剂的组成为 0.0001，出塔液相组成为 0.013。操作压力为 101.3kPa，温度为 27℃，操作条件下的平衡关系为 $Y=2X$（Y、X 均为摩尔比）。已知塔截面上惰性气体通量为 $54\text{kmol}/(\text{m}^2\cdot\text{h})$，气相总体积吸收系数为 $1.12\text{kmol}/(\text{m}^3\cdot\text{h}\cdot\text{kPa})$，试求所需填料层高度。

解： 气相进塔组成 $Y_1=Y_2/(1-\varphi_A)=0.0003/(1-0.99)=0.03$

气相出塔组成 $Y_2=0.0003$

液相出塔组成 $X_1=0.013$

液相进塔组成 $X_2=0.0001$

$$Y_1^*=2X_1=2\times0.013=0.026$$

$$Y_2^*=2X_2=0.0002$$

$$\Delta Y_1=Y_1-Y_1^*=0.03-0.026=0.004$$

$$\Delta Y_2=Y_2-Y_2^*=0.0001$$

$$\Delta Y_m=\frac{\Delta Y_1-\Delta Y_2}{\ln\dfrac{\Delta Y_1}{\Delta Y_2}}=\frac{0.004-0.0001}{\ln\dfrac{0.004}{0.0001}}=0.00106$$

$$N_{OG}=\frac{Y_1-Y_2}{\Delta Y_m}=\frac{0.003-0.0003}{0.00106}=28.02$$

$$H_{OG}=\frac{V}{K_Y a\Omega}=\frac{V}{K_G aP\Omega}=\frac{54}{1.12\times101.3}=0.476\text{m}$$

$$Z=H_{OG}N_{OG}=0.476\times28.02=13.34\text{m}$$

计算本题应注意气相总体积吸收系数 $K_G a$ 与 $K_Y a$ 的换算。

【例 7-8】 在一逆流操作的填料塔中，用循环溶剂吸收某混合气体中的溶质。气体入塔组成为 0.025（摩尔比，下同），液气比为 1.6，操作条件下气液相平衡关系为 $Y=1.2X$。若循环溶剂组成为 0.01，则出塔气体组成为 0.0127。现因脱吸塔操作条件变化，使得循环溶剂组成变为 0.001，试求此时出塔气体组成。

解：原工况 $X_1=\frac{V}{L}(Y_1-Y_2)+X_2=\frac{0.025-0.0127}{1.6}+0.01=0.0177$

$$\Delta Y_1=Y_1-Y_1^*=0.025-1.2\times0.0177=0.00376$$

$$\Delta Y_2=Y_2-Y_2^*=0.0127-1.2\times0.01=0.0007$$

$$\Delta Y_m=\frac{\Delta Y_1-\Delta Y_2}{\ln\frac{\Delta Y_1}{\Delta Y_2}}=\frac{0.00376-0.0007}{\ln\frac{0.00376}{0.0007}}=0.00182$$

$$N_{OG}=\frac{Y_1-Y_2}{\Delta Y_m}=\frac{0.025-0.0127}{0.00182}=6.76$$

新工况 $N'_{OG}=N_{OG}=6.76$

$$X'_1=\frac{V}{L}(Y_1-Y'_2)+X'_2=\frac{0.025-Y'_2}{1.6}+0.001$$

$$S=\frac{mV}{L}=\frac{1.2}{1.6}=0.75$$

$$N'_{OG}=\frac{1}{1-S}\ln\left[(1-S)\frac{Y_1-mX'_2}{Y'_2-mX'_2}+S\right]$$

$$6.76=\frac{1}{1-0.75}\ln\left[(1-0.75)\frac{0.025-1.2\times0.001}{Y'_2-1.2\times0.001}+0.75\right]$$

解出 $Y'_2=0.0025$

计算本题的关键是理解两种工况下 H_{OG} 不变，又因为填料层高度不变，故两种工况下的 N_{OG} 不变。

7.5 填料塔

7.5.1 填料塔的结构和特点

1. 填料塔的结构

填料塔（packed column）是以塔内的填料作为气液两相间接触构件的传质设备，早在 1836 年就用于水吸收氯化氢过程，其结构示意如图 7-24 所示。填料塔的塔身是一直立式圆筒，底部装有填料支承板，填料以乱堆或整砌的方式放置在支承板上。填料的上方安装填料压板，以限制填料随上升气流的波动而产生的振动。液体从塔顶经液体分布器喷淋到填料上，并沿填料表面流下。气体从塔底进入，经气体分布装置（直径200mm以下的填料塔一般不设气体分布装置）分布后，与液体呈逆流连续通过填料层的空隙，在填料表面上，气液两相密切接触进行传质。填料塔属于连续接触式气液传质设备，两相组成沿塔高连续变化，在正常操作状态下，气相为连续相，液相为分散相。

当液体沿填料层向下流动时，由于塔的中心处气速最大，而靠近塔壁气速小，使得液体有逐渐向塔壁集中的趋势，使得塔壁附近的液流量逐渐增大，这种现象称为壁流。壁流效应会造成气液两相在填料层中分布不均，从而使传质效率下降。因此，当填料层较高时，需要进行分段，上下段之间设置液体再分布装置。液体再分布装置包括液体收集器和液体再分布器两部分，上层填料流下的液体经液体收集器收集后，送到液体再分布器，经重新分布后喷淋到下层填料上。

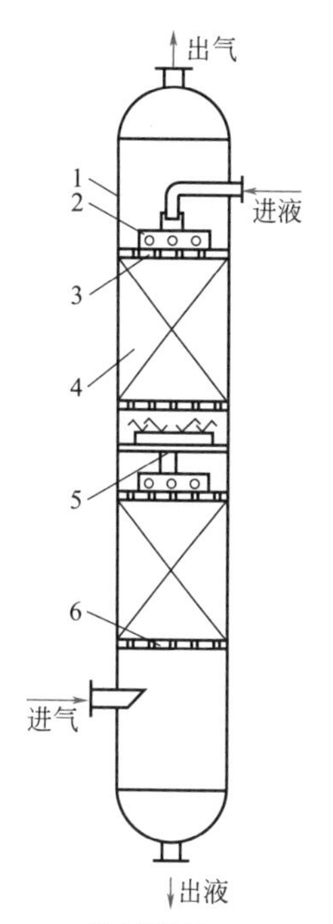

图 7-24 填料塔的结构示意图

1—塔壳体；2—液体分布器；3—填料压板；4—填料；5—液体再分布装置；6—填料支承板

2. 填料塔的特点

通常来说，填料塔较板式塔具有以下特点。

① 分离效率高　在低压下，尤其对于真空精馏操作，填料塔具有高的分离效率，工业填料塔每米理论级大多在2级以上，最多可达10级。在中高压下，板式塔分离效率优于填料塔。

② 压降小　由于传质机理的不同，一般情况下板式塔的每个理论级压降约在0.4～1.1kPa，而填料塔约为0.01～0.27kPa，压降低不仅能减少操作费用，节约能耗，同时能降低塔釜物料汽化温度，有利于热敏性混合物的分离。

③ 持液量小　持液量是指在正常操作时填料表面、内件或塔板上所持有的液体量。对于填料塔，持液量一般小于6%，而板式塔则高达12%左右。持液量大，塔的操作平稳，但大的持液量也容易导致开工时间增长，对热敏性混合物的分离及间歇精馏不利。

在选择使用填料塔时应着重考虑下列因素：

① 应保证液体负荷能有效地润湿填料表面，以避免传质效率下降；

② 不能直接用于含有固体颗粒或黏稠等易堵塞混合物的分离；

③ 对多侧线进料和出料等复杂精馏过程不太适合等。

7.5.2 填料类型

填料是填料塔的核心组件，它提供了气液两相接触传质的相界面，是决定填料塔性能的关键因素。根据装填方式的不同，通常将填料分为散装填料和规整填料两大类。

1. 散装填料

散装填料是指具有一定几何形状和尺寸的颗粒体，一般以随机的方式堆积在塔内，又称为乱堆填料或颗粒填料。散装填料根据结构特点不同，又可分为环形填料、鞍形填料、环鞍形填料及球形填料等。现介绍几种较为典型的散装填料。

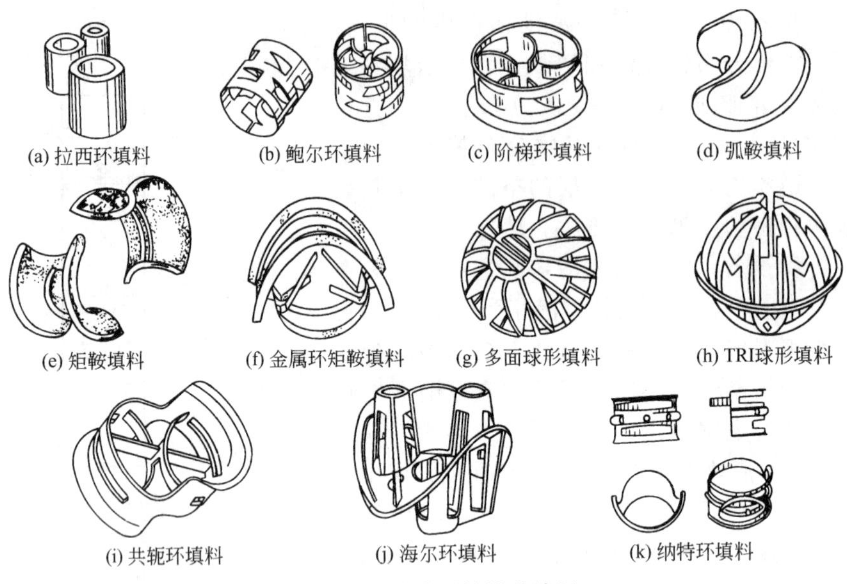

图 7-25 **几种典型的散装填料**

① 拉西环填料　拉西环填料是使用最早的工业填料，它是由拉西（F. Rashching）于1914年发明，是高径比等于1的圆环结构，如图 7-25(a) 所示。拉西环在装填时容易产生架桥、空穴、重叠等现象，导致液体的偏流、沟流和壁流效应明显，气液传质效率低。同时，拉西环的阻力大，通量较小，目前工业上已很少应用。

② 鲍尔环填料　鲍尔环填料是对拉西环填料的结构进行优化改进而得。在拉西环的侧壁上开出两排长方形的窗孔，被切开的环壁的一侧仍与壁面相连，另一侧向环内弯曲，形成内伸的舌叶，诸舌叶的侧边在环中心相搭，即形成鲍尔环填料，如图 7-25(b) 所示。鲍尔环由于环壁开孔，大大提高了环内空间及环内表面的利用率，阻力小，气液分布较为均匀。与拉西环相比，鲍尔环的气体通量可增加50%以上，传质效率提高30%左右。鲍尔环是一种应用较广的填料。

③ 阶梯环填料　阶梯环填料是在对鲍尔环填料加以改造的基础上得到的一种高性能填料，如图 7-25(c) 所示。与鲍尔环相比，阶梯环高径比为1/2并在一端增加了一个锥形翻边。由于高径比减小，使得气体绕填料外壁的平均路径大为缩短，减少了气体通过填料层的阻力。锥形翻边不仅增加了填料的机械强度，而且使填料之间由线接触为主变成以点接触为主，这样不但增加了填料间的空隙，同时成为液体沿填料表面流动的汇集分散点，可以促进液膜的表面更新，有利于传质效率的提高。阶梯环的综合性能优于鲍尔环，应用广泛，成为环形填料中最为优良的一种。

④ 弧鞍填料　**弧鞍填料**属于鞍形填料的一种，形状如同马鞍，如图 7-25(d) 所示。弧鞍填料是最早提出的一种鞍形填料，该填料的特点是表面全部敞开，不分内外，液体在表面两侧均匀流动，表面利用率高，流道呈弧形，流动阻力小。其缺点是易发生套叠，致使一部分填料表面被重合，使传质效率降低。弧鞍填料采用瓷质材料制成，易破碎，工业中应用不多。

⑤ 矩鞍填料　为克服弧鞍填料易发生套叠的缺点，将弧鞍填料两端的弧形面改为矩形面，且两面大小不等，即成为**矩鞍填料**，如图 7-25(e) 所示。矩鞍填料堆积时不会套叠，液体分布较均匀。矩鞍填料一般采用瓷质材料制成，其性能优于拉西环。

⑥ 金属环矩鞍填料　**环矩鞍填料**，又称为 Intalox，是兼顾环形和鞍形结构优点而设计

出的一种填料，该填料一般以金属材质制成，故又称为金属环矩鞍填料，如图 7-25(f) 所示。这种填料既有类似开孔环形填料的圆孔、开孔和内伸的舌叶，也有类似鞍形填料的侧面。环矩鞍填料层内流通孔道多，使气液分布更加均匀，传质效率高，且可采用极薄的金属材质制造，仍能保持良好的机械强度。其综合性能优于鲍尔环和阶梯环，在散装填料中应用最为广泛。

⑦ 球形填料　球形填料的外形为球形，一般采用塑料注塑或陶瓷烧结而成，其结构有多种。图 7-25(g) 所示为由许多板片构成的塑料多面球填料，图 7-25(h) 所示为由许多枝条的格栅组成的塑料 TRI 球形填料。球形填料的特点是球体为空心，可以允许气体、液体从其内部通过。由于球体结构的对称性，填料装填密度均匀，不易产生空穴和架桥，所以气液分布较好。球形填料一般用于污水处理的除气等特定的场合。

近年来，随着化工分离技术的发展，不断有构型独特的新型填料开发出来，如图 7-25 (i)、(j)、(k) 所示的共轭环填料、海尔环填料、纳特环填料等。据不完全统计，目前工业上应用的散装填料已有 40 余种。工业上常用的散装填料的特性数据可参阅有关手册。

2. 规整填料

规整填料是按一定的几何构形排列，整齐堆砌的填料。规整填料气液流径固定，填料层内气液分布较好，传质效率高。规整填料种类很多，根据其几何结构可分为格栅填料、波纹填料、脉冲填料等。

① 格栅填料　格栅填料是工业上应用最早的规整填料，它是以条状单元体经一定规则组合而成的，有木格栅填料、格里奇格栅填料、网孔格栅填料、蜂窝格栅填料等多种结构形式，其中以图 7-26(a) 所示的木格栅填料和图 7-26(b) 所示的格里奇格栅填料最具代表性。

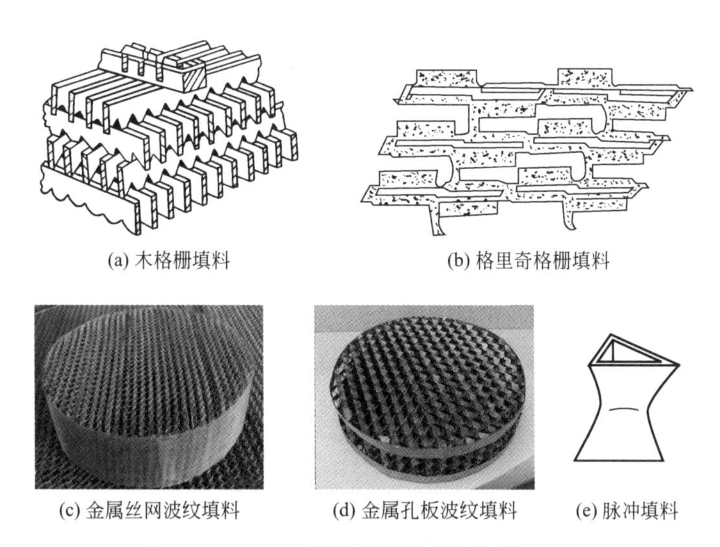

(a) 木格栅填料　(b) 格里奇格栅填料

(c) 金属丝网波纹填料　(d) 金属孔板波纹填料　(e) 脉冲填料

图 7-26　**几种典型的规整填料**

格栅填料的比表面积较低，主要用于要求低压降、大负荷、防堵和抗结焦等场合。

② 波纹填料　目前工业上应用最为广泛的规整填料为波纹填料。波纹填料是由许多波纹状薄片组成的圆盘状填料，波纹与塔轴的倾角有 30°和 45°两种，组装时相邻两波纹片反向靠叠。各盘填料垂直装于塔内，相邻的两盘填料间交错 90°排列。波纹填料按结构可分为网波纹填料和板波纹填料两大类，其材质又有金属、塑料和陶瓷等之分。

波纹填料的优点是结构紧凑，具有很大的比表面积，其比表面积可由波纹结构形状而调整，常用的有 125、250、350、500、700 等几种型号，型号数值即为其比表面积值。装填时，由于相邻两盘填料相互垂直，使上升气流不断改变方向，下降的液体也不断重新分布，故传质效率高。

金属丝网波纹填料是网波纹填料的主要形式，它是由金属丝网制成的，如图 7-26(c) 所示。金属丝网波纹填料具有压降低、分离效率高等特点，特别适用于精密精馏及真空精馏过程，为难分离物系、热敏性物系的精馏提供了有效的手段。

金属孔板波纹填料是板波纹填料的主要形式，如图 7-26(d) 所示。在金属板波纹填料的波纹板片上冲压有许多 ϕ5mm 左右的小孔，可起到粗分配板片上的液体、加强横向混合的作用。波纹板片上轧成细小沟纹，可起到细分配板片上的液体、增强表面润湿性能的作用。金属孔板波纹填料具有强度高、压降低、分离效率较高等特点，特别适用于大直径塔及气液负荷较大的场合。

一般而论，波纹填料的优点是结构紧凑、阻力小、处理能力大、比表面积大、传质效率高。其缺点是不适于处理黏度大或有固体颗粒的物料，且检修、清理困难。

③ 脉冲填料　脉冲填料是由带缩颈的中空棱柱形个体，按一定方式拼装而成的一种新型规整填料，如图 7-26(e) 所示。脉冲填料组装后，会形成带缩颈的多孔棱形通道，其纵面流道交替收缩和扩大，气液两相通过时产生强烈的湍动。在缩颈段，气速最高，湍动剧烈，从而强化传质。在扩大段，气速减到最小，实现两相的分离。流道收缩、扩大的交替重复，实现了“脉冲”传质过程。

脉冲填料的特点是处理量大、压降小，是真空精馏的理想填料。但脉冲填料制作较为繁琐、造价高，故工业上很少应用。

工业上常用规整填料的相关数据可查阅有关手册。

3. 填料的性能评价

(1) 填料的几何特性

填料的几何特性数据主要包括比表面积、空隙率、填料因子等，是评价填料性能的基本参数。

① 比表面积是指单位体积填料的填料表面积，以 σ 表示，其单位为 m^2/m^3。填料的比表面积越大，单位体积填料层所提供的传质面积越大。因此，比表面积是评价填料性能优劣的一个重要指标。

② 空隙率是指单位体积填料中的空隙体积，以 ε 表示，其单位为 m^3/m^3，或以百分数表示。填料的空隙率越大，气体通过的能力越大且压降低。因此，空隙率是评价填料性能优劣的又一重要指标。

③ 填料因子是填料的比表面积与空隙率三次方的比值，即 σ/ε^3，以 Φ 表示，其单位为 m^{-1}。填料因子分为干填料因子与湿填料因子，填料未被液体润湿时的 σ/ε^3 称为干填料因子，它反映填料的几何特性；填料被液体润湿后，填料表面覆盖了一层液膜，σ 和 ε 均发生相应的变化，此时的 σ/ε^3 称为湿填料因子，它表示填料的流体力学性能，Φ 值越小，表明流动阻力越小。

(2) 填料的性能评价

填料综合性能评价主要依据传质效率、通量和填料层压降三个参数来进行。国内学者采用模糊数学方法对九种常用填料的性能进行了评价，得出如表 7-5 所示的结论。评价结果表明，丝网波纹填料的综合性能最好，拉西环填料的综合性能最差。

表 7-5　9 种填料综合性能评价

填料名称	评估值	语言值	排序	填料名称	评估值	语言值	排序
丝网波纹填料	0.86	很好	1	金属鲍尔环	0.51	一般好	6
孔板波纹填料	0.61	相当好	2	瓷 Intalox	0.41	较好	7
金属 Intalox	0.59	相当好	3	瓷鞍形环	0.38	略好	8
金属鞍形环	0.57	相当好	4	瓷拉西环	0.36	略好	9
金属阶梯环	0.53	一般好	5				

7.5.3　填料塔的流体力学性能与操作特性

1. 填料塔的流体力学性能

填料塔的流体力学性能主要包括填料层的持液量和压降。

(1) 填料层的持液量

持液量是指在一定操作条件下，在单位体积填料层内所积存的液体体积，以 m^3(液体)/m^3(填料) 表示。

持液量可分为静持液量 H_s、动持液量 H_o 和总持液量 H_t。静持液量是指当填料被充分润湿后，停止气液两相进料，并经排液至无滴液流出时存留于填料层中的液体量，其取决于填料和流体的特性，与气液负荷无关。动持液量是指填料塔停止气液两相进料后流出的液体量，它与填料、液体特性及气液负荷有关。总持液量是指在一定操作条件下存留于填料层中的总液体量。显然，总持液量为静持液量和动持液量之和，即

$$H_t = H_o + H_s \tag{7-98}$$

填料层的持液量可由实验测出，也可由经验公式计算。一般来说，适当的持液量对填料塔操作的稳定性和传质是有益的，但持液量过大，将减少填料层的空隙和气相流通截面，使压降增大，处理能力下降。

(2) 填料层的压降

在填料塔内，气体与塔内构件和液体的摩擦构成了气体流动阻力，形成了填料层的压降。填料层压降与液体喷淋量及气速有关，在一定的气速下，液体喷淋量越大，压降越大；在一定的液体喷淋量下，气速越大，压降也越大。将不同液体喷淋量下的单位填料层高度的压降 $\Delta p/Z$ 与空塔气速 u 的关系标绘在对数坐标纸上，可得到如图 7-27 所示的曲线簇。

图中，直线 0 表示无液体喷淋 ($L_0=0$) 时，干填料的 $\Delta p/Z$-u 关系，称为干填料压降线；曲线 1、2、3 表示不同液体喷淋量下，填料层的 $\Delta p/Z$-u 关系，称为填料操作压降线。

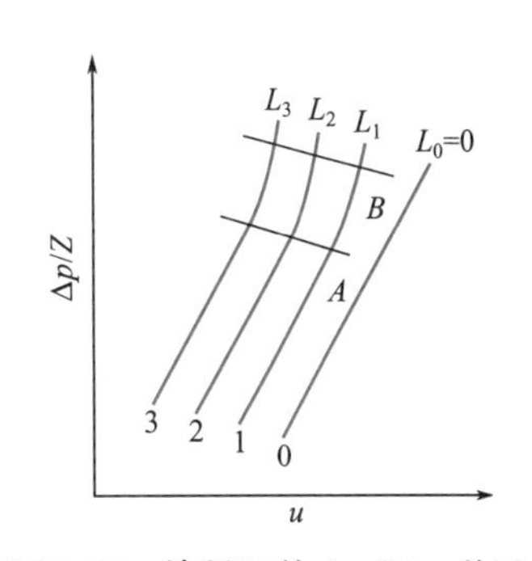

图 7-27　填料层的 $\Delta p/Z$-u 关系

由图也可看出，在一定的喷淋量下，压降随空塔气速的变化曲线大致可分为三段：当气速低于 A 点时，气体流动对液膜的曳力很小，液体流动不受气流的影响，填料表面上覆盖的液膜厚度基本不变，因而填料层的持液量不变，该区域称为恒持液量区。此时 $\Delta p/Z$-u 为一直线，位于干

填料压降线的左侧，且基本上与干填料压降线平行。当气速超过 A 点时，气体对液膜的曳力较大，对液膜流动产生阻滞作用，使液膜增厚，填料层的持液量随气速的增加而增大，此现象称为拦液。开始发生拦液现象时的空塔气速称为载点气速，曲线上的转折点 A，称为载点。若气速继续增大，到达图中 B 点时，由于液体不能顺利向下流动，使填料层的持液量不断增大，填料层内几乎充满液体。气速增加很小便会引起压降的剧增，此现象称为液泛，开始发生液泛现象时的气速称为泛点气速（flooding velocity），以 u_F 表示，曲线上的点 B，称为泛点。从载点到泛点的区域称为载液区，泛点以上的区域称为液泛区。

应予指出，在同样的气液负荷下，不同填料的 $\Delta p/Z$-u 关系曲线有所差异，但其基本形状相近。对于某些填料，载点与泛点并不明显，故上述三个区域间无明确的界限。

填料层压降是填料塔设计的重要参数，气体通过填料层的压降决定填料塔的动力消耗，同时也影响塔釜液体的汽化温度。

2. 填料塔的操作特性

填料塔的操作特性包括填料表面的润湿、返混及液泛等。

（1）液体喷淋密度和填料表面的润湿

填料塔中气液两相间的传质主要是在填料表面流动的液膜上进行的。要形成液膜，填料表面必须被液体充分润湿，而填料表面的润湿状况取决于塔内的液体喷淋密度及填料材质的表面润湿性能。

液体喷淋密度是指单位时间、单位塔截面积上喷淋的液体体积，以 U 表示，单位为 $m^3/(m^2 \cdot h)$。为保证填料层的充分润湿，必须保证液体喷淋密度大于某一极限值，该极限值称为最小喷淋密度，以 U_{min} 表示。最小喷淋密度通常采用下式计算，即

$$U_{min}=(L_W)_{min}\sigma \tag{7-99}$$

式中 U_{min}——最小喷淋密度，$m^3/(m^2 \cdot h)$；

$(L_W)_{min}$——最小润湿速率，$m^3/(m \cdot h)$；

σ——填料的比表面积，m^2/m^3。

最小润湿速率是指在塔的截面上，单位长度的填料周边的最小液体体积流量。其值可由经验公式计算，也可采用经验值。对于直径不超过 75mm 的散装填料，可取最小润湿速率 $(L_W)_{min}$ 为 $0.08m^3/(m \cdot h)$；对于直径大于 75mm 的散装填料，取 $(L_W)_{min}=0.12m^3/(m \cdot h)$。

填料表面润湿性能与填料的材质有关，就常用的陶瓷、金属、塑料三种材质而言，以陶瓷填料的润湿性能最好，塑料填料的润湿性能最差。

实际操作时采用的液体喷淋密度应大于最小喷淋密度。若喷淋密度过小，可采用增大回流比或采用液体再循环的方法加大液体流量，以保证填料表面的充分润湿，也可采用减小塔径予以补偿；对于金属、塑料材质的填料，可采用物理或化学方法进行表面处理，改善其表面的润湿性能。

（2）返混

返混指不同时间进入系统的物料之间的混合，包括物料逆流动方向的流动。在填料塔内，气液两相的流动并不呈理想的活塞流状态，而是存在着不同程度的返混现象。填料塔内流体的返混使得传质平均推动力变小，传质效率降低。在填料塔的工艺设计中，通常采用活塞流模型，因此，填料塔内的返混会给设计带来不安全因素，这是一个值得注意的问题。造成返混现象的原因很多，如填料层内的气液分布不均、气体和液体在填料层内的沟流、液体喷淋密度过

大时所造成的气体局部向下运动、塔内气液的湍流脉动使气液微团停留时间不一致等。

（3）液泛

在填料塔操作中，当塔的气速超过泛点气速时将发生液泛现象，此时液相由分散相变为连续相，而气相则由连续相变为分散相，气体呈气泡形式通过液层，气流出现脉动，塔无法进行正常操作，沿塔轴向的正常浓度和温度分布被破坏，分离进程被中止。出现液泛时，由于液体被大量带出塔顶，极易产生安全事故，在操作时需要极力避免。

影响液泛的因素主要有填料的特性、流体的物理性质和液气比等，如下所述。

① 填料特性的影响集中体现在填料因子上。填料的比表面积越小，空隙率越大，则填料因子 Φ 值越小，故泛点气速越大，越不易发生液泛现象。

② 流体的物理性质的影响体现在气体密度 ρ_V、液体的密度 ρ_L 和液体的黏度 μ_L 上。气体密度 ρ_V 越小，液体的密度 ρ_L 越大，液体的黏度 μ_L 越小，则泛点气速越大，越不易发生液泛现象。

③ 液气比越大，则在一定气速下液体喷淋量越大，填料层的持液量增加而空隙率减小，故泛点气速越小，越易发生液泛现象。

7.5.4 填料塔的内件

填料塔的内件主要包括填料支承装置、填料压紧装置、气体和液体分布装置、液体收集再分布装置等。塔内件的合理设计，对于填料塔的高效运行和节能降耗起到至关重要的作用。

① 填料支承装置　其作用是支承塔内填料床层。设计时，需要保证其具有足够大的支承强度、大的开孔率和合理结构以利于气液均匀分布。

常用的填料支承装置有栅板型、孔管型、驼峰型等，如图 7-28 所示。

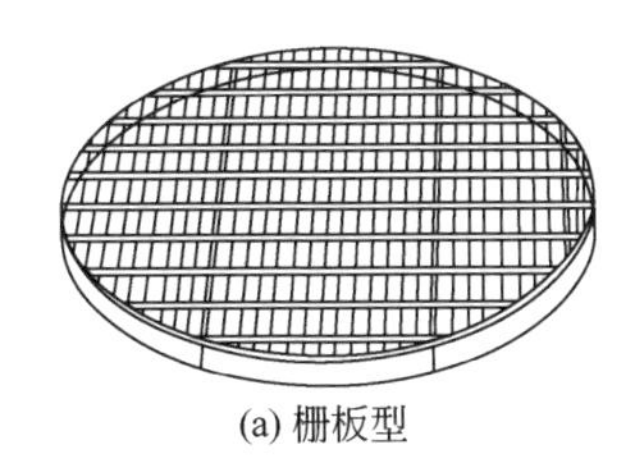

(a) 栅板型

(b) 孔管型

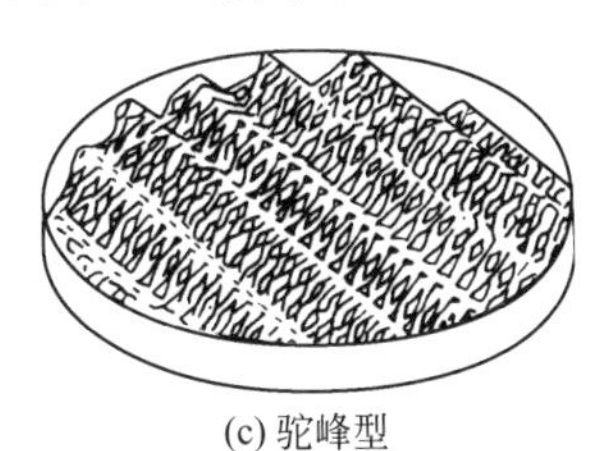

(c) 驼峰型

图 7-28　**填料支承装置**

② 填料压紧装置　其作用是保持塔内填料床层为一个高度恒定的固定床，防止松动和跳动。设计时注意问题与支承装置相同。

常用的填料压紧装置有栅板型、网板型等，如图 7-29 所示。

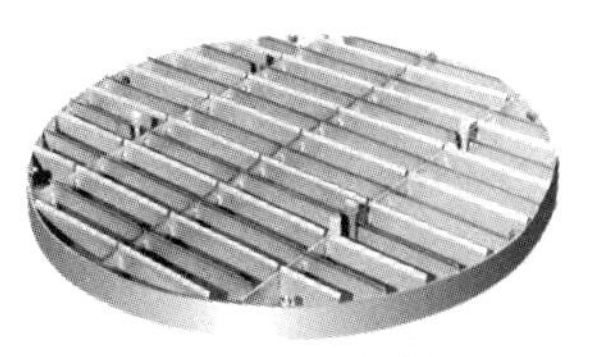

(a) 填料压紧栅板

(b) 填料压紧网板

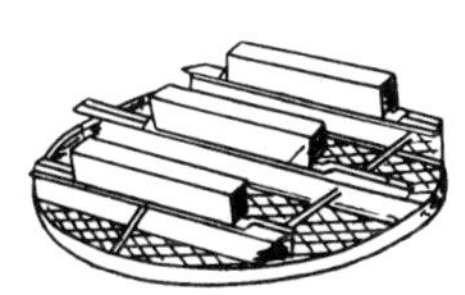

(c) 905型金属压板

图 7-29　**填料压紧装置**

③ 液体分布装置　其作用是保持塔内填料床层任一截面上的气液两相流体能均匀分布，以实现充分接触，高效传质。设计时，需要保证其具有与填料相匹配的分液点密度和均匀的质量分布。为了适应填料的大比表面积，液体分布器分布点密度也需相应增大。

常用的液体分布装置有盘式、管式和槽式等，如图 7-30 所示。

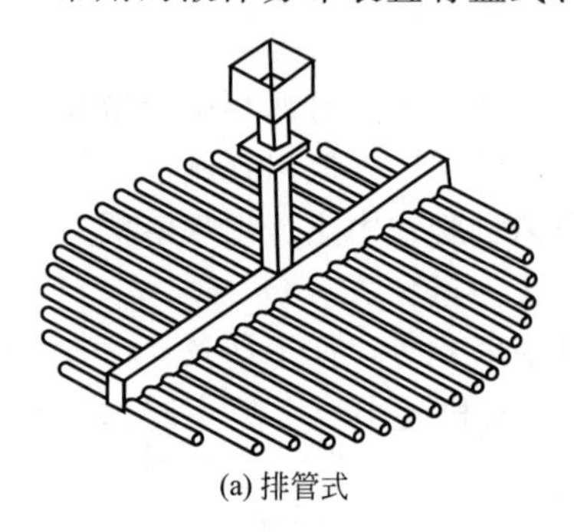
(a) 排管式

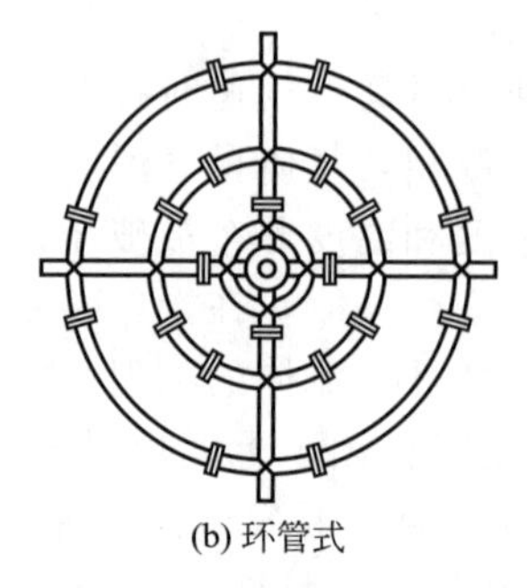
(b) 环管式

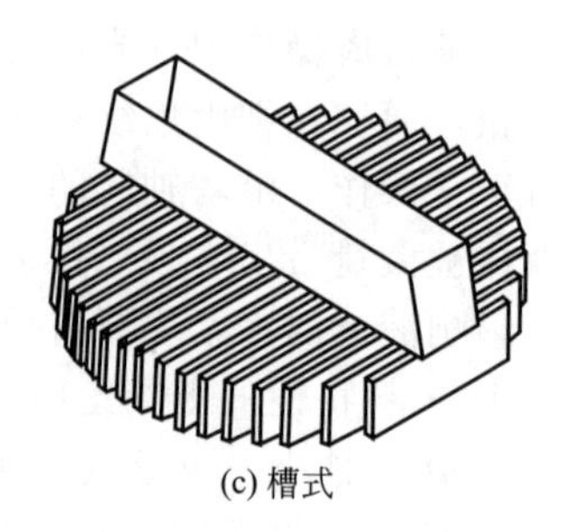
(c) 槽式

图 7-30 **液体分布装置**

【例 7-9】 直径为 2.0m 的填料塔，液相负荷为 $35m^3/h$。内装 $DN38$ 的金属环矩鞍填料，其比表面积为 $112m^2/m^3$。试计算塔的液体喷淋密度，并判断填料润湿是否达到最低要求。

解：填料塔的液体喷淋密度为

$$U=\frac{V}{\pi/4\times D^2}=\frac{35}{0.785\times 2^2}=11.15m^3/(m^2\cdot h)$$

取最小润湿速率 $(L_W)_{min}=0.08m^3/(m\cdot h)$

最小喷淋密度为

$$U_{min}=(L_W)_{min}\sigma=0.08\times 112=8.96m^3/(m^2\cdot h)$$

$U>U_{min}$，达到最小喷淋密度的要求。

通过本章学习，你应该已经掌握的知识：

1. 气液相平衡表示方法；
2. 扩散系数的获取方法；
3. 双膜模型和总吸收系数的计算；
4. 吸收塔的物料衡算、操作线方程以及适宜吸收剂用量的确定；
5. 低组成吸收过程中填料层有效高度的计算方法；
6. 各类填料及其性能参数，影响填料塔传质性能的因素。

你应具有的能力：

1. 根据气体分离要求，选择适宜的吸收剂；
2. 根据给定的分离任务，对吸收过程进行初步工艺计算；
3. 清楚吸收塔各操作参数对吸收率的影响，对操作型问题能给出解决思路；
4. 根据填料塔的结构参数核算塔的流体力学性能。

本章符号说明

英文字母

a——填料的有效比表面积，m^2/m^3

A——吸收因数

c——物质的量浓度或浓度，$kmol/m^3$

C——总浓度，$kmol/m^3$

D——扩散系数，m^2/s；直径，m

E——亨利系数，kPa

H——溶解度系数，$kmol/(m^2\cdot s)$

H_o——动持液量，m^3 液体/m^3 填料

H_{OG}——气相总传质单元高度，m

H_{OL}——液相总传质单元高度，m

H_s——静持液量，m^3 液体/m^3 填料

H_t——总持液量，m^3 液体/m^3 填料

J——扩散通量，$kmol/(m^2 \cdot s)$

k_G——以 Δp 为推动力的气膜吸收系数，$kmol/(m^2 \cdot s \cdot kPa)$

k_L——以 Δc 为推动力的液膜吸收系数，$kmol/(m^2 \cdot s \cdot kmol/m^3)$ 或 m/s

k_x——以 Δx 为推动力的液膜吸收系数，$kmol/(m^2 \cdot s)$

k_y——以 Δy 为推动力的气膜吸收系数，$kmol/(m^2 \cdot s)$

K_G——以 Δp 为总推动力的气相总吸收系数，$kmol/(m^2 \cdot s \cdot kPa)$

K_L——以 Δc 为总推动力的液相总吸收系数，$kmol/(m^2 \cdot s \cdot kmol/m^3)$ 或 m/s

K_x——以 Δx 为总推动力的液相总吸收系数，$kmol/(m^2 \cdot s)$

K_X——以 ΔX 为总推动力的液相总吸收系数，$kmol/(m^2 \cdot s)$

K_y——以 Δy 为总推动力的气相总吸收系数，$kmol/(m^2 \cdot s)$

K_Y——以 ΔY 为总推动力的气相总吸收系数，$kmol/(m^2 \cdot s)$

L——吸收剂用量，kmol/s

L_W——润湿速率，$m^3/(m \cdot h)$

m——相平衡常数，量纲为 1

M——摩尔质量，kg/kmol

N_A——组分 A 的传质通量，$kmol/(m^2 \cdot s)$

N_{OG}——气相总传质单元数，量纲为 1

N_{OL}——液相总传质单元数，量纲为 1

p——分压，kPa

P——总压，kPa

R——通用气体常数，$kJ/(kmol \cdot K)$

S——脱吸因数，量纲为 1；表面更新率（表面更新模型参数），量纲为 1

T——热力学温度，K

u——气体的空塔速度，m/s

U——液体喷淋密度，$m^3/(m^2 \cdot h)$

V——惰性气体的摩尔流量，kmol/s

V_s——混合气体的体积流量，m^3/s

x——组分在液相中摩尔分数

X——组分在液相中摩尔比

y——组分在气相中摩尔分数

Y——组分在气相中摩尔比

z_G——气膜厚度，m

z_L——液膜厚度，m

Z——填料层有效高度，m

希腊字母

ε_M——涡流扩散系数，m^2/s

ε——空隙率，m^3/m^3

θ——时间，s

θ_c——暴露时间（溶质渗透模型参数），s

ρ——密度，kg/m^3

σ——填料的比表面积，m^2/m^3

φ——吸收率或回收率

Φ—填料因子，m^{-1}

Ω——塔横截面积，m^2

下标

A——组分 A 的

B——组分 B 的

i——组分 i 的；相界面的

m——对数平均的

max——最大的

min——最小的

1——塔底的或截面 1 的

2——塔顶的或截面 2 的

习 题

知识点 1　气体吸收的相平衡关系

1. 在 30℃及总压为 101.3kPa 的条件下，CO_2 与水充分接触后，测得 CO_2 在水中的平衡浓度为 $2.875\times10^{-2}kmol/m^3$，已知相平衡关系为 $p^*=1.876\times10^5 x$ kPa。试求：(1) CO_2 的平衡分压；(2) 相平衡常数 m 及溶解度系数 H。

2. 在 20℃和 101.3kPa 条件下，当混合空气中氨平衡分压为 0.485kPa 时，其在水中的溶解度为 $6g(NH_3)/1000g(H_2O)$。试求此条件下的亨利系数 E、相平衡常数 m 及溶解度系数 H。

3. 在总压为101.3kPa、温度为25℃的条件下，混合空气中含有5%（体积分数）SO_2，当与含有0.5%（质量分数）SO_2的水溶液接触时，试判断SO_2的传递方向。已知操作条件下相平衡常数$m=47.9$。

4. 吸收过程是溶质由（　　　　）转移至（　　　　）的相际传质过程，通常在（　　　　）中进行。

5. 对接近常压的低组成溶质的气液平衡系统，当温度降低时，亨利系数E将（　　），相平衡常数m将（　　），溶解度系数H将（　　）。

A. 增大　　B. 不变　　C. 减小　　D. 不确定

6. 相平衡关系在吸收过程中主要用于（　　　　）、（　　　　）和（　　　　）。

知识点2　传质机理与吸收速率

7. 等分子反方向扩散与一组分通过另一停滞组分的扩散有何异同?

8. 在进行分子传质时，主体流动是如何形成的，主体流动对分子传质通量有何影响?

9. 组分A通过距离z扩散到催化剂表面时，立即发生化学反应：$A \longrightarrow 2B$，生成的B离开催化剂表面向气相扩散。试推导稳态扩散条件下组分A、B的扩散通量N_A及N_B。

10. 在填料塔中用清水逆流吸收混于空气中的CO_2。已知20℃时CO_2在水中的亨利系数为1.44×10^5kPa，空气中CO_2的质量分数为0.2。操作条件为20℃、506.6kPa，吸收液中CO_2的组成为$x_1=1.1\times10^{-4}$。试求塔底处吸收总推动力Δp、Δc、ΔX和ΔY。

11. 在吸收操作中，以气相组成差表示的吸收塔某一截面上的总推动力为（　　）。

A. Y^*-Y　　B. $Y-Y^*$　　C. Y_i-Y　　D. $Y-Y_i$

12. 推动力$(p-p^*)$与吸收系数（　　）相对应。

A. k_L　　B. k_y　　C. K_G　　D. K_L

13. 双膜模型、溶质渗透模型和表面更新模型的模型参数分别是（　　　　）、（　　　　）和（　　　　）。

14. 在101.3kPa及20℃的条件下，空气中的乙醇蒸气采用填料塔清水逆流吸收。若在操作条件下平衡关系符合亨利定律，乙醇在水中的溶解度系数$H=1.995\text{kmol/(m}^3\cdot\text{kPa)}$。塔内某截面处乙醇的气相分压为7kPa，液相组成为2.6kmol/m^3，液膜吸收系数$k_L=2.08\times10^{-5}$m/s，气相总吸收系数$K_G=1.122\times10^{-5}\text{kmol/(m}^2\cdot\text{s}\cdot\text{kPa)}$。试求该截面处：(1) 吸收速率$N_A$；(2) 膜吸收系数$k_G$、$k_y$及$k_x$；(3) 总吸收系数$K_L$、$K_X$及$K_Y$。

15. 对于气膜控制或液膜控制的吸收过程，如何提高其吸收速率?

16. 在下列吸收过程中，属于气膜控制的过程是（　　）。

A. 水吸收氧　　B. 水吸收氨　　C. 水吸收二氧化碳　　D. 水吸收氢

17. 减少吸收剂用量，吸收推动力（　　　　），操作线的斜率（　　　　）。

18. 脱吸因数的定义式为（　　　　），它表示（　　　　）之比。

知识点3　吸收塔的计算

19. 用清水在填料塔内逆流吸收某混合气中的硫化氢，操作条件为101.3kPa、25℃，进塔气相组成为$y_1=0.03$，出塔气相组成为$y_2=0.01$，已知操作条件下气液相平衡关系为$p^*=5.52\times10^4x$kPa，操作时吸收剂用量为最小用量的1.6倍。试求：(1) 气相传质单元数N_{OG}；(2) 若操作压力增加到1013kPa而其他条件不变，再求气相传质单元数N_{OG}。

20. 在101.3kPa、20℃下用清水在填料塔内逆流吸收空气中所含的二氧化硫气体。混合气的摩尔通量为$0.02\text{kmol/(m}^2\cdot\text{s)}$，二氧化硫的体积分数为0.03。操作条件下气液相平衡常数m为34.9，K_Ya为$0.056\text{mol/(m}^3\cdot\text{s)}$。若吸收液中二氧化硫的组成为饱和组成的75%，要求回收率为98%。试求填料层高度Z。

21. 在一直径为 0.8m 的填料吸收塔中用纯溶剂逆流吸收某气体混合物中的溶质组分。已知操作压力为 200kPa，入塔混合气体的流量为 35kmol/h，其中含溶质 6%（体积分数）。操作条件下平衡关系为 $Y^*=1.5X$，K_Ya 为 0.03kmol/(m^3·s)。溶剂的用量为最小用量的 1.6 倍。要求溶质的回收率为 97%。试求：(1) 操作液气比 L/V；(2) 出塔液相组成 x_1；(3) 填料层高度 Z。

22. 在压力为 101.3kPa、温度为 30℃的操作条件下，在某填料吸收塔中用清水逆流吸收混合气中的 NH_3。已知入塔混合气体的流量为 220kmol/h，其中含 NH_3 1.2%（摩尔分数）。操作条件下的平衡关系为 $Y=1.2X$（X、Y 均为摩尔比），空塔气速为 1.25m/s；气相总体积吸收系数为 0.06kmol/(m^3·s)；水的用量为最小用量的 1.5 倍，要求 NH_3 的回收率为 95%。试求：(1) 水的用量；(2) 填料塔的直径和填料层高度。

23. 在一直径为 1.2m、填料层高度为 4.8m 的吸收塔中，用纯溶剂吸收某气体混合物中的溶质组分。已知操作压力为 320kPa、温度为 35℃。入塔混合气体的流量为 600m^3/h，混合气体中溶质的含量为 6%（体积分数）；出塔溶液中溶质的含量为 0.02（摩尔比）。操作条件下的平衡关系为 $Y=2.2X$（X、Y 均为摩尔比），气相总体积吸收系数为 62.8kmol/(m^3·h)。试求：(1) 该吸收塔的吸收率 φ_A；(2) 该吸收塔的操作液气比。

注：对数平均推动力可用算术平均推动力代替。

24. 在一直径为 1m、填料层高度为 8m 的吸收塔中，用纯溶剂吸收某混合气体中的溶质组分。已知入塔混合气体的流量为 40kmol/h，溶质的含量为 0.06（摩尔分数）；溶质的吸收率为 95%；操作条件下的气液相平衡关系为 $Y=2.2X$（X、Y 均为摩尔比）；溶剂用量为最小用量的 1.5 倍；塔内装有比表面积为 153m^2/m^3 的金属阶梯环填料。试求：(1) 出塔液相组成；(2) 气相总吸收系数 kmol/(m^2·h)。

注：填料的有效比表面积近似取为填料比表面积的 90%。

知识点 4　填料塔

25. 填料塔的正常操作一般处于（　　）进行。

A. 恒持液量区　　B. 载液区　　C. 液泛区　　D. 不确定

26.（　　）越小，（　　）越大，越易发生液泛。

A. 填料因子 Φ 值　B. 气体密度　C. 液体密度　D. 液体黏度　E. 操作液气比

27. 填料的几何特性参数主要包括（　　　）、（　　　）、（　　　）等。

28. 衡量填料性能的优劣三要素通常是（　　　）、（　　　）及（　　　）。

29. 某操作中的填料塔，其直径为 1.5m，液相负荷为 20m^3/h。内装 $DN50$ 的金属鲍尔环填料，其比表面积为 109m^2/m^3，试判断填料润湿是否达到最低要求。

讨论题

在一直径为 2.5m 的逆流吸收塔中除去混合气中的二氧化硫，混合气流量为 1300kmol/h，其中含二氧化硫 0.05（摩尔分数），经过吸收后出塔气中二氧化硫含量降至 0.005（摩尔分数）。所用吸收剂经解吸塔处理后循环使用，入塔吸收剂中二氧化硫含量为 0.002（摩尔分数），入塔液体总流量为 1000kmol/h。在操作条件（20℃，1atm）下平衡关系可表示为 $Y=0.746X$（Y，X 为摩尔比），气相总体积吸收系数为 47mol/(m^3·s)，试求：

(1) 该填料塔的填料层高度；(2) 新的工艺要求气体的处理量增加 10%，且维持原分离要求，即出塔气体中二氧化硫含量为 0.005（摩尔分数），请提出几种不同的改造方案，并通过计算，对不同的方案进行比较。

第 8 章

液-液萃取

8.1　概述　/ 308
8.2　液-液相平衡　/ 309
8.2.1　分配系数与选择性系数　/ 310
8.2.2　三角形相图　/ 311
8.2.3　分配曲线　/ 314
8.3　萃取过程的分离效果与萃取剂的选择　/ 315
8.3.1　萃取过程的分离效果　/ 315
8.3.2　萃取剂的选择　/ 315
8.4　萃取流程与计算　/ 316
8.4.1　单级萃取流程与计算　/ 316
8.4.2　多级错流萃取流程　/ 318
8.4.3　多级逆流萃取流程　/ 319
8.4.4　连续逆流萃取流程　/ 321
8.5　液-液萃取设备　/ 321
8.5.1　液-液萃取设备的分类　/ 321
8.5.2　分级接触萃取器——混合-澄清器　/ 322
8.5.3　塔式萃取设备　/ 322
8.5.4　离心萃取器　/ 325
8.6　新型萃取技术　/ 325

本章你将可以学到：

1. 液-液萃取分离过程的基本原理；
2. 液-液相平衡的表示方法；
3. 萃取剂的选择；
4. 单组分萃取流程的特点及计算方法；
5. 典型萃取设备的特点。

8.1　概述

液-液萃取，也称溶剂萃取，简称萃取或抽提，是一种利用混合液中各组分在溶剂中溶解度的差异来分离液体混合物的化工单元操作。

萃取过程使用的溶剂称为萃取剂（用 S 表示），混合液中欲分离组分称为溶质（用 A 表示），其他组分称为稀释剂或原溶剂（用 B 表示），萃取剂对溶质有较大溶解能力，与稀释剂不互溶或部分互溶。

萃取过程如图 8-1 所示，在原料混合液中加入溶剂（萃取剂），在混合器中通过搅拌等方式混合。原料液在萃取剂中有较大溶解度的组分（溶质）较多地进入萃取剂，形成萃取相（extract phase），以 E 表示；原料液则变为萃余相（raffinate phase）（以稀释剂为主，并含有未被萃取完全的溶质），用 R 表示。两相混合液在澄清器中分层，其中萃取相经分离萃取

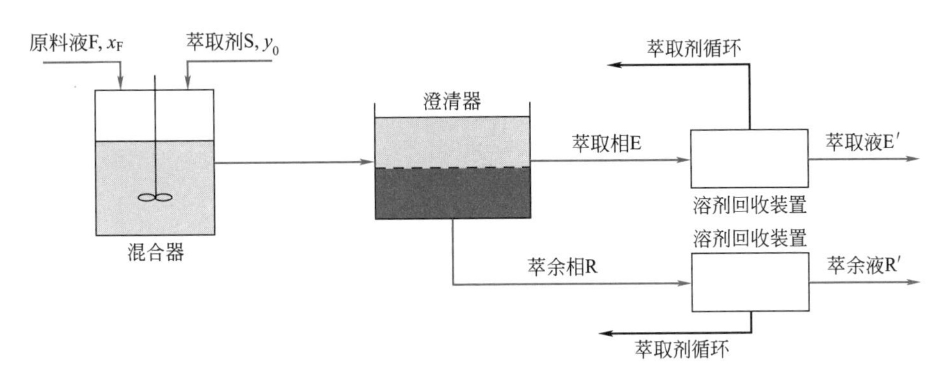

图 8-1 **萃取过程示意图**

剂后得到产品（萃取液），用 E′表示；萃余相经分离萃取剂后得到萃余液，用 R′表示。从萃取相和萃余相分离出的萃取剂可以重复使用。

萃取过程中，混合液中的溶质既可以是挥发性液体，也可以是非挥发性物质，如各种金属盐类。

当溶质为挥发性物质时，与精馏相比，萃取的流程比较复杂，萃取相和萃余相往往还需要经过其他分离操作才能获得产品和回收萃取剂，但是，萃取过程具有操作常温、无相变和可获得较高分离系数等优点，仍体现出技术经济优势。一般说来，下列情况采用萃取过程比较有利：

① 混合液中各组分的沸点非常接近，或者说组分之间的相对挥发度接近于 1。

② 混合液中的组分能形成恒沸物，用一般精馏不能得到所需的纯度。

③ 混合液需分离的组分是热敏性物质，受热易分解、聚合或发生其他化学变化。

④ 需分离的组分浓度很低且为难挥发组分，用精馏方法需蒸馏出大量稀释剂，能耗很大。

当溶质为非挥发性物质时，与吸附、离子交换等方法相比，萃取过程处理的是两种流体，操作比较方便。

作为分离和提纯物质的重要单元操作，液-液萃取的优点在于常温操作、能耗较低、不涉及固体和气体、操作方便，在石油化工、湿法冶金、生物化工、精细化工和环境保护等领域应用十分广泛。例如，石油工业中，用环丁砜、四甘醇、*N*-甲基吡咯烷酮等为溶剂，采取 Udex、Shell、Formex 等流程萃取芳烃；医药工业中，用醋酸丁酯由玉米发酵液萃取获得青霉素浓缩液；食品工业中，用磷酸三丁酯（TBP）从发酵液萃取柠檬酸；原子能工业中，用磷酸三丁酯（TBP）提取金属铀。

8.2 液-液相平衡

液、液两相间的组分平衡关系是萃取过程的热力学基础，决定着过程的传质方向、推动力和极限。了解混合物的液-液平衡关系是理解与掌握萃取过程的最基本条件。液-液相平衡关系有如下几种表示方法。

8.2.1 分配系数与选择性系数

平衡时，混合液中某组分在萃取相与萃余相中的组成之比称为该组分的分配系数（distribution coefficient），或相平衡常数，以 k 表示。

$$k=\frac{y}{x} \tag{8-1}$$

式中 y——组分在萃取相中的质量分数；

x——组分在萃余相中的质量分数。

两组分在萃取相和萃余相中分配平衡的差异，即两组分在两相中组成比的比值，称为选择性系数（selectivity），以 β 表示。

$$\beta=\frac{y_A}{y_B}\Big/\frac{x_A}{x_B}=\frac{y_A}{x_A}\Big/\frac{y_B}{x_B}=\frac{k_A}{k_B} \tag{8-2}$$

式中 y_A、y_B——组分 A、B 在萃取相中的质量分数；

x_A、x_B——组分 A、B 在萃余相中的质量分数。

选择性系数也称分离系数，物理意义类同于精馏操作中的相对挥发度。$\beta>1$ 表示两相平衡时组分 A 在萃取相中的相对组成高，可以采用萃取方法分离 A、B 两组分，且 β 越大，分离越容易。$\beta=1$，则不能通过萃取方法分离 A、B 两组分。选择性系数是选择萃取剂的基本条件。

分配系数一般不是常数，随温度与溶质的组成而异，当溶质浓度较低时，k 接近常数，相应的分配曲线接近直线。

【例 8-1】 20℃下，乙酸（A)-水（B)-异丙醚（S）体系的相平衡数据列于下表，试计算 A、B 两种组分的分配系数和选择性系数。

例 8-1 附表 1 **乙酸（A)-水（B)-异丙醚（S）体系相平衡数据**（20℃）

序号	水相(质量分数)/%			异丙醚相(质量分数)/%		
	x_A	x_B	x_S	y_A	y_B	y_S
1	0.69	98.1	1.2	0.18	0.5	99.3
2	1.40	97.1	1.5	0.37	0.7	98.9
3	2.90	95.5	1.6	0.79	0.8	98.4
4	6.40	91.7	1.9	1.90	1.0	97.1
5	13.30	84.4	2.3	4.80	1.9	93.3
6	25.50	71.1	3.4	11.40	3.9	84.7
7	37.00	58.6	4.4	21.60	6.9	71.5
8	44.30	45.1	10.6	31.10	10.8	58.1
9	46.40	37.1	16.5	36.20	15.1	48.7

解：以第 1 组数据为例

$$k_A=\frac{y_A}{x_A}=\frac{0.18}{0.69}=0.261$$

$$k_B=\frac{y_B}{x_B}=\frac{0.5}{98.1}=0.00510$$

$$\beta=\frac{k_A}{k_B}=\frac{0.261}{0.0051}=51.2$$

依次计算各组数据见附表2，可以看出分配系数和选择性系数不是常数，通常它们随温度与溶质的组成而异。

例8-1附表2　**乙酸(A)-水(B)-异丙醚(S)体系的分配系数和选择性系数**(20℃)

k_A	0.261	0.264	0.272	0.297	0.361	0.447	0.584	0.702	0.780
k_B	0.00510	0.00721	0.00838	0.0109	0.0225	0.0549	0.118	0.239	0.407
β	51.2	36.6	32.5	27.2	16.0	8.14	4.95	2.94	1.92

8.2.2 三角形相图

萃取过程涉及三组分溶液，需要用三角形相图表示溶液组成，并按三角形各顶点至其对边的垂直距离等分作对边的平行线作为刻度线。一般使用等边三角形或等腰直角三角形，当某组分质量分数很低时，常将相应边的比例放大，以提高图示的准确度。

1. 组成表示法

三角形的3个顶点A、B、S分别表示纯溶质A、纯原溶剂B和纯萃取剂S；边上的点表示该边两端点对应的二组分混合物，如AB边上的点为溶质A与原溶剂B的混合物；内部的点为三组分混合物，其到某边的垂直距离与该边高的比值代表了该边对应顶点组分的质量分数，如图8-2所示，M点到AB边的垂直距离与AB边高（对于直角三角形，即为BS）的比值代表M点萃取剂的质量分数。

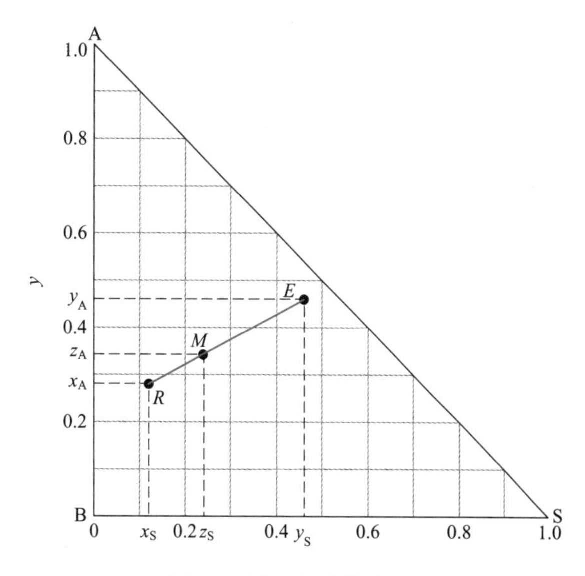

图8-2　**溶液组成的表示法**

已知两个组分的质量分数，第三组分的质量分数才可以由归一条件决定。如已知某溶液中溶质A和萃取剂S的质量分数x_A、x_S，则稀释剂B的质量分数为

$$x_B=1-x_A-x_S \tag{8-3}$$

2. 物料衡算与杠杆规则

如图8-2所示，设有组成为x_A、x_B、x_S（R点）的溶液Rkg及组成为y_A、y_B、y_S（E点）的溶液Ekg，若将两溶液混合，混合物总量为Mkg，组成为z_A、z_B、z_S（M点）。则可列出总物料衡算式及组分A、组分S的物料衡算式为

$$\boxed{M=E+R} \tag{8-4}$$

$$\boxed{Mz_A = Rx_A + Ey_A} \tag{8-5}$$

$$\boxed{Mz_S = Rx_S + Ey_S} \tag{8-6}$$

由此可导出

$$\boxed{\frac{E}{R} = \frac{z_A - x_A}{y_A - z_A} = \frac{z_S - x_S}{y_S - z_S}} \tag{8-7}$$

上式表明，混合液组成的 M 点的位置必在 R 点与 E 点的联线上，且线段 $\overline{RM}$ 与 $\overline{ME}$ 之比与混合前两溶液的质量成反比，即

$$\boxed{\frac{E}{R} = \frac{\overline{RM}}{\overline{ME}}} \tag{8-8}$$

上式关于物料衡算的简捷图示方法称为杠杆规则（level-arm rule）。根据杠杆规则，可较方便地在图上定出 M 点的位置，从而确定混合液的组成。需要指出，即使两溶液不互溶，M 点（z_A、z_B、z_S）仍可代表该两相混合物的总组成。

点 M 可表示溶液 R 与溶液 E 混合之后的数量与组成，称为 R、E 两溶液的和点。反之，R 点（E 点）称为 M 与 E（R）的差点，其具体位置同样可由杠杆规则确定，即

$$\boxed{\frac{E}{M} = \frac{\overline{RM}}{\overline{RE}}} \tag{8-9}$$

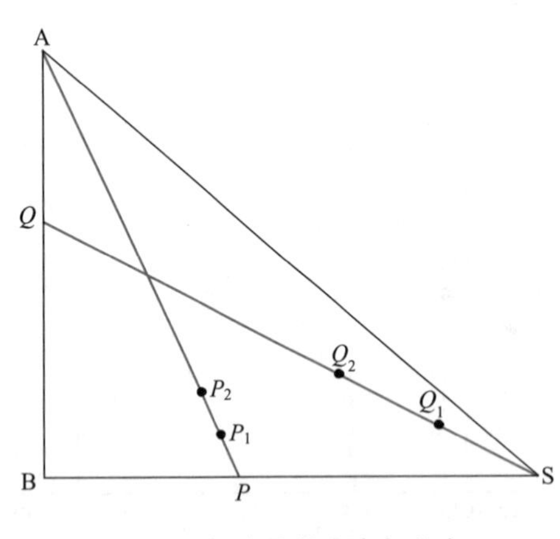

图 8-3 混合液的和点与差点

如图 8-3 所示，有组成在 P 点的 B、S 二组分溶液，加入少量溶质 A 后构成三组分溶液，其组成可用 P_1 点表示。若再增加 A 的量，溶液组成移至 P_2 点。点 P_1、P_2 均为和点，它们都在 PA 的联线上。由此可知，$\overline{PA}$ 线上任意一点所代表的溶液中 B、S 两个组分的相对比值必相同。

反之，若从三组分溶液 Q_1 中除去萃取剂 S，所得溶液的组成在点 Q_2。若将此溶液中的 S 全部除去，则将获得仅含 A、B 两组分的溶液，其组成在 Q 点。点 Q_2、Q 均为差点，其位置必在 $\overline{SQ_1}$ 的延长线上。同理，$\overline{SQ}$ 线上任意一点所代表的溶液中 A、B 两个组分含量的相对比值均相同。

3. 液-液相平衡在三角形相图中的表示

萃取操作中，常按混合液中的 A、B、S 各组分互溶度的不同将混合液分成两类。

第Ⅰ类物系：溶质 A 可完全溶解于稀释剂 B 和萃取剂 S 中，但稀释剂 B 与萃取剂 S 部分互溶。

第Ⅱ类物系：溶质 A 与稀释剂 B 互溶，萃取剂 S 与稀释剂 B 和溶剂 A 均部分互溶。

第Ⅰ类物系在萃取操作中较为普遍，故主要讨论第Ⅰ类物系。

（1）溶解度曲线

在三角烧瓶中称取一定量的纯稀释剂 B，逐渐滴加萃取剂 S，不断摇动使其溶解。由于

B中仅能溶解少量萃取剂S，故滴加至一定数量后混合液出现混浊分层。记取此时的滴加量，即为萃取剂S在稀释剂B中的饱和溶解度。此饱和溶解度可用直角三角形相图（见图8-4）中点R表示。

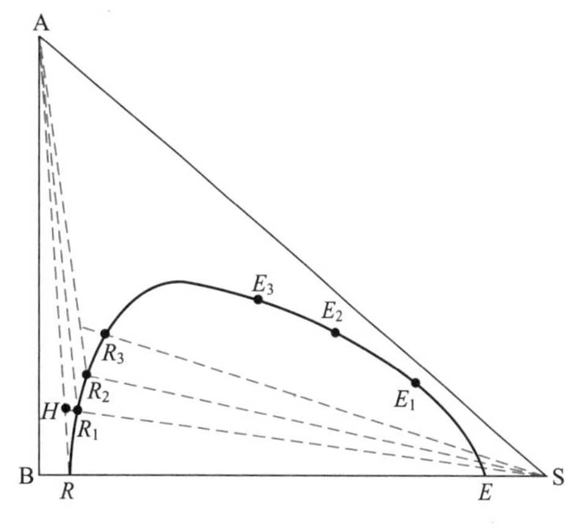

图8-4 溶解度曲线

在上述溶液中滴加少量溶质A。溶质的存在增加了B与S的互溶度，使混合液变成透明，此时混合液的组成为$\overline{AR}$联线上的H点。如再滴加数滴S，溶液再次呈现混浊，从而计算出新的分层点R_1的组成，此R_1必在$\overline{SH}$联线上。在溶液中交替滴加A与S，重复上述实验，可获得若干分层点R_2、R_3等。

同样，在另一三角烧瓶中称取一定量的纯萃取剂S，逐步滴加稀释剂B可获得分层点E。再交替滴加溶质A与B，亦可获得若干分层点。将所有分层点联成一条光滑的曲线，称为**溶解度曲线**（solubility curve）。

图8-4中的溶解度曲线将三角形相图分成两个区。该曲线与底边RE所围的区域为分层区或两相区，曲线以外是均相区。

若某三组分物系的组成位于两相区内，则该混合液可分为互成平衡的两相，故溶解度曲线以内是萃取过程的可操作范围。

因B、S的互溶度与温度有关，上述全部实验须在恒定温度下进行。通常互溶度随温度升高而增大，溶解度曲线下移，两相区变小。

（2）平衡联结线

利用所获得的溶解度曲线，可以方便地确定溶质A在互成平衡的两液相中的组成关系。现取组分B与萃取剂S的二组分溶液，其组成以图8-5中的M点表示，该溶液必分为两层，其组成分别为E和R。

在此混合液中滴加少量溶质A，混合液的组成将沿联线$\overline{AM}$移至点M_1。充分摇动，使溶质A在两相中的组成达到平衡。静置分层后，取两相试样进行分析，其组成分别在点E_1、R_1。互成平衡的两相称为**共轭相**，E_1、R_1的联线称为**平衡联结线**，M_1点必在此平衡联结线上。

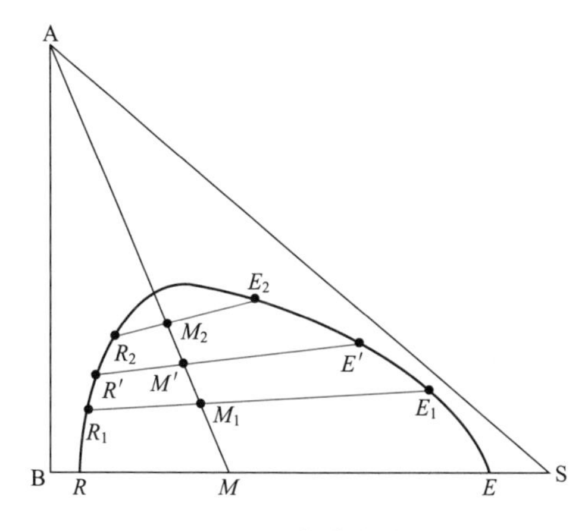

图8-5 平衡联结线图

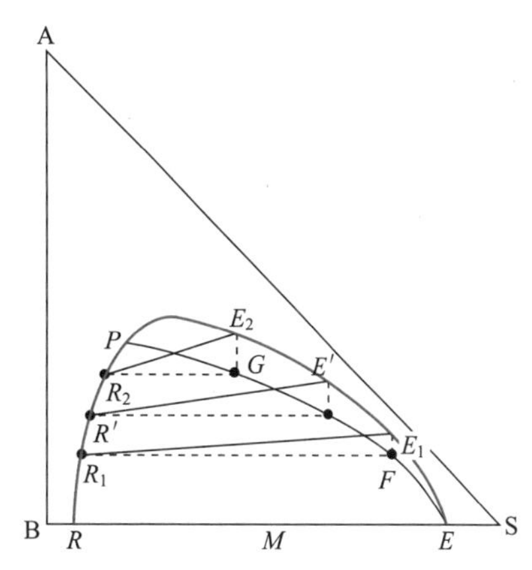

图8-6 辅助线及其应用

在上述两相混合液中逐次加入溶质 A，重复上述实验，可得若干条平衡联结线，每一条平衡联结线的两端为互成平衡的共轭相。

同一物系的平衡联结线的倾斜方向一般相同。少数物系，在不同浓度范围内平衡联结线的倾斜方向不同，如吡啶-氯苯-水系统。

(3) 临界混溶点

借助辅助线可以更加简明地表示联结线或共轭相组成。在图 8-6 中，自 R_1 作 BS 边的平行线，自 R_1 的共轭点 E_1 作 AB 边的平行线，两线相交于点 F；自 R_2 作 BS 边的平行线，自 R_2 的共轭点 E_2 作 AB 边的平行线，两线相交于点 G。依次类推，根据若干对共轭相作图得到一组交点，连接这些交点得到辅助曲线 FGP。反过来，利用辅助线可以得到任意一对共轭组成。例如，自 R'点作BS 边的平行线，与辅助线交于点 H'，自 H'点作AB 边的平行线，交溶解度曲线于 E'，E'即为R'的共轭相。注意，作平行线的方法不同会导致辅助线不同，应用辅助线时必须采用相同的作图方法。

辅助线与溶解度曲线的交点 P 表示共轭两相的组成逐渐接近至重合，称为临界混溶点 (plait point)。事实上，在上述实验中，当加入的溶质 A 达到某一浓度（图中 P 点），两共轭相的组成无限趋近而变成一相，表示这一组成的 P 点即为临界混溶点。临界混溶点一般不在溶解度曲线的最高点。

第Ⅱ类物系的三角形相图如图 8-7 所示。

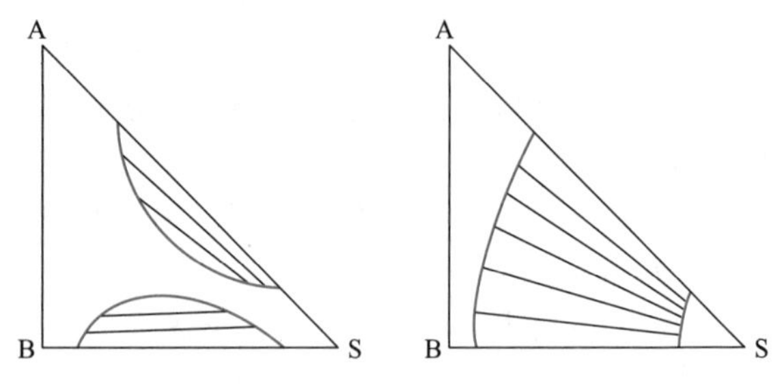

图 8-7 第Ⅱ类物系的三角形相图

三组分溶液的溶解度曲线和共轭相的平衡组成需通过实验获得，有关手册、书籍和文献提供了常见物系的实验数据。

8.2.3 分配曲线

三组分液-液两相平衡关系也可以在直角坐标上用分配曲线来表示。类似于气液相平衡，可将组分 A 在溶液平衡两相中的组成 y_A、x_A 之间的关系用分配曲线 $y_A=f(x_A)$ 表示。对于萃取剂与稀释剂不互溶的情况，分配系数反映了分配曲线的函数关系。对于萃取剂与原溶剂部分互溶的情况，可由图 8-8 所示的方法作出分配曲线。

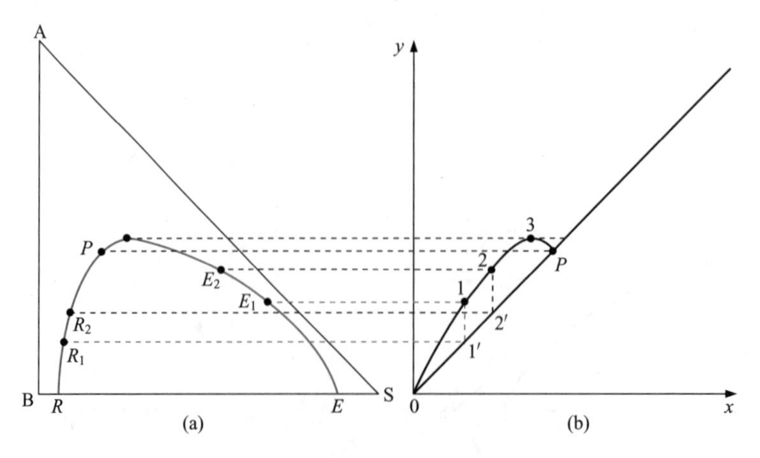

图 8-8 溶解度曲线与分配曲线

直角坐标图上纵坐标表示溶质 A 在萃取相中的质量分数 y_A，横坐标表示溶质 A 在萃余相中的质量分数 x_A。自图 8-8(a) 中共轭相 R_1E_1 的 R_1 点作水平线交图 8-8(b) 中的 $y=x$ 直线于 $1'$点，自 $1'$点作垂直线与自 E_1 点所作的水平线交于点 1。用同样的方法由 R_2E_2 得到点 2。依次进行，得到分配曲线。曲线上每一点对应一对平衡相的组成，曲线与 $y=x$ 线的交点即为临界混溶点 P，其最高点即三角形相图中的最高点。

综上所述，处于均相区的三组分溶液，其组成包含两个自由度，若指定 x_A、x_S，则 x_B 值由归一条件决定。若三组分溶液处于两相区，则平衡两相中同一组分的组成关系由分配曲线决定，而每一液相的组成满足溶解度曲线的函数关系。这样，处于平衡的两相虽有 6 个组分含量，但只有 1 个自由度。例如，一旦指定萃取相中 A 组分的含量 y_A，即可由分配曲线或其关系式确定萃余相中 A 组分的含量 x_A，然后由溶解度曲线得到两相中 S 组分的含量 y_S 和 x_S，最后由归一化条件确定两相中 B 组分的含量。

8.3 萃取过程的分离效果与萃取剂的选择

8.3.1 萃取过程的分离效果

萃取过程的分离效果主要表现为萃取率和产物纯度，萃取率越高，产物纯度越高，表示萃取过程的分离效果越好。萃取率为萃取液中溶质量与原料液中溶质量的比值。影响萃取过程分离效果的主要因素如下：

① 萃取体系相平衡关系。除萃取剂、溶质和稀释剂的物性之外，相平衡关系还与操作温度有关，但受操作压力的影响不大。

② 萃取剂用量和萃取操作流程。增加萃取剂用量，有利于从原料液中提取溶质，即提高萃取率，但萃取相中溶质浓度降低，对提高产物纯度不利，且回收萃取剂的负荷增大。对于萃取剂与稀释剂部分互溶体系的单级萃取，为确保在两相区操作，需控制萃取剂用量。萃取剂用量相同时，萃取流程不同，萃取效果有所不同。详见 8.4 节讨论。

③ 萃取体系两相接触与传质特性。除萃取剂、溶质和稀释剂的物性之外，传质特性还与萃取设备的结构及操作条件有关。详见后续讨论。

通常，温度升高，各组分之间的互溶度增大，两相区面积减小；同时，液体黏度减小，扩散系数增大，传质速率提高，因而，应选取适宜的萃取操作温度。

8.3.2 萃取剂的选择

合适的萃取剂是保证萃取操作正常进行且经济合理的关键。萃取剂的选择主要考虑以下因素。

① 对溶质的选择性系数大，分配系数大。可减少萃取剂循环量，降低溶剂购买、输送和回收等费用。

② 易于从萃取相和萃余相中分离回收。萃取剂回收的难易直接影响萃取操作的费用，从而在很大程度上决定萃取过程的经济性。通常采用蒸馏方法从萃取相和萃余相分离萃取剂，要求萃取剂与溶质和稀释剂的相对挥发度较大，不形成恒沸物，且含量低的组分为易挥发组分。若溶质不挥发或挥发度很低时，则要求萃取剂的汽化热小，以降低能耗。

③ 与稀释剂的密度差大。有利于两液相的相对流动和萃取相与萃余相的分离。

④ 与原料液的两相界面张力大小适中。界面张力过大，不利于相分散和两相充分接触；界面张力过小，则易乳化而使两相难以分离。

⑤ 黏度较小。有利于两相混合与分离，也有利于流动与传质。

⑥ 化学性质稳定，不易燃，不易爆，毒性小，价格低廉等。

当上述要求难以全部满足时，需根据实际情况加以权衡，也可以采取几种溶剂组成混合萃取剂以获得较好性能。

8.4 萃取流程与计算

混合液中只有一种溶质被萃取剂萃取的过程为单组分萃取过程，其基本原理、操作流程和设计计算方法与吸收过程类似，基本流程有单级萃取、多级错流萃取、多级逆流萃取和连续逆流萃取 4 种。混合液中其他组分虽被萃取剂同时萃取，但不影响产品质量要求的萃取过程可视为单组分萃取。当混合液中欲分离的两组分在萃取剂中的溶解度差别不大时，必须应用回流萃取才能完全分离，回流萃取的原理和流程与精馏过程类似。本书仅对单组分萃取过程进行讨论，回流萃取过程参见相关文献。

萃取操作可分为分级接触式和连续接触式两类。萃取过程计算分为操作型和设计型计算两种，可以采用理论级模型或传质速率方程模型进行。萃取过程中的理论级与蒸馏过程中的理论板相当，即离开每级的萃取相和萃余相互为平衡。一个实际萃取级的分离能力达不到一个理论级，两者的差异用级效率校正，级效率通过实验测定。对于萃取剂与稀释剂部分互溶的情况，通常采用理论级模型计算，计算方法与吸收和蒸馏类似，所应用的基本关联式是相平衡关系和物料衡算关系（萃取过程的热效应通常较小，可不考虑热量衡算），基本方法也是逐级计算，多采用图解法。

8.4.1 单级萃取流程与计算

单级萃取是液-液萃取的基本流程，如图 8-1 所示。原料液 F 与萃取剂 S 在混合器中混合，溶质 A 从原料液扩散进入萃取剂，经过足够长的时间，达到动态平衡，称为一个理论级。然后，混合液进入澄清器，静止分层得到萃取相 E 和萃余相 R，两相分离去除萃取剂得到萃取液 E′和萃余液 R′，分离出的萃取剂可循环使用。

单级萃取过程达到两相平衡需要无限长时间，实际操作只能接近平衡，其差距用级效率表示。级效率越高，表示越接近平衡。单级萃取过程的最佳分离效果相当于一个理论级。

单级萃取过程计算中，一般已知的条件是：①操作条件下的相平衡数据；②待处理的原料液的量 F 及其组成 x_F；③萃取剂 S 的组成；④萃余相的组成 x_R（或萃余液的组成 x'_R）。需要计算的结果一般为：①需要的萃取剂用量 S；②萃取相和萃余相的量 E 和 R；③萃取相组成 y_E，或者萃取液与萃余液的量和组成 E'、R'、y'_E、x'_R。

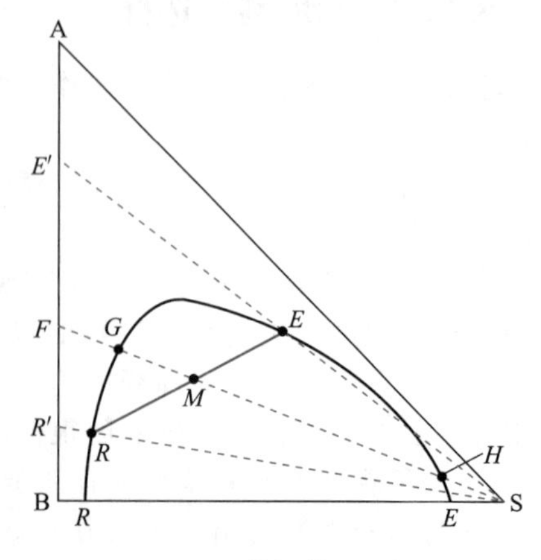

图 8-9 单级萃取图解

1. 稀释剂 B 与萃取剂 S 部分互溶的物系

此类物系的相平衡数据难以用简单的函数关系式表达，常采用基于杠杆规则的图解法进行计算。计算步骤如下：

① 根据相平衡数据在三角形相图中作出溶解度曲线及辅助曲线，如图 8-9 所示。

② 在三角形相图的 AB 边上根据原料液的组成 x_F 确定点 F，根据萃取剂的组成确定点 S（若萃取剂是纯溶剂，则点 S 为三角形的顶点），连接点 F、S，原料液与萃取剂的混合液的组成点 M 必在 FS 线上。

③ 由已知的萃余相的组成 x_R，在相图上确定点 R，再由点 R 利用辅助曲线求出点 E，即可读得 y_E。

④ 连接点 R、E，RE 线与 FS 线的交点即为混合液的组成点 M。

⑤ 由物料衡算和杠杆规则求出 F、E、S 的量。

由总物料衡算

$$\boxed{F+S=E+R=M} \tag{8-10}$$

按照杠杆规则得

$$\frac{S}{F}=\frac{\overline{MF}}{\overline{MS}} \quad 即 \quad S=F\times\frac{\overline{MF}}{\overline{MS}} \tag{8-11}$$

$$E=M\times\frac{\overline{RM}}{\overline{RE}} \tag{8-12}$$

$$R=M-E \tag{8-13}$$

若从萃取相 E 和萃余相 R 中脱除全部萃取剂 S，则得到萃取液 E' 和萃余液 R'。其组成点分别为 SE、SR 的延长线与 AB 边的交点 E' 和 R'，其组成可由相图中读出。E' 和 R' 的量也可由杠杆规则求得

$$E'=F\times\frac{\overline{R'F}}{\overline{R'E'}} \tag{8-14}$$

$$R'=F-E' \tag{8-15}$$

以上各式中各线段的长度可从三角形相图直接读出。

对式 8-10 作溶质 A 的物料衡算，得

$$\boxed{Fx_F+Sy_S=Ey_E+Rx_R=Mx_M} \tag{8-16}$$

联立式 8-10、式 8-16 整理得

$$S=F\frac{x_F-x_M}{x_M-y_S} \tag{8-17}$$

$$E=M\frac{x_M-x_R}{y_E-x_R} \tag{8-18}$$

同理，可得到 E' 和 R' 的量，即

$$E'=F\frac{x_F-x'_R}{y'_E-x'_R} \tag{8-19}$$

$$R'=F-E' \tag{8-20}$$

在单级萃取操作中，对应一定的原料液量，存在两个极限萃取剂用量，原料液与萃取剂的混合液组成点恰好落在溶解度曲线上，如图 8-9 中点 G 和点 H 所示，由于此时混合液只有一个相，故不能起分离作用。这两个极限萃取剂用量分别表示能进行萃取分离的最小溶剂用量 S_{min}（与点 G 对应的萃取剂用量）和最大溶剂用量 S_{max}（与点 H 对应的萃取剂用量），其值可由杠杆规则分别计算如下，即

$$S_{min}=F\times\frac{\overline{FG}}{\overline{GS}} \tag{8-21}$$

$$S_{max}=F\times\frac{\overline{FH}}{\overline{HS}} \tag{8-22}$$

显然，适宜的萃取剂用量应介于二者之间，即

$$S_{min}<S<S_{max} \tag{8-23}$$

2. 原溶剂 B 与萃取剂 S 不互溶的物系

对于此类物系的萃取，因萃取剂只能溶解组分 A，而与组分 B 完全不互溶，故在萃取过程中，仅有溶质 A 的相际传递，萃取剂 S 及稀释剂 B 分别只出现在萃取相及萃余相中，故用质量比表示两相中的组成较为方便。此时溶质在两液相间的平衡关系可以用与吸收中的气液相平衡类似的方法表示，即

$$Y=f(X) \tag{8-24}$$

若在操作范围内，以质量比表示相组成的分配系数 K 为常数，则平衡关系可表示为

$$\boxed{Y=KX} \tag{8-25}$$

溶质 A 的物料衡算式为

$$\boxed{B(X_F-X_1)=S(Y_1-Y_S)} \tag{8-26}$$

式中　B——原料液中稀释剂的量，kg；

S——萃取剂的用量，kg；

X_F、Y_S——原料液和萃取剂中组分 A 的质量比组成；

X_1、Y_1——单级萃取后萃余相和萃取相中组分 A 的质量比组成。

联立式 8-25 与式 8-26，即可求得 Y_1 与 S。

8.4.2　多级错流萃取流程

一般来说，单级萃取的萃取率较低，所得萃余相中往往还含有较多的溶质。要提高萃取率，可以考虑增大萃取剂用量，但是，又受到单级萃取的最大萃取剂用量的限制。

为了使用较少的萃取剂获得较好的萃取效果，可采用多级错流萃取过程，如图 8-10 所示。

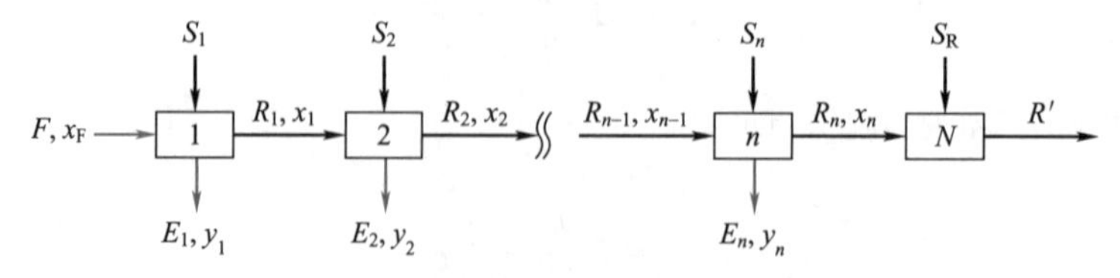

图 8-10　**多级错流萃取流程示意图**

多级错流萃取的每一级均包含混合和分层两个过程，每一级流出的萃取相 E 与萃余相 R 视为达到平衡，即为一个理论级。原料液从第 1 级加入，每一级都用新鲜萃取剂与原料液或前一级流出的萃余相 R 接触。多级错流萃取的总萃取剂用量为各级萃取剂用量之和，可以证明，当每级萃取剂用量相等时，达到一定分离程度所需的总萃取剂用量最少，或总萃取剂用量一定时的萃取效果最好，故在多级错流萃取操作中，一般各级溶剂用量均相等。萃取剂用量相同时，多级错流萃取的萃取效果优于单级萃取。

多级错流萃取过程计算可采用 8.4.1 节介绍的单级萃取过程计算方法。详细内容可参考有关书籍。

【例 8-2】 用纯水（S）作萃取剂从乙醛（A）-甲苯（B）溶液中回收乙醛，水与甲苯可视为完全不互溶，相平衡关系取为 $Y=2.18X$。料液中乙醛的含量为 0.045（质量分数），处理量为 100kg/h。选用五级错流萃取，每级用水量为 25kg/h，计算最终萃余液中乙醛的含量和乙醛的萃取率。

解：料液中乙醛的质量比 $X_F=4.5/95.5=0.0471$，$Y_0=0$

因各级中萃取剂用量均相等，故各级操作线斜率均为 $-B/S=-95.5/25=-3.82$

第一级萃取操作线为经过点（X_F，0），斜率为 -3.82 的直线，即 $Y=-3.82X+3.82X_F$

联立操作线与平衡线方程，可解得 $Y_1=0.0654$，对应 $X_1=0.03$。

第二级萃取操作线为经过点（X_1，0），斜率为 -3.82 的直线，与平衡线方程联立，可解得 Y_2 及 X_2。同理，依次进行，最终得到 $X_5=0.0048$kg(乙醛)/kg(苯)，质量分数为 $0.0048/(1+0.0048)=0.0048$。

被萃取的乙醛量 $B(X_F-X_5)=95.5\times(0.0471-0.0048)=4.04$kg

乙醛的萃取率 $=4.04/4.5\times100\%=89.8\%$

注：可以将平衡数据标绘在直角坐标图上，各级操作线斜率均为 $-B/S=-95.5/25=-3.82$，依次作出五级操作线，最终求得 $X_5=0.0048$kg(乙醛)/kg(苯)。

8.4.3 多级逆流萃取流程

多级逆流萃取流程如图 8-11 所示。原料液从第 1 级进入，逐级流过，最终萃余相从第 n 级流出；新鲜萃取剂从第 n 级进入，与原料液逆流流动，在每一级中与前一级的萃余相或原料液充分接触并传质。达平衡后，两相分离，分别进入前一级和后一级；最终的萃取相从第 1 级流出，最终的萃余相从第 n 级流出。萃取相和萃余相分别脱除萃取剂后得到萃取液和萃余液，萃取剂可循环利用。第 1 级中，萃取剂与溶质浓度最高的原料液接触，故第 1 级出来的最终萃取相中的溶质含量高，可接近与原料液平衡；第 n 级中萃余相与溶质浓度最低的新鲜萃取剂相接触，故第 n 级出来的最终萃余相中溶质含量低，接近与新鲜萃取剂平衡。多级逆流萃取过程可以使用较少的萃取剂达到较高的萃取率，应用较广。

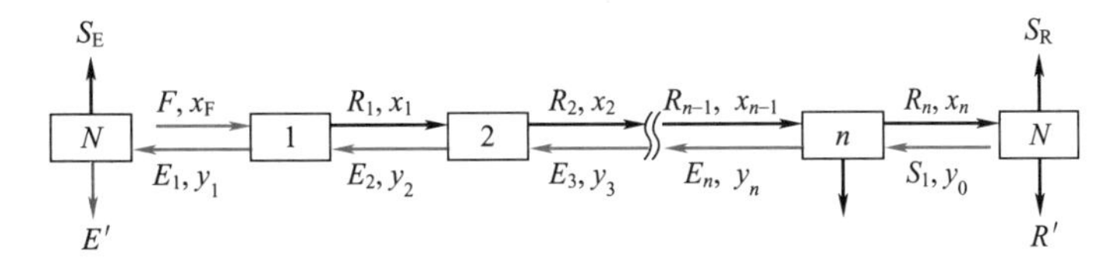

图 8-11 多级逆流萃取流程示意图

多级逆流萃取过程的计算原则上与逆流吸收过程类似，应用相平衡与物料平衡两个基本关系逐级计算，计算问题也可分为设计型问题和操作型问题。

与吸收操作存在最小液气比类似，多级逆流萃取过程针对某一萃取分离任务存在最小萃取剂用量 S_{min}。S_{min} 是萃取剂用量的低限值，萃取剂用量少于 S_{min}，即使用无穷多的理论级也达不到预期的分离要求。实际萃取剂用量必须高于 S_{min}，在此基础上，萃取剂用量少，则所需理论级数多，萃取设备费用高；反之，萃取剂用量大，所需理论级数少，萃取设备费用小，但萃取剂输送和回收的设备费和操作费都高。所以，确定适宜的萃取剂用量时需要综合考虑过程经济性，适宜的溶剂用量应根据设备费与操作费之和最小的原则确定，一般取为

最小溶剂用量的 1.1～2.0 倍，即

$$S=(1.1\sim2.0)S_{\min} \tag{8-27}$$

应该指出，多级逆流萃取过程的最小萃取剂用量与单级萃取过程中的最小萃取剂用量有着本质区别。为便于讨论，将单级萃取的最小萃取剂用量称为“第一类最小萃取剂用量”，将多级逆流萃取的最小萃取剂用量称为“第二类最小萃取剂用量”。

对于萃取剂与稀释剂部分互溶的萃取体系，单级萃取过程的最小萃取剂用量与萃取体系有关，而与分离要求无关，是分离过程中混合液分相的基本要求，也是能够实现一定程度分离的必要条件。当萃取剂用量小于最小萃取剂用量时，混合点落于两相区之外，不能形成两相，无法进行萃取操作，不可能产生任何分离效果，更谈不到实现预定的分离要求，与之对应，单级萃取过程还存在最大萃取剂用量。最小萃取剂用量和最大萃取剂用量可以通过杠杆规则计算得到。由于本身已经是两相，在萃取剂和稀释剂完全不互溶体系中不存在此“第一类最小萃取剂用量”。

多级逆流萃取中的“第二类最小萃取剂用量”是实现预定分离任务的要求。如果萃取操作中使用的萃取剂用量小于“第二类最小萃取剂用量”，则不能实现预定的分离要求，但还是可能实现一定程度的分离。可以看到，无论是萃取剂和稀释剂部分互溶体系，还是萃取剂和稀释剂完全不互溶体系，多级逆流萃取中的“第二类最小萃取剂用量”都是存在的。而且，对于萃取剂与稀释剂部分互溶体系，多级逆流萃取的“第二类最小萃取剂用量”必然大于各级的“第一类最小萃取剂用量”。对于萃取剂和稀释剂完全不互溶体系，仅从完成分离任务的角度考虑（抛开经济性核算），不存在“最大萃取剂用量”的问题。与之对应，对于连续逆流萃取过程，同样存在“第二类最小萃取剂用量”。

萃取、吸收和蒸馏是化工生产中最常见的三类平衡分离过程，可以进行适当类比。

对于吸收过程，在操作的温度压力范围内，本身就是气、液两相，可以类比于萃取过程中的萃取剂和稀释剂完全不互溶体系。对于此类体系，不存在分相问题，也就不存在“第一类最小吸收剂用量”。但为保证实现分离要求，必须使吸收剂用量大于最小值，即存在“第二类最小吸收剂用量”。

对于蒸馏过程，“气”、“液”两相是通过控制操作条件“人为”制造的，可以类比萃取过程中的萃取剂和稀释剂部分互溶体系。为了保证“气”、“液”两相同时存在，必须保证操作温度处于泡点温度和露点温度之间，如图 8-12 所示。泡点温度可类比于“第一类最小萃取剂用量”，露点温度可类比于“第一类最大萃取剂用量”。

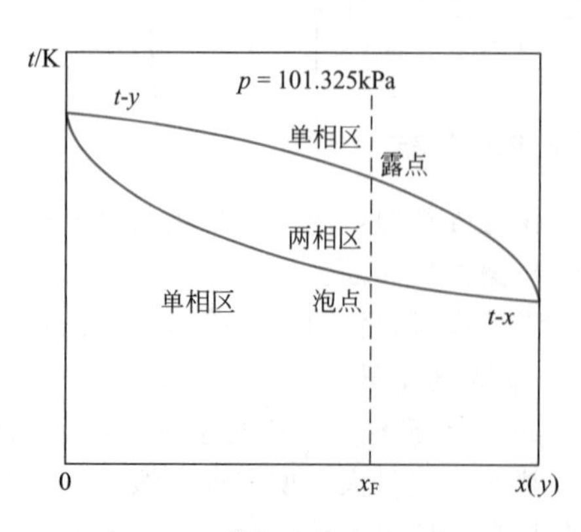

图 8-12　蒸馏过程类比示意图

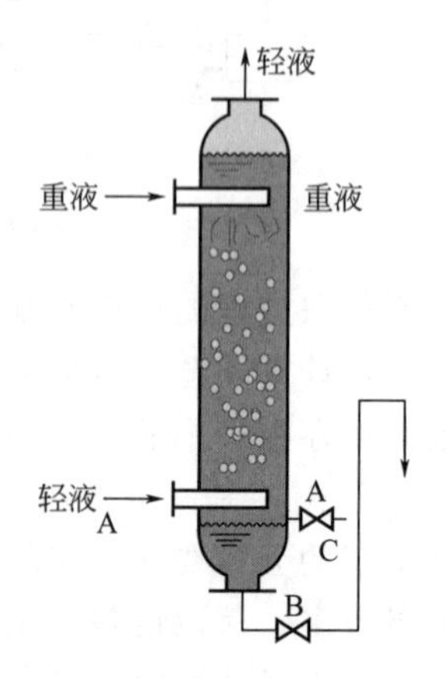

图 8-13　喷洒塔中连续逆流萃取

8.4.4 连续逆流萃取流程

连续逆流萃取过程通常在塔式设备中进行，如图 8-13 所示。溶质在塔内流动方向上的浓度变化是连续的，需用微分方程描述塔内各组分的质量守恒规律，故又称微分萃取。密度较大的一相流体（如原料液）称为重液，从塔顶进入向塔底流动，密度较小的一相流体（如萃取剂）称为轻液，从塔底引入向塔顶流动，两相连续接触并传质，溶质进入萃取剂，轻液从塔顶排出为萃取相，重液从塔底排出为萃余相（若原料液密度小于萃取剂，则情况相反）。连续逆流萃取过程计算主要是确定塔高和塔径。与吸收塔类似，萃取塔塔径取决于两液相的流量和塔内流速。两液相接触传质的有效塔高通常采用理论级模型法（理论级当量高度法）或传质速率方程法计算（传质单元数法）。

8.5 液-液萃取设备

液-液萃取设备是实现液体分散混合、两液相相对流动和聚合分层的场所。为了使溶质更快地从原料液进入萃取剂，必须使两相间具有很大的接触面积。萃取过程中一个液相为连续相，另一液相以液滴状分散在连续的液相中，称为分散相，液滴表面积就是两相接触的传质面积。分散相液滴越小，两相的接触面积越大，对传质越有利。但是，分散的两相必须相对流动并在液滴聚并后两相分层。分散相液滴越小，相对流动越慢，聚合分层越难。上述两个环节相互矛盾，设计萃取设备和选择操作条件时需要综合考虑两方面的因素。

8.5.1 液-液萃取设备的分类

根据两相流动与接触方式，液-液萃取设备可分为分级接触式和连续接触式两类。分级接触式设备可以单独使用，也可以多级串联使用（多级逆流或多级错流）。连续逆流接触式设备中，分散相连续逆流通过连续相，分离效果相当于多级逆流接触。

根据形成分散相的动力，萃取设备分为无外加能量和有外加能量两类。前者只依靠压差和两相密度差在设备构件作用下分散液体，后者则依靠机械搅拌等外加能量分散液体。使两液相产生相对流动的基本条件是密度差，如果密度差小，可施加离心力作用。

目前，工业应用的萃取设备超过 30 种，常用设备情况见表 8-1。

表 8-1　萃取设备分类

<table>
<tr><th colspan="2" rowspan="2">液体分散的动力</th><th colspan="2">接触方式</th><th rowspan="2">两液相相对流动的动力</th></tr>
<tr><th>分级接触</th><th>连续逆流接触</th></tr>
<tr><td colspan="2" rowspan="2">依靠重力或初始压力</td><td>筛板塔</td><td>喷洒塔</td><td rowspan="2">重力</td></tr>
<tr><td>流动混合器</td><td>填料塔</td></tr>
<tr><td rowspan="6">外加能量</td><td rowspan="3">机械搅拌</td><td rowspan="3">混合-澄清器</td><td>转盘萃取塔</td><td rowspan="3">重力</td></tr>
<tr><td>搅拌萃取塔</td></tr>
<tr><td>振动筛板塔</td></tr>
<tr><td rowspan="2">脉冲作用</td><td rowspan="2"></td><td>脉冲筛板塔</td><td rowspan="2">重力</td></tr>
<tr><td>脉冲填料塔</td></tr>
<tr><td>离心作用</td><td>分级离心萃取器</td><td>波德式离心萃取器</td><td>离心力</td></tr>
</table>

8.5.2 分级接触萃取器——混合-澄清器

混合-澄清器是最早使用且广泛用于工业生产的一种逐级接触式萃取设备，可以单级操作，也可以多级组合操作。每个萃取级均包括混合器和澄清器两个主要部分，典型的单级混合-澄清器如图 8-14 所示。

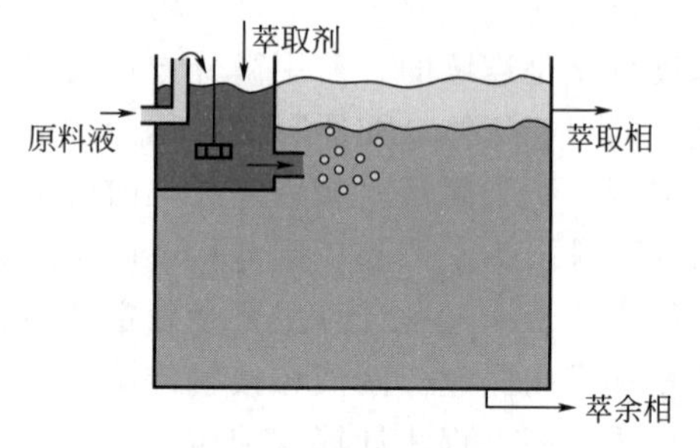

图 8-14 **混合-澄清器**

操作时，被处理的原料液和萃取剂先在混合槽内充分混合，再进入澄清器中进行澄清分层。

为了使不互溶液体中的一相被分散成液滴而均匀分散到另一相中，从而加大相际接触面积并提高传质速率，混合槽中通常安装搅拌装置，也可用静态混合器、脉冲或喷射器来实现两相的充分混合。

澄清器的作用是将已接近平衡状态的两液相进行有效的分离。对于易澄清的混合液，可以依靠两相间的密度差进行重力沉降（或升浮）。对于难分离的混合液，可采用离心式澄清器（如旋液分离器、离心分离机）加速两相的分离过程。

为了达到萃取的工艺要求，既要使分散相液滴尽可能均匀地分散于另一相之中，又要使两相有足够的接触时间。但是，为了避免澄清器尺寸过大，分散相的液滴不能太小，更不能生成稳定的乳状液。

混合-澄清器的优点：①两相接触良好，传质效率高，一般单级效率可达 80%以上；②设备结构简单，易于放大；③两相流量比范围大，流量比达到 1/10 时仍能正常操作；④适应性强，运转稳定可靠，可适用于多种体系，也可用于含悬浮固体的原料；⑤易实现多级连续操作，便于调节级数。

混合-澄清器的缺点：①水平排列，设备占地面积大；②每级均设有澄清器分离两相，溶剂储量大，设备体积大；③每级都设有搅拌装置，液体在级间流动有时需要输送泵，设备费和操作费都较高。

8.5.3 塔式萃取设备

通常将高径比很大的萃取装置统称为塔式萃取设备，简称萃取塔。重相从塔顶进入，从上向下流动，从塔底流出；轻相从塔底进入，自下向上流动，从塔顶流出。其中一相以分散液滴的形式通过另一相（连续相）。两相依靠密度差实现逆流，塔顶和塔底均设有两相分相区，避免互相夹带。萃取塔的分离效果与多级萃取器相当，其传质效果可以用理论级当量高度或传质单元高度表示。理论级当量高度为塔中萃取效果相当于一个理论级的一段塔高。塔的传质效果好，则理论级当量高度小。

为了获得满意的萃取效果，塔设备应具有分散装置，以提供两相间较好的混合条件。同时，塔顶、塔底均应有足够的分离段，使两相很好地分层。由于使两相混合和分离所采用的措施不同，出现了不同结构型式的萃取塔。下面介绍几种工业上常用的萃取塔。

1. 喷洒塔

在塔式萃取设备中，喷洒塔是结构最简单的一种，塔体内除各流股物料进出的联接管和分散装置外，别无其他的构件。喷洒塔结构简单，但由于轴向返混严重，传质效率极低，主要用于只需一、两个理论级的场合，如用作水洗、中和与处理含有固体的悬浮物系。

2. 填料萃取塔

填料萃取塔与用于精馏或吸收过程的填料塔基本相同，即在塔体内支承板上充填一定高度的填料层，如图 8-15 所示。分散相入口设计对分散相的形成和均匀分布起着关键作用。为了保证分散相液滴直接通入填料层，分布器一般应深入填料表面以内 25～50mm 处。选择填料材质时，除考虑料液的腐蚀性外，还应使填料只能被连续相润湿而不被分散相润湿，这有利于液滴的生成和稳定。一般来说，陶瓷易被水相润湿，塑料和石墨易被有机相润湿，金属材料则需通过实验确定。

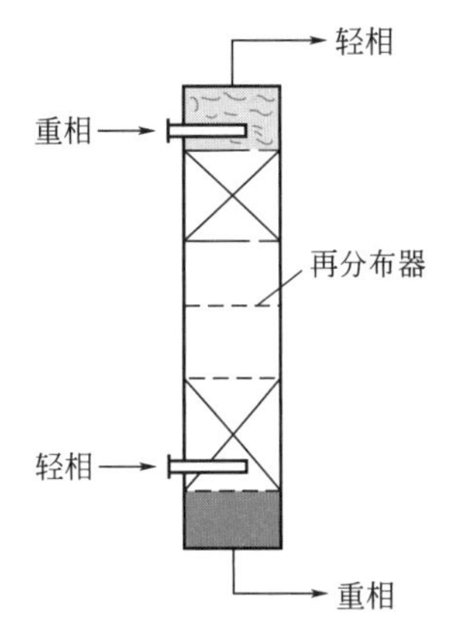

图 8-15　填料萃取塔

填料层除了可以使液滴不断发生凝聚与再分散，促进液滴的表面更新外，还可以减少轴向返混。填料塔结构简单，操作方便，适用于处理腐蚀性物料，但传质效率低，一般用于所需理论级数较少（如 3 个萃取理论级数）的场合。

3. 筛板萃取塔

筛板萃取塔与用于精馏或吸收过程的筛板塔类似，但溢流管没有溢流堰，塔体内装有若干层筛板，筛孔孔径一般为 3～9mm，孔距为孔径的 3～4 倍，板间距为 150～600mm。如果选轻相为分散相，如图 8-16 所示，则轻相通过塔板上的筛孔而被分散成细滴，与塔板上的连续相密切接触后分层凝聚，并聚结于上层筛板的下面，在压强差的推动下，再经筛孔而分散。重相经降液管流至下层塔板，水平横向流到筛板另一端降液管。两相如是依次反复进行接触与分层，便构成逐级接触萃取。如果选择重相为分散相，则应使轻相通过升液管进入上层塔板，如图 8-17 中所示。

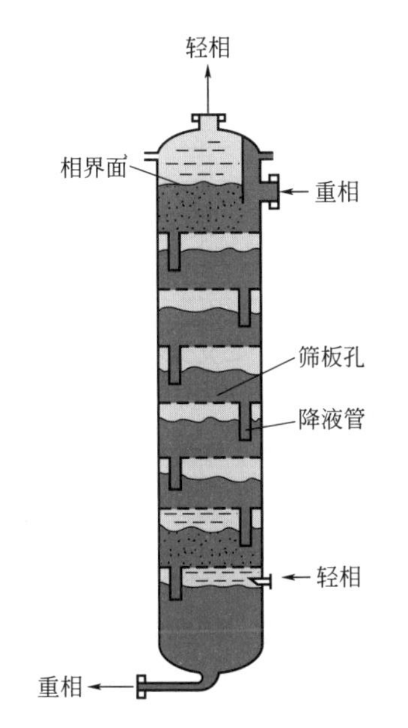

图 8-16　筛板萃取塔（轻相为分散相）

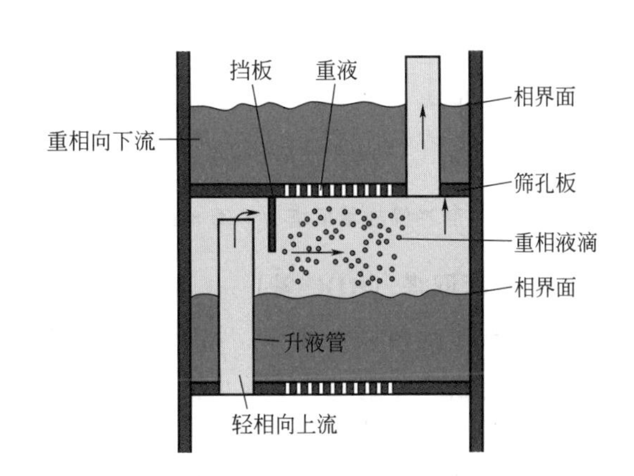

图 8-17　筛孔板结构示意图（重相为分散相）

筛板萃取塔依靠液体通过筛孔的分散作用形成两相混合体系，混合的湍动程度低，级效率较低，但结构简单，造价低廉，可处理腐蚀性料液，因而应用较广，如芳烃抽提。

4. 脉冲筛板萃取塔

脉冲筛板萃取塔如图 8-18 所示。其中装有一系列开有直径 2～4mm 小孔的筛板，板间距为 25～50mm，塔上下两端扩大为澄清段，塔下部接有脉冲发生器（如往复泵、气动脉冲发生器等）使塔内液体做往复运动，振幅为 9～50mm，频率为 30～200min^{-1}。由于液体频繁地来回通过筛板，使分散相以较小液滴分散在连续相中，并形成强烈湍动，可以促进传质，所以传质效率高，理论级当量高度小，但是，液体的通过能力小。脉冲筛板萃取塔适用于处理量小而所需理论级较多的情况。

研究结果和生产实践证明，脉冲筛板萃取塔的效率受脉动频率影响较大，受振幅影响较小；较高的频率和较小的振幅萃取效果较好；脉动过于激烈，会导致严重的轴向返混，传质效率反而降低。

5. 往复振动筛板萃取塔

往复振动筛板萃取塔如图 8-19 所示，塔内也设置一系列筛板，按一定间距固定在中心轴上，中心轴连同筛板由塔顶的传动机构驱动而做上下往复运动，迫使液体来回通过筛板，起到和脉冲筛板萃取塔相似的效果。往复振动筛板萃取塔的筛板孔径较大（7～16mm），开孔率也较高（可达 55%）。所以，往复振动筛板萃取塔的传质效率较高，处理能力较大，已广泛应用于石油化工、食品、制药和湿法冶金等领域。

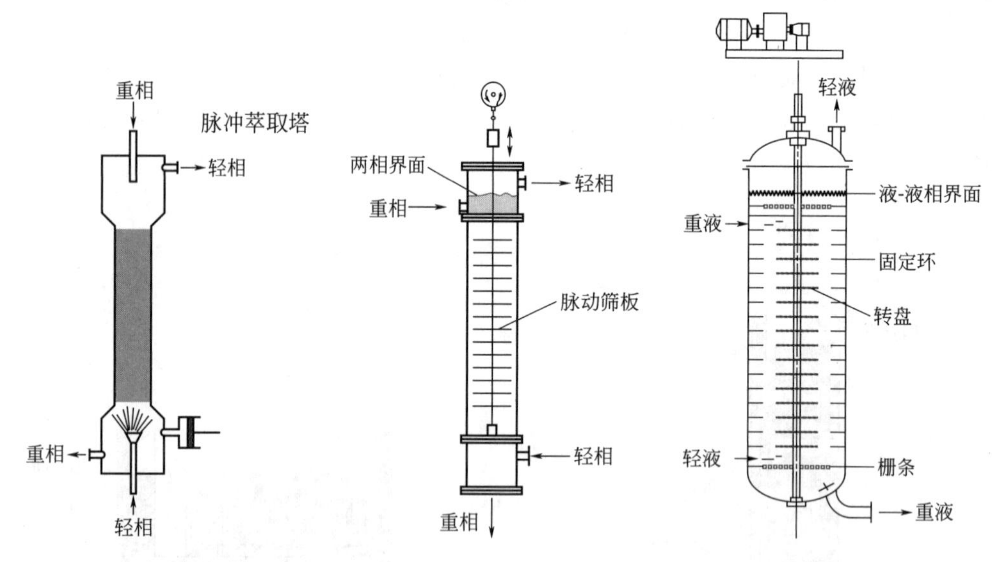

图 8-18 **脉冲筛板萃取塔**　　图 8-19 **往复振动筛板萃取塔**　　图 8-20 **转盘萃取塔（RDC）**

6. 转盘萃取塔（RDC 塔）

转盘萃取塔如图 8-20 所示，塔体内壁面上按一定间距装有若干个环形挡板，称为固定环，固定环将塔内分割成若干个小空间，两固定环之间均装一转盘。转盘固定在中心轴上，转轴由塔顶的电机驱动。转盘的直径小于固定环的内径，以便于装卸。

操作时，转盘随中心轴高速旋转，其在液体中产生的剪应力将分散相破裂成许多细小的液滴，在液相中产生强烈的涡漩运动，从而增大了相际接触面积和传质系数，而固定环在一定程度上抑制了轴向返混。因此，转盘萃取塔的传质效率较高，生产能力大，操作弹性大，在石油工业中应用较广。

萃取塔操作时，两相的流速和塔内滞留量对萃取效果有较大影响。当萃取塔内两液相的速度增大至某一极限值时，会因阻力增大而导致两个液相互相夹带的现象，称为液泛。正常操作时，两相速度必须低于液泛速度。在填料萃取塔中，连续相的适宜操作速度一般为液泛速度的50%～60%。一般情况下，连续相在塔内的滞留量应较大，分散相滞留量应较小。萃取塔开车时，应注意控制好两相的滞留量。

8.5.4 离心萃取器

离心萃取器利用离心力使两相快速充分混合并快速分离，传质效率高，生产能力大。对于相同的萃取操作，离心萃取器的体积小得多，物料在萃取器中的停留时间很短。离心萃取器特别适用于要求接触时间短、物料存量少、两相密度差小、黏度高、易于乳化和难于分相的场合，如抗菌素的生产、高黏度体系等。离心萃取器结构复杂，多以定型化生产，如卢威式（Luwesta）离心萃取器、波德式（Podbielniak）离心萃取器等。

8.6 新型萃取技术

现代化学工业的发展，尤其是各类产品的深度加工、生物制品的精细分离、资源的综合利用、环境污染的深度治理等都对分离技术提出了更高的要求。为适应各类工艺过程的需要，涌现出一些其他萃取分离技术，诸如超临界流体萃取、回流萃取、双溶剂萃取、双水相萃取、液膜萃取、反向胶团萃取、凝胶萃取、膜萃取和化学萃取，这些萃取技术都有其各自的优点，可参见相关文献。

通过本章学习，你应该已经掌握的知识：

1. 液-液萃取单元操作的基本原理和基础理论；
2. 影响液-液萃取分离效果的主要因素；
3. 单组分萃取流程和典型萃取设备的特点及设计计算原则；
4. 液-液萃取操作与其他单元操作的异同点。

你应具有的能力：

1. 根据化工生产要求，恰当选择和应用液-液萃取分离过程；
2. 根据分离要求，选择适宜的萃取剂和萃取流程；
3. 根据给定的分离任务，初步设计萃取工艺和萃取设备。

本章符号说明

英文字母

A——溶质的质量或质量流量，kg或kg/h

B——稀释剂的质量或质量流量，kg或kg/h

E——萃取相的质量或质量流量，kg或kg/h

E'——萃取液的质量或质量流量，kg或kg/h

F——原料液的质量或质量流量，kg或kg/h

k——分配系数

K——质量比分配系数

M——混合液的质量或质量流量，kg 或 kg/h

R——萃余相的质量或质量流量，kg 或 kg/h

R'——萃余液的质量或质量流量，kg 或 kg/h

S——萃取剂的质量或质量流量，kg 或 kg/h

x——原料液或萃余相中溶质的质量分数或摩尔分数

X——萃取剂或萃取相中溶质的质量比，kg(A)/kg(S)

y——萃取剂或萃取相中溶质的质量分数或摩尔分数

Y——原料液或萃余相中溶质的质量比，kg(A)/kg(B)

希腊字母

β——选择性系数

下标

A——溶质

B——稀释剂

E——萃取相

E′——萃取液

F——原料液

M——混合液

R——萃余相

R′——萃余液

S——萃取剂

1,2,3,…,n——各萃取级的顺序号

习 题

知识点 1　萃取与其他单元操作的比较

1. 对比分析单组分萃取和吸收两种单元操作的基本原理、计算方法的异同点。

知识点 2　三元体系的液-液相平衡关系

2. 对于给定物系，三角形相图的辅助线是否唯一？如何根据实验数据确定辅助线？如何根据辅助线确定两相的平衡组成？

3. 某体系的分配系数等于 1，是否能够进行萃取分离？某体系的选择性系数等于 1，是否能进行萃取分离？

4. 萃取分离操作中，萃取剂加入量应使原料和萃取剂的和点 M 位于（　　）。

A. 溶解度曲线上方　　B. 溶解度曲线上　　C. 溶解度曲线下方　　D. 坐标线上

5. 20℃下，乙酸（A)-水（B)-异丙醚（S）体系的相平衡数据如例 8-1 所示。

试在直角三角形相图上作出溶解度曲线和辅助曲线。

知识点 3　单级萃取

6. 单级萃取中，在维持进料组成和萃取相浓度不变的条件下，若用含有少量溶质的萃取剂取代纯溶剂，所得萃余相浓度将（　　）。

A. 增大　　B. 减小　　C. 不变　　D. 不一定

7. 以 600kg 异丙醚对 500kg 初始浓度为 50%（质量分数）的乙酸水溶液进行单级萃取，求萃取相和萃余相的量及浓度（相平衡数据参见例 8-1）。

8. 拟用纯溶剂 S 对含溶质 A40%（质量分数，下同）的 A、B 混合液进行单级萃取。物系溶解度曲线如附图所示。

(1) 若分离后所得萃取液组成为 70%，求每千克原料需加入的纯溶剂量（kg）；(2) 该萃取过程萃余相可能达到的最低浓度为多少？求此时每千克原料需加入的纯溶剂量为多少（kg）。

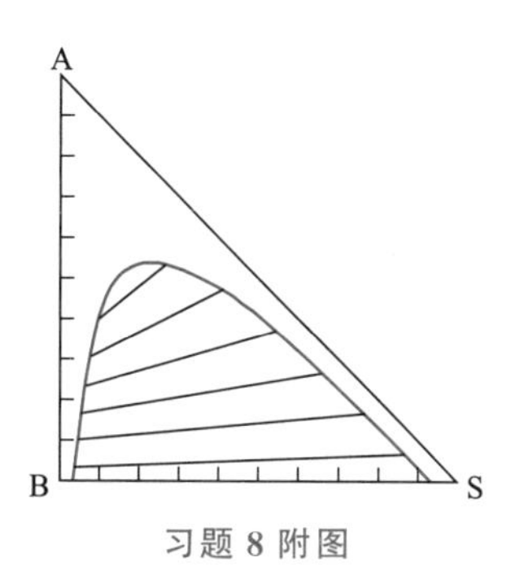

习题 8 附图

9. 用甲基异丁基酮单级萃取含 40%（质量分数，下同）丙酮的水溶液。物系溶解度曲线如附图所示。欲使萃余相中丙酮的含量不超过 10%，试求处理每吨料液时，(1) 所需的溶剂量；(2) 萃取相与萃余相的量；(3) 脱溶剂后萃取液的量；(4) 丙酮的回收率。

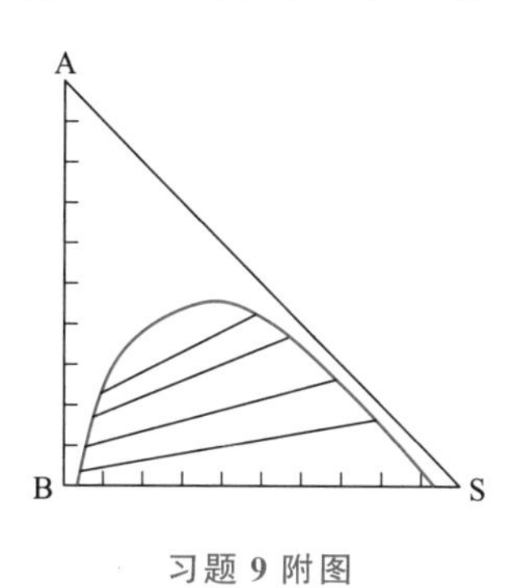

习题 9 附图

10. 使用纯溶剂 S 对溶质 A 和稀释剂 B 混合液作单级萃取分离。在操作范围内，萃取剂与稀释剂 B 不互溶，平衡关系 $Y_A = 1.2X_A$（X_A 和 Y_A 均为质量比），要求萃取率达到 95%。试求每千克稀释剂 B 中溶剂 S 消耗量 (kg)。

知识点 4　多级错流萃取

11. 习题 7 中，若其他条件相同，采用二级错流萃取，每级异丙醚用量为 300kg，求萃余相的量及浓度。

第9章

干　燥

9.1　概述　/328
9.2　湿空气的性质及湿焓图　/330
9.2.1　湿空气的性质　/330
9.2.2　湿空气的 H-I 图　/336
9.3　干燥过程中的平衡关系与速率关系　/339
9.3.1　湿物料中含水量的表示方法　/339
9.3.2　湿物料中水分的性质　/339
9.3.3　干燥过程的平衡关系　/340
9.3.4　干燥过程的速率关系　/341
9.4　干燥过程的物料衡算与热量衡算　/344
9.4.1　干燥系统的物料衡算　/344
9.4.2　干燥系统的热量衡算　/346
9.4.3　空气经过干燥器的状态变化　/348
9.5　干燥设备简介　/350
9.5.1　干燥器的主要类型　/351
9.5.2　干燥器的设计原则　/355

本章你将可以学到：

1. 描述湿空气性质的参数，湿-焓图及其应用；
2. 物料中水分的性质和划分方法；
3. 恒定干燥条件下的干燥机理、干燥曲线、干燥速率；
4. 干燥过程的物料衡算和热量衡算；
5. 各类干燥器的结构及工作原理。

9.1　概述

1. 固体物料的除湿方法

固体产品广泛存在于化工、食品、医药等行业中，为了便于储存、运输或进一步使用，通常在其质量标准中，对湿分（水分或化学溶剂）含量都有要求，例如一级尿素成品含水量不能超过0.5%，聚氯乙烯含水量不能超过0.3%。将湿分从固体物料中除去的操作称为除湿（去湿）。除湿的方法很多，常用的有：①机械除湿，如采用沉降、过滤、离心分离等方法除湿，这种方法能耗较低，但除湿不彻底；②吸附除湿，用干燥剂（如无水氯化钙、硅胶等）吸附除去物料中的水分，该法适用于除去少量湿分，一般在实验室使用；③加热除湿[即干燥（drying）]，利用热能使湿物料中的湿分汽化，并排出生成的蒸汽，以获得湿含量达到要求的产品。加热除湿彻底，但能耗较高。为节省能源，工业上往往联合使用机械除湿和加热除湿操作，即先用比较经济的机械方法尽可能除去湿物料中大部分湿分，然后再利用干燥继续除湿，以获得湿分合格的产品。

2. 干燥操作的分类

干燥操作可有多种分类方法。

① 按操作压力分为常压干燥和真空干燥。真空干燥适合于处理热敏性及易氧化的物料，或要求成品中湿含量低的物料。

② 按操作方式分为连续操作和间歇操作。连续操作具有生产能力大、产品质量均匀、热效率高以及劳动条件好等优点。间歇操作适用于处理小批量、多品种或要求干燥时间较长的物料。

③ 按传热方式可分为传导干燥、对流干燥、辐射干燥、微波干燥、冷冻干燥以及由上述两种或多种方式组合的联合干燥。

3. 对流干燥过程中的热量传递和质量传递

化工生产中以对流干燥过程应用最多，对流干燥过程可以连续操作，也可以间歇操作，图 9-1 是对流干燥过程中固体物料和干燥介质的各种接触方式。干燥介质可以是空气、烟道气或惰性气体，被除去的湿分可以是水或各种化学试剂。本章仅讨论以不饱和空气为干燥介质，被除去湿分为水的干燥过程，其他系统的干燥原理与空气-水系统完全相同。

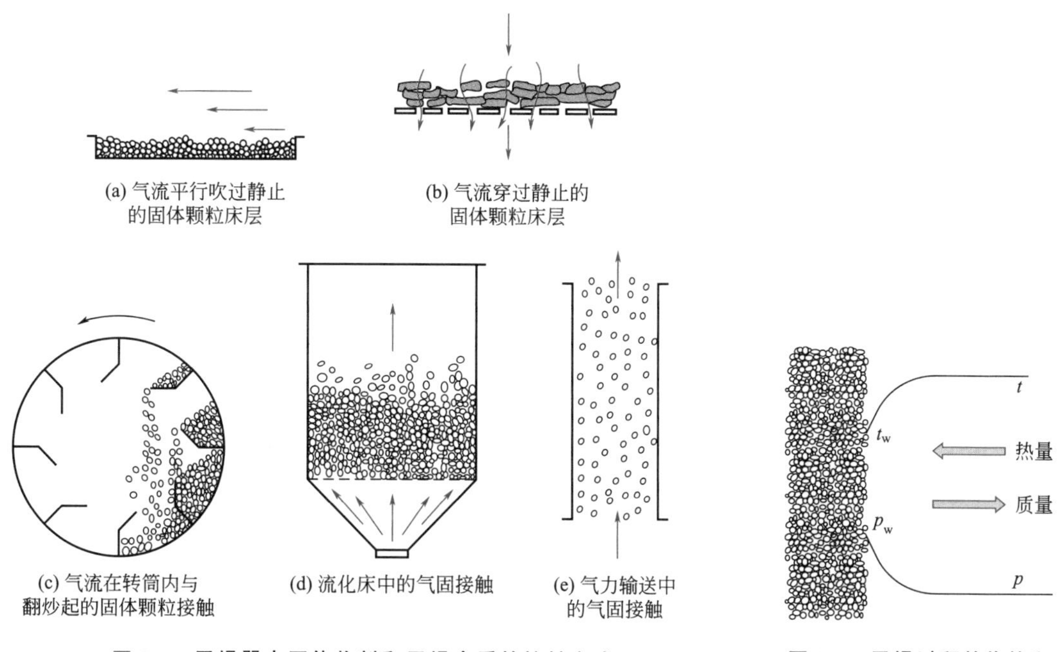

图 9-1 干燥器内固体物料和干燥介质的接触方式

图 9-2 干燥过程的传热和传质推动力示意图

在对流干燥过程中，热空气将热量传给湿物料，物料表面水分汽化，并通过表面外的气膜向气流主体扩散。与此同时，由于物料表面水分的汽化，物料内部与表面间存在水分浓度的差别，内部水分向表面扩散，汽化的水汽再由空气带走，所以作为干燥介质的热空气既是载热体又是载湿体，它将热量传给物料的同时又将物料中汽化出来的水分带走。因此，干燥是传热和传质相结合的操作，传热和传质过程的推动力如图 9-2 所示。干燥速率由传热速率和传质速率共同控制。

干燥操作的必要条件是物料表面的水汽分压必须大于干燥介质中水汽的分压，两者差别越大，干燥进行得越快。所以干燥介质应及时将汽化的水汽带走，以维持一定的扩散推动力。若干燥介质为水汽所饱和，则推动力为零，这时干燥操作即停止进行。

9.2 湿空气的性质及湿焓图

干燥过程中的传热、传质是通过不饱和湿空气的状态变化反映出来的，因此，首先介绍描述湿空气状态的参数。

9.2.1 湿空气的性质

干燥过程中，湿空气中水分含量不断变化，而绝干空气量不变，因此，为计算方便，描述湿空气性质的参数都以 1kg 绝干空气为基准。

1. 湿度 H

湿度（humidity）又称湿含量，定义为湿空气中水汽的质量与绝干空气的质量之比，即

$$H=\frac{\text{湿空气中水汽质量}}{\text{湿空气中绝干空气质量}}=\frac{n_{v}M_{v}}{n_{g}M_{g}}$$

式中 H——湿空气的湿度，kg 水汽/kg 绝干气（以后的讨论中，略去单位中“水汽”两字）；

M——摩尔质量，kg/kmol；

n——物质的量，kmol。

下标 v 表示水蒸气、g 表示空气。

对空气-水系统，常压下按理想气体处理，上式可写成

$$\boxed{H=\frac{n_{v}M_{v}}{n_{g}M_{g}}=0.622\frac{p_{v}}{P-p_{v}}} \tag{9-1}$$

式中 p_{v}——湿空气中水汽分压，Pa 或 kPa；

P——湿空气的总压，Pa 或 kPa。

由式 9-1 看出，湿空气的湿度是总压 P 和水汽分压 p_{v} 的函数。即一定总压下，湿空气的水汽分压可以换算成湿度来表示。

当空气达到饱和时，相应的湿度称为饱和湿度，以 H_{s} 表示，此时湿空气中的水汽分压等于该空气温度下纯水的饱和蒸气压 p_{s}，故式 9-1 变为

$$H_{s}=0.622\frac{p_{s}}{P-p_{s}} \tag{9-2}$$

式中 H_{s}——湿空气的饱和湿度，kg/kg 绝干气；

p_{s}——在空气温度下，纯水的饱和蒸气压，Pa 或 kPa。

由于水的饱和蒸气压仅与温度有关，故湿空气的饱和湿度是温度与总压的函数。

2. 相对湿度 φ

在一定总压下，湿空气中水汽分压 p_{v} 与同温度下水的饱和蒸气压 p_{s} 之比的百分数称为相对湿度（relative humidity），以 φ 表示，即

$$\varphi=\frac{p_v}{p_s}\times 100\% \tag{9-3}$$

当 $p_v=0$ 时，$\varphi=0$，表示湿空气中不含水分，为绝干空气。当 $p_v=p_s$ 时，$\varphi=1$，表示湿空气为水汽所饱和，称为饱和空气，饱和空气不能再吸收水分。相对湿度是湿空气中含水汽的相对值，说明湿空气偏离饱和空气的程度，故由相对湿度值可以判断该湿空气能否作为干燥介质，φ 值越小吸湿能力越强，作为干燥介质越好，$\varphi=1$ 的饱和空气不能用作干燥介质。湿度 H 是湿空气中含水汽的绝对值，由湿度值不能分辨湿空气的吸湿能力。

将式 9-3 代入式 9-1，得

$$H=0.622\frac{\varphi p_s}{P-\varphi p_s} \tag{9-4}$$

上式表示一定的总压和温度下，湿空气的 H 与 φ 之间的关系。

3. 比体积（湿容积）v_H

在湿空气中，1kg 绝干空气的体积和其所带有 Hkg 水汽的体积之和称为湿空气的比体积，又称湿容积，以 v_H 表示。根据定义可以写出

$$v_H=1\text{kg 绝干气体积}+H\text{kg 水汽体积}$$

或

$$v_H=\left(\frac{1}{29}+\frac{H}{18}\right)\times 22.4\times\frac{273+t}{273}\times\frac{1.013\times 10^5}{P}$$

整理为

$$v_H=(0.772+1.244H)\times\frac{273+t}{273}\times\frac{1.013\times 10^5}{P} \tag{9-5}$$

式中 v_H——湿空气的比体积，m^3 湿空气/kg 绝干气；

t——温度，℃。

4. 比热容 c_H

常压下，将湿空气中 1kg 绝干空气及其所带的 Hkg 水汽的温度升高（或降低）1℃需要吸收（或放出）的热量，称为比热容，又称湿热，以 c_H 表示。根据定义可写出

$$c_H=c_g+Hc_v \tag{9-6}$$

式中 c_H——湿空气的比热容，kJ/(kg 绝干气·℃)；

c_g——绝干空气的比热容，kJ/(kg 绝干气·℃)；

c_v——水汽的比热容，kJ/(kg 水汽·℃)。

在常用的温度范围内，可取 $c_g=1.01$kJ/(kg 绝干气·℃) 及 $c_v=1.88$kJ/(kg 水汽·℃)，将这些数值代入式 9-6，得

$$c_H=1.01+1.88H \tag{9-6a}$$

因此，在忽略温度影响的情况下，湿空气的比热容只是湿度的函数。

5. 焓 I

湿空气中 1kg 绝干空气的焓与其所带的 Hkg 水汽的焓之和称为湿空气的焓，以 I 表示，单位为 kJ/kg 绝干气。根据定义可以写为

$$I=I_g+HI_v \tag{9-7}$$

式中 I——湿空气的焓，kJ/kg 绝干气；

I_g——绝干空气的焓，kJ/kg 绝干气；

I_v——水汽的焓，kJ/kg 水汽。

焓是相对值，必须规定基准状态，为了简化计算，本章以 0℃为基温，且规定在 0℃时绝干空气与液态水的焓值均为零。

根据焓的定义，对温度 t、湿度 H 的湿空气可写出焓的计算式为

$$I=c_g(t-0)+Hc_v(t-0)+Hr_0=(c_g+Hc_v)t+Hr_0 \tag{9-7a}$$

式中　r_0——0℃时水的汽化热，取 $r_0\approx2490$kJ/kg。

故式 9-7a 又可以改为

$$\boxed{I=(1.01+1.88H)t+2490H} \tag{9-7b}$$

【例 9-1】 若常压下某湿空气的温度为 25℃、湿度为 0.018kg/kg 绝干气，试求：(1) 湿空气的相对湿度和焓；(2) 将此湿空气加热至 100℃，此时湿空气的相对湿度和焓；(3) 1000kg 湿空气的体积。

解：(1) 从附录查出 25℃时水的饱和蒸气压 $p_s=3.1684$kPa。用式 9-4 求相对湿度，即

$$H=0.622\frac{\varphi p_s}{P-\varphi p_s}$$

$$0.018=0.622\frac{3.1684\varphi}{101.33-3.1684\varphi}$$

解得

$$\varphi=0.900$$

该空气的焓为 $I=(1.01+1.88\times0.018)\times25+2490\times0.018=70.916$kJ/kg 绝干气

(2) 同样查出 100℃时水的饱和蒸气压为 101.33kPa。当空气从 25℃加热到 100℃时，湿度没有变化，仍为 0.018kg/kg 绝干气，故

$$0.018=0.622\frac{101.33\varphi}{101.33-101.33\varphi}$$

解得

$$\varphi=0.02812$$

此时空气的焓为 $I=(1.01+1.88\times0.018)\times100+2490\times0.018=149.20$kJ/kg 绝干气

可见空气被加热升温后相对湿度降低，焓值增大。所以在干燥操作中，总是先将空气加热后再送入干燥器内，目的是降低相对湿度以提高吸湿能力。

(3) 1000kg 湿空气中的绝干空气量为

$$L=1000/(1+0.018)=982.32\text{kg 绝干气}$$

湿空气的比体积为

$$v_H=(0.772+1.244H)\times\frac{273+t}{273}\times\frac{1.013\times10^5}{P}$$

$$=(0.772+1.244\times0.018)\times\frac{273+25}{273}=0.8671\text{m}^3\text{ 湿空气/kg 绝干气}$$

所以，1000kg 湿空气的体积 V_H 为

$$V_H=Lv_H=982.32\times0.8671=851.81\text{m}^3\text{ 湿空气}$$

在干燥系统的设计中，需依据计算出的湿空气体积来选择风机。

6. 干球温度 t 和湿球温度 t_w

干球温度是空气的真实温度，可直接用普通温度计测出，为了与将要讨论的湿球温度加以区分，称这种真实的温度为干球温度（dry bulb temperature），简称温度，以 t 表示。

用湿纱布包扎温度计水银球感温部分，纱布下端浸在水中，使纱布一直处于充分润湿状态，这种温度计称为湿球温度计，如图9-3所示。显然，这种温度计测出的是湿纱布中水的温度。将湿球温度计置于温度为 t、湿度为 H 的流动不饱和空气中，假设开始时纱布中水分（以下简称水分）的温度与空气的温度相同，但因不饱和空气与水分之间存在湿度差，水分必然要汽化，汽化所需的汽化热只能由水分本身温度下降放出的显热供给。水温下降后，空气温度高于水温，空气有显热传给水分，若此显热不足以弥补水分汽化所需的潜热，水分温度会继续下降，直至空气传给水分的显热恰好等于水分汽化所需的汽化热时，传热、传质达到平衡，水分温度不再发生变化，湿球温度计读数稳定，这种稳定温度称为该湿空气的湿球温度（wet bulb temperature），以 t_w 表示。

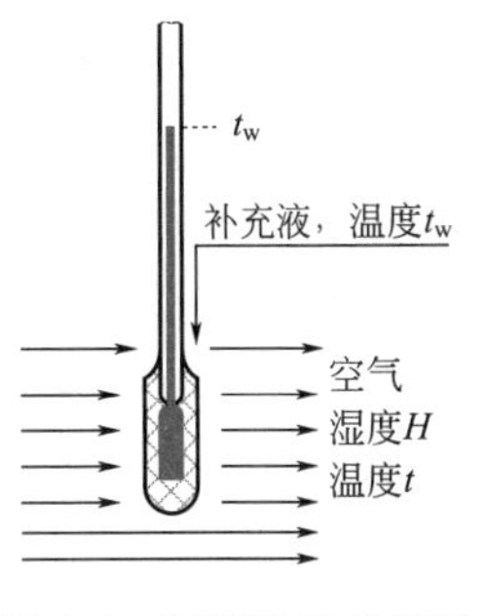

图 9-3　湿球温度的测量

空气与湿纱布中水分之间的传热、传质速率用如下公式表达。当湿球温度计上温度达到稳定时，空气向纱布表面的传热速率为

$$Q=\alpha S(t-t_w) \tag{9-8}$$

式中　Q——空气向湿纱布的传热速率，W；

α——空气与湿纱布间的对流传热系数，W/(m^2·℃)；

S——空气与湿纱布间的接触表面积，m^2；

t——空气的温度，℃；

t_w——空气的湿球温度，℃。

气膜中水汽向空气的传质速率为

$$N=k_H(H_{s,t_w}-H)S \tag{9-9}$$

式中　N——水汽由气膜向空气主流中的传质速率，kg/s；

k_H——以湿度差为推动力的传质系数，kg/(m^2·s·ΔH)；

H_{s,t_w}——湿球温度下空气的饱和湿度，kg/kg 绝干气。

在稳定状态下，空气传给水分的显热等于水分汽化所需的汽化热，即

$$Q=Nr_{t_w} \tag{9-10}$$

式中　r_{t_w}——湿球温度下水的汽化热，kJ/kg。

联立式9-8、式9-9和式9-10，并整理得

$$\boxed{t_w=t-\frac{k_H r_{t_w}}{\alpha}(H_{s,t_w}-H)} \tag{9-11}$$

若空气的温度不高，流速足够大，可忽略辐射和传导传热，只考虑对流传热，式9-11中的 k_H 与 α 都与空气速度的0.8次幂成正比，故可认为二者比值与气流速度无关，当 t 和 H 一定时，t_w 必为定值。因此，对图9-3所示测定 t_w 的装置，只要空气流量足够大，且 t 和 H 恒定，无论测定初始湿纱布中水温如何，最终必然达到式9-10所示的传热、传质平衡，即测出的是空气 t 和 H 下的 t_w 值。

从式9-11可看出，湿球温度 t_w 是湿空气温度 t 和湿度 H 的函数。当空气的温度一定时，不饱和湿空气的湿球温度总低于干球温度，空气的湿度越高，湿球温度越接近干球温度，当空气为水汽所饱和时，湿球温度与干球温度相等。在一定的总压下，只要测出湿空气的干、湿球温度，可用式9-11算出空气的湿度。应指出，测湿球温度时，空气的流速应大于5m/s，以减少辐射与传导传热的影响，使测量结果较为准确。

7. 绝热饱和冷却温度 t_{as}

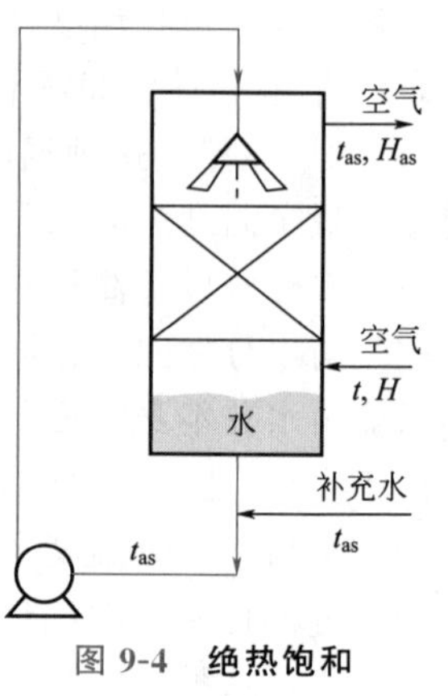

图 9-4 绝热饱和冷却塔示意图

绝热饱和冷却温度可在如图 9-4 所示的绝热饱和冷却塔中测得。该塔是一与外界绝热的填料塔，初始温度为 t、湿度为 H 的不饱和空气由塔底进入，大量水由塔顶喷下，气液两相在填料层中充分接触，水分不断向空气中汽化，汽化所需的热量只能由空气温度下降放出的显热来提供，若两相接触时间足够长，空气最终将被水汽所饱和。空气温度也不再下降，等于循环水的温度，此温度称为初始湿空气的绝热饱和温度（adiabatic saturation temperature），以 t_{as} 表示，与之相应的湿度称为绝热饱和湿度，以 H_{as} 表示。此过程中空气传给水分的显热恰好等于水分汽化所需潜热，水分汽化后又将这部分热量带回空气中，所以空气在此过程中焓值基本不变，可视为等焓过程。

对图 9-4 的塔作热量衡算，忽略比热容变化，空气放出的显热为 $c_H(t-t_{as})$，水分汽化所需的潜热为 $(H_{as}-H)r_{as}$，其中 r_{as} 为 t_{as} 温度下水的汽化潜热。则有

$$c_H(t-t_{as})=(H_{as}-H)r_{as}$$

整理得

$$\boxed{t_{as}=t-\frac{r_{as}}{c_H}(H_{as}-H)} \tag{9-12}$$

上式中的 H_{as} 及 c_H 分别为 t_{as} 及 H 的函数。因此由式 9-12 看出绝热饱和温度 t_{as} 是湿空气初始温度 t 和湿度 H 的函数。在一定的总压下，只要测出湿空气的初始温度和绝热饱和温度 t_{as}，就可用式 9-12 算出湿空气的湿度 H。

比较式 9-11 和式 9-12 可以看出，两公式形式相同。实验证明，对于在湍流状态下的空气-水系统，$\alpha/k_H\approx1.09$，此值与常用温度范围内湿空气比热容 c_H 值很接近，同时 $r_{as}\approx r_{t_w}$，故在一定温度 t 与湿度 H 下，湿球温度近似地等于绝热饱和冷却温度，即

$$\boxed{t_w\approx t_{as}} \tag{9-13}$$

需要强调的是，绝热饱和温度 t_{as} 和湿球温度 t_w 是两个完全不同的概念，两者均为初始湿空气温度 t 和湿度 H 的函数。对空气-水系统，两者在数值上近似相等，这样可简化空气-水系统的干燥计算。而对其他系统，两者并不相等，例如空气-甲苯系统，其 $\alpha/k_H\approx1.8c_H$，此时 t_w 将高于 t_{as}。

8. 露点 t_d

将不饱和空气等湿冷却到饱和状态时的温度称为露点（dew point），以 t_d 表示，相应的湿度是露点下的饱和湿度，以 H_{s,t_d} 表示。

湿空气在露点温度下，湿度达到饱和，故 $\varphi=1$，式 9-4 用于露点温度下，写出

$$H_{s,t_d}=\frac{0.622p_{s,t_d}}{P-p_{s,t_d}} \tag{9-14}$$

式中 H_{s,t_d}——湿空气在露点下的饱和湿度，kg/kg 绝干气；

p_{s,t_d}——露点下水的饱和蒸气压，Pa。

式 9-14 也可改为

$$p_{s,t_d}=\frac{H_{s,t_d}P}{0.622+H_{s,t_d}} \tag{9-14a}$$

显然，总压一定时，露点仅与空气湿度有关。若已知空气的露点，用式 9-14 可算出空气的湿度，这就是露点法测空气湿度的依据；反之，若已知空气的湿度，可用式 9-14a 算出露点下的饱和蒸气压，再从水蒸气表中查出相应的温度，即为露点。空气湿度越大，露点越高。

【例 9-2】 常压下湿空气的温度为 25℃，湿度为 0.0147kg/kg 绝干气，试计算湿空气的 (1) 露点 t_d；(2) 绝热饱和温度 t_{as}；(3) 湿球温度 t_w。

解：(1) 露点 t_d 是湿空气等湿冷却到饱和状态时的温度。先由湿度计算湿空气中的水汽分压

$$H=0.622\frac{p_v}{P-p_v}$$

$$0.0147=0.622\frac{p_v}{101.33-p_v}$$

解出 $$p_v=2.339\text{kPa}$$

查饱和水蒸气表，对应的饱和温度为 20℃，此温度即为露点。

(2) 绝热饱和温度 t_{as} 由式 9-12 计算绝热饱和温度，即

$$t_{as}=t-\frac{r_{as}}{c_H}(H_{as}-H)$$

由于 H_{as} 是 t_{as} 的函数，故用上式计算 t_{as} 时要用试差法。计算步骤为

① 设：$t_{as}=21.5℃$

② 求 t_{as} 温度下的饱和湿度 H_{as}

由饱和水蒸气表查出 21.5℃时水的饱和蒸气压为 2.565kPa，故由式 9-2

$$H_{as}=0.622\frac{p_s}{P-p_s}=0.622\frac{2.565}{101.33-2.565}=0.01615\text{kg/kg 绝干气}$$

③ 由式 9-6a 求 c_H，即

$$c_H=1.01+1.88H$$

$$c_H=1.01+1.88\times0.0147=1.0376\text{kJ/(kg·℃)}$$

④ 由式 9-12 核算 t_{as}

21.5℃时水的汽化热 $r_{as}=2442.91\text{kJ/kg}$

$$t_{as}=t-\frac{r_{as}}{c_H}(H_{as}-H)=25-\frac{2442.91}{1.0376}(0.01615-0.0147)=21.58℃$$

故假设 $t_{as}=21.5℃$ 可以接受。

(3) 湿球温度 t_w

对于水蒸气-空气系统，湿球温度 t_w 等于绝热饱和温度 t_{as}，即

$$t_w=t_{as}=21.5℃$$

从以上计算可知，对不饱和湿空气，$t>t_{as}(t_w)>t_d$；若空气饱和，可推出干球温度、绝热饱和温度（或湿球温度）及露点相等。

另外，从例 9-1、例 9-2 的计算可以看出，当已知空气的温度 t 和湿度 H 时，空气的其他参数均可计算得到。所以说，若已知湿空气两个相互独立的参数，湿空气的状态即被唯一确定。

9.2.2 湿空气的 H-I 图

计算湿空气的某些状态参数时需要用试差法（如例 9-2），工程上为了避免繁琐的试差计算，将湿空气各种参数标绘在坐标图上，只要知道湿空气任意两个独立参数，即可从图上便捷查出其他参数，常用的有湿度-焓（H-I）图、温度-湿度（t-H）图等，本节介绍 H-I 图。

1. *H-I* 图

图 9-5 为常压下湿空气的 H-I 图，该图按总压为常压（即 1.0133×10^5Pa）制得，若系统总压偏离常压较远，则不能应用此图。图中湿度 H 为横坐标，焓 I 为纵坐标，由于图中曲线多，为使曲线分散，读图准确，采用两个坐标夹角为 135°。同时为了便于读数和节省图的幅面，将斜轴（图中没有将斜轴全部画出）上的数值投影在辅助水平轴上。

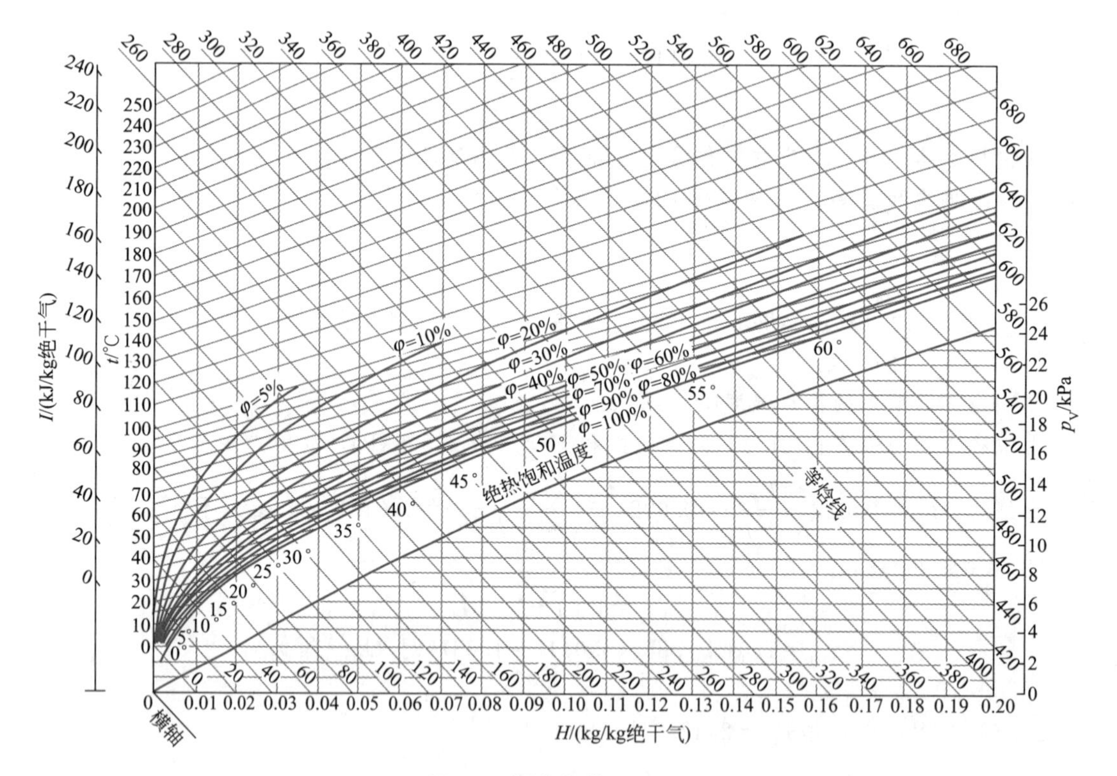

图 9-5 湿空气的 ***H-I*** 图

H-I 图中的线群和绘制方法介绍如下。

（1）等湿度线（等 H 线）群

等湿度线是平行于纵轴的线群，图 9-5 中 H 的读数范围为 0～0.2kg/kg 绝干气。

（2）等焓线（等 I 线）群

等焓线是平行于斜轴的线群，图 9-5 中 I 的读数范围为 0～680kJ/kg 绝干气。

（3）等干球温度线（等 t 线）群

将式 9-7b 整理为

$$I=(1.88t+2490)H+1.01t \tag{9-7c}$$

式 9-7c 表明一定总压、温度下，I 与 H 为线性关系，而直线的斜率（$1.88t+2490$）随温度升高而增大，故规定一系列的温度值，在 H-I 图上绘出 I 与 H 关系线，即得等 t 线群，而各等 t 线是不平行的。图 9-5 中 t 的读数范围为 0～250℃。

（4）等相对湿度线（等 φ 线）群

当总压一定时，对确定的相对湿度 φ 值，式 9-4 简化为 H 与 p_s 的关系式，而 p_s 又是温度的函数。因此依式 9-4 可在 H-I 图中绘出 H 与 t 的关系曲线，即为一条等 φ 线，以此类推，规定一系列的 φ 值，可得等 φ 线群。

图 9-5 中共有 11 条等 φ 线，从 $\varphi=5\%$ 到 $\varphi=100\%$。$\varphi=100\%$ 的等 φ 线称为饱和空气线，此时空气为水汽所饱和。

以上线群是 H-I 图中的四种基本线群。

（5）蒸汽分压线

将式 9-1 改为

$$p_v=\frac{HP}{0.622+H} \tag{9-1a}$$

总压一定时，按式 9-1a 计算 p_v 与 H 的对应关系，并标绘于 H-I 图上，得到蒸汽分压线。当 $H \ll 0.622$ 时，蒸汽分压线接近直线。

有些湿空气的性质图中，还绘出比热容 c_H 与湿度 H、绝干空气比体积 v_g 与温度 t、饱和空气比体积 v_s 与温度 t 之间的关系曲线。

2. *H-I* 图的应用

（1）已知空气在 H-I 图上的状态点，求空气的状态参数

如图 9-6 所示，已知空气状态点 A，过 A 点的等 I 线、等 t 线、等 H 线、等 φ 线分别可确定空气的焓值、温度、湿度、相对湿度。通过等 H 线与 $\varphi=100\%$ 的饱和空气线交点的等 t 线所示的温度为露点。通过等 I 线与 $\varphi=100\%$ 的饱和空气线交点的等 t 线所示的温度为 t_w 或 t_{as}（对空气-水系统，t_w 与 t_{as} 数值上近似相等）。过 A 点的等 H 线与蒸汽分压线的交点，在右侧坐标中读出蒸汽分压值。

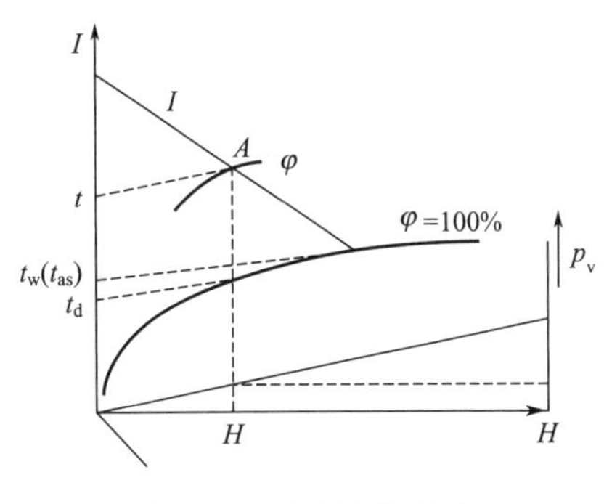

图 9-6　*H-I* 图的应用

（2）已知两个空气的相互独立的参数，求空气的其他参数

根据任意两个空气的独立参数，即可在 H-I 图上确定该空气的状态点，然后查出空气的其他性质，如例 9-2 的计算过程可利用 H-I 图很快完成。但要注意不是任意两个参数都是独立的，例如 t_d-H、p-H、t_d-p、t_w-I、t_{as}-I 等都不是相互独立的，它们不是在同一条等 H 线上就是在同一条等 I 线上，因此根据上述各组数据不能在 H-I 图上确定空气状态点。若已知湿空气的一对参数分别为 t-t_w、t-t_d、t-φ，湿空气的状态点 A 的确定方法分别示于图 9-7 中。

（3）在 H-I 图上表示空气的状态变化

在 H-I 图上可以表示出空气的状态变化，如加热、冷却、混合以及其他更为复杂的变化。如图 9-8(a) 表示加热（A 到 B）或冷却（B 到 A）过程，过程中空气湿度不变，仅温度变化；图 9-8(b) 为等焓增湿（A 到 B）或降湿（B 到 A）过程，空气状态沿等焓线变化；图 9-8(c) 为混合过程，状态为 B 的空气与状态为 C 的空气混合，混合后状态点 M 在 BC 连线上，M 点的位置可由杠杆规则确定。这方面的计算见例 9-3。

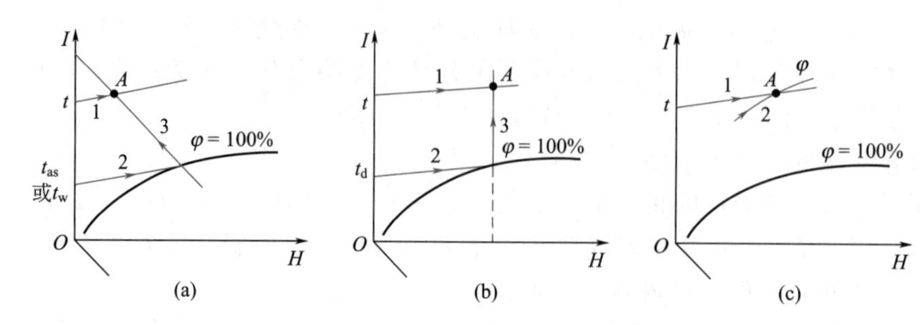

图 9-7　在 *H-I* 图中确定湿空气的状态点

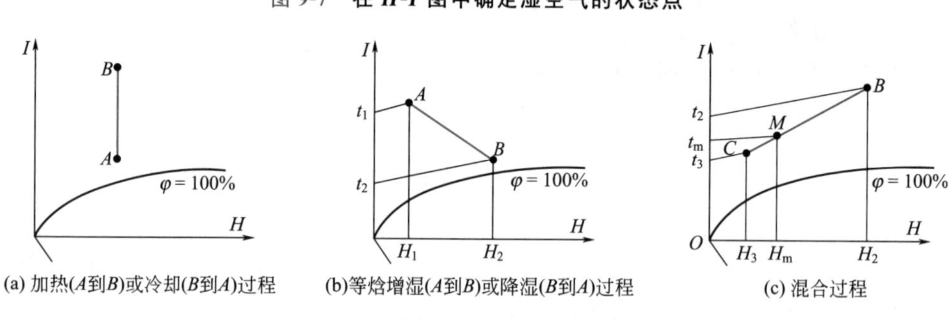

图 9-8　空气状态变化在 *H-I* 图上的表示

【例 9-3】 将温度为 100℃、湿度为 0.018kg/kg 绝干气的空气等焓降温至 60℃，空气的湿度变为多少？将降温后的空气与温度为 25℃、湿度为 0.018kg/kg 绝干气的空气按 1∶3 比例混合，混合后空气的温度、湿度各是多少？

解：由例 9-1 已求出温度为 100℃、湿度为 0.018kg/kg 绝干气的空气的焓值为 149.2kJ/kg 绝干气，此时空气的状态记为状态 1，即 $I_1=149.20$kJ/kg 绝干气。等焓降温后的状态记为状态 2，则 $I_2=I_1=149.20$kJ/kg 绝干气，因此有

$$149.20=(1.01+188H_2)\times 60+2490H_2$$

解出 $H_2=0.03404$kg/kg 绝干气

所以等焓降温后湿度增加到 0.03404kg/kg 绝干气。上述计算过程也可在 *H-I* 图上完成，可用图 9-8(b) 示意，过状态 1（图中标记为 *A* 点）的等焓线与温度 60℃的等温线的交点即为状态 2（图中标记为 *B* 点），从 *H-I* 图上读出 *B* 点湿度值即为 H_2。

设定温度 25℃、湿度 0.018kg/kg 绝干气的空气状态为状态 3，即 $t_3=25$℃、$H_3=0.018$kg/kg 绝干气，例 9-1 中已求出 $I_3=70.916$kJ/kg 绝干气。对混合过程作物料衡算和热量衡算，有

$$H_2+3H_3=4H_m \tag{a}$$

$$I_2+3I_3=4I_m \tag{b}$$

由式(a) 求出 $H_m=(0.03404+3\times 0.018)/4=0.02201$kg/kg 绝干气

由式(b) 求出 $I_m=(149.2+3\times 70.916)/4=90.487$kJ/kg 绝干气

$$I_m=(1.01+1.88H_m)t_m+2490H_m=90.487\text{kJ/kg 绝干气}$$

解出 $t_m=33.94$℃。

上述混合过程也可在 *H-I* 图上完成，可用图 9-8(c) 示意，状态 3 在 *H-I* 图上标记为 *C* 点，混合点 *M* 应该在 *BC* 连线上，依照杠杆规则，由 $\overline{BM}/\overline{MC}=3$ 确定 *M* 点位置，读出 t_m、H_m。

9.3 干燥过程中的平衡关系与速率关系

干燥过程的平衡关系讨论干燥过程进行的极限，给出在一定干燥条件下能够被除去的水分量。干燥过程的速率关系依传热、传质推动力讨论过程速率，给出完成一定干燥任务所需的干燥时间。

9.3.1 湿物料中含水量的表示方法

湿物料的含水量可用湿基含水量和干基含水量两种方法表示，分别定义如下。

1. 湿基含水量 w

湿基含水量 w 为水分在湿物料中的质量分数，即

$$w=\frac{\text{水分质量}}{\text{湿物料的总质量}}\times 100\% \tag{9-15}$$

2. 干基含水量 X

干基含水量 X 为湿物料中的水分与绝干物料的质量比，以 X 表示

$$X=\frac{\text{湿物料中水分质量}}{\text{湿物料中绝干物料量}}\times 100\% \tag{9-16}$$

按定义可写出两种含水量之间的关系为

$$\boxed{w=\frac{X}{1+X}} \tag{9-17}$$

或

$$X=\frac{w}{1-w} \tag{9-17a}$$

干基含水量以绝干物料为基准，绝干物料量在干燥过程中不发生变化，因此在干燥计算中采用干基含水量较为方便。工业上通常用湿基含水量表示湿物料中的含水量。

9.3.2 湿物料中水分的性质

干燥过程中水分由湿物料表面向空气主流中扩散的同时，物料内部的水分也源源不断地向表面扩散，水分在物料内部的扩散速率与物料结构以及物料中的水分性质有关。除去物料中水分的难易程度取决于物料与水分的结合方式。因此，首先研究物料中水分的性质。

1. 平衡含水量 X^* 和自由含水量

当物料与一定状态的空气接触后，物料将释放或吸入水分，若物料和空气的接触时间足够长，最终将达到平衡状态，物料的含水量不再发生变化。这种达到平衡时的含水量称为该物料在固定空气状态下的平衡水分，又称平衡湿含量（equilibrium moisture content）或平衡含水量，以 X^* 表示，单位为 kg 水/kg 绝干料。物料中超过 X^* 的那部分水分称为自由水分，这种水分可以用干燥方法除去。因此，平衡含水量是湿物料在一定的空气状态下干燥的极限。物料中平衡含水量与自由含水量的划分不仅与物料的性质有关，还与空气的状态有关。

2. 结合水和非结合水

另外一种划分物料中水分的方法是依据水分与物料的结合方式不同，将物料中的水分划

分为结合水和非结合水。非结合水（unbound water）是物料中吸附的水分和孔隙中的水分，它与物料通过机械力结合，结合力较弱，极易除去。非结合水产生的蒸气压等于同温度下纯水的饱和蒸气压。结合水（bound water）是细胞壁内的水分和小毛细管内的水分，它与物料结合较紧，其蒸气压低于同温度下纯水的饱和蒸气压，较非结合水难以除去。因此，在恒定的温度下，物料的结合水与非结合水的划分，只取决于物料本身的特性，而与空气状态无关。

9.3.3 干燥过程的平衡关系

各种物料的平衡含水量可由实验测得。图 9-9 为某些固体物料在 25℃时的平衡含水量与空气相对湿度间的关系，称为平衡曲线。由图看出，同一状态的空气，比如 $t=25℃$、$\varphi=60\%$时，陶土的 $X^*\approx1$kg/100kg 绝干料（6 号线上点 A），而烟叶的 $X^*\approx23$kg/100kg 绝干料（7 号线上点 B）。又如，对同一种物料，比如羊毛，当空气 $t=25℃$、$\varphi=20\%$时，$X^*\approx7.3$kg/100kg 绝干料（2 号线上点 C），而当 $\varphi=60\%$时，$X^*\approx14.5$kg/100kg 绝干料（2 号线上点 D）。由此可见，当空气状态恒定时，不同物料的平衡水分数值差异很大，同一物料的平衡水分随空气状态而变。由图 9-9 还可以看出，当 $\varphi=0$ 时，各种物料的 X^* 均为零，即湿物料只有与绝干空气相接触才能被干燥至绝干。

图 9-9 是空气温度在 25℃时的数据，如果空气温度升高，物料的平衡含水量会略有减小。例如棉花与相对湿度为 50%的空气相接触，当空气温度由 37.8℃升高到 93.3℃时，平衡含水量 X^* 由 0.073 降至 0.057，约减少 25%。但由于缺乏各种温度下平衡含水量的实验数据，因此只要温度变化范围不太大，一般可忽略空气温度对物料平衡含水量的影响。

结合水与非结合水都难以用实验方法直接测得，但根据它们的特点，可将平衡曲线外延与 $\varphi=100\%$线相交而获得。图 9-10 为在恒定温度下由实验测得的某物料（丝）的平衡含水

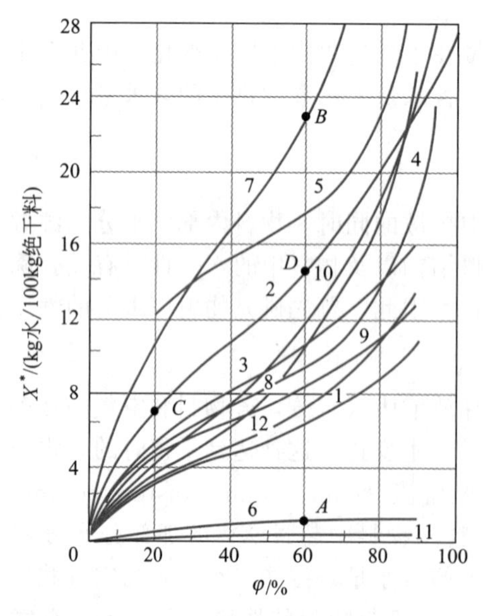

图 9-9　25℃时某些物料的平衡含水量 X^* 与空气相对湿度 φ 的关系

1—新闻纸；2—羊毛、毛织物；3—硝化纤维；4—丝；5—皮革；6—陶土；7—烟叶；8—肥皂；9—牛皮胶；10—木材；11—玻璃绒；12—棉花

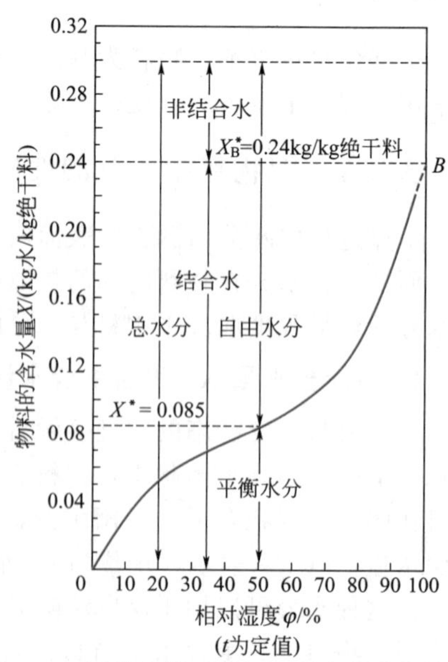

图 9-10　固体物料（丝）中所含水分的性质

量 X^* 与空气相对湿度 φ 的关系曲线。将该曲线延长与 $\varphi=100\%$线交于点 B，相应的$X_B^*=0.24$kg/kg 绝干料，高出 X_B^* 的水分为非结合水，低于 X_B^* 的水分为结合水。

物料的总水分、平衡水分、自由水分、非结合水与结合水之间的关系示于图 9-10。

9.3.4 干燥过程的速率关系

按空气状态参数的变化情况，可将干燥过程分为恒定干燥操作和非恒定（或变动）干燥操作两大类。若用大量空气对少量物料进行间歇干燥，并维持空气速度以及与物料的接触方式不变，因空气是大量的，且物料中汽化出的水分很少，故干燥过程中可以认为空气状态不变，这种操作称为恒定状态下的干燥操作，简称恒定干燥。而在连续干燥器内，物料和空气均连续进出干燥器，沿干燥器的长度或高度，空气的温度逐渐下降而湿度逐渐增高，这种操作称为变动状态下的干燥操作，简称变动干燥。本节仅讨论恒定干燥。

1. 干燥曲线与干燥速率曲线

（1）干燥实验和干燥曲线

在恒定干燥条件下进行的干燥实验通常采用间歇操作。实验中用大量的热空气干燥少量的湿物料，空气的温度、湿度、气速及流动方式等都恒定不变。定时测定物料的质量、表面温度 θ，直到物料的质量恒定（物料与空气达到平衡）为止，此时物料中所含水分即为该空气条件下的平衡水分。然后再将物料放到电烘箱内烘干至恒重（控制烘箱内的温度低于物料的分解温度），此时物料的质量可近似认为是绝干物料的质量。

上述实验数据经整理后可分别绘出如图 9-11 所示的物料含水量 X 与干燥时间 τ、物料表面温度 θ 与干燥时间 τ 的关系曲线，这两条曲线均称为干燥曲线。

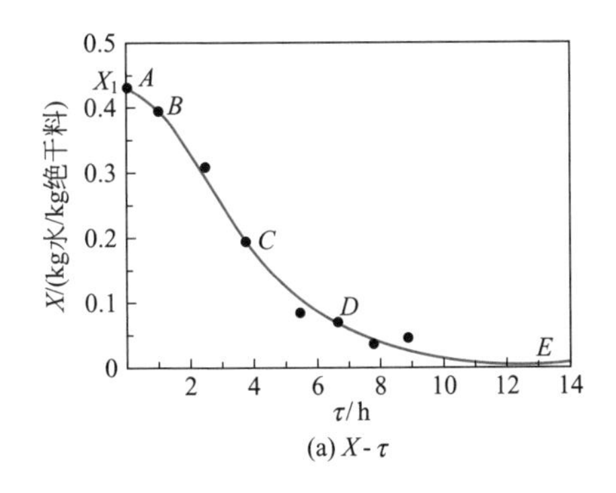

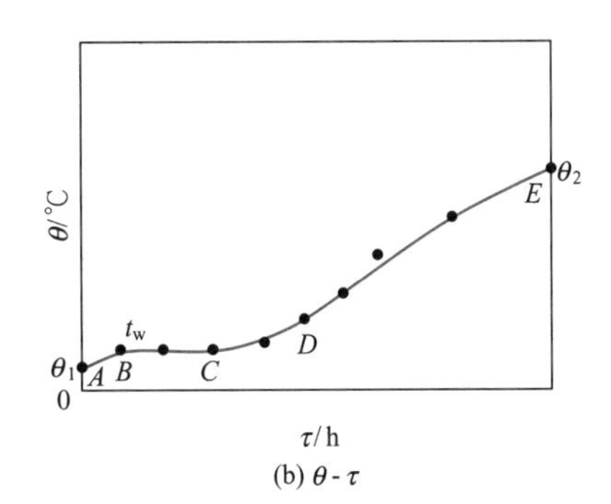

图 9-11 恒定干燥条件下某物料的干燥曲线

由图 9-11 可见，图中点 A 表示物料初始含水量为 X_1、温度为 θ_1，干燥开始后，物料含水量及其表面温度均随时间而变化。在 AB 段内物料的含水量下降，温度上升。此段为物料的预热段，空气中部分热量用于加热物料，物料的含水量及温度随时间变化均不大，即斜率 $\mathrm{d}X/\mathrm{d}\tau$ 较小。预热段一般较短，到达 B 点时，物料表面温度升至空气的湿球温度 t_w。其后 BC 段的斜率 $\mathrm{d}X/\mathrm{d}\tau$ 较 AB 段明显增大，且基本保持不变，即 X 与 τ 基本呈直线关系，此阶段内空气传给物料的显热恰好等于水分从物料中汽化所需的汽化热，物料表面的温度维持在空气的湿球温度 t_w 下。进入 CD 段后，物料开始升温，热空气传给物料的热量部分用于加热物料（使其由 t_w 逐渐升高到 θ_2），部分用于汽化水分，因此该段斜率 $\mathrm{d}X/\mathrm{d}\tau$ 逐渐变小，直到物料的含水量降至平衡含水量 X^*，物料和湿空气达到平衡，干燥过程终止。

（2）干燥速率曲线

干燥速率是指单位时间、单位干燥面积上汽化的水分质量，即

$$U=\frac{\mathrm{d}W'}{S\mathrm{d}\tau} \tag{9-18}$$

$$\mathrm{d}W'=-G'\mathrm{d}X \tag{9-19}$$

式中 U——干燥速率，又称干燥通量，$\mathrm{kg/(m^2 \cdot s)}$；

S——干燥面积，$\mathrm{m^2}$；

W'——一批操作中汽化的水分量，kg；

τ——干燥时间，s；

G'——一批操作中绝干物料的质量，kg。

负号表示 X 随干燥时间的增加而减小。

所以式 9-18 可以改写为

$$\boxed{U=-\frac{G'\mathrm{d}X}{S\mathrm{d}\tau}} \tag{9-18a}$$

式 9-18 和式 9-18a 均为干燥速率的微分表达式。式 9-18a 中绝干物料的质量及干燥面积由实验测得，而 $\mathrm{d}X/\mathrm{d}\tau$ 为干燥曲线的斜率，因此由实验测得的干燥曲线图 9-11 可变换为干燥速率曲线图 9-12。

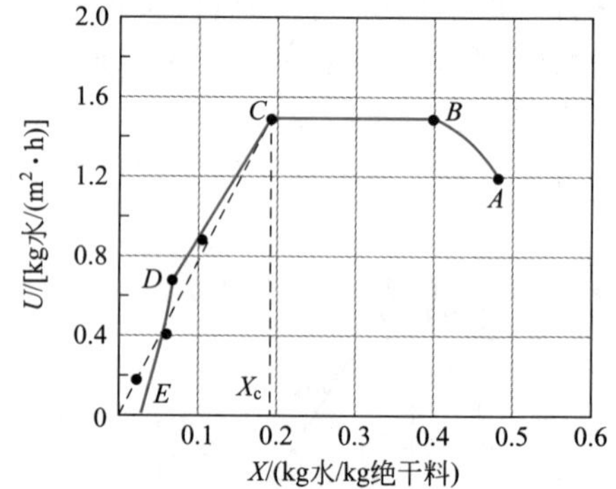

图 9-12 恒定干燥条件下干燥速率曲线

应予指出，干燥速率曲线的形式因物料种类不同而异，图 9-12 所示为恒定干燥条件下的一种典型干燥速率曲线。从图中看出，可将干燥过程明显地划分为两个阶段。ABC 段表示干燥第一阶段，其中 BC 段内干燥速率保持恒定，基本不随物料含水量而变，称为恒速干燥阶段（constant-rate period），AB 段为物料的预热阶段，但此段所需的时间较短，一般并入 BC 段内。干燥的第二阶段如图中 CDE 所示，在此阶段内干燥速率随物料含水量的减少而降低，故称为降速干燥阶段（falling-rate period）。两个干燥阶段之间的交点 C 称为临界点，与该点对应的物料含水量称为临界含水量（critical moisture content），以 X_c 表示，该点的干燥速率仍等于恒速阶段的干燥速率，以 U_c 表示。与点 E 对应的物料含水量为操作条件下的平衡含水量，此点的干燥速率为零。

（3）临界含水量

临界含水量是恒速干燥和降速干燥的转换点，若物料临界含水量 X_c 值大，干燥时会较早地转入降速干燥阶段，那么相同干燥任务下所需的干燥时间就会延长，这无论从经济上还是从产品质量上来看，都是不利的。

临界含水量随物料的性质、厚度及干燥速率的不同而异，例如无孔吸水性物料的 X_c 值比多孔物料的大。在一定的干燥条件下，物料层越厚，X_c 值越大，使物料在含水量较高的情况下就开始进入降速干燥阶段。空气的温度高、湿度低、流速高时，恒速段的干燥速率高，也会使 X_c 值增大。了解影响 X_c 的因素，便于调控干燥操作条件，尽可能降低 X_c 值。例如减小物料层的厚度、对物料加强搅拌，既可增大干燥面积，又可减小 X_c 值。流化干燥

设备（如气流干燥器和沸腾干燥器）中物料的 X_c 值一般均较低，理由即在此。

湿物料的临界含水量通常由实验测定，若无实验数据，可查有关手册。表 9-1 中所列的 X_c 值可供参考。

表 9-1　不同物料的临界含水量

有机物料		无机物料		临界含水量/(kg 水/kg 绝干料)
特征	例子	特征	例子	
很粗的纤维	未染过的羊毛	粗核无孔的物料，粒度约 50 目	石英	0.03～0.05
		晶体的、粒状的、孔隙较少的物料，粒度为 60～325 目	食盐、海砂、矿石	0.05～0.15
晶体的、粒状的、孔隙较小的物料	麸酸结晶	有孔的结晶物料	硝石、细砂、黏土、细泥	0.15～0.25
粗纤维的细粉	粗毛线、醋酸纤维、印刷纸、碳素颜料	细沉淀物、无定形和胶体状物料、粗无机颜料	碳酸钙、细陶土、普鲁士蓝	0.25～0.5
细纤维、无定形的和均匀状态的压紧物料	淀粉、亚硫酸、纸浆、厚皮革	浆状、有机物的无机盐	碳酸钙、碳酸镁、二氧化钛、硬脂酸钙	0.5～1.0
分散的压紧物料、胶体状态和凝胶状态的物料	鞣制皮革、糊墙纸、动物胶	有机物的无机盐、媒触剂、吸附剂	硬脂酸锌、四氯化锡、硅胶、氢氧化铝	1.0～30.0

2. 干燥机理

(1) 恒速干燥阶段

在恒速干燥阶段中，固体物料的表面非常润湿，其状况与湿球温度计的湿纱布表面的状况类似。因此当湿物料在恒定干燥条件下进行干燥时，物料表面的温度 θ 维持在空气的湿球温度 t_w（假设湿物料受辐射传热的影响忽略不计），物料表面的空气湿含量为 t_w 下的饱和湿度 H_w。由于物料表面和空气间的传热和传质过程与测湿球温度时的情况基本相同，故将式 9-8 和式 9-9 改为

$$\frac{dQ'}{Sd\tau}=\alpha(t-t_w) \tag{9-20}$$

$$U=\frac{dW'}{Sd\tau}=k_H(H_{s,t_w}-H) \tag{9-21}$$

式中　Q'——一批操作中空气传给物料的总热量，kJ。

恒定空气条件下，随空气条件而变的 α 和 k_H 值均保持恒定不变，而且 $t-t_w$ 及 $H_{s,t_w}-H$ 也为恒定值，由式 9-20 及式 9-21 可知，湿物料和空气间的传热速率及传质速率均保持不变，即湿物料以恒定的速率向空气中汽化水分。且空气传给湿物料的显热恰好等于水分汽化所需的汽化热，即

$$dQ'=r_{t_w}dW' \tag{9-22}$$

将式 9-20 和式 9-21 代入式 9-22，并整理得

$$U=k_{H}(H_{s,t_w}-H)=\frac{\alpha}{r_{t_w}}(t-t_w) \tag{9-23}$$

在整个恒速干燥阶段，湿物料内部的水分向表面传递的速率必须能够与水分自物料表面汽化的速率相适应，使物料表面始终维持充分润湿状态，显然，恒速干燥阶段干燥速率的大小取决于物料表面水分的汽化速率，亦即决定于物料外部的干燥条件，所以恒定干燥阶段又称为表面汽化控制阶段。

(2) 降速干燥阶段

当湿物料中的含水量降到临界含水量 X_c 时，便转入降速干燥阶段。此时由于水分自物料内部向表面迁移的速率小于物料表面水分汽化的速率，物料表面不能维持全部润湿，部分表面变干，空气传给物料的热量只有部分用于汽化水分，另一部分用于加热物料。因此，在降速干燥阶段，干燥速率逐渐减小，物料温度不断升高，当干燥过程进行到图 9-12 中点 D 后，汽化面逐渐向物料内部移动，汽化所需的热量通过已被干燥的固体层而传递到汽化面，从物料中汽化出的水分也需通过这层固体层传递到空气主流中，这时干燥速率比 CD 段下降得更快，到达点 E 时干燥速率降至零，此时物料中的水分即为该空气状态下的平衡水分。

降速阶段干燥速率曲线的形状随物料内部的结构而异。物料内部的结构是多种多样的，有些是多孔的，有些是无孔的，有些是易吸水的，有些是难吸水的，所以降速阶段干燥情况也是多样的。除图 9-12 所示的降速阶段曲线 CDE 外，对某些多孔性物料只有 CD 段；对某些无孔吸水性物料没有等速段而降速段只有类似形状的曲线；也有些曲线 DE 段的弯曲情况与图 9-12 中的相反。

降速阶段的干燥速率取决于物料本身的结构、形状和尺寸，而与干燥介质的状态参数关系不大，故降速阶段又称物料内部迁移控制阶段。

在恒速干燥段，汽化的水分为非结合水，此段内水分从物料表面的汽化与从自由液面的汽化情况无异。在降速干燥段，初始阶段仍有部分非结合水被汽化，当干燥过程进行到图 9-12 中 D 点时，全部物料表面都不含非结合水，从图中可以看出，D 点后干燥速率更低，这是由于结合水更难被干燥。

9.4 干燥过程的物料衡算与热量衡算

通过物料衡算和热量衡算，可以确定干燥过程蒸发的水分量、热空气消耗量及所需热量，从而确定预热器的传热面积、风机的型号等。

图 9-13 为一连续逆流干燥过程的流程示意图，空气先经预热器升温后进入干燥器，在干燥器内与湿物料逆流接触，带着湿物料中蒸发出的水分离开干燥器，同时，湿物料在干燥器内被干燥。湿空气和湿物料各流股的状态参数均在图 9-13 中标出。

9.4.1 干燥系统的物料衡算

通过对干燥系统的物料衡算，可计算出水分蒸发量、空气消耗量、干燥产品的流量等。

1. 水分蒸发量 W

对图 9-13 中的干燥器作水分的衡算，以 1s 为基准，设干燥器内无物料损失，则

$$LH_1+GX_1=LH_2+GX_2$$

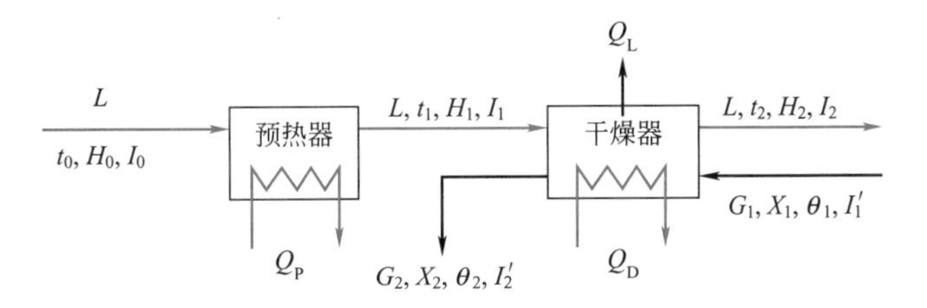

图 9-13 连续逆流干燥过程流程示意图

H_0、H_1、H_2——分别为湿空气进入预热器、进入干燥器和离开干燥器时的湿度，kg/kg 绝干气；

I_0、I_1、I_2——分别为湿空气进入预热器、进入干燥器和离开干燥器时的焓，kJ/kg 绝干气；

t_0、t_1、t_2——分别为湿空气进入预热器、进入干燥器和离开干燥器时的温度，℃；

L——绝干空气流量，kg 绝干气/s；

Q_P——单位时间内预热器的加热量，kW；

G_1、G_2——分别为湿物料进入和离开干燥器时的流量，kg 湿物料/s；

θ_1、θ_2——分别为湿物料进入和离开干燥器时的温度，℃；

X_1、X_2——分别为湿物料进入和离开干燥器时的干基含水量，kg/kg 绝干料；

I_1'、I_2'——分别为湿物料进入和离开干燥器时的焓，kJ/kg 绝干料；

Q_D——单位时间内向干燥器内补充的热量，kW；

Q_L——干燥器的热损失速率（若干燥器采用输送装置输送物料，则装置带出的热量也应计入热损失中），kW。

整理为

$$W = L(H_2 - H_1) = G(X_1 - X_2) \tag{9-24}$$

式中 W——单位时间内水分的蒸发量，kg/s；

G——绝干物料的流量，kg 绝干料/s。

2. 空气消耗量 L

整理式 9-24 得

$$L = \frac{G(X_1 - X_2)}{H_2 - H_1} = \frac{W}{H_2 - H_1} \tag{9-25}$$

式中 L——单位时间内消耗的绝干空气量，kg 绝干气/s。

式 9-25 的等号两侧均除以 W，得

$$l = \frac{L}{W} = \frac{1}{H_2 - H_1} \tag{9-26}$$

式中 l——蒸发 1kg 水分消耗的绝干空气量，称为单位空气消耗量，kg 绝干气/kg 水。

3. 干燥产品流量 G_2

围绕图 9-13 中的干燥器作绝干物料的衡算，得

$$G = G_2(1 - w_2) = G_1(1 - w_1) \tag{9-27}$$

整理为

$$G_2 = \frac{G_1(1 - w_1)}{1 - w_2} = \frac{G_1(1 + X_2)}{1 + X_1} \tag{9-27a}$$

式中 w_1——物料进干燥器时的湿基含水量；

w_2——物料离开干燥器时的湿基含水量。

干燥产品 G_2 是相对于湿物料 G_1 而言的，湿物料 G_1 被干燥除去水分后得到干燥产品

G_2，要注意干燥产品 G_2 中仍含有水分，与绝干物料 G 不同。

9.4.2 干燥系统的热量衡算

通过干燥系统的热量衡算，可计算预热器的耗热量、向干燥器补充的热量和干燥过程消耗的总热量。进而可计算预热器的传热面积、加热介质用量以及干燥系统的热效率等。参考图 9-13，以 1s 为基准，作以下热量衡算。

1. 预热器的热量衡算

若忽略预热器的热损失，对图 9-13 中的预热器列焓衡算，得

$$LI_0+Q_P=LI_1 \tag{9-28}$$

故预热器的热负荷为

$$Q_P=L(I_1-I_0) \tag{9-28a}$$

将焓值计算式 9-7b 代入得

$$\boxed{Q_P=L(I_1-I_0)=L(1.01+1.88H_0)(t_1-t_0)} \tag{9-28b}$$

2. 干燥器的热量衡算

再对图 9-13 的干燥器列焓衡算，得单位时间内向干燥器补充的热量为

$$\boxed{Q_D=L(I_2-I_1)+G(I_2'-I_1')+Q_L} \tag{9-29}$$

若干燥过程中采用输送装置输送物料，则列热量衡算式时应计入输送装置带入与带出的热量。

式 9-29 中湿物料的焓 I' 包括绝干物料的焓（以 0℃的物料为基准）和物料中所含水分（以 0℃的液态水为基准）的焓，即

$$\boxed{I'=c_s(\theta-0)+Xc_w(\theta-0)=(c_s+4.187X)\theta} \tag{9-30}$$

式中　c_s——绝干物料的比热容，kJ/(kg 绝干料·℃)；

　　c_w——物料中所含水分的比热容，取为 4.187kJ/(kg 水·℃)；

　　θ——湿物料的温度，℃。

仿照湿空气比热容的定义方法，湿物料的比热容 c_m 可定义为

$$\boxed{c_m=c_s+Xc_w=c_s+4.187X} \tag{9-31}$$

式中　c_m——湿物料的比热容，kJ/(kg 绝干料·℃)。

3. 干燥系统的总热量衡算

对整个干燥系统作热量衡算，得

$$\boxed{Q=Q_P+Q_D=L(I_2-I_0)+G(I_2'-I_1')+Q_L} \tag{9-32}$$

式中　Q——干燥系统消耗的总热量，kW。

式 9-32 亦可由式 9-28a 与式 9-29 相加得到。式 9-28a、式 9-29、式 9-32 为连续干燥系统热量衡算的基本方程。为了便于应用，通过以下分析可将式 9-32 简化。

加入干燥系统的热量 Q 被用于以下方面。

① 将新鲜空气 L（湿度为 H_0）由 t_0 加热至 t_2，所需热量为 $L(1.01+1.88H_0)(t_2-t_0)$。

② 对原湿物料 $G_1=G_2+W$，其中干燥产品 G_2 从 θ_1 被加热至 θ_2 后离开干燥器，所耗

热量为 $Gc_{m2}(\theta_2-\theta_1)$；水分 W 由液态温度 θ_1 被加热并汽化，在温度 t_2 下随气相离开干燥系统，所需热量为 $W(2490+1.88t_2-4.187\theta_1)$。

③ 干燥系统损失的热量 Q_L。

因此有

$$Q=Q_P+Q_D=L(1.01+1.88H_0)(t_2-t_0)+Gc_{m2}(\theta_2-\theta_1)+W(2490+1.88t_2-4.187\theta_1)+Q_L \tag{9-33}$$

若忽略空气中水汽进出干燥系统的焓的变化和湿物料中水分带入干燥系统的焓，则上式可简化为

$$\boxed{Q=Q_P+Q_D=1.01L(t_2-t_0)+Gc_{m2}(\theta_2-\theta_1)+W(2490+1.88t_2)+Q_L} \tag{9-34}$$

式 9-34 表明，加入干燥系统的热量 Q 被用于：①加热空气；②加热物料；③蒸发水分；④热损失四个方面。

4. 干燥系统的热效率

通常将干燥系统的热效率定义为蒸发水分需要的热量与向干燥系统输入的总热量之比，即

$$\eta=\frac{Q_v}{Q}=\frac{Q_v}{Q_P+Q_D}\times100\% \tag{9-35}$$

式中　Q_v——蒸发水分所需的热量，kW。

蒸发水分所需的热量为

$$Q_v=W(2490+1.88t_2-4.187\theta_1)$$

若忽略湿物料中水分带入系统中的焓，上式简化为

$$Q_v\approx W(2490+1.88t_2)$$

将上式代入式 9-35，得

$$\boxed{\eta=\frac{W(2490+1.88t_2)}{Q}\times100\%} \tag{9-36}$$

干燥系统的热效率越高表示热利用率越好。

离开干燥器的空气（废气）的湿度越高，温度越低，干燥系统的热效率越高，同时空气消耗量越少，进而输送空气的动力消耗越少。但同时干燥过程的传热、传质推动力也降低了，会使干燥速率降低。特别是对于吸水性物料的干燥，空气出口温度应高些，而湿度则应低些，即相对湿度要低些。在实际干燥操作中，空气离开干燥器的温度 t_2 需比进入干燥器时的绝热饱和温度高 20～50℃，这样才能保证在干燥系统后面的设备内不致析出水滴，否则可能使干燥产品返潮，且易造成管路的堵塞和设备材料的腐蚀。

提高空气入口温度 t_1 可降低空气用量，从而降低总加热量，提高干燥器的热效率。但对热敏性物料和易产生局部过热的干燥器，要控制入口温度不能使物料变质。

此外，利用废气来预热冷空气或冷物料以回收废气中的热量，采用二级干燥、利用内换热器、注意干燥设备的保温、减少系统热损失等措施均有利于降低能耗，提高干燥器的热效率。

【例 9-4】 在常压连续逆流干燥器中，用热空气干燥某湿物料。湿物料的处理量为 1000kg/h，初始含水量为 20%，干燥产品含水量为 5%（均为湿基）。以温度为 20℃、湿度为 0.01kg 水/kg 绝干气的新鲜湿空气为干燥介质，空气在预热器中被加热至 120℃后送入

干燥器，离开干燥器时的湿度为 0.04kg 水/kg 绝干气。试求：(1) 得到的干燥产品量，kg/h；(2) 蒸发的水分量，kg 水/h；(3) 新鲜空气的用量，kg 新鲜空气/h；(4) 预热器的热负荷，kW。

解：(1) 利用式 9-27 可计算干燥产品量

$$G_1(1-w_1)=G_2(1-w_2)=G$$

$$G=G_1(1-w_1)=1000\times(1-0.2)=800\text{kg 绝干料/h}$$

代入 $$G_2(1-0.05)=800$$

得干燥产品量 $$G_2=842.1\text{kg/h}$$

(2) 由物料衡算式 9-24 求蒸发水分量

$$X_1=\frac{w_1}{1-w_1}=\frac{0.2}{1-0.2}=0.25\text{kg/kg 绝干料}$$

$$X_2=\frac{w_2}{1-w_2}=\frac{0.05}{1-0.05}=0.0526\text{kg/kg 绝干料}$$

$$W=G(X_1-X_2)=800\times(0.25-0.0526)=157.92\text{kg/h}$$

(3) $$L=\frac{W}{H_2-H_0}=\frac{157.92}{0.04-0.01}=5264\text{kg 绝干气/h}$$

新鲜空气的用量 $$L_0=L(1+H_0)=5264\times(1+0.01)=5316.64\text{kg/h}$$

(4) 预热器热负荷

$$Q_P=L(I_1-I_0)=Lc_H(t_1-t_0)=5264\times(1.01+1.88H_0)(120-20)=541560.32\text{kJ/h}=150.43\text{kW}$$

9.4.3 空气经过干燥器的状态变化

在干燥器内空气与物料间既有热量传递又有质量传递，情况比较复杂，一般根据空气在干燥器内焓的变化，将干燥过程分为等焓过程与非等焓过程两大类。

1. 等焓干燥过程

若干燥过程中不向干燥器中补充热量，干燥设备的热损失及物料进出干燥器的焓变可忽略，则空气传给物料的热量全部用于物料中水分的汽化，水分汽化后又将此热量以潜热的形式带回空气中，由式 9-29 可推出 $I_1=I_2$，即空气经过干燥器焓值不变，这种干燥过程称为等焓干燥过程，又称绝热干燥过程。实际操作中很难实现这种等焓过程，故又称为理想干燥过程。等焓干燥过程的计算较为简单，并能在 H-I 图上迅速确定空气离开干燥器时的状态参数。等焓干燥过程在 H-I 图上表示如图 9-14 所示，根据新鲜空气任意两个状态参数，如 t_0、H_0，在 H-I 图上确定状态点 A。空气先在预热器内被等湿加热升温到 t_1，故从点 A 沿等 H 线上升与等温线 t_1 交于点 B，B 点为离开预热器（进入干燥器）的状态点。由于空气在干燥器内按等焓过程变化，故只要知道空气离开干燥器时的任一参数，比如温度 t_2，则过点 B 的等焓线与温度为 t_2 的等温线的交点 C 即为空气出干燥器的状态点。空气经过干燥器时状态沿等焓线由 B 点到 C 点，BC 是理想干燥过程的操作线。

2. 非等焓干燥过程

相对于理想干燥过程而言，非等焓干燥过程又称为实际干燥过程。非等焓干燥过程可能的几种情况如图 9-15 所示。

① 通过干燥器后空气焓值降低，操作线在过 B 点的等焓线下方，如图 9-15 中 BC_1；

② 通过干燥器后空气焓值升高，操作线在过 B 点的等焓线上方，如图 9-15 中 BC_2；

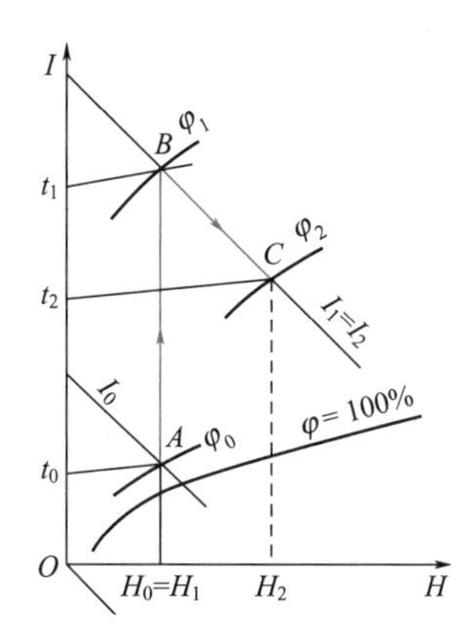

图 9-14 **等焓干燥过程中湿空气的状态变化示意图**

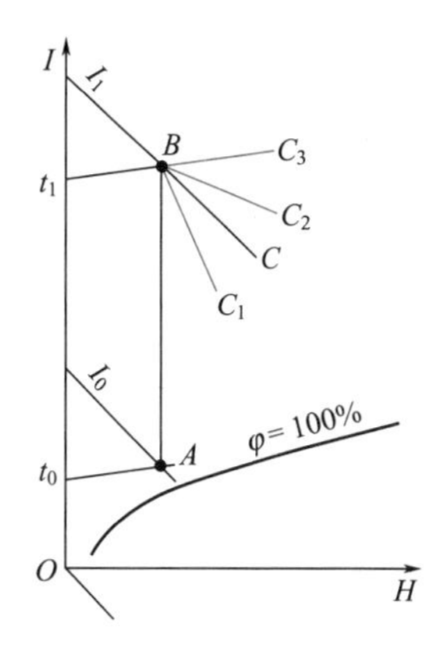

图 9-15 **非等焓干燥过程中湿空气的状态变化示意图**

③ 空气进出干燥器的温度不变，操作线为过 B 点的等温线，如图 9-15 中 BC_3。

非等焓干燥过程中空气离开干燥器时的状态点可用计算法或图解法确定。有时需联立求解物料衡算和热量衡算方程，具体见例 9-7。

【例 9-5】 若例 9-4 所述干燥器为一理想干燥器，试求：(1) 从干燥器排出的废气温度，℃；(2) 干燥系统的热效率。

解：(1) 依据例 9-4 中给出的空气进入干燥器时的温度、湿度计算进入干燥器时的焓为

$$I_1=(1.01+1.88\times0.01)\times120+2490\times0.01=148.36\text{kJ/kg 绝干气}$$

理想干燥器，空气在干燥器中经历等焓过程，则有

$$I_2=(1.01+1.88\times0.04)\times t_2+2490\times0.04=148.36\text{kJ/kg 绝干气}$$

解出 $t_2=44.93℃$

(2) 对理想干燥器，干燥系统的总耗热量即为预热器耗热量

$$Q=Q_P=541560.32\text{kJ/h}$$

$$\eta=\frac{W(2490+1.88t_2)}{Q}\times100\%=\frac{157.92\times(2490+1.88\times44.93)}{541560.32}=75.07\%$$

【例 9-6】 若例 9-4 所述的干燥器为一非理想干燥器，干燥器有热损失 1.2kW，同时干燥过程中需向干燥器补充热量 52.5kW。现测得湿物料进入干燥器的温度为 20℃，离开干燥器的温度为 60℃，绝干物料的比热容为 3.28kJ/(kg 绝干料·℃)，试求：(1) 干燥器排出废气温度，℃；(2) 干燥系统消耗的总热量，kW；(3) 干燥系统的热效率，并与理想干燥器比较。

解：(1) 依式 9-29 对干燥器作热量衡算

$$Q_D=L(I_2-I_1)+G(I_2'-I_1')+Q_L$$

计算物料的焓

$$I_1'=(c_s+X_1c_w)\theta_1=(3.28+4.187\times0.25)\times20=86.54\text{kJ/kg 绝干料}$$

$$I_2'=(c_s+X_2c_w)\theta_2=(3.28+4.187\times0.0526)\times60=210.01\text{kJ/kg 绝干料}$$

代入式 9-29，得

$$52.5\times3600=5264(I_2-148.36)+800\times(210.01-86.54)+1.2\times3600$$

$$I_2=164.68\text{kJ/kg 绝干气}$$

$$I_2=(1.01+1.88\times0.04)\times t_2+2490\times0.04=164.68$$

解得 $t_2=59.97℃$

(2) 干燥系统消耗的总热量包括预热器和干燥器的耗热量

$$Q=Q_P+Q_D=541560.32+52.5\times3600=730560.32\text{kJ/h}$$

(3) 干燥系统热效率

$$\eta=\frac{W(2490+1.88t_2)}{Q}\times100\%=\frac{157.92\times(2490+1.88\times59.97)}{730560.32}=56.26\%$$

由以上两例的计算结果看出，对于相同的空气消耗量和水分蒸发量，理想干燥器效率高，非理想干燥器由于存在热损失，干燥效率降低，需对干燥器补充热量才能满足热平衡，所以加强干燥系统的保温十分重要。

【例 9-7】 一连续逆流干燥器中用热空气干燥湿物料，物料处理量为 450kg 绝干料/h，将物料从含水量 0.04 干燥至 0.002（均为干基含水量），物料进入干燥器的温度为 26℃，离开时的温度为 62℃，绝干物料比热容为 1.46kJ/(kg·K)。湿度为 0.01kg/kg 绝干气、温度为 93℃的空气进入干燥器，离开时温度降为 38℃，干燥器没有补充热量，同时假设干燥器无热损失，计算空气消耗量和空气出干燥器时的湿度。

解：依题意列物料衡算式

$$G(X_1-X_2)=L(H_2-H_1)$$

将 $G=450$kg 绝干料/h，$X_1=0.04$，$X_2=0.002$，$H_1=0.01$ 代入，得

$$450\times(0.04-0.002)=L(H_2-0.01) \tag{a}$$

物料衡算式(a) 中包含 2 个待求量，无法直接求解。再列热量衡算式

$$Q_D=L(I_2-I_1)+G(I_2'-I_1')+Q_L$$

将 $Q_D=0$，$Q_L=0$，$G=450$kg 绝干料/h，以及

$$I_1'=(c_s+X_1c_w)\theta_1=(1.46+4.187\times0.04)\times26=42.31\text{kJ/kg 绝干料}$$

$$I_2'=(c_s+X_2c_w)\theta_2=(1.46+4.187\times0.002)\times62=91.04\text{kJ/kg 绝干料}$$

$$I_1=(1.01+1.88\times0.01)\times93+2490\times0.01=120.58\text{kJ/kg 绝干气}$$

$$I_2=(1.01+1.88H_2)\times38+2490H_2=38.38+2561.44H_2$$

代入热量衡算式，得

$$L(38.38+2561.44H_2-120.58)+450\times(91.04-42.31)=0 \tag{b}$$

联立物料衡算式(a) 和热量衡算式(b)，得

$L=1161.59$kg 绝干气/h，$H_2=0.02472$kg/kg 绝干气

9.5 干燥设备简介

干燥器在许多行业都有广泛应用，不同产品的形状、性质、生产规模等差异很大，对产品的要求也不尽相同，因此，所采用的干燥方法和干燥器的型式也是多种多样的。通常，对干燥器的主要要求有：①对产品质量的要求，如湿含量、强度、形状、尺寸等方面的要求；②对生产能力的要求，尽可能降低临界含水量，延长恒速段，减少总干燥时间，则可提高设备生产能力，减小设备尺寸；③对设备经济性的要求，提高干燥器的热效率、降低能耗，是提高经济性的主要途径，同时还应考虑干燥器的辅助设备的规格和成本；④其他要求，操作控制方便，劳动条件好等。

干燥器可有多种不同的分类方式，表 9-2 所示是较常见的按加热方式分类的干燥器。本节简单介绍几种常用的干燥器。

表 9-2 常用干燥器的分类

类型	干燥器
对流干燥器	厢式干燥器,气流干燥器,沸腾干燥器,转筒干燥器,喷雾干燥器
传导干燥器	滚筒干燥器,真空盘架式干燥器,冷冻干燥器
辐射干燥器	红外线干燥器
介电加热干燥器	微波干燥器

9.5.1 干燥器的主要类型

1. 厢式干燥器（盘式干燥器）

厢式干燥器又称盘式干燥器，一般将小型的称为烘箱，大型的称为烘房。干燥器的基本结构如图 9-16 所示，被干燥物料放在浅盘内，物料的堆积厚度约为 10～100mm。空气经加热后水平吹过物料表面，废气可循环使用，废气循环量由吸入口或排出口的挡板进行调节。空气的流速由物料的粒度而定，应使物料不被气流夹带出干燥器为原则，一般为 1～10m/s。厢式干燥器可间歇操作，也可连续操作；可常压操作，也可真空操作（用于处理热敏性、易氧化及易燃烧的物料）。

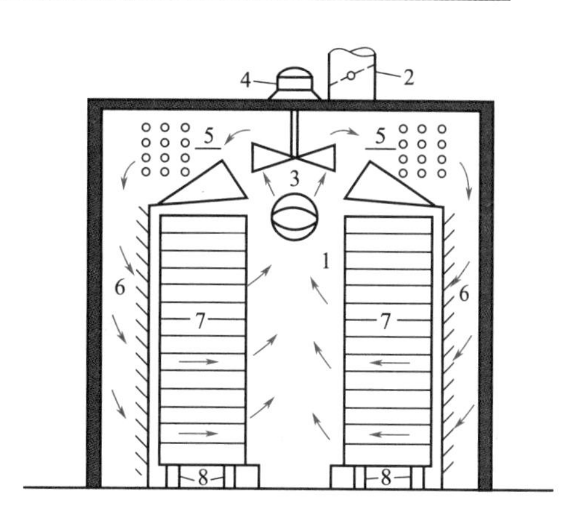

图 9-16 厢式干燥器

1—空气入口；2—空气出口；3—风机；4—电动机；5—加热器；6—挡板；7—盘架；8—移动轮

厢式干燥器的优点是构造简单，设备投资少，适应性强。适用于产品数量少、干燥产品需要单独处理的场合，特别适用于作为实验室或中间实验的干燥装置。

2. 气流干燥器

气流干燥是将湿态时为泥状、粉粒状或块状的物料，在热气流中分散成粉粒状，一边随热气流并流输送，一边进行干燥。对于泥状或大块状物料需装设粉碎加料装置，使其分散后再进入干燥管。图 9-17 即为装有粉碎机的气流干燥装置的流程图。

气流干燥器的主体是直立圆管，湿物料由加料斗 9 加入螺旋桨式输送混合器 1 中，与一定量的干燥物料混合后进入球磨粉碎机 3。从燃烧炉 2 来的烟道气（也可以是热空气）也同时进入球磨粉碎机，将粉粒状的固体吹入干燥管中。物料在干燥管内随高速气流（20～40m/s）一起运动，在其中只停留 0.5～2s，最多也不会超过 5s，热气流与物料间进行传热和传质，物料被干燥，并随气流进入旋风分离器 5，经分离后由底部排出，再借分配器 8 的作用，定时地排出作为产品或送入螺旋桨式输送混合器供循环使用。废气经风机 6 放空。

由气流干燥的实验得知，在加料口以上 1m 左右的干燥管内，干燥速率最快，由气体传给物料的热量约占整个干燥管中传热量的 1/2～3/4。这不仅是因干燥管底部气、固间的温

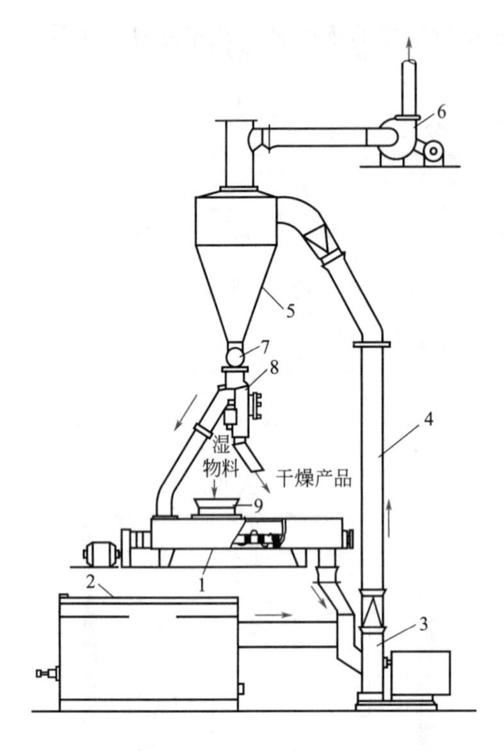

图 9-17　装有粉碎机的气流干燥器

1—螺旋桨式输送混合器；2—燃烧炉；3—球磨粉碎机；4—干燥管；5—旋风分离器；6—风机；7—星式加料器；8—流动固体物料的分配器；9—加料斗

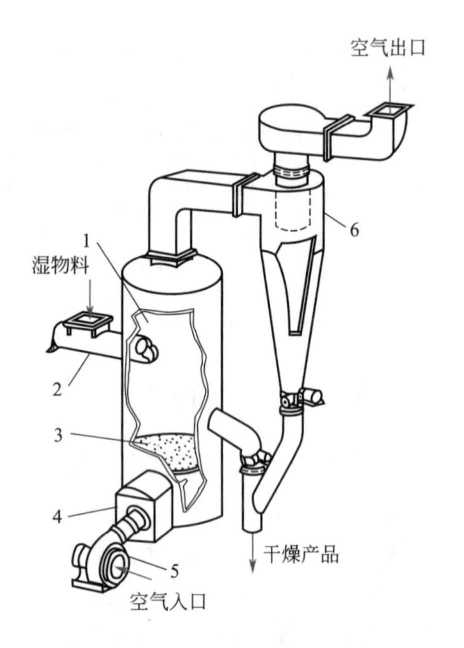

图 9-18　单层圆筒流化床干燥器

1—沸腾室；2—进料器；3—分布板；4—加热器；5—风机；6—旋风分离器

度差较大，更重要的是气、固间相对运动和接触情况有利于传热和传质。

气流干燥器中气速大，物料停留时间短，故当干燥介质温度较高时，物料温度也不会升得太高，适用于热敏性、易氧化物料的干燥。但在干燥管内物料之间或物料与壁面不断碰撞，对物料有破碎作用，因此气流干燥器不适于干燥易粉碎的物料，且对后续除尘设备要求严。干燥管内气流速度高，使系统的流动阻力较大。

3. 流化床干燥器

流化床干燥器又称沸腾床干燥器，是固体流态化技术在干燥操作中的应用。图 9-18 所示的为单层圆筒流化床干燥器。在分布板上加入待干燥的颗粒物料，热空气由多孔板底部进入，气速控制在临界流化速度与带出速度 u_t 之间，使其均匀地分散并与物料接触，将物料干燥。流化床干燥具有较高的传热和传质速率。因为在流化床中，颗粒浓度很高，单位体积干燥器的传热面积很大，所以体积传热系数可高达 2300～7000W/(m^3·℃)。

流化床干燥器结构简单，造价低，活动部件少，操作维修方便。与气流干燥器相比，流化床干燥器的流动阻力较小，物料的磨损较轻，气、固分离较易，热效率较高（对非结合水的干燥为 60%～80%，对结合水的干燥为 30%～50%）。当物料干燥过程存在降速阶段时，采用流化床干燥较为有利。另外，当干燥大颗粒物料、不适于采用气流干燥器时，若采用流化床干燥器，则可通过调节风速来完成干燥操作。

流化床干燥器适用于处理粒径为 30μm～6mm 的粉粒状物料。这是因为粒径小于 20～40μm 时，气体通过分布板后易产生局部沟流；大于 4～8mm 时，需要较高的气速，从而使流动阻力加大，磨损严重。

因颗粒在流化床中随机运动，可能引起物料的返混或短路，有一部分物料未经充分干燥就离开干燥器，而另一部分物料又会因停留时间过长而产生过度干燥现象。因此单层沸腾床干燥器仅适用于易干燥、处理量较大而对干燥产品的要求不太高的场合。

对于干燥要求较高或所需干燥时间较长的物料，一般可采用多层（或多室）沸腾床干燥器。

4. 转筒干燥器

图 9-19 所示为用热空气直接加热的逆流转筒干燥器，其主要部分为与水平线略呈倾斜的旋转圆筒。物料从转筒较高的一端送入，与由另一端进入的热空气逆流接触，随着圆筒的旋转，物料在重力作用下流向较低的一端时被干燥。通常圆筒内壁上装有若干块抄板，作用是将物料抄起后再洒下，以增大干燥表面积，使干燥速率增大，同时还促使物料向前运行。常用的抄板形式如图 9-20 所示。

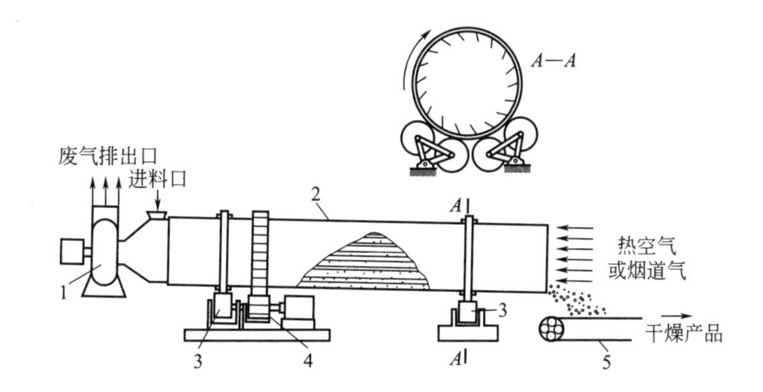

图 9-19　热空气直接加热的逆流转筒干燥器

1—鼓风机；2—转筒；3—支承装置；4—驱动齿轮；5—带式输送器

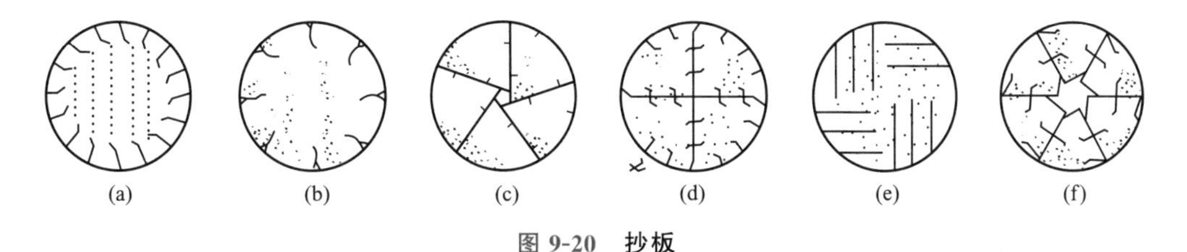

图 9-20　抄板

(a) 最普遍使用的形式，利用抄板将颗粒状物料扬起，而后自由落下；(b) 弧形抄板没有死角，适于容易黏附的物料；(c) 将回转圆筒的截面分割成几个部分，每回转一次可形成几个下泻物料流，物料约占回转筒容积的 15%；(d) 物料与热风之间的接触比图 (c) 更好；(e) 适用于易破碎的脆性物料，物料占回转筒容积的 25%；(f) 图 (c)、图 (d) 结构的进一步改进，适用于大型装置

转筒干燥器中的加热介质除热空气外，也可是烟道气。对于不能受污染或极易引起大量粉尘的物料，还可采用间接加热方式。这种干燥器的传热壁面为装在转筒轴心处的一个固定的同心圆筒，筒内通以烟道气或加热蒸汽。由于间接加热式的转筒干燥器效率低，目前较少采用。

转筒干燥器的优点是机械化程度高，对物料的适应性较强，生产能力大，流动阻力小，容易控制，产品质量均匀。缺点是设备笨重，金属材料耗量多，热效率低（约为 50%），结构复杂，占地面积大，传动部件需经常维修等。目前国内采用的转筒干燥器直径为0.6～2.5m，长度为2～27m；处理物料的含水量为3%～50%，产品含水量可降到0.5%，甚至低到0.1%（均为湿基）；物料在转筒内的停留时间为5min～2h，转筒转速为1～8r/min，倾角在8°以内。

5. 喷雾干燥器

喷雾干燥器是将溶液、膏状物或含有微粒的悬浮液通过喷雾而呈雾状细滴分散于热气流中，热气流与物料以并流、逆流或混合流的方式相互接触，使水汽迅速汽化而达到干燥的目的，最终可获得30～50μm微粒的干燥产品。干燥时间很短，仅为5～30s，因此适宜于热敏性物料的干燥。

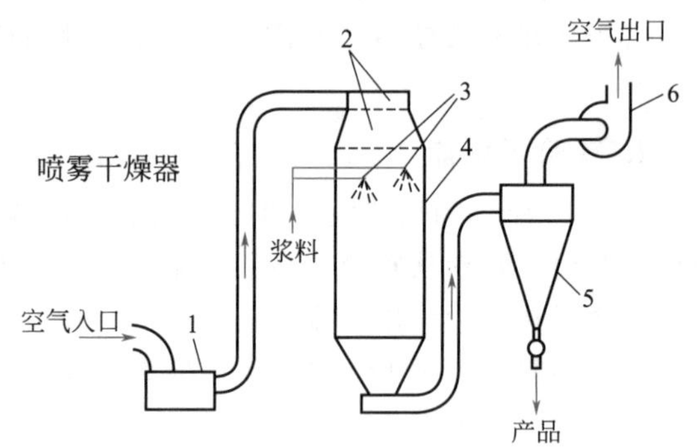

图 9-21 喷雾干燥设备流程

1—预热器；2—空气分布器；3—压力式喷嘴；4—干燥塔；5—旋风分离器；6—风机

常用的喷雾干燥流程如图9-21所示。浆液用送料泵压至喷雾器，在干燥室（有塔式和箱式两种，以塔式应用广泛）中喷成雾滴而分散在热气流中，雾滴在与干燥器内壁接触前水分已迅速汽化，成为微粒或细粉落到器底，产品由风机吸至旋风分离器中而被回收，废气经风机排出。

喷雾器（又称雾化器）是喷雾干燥器的关键元件，常用的喷雾器有三种基本形式。

① 离心式喷雾器　离心式喷雾器如图9-22(a)所示。料液进入一高速旋转圆盘的中部，圆盘上有放射形叶片，一般圆盘转速为4000～20000r/min，圆周速度为100～160m/s。液体受离心力的作用而被加速，到达周边时呈雾状被甩出。离心式喷雾器适用于高黏度（9Pa·s）或带固体的料液，操作弹性大，可以在设计生产能力的±25%范围内调节流量，对产品粒度的影响并不大，但离心式喷雾器的机械加工要求严，制造费高，雾滴较粗，喷距（喷滴飞行的径向距离）较大，因此干燥器的直径也相应地比采用另两种喷雾器时要大。

② 压力式喷雾器　压力式喷雾器如图9-22(b)所示。用泵使液浆在高压（3～20MPa）下通入喷嘴，喷嘴内有螺旋室，液体在其中高速旋转，然后从出口的小孔处呈雾状喷出。压

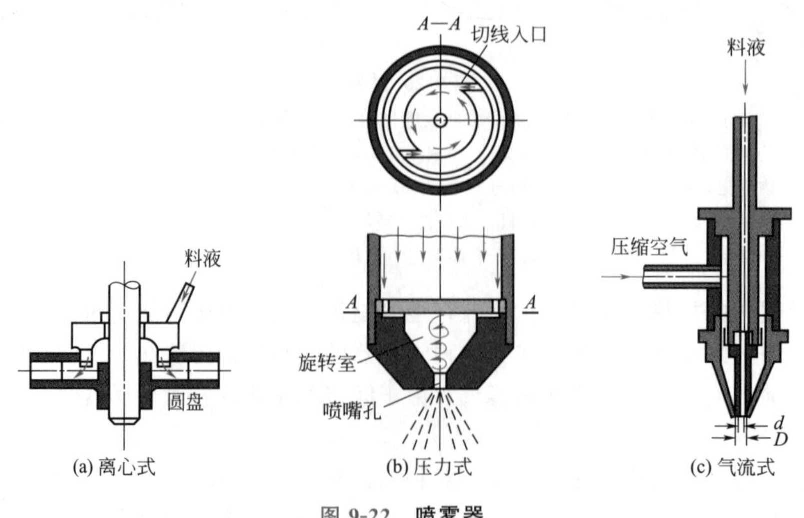

图 9-22 喷雾器

力喷雾器适用于一般黏度的液体，动力消耗最少，大约每千克溶液消耗4～10W能量，但必须有高压液泵，且因喷孔小，易被堵塞和磨损而影响正常雾化，操作弹性小，产量可调节范围窄。

③ 气流式喷雾器　气流式喷雾器如图9-22(c) 所示。用表压为0.1～0.7MPa的压缩空气压缩料液，以200～300m/s（有时甚至达到超声速）从喷嘴喷出，靠气、液两相间速度差所产生的摩擦力使料液分成雾滴。气流式喷雾器动能消耗最大，每千克料液需要消耗0.4～0.8kg的压缩空气，但其结构简单，制造容易，适用于任何黏度或较稀的悬浮液。

喷雾干燥器干燥时间短，特别适用于干燥热敏性物料。它可将溶液直接干燥成粉末状产品，省去溶液的蒸发、结晶、过滤等过程及干燥后的粉碎与筛分。但对气-固分离设备要求较高，否则会造成产品的损失，污染环境。喷雾干燥经常发生粘壁现象，影响产品质量，目前尚无成熟方法解决。另外喷雾干燥器的体积传热系数较小，使得干燥设备尺寸较大。

6. 滚筒干燥器

滚筒干燥器是间接加热的连续干燥器，它适用于溶液、悬浮液、胶体溶液等流动性物料的干燥。

图9-23所示为双滚筒干燥器，其结构较两个单滚筒干燥器紧凑，且所需的功率相近。两滚筒的旋转方向相反，部分表面浸在料槽中，从料槽中转出来的那部分表面沾上了厚度为0.3～5mm的薄层料浆。加热蒸汽通入滚筒内部，通过筒壁的热传导，使物料中的水分蒸发，水汽与夹带的粉尘由滚筒上方的排气罩排出。滚筒转动一周，物料即被干燥，被滚筒壁上的刮刀刮下，经螺旋输送器送出。对易沉淀的料浆也可用如图9-23所示的干燥器将原料从两滚筒间的缝隙处洒下。

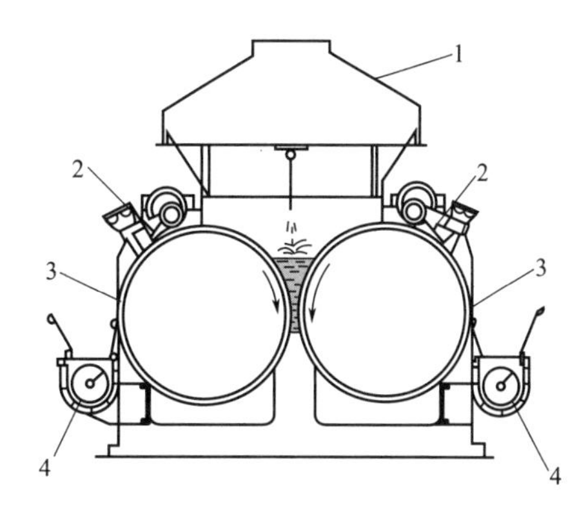

图9-23　中央进料的双滚筒干燥器

1—排气罩；2—刮刀；3—蒸汽加热滚筒；4—螺旋输送器

滚筒干燥器与喷雾干燥器相比，具有动力消耗低、投资少、维修费用省、干燥时间和干燥温度容易调节（可改变滚筒转速和加热蒸汽压力）等优点，但是在生产能力、劳动条件等方面不如喷雾干燥器。

9.5.2　干燥器的设计原则

1. 干燥器类型的确定

在干燥器设计时，首先应根据湿物料的形状、性质、可选用的热源以及对干燥产品的要求（含水量、形状、粒度分布、粉碎程度等）选择出适宜的干燥器类型。表9-3列出主要干燥器的选择表，供选型时参考。

2. 干燥操作条件的确定

干燥操作条件的确定与许多因素（干燥器的类型、物料的特性及干燥过程的工艺要求等）有关，而且各种操作条件（干燥介质的温度和湿度等）之间又是相互制约的，应予以综合考虑。有利于强化干燥过程的最佳操作条件，通常由实验测定。下面介绍一般的选择原则。

表 9-3 主要干燥器的选择表

湿物料的状态	物料的实例	处理量	适用的干燥器
液体或泥浆状	洗涤剂、树脂溶液、盐溶液、牛奶等	大批量	喷雾干燥器
		小批量	滚筒干燥器
泥糊状	染料、颜料、硅胶、淀粉、黏土、碳酸钙等的滤饼或沉淀物	大批量	气流干燥器、带式干燥器
		小批量	真空转筒干燥器
粉粒状(0.01～20μm)	聚氯乙烯等合成树脂、合成肥料、磷肥、活性炭、石膏、钛铁矿、谷物	大批量	气流干燥器、转筒干燥器 流化床干燥器
		小批量	转筒干燥器 厢式干燥器
块状(20～100μm)	煤、焦炭、矿石等	大批量	转筒干燥器
		小批量	厢式干燥器
片状	烟叶、薯片	大批量	带式干燥器 转筒干燥器
		小批量	穿流厢式干燥器
短纤维	醋酸纤维、硝酸纤维	大批量	带式干燥器
		小批量	穿流厢式干燥器
一定大小的物料或制品	陶瓷器、胶合板、皮革等	大批量	隧道干燥器
		小批量	高频干燥器
冻结状	食品、药品	小批量	真空冷冻干燥器

(1) 干燥介质的选择

干燥介质的选择，决定于干燥过程的工艺及可利用的热源。基本的热源有饱和水蒸气、液态或气态的燃料和电能。在对流干燥中，常用的干燥介质有空气、惰性气体、烟道气和过热蒸汽。

当干燥操作温度不太高且氧气的存在不影响被干燥物料的性能时，可采用热空气作为干燥介质。对易氧化的物料，或从物料中蒸发出易爆的气体时，宜采用惰性气体作为干燥介质。烟道气适用于高温干燥，要求被干燥的物料不怕污染，耐高温，而且不与烟气中的 SO_2 和 CO_2 等气体发生作用。此外还应考虑介质的经济性及来源。

(2) 流动方式的选择

干燥介质和物料在干燥器中的流动方式，一般可分为并流、逆流和错流。

在并流操作中，物料的移动方向与介质的流动方向相同。与逆流操作相比，若气体初始温度相同，并流时物料的出口温度可较逆流时低，被物料带走的热量就少。就干燥强度和经济性而论，并流优于逆流，但并流干燥的推动力沿程逐渐下降，后期很小，使干燥速率降低，因而难以获得含水量低的产品。并流操作适用于：①当物料含水量较高时，允许进行快速干燥而不产生龟裂或焦化的物料；②干燥后期不耐高温，即干燥产品易变色、氧化或分解等的物料。

在逆流操作中，物料移动方向和介质的流动方向相反，整个干燥过程中的干燥推动力较均匀，它适用于：①在物料含水量高时，不允许采用快速干燥的场合；②在干燥后期，可耐高温的物料；③要求含水量很低的干燥产品。

在错流操作中，干燥介质与物料间运动方向相互垂直。各个位置上的物料都与高温、低湿的介质相接触，因此干燥推动力比较大，又可采用较高的气体速度，所以干燥速率较高，它适用于：①物料无论在高或低的含水量时，都可进行快速干燥，且可耐高温；②因阻力大或干燥器构造的要求不适宜采用并流或逆流操作的场合。

（3）干燥介质进入干燥器时的温度

干燥介质的进口温度宜保持在接近物料允许的最高温度，这样可提高热效率。对于同一种物料，允许的介质进口温度随干燥器类型不同而异。例如，在厢式干燥器中，由于物料是静止的，因此应选用较低的介质进口温度；在转筒、沸腾、气流等干燥器中，由于物料不断地翻动，干燥温度比较均匀、干燥速率快、干燥时间短，因此介质进口温度可高些。

（4）干燥介质离开干燥器时的相对湿度和温度

提高干燥介质离开干燥器的相对湿度 φ_2，可以减少空气消耗量即降低操作费用。但 φ_2 增大，干燥过程的平均推动力下降，为保持相同的干燥能力，就需增大干燥器的尺寸，即增加了设备投资。所以，最适宜的 φ_2 值应通过经济衡算来决定。对于同一种物料，若所选的干燥器的类型不同，适宜的 φ_2 值也会不同。

干燥介质离开干燥器的温度 t_2 与 φ_2 应同时予以考虑。若 t_2 较高，废气带走的热量多，使干燥系统的热效率降低。若 t_2 降低，而 φ_2 又较高，湿空气可能会在干燥器后面的设备和管路中析出水滴，因此破坏了干燥的正常操作。

（5）物料离开干燥器时的温度

物料出口温度 θ_2 与很多因素有关，但主要取决于物料的临界含水量 X_c 值及干燥第二阶段的传质系数。X_c 值越低，物料出口温度 θ_2 越低；传质系数越高，θ_2 也越低。目前还没有计算 θ_2 的理论公式。

应指出，上述各操作参数往往是互相联系的，不能任意确定。通常物料进出口的含水量 X_1、X_2 及进口温度 θ_1 是由工艺条件规定的，空气进口湿度 H_1 由大气状态决定。若物料的出口温度 θ_2 确定后，剩下的变量有绝干空气流量 L、空气进出干燥器的温度 t_1、t_2 和出口湿度 H_2（或相对湿度 φ_2）。这四个变量只能规定两个，其余两个由物料衡算及热量衡算确定。至于选择哪两个为自变量需视具体情况而定。在计算过程中，可以调整有关的变量，以满足前述各种要求。

3. 干燥器尺寸的确定

干燥器尺寸取决于处理量和干燥速率或时间。处理量由工艺条件规定，确定干燥时间时，需先由实验测定干燥速率曲线，确定临界含水量 X_c。物料与介质的接触状态、物料尺寸与几何形状对干燥速率曲线的影响很大。例如，物料粉碎后再进行干燥时，除了干燥面积增大外，一般临界含水量 X_c 值也降低，有利于干燥。因此，在不可能用与设计类型相同的干燥器进行实验时，应尽可能用其他干燥器模拟设计时的湿物料状态，进行干燥速率曲线的实验，并确定临界含水量 X_c 值。

4. 辅助装置的设计

不同类型的干燥器会要求不同的辅助装置，但大多数干燥器需设计固体粉粒的回收装置和溶剂的回收装置。

5. 考虑节约能源、保护环境

干燥是利用热能去除湿物料中的水分，相对而言能耗较大，因此，在设计中应合理选择热源并依照节能减排、能量综合利用的原则进行设计。同时注重对工艺系统排放三废的处理、减少噪声，尽可能减少对周围环境的影响。

总之，不同物料、不同操作条件、不同类型的干燥器中气、固两相的接触方式差别很大，对流传热系数 α 和传质系数 k 都不相同，目前还没有通用的求算 α 和 k 的关联式，因此干燥器的设计仍采用经验或半经验方法进行。各种干燥器的设计方法差别很大，但设计的基本原则是物料在干燥器内的停留时间必须等于或稍大于所需的干燥时间。不同类型干燥器具体设计方法可参阅有关专著。

通过本章学习，你应该已经掌握的知识：

1. 湿空气性质的计算及湿焓图的应用；
2. 恒定干燥条件下恒速段和降速段的干燥机理以及影响干燥速率的因素；
3. 平衡水、自由水、结合水和非结合水的定义及划分方法；
4. 对给定干燥任务，通过物料衡算和热量衡算计算空气消耗量，蒸发水量，预热器的热负荷等；
5. 不同干燥器的适用场合。

你应具有的能力：

1. 根据物料的性质选择合适的干燥介质和干燥器；
2. 根据干燥任务，设计或选择干燥系统的风机和换热器；
3. 借助于设计手册，完成干燥器的初步工艺设计。

本章符号说明

英文字母

c——比热容，kJ/(kg·℃)

G——绝干物料的质量流量，kg/s

G'——一批操作中绝干物料的质量，kg

H——空气的湿度，kg 水/kg 绝干气

I——空气的焓，kJ/kg

I'——固体物料的焓，kJ/kg

k_H——传质系数，kg/(m^2·s·ΔH)

l——单位空气消耗量，kg 绝干气/kg 水

L——绝干空气流量，kg/s

L'——湿空气的质量流速，kg/(m^2·s)

M——物质的摩尔质量，kg/kmol

n——物质的量，mol

N——传质速率，kg/s

p_v——水汽分压，Pa

P——湿空气的总压，Pa

Q——传热速率，W

Q'——一批操作中空气传给物料的热量，kJ

r——汽化热，kJ/kg

S——干燥表面积，m^2

t——温度，℃

U——干燥速率，kg/(m^2·s)

v——湿空气的比体积，m^3/kg 绝干气

V_H——湿空气的体积，m^3

w——物料的湿基含水量

W——水分的蒸发量，kg/s 或 kg/h

W'——一批操作中水分的蒸发量，kg

X——物料的干基含水量，kg 水/kg 绝干料

X^*——物料的干基平衡含水量，kg 水/kg 绝干料

希腊字母

α——对流传热系数，W/(m^2·℃)

η——干燥系统热效率

θ——固体物料表面的温度，℃

φ——相对湿度

下标

0——0℃的或新鲜的

1——进干燥器的或离开预热器的

2——离开干燥器的

as——绝热饱和的

c——临界的

d——露点的

D——干燥器的

g——气体或绝干气

H——湿空气的

L——热损失的

m——湿物料的或平均的

P——预热器的

s——饱和或绝干物料的

t_d——露点温度下的

t_w——湿球温度下的

v——水汽

w——湿球

习 题

知识点 1 湿空气的性质及湿焓图

1. 总压 101.33kPa 下，已知空气的温度 $t=20$℃，相对湿度 $\varphi=50\%$，试求湿空气的水汽分压、湿度、比热容及焓。

2. 在总压 101.3kPa 下，已知湿空气的某些参数。利用湿空气的 H-I 图查出附表中空格项的数值。

习题 2 附表

序号	干球温度/℃	湿球温度/℃	湿度/(kg/kg 绝干气)	相对湿度/%	焓/(kg/kg 绝干气)	水汽分压/kPa	露点/℃
1	60	35					
2	40						25
3	20			75			
4	30					4	
5	60		0.03				

3. 在总压 101.33kPa 下，湿度为 0.1kg 水/kg 绝干气，温度为 150℃的湿空气，试计算：(1) 空气的焓和相对湿度；(2) 将此湿空气降温至 80℃时的焓和相对湿度；(3) 将此湿空气等焓降温至 80℃时的湿度和相对湿度。分别用湿焓图和计算求取，并比较两种方法获得的结果。

4. 将温度 $t_0=20$℃、湿度 $H_0=0.005$kg/kg 绝干气的新鲜空气与温度 $t_2=50$℃、湿度 $H_2=0.10$kg/kg 绝干气的废气混合，混合时新鲜空气与废气中的绝干气的质量比为 1∶3。试计算混合气的温度、湿度和焓。

5. 常压下，不饱和湿空气的温度为 30℃，相对湿度为 50%。将此湿空气加热至 90℃，空气的湿度、相对湿度、湿球温度、露点温度、焓将怎样变化？

6. 常压下，有两种不饱和湿空气，湿空气 1 的干球温度为 t_1，湿球温度为 t_{w1}，湿空气 2 的干球温度为 t_2，湿球温度为 t_{w2}，若 $t_{w1}=t_{w2}$，而 $t_1>t_2$，试比较这两种湿空气的湿度、相对湿度、露点温度和焓。

知识点 2 干燥过程的平衡关系与速率关系

7. 一定温度下，物料中结合水和非结合水的划分取决于（ ）。物料中平衡水和自由水的划分取决于（　　）。

A. 物料的性质　　B. 空气的状态　　C. 空气的状态和物料的性质　　D. 无法确定

8. 当空气的 t、H 一定时，某物料的平衡湿含量为 X^*，若空气的 H 下降，该物料的 X^* 有何变化？

9. 在恒定干燥条件下进行干燥实验，湿物料的初始含水量为 0.5（干基，下同），开始阶段以恒定的速率 1.75kg/(m^2 · h) 进行干燥，当含水量降至 0.2 时干燥速率开始下降，其后干燥速率不断下降，当含水量达到 0.02 时干燥速率降为零。试画出物料干燥过程的干燥速率曲线，并确定物料的临界含水量和平衡含水量。

10. 试分析物料的临界含水量受哪些因素影响。当空气的 t、H 变化时，物料的临界湿含量 X_c 有何变化？

知识点 3　干燥过程的物料衡算与热量衡算

11. 在常压连续逆流干燥器中，用热空气干燥某湿物料。湿物料的处理量为 1000kg/h，初始含水量为 20%，干燥产品含水量为 5%（均为湿基）。以温度为 20℃，湿度为 0.01kg 水/kg 绝干气的新鲜湿空气为干燥介质，空气在预热器中被加热至 120℃后送入干燥器，离开干燥器时的湿度为 0.04kg 水/kg 绝干气。试求：(1) 得到的干燥产品量；(2) 新鲜空气的用量；(3) 预热器需要的热量；(4) 若为理想干燥器，计算从干燥器排出的废气温度。

12. 在一常压逆流干燥器中用热空气干燥某湿物料。已知进干燥器的湿物料量为 1.55kg/s，经干燥器后，物料的含水量由 7.56%减至 0.35%（均为湿基）。干燥介质为 20℃的常压湿空气，其湿度为 0.007kg/kg 绝干气，经预热器后加热到 112℃，出干燥器时的水汽分压为 4.85kPa。设干燥过程为理想干燥过程，试计算：(1) 绝干空气消耗量；(2) 出干燥器时空气的温度；(3) 干燥系统的热效率。

13. 对一定的水分蒸发量及空气离开干燥器时的湿度，试问应按夏季还是按冬季的大气条件来选择干燥系统的风机？

14. 在常压下以温度为 20℃、湿度为 0.002kg 水/kg 绝干气的新鲜空气为干燥介质干燥某湿物料。空气在预热器中被加热后送入干燥器，离开干燥器时的温度为 40℃，相对湿度为 60%。进干燥器的湿物料量为 0.2kg/s，温度为 20℃，湿基含水量为 20%，干燥后产品的湿基含水量为 4%，离开干燥器的物料温度为 55℃，绝干物料的比热容为 3.25kJ/(kg 绝干料 · ℃)，水的比热容为 4.187kJ/(kg 水 · ℃)，干燥过程热损失为 10kW。试求：(1) 干燥蒸发的水分量；(2) 绝干空气消耗量；(3) 干燥系统的热效率。

15. 在常压连续逆流干燥器中，用热空气干燥某湿物料。湿物料的处理量为 3600kg/h，初始含水量为 4%，干燥产品含水量为 1%（均为湿基）。以温度为 20℃、湿度为 0.005kg 水/kg 绝干气的新鲜湿空气为干燥介质，空气在预热器中被加热至 120℃后送入理想干燥器，离开干燥器时的温度为 40℃。试求：(1) 新鲜空气的用量；(2) 预热器消耗的热量；(3) 因散热等原因，离开干燥器后空气温度骤降了 10℃，通过计算判断是否会发生物料返潮现象。

讨论题

1. 试分析提高加热介质的操作压力对干燥过程是否有利。

2. 常压下温度为 60℃、湿度为 0.1kg 水/kg 绝干气的废气从干燥器中排出，为了能够循环使用空气，想除去空气中部分水分，降低空气湿度，试分析可采用的方法。

电子版附录

1. 常用物理量单位的换算
2. 某些气体的重要物理性质
3. 某些液体的重要物理性质
4. 某些固体材料的重要物理性质
5. 干空气的物理性质（101.33kPa）
6. 水的物理性质
7. 饱和水蒸气表（按温度顺序排列）
8. 饱和水蒸气表［按压力（kPa）顺序排列］
9. 管子规格
10. 泵规格（摘录）
11. 4-72 型离心通风机规格（摘录）
12. 管壳式换热器系列标准（摘录）
13. 管壳式换热器总传热系数 K_o 的推荐值
14. 壁面污垢热阻（污垢系数）（$m^2 \cdot ℃/W$）
15. 无机盐水溶液的沸点（101.33kPa）
16. 部分物质的 D° 和 n 值

扫码获取

《化工原理》电子版附录

习题答案

0 绪论

1-4. 略

5. (1) $\mu=0.000856\text{Pa}\cdot\text{s}$；(2) $\rho=1359.2\text{kg/m}^3$；(3) $c_p=1.005\text{kJ/(kg}\cdot\text{K)}$；(4) $R=8.309\text{J/(mol}\cdot\text{K)}$；(5) $\sigma=0.074\text{N/m}$；(6) $\lambda=1.163\text{W/(m}\cdot\text{K)}$

6. $\lg p=6.104-\dfrac{1431.83}{t-55.67}$

第 1 章 流体流动

1. 略
2. 绝压=85.5kPa，表压=−14.5kPa
3. 至少要 6 个
4. $p_A=8.495\times10^3\text{Pa}$（表压），$p_B=6.853\times10^4\text{Pa}$（表压）
5. $p_A=29.076\times10^3\text{Pa}$(表压)，$R'=0.177\text{m}$
6. 262.5Pa，10.3%
7. $2.208\times10^5\text{Pa}$
8. 1.02m
9. (1) 12.64m/s；(2) 1.596kg/s；(3) $1.234\text{m}^3/\text{s}$
10. 增大，减小
11. (1) 1800 属于层流流动；(2) 7.07mm
12. 略
13. 层流内层（层流底层）、过渡层（缓冲层）、湍流中心
14. 略
15. $N_e=3.11\text{kW}$
16. (1) 2.31kW；(2) 61.86kPa（表压）
17. (1) 134kPa（表压）；(2) 657mm
18. 略
19. 可以，略
20. 增大，减小
21. 水力半径=流通截面/润湿周边，当量直径=4×流通截面/润湿周边
22. 10mm
23. (1) 7385Pa；(2) 11.9J/kg
24. (1) 相等；(2) 不等；(3) 相等
25. 17.58kW
26. 1.143kW
27. 1.63kW
28. $424.8\text{m}^3/\text{h}$
29. 转子流量计，孔板流量计，文丘里流量计
30. 5468kg/h

讨论题

1. $u_B=1.3064\text{m/s}$，$u_C=2.6928\text{m/s}$，$u_A=3.9993\text{m/s}$
2. 提示：可将原管路换为较粗的管子，或另外并联一根管子。

第 2 章 流体输送机械

1. $57.61\text{m}^3/\text{h}$，29.04m，68%
2. (1) 流量、压头不变，8.174kW；(2) $51.85\text{m}^3/\text{h}$，23.52m，4.884kW
3. D
4. B
5. (1) 6.08m；(2) 4.41；(3) 4.99m
6. 方案 1 可行，方案 2 不可行
7. $0.00453\text{m}^3/\text{s}$，21.5m，955W
8. (1) $H_e=35+0.00168Q^2$（Q 的单位为 m^3/h）；(2) 略
9. $Q'=0.0106\text{m}^3/\text{s}=38.16\text{m}^3/\text{h}$，4.65kW
10. 串联，$21.60\text{m}^3/\text{h}$
11. B
12. 5.625

第 3 章 非均相物系的分离

1. $0.0152\text{Pa}\cdot\text{s}$
2. 0.02m/s
3. $1.75\times10^{-5}\text{m}$
4. $807\text{m}^3/\text{h}$
5. (1) $84.48\mu\text{m}$；(2) 50.44%；(3) $0.7\text{m}^3/\text{s}$，$59.73\mu\text{m}$
6. (1) $K=4.267\times10^{-7}\text{m}^2/\text{s}$，$q_e=4\times10^{-3}\text{m}^3/\text{m}^2$；(2) 900s
7. (1) 31.86m^3；(2) 17.68m^3
8. 2.67h

9. (1) 135s；(2) 100s

12. (1) $5.83m^3$；(2) $3.64m^3/h$；
(3) 56min，$4.01m^3/h$

第4章　传热

1. $116.67W/m^2$，86.66℃

2. B

3. A

4. <，=，<

5. 53mm，$t=-825.11-636.94\ln r$

6. 65mm

7. 752.19℃，114.69℃

8. 27.09W/m

9. $2521.67W/(m^2\cdot℃)$，$4390.22W/(m^2\cdot℃)$

10. $55.79W/(m^2\cdot℃)$

11. $69.98W/(m^2\cdot℃)$

12. 滴状冷凝，膜状冷凝

13. 小

14. A

15. $9973W/(m^2\cdot℃)$，$6469W/(m^2\cdot℃)$

16. 吸收率

17. A

18. 68.15%

19. (1) 2.046×10^5W；(2) 92.3%

20. $94.6W/(m^2\cdot℃)$，管内流体流动占3.94%，管外流体流动占94.6%

21. $12.31m^2$

22. $14.24m^2$

23. (1) 5142.9kg/h；(2) $6m^2$；(3) $7.78m^2$

24. 1.85m

25. 91.63℃

26. 应使蒸汽饱和温度提高到124℃

27. (1) 1.87m；(2) 111.6℃

28. (1) 875.6kW；(2) $5.04\times10^4kg/h$；
(3) $549.3W/(m^2\cdot℃)$

29. 管外，管内，管内，管内，管外

30. 增加壳程流体的湍动，提高对流传热系数

讨论题

(1) 适用；(2) 不适用，可以考虑调节操作参数来达到换热要求。例如：增大冷却水流量，使 t_2 下降，Δt_m 增加，且管内对流传热系数随流速增加而增加，K 增加。可以弥补面积不足。

第5章　蒸发

1. 循环型，单程型

2. 溶液蒸气压下降，加热管内液柱的静压强，管路流动阻力

3. 87.6℃

4. 3.9℃

5. 802.2kg/h，627kg/h

6. 1.35kg/kg

7. 98.9℃

8. (1) 0.187；(2) 1.19kg/kg

9. (1) 10.6℃；(2) $127.7m^2$

10. 单位时间内蒸发的水分量，单位传热面积上单位时间内蒸发的水量，增加总传热系数

11. 并流，逆流，平流，平流

12. B

13. 略

第6章　蒸馏

1.

x	1.0	0.710	0.511	0.386	0.185	0.067	0
y	1.0	0.924	0.841	0.769	0.480	0.214	0

$\overline{\alpha}=4.48$

2. $t=105.2℃$，$y=0.296$

3. 相等，大于

4. (1) $D=80kmol$，$W=120kmol$，$x=0.431$，$y=0.602$；(2) $D=120kmol$，$y=0.630$

5. C

6.、7. 略

8. $D=75kmol/h$，$W=75kmol/h$，$x_W=0.24$

9. $y=0.6x+0.38$，$y=1.855x-0.0171$

10. $R=4$，$x_D=0.95$

11. $x_D=0.96$，$x_W=0.04$，$x_F=0.691$，$W=58.5kmol/h$

12. 需理论板数为16（不包括再沸器），第9层理论板为进料板

13. $y=x$

14. $y=1.29x-0.015$

15. $E_T=52.9\%$

16. $E_{MV}=79.2\%$

17. $E_{MV,n}=0.622$，$E_{MV,n+1}=0.721$

18. $y_1-y_2=0.067$

19. A

20. A，B

21. C

22. 分级，液相，气相

23. C

24. 泡罩塔板，筛板，浮阀塔板（或其他类型错流塔板）

25. 雾沫夹带线，液泛线，液相负荷上限线，液相负荷下限线，漏液线，五条线所包围的

26. 精馏塔操作时的液相负荷 L_s 与气相负荷 V_s 在负荷性能图上的坐标点，操作线与负荷性能图上曲线的两个交点所对应的气体流量之比

27. A、D；A、C；A、B、D

28. （2）上限为液沫夹带控制，下限为漏液控制；（3）操作弹性为 3.8

第 7 章　吸收

1. （1）$p=97.1\text{kPa}$；（2）$H=2.96\times10^{-4}\text{kmol/(kPa}\cdot\text{m}^3)$，$m=1852$

2. $E=76.83\text{kPa}$，$H=0.721\text{kmol/(kPa}\cdot\text{m}^3)$，$m=0.76$

3. 液相向气相传递

4. 气相，液相，吸收塔

5. C，C，A

6. 判断传质进行的方向，确定传质的推动力，指明传质进行的极限

7. 、8. 略

9. $N_A=\dfrac{D_{AB}p_{总}}{RT\Delta z}\ln\dfrac{p_{总}+p_{A1}}{p_{总}}$，$N_B=-N_A=-\dfrac{D_{AB}p_{总}}{RT\Delta z}\ln\dfrac{p_{总}+p_{A1}}{p_{总}}$

10. $\Delta p=55.74\text{kPa}$，$\Delta c=2.146\times10^{-2}\text{kmol/m}^3$，$\Delta X\approx\Delta x=3.87\times10^{-4}$，$\Delta Y=0.1323$

11. B

12. C

13. z_G 和 z_L，θ_c，S

14. （1）$N_A=6.392\times10^{-5}\text{kmol/(m}^2\cdot\text{s)}$；（2）$k_x=1.153\times10^{-3}\text{kmol/(m}^2\cdot\text{s)}$，$k_G=1.538\times10^{-5}\text{kmol/(m}^2\cdot\text{s}\cdot\text{kPa)}$，$k_y=1.558\times10^{-3}\text{kmol/(m}^2\cdot\text{s)}$；（3）$K_L=5.624\times10^{-6}\text{m/s}$，$K_X=3.119\times10^{-4}\text{kmol/(m}^2\cdot\text{s)}$，$K_Y=1.137\times10^{-3}\text{kmol/(m}^2\cdot\text{s)}$

15. 略

16. B

17. 减小，减小

18. $S=\dfrac{mV}{L}$，平衡线斜率与操作线斜率

19. （1）1.87；（2）1.87

20. 3.55m

21. （1）2.33；（2）0.0266；（3）4.32m

22. （1）371.7kmol/h；（2）1.245m，5.3m

23. （1）0.687；（2）1.185

24. （1）0.02；（2）$3.6\text{kmol/(m}^2\cdot\text{h)}$

25. A

26. C，ABDE

27. 比表面积，空隙率，填料因子

28. 效率，通量，压降

29. 达到最小喷淋密度的要求

讨论题

（1）13.76m；（2）可增加塔高，增加吸收剂用量等。

第 8 章　液-液萃取

1. 、2. 略

3. 不确定，不能

4. C

5. 以第 1 组数据为例，分配系数分别为 0.261 和 0.0051，选择性系数为 51.2

6. C

7. $E=773\text{kg}$，$y_A=0.183$，$R=327\text{kg}$，$x_A=0.326$

8. 略

9. （1）1.11t 溶剂/t 料液；（2）$R=0.57\text{t}$，$E=1.54\text{t}$；（3）$E^0=0.43\text{t}$；（4）86%

10. 15.83kgS/kgB

11. $R=290\text{kg}$，$x_A=0.292$

第 9 章　干燥

1. 1.1673kPa，0.007249kg/kg 绝干气，1.024kJ/(kg 绝干气·K)，38.52kJ/kg 绝干气

2. 略

3. （1）428.7kJ/kg，2.95%；（2）344.84kJ/kg，29.62%；（3）0.1318，37.40%

4. 43.37℃，0.07625kg/kg 绝干气，239.89kJ/kg 绝干气

5. 不变，减小，增大，不变，增大

6. $H_1<H_2$，$\varphi_1<\varphi_2$，$t_{d1}<t_{d2}$，$I_1=I_2$

7. A，C

8. 降低

9. 0.2，0.02

10. 略

11. （1）842.1kg/h；（2）5316.64kg/h；（3）150.43kW；（4）44.8℃

12. （1）4.623kg/s；（2）50.67℃；（3）66.7%

13. 夏季

14. （1）0.033kg/s；（2）1.26kg 绝干气/s；（3）60.2%

15. （1）3452.2kg/h；（2）97.28kW；（3）会返潮

讨论题

提示：分析总压对相对湿度的影响

参考文献

［1］ 柴诚敬，张国亮．化工流体流动和传热．第3版．北京：化学工业出版社，2020.

［2］ 贾绍义，柴诚敬．化工传质与分离过程．第3版．北京：化学工业出版社，2020.

［3］ 柴诚敬，贾绍义．化工原理．第3版．北京：高等教育出版社，2017.

［4］ 夏清，贾绍义．化工原理．第2版．天津：天津大学出版社，2012.

［5］ 陈敏恒，丛德滋，方图南，等．化工原理．第4版．北京：化学工业出版社，2015.

［6］ 谭天恩，窦梅．化工原理．第4版．北京：化学工业出版社，2013.

［7］ 丁忠伟，刘丽英，刘伟．化工原理．北京：高等教育出版社，2014.

［8］ 蒋维钧，戴猷元，顾惠君．化工原理．北京：清华大学出版社，2009.

［9］ 何潮洪，冯霄．化工原理．第3版．北京：科学出版社，2017.

［10］ 蒋维钧，余立新．化工原理——化工分离过程．北京：清华大学出版社，2005.

［11］ McCabe W L，Smith J C. Unit Operations of Chemical Engineering. 7th ed. New York：McGraw Hill Inc，2004.

［12］ 余国琮．化工机械工程手册．中卷．北京：化学工业出版社，2003.

［13］ Bergman T L，Lavine A S，Incropera F P，et al. Introduction to Heat Transfer. 6th ed. John Wiley & Sons Inc，2011.

［14］ Bejan A，Kraus A D. Heat Transfer Handbook. John Wiley & Sons Inc，2003.

［15］ 陈欢林．新型分离技术．第2版．北京：化学工业出版社，2013.

［16］ 汪家鼎，陈家镛．溶剂萃取手册．北京：化学工业出版社，2001.

［17］ 时均，汪家鼎，余国琮，等．化学工程手册．第2版．北京：化学工业出版社，1996.

［18］ Jan R，Claude M，Gregory R C. Principles and Practices of Solvent Extraction. New York：Marcel Dekker Inc，1992.

［19］ Coulson J M，Richardson J F. Chemical Engineering. 3rd ed. New York：McGraw Hill，2000.

［20］ 袁林根．化工机械手册：通用设备卷　第1篇“通风机、鼓风机、压缩机”．第2版．北京：机械工业出版社，1997.

［21］ 万淑英．化工机械手册：通用设备卷　第2篇“泵”．第2版．北京：机械工业出版社，1997.